航空类专业职业教育系列“十三五”规划教材

MINYONG FEIJI KECANG SHESHI YU WEIXIU

民用飞机客舱设施与维修

魏 静 顾 铮 蒋绍新 编著

西北工业大学出版社

【内容简介】 本书分为13章,分别涉及飞机客舱、飞机座椅的结构与维修、飞机水系统、飞机厨房、飞机厕所的结构与维护维修、客舱装饰板及结构、灯光系统、飞机客舱应急设备、客舱地板及地板覆盖物、飞机客舱内话系统、飞机旅客娱乐系统、客舱管理与通信系统、飞机客舱主要维修工艺等内容。

本书可作为飞机维修专业高年级学生的专业课程教材,尤其适合作为飞机客舱修理、飞机结构修理等专业学生的教材,也可以作为在岗的飞机维修专业人员的参考资料。

图书在版编目(CIP)数据

民用飞机客舱设施与维修/魏静,顾铮,蒋绍新编著.—西安:西北工业大学出版社,2016.8
航空类专业职业教育系列"十三五"规划教材
ISBN 978-7-5612-5065-5

Ⅰ.①民… Ⅱ.①魏… ②顾…③蒋… Ⅲ.①民用飞机—客舱—航空设备②民用飞机—客舱—维修 Ⅳ.①V223 ②V267

中国版本图书馆CIP数据核字(2016)第219876号

出版发行:西北工业大学出版社
通信地址:西安市友谊西路127号　　邮编:710072
电　　话:(029)88493844　88491757
网　　址:www.nwpup.com
印 刷 者:陕西兴平市博闻印务有限公司
开　　本:787 mm×1 092 mm　1/16
印　　张:21.875
字　　数:532千字
版　　次:2016年8月第1版　　2016年8月第1次印刷
定　　价:58.00元

前　言

民用飞机客舱设施的发展速度很快，尤其是B787飞机和A380飞机投入使用以后，飞机客舱增加了很多新工艺、新技术和新材料等，因此在调研和提炼了民用飞机维修企业的岗位职业需求以后，我们邀请广州飞机维修工程有限公司客舱工程师们一起参与编写本书，从而确保了本书的理论性、时代性与实践性的紧密结合。

本书的主要特色体现在以下几方面。

(1)突出民航特色，专注客舱设施构造和维修技术。

本书紧紧围绕民用飞机客舱设施这个专业的内容，结合ATA100规范下的客舱区域所涉及的所有客舱设施和系统，不仅仅介绍一些重要客舱设施和系统的理论发展过程，也突出介绍这些设施和系统维修技术的发展和应用。

(2)内容全面新颖，包括最新机型的客舱设施和系统。

本书拓展了原来客舱维修专业的局限性，结合客舱专业的实际发展，将原来属于电子电气专业的娱乐系统、氧气系统、灯光系统、电源系统等客舱区域的系统也纳入本书的范畴，确保了本书是集结构、电子、电气、机械、复合材料等专业方面的知识于一体的全面性，而且将A380、B787等最新的民航客机也纳入本书的范畴，确保本书内容的新颖性。

(3)强调理论联系实践，突出实际的维修应用和维护经验总结。

本书介绍目前主流民用飞机的客舱设施的组成、结构、原理和维修等内容，编写中不仅仅参考大量的飞机维修手册、厂家资料、维修工卡等内容，而且由于有实践经验丰富的工程技术人员参编，所以具有很强的指导意义。

本书由广州民航职业技术学院魏静、南京航空航天大学顾铮和广州飞机维修工程有限公司蒋绍新共同编写，同时，参编人员还有徐璇、刘国威、周广明、韩慧明、戴志立、黄志勇、韩晓琳、杨霖、陈浩然、李振荣、韦友凯等。本书是高校教师与企业专业工程师密切合作的成果。

最后，还要感谢赵日升、周卫、庞洪跃、徐克俭、申海龙和邵伟俊等人在本书编写过程中给予的帮助，感谢广州民航职业技术学院同事和领导的大力支持。

由于编写时间仓促和水平有限，书中难免存在错误和不足，敬请各位专家和读者提出宝贵意见，以便再版时进行纠正。

编著者

2016年5月

目　　录

第1章 飞机客舱

1.1 飞机客舱的基本结构

飞机客舱，是容纳乘客，并为乘客提供必要生活服务的区域。现代客机的机身较大，客舱内采用了越来越高的舒适标准。

一般而言，民用客机的客舱前起前客舱隔墙，后至后密封舱壁，其下是货舱。在它的前方，前客舱隔墙和天线罩舱壁之间为驾驶舱。后密封舱壁的后面则是非增压的区域(见图 1－1：飞机后部的密封舱壁)。

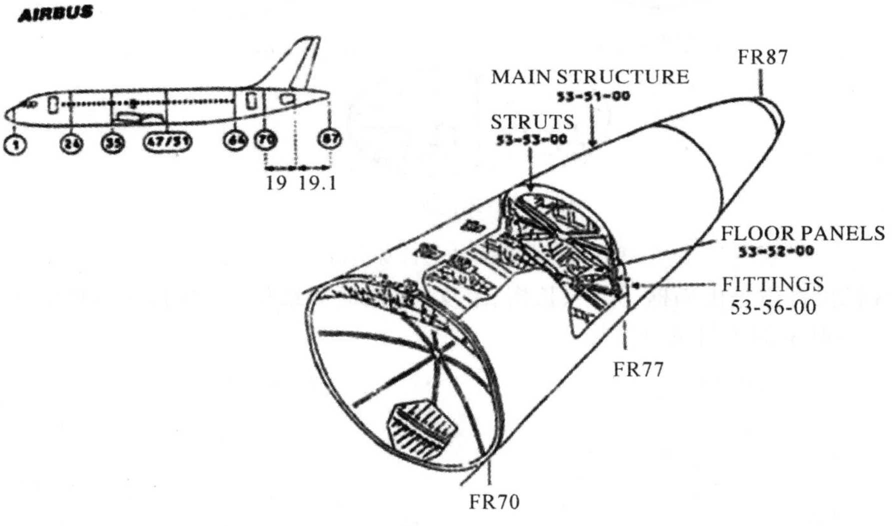

AIRBUS
1
24
35
47/51
66
70
87
19 19.1
MAIN STRUCTURE
53-51-00
FR87
STRUTS
53-53-00
FLOOR PANELS
53-52-00
FITTINGS
53-56-00
FR77
FR70

图 1－1 飞机后部密封舱壁

现代客机的机身横截面形状大多为圆形，或接近圆形。这是因为圆形横截面机身的结构重量轻，工艺好，容量大，强度大。由于机身直径大(5.1～6.6 m)，从内部安排来说，采用圆形横截面已经能充分保证客舱的宽敞性，座位的安排能力和通融性，同时也能较好地保证货舱有足够的高度和宽度，安置集装箱和货盘，使整个机身内部容积得到有效利用。

飞机设计人员正试图设计出更多机身横截面形状不同的飞机，以容纳更多的旅客。如扁圆形横截面、8 字形横截面、横置 8 字形横截面、竖置椭圆形横截面等(见图 1－2：各种形状的机身横截面设计)。A380 采用竖椭圆横截面的设计方案，以便将机身客舱段分成上下三层。

现代客机的机身内部一般分为两层，上层为客舱，下层为货舱和行李舱。有些机型也将厨房设在下层。目前的大型客机如 B747 和 A380,结构则更复杂一些。B747 有一个非常显著的外形特征:它的机身前部高高隆起。在 B747 的这段前机身段,内部分为上、中、下三层:最上面一层为驾驶舱和头等舱;中层为主客舱;下层是货舱。之所以采用这样的结构,是因为在设计之初,B747 是用于投标大型军用运输机的。其货机构型考虑到方便装运货物和保证驾驶员的视野范围等问题,从而设计将飞机前部隆起,以便安置驾驶舱。投标失败后,波音公司将其更改为民用机,B747 客机版保留了这一设计特征,成为罕见的有上、中、下三层舱的民用客机,直到新一代巨型客机 A380 问世。A380 整个机身长度分为三层:上客舱、主客舱和货舱。

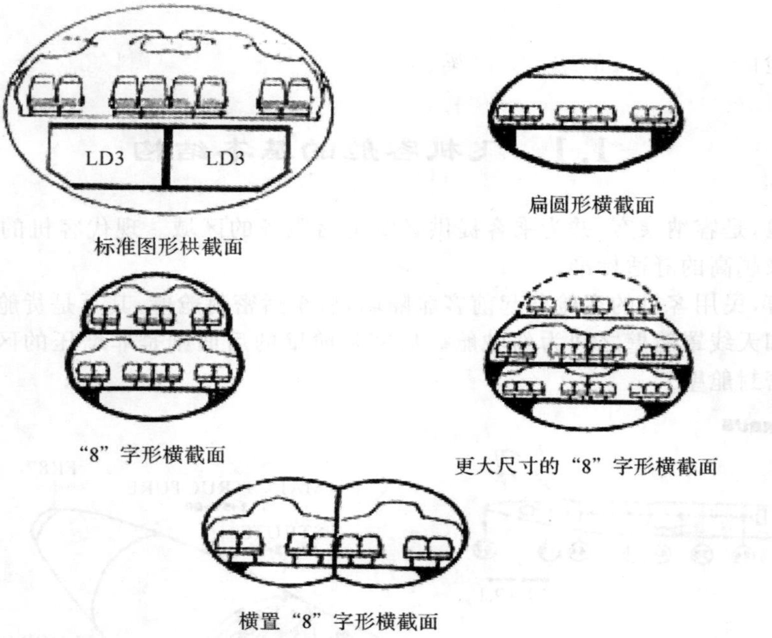
LD3
LD3
标准图形栱截面
扁圆形横截面
"8"字形横截面
更大尺寸的"8"字形横截面
横置"8"字形横截面

图 1-2　各种形状的机身横截面设计

现代客机机身段是由隔框、大梁、长桁、蒙皮、加强框等结构组成的,即所谓的半硬壳式结构(见图 1-3:典型的飞机机身结构)。

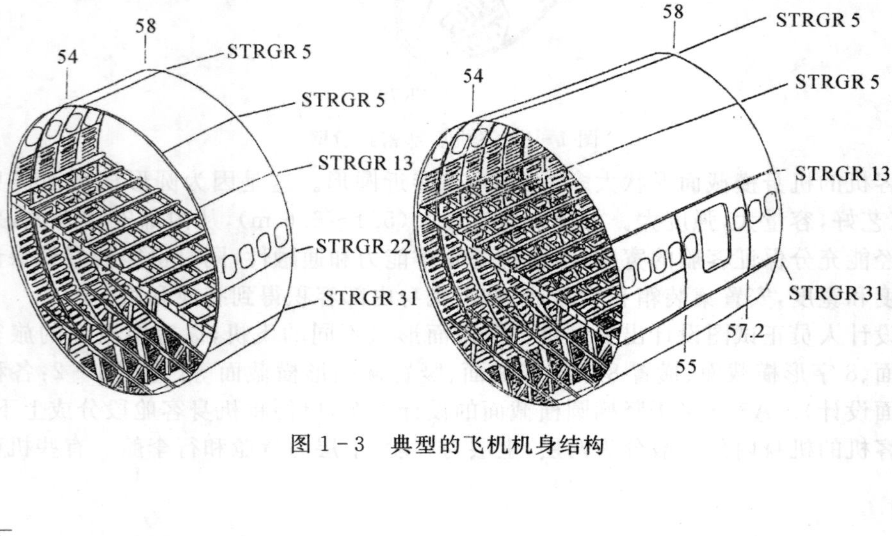
A310 SECTTON 16
54
58
STRGR 5
STRGR 5
STRGR 13
STRGR 22
STRGR 31
A300-600 SECTION 16
58
STRGR 5
54
STRGR 5
STRGR 13
STRGR 31
57.2
55

图 1-3　典型的飞机机身结构

在此基本结构上，还开有舷窗和舱门。对于发动机挂在大翼下方的飞机，其客舱舱门分为三种：布置在飞机机身左侧的用于旅客正常出入的舱门，称为登机门；其对称位置上右侧的门，称为勤务门；此外，在飞机的中部，一般为大翼上方附近，设计有应急出口。门和窗的结构需经特别设计，以加强其强度，因为开口处将削弱飞机机身的结构强度。飞机舱门的大小和形状有规定的设计规格标准。通常登机门和勤务门的尺寸较大，应急出口的尺寸可稍小。现代客机的载客量越大，其相应的舱门数量也越多。如 A380 共有 3 对上客舱舱门和 5 对主客舱舱门，皆为 A 型门(客舱舱门中尺寸最大的一个型号)。

飞机内的隔框、长桁等结构都用隔离层(隔热棉)包覆。客舱地板结构将机身内部分割为客舱区和货舱区，客舱地板的结构由横梁、纵梁、座椅导轨、复合材料的地板板件等部分组成。飞机的钢索操纵系统从地板下横梁中的孔中穿过。

客舱内部的行李箱、厕所、厨房等将通过吊装连接杆固定在隔框结构上。旅客座椅将按照一定的间距固定在座椅导轨上。厕所、厨房、储物柜/屏风等，也通过螺钉等连接件固定在地板上。通常飞机的后厨房安装在飞机尾部的后密封舱壁前，后密封舱壁同样用隔离层包覆。

1.2　飞机客舱的构型布局

客舱内的舒适程度，同座椅的类别和安排有很大关系。按照每名旅客所占空间的大小和座椅类型的不同，现代客机的客舱舱位通常分为“头等舱”“公务舱”“经济舱”等几种舱位，其票价和所提供的服务相差悬殊。头等舱座椅，一般是两座座椅(或称为双联座椅)。双联座椅进出方便，并且两座之间的扶手很宽，没有拥挤感，其上配备的设施最为先进，最大限度地满足头等舱旅客对舒适和便捷的要求。同时，由于头等舱座位占用的空间大，所以票价昂贵。随着航空业的发展，航空公司还推出了豪华头等舱。豪华头等舱一般都是单座包厢设计，包厢内独立的空间能够为旅客提供私密的旅途环境，而且包厢内还能提供娱乐、办公、按摩座椅等各种服务，同时航空公司还为豪华头等舱提供高端旅行服务。不仅使豪华头等舱客人有尊贵的享受，还让他们的旅途舒适、温馨、方便。公务舱座椅有两联的，也有三联的，其座椅间距比头等舱的要小，比经济舱的要大。座椅的舒适程度比经济舱好。经济舱的座椅，有三联、四联、甚至五联的。最常见的是三联座椅。座椅间距一般只有 32 in①，其就座的舒适性和进出的方便性显然受到一定影响，但这样的布置可在有限的空间容纳更多的乘客。

根据客舱内部的通道数量，可将客机分为单通道客机和双通道客机。单通道客机，一般为窄体客机。波音公司 B737、B757，空客公司 A320 系列(包括 A318，A319，A320，A321)等机型皆为单通道客机。在单通道客机的客舱内，通常头等舱座椅采用 2－2 布局(2 表示双联座椅，2－2 布局即表示每排有两个二联座椅)；其经济舱采用 3－3 布局或 3－2 布局。双通道客机，一般为宽体客机。波音公司 B747、B767(半宽体机型)、B777，空客公司 A300，A310，A330，A340，A380，B787 等机型属于双通道客机。空中客车公司的新机型 A350 号称“超宽体客机”，客舱内部比波音公司 B787 还要宽。这些宽体机的客舱，少则每排安排有 6 到 8 个座位，多则每排安排有 9～10 个座位。通常头等舱采用 2－2－2 布局；公务舱采用 2－3－2 布局或 2－4－2布局；经济舱为 3－4－3 布局，甚至 3－5－3 布局。宽体机载客量大，设置两条人行通

① 1 in＝2.54 cm

道，可方便旅客的进出和机上服务人员来回推动推车递送饮料和食品。

飞机制造商会根据客舱舱位的设置，决定客舱内厨房、厕所、储物柜等服务设施的数量和位置。针对不同机型推出不同的客舱构型布局。各个航空公司在购买或租赁飞机时，需要根据自己的机型、营运策略和航线来确定飞机的构型。比如低成本支线航空公司一般运行的都是中小型飞机，面对主要客户群体价格敏感度较高，为了降低维护成本增加客座率通常采用全经济舱构型。而大型航空公司运行的机型多、国内外干线多，需要面对不同层次消费水平的旅客，所以一般采取多样化的客舱构型布局。

1. 一舱构型

一舱构型一般指全经济舱构型，如果航空公司希望飞机能尽可能多地容纳旅客，就可能取消头等舱和公务舱，全部使用经济舱座椅，容纳更多的旅客，增加经济效益。典型的 B737－300 全经济舱布局如图 1－3。

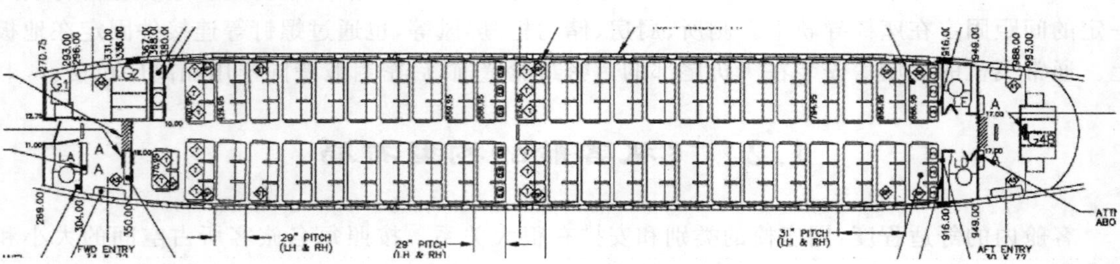
FWD ENTRY
29" PITCH (LH & RH)
31" PITCH (LH & RH)
AFT ENTRY

图 1－3　B737－300 全经济舱布局

2. 两舱、三舱构型

目前飞行旅行越发普遍，人们对飞行旅行的质量要求也越来越高，简单的全经济舱构型不仅无法满足旅客的需求，因此两舱构型和三舱构型成为现在国内航空公司的主流客舱构型。

经典的两舱构型一般指头等舱和经济舱，经典的三舱构型指头等舱、商务舱和经济舱。单通道的飞机由于空间的限制一般采取两舱构型，比如 B737－CL，B737－NG，B757 和 A320 系列(A319，A320，A321)普遍采用两舱布局，对于 B777 和 A330 等双通道飞机，对于不同的市场策略可以采取不同的构型布局。有两舱构型，也有三舱构型。

部分典型客舱构型布局参考数据如图 1－4～图 1－8 所示。

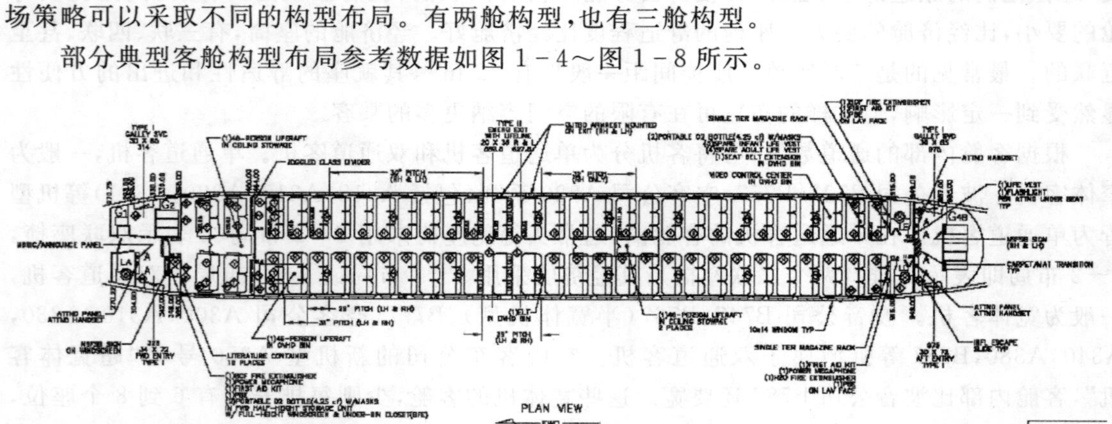
PLAN VIEW
8 BUSINESS CLASS – 38 IN. PITCH
170 TOTAL PASSENGERS
162 ECONOMY CLASS – 31 IN. PITCH

图 1－4　B737－300 全经济舱布局

	旅客人数	座椅间距
头等舱	8 人	38 in
经济舱	162 人	31 in

续图 1-4　B737—300 全经济舱布局

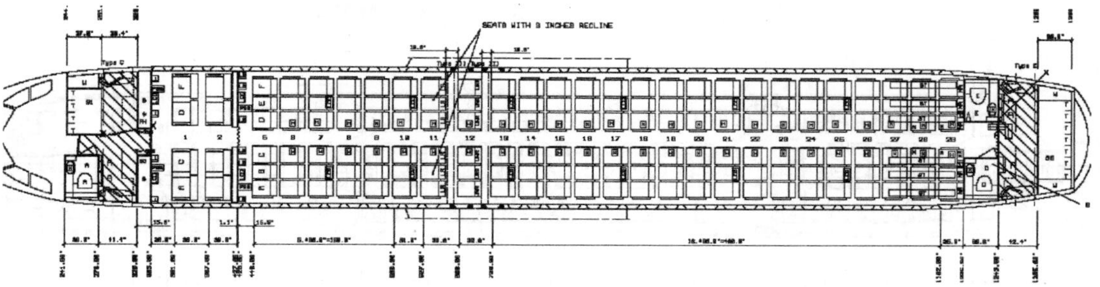

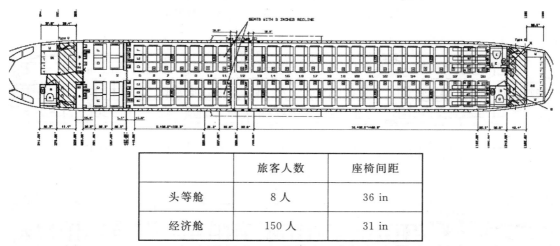

	旅客人数	座椅间距
头等舱	8 人	36 in
经济舱	150 人	31 in

图 1-5　A320 典型两舱构型布局

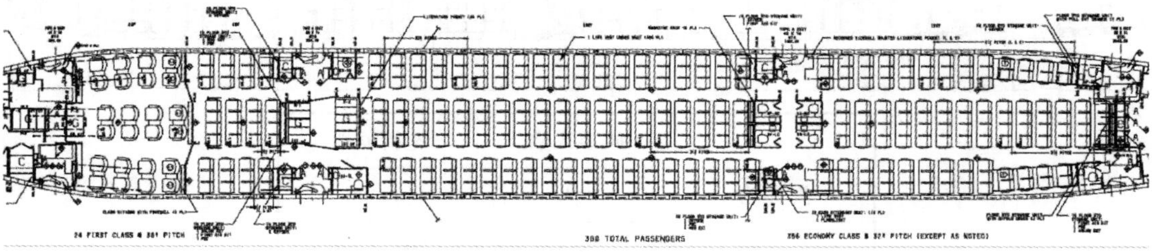

	旅客人数	座椅间距
头等舱	24 人	38 in
经济舱	356 人	32 in

图 1-6　B777—21B 典型两舱构型布局

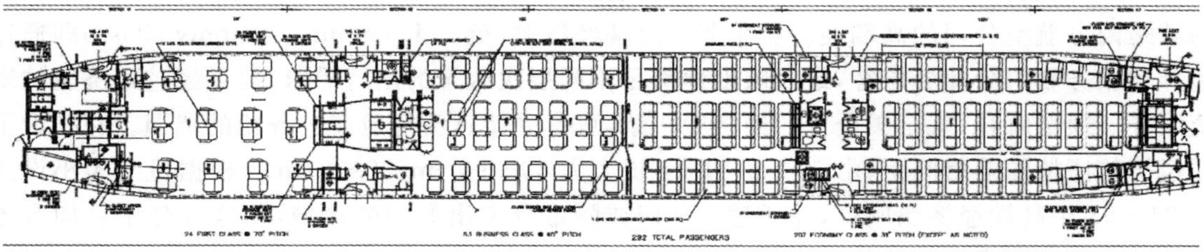

图 1-7　B777—21BGW 典型三舱构型布局

	旅客人数	座椅间距
头等舱	24 人	70 in
公务舱	53 人	40 in
经济舱	207 人	31 in

续图 1-7　B777－21BGW 典型三舱构型布局

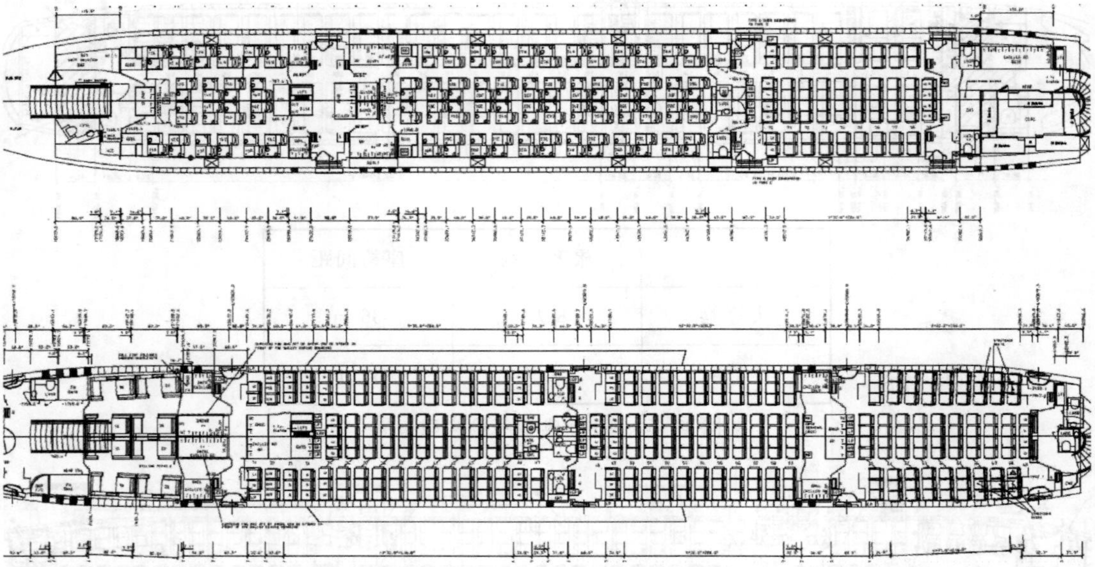

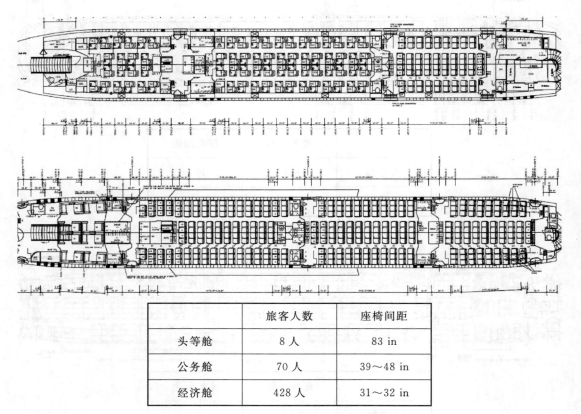

	旅客人数	座椅间距
头等舱	8 人	83 in
公务舱	70 人	39～48 in
经济舱	428 人	31～32 in

图 1-8　A380－800 三舱布局参考数据

3. 个性化构型

现在国内航空业快速发展，竞争激烈，各大航空公司服务同质化严重。为了体现差异化服务，满足不同层次需求的旅客要求，国内某些航空公司推出了个性化的旅行服务，其中代表性的就是南方航空公司的高端经济舱服务。高端经济舱(英文 Premium Economy Class)即通过差异化服务吸引公商务旅客，最大限度地满足不同层次旅客的出行需求，提供超越经济舱的增值服务。通俗解释，就是买全价的经济舱机票，可享受接近头等舱或公务舱的待遇。它扩大了原经济舱座椅的前后间距，由 79 cm(31 in)扩大为 89～94 cm(35～37 in)，根据机型大小设置了 24～53 个高端经济舱座位，并通过加装门或隔帘分离出专门的区域，使这部分旅客拥有更独立的空间和更宽敞的座位。高端经济舱有两大潜在客户群：一种是商务族，因其所在公司规定只能坐经济舱，不能坐公务舱或头等舱，而高端经济舱也是经济舱，因此不违规；另一种是经济条件较好的自费出行旅客，他如果选择高端经济舱的话，“花的是经济舱的钱，享受的是近乎公务舱的旅行体验”。高端经济舱提供的差异化个性化服务满足了不同旅客的需求，因此一经推出受到了市场的欢迎。

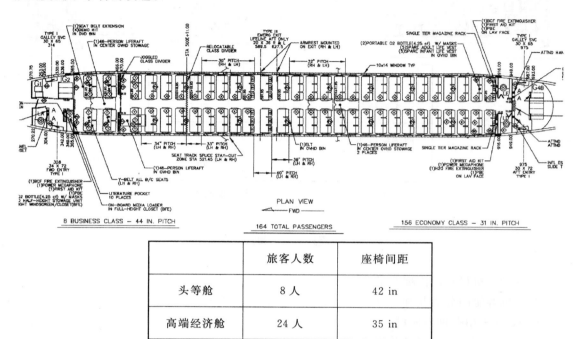

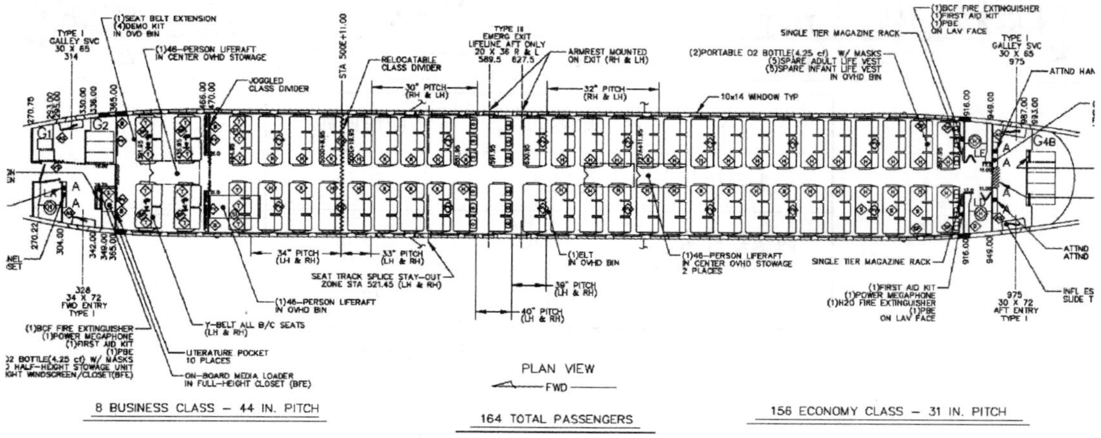
PLAN VIEW
FWD
8 BUSINESS CLASS – 44 IN. PITCH
164 TOTAL PASSENGERS
156 ECONOMY CLASS – 31 IN. PITCH

	旅客人数	座椅间距
头等舱	8 人	42 in
高端经济舱	24 人	35 in
经济舱	132 人	32 in

图 1－9　B737－800 高端经济舱构型

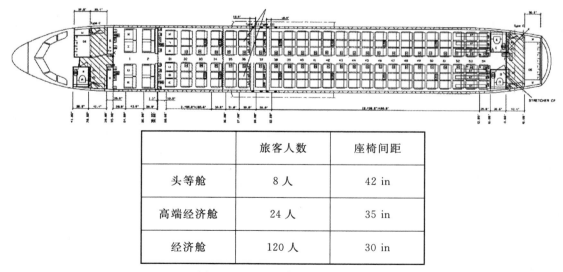

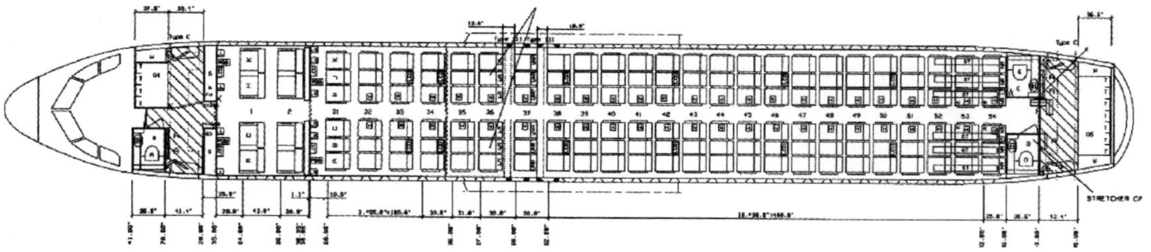

	旅客人数	座椅间距
头等舱	8 人	42 in
高端经济舱	24 人	35 in
经济舱	120 人	30 in

图 1－10　A320 高端经济舱构型

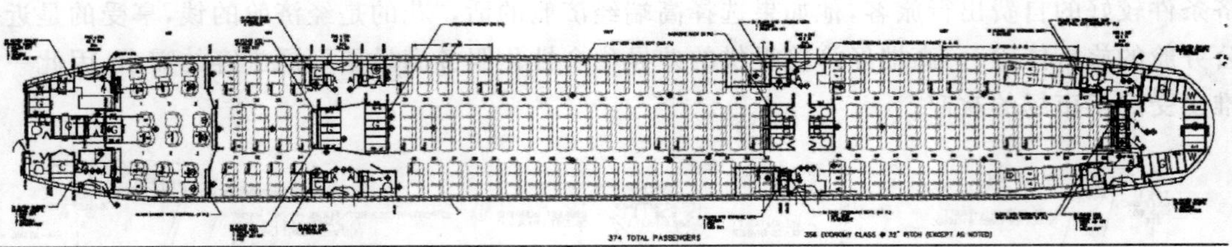
374 TOTAL PASSENGERS

	旅客人数	座椅间距
头等舱	18 人	60 in
高端经济舱	40 人	38 in
经济舱	316 人	32 in

图 1-11　B777－21B 高端经济舱构型

习　　题

1. 现代飞机机身段由哪几部分组成？
2. 飞机客舱门分为几种？分别叫什么？
3. A380 采用哪种界面设计方案？为什么？
4. B777－21B 两舱容量及座椅间距是多少？

第 2 章　飞机座椅的结构与维修

2.1　飞机座椅的结构、拆装和排故

在对客舱进行检修、特别是进行改装时，经常需拆卸、检查、维修并安装座椅。安装后的座椅还需用专门的设备对其进行测试。如测试椅背在受到一定垂直冲击力时，是否能安全地倒折下来；测量座椅之间的间距是否满足要求，座椅和上方的 PSU(Passenger Service Unit)旅客服务组件之间的位置是否满足要求等等。

早期的座椅结构比较简单，但其发展的趋势是结构越来越复杂，功能越来越多，舒适性越来越好。航空旅客座椅可按照座椅间距的不同和舒适程度的不同，分为头等舱座椅、公务舱座椅和经济舱座椅。座椅的基本结构相似，但通常前两种座椅有更好的舒适性，或附加了更多的功能。

2.1.1　飞机座椅的一般结构

飞机座椅一般可分解为扶手组件、靠背组件、小桌板组件、椅身组件、安全带组件、靠背倾斜调节装置、海绵垫、纺织品外罩套和杂物袋等(见图 2-1)。

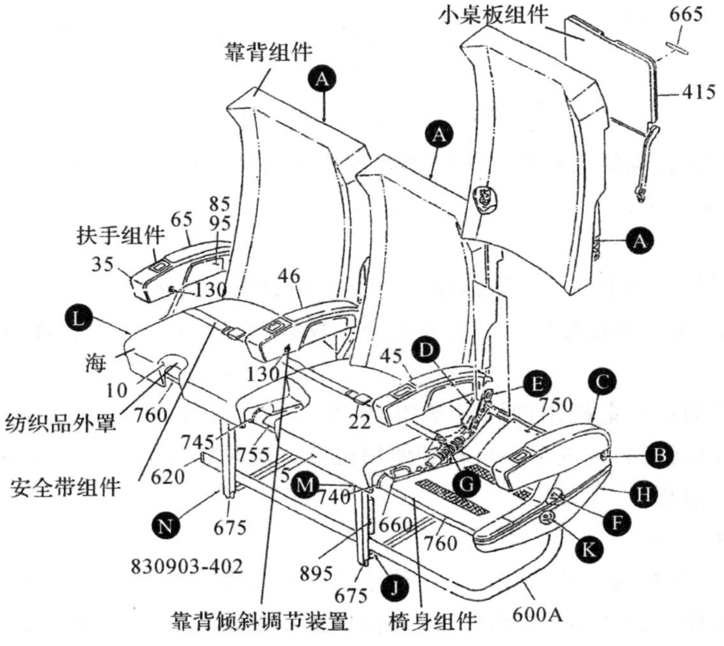
小桌板组件
665
靠背组件
415
A
A
A
85
65
95
扶手组件
35
130
46
L
海
45
D
10
130
E
C
750
纺织品外罩
760
22
B
745
755
G
H
安全带组件
620
M
740
F
N
675
660
K
760
830903-402
895
675
J
600A
靠背倾斜调节装置
椅身组件

图 2-1　WEBER 标准三座座椅的结构

1. 扶手组件

一般情况下，标准座椅中间的扶手设计成可被抬起，便于旅客进出。第一排的乘客座椅，因为前面再没有座椅椅背可装小桌板，因此，小桌板设计在扶手中，扶手是固定式的。应急门边的座椅，其靠近应急门一侧的扶手，直接装在应急门上，紧急情况下，可和拆下的应急门一起扔出去，防止它阻碍应急通道。

扶手结构由座椅扶手盖板、扶手装饰板、烟灰缸盖板、防撞条等部分组成。烟灰缸盖板上有可以取出的烟灰盒，烟灰盒夹在烟灰缸盖板内的两片弹性夹片内，便于取出清洁。目前许多飞机不设吸烟区，因此扶手上也不再装烟灰缸盖板（见图 2－2）。

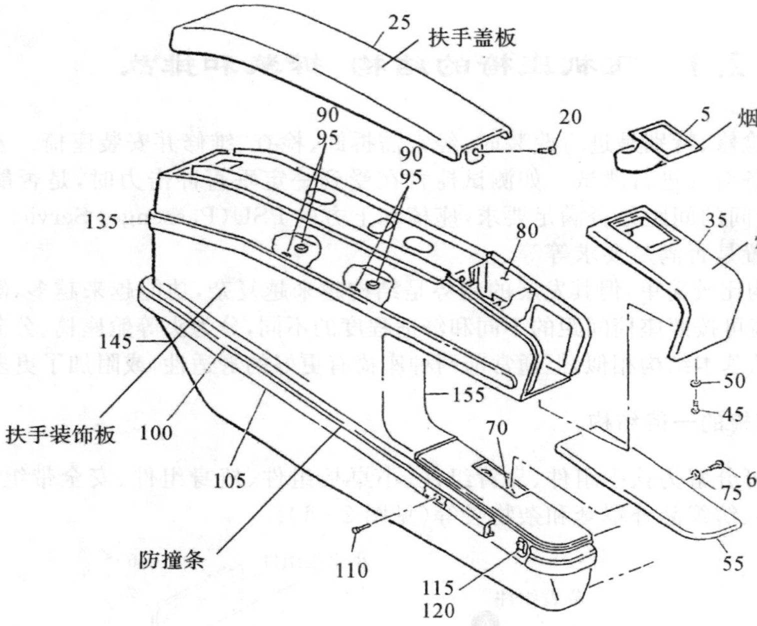
25
扶手盖板
90
95
20
5
烟灰缸
90
95
135
80
35
烟灰缸盖板
145
50
155
45
扶手装饰板
100
70
105
65
75
防撞条
110
55
115
120

图 2－2　座椅扶手分解图

扶手内侧还有靠背倾斜调整控制按钮和旅客控制组件（PCU），扶手结构内装有它的控制钢索和 PCU 的控制电缆。

2. 靠背组件

靠背组件主要是一块带孔的金属薄板。薄板两侧的支架每侧各有两个铰接点，一个铰接在座椅椅身结构上；另一个铰接在液压后靠锁上。这样，靠背可以通过靠背倾斜及调节装置，改变倾斜程度。

靠背上还装有固定小桌板用的固定锁扣，当收起小桌板时，小桌板组件就贴在靠背的背面，被锁扣锁定；旋转锁扣，可放下小桌板到使用位置。同时靠背组件上还安装有杂志袋弹簧，可供存放杂志或清洁袋。

3. 小桌板组件

如前所述，小桌板有两种基本形式。一种是装在座椅背后的小桌板；一种是折叠在扶手内的小桌板。装在座椅背后的小桌板组件较为简单，由小桌板和两根小桌板支撑杆组成。支撑杆的一端通过销轴和销套铰接在座椅结构上，其上的止动螺钉可控制支撑杆的转动角度；另一端也通过销轴和销套铰接在小桌板上。小桌板上有止动装置，限制桌板的转动角度。折叠在扶手内的小桌板较为复杂，结构上也略有不同。以 WEBER 厂家的座椅(件号:830901)为例:小桌板组件由空间上不同方向的几个铰接装置构成(见图 2-3)。首先，小桌板组件应能在扶手所在的垂直平面内转动，以便从扶手中取出。接着，小桌板要绕另一个方向的铰接点转动到水平位置。小桌板底下有滑槽结构，使得小桌板在水平位置上可以向前推。最后，如同翻开一本书那样，打开折叠的小桌板。两块小桌板是通过合页铰接在一起的。有的座椅甚至安装了可拆卸的桌板，平时存放于行李架上，在进餐时由乘务员发放到旅客手中，这种情况一般用在经济舱头排和应急门处的座椅上。

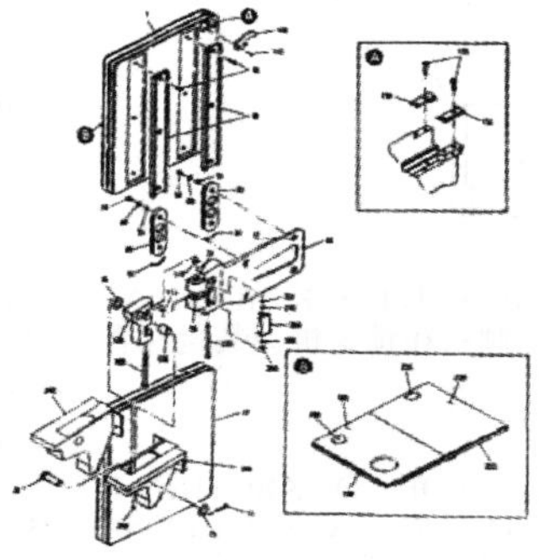

藏有可折叠小桌板的扶手组件

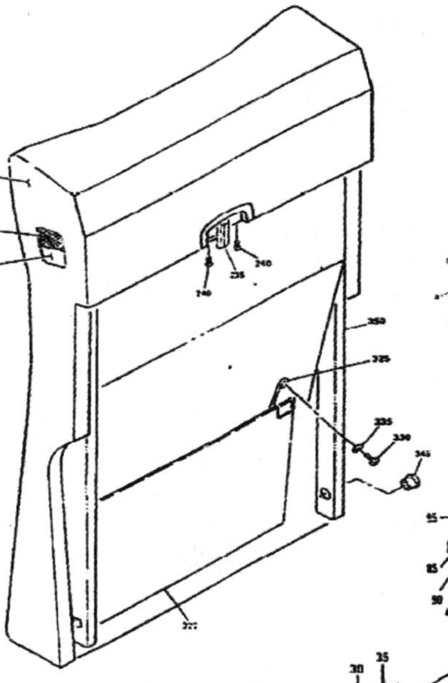

WEBER 座椅靠背的结构

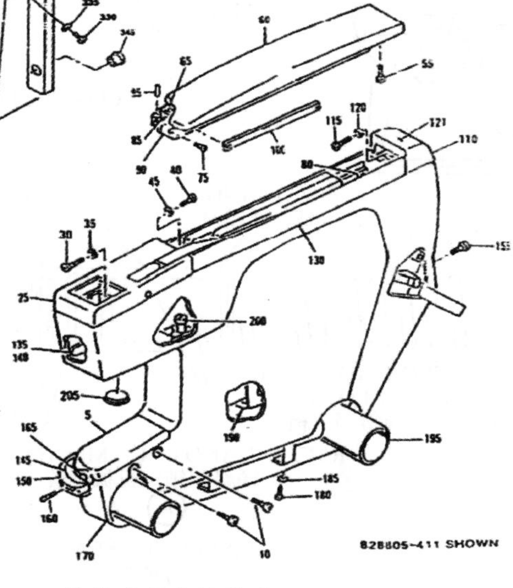
828805-411 SHOWN

图 2-3　经济舱头排座椅扶手

4. 靠背倾斜调节控制装置(又称液压后靠锁)

该机构由一液压作动筒、回复弹簧、套筒等组成。它的一端铰接在座椅椅身上，另一端铰接在靠背上。当乘客按下扶手上的靠背倾斜调整控制按钮并向后靠，按钮上的位移变动将通过钢索传递到座椅扶手下的倾斜锁定机构中。钢索传来的位移量顶开液压作动筒内的球形活门，回复弹簧被压缩，座椅靠背向后倾斜；当再次按下控制按钮，液压作动筒将释放回复弹簧，弹簧不再受压缩，座椅靠背回到正常的位置。

套筒中有 3 个槽位，一块 C 形夹片可以卡在不同的槽位上，这样，弹簧可以有 3 个不同的压缩行程，也就意味着座椅的靠背可以有 3 种不同的倾斜量。注意，靠背的倾斜量不是由控制按钮控制的，而是由维修人员事先将 C 形夹片卡在所需的槽位中确定的(见图 2－4)。

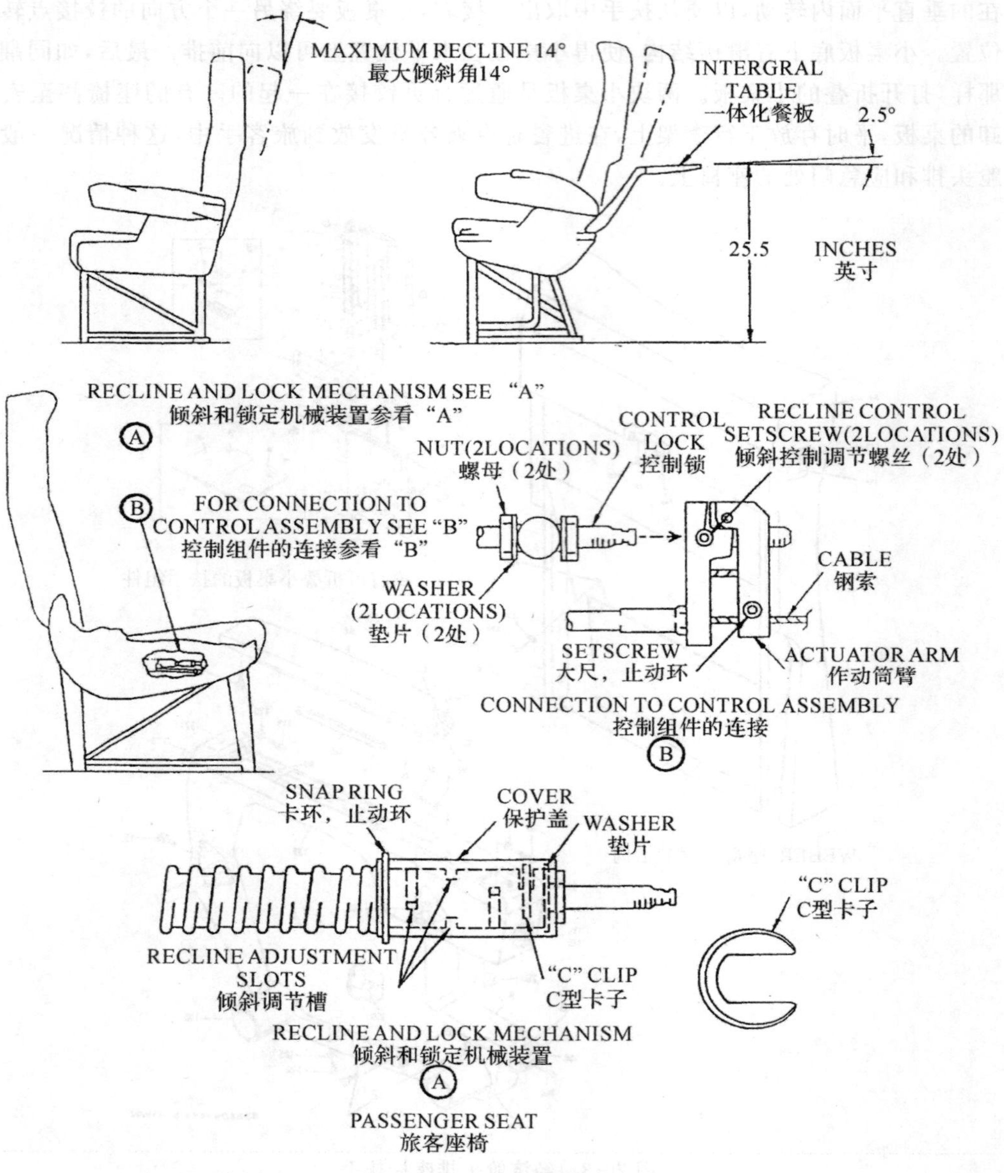
MAXIMUM RECLINE 14°
最大倾斜角14°
INTERGRAL
TABLE
一体化餐板
2.5°
25.5
INCHES
英寸
RECLINE AND LOCK MECHANISM SEE "A"
倾斜和锁定机械装置参看"A"
A
B
FOR CONNECTION TO
CONTROL ASSEMBLY SEE "B"
控制组件的连接参看"B"
NUT(2LOCATIONS)
螺母（2处）
CONTROL
LOCK
控制锁
RECLINE CONTROL
SETSCREW(2LOCATIONS)
倾斜控制调节螺丝（2处）
CABLE
钢索
WASHER
(2LOCATIONS)
垫片（2处）
SETSCREW
大尺，止动环
ACTUATOR ARM
作动筒臂
CONNECTION TO CONTROL ASSEMBLY
控制组件的连接
B
SNAP RING
卡环，止动环
COVER
保护盖
WASHER
垫片
"C" CLIP
C型卡子
RECLINE ADJUSTMENT
SLOTS
倾斜调节槽
"C" CLIP
C型卡子
RECLINE AND LOCK MECHANISM
倾斜和锁定机械装置
A
PASSENGER SEAT
旅客座椅

图 2－4　靠背倾斜调节控制装置分解图

5. 椅身结构

椅身结构由座椅椅面、支撑架、座椅腿等组成。

(1)座椅椅面。

座椅椅面可以是布的，也可以是薄壁金属的。布椅面通过套在其中的支撑杆连接到座椅支撑架上。薄壁带孔金属板的椅面，通过铆钉钉在支撑架上。椅面上缝有或铆接有尼龙阴阳扣带，和坐垫配合。

所谓尼龙阴阳扣带，英语中称 Velcro Tape(有的直译为“维可牢”)。其中一种带上带有小而密集的尼龙挂钩，称 hooker；另一种扣带上为毛糙的纤维，称 loop，两种扣带黏结在一起，配合使用。又可拉动其中的一条，和另一条分离，因此称为尼龙阴阳扣带，或尼龙刺黏褡裢。将两种扣带分别缝钉或黏结、铆接在不同的设施或物品上，物品就可以通过阴阳扣带的黏结连接在一起，又可方便地拆下来更换。因此，这种带子在飞机客舱内经常可见。

(2)支撑架。

黏性支撑架形成座椅椅身的主要结构，上面固定椅面，其下装了座椅腿导轨接头。不可轻易拆卸，拆卸后很难掌握支撑架之间的间距，间距的改变将会影响座椅的安装，因为飞机上滑轨梁的间距是不变的，且座椅支撑架在拆卸前经过长期的使用已有应力，产生微小形变，若对其进行拆卸，将会破坏固有的形变，使之在安装后很难与滑轨配合，不仅影响单张座椅的承载能力，还会影响整舱座椅的平齐度，产生虽然座椅能顺利装上飞机，但一张座椅凸出，一张座椅凹进的现象。

(3)座椅腿导轨接头。

座椅通过椅腿上的座椅导轨接头连接和固定在地板导轨上。座椅导轨接头有许多不同的设计，不过大同小异。前腿接头和后腿接头的构造又有所不同，其基本的原理见图 2－5。

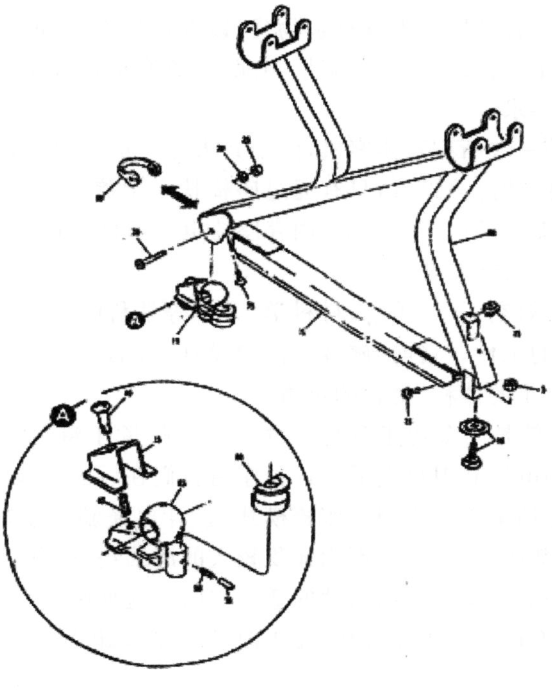
A
A

图 2－5　座椅脚安装图

地板结构上固定着座椅导轨，它是一条空心的带槽轨道。导轨上按一定间距(1 in)还开有较大的圆孔。前腿的接头上，有一个圆形的地脚螺栓(地脚片)，可以沿着座椅导轨上的圆孔伸入到导轨中，移动座椅，当地脚片和导轨上的圆孔未对齐时，前腿就不能从轨道中拔出。此时，再拧紧地脚片上方的防动环形螺母，把座椅前腿牢固地固定在导轨中。

座椅后脚接头上装有不同结构的锁定活柱(剪切销)，只有在正确的位置上才能很好地锁定座椅脚，以防止座椅在导轨中移动和跳出。前脚的功用是防止座椅的垂直运动和左右运动，后脚的功用是防止座椅在三个方向的运动，及前后、左右、上下的运动。在安装座椅脚时应按手册的要求打上力矩，因为座椅脚是整张座椅的承力结构，在飞机爬升的过程中得承受人体1～2 g的力，若不按要求打上力矩，将导致座椅松动、后仰，甚至后翻，给旅客的乘坐带来不安全的潜在因素。

6. 安全带组件

飞行中的颠簸大多是气流（湍流）所致。颠簸剧烈时，飞机会大起大落，一秒钟突然下沉二三十米。此时会产生失重，没有系安全带的人会被抛向机舱，直接撞到天花板上。因此，在设计飞机座椅时每个旅客座位都配有一副安全带，旅客安全带由两条腰带通过快卸锁连接而成。两条腰带的一端缝有挂钩，分别钩在座位两侧椅身结构上的耳状零件上。一条腰带的另一端缝有扣片；而另一条腰带的另一端装有快卸锁和腰带长度调节装置。每条安全带都应取得适航部门颁发的适航证才能装上飞机使用。安全带纺织材料应具有足够的强度和具有一定的阻燃性能，同时带身柔软，使用时具有舒适感，以满足适航的要求。

7. 海绵垫、纺织品外罩套和杂物袋

座椅坐垫和靠背垫，是由内部的海绵芯、阻燃纺织物材料、外罩套等组成。座椅坐垫的下表面缝有尼龙阴阳扣带，和座椅椅面上的阴阳扣带配合，椅垫就被黏在椅面上。靠背垫通过外罩套套在靠背结构上。靠背外罩套上缝有杂物袋，以存放安全须知、清洁袋、杂志等。靠背外罩套上也缝有尼龙阴阳带，与头罩套的阴阳带相配，头罩套可以经常拉下清洗更换。同样，这些材料也要满足适航的要求。

值得说明的是，目前一些新型宽体客机，由于其天花板的高度较高，坐在机舱中间的乘客不便直接去控制头顶的阅读灯等设备，只有通过座椅扶手上旅客控制组件的按钮来控制。这类座椅下方通常配备有专门的座椅电子盒，内存座椅电子组件（SEU）。

8. 航空座椅设计的一些新趋势

航空座椅的设计，集航空医学、美学、材料学、力学等学科的知识和其他高新技术为一体，是一项非常具有挑战性的工作。目前，旅客座椅的设计，有的向多功能型发展；有的在满足舒适性的要求之下，追求更小的体积、更轻的重量。

B777 头等舱的座椅就是向多功能型发展的一个例子，除了将驾驶舱座椅的电动操作用于旅客座椅外，还装有液晶电视和卫星电话。这种座椅我们在后面一节将作介绍。

A380 上的头等舱座椅突破了常规的座椅模式，设计出横躺式座椅。另外，国外的飞机座椅设计师提出了一些全新的观念，比如不用体积较大的海绵垫，椅背和椅面都使用新材料的帆布来制作，这样可使经济舱的座椅多出两寸的活动空间。这种座椅的椅面也可以翻折起来，便于旅客的进出。椅面前方还设计了充气垫，便于改善乘坐者腿部的血液循环。这些设计理念值得借鉴。

2.1.2 飞机座椅的拆装、修理、检测和排故

1. 飞机座椅的拆装

(1)专用工具和夹具。

在座椅的装拆工作中需要使用钩形扳手（通常直径为 34～36 mm 或 1.5 in），拧紧或松开座椅前腿接头上的防动环形螺母。

从飞机上拆下座椅组件后，推荐使用一种专门的夹具来固定座椅，它可以模仿座椅在飞机上的安装状态。这种夹具是一个导轨固定装置，便于座椅固定在其上进行分解、维修、组装和测试，并对座椅前后脚和点插头做好保护。其中电插头的保护应参照 CMM 手册或标准施工章节里提到的保护措施。要求的存放环境：有足够的空间，光线充足；地面光滑，结实；有115 V，400 Hz 电源。

(2)座椅的分解。

1)分解注意事项。

①分解前，先阅读所有的相关介绍和对应的分解图；

②禁止在地面上滑动的方法来移动座椅组件，否则会损坏导轨连接装置或安装表面；

③不要拆卸铆接组件或部件，除非它们损坏到需要用备件更换的地步；

④所有拆卸的组件或分组件在拆卸前应挂上标识，以便于组装，并避免装配错误；

⑤拆卸电子盒时，需要有可靠的防静电放电措施，接上的件要立即用防静电端盖把接头盖好，放入防静电袋中。

2)分解座椅的大致步骤。

①拆去海绵坐垫；

②拆卸安全带组件；

③拆除靠背上的装饰布罩；

④拆除靠背上的海绵垫；

⑤拆除小桌板和靠背；

⑥拆除液压后靠锁；

⑦拆除扶手，先拆除其上的装饰件，接着拆除防撞条，拆除扶手；

⑧拆除椅面，有的座椅允许将靠背、靠背垫、靠背外罩当成一个组件一起拆下来。

(3)清洁。

1)座椅的清洁剂。

座椅检查前，必须要进行深度的清洁，表 2-1 是常见的清洁用品。

表 2-1　客舱维修中常用的清洁用品

产　品	识　别	来　源
Stoddard 溶剂	联邦规范 P—D—860(2)	
甲基乙基酮	联邦规范 T—T—M261D	
洗涤剂		商业可得
棉毛巾		商业可得

座椅的清洁，按组成材料的不同可分为金属件和非金属件的清洁。在清洁时遇到的材料有：装饰材料（座椅罩和衬里）、碳酸酯 /工程塑料装饰件、金属件、乙烯塑料织物、皮革等。

对于金属件的清洁应注意：用 CMM 推荐的清洁金属油和油脂用清洁剂——异丙醇，乙醇，环保干性清洁溶剂；不要用钢丝擦清洗铝部件，钢丝擦会损害铝部件的氧极化层；不要用碱性清洁溶剂清洗铝部件，碱性清洁溶剂会引起铝部件损害。在清洁非金属件时，应注意：用 CMM 推荐的丁基酒精或水基清洁剂清洗非金属部件，其他清洁剂（例如：MIL－PRF－680

Type II or III)会损伤非金属部件。表 2－2 为座椅上不同部件上污物清洁时所使用的清洁剂,表 2－3 为具体污物的清洁。

表 2－2　座椅部件污物所用清洁剂

部　件	清洁剂
装饰件	异丙醇,乙醇,甲醇,白煤油,石油醚,庚烷,氟利昂 TF,中性皂和清水
金属污垢	中性皂和清水,环保干性清洁溶剂
金属表面油和油脂	异丙醇,乙醇,环保干性清洁溶剂
针织品	中性皂和清水
皮革	普通商业皮革清洁剂
塑料污垢	中性皂和清水,塑料清洁剂
PCU	异丙醇,中性清洁剂
油漆表面	异丙醇,中性皂和清水
双面胶(残留胶)	异丙醇

表 2－3　污物的清洁

污　物	清洁方法
啤酒	温水(最高 50 ℃)添加 3% 酒精
黄油,油,调味汁	酒精和全氯乙烯,如果仍然存在,先使用普通清洁剂再使用 5%氨水
口香糖	丙酮或全氯乙烯
巧克力	温水(最高 50 ℃)或添加 5% 氨水
咖啡,茶	洗发水和酒精,如果依然存在,使用 10% 氨水
鸡蛋	5%氨水 或酒精,然后使用洗发水
水果,食物	先用温水再使用洗发水
胶水,蔬菜汁	酒精或全氯乙烯,然后用水擦除
果汁,果酱	温水(最高 50 ℃),如果依然存在,使用酒精或全氯乙烯
蛋黄酱,番茄酱,芥末	10%氨水,全氯乙烯,然后使用洗发水

2)清洁时的注意事项。

①在使用特殊的清洁剂前,必须阅读,理解并服从所有的安全规范,这些规范包括厂家规范,材料的 MSDS 和政府的规范等。如果不遵从安全规范使用清洁剂会引起人员伤害或病害。材料的 MSDS 会给出材料的使用,保存或报废的规范。在清洗过程中小心不要吸进镉微粒或镉烟尘,这些镉微粒或镉烟尘会引起肺和肾疾病。如果在维修过程中会产生微粒或镉烟尘,要注意佩戴呼吸器,空气要流通。在清洗过程中小心不要吸进陶器纤维粉尘,陶器纤维粉

尘会引起癌症。不要用压缩空气吹包含有陶器纤维的部件。

②在清洗时员工要参考相关规范佩戴呼吸器,橡胶手套等劳动保护用品。

③在清洗螺纹部件时要确保螺纹部位的污染物。因为螺纹部位的污染物会影响螺纹件的完全检查,也会在螺帽上紧力矩时影响螺杆正确的拉紧。

④在用橡胶手套抓拿轴承时,要小心避免轴承跌落或敲打在硬表面。小心防止轴承受到污垢,灰尘或潮湿等会引起轴承损坏的污染。

⑤不要用钢丝擦清洗铝部件,钢丝擦会损害铝部件的氧极化层。

⑥不要用碱性清洁溶剂清洗铝部件,碱性清洁溶剂会引起铝部件损害。

(4)座椅的装配。

1)组装座椅的注意事项。

①组装前,所有部件都要依次完成清洁、检查和修理。

②在修理和更换任何损伤或磨损件之后,按批准的常规做法组装座椅组件,注意后面的细节说明。同分解座椅一样,推荐使用一个导轨固定装置支撑座椅结构。

③可参照图解零件目录中的零件分解图,以确定组件、分组件的零件位置、步骤、数量和识别,这些图解说明也相当于组装步骤指导。

④注意装配中对于配合与间隙的要求;注意对拧紧力(预紧力)有力矩值要求的螺栓和螺钉,拧紧时一定要按规定使用力矩扳手。使用力矩扳手前,确认计量合格证和有效期,没有合格证或者计量过期,都不能使用。

表2-4 不同紧固件对应的力矩值

Table 20011:SELF-LOCKING ELECTRICAL NUT TORQUE VALUES

自锁电子设备螺帽力矩值

STUD SIZE 接线柱尺寸	TIN COATED COPPER TERMINAL ON ALUMINUM 安装在铝材上面的镀锡铜接线片	
	MININUM 最小值	MAXMUM 最大值
10～32	28 in • lbs①	35 in • lbs
1/4～28	65 in • lbs	70 in • lbs
5/16～24	135 in • lbs	145 in • lbs

Table 2012:PLAIN ELECTRICAL NUT TORQUE VALUES

普通的电子设备螺帽力矩值

NUT SIZE	MININUM 最小值	MAXMUM 最大值
10～32	35 in • lbs	40 in • lbs
1/4～28	85 in • lbs	105 in • lbs
5/16～24	150 in • lbs	180 in • lbs

① 1 in • lbs=0.113 N • m

2)装配步骤。

座椅的组装过程和分解的过程相反。

2.飞机座椅的修理

(1)目视检查。

座椅的检查一般采取目视检查,可用强光和放大镜辅助检查,检查详细内容如下:

1)装饰件:检查是否有裂纹、表面缺陷和断裂,有无松动。

2)靠背套/垫、坐垫套/垫:检查座椅套是否有破损、磨损、勾丝的现象;座椅垫是否完好,有无凹陷、变形、破损。

3)救生衣:检查座椅救生衣是否在有效期内,如果过期,该救生衣必须送到相关专业车间进行翻修,过期的救生衣不能继续装机使用。

4)通信设备:通电检查座椅上各个按钮和对应功能的实现,例如:阅读灯的点亮,关闭,呼叫按钮,检查各个部件是否有破损。

5)安全带:检查安全带以及锁扣的状态,是否有腐蚀,连接是否牢固或者有无损坏,安全带锁扣必须能自由的转动并且被止动销限定;.检查所有螺纹件是否有滑牙或螺纹损坏,如果在一个螺纹上损坏超过50%即需要对其进行更换;检查安全带锁扣螺丝的力矩;安全带表面是否有污渍;根据供应厂商规范检查安全带。

6)桌板:检查小餐板及其连接硬件的状态,操作是否正常,有无歪曲,连接是否稳定或有无损坏;检查小餐板锁扣的状态;检查小餐板有无裂痕、划伤;根据手册里尺寸的要求目视检查餐板在收上位和展开位是否对齐,如果有必要则调节餐板组件的位置;检查所有螺纹件是否有滑牙或螺纹损坏,如果在一个螺纹上损坏超过50%即需要对其进行更换。

7)作动系统:通过操作扶手内的钢索按钮检查作动筒的操作是否顺畅,无卡阻,无空的行程;作动筒是否已紧固在座椅靠背上。

8)前后脚:检查座椅安装脚有没有裂纹,安装是否稳定,有无腐蚀或损坏;.目视检查所有螺纹件是否有滑牙或螺纹损坏,如果在一个螺纹上损坏超过50%即需要对其进行更换。

9)靠背板、坐垫板:对于铝制的座椅靠背板、坐垫板,应检查是否有裂纹,裂纹是否超标(厂家规定的范围),铝板周边的安装铆钉是否磨损、脱落;对于布制的靠背、坐垫,应检查布有无破损、勾丝、起毛边,特别是布与结构的连接处。

10)活动机构:检查各活动机构的运动情况,是否有卡阻、裂纹、零件丢失的情况。

(2)座椅的修理。

常见的座椅修理工作有靠背、坐垫铝板的裂纹修理,装饰件表面漆层的修理,腐蚀的修理,铆钉的更换,尼龙搭扣的更换等。

1)靠背铝板:在靠背铝板修理前,应测量裂纹的长度,看其是否超出厂家规定的损伤容限,如果靠背组件的裂纹都在图2-6所示的容限内,使用直径为1/8 in(3 mm)的钻头在裂纹的末端钻止裂孔,以防止裂纹扩展;如果靠背组件任一处裂纹超过图中所示的容限,更换靠背铝板。在钻完止裂孔后应在座椅靠背板上安装翼形加强板(见图2-7),防止裂纹进一步扩展和增加。

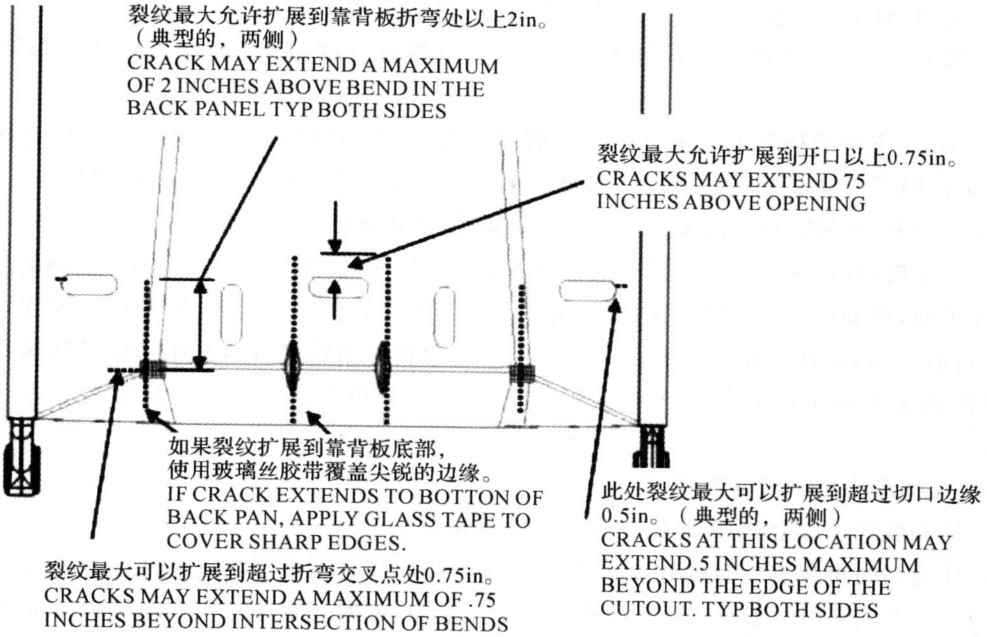
裂纹最大允许扩展到靠背板折弯处以上2in。（典型的，两侧）
CRACK MAY EXTEND A MAXIMUM OF 2 INCHES ABOVE BEND IN THE BACK PANEL TYP BOTH SIDES
裂纹最大允许扩展到开口以上0.75in。
CRACKS MAY EXTEND 75 INCHES ABOVE OPENING
如果裂纹扩展到靠背板底部，使用玻璃丝胶带覆盖尖锐的边缘。
IF CRACK EXTENDS TO BOTTON OF BACK PAN, APPLY GLASS TAPE TO COVER SHARP EDGES.
此处裂纹最大可以扩展到超过切口边缘0.5in。（典型的，两侧）
CRACKS AT THIS LOCATION MAY EXTEND.5 INCHES MAXIMUM BEYOND THE EDGE OF THE CUTOUT. TYP BOTH SIDES
裂纹最大可以扩展到超过折弯交叉点处0.75in。
CRACKS MAY EXTEND A MAXIMUM OF .75 INCHES BEYOND INTERSECTION OF BENDS

图 2-6　靠背铝板修理标准

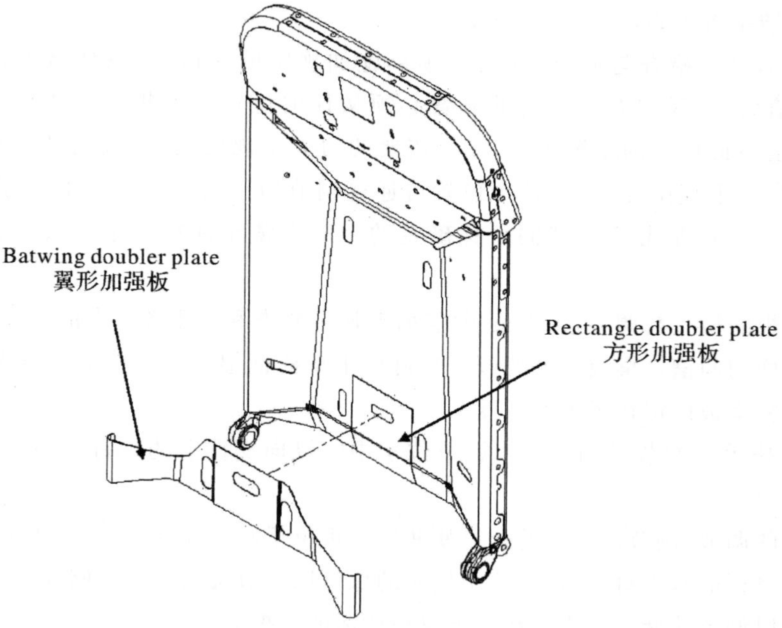
Batwing doubler plate
翼形加强板
Rectangle doubler plate
方形加强板

图 2-7　靠背板加强片改装

2)表面漆层：对于漆层划伤、破损区域直径不超过 1 in 的区域可进行修理，在喷漆时，应对修理区域的周边贴上保护胶纸，以免污染不需要喷漆表面，修理的方法和耗材应参考 CMM 手册里的要求。

3)腐蚀:对于没有伤及座椅主体的轻微腐蚀,可以采用P600目的砂纸打磨除腐,如果有需要可用P400目的或者更细的砂纸,打磨后应对修理表面进行防腐处理,如表面阿罗丁处理。

4)铆钉:座椅结构件上的铆钉不能有椭圆形孔,如座椅结构件上的铆钉松动或铆钉头脱落,必须按照下列要求予以更换:用小于铆钉直径的钻头钻出铆钉,去除铆钉时要用冲子,在同一孔位上装上相同的新铆钉(铆钉直径应小于孔径,避免磨损铆钉表面保护层)。

5)尼龙搭扣:尼龙搭扣用铆钉和黏合剂固定在结构件上,如果固定于结构件上的尼龙搭扣带需要更换,将铆钉钻出,使用丙酮从结构件上拆下黏接的扣带;在新的尼龙搭扣带背面涂胶黏剂,待胶干后,贴在金属件表面。在金属件上沿着扣带的长度方向按压扣带以确保黏接牢固;更换或去除垫子罩面上松动的尼龙扣带,然后用颜色与纤维相配的尼龙线和合适的针缝合。

3. 飞机座椅的检测和调节

座椅安装到飞机上时,还要做一系列的检测和调节。

1)座椅间间距和位置的检测:首先要确定第一排座椅到隔板等设施的间距,再确定其他座椅的位置。在安装时一般允许有1 in的误差。安装时,有时还要注意检查座椅和头顶PSU面板的相对位置。

2)地板导轨接头的检查与调节:检查座椅在轨道上的固定情况,检查椅腿与飞机地板导轨的连接装置安装是否正确,连接是否松动。

3)翻折和后靠的检查与调节:在后靠顶部施加规定的测试力(具体数值需要参照厂家资料,大致数值为30 N左右),所有的靠背必须从任何位置向前折叠。如果需要的力小于规定的值,拧紧转折板上的摩擦螺栓,如果需要的力大于规定的值,放松转折板上的摩擦螺栓。通常,靠背在垂直位置15°。这个位置可通过调节用于固定后靠锁的锁紧螺栓来达到。座椅靠背的后靠范围是由后靠锁的行程确定的。后靠锁允许在最小和最大行程范围内进行调节。

4)后部桌板的检查与调节:检查桌板的功能、服务状态和在服务状态的高度。桌板应能正确放入靠背后面的凹槽。桌板高度的调节螺钉位于桌椅框架上。两个桌板臂由螺钉固定,调节这个螺钉可将桌板设定在正确的高度。

5)可折叠扶手的调节:抬起扶手,调节位于中间纵向支撑上的螺钉以使扶手达到希望的高度。

6)小桌板的调节:调节铰链处的螺钉使两块桌板位于同一高度;调节位于桌板支撑上的螺钉以调节整块桌板的水平对正;调节位于接头的螺钉以调节桌板的对正储存处;调节位于桌板支撑上的螺钉以调节从储存处提起或放下桌板所需的摩擦力。

4. 飞机座椅常见故障和排故方法

座椅组件的常见故障和排故方法列于表2-5中(由于每一种座椅在构造上,特别是调整方式上都有差别,表中的排故方法仅作参考)。

表 2－5　座椅组件的常见故障和排故方法

故障现象	故障原因	排除方法
1. 椅背操作		
A. 后靠控制按钮不工作或靠背开锁失效	(1)装在扶手内侧上的控制按钮损坏	更换操纵组件
	(2)靠背操纵钢索折断	更换操纵组件
	(3)液压锁调节失常	调节液压锁
	(4)操纵钢索松弛	重新紧固操纵钢索
B. 靠背锁不住，或当按下后靠操作按钮靠背不能复原	(1)液压锁折断或损坏	按需更换后靠控制组件
	(2)连杆与靠背松开	拧紧连杆与靠背
C. 轻推靠背即向前折叠	(1)靠背调节失常	检查和改正靠背调节
	(2)后转折板失效	目视检查或更换转折构件
2. 地板导轨接头		
A. 地板导轨内的座椅组件松动	(1)锁机构磨损或损坏	目视检查损坏件并按需更换
	(2)防动装置松动	拧紧
B. 导轨内椅腿松动	(1)椅腿内的螺柱伸出太长	调节螺柱
	(2)松动	拧紧
3. 餐桌板操作		
A. 餐桌板锁定失效	(1)锁销折断或损坏	修理或更换损坏断裂的锁销
	(2)顶丝调节不当	正确调节顶丝
B. 放下餐桌板达不到正确的位置	(1)顶丝调节不当	正确调节顶丝
4. 扶手操作		
A. 折叠扶手不能正确提起或放下	(1)摩擦螺柱调节不当	纠正摩擦力
5. 扶手内食品桌操作		
A. 餐桌板不能放入扶手内	(1)位于接头上的螺钉调节不当	适当调节螺钉
B. 餐桌板不在水平面内	(2)顶丝调节不当	适当调节顶丝

2.2 头等舱和公务舱座椅的结构

2.2.1 头等舱座椅

一般头等舱的座椅为双联座的。由于间距较远，头等舱座椅采用了折叠方式并储藏在外侧扶手内的餐桌板。中间的扶手很宽，有的在此设计了附加小桌板。这里将介绍几款品牌为CONTOUR，RUMBOLD和SICMA的分别用于A330，B777和A380的头等舱座椅。其功能与构造复杂，充分体现了大型客机内部设施的复杂性与先进性。

在A330上用的CONTOUR座椅(P/N:S29013－001－00X)，该座椅为全新的豪华平躺式座椅(180°展开)，不但具有绝佳的舒适度，且具备功能齐全的个人办公辅助设备，包括卫星电话和座椅电源等，每个座椅造价高达100万元人民币。A330飞机拥有“空中最安静客舱”声誉。该机拥有独一无二的4座超豪华头等舱豪华座位宽敞而舒适，并注重保护隐秘性，座位上的19.7 in高清液晶屏和60 cm×40 cm的小桌板都属于国内最大。座椅上还有电脑电源，可以在飞机上办公(见图2-8)。

座椅的控制由3个马达和作动筒完成。基本控制逻辑：

1)PCU将信号传送到ECU，ECU对三个作动筒，进行控制；

2)调节座椅靠背前，ECU先通过接口组件驱动电磁阀解锁。

ECU电源由ISPC提供，同时ISPC还提供IFE的电源和手提电脑电源。TTL电磁锁用于锁定座椅在TTL位，共2个，在操作时应注意：

1)先解锁后，才能通过超控钢索移动座椅；

2)更换时，将座椅整个拆下，才能接近。

人工超控目的：预防座椅电动失效，准许勤务人员对座椅进行手动操作，座椅将被设定到TTL姿态(起飞Take off ，滑行Taxi，着陆Landing姿态)。注意：当座椅被设置到直立姿态(直立姿态与TTL姿态是同一姿态)时，座椅侧边的TTL灯会亮起。

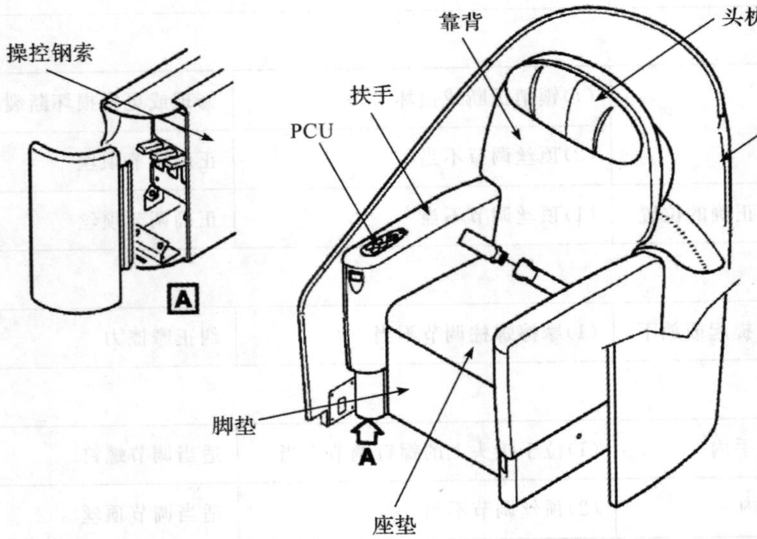
操控钢索
A
靠背
头枕
扶手
PCU
围板
脚垫
A
座垫

图2-8　A330豪华头等舱座椅

B777 上选装的 Rumbold 头等舱座椅，不但所占空间大，座位宽敞，还有许多其他的功能(见图 2-9)

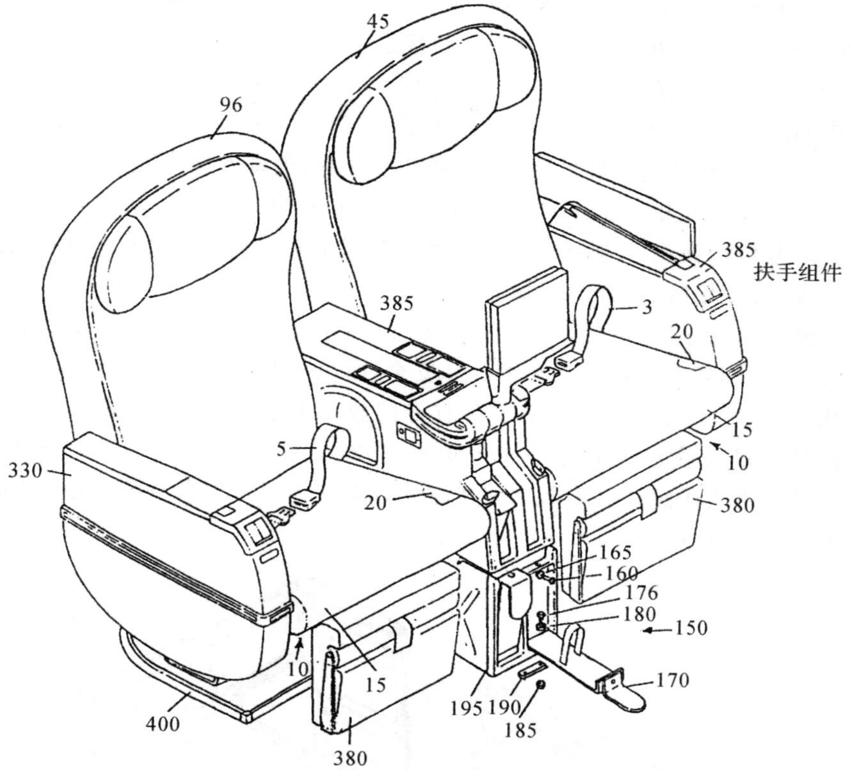
45
96
385
扶手组件
385
3
20
15
10
330
5
20
380
165
160
176
180
150
170
10
15
195
190
185
400
380

图 2-9　B777 公务舱座椅

首先，它不但有向后靠的靠背，还有能够伸出并抬升的两级腿靠板和垫脚板，使旅客能半仰卧在座椅上。这些操作由两台电动机驱动，当电动设备出现故障时，也可改为手动操作。除了座位外侧扶手中的餐桌板，由于中间扶手比较宽，所以在中间扶手上还设计了附加的小桌板，可以放饮料杯。头等舱座椅扶手上有烟灰缸.

B777 头等舱座椅最精彩的设计是它带有可收起的液晶电视和卫星电话。其液晶电视屏幕平时收在中间扶手小桌板的下面。用时可旋转出并翻转到乘客的面前。虽然在 B777 上所有的座位都可看到液晶电视，但能收到节目的多少是不同的，B777 的娱乐系统划分了区域。头等舱座位有最多的节目选择。在头等舱座椅扶手上，装有旅客控制组件(PCU)，旅客通过控制旅客控制组件面板上的按钮，就可以进行选频道，调音量等的操作。控制装置后部的一些按钮，是用来玩电子游戏的。这些功能是通过“机内娱乐”(IFE)装置和相关的电气设备实现的。

旅客控制组件面板上还有按钮用来控制头顶阅读灯和呼叫乘务员。在 B777 客舱内，由于其客舱天花板较高，旅客不便直接控制头顶的电子组件，所以必须按压旅客控制组件 PCU 上相应的按钮，将信号传给座椅电子组件 SEU，再传输到区域管理组件 ZMU；区域管理组件将信号处理后，发出相应的控制指令，再传至头顶电子组件 OEU，由头顶电子组件点亮这位旅客的阅读灯或呼叫灯。事实上 B777 所有的座椅都配备有座椅电子组件。卫星电话收在中间座椅扶手的皮扶手盖板下，用时打开盖板，将其拉出。座椅上另有手提电脑的插孔，用于检测和维护。

在中间扶手的液晶电视下，储存有救生衣。座椅底部附近的区域上，有用快卸装置固定的盖板，如果内部的电机有故障，可打开这些盖板接近并进行维修。

A380 上的豪华头等舱座椅（见图 2－10），在南方航空公司选购的 A380 头等舱中有 8 个专属私密空中厢阁，分列两排。每个包厢前后间距 2.08 m(82 in)，高 1.52 m，设有推拉门，空间独立，私密性更强。相邻包厢间的隔离屏，可自由升降，电动座椅可根据不同需求调节到不同角度，180°放平时，可成为一张长 2 m(80 in)、宽 83 cm(33 in)的床，保证了旅客在空中的舒适性。一键式的复位按钮能将座椅从睡姿迅速调整到坐姿。拥有 6 种模式的情景灯光，营造特定的客舱氛围，模拟用餐、睡眠等情景。

座椅上有密码锁行李柜，取代了顶部行李架，减少了头顶的压迫感，也提供了更充裕的行李空间，并增加了行李或衣物存放的私密性和安全性。USB 接口及座椅电源插口更可满足您办公及个性化娱乐的需求。陪座/脚垫下还有专门放置鞋子的抽屉，让鞋子存放更加整洁方便。最先进的机上娱乐系统，打造了空中视觉盛宴，23 in 的纯平液晶电视配合高保真降噪耳机提供高品质的空中娱乐感受。全数字式机载娱乐系统提供全舱音/视频点播服务，可供应超过 600 h、节目容量高达 1 000 G，1 200 个以上栏目节目。

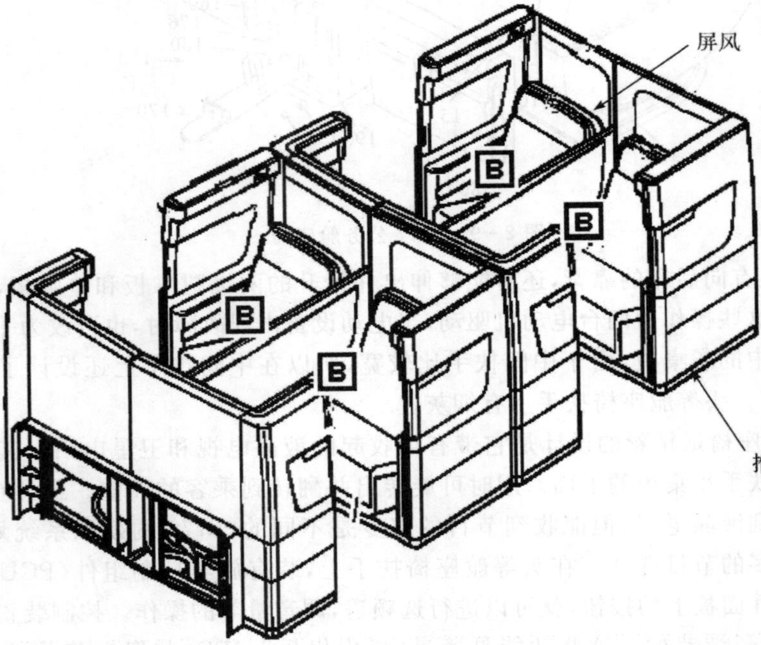
屏风
B
B
B
B
推拉门

图 2－10　A380 豪华头等舱座椅

2.2.2　公务舱座椅

公务舱座椅主要由铝合金骨架，座椅垫，装饰件，娱乐系统，电动作动系统，脚支承踏板组成。和普通舱座椅比较，公务舱座椅有可靠的安全性，尺寸相应增大了将近 50％，视觉和感觉都非常舒适。另外在功能上，增加了脚承托的结构，娱乐系统使用个性化点播等等，都使公务舱座椅的舒适性大大提高。在座椅维护手册中有测试和故障隔离章节，介绍具体件号座椅的测试和故障隔离，一般导致座椅不能正常工作的原因有作动筒旅客操纵组件故障等。这里将通过分析 A330 型客机上所使用 CONTOUR 座椅（P/N：S37113－001）不能平躺的故障案例，来了解公务舱座椅。

1. 公务舱座椅的结构

公务舱座椅主要由以下部件组成：头枕、靠背、腿垫、安全带、侧边扶手、中间扶手、小桌板、PCU 控制组件、阅读灯、后部围板、救生衣盒、电脑盒、杂物盒、钢索超控组件等（见图 2－11）

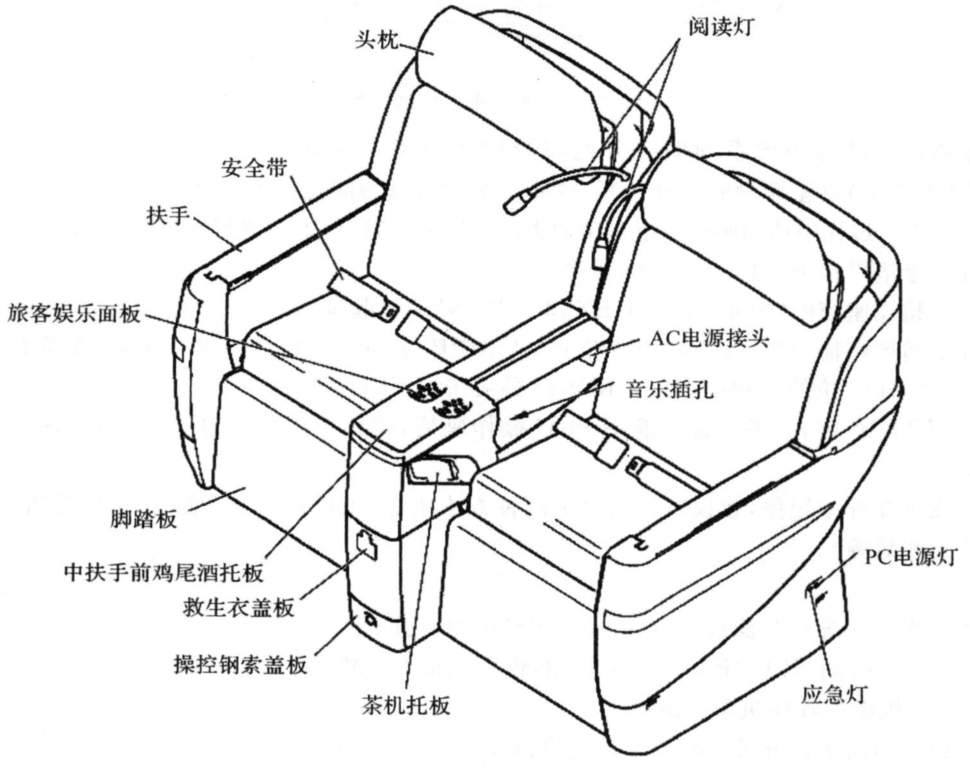
头枕
阅读灯
安全带
扶手
旅客娱乐面板
AC电源接头
音乐插孔
脚踏板
中扶手前鸡尾酒托板
救生衣盖板
操控钢索盖板
茶机托板
PC电源灯
应急灯

图 2－11　公务舱座椅

2. 公务舱座椅的操控

座椅的操控可分为自动操控和人工操控。自动操控可通过操作 PCU 面板（见图 2－12）的按钮进行控制，长按某一按键，直到相应部件到达想要的位置；人工操控可由人工操控面板操控按钮进行，控制座椅从完全“BED”位至“TTL”位的操作顺序。

1）拆除座椅垫接近人工超控面板如图 2－13 所示。

2）拉住“LEGREST”超控钢索并操作 LEGREST 至约 45°位。

3）拉住“FWD/AFT”超控钢索并往里推动座椅直到电磁锁在锁住位。

4）拉住“FWD/AFT”超控钢索并往外拉座椅确保座椅不能移动。

5）拉住“LEGREST”超控钢索并操作 LEGREST 至放下位。

6）恢复拆下的座椅垫。

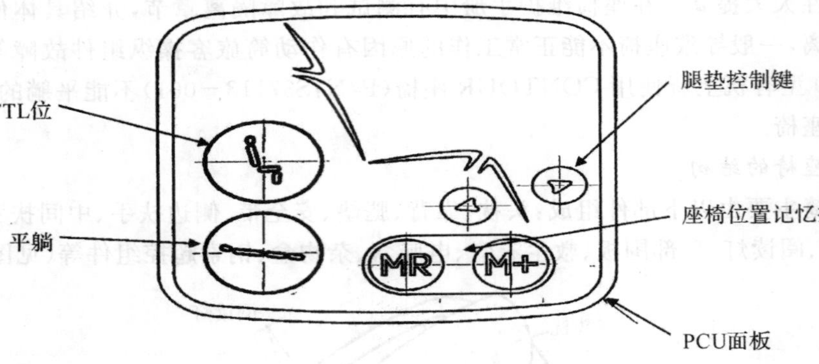

TTL位
腿垫控制键
座椅位置记忆控制键
平躺
MR
M+
PCU面板

图 2-12　公务舱座椅控制面板

在座椅使用过程中此系列的公务舱座椅的故障集中表现为：电控时座椅无法展开至"BED"位（平躺位）或座椅只能展开一半，故障发生的特点为间断性重复性。

如果在飞行过程中遇到座椅放下一半而无法收回的，请按以下步骤把座椅收至"TTL"位 。

1）拆下坐垫以接近座椅人工超控钢索。

2）人工超控座椅的"FOOTREST EXTENSION"至收起位。

3）人工超控座椅至"TTL"位（直立位）。请参考附录的人工超控步骤。注意：在所有人工超控座椅至"TTL"位的过程中，"LEGREST"必须在约 45°位。

4）在"TTL"位时，如果还是不能用 PCU 操作座椅，建议机组停止进一步工作，保留座椅至"TTL"位。

如果飞机在外站短停，建议机组按以下两种方法执行 ECU 的重置（通过 ECU 重置，可以自动消除一些故障）。

方法 1：

1）按压娱乐系统控制面板处的"PAX SYS"按钮，切断座椅电源输入。

2）至少 1 min 后，按压"PAX SYS"按钮，恢复座椅电源输入。

方法 2：（机组可呼叫机务完成）

通过拔如图所示跳开关（MCU2）并复位以实现 ECU 的重置。

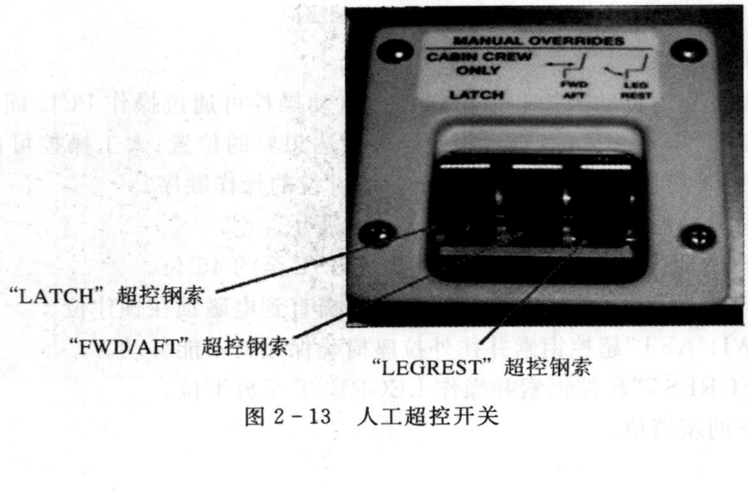

MANUAL OVERRIDES
CABIN CREW ONLY
LATCH
FWD AFT
LEG REST
"LATCH" 超控钢索
"FWD/AFT" 超控钢索
"LEGREST" 超控钢索

图 2-13　人工超控开关

B787 的公务舱座椅(见图 2－14)与 A330 的头等舱座椅类似,都是 CONTOUR 座椅厂家生产的豪华座椅,B787 的 S33108－001 系列座椅(AURA 商务系列)增加了腰部按摩器,可以减小旅客在飞行时的劳累,按摩器由上下两部分气囊、充气管和气泵组成。座椅同样有人工操控杆,但更人性化的是,在操控杆旁边附上了使用说明,方便机务和机组人员操作。一张座椅一个 ECU,不同于 A330 的一张座椅两个 ECU(主 ECU,从 ECU)。

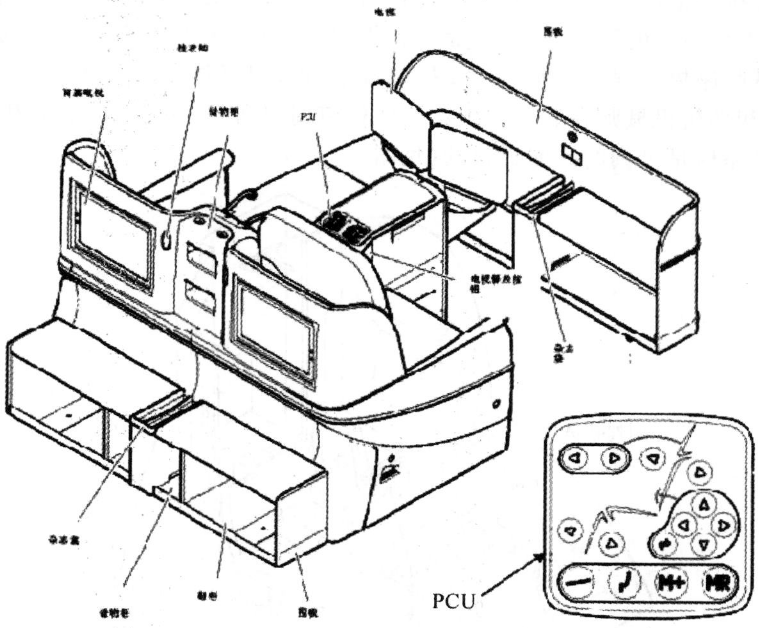
PCU
M+
MR
PCU

图 2－14　B787 头等舱座椅

B787 座椅按摩气垫和气泵的拆除。气垫有上下两块气囊组成,并分别由四颗螺丝紧固,只需拆下这四颗紧固螺丝便可,不需要拆除整个座椅靠背。拆除气泵:

1)断开电源线和接地线 ;

2)将两个气管拉出;

3)松掉 4 颗气泵的固定螺丝。

B787 AURA 商务系列座椅采用 SeatNetTM ADVANCED 软件进行排故,SeatNet 系统为 Messier－Bugatti 公司开发研制的使简单的旅客座椅作动筒成为智能的、完善的电子座椅管理系统部分。该系统具有以下优点:系统包括一个 110 V 的变流器,为旅客提供方便。系统还包括一个读出信息选择,可迅速掌握系统的工作状况。任何反常状况都被显示在与电子控制器连接的液晶屏上。更多的详细信息可通过连接的电脑显示,有利于例行维护和尽快发现故障。每个作动筒都可快速独立拆除。每对座椅都有一个独立的电子控制器,使得电力供应与电子控制相结合。电子控制器装有液晶显示屏,用于显示读出信息,同时有一个插头与电脑相连。SeatNet 系统可通过控制系统直接下载,并随着座椅结构的变化而改动或升级。

2.3 驾驶员座椅

较早期的飞机，机组人员较多，有机长(正驾驶员)、副驾驶员、领航员、报务员(通讯员)和随机机械师。后来逐渐减为三人，他们是机长、副驾驶员、随机机械师。

目前一些飞机上采用的是2人制机组，即机长和副驾驶员，为留有一定余地，还设了观察员。所以，现代大型飞机的驾驶舱内，一般设有正驾驶座椅、副驾驶座椅、观察员座椅，有的还保留有随机机械师座椅。驾驶舱座椅的安排一般是：正、副驾驶员并排，机长在左方，副驾驶员在右方，观察员和随机机械师在后方。观察员座椅有时又分第一观察员座椅和第二观察员座椅。通常观察员座椅是可调的或能折叠的(见图2-15)。

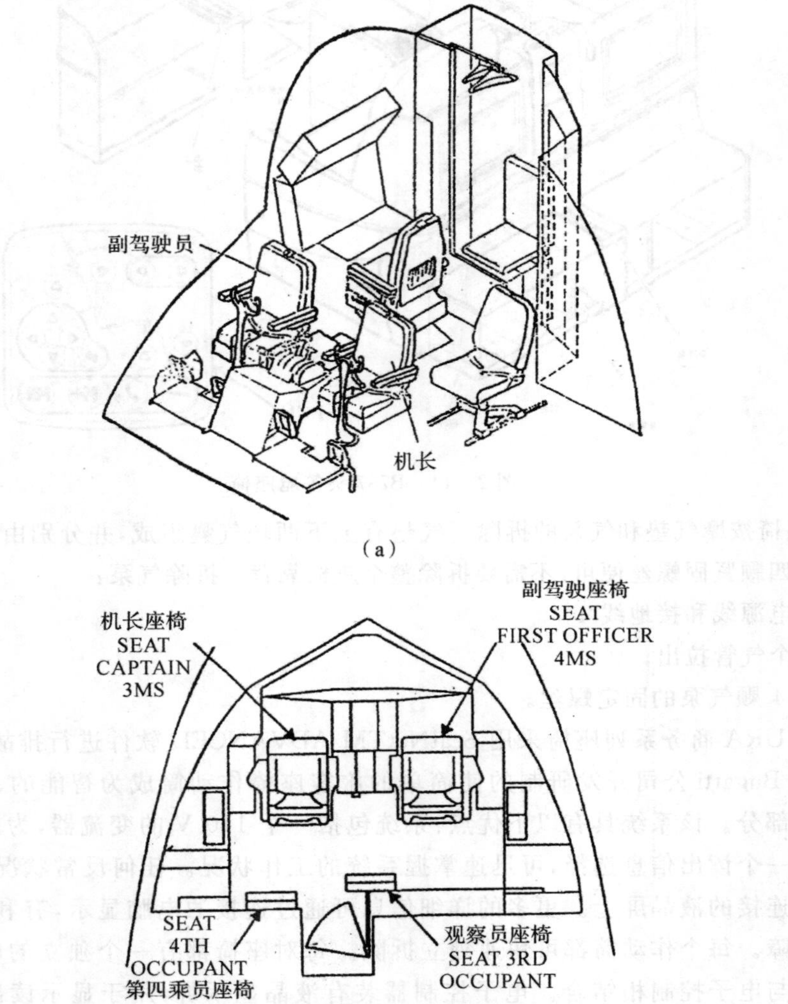
副驾驶员
机长
(a)
副驾驶座椅
SEAT
FIRST OFFICER
4MS
机长座椅
SEAT
CAPTAIN
3MS
SEAT
4TH
OCCUPANT
第四乘员座椅
观察员座椅
SEAT 3RD
OCCUPANT
GENERAL SYSTEM PRESENTATION
(b)

图2-14　B767驾驶舱座椅的布局及A320的驾驶舱布局

(a)B767驾驶舱座椅的布局；(b)A320驾驶舱座椅的布局

2.3.1　驾驶员座椅的结构

驾驶员座椅主要由椅背、椅面、底座、调节机构、安全带和座椅轨道等部分组成。

由不同的厂家提供的驾驶员座椅，在外形和构造上存在一定的差别(见图 2 - 16 及图 2 - 17)。

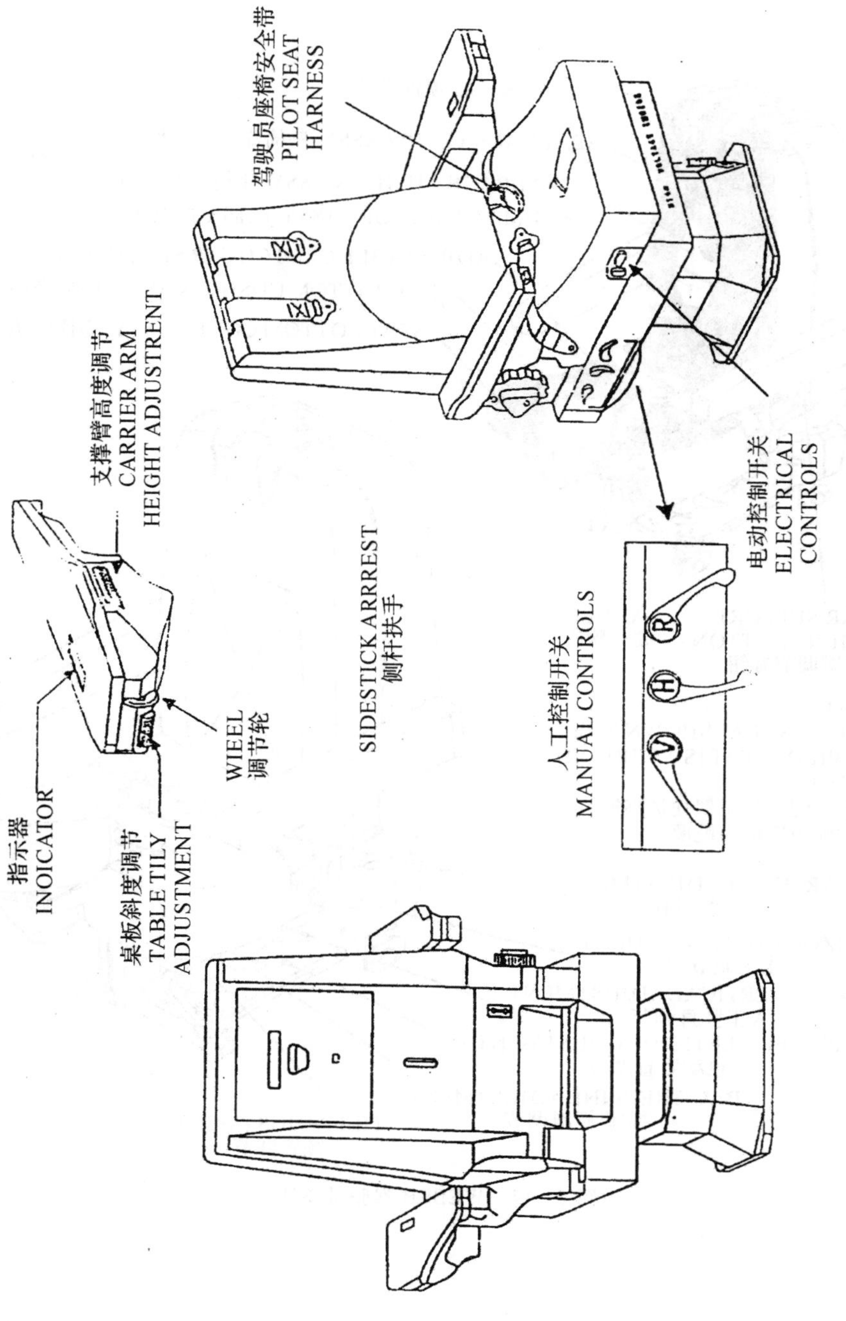
驾驶员座椅安全带
PILOT SEAT
HARNESS
支撑臂高度调节
CARRIER ARM
HEIGHT ADJUSTRENT
SIDESTICK ARRREST
侧杆扶手
人工控制开关
MANUAL CONTROLS
电动控制开关
ELECTRICAL
CONTROLS
WIEEL
调节轮
指示器
INOICATOR
桌板斜度调节
TABLE TILY
ADJUSTMENT

图2-16　A320机长和副驾驶座椅

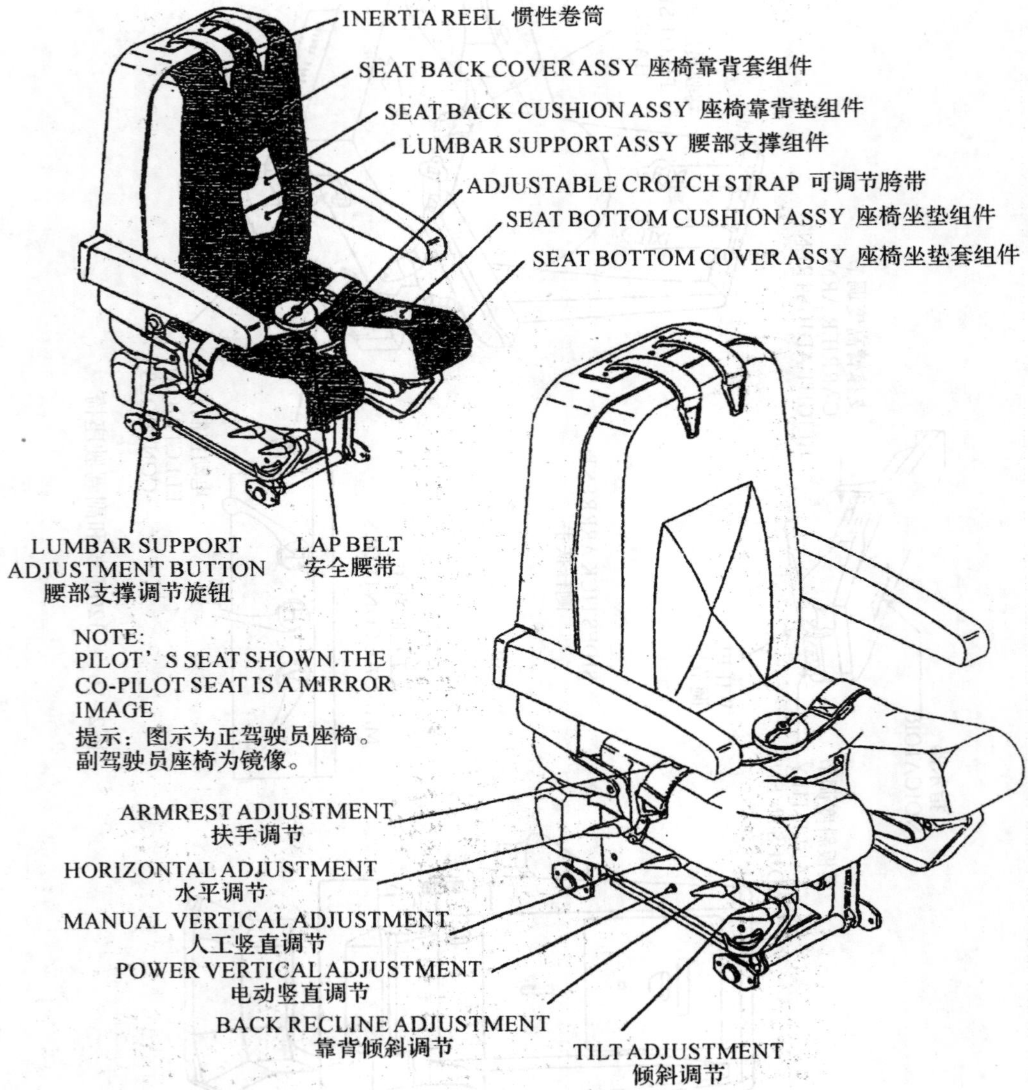
INERTIA REEL 惯性卷筒
SEAT BACK COVER ASSY 座椅靠背套组件
SEAT BACK CUSHION ASSY 座椅靠背垫组件
LUMBAR SUPPORT ASSY 腰部支撑组件
ADJUSTABLE CROTCH STRAP 可调节胯带
SEAT BOTTOM CUSHION ASSY 座椅坐垫组件
SEAT BOTTOM COVER ASSY 座椅坐垫套组件
LUMBAR SUPPORT ADJUSTMENT BUTTON 腰部支撑调节旋钮
LAP BELT 安全腰带
NOTE: PILOT' S SEAT SHOWN.THE CO-PILOT SEAT IS A MIRROR IMAGE
提示：图示为正驾驶员座椅。副驾驶员座椅为镜像。
ARMREST ADJUSTMENT 扶手调节
HORIZONTAL ADJUSTMENT 水平调节
MANUAL VERTICAL ADJUSTMENT 人工竖直调节
POWER VERTICAL ADJUSTMENT 电动竖直调节
BACK RECLINE ADJUSTMENT 靠背倾斜调节
TILT ADJUSTMENT 倾斜调节

图 2－17　WEBER 驾驶员座椅

本书以 IPECO 公司生产的驾驶员座椅(座椅件号:3A201－0007 和 3A201－0008 系列)为例,简单介绍一下它的结构与功能。这个型号的驾驶员座椅能够进行前后、上下的调节,既可以是电动控制,也可是手动超控控制;还可以做倾斜调节;座椅靠背垫可单独进行升降和倾斜的调节;椅面的角度也可单独改变(见图 2－18)。

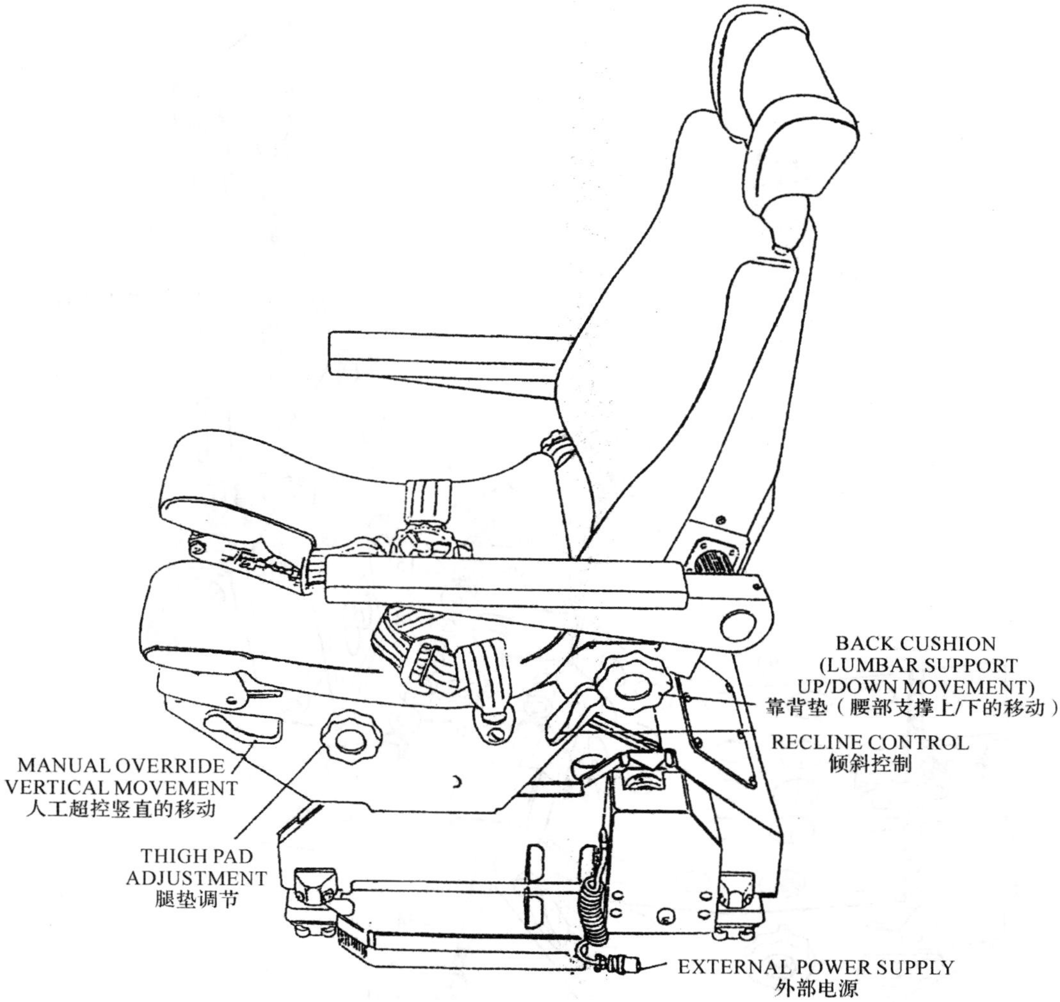
BACK CUSHION
(LUMBAR SUPPORT
UP/DOWN MOVEMENT)
靠背垫（腰部支撑上/下的移动）
RECLINE CONTROL
倾斜控制
MANUAL OVERRIDE
VERTICAL MOVEMENT
人工超控竖直的移动
THIGH PAD
ADJUSTMENT
腿垫调节
EXTERNAL POWER SUPPLY
外部电源

图 2－18　B777 的 IPECO 驾驶员座椅

1. 驾驶员座椅椅背组件的结构

该驾驶员座椅的椅背组件由一个椅背金属框架、一块背面带移动槽的靠背垫和有关的控制装置构成。椅背金属框架在靠背垫的后面。金属框架上通过花键连接着两个可以在一定范围内调节的座椅扶手。调节装置布置在金属框架里面。调节装置上有卡销零件,插入靠背垫的移动槽内。

当旋转旋钮时,装置上的同步齿形带(有两个方向上的同步齿形带:一条带垂直方向传递运动;另一条水平方向传递运动)就把运动传给相应的蜗轮蜗杆机构。蜗轮蜗杆机构再把运动传给靠背垫。所以,旋转相应的控制旋钮,靠背垫可沿着椅背上下移动,或前后倾斜。靠背垫由多层材料构成,内部装有较密较厚的泡沫层,中间有阻燃织物(见图 2－19 及图 2－20)。

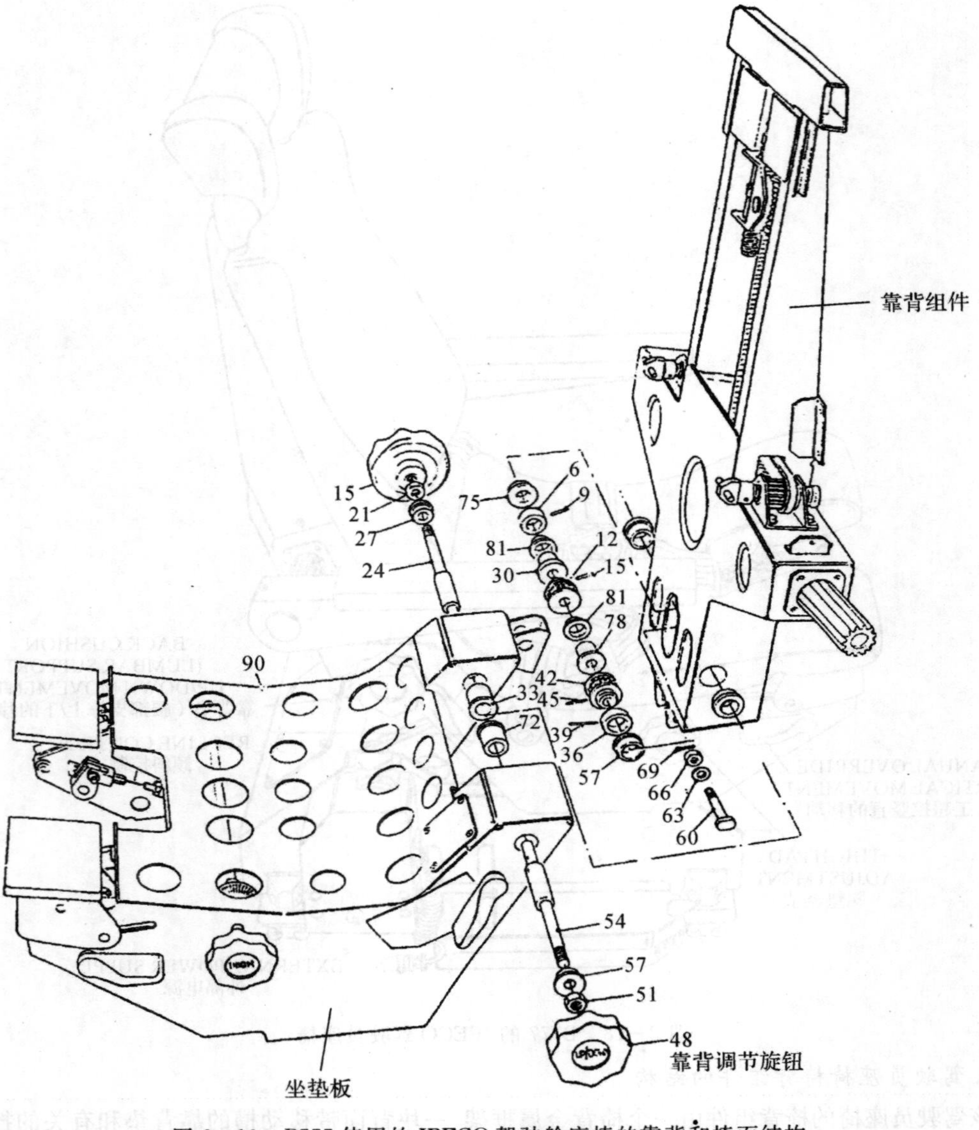
靠背组件
15
21
27
24
75
6
9
81
12
30
15
81
78
90
33
42
45
72
39
36
57
69
66
63
60
54
57
51
48
靠背调节旋钮
坐垫板

图 2－19　B777 使用的 IPECO 驾驶舱座椅的靠背和椅面结构

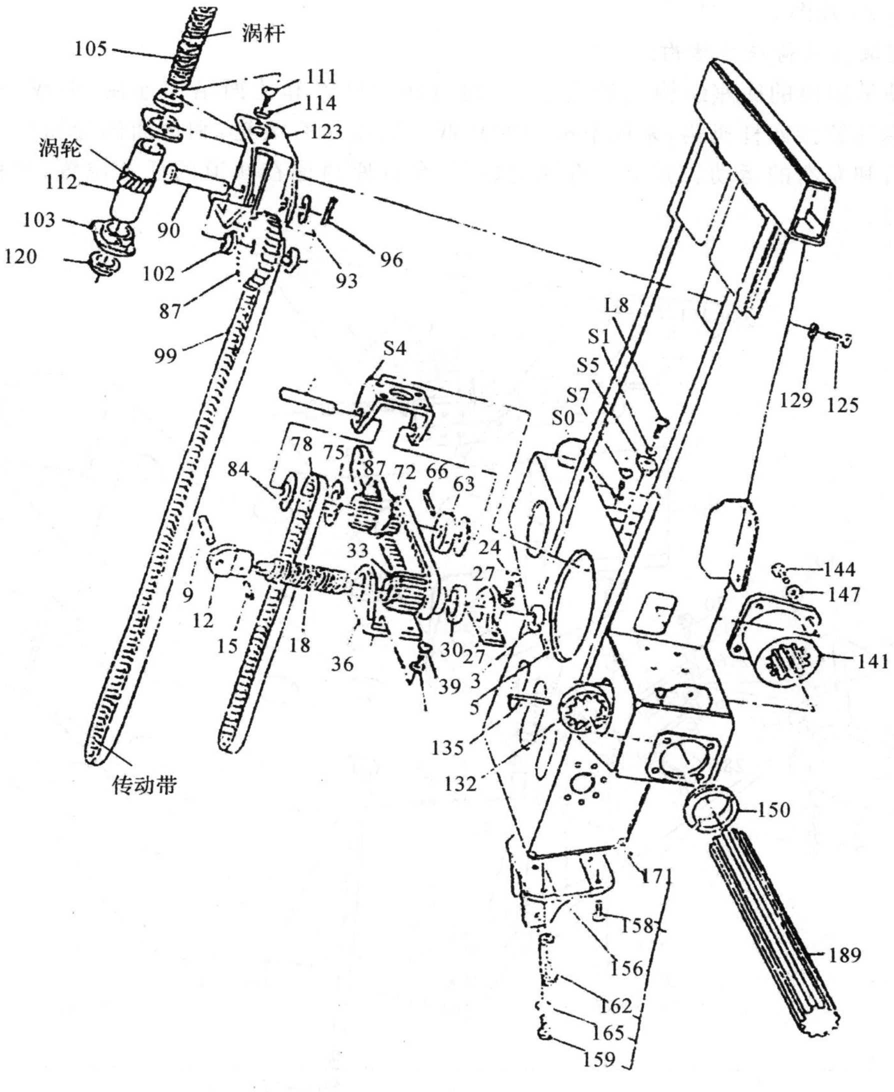
涡杆
105
111
114
123
涡轮
112
90
103
120
102
96
93
87
99
L8
S1
S5
S7
S0
S4
129
125
78
75
84
87
72
66
63
33
24
27
144
147
9
12
15
18
36
30
27
3
39
5
141
135
132
150
传动带
171
158
189
156
162
165
159

图 2-20　波音系列飞机使用的 IPECO 驾驶舱座椅的靠背结构和机械装置

2. 椅面的结构

椅面结构也是由一个椅面金属框架、一块坐垫和有关的控制装置组成。椅面金属框架上，在座椅放腿的地方，安装有两块能够抬升的金属装置，旋转相应的旋钮，这两块椅面能够抬升和放下，坐垫放在其上。其原理也是通过旋转旋钮，带动一套伞齿轮装置；伞齿轮装置又带动可升降金属块上的一个销钉，在椅面金属框架上的一个弧形槽中运动，从而实现金属块的移动（见图 2－21 及图 2－22）。

3. 驾驶员座椅底座结构图

驾驶员座椅的底座结构比较复杂，它通过四根杆件和椅面结构连接，形成一个可以使椅面升降的铰接四杆机构，来调节椅面的高低。底座上有滚轮，和地面的导轨配合，使座椅能做前后和左右的运动。其上还有锁定装置，允许座椅停在轨道的任意位置，并被锁定（见图2－23）。

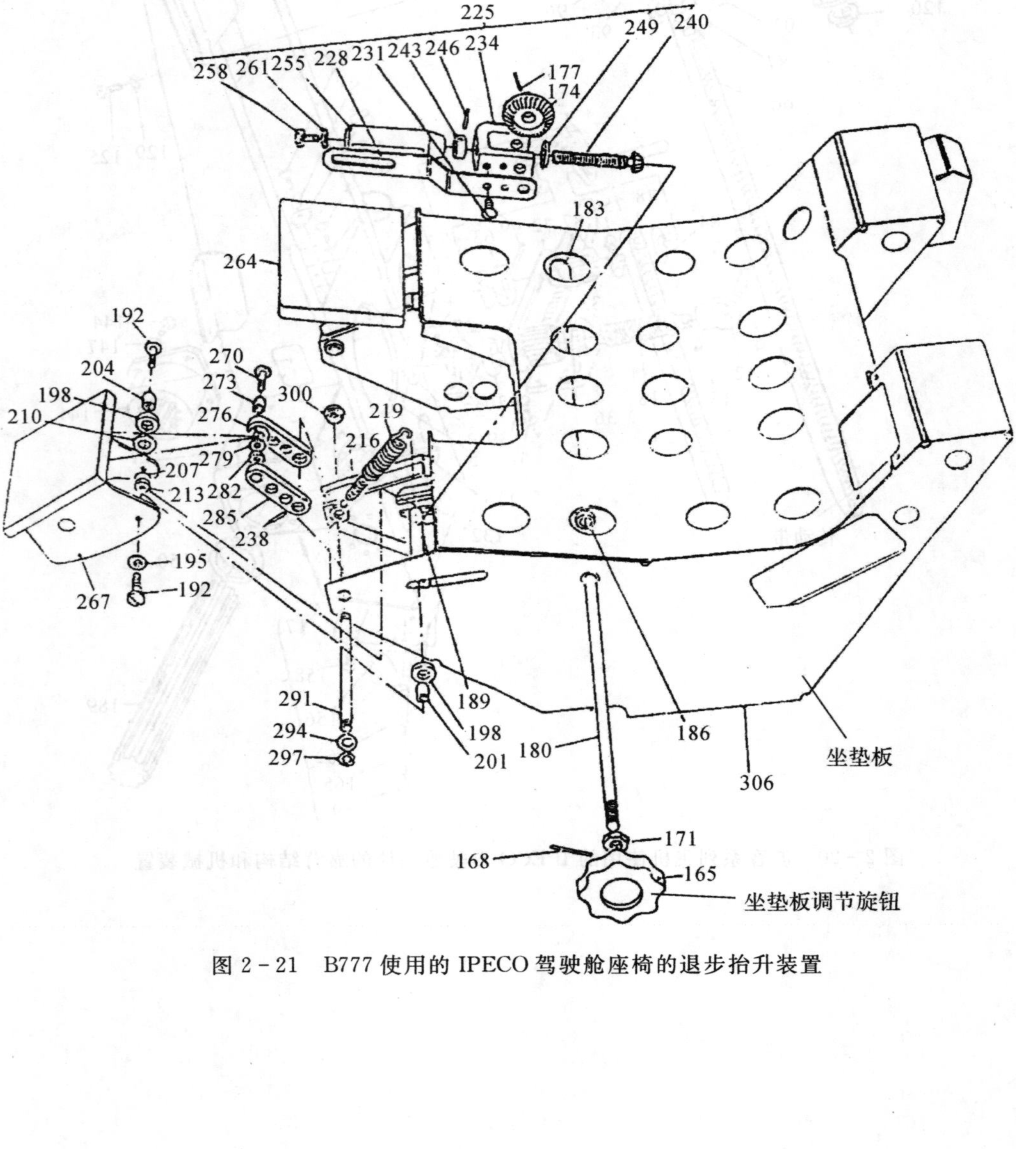
225
258
261
255
228
231
243
246
234
249
240
177
174
183
264
192
270
204
273
300
198
219
210
276
216
207
279
213
282
285
238
195
192
267
189
291
198
294
201
297
180
186
306
坐垫板
171
168
165
坐垫板调节旋钮

图 2－21　B777 使用的 IPECO 驾驶舱座椅的退步抬升装置

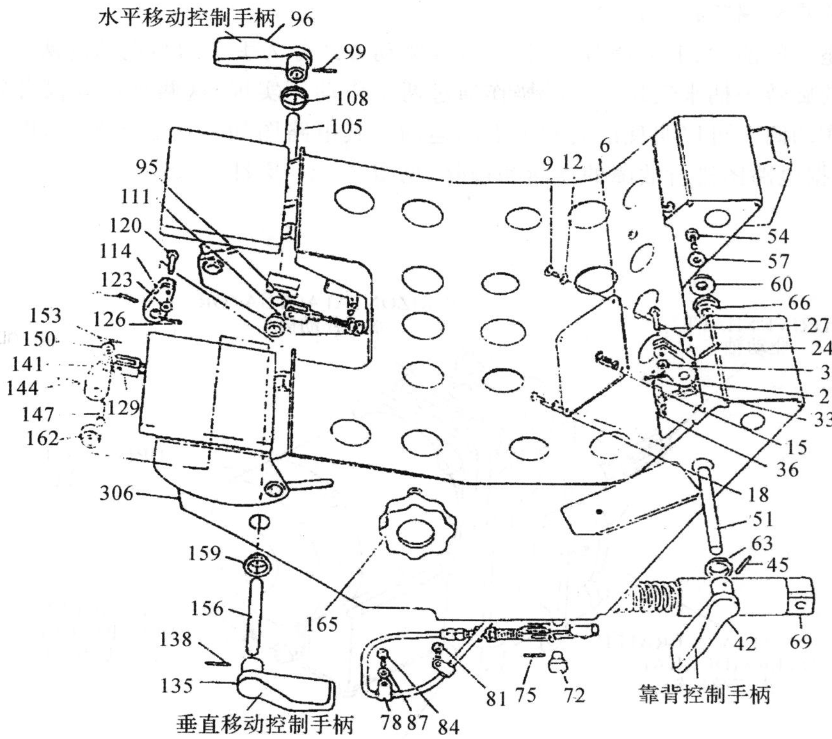
水平移动控制手柄
垂直移动控制手柄
靠背控制手柄
座椅底部结构

图 2-22　波音系列飞机使用的 IPECO 驾驶舱座椅的手动装置

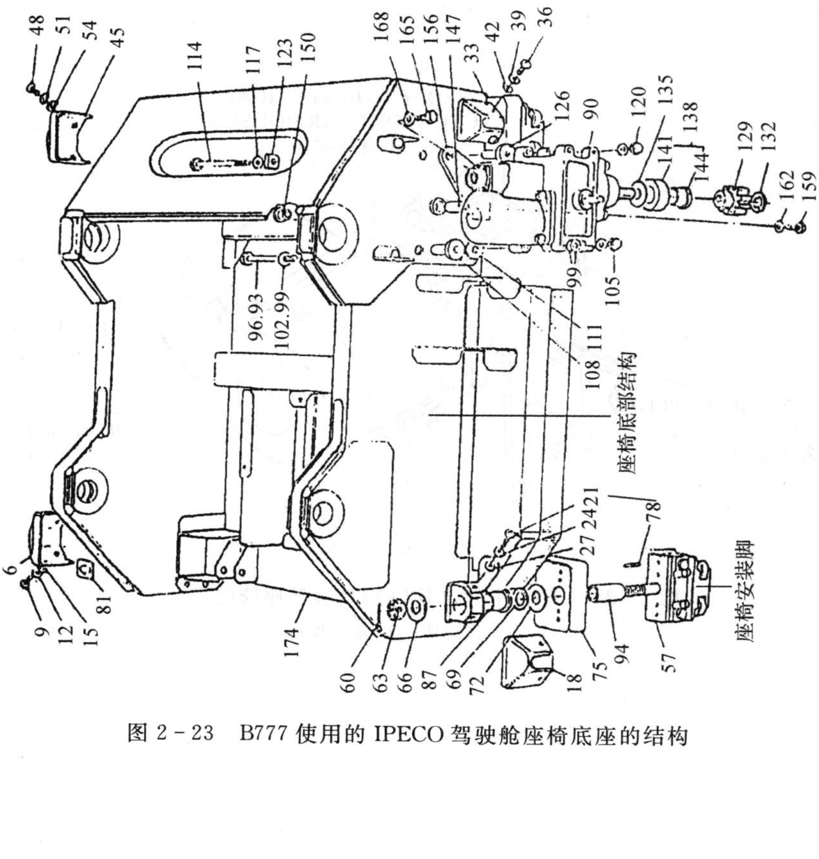

图 2-23　B777 使用的 IPECO 驾驶舱座椅底座的结构

4. 驾驶员座椅调节控制机构

驾驶员座椅的前后、上下调节控制机构，其驱动方式分为手动的与电动的两种。手动的通过旋转相应的旋转手柄来实现。电动操作通过两个作动筒实现，这两个作动筒分别是水平作动筒和垂直作动筒。可以实现前后和上下的运动。其电路图如本章后所附，当电动操作出现问题时，要根据电路图进行故障的诊断和排除（见图 2－24 及图 2－25）。

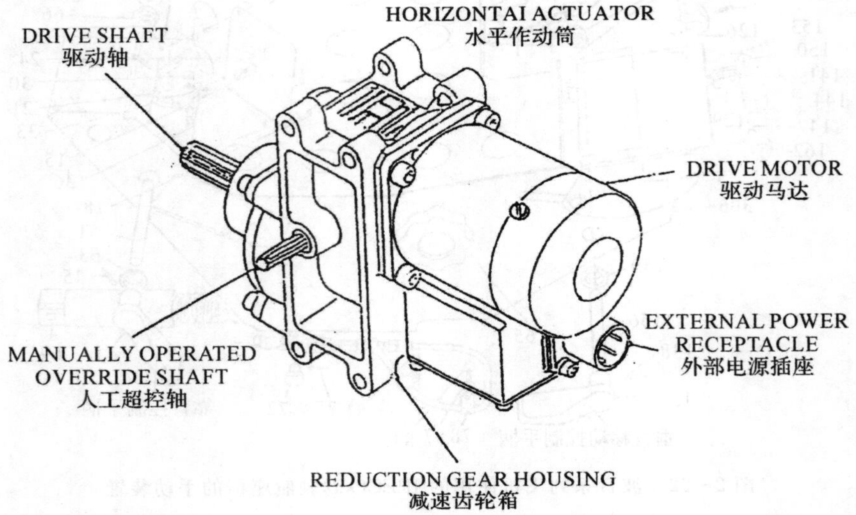
HORIZONTAI ACTUATOR
水平作动筒
DRIVE SHAFT
驱动轴
DRIVE MOTOR
驱动马达
EXTERNAL POWER
RECEPTACLE
外部电源插座
MANUALLY OPERATED
OVERRIDE SHAFT
人工超控轴
REDUCTION GEAR HOUSING
减速齿轮箱

(a)

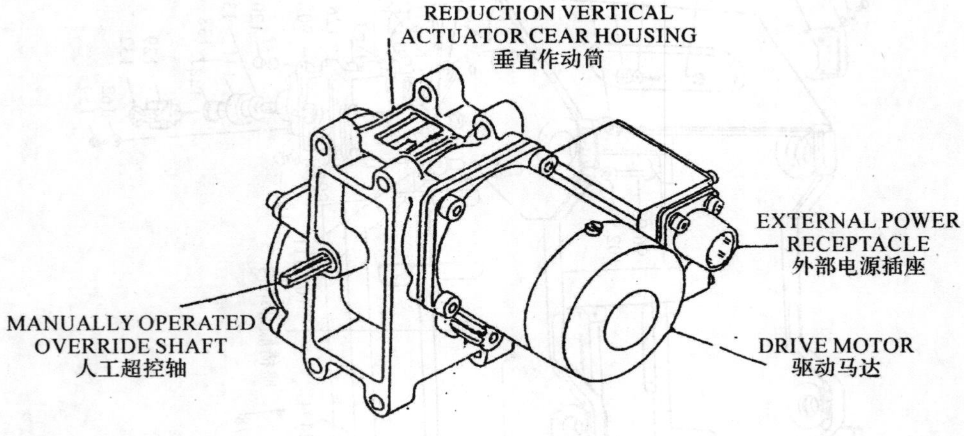
REDUCTION VERTICAL
ACTUATOR CEAR HOUSING
垂直作动筒
EXTERNAL POWER
RECEPTACLE
外部电源插座
MANUALLY OPERATED
OVERRIDE SHAFT
人工超控轴
DRIVE MOTOR
驱动马达

(b)

图 2－24 B777 使用的 IPECO 驾驶舱座椅的作动筒

(a)水平作动筒；(b)垂直作动筒

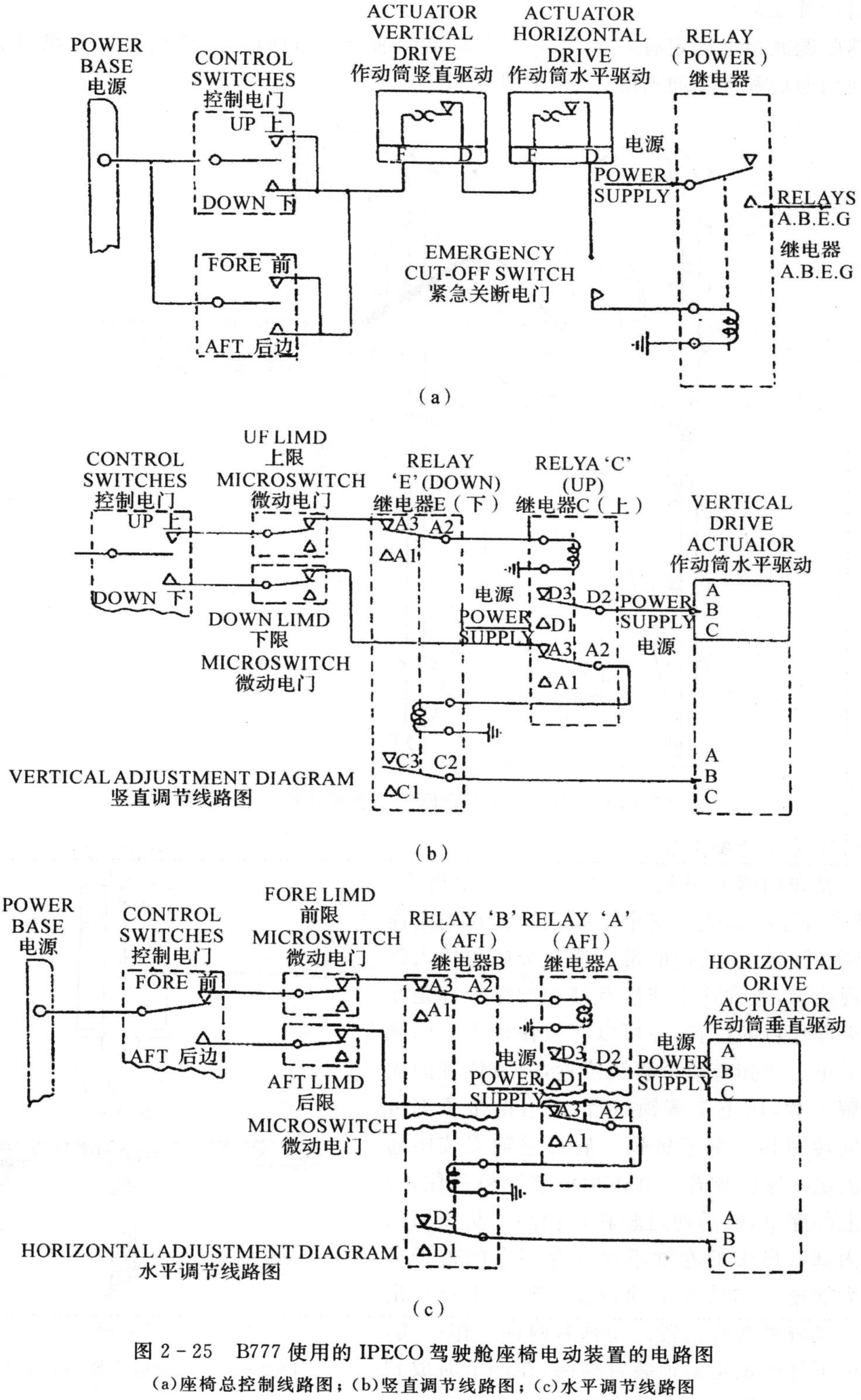

POWER
BASE
电源
CONTROL
SWITCHES
控制电门
UP 上
DOWN 下
FORE 前
AFT 后边
ACTUATOR
VERTICAL
DRIVE
作动筒竖直驱动
ACTUATOR
HORIZONTAL
DRIVE
作动筒水平驱动
F
D
RELAY
(POWER)
继电器
电源
POWER
SUPPLY
RELAYS
A.B.E.G
继电器
A.B.E.G
EMERGENCY
CUT-OFF SWITCH
紧急关断电门
(a)
CONTROL
SWITCHES
控制电门
UP 上
DOWN 下
UF LIMD
上限
MICROSWITCH
微动电门
DOWN LIMD
下限
MICROSWITCH
微动电门
RELAY
'E'(DOWN)
继电器E（下）
RELYA 'C'
(UP)
继电器C（上）
A3
A2
A1
电源
POWER
SUPPLY
D3
D2
D1
C3
C2
C1
POWER
SUPPLY
电源
VERTICAL
DRIVE
ACTUAIOR
作动筒水平驱动
A
B
C
VERTICAL ADJUSTMENT DIAGRAM
竖直调节线路图
(b)
POWER
BASE
电源
CONTROL
SWITCHES
控制电门
FORE 前
AFT 后边
FORE LIMD
前限
MICROSWITCH
微动电门
AFT LIMD
后限
MICROSWITCH
微动电门
RELAY 'B'
(AFI)
继电器B
RELAY 'A'
(AFI)
继电器A
A3
A2
A1
电源
POWER
SUPPLY
D3
D2
D1
电源
POWER
SUPPLY
HORIZONTAL
ORIVE
ACTUATOR
作动筒垂直驱动
A
B
C
HORIZONTAL ADJUSTMENT DIAGRAM
水平调节线路图
(c)

图 2－25　B777 使用的 IPECO 驾驶舱座椅电动装置的电路图

(a)座椅总控制线路图；(b)竖直调节线路图；(c)水平调节线路图

5. 驾驶员座椅轨道

在驾驶舱底板上固定有 4 条轨道，每条轨道的前方是弯曲的，驾驶员座椅在轨道上滑动，可实现向前向后和向左向右的运动(见图 2-26)

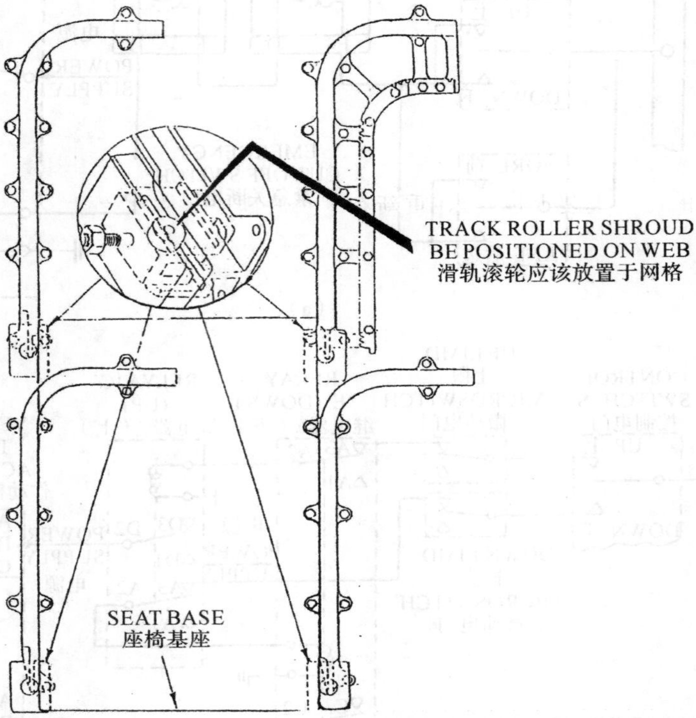
TRACK ROLLER SHROUD
BE POSITIONED ON WEB
滑轨滚轮应该放置于网格
SEAT BASE
座椅基座

图 2-26　B777 使用的 IPECO 驾驶舱座椅的地面导轨

6. 驾驶员座椅安全带

正驾驶和副驾驶员使用的安全带，是由肩带、腰带、裆带等连接而成。安全带的快卸锁扣固定连接在一侧的腰带上，其他的带子通过金属扣插入锁扣来实现连接，通常这个连接有锁扣的腰带都是在远离中央操作台的位置，并可以存放在坐垫套同侧的布袋子里。锁扣有两个解锁位置，肩带位置的插孔有个解锁片，压下来解锁肩带，所有的带子都可以通过旋转锁扣上部来解锁。肩带卷轴安装座通过螺丝固定在座椅靠背上并由后背装饰板罩住，肩带通过上部穿出，然后通过塑料锁扣固定防止缩回装饰板内部。肩带的卷轴不仅收存多余的带子还可以在大加速度的情况下锁定安全带防止被拉出而使驾驶员脱离驾驶位置。卷轴有两种工作模式，受到座椅下部的锁定解锁装置控制，在调节时放到解锁位，肩带可以自由拉出或自动收回；在锁定位

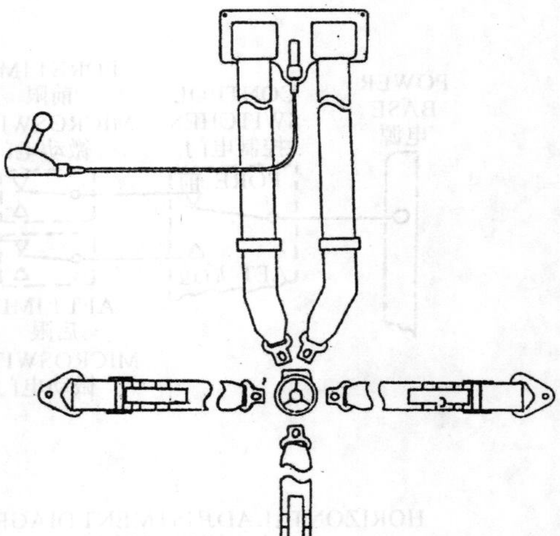

图 2-27　驾驶舱座椅的安全带

时，肩带只能收回不能拉出。两条腰带和裆带通过反向拉安全带尾端而收缩安全带，通过调节拉动短带来松脱安全带(见图 2-27)。

7. 驾驶员座椅的拆卸

波音飞机驾驶员座椅的一般拆卸步骤如下。

(1)从座椅上撤去电源和导线。

(2)从内侧和外侧的导轨上拆除前止动块，保存所有的零件以供组装之用。

(3)操作手动前/后控制手柄，将座椅从轨道的前方卸下来，确保整个过程中微动开关没有遭损坏。

(4)在拆下的座椅上装上标牌，在重新在驾驶舱内安装座椅之前，不要拆下标牌。

(5)用前面拆下的紧固件将前导轨止动块装回到地板导轨上(见图 2-28 及图 2-29)。

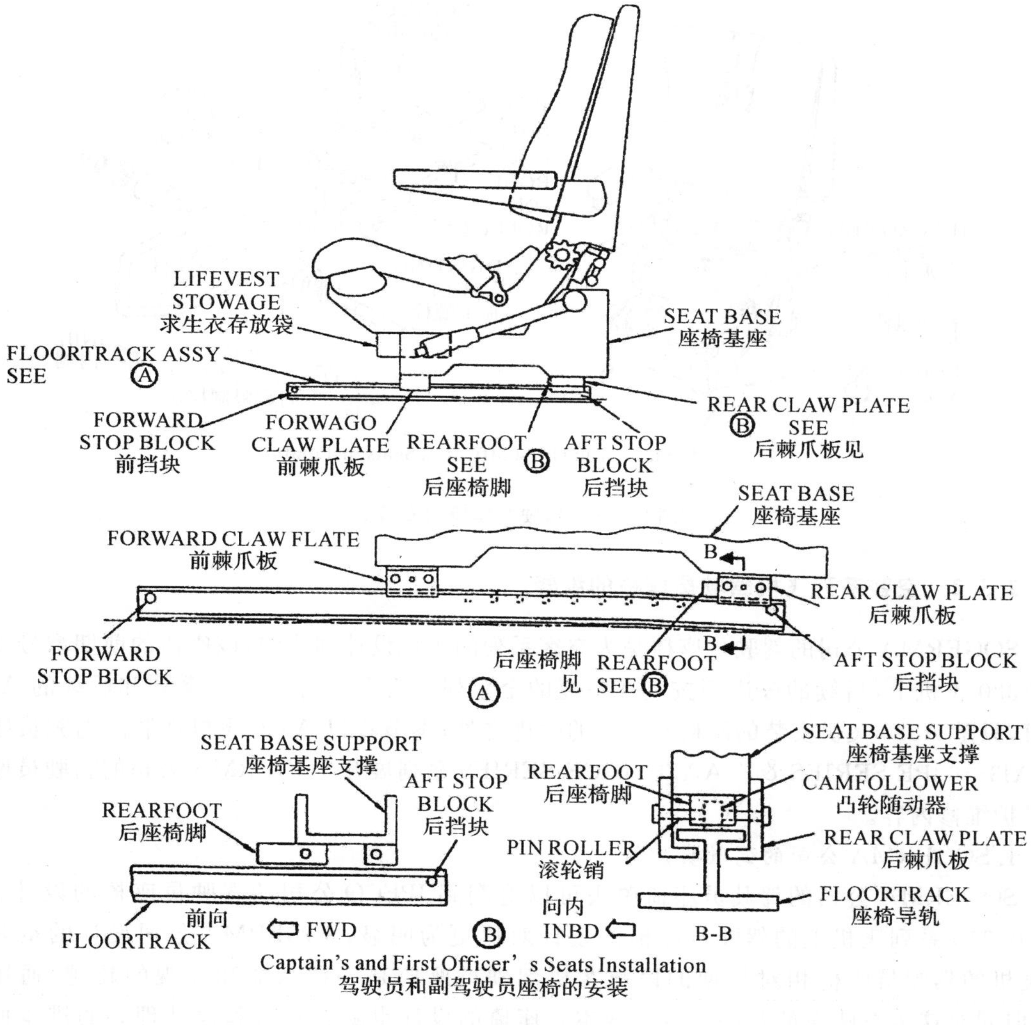
LIFEVEST
STOWAGE
求生衣存放袋
SEAT BASE
座椅基座
FLOORTRACK ASSY
SEE Ⓐ
FORWARD
STOP BLOCK
前挡块
FORWAGO
CLAW PLATE
前棘爪板
REARFOOT
SEE Ⓑ
后座椅脚
AFT STOP
BLOCK
后挡块
REAR CLAW PLATE
Ⓑ SEE
后棘爪板见
SEAT BASE
座椅基座
FORWARD CLAW FLATE
前棘爪板
B
REAR CLAW PLATE
后棘爪板
FORWARD
STOP BLOCK
后座椅脚
见
REARFOOT
SEE Ⓑ
AFT STOP BLOCK
后挡块
Ⓐ
SEAT BASE SUPPORT
座椅基座支撑
AFT STOP
BLOCK
后挡块
REARFOOT
后座椅脚
FLOORTRACK
前向
FWD
Ⓑ
REARFOOT
后座椅脚
PIN ROLLER
滚轮销
向内
INBD
SEAT BASE SUPPORT
座椅基座支撑
CAMFOLLOWER
凸轮随动器
REAR CLAW PLATE
后棘爪板
FLOORTRACK
座椅导轨
B-B
Captain's and First Officer's Seats Installation
驾驶员和副驾驶员座椅的安装

图 2-28　驾驶舱座椅的安装 1

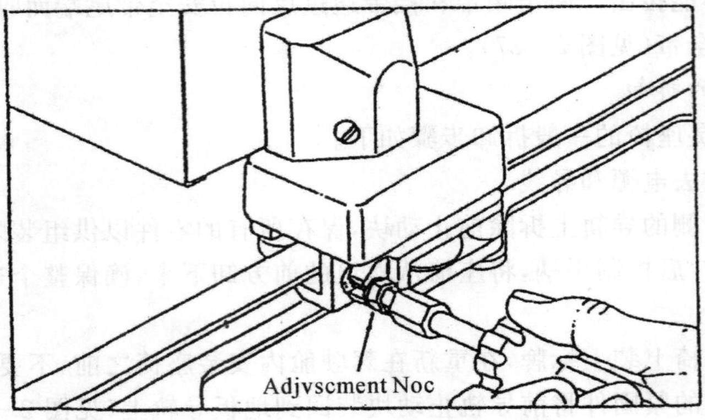
Adjvscment Noc

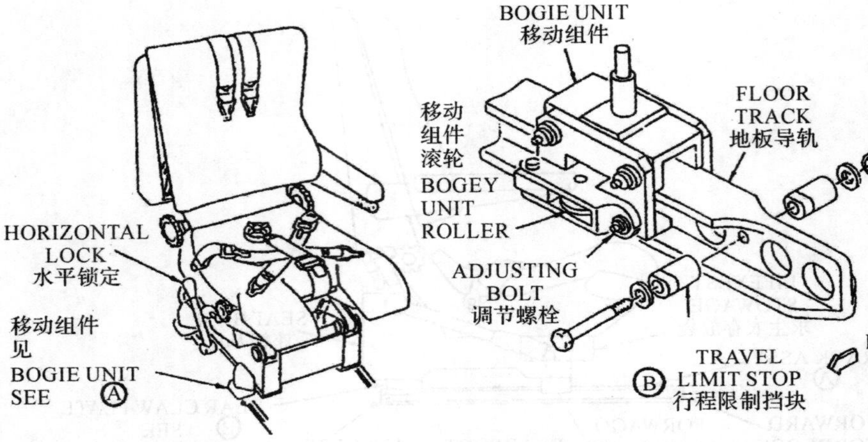
BOGIE UNIT
移动组件
FLOOR
TRACK
地板导轨
移动
组件
滚轮
BOGEY
UNIT
ROLLER
HORIZONTAL
LOCK
水平锁定
ADJUSTING
BOLT
调节螺栓
移动组件
见
BOGIE UNIT
SEE A
TRAVEL
LIMIT STOP
行程限制挡块
B
INBD
内侧

Captain's and First officer's Seats Installation

图 2-29 驾驶舱座椅的安装 2

2.3.2 空客系列飞机驾驶员座椅的维修

SOGERMA 公司的驾驶员座椅是为空客系列的飞机设计制造的,该座椅的前期型号安装在 A320 飞机上,后续的改进型按装在空壳的全系列飞机上,包括 A330 系列和后续的 A380 飞机,只是 A380 飞机安装的座椅有许多的改进之处,本节将以 A320 飞机选装的驾驶员座椅 TAAI3-03PE SERIES & TAAI3-03CE SERIES 系列展开 SOGERMA 公司的驾驶员座椅的维护维修内容。

1. SOGERMA 公司的驾驶员座椅

SOGERMA 公司的驾驶员座椅源头可以追溯到 IPECO 公司的驾驶员座椅的设计,在 A300/310 系列飞机上的驾驶员座椅的设计对比更为明显,SOGERMA 公司设计的空客系列飞机的驾驶员座椅相对早期的民航客机驾驶员座椅是一种功能和外观的超越,通用性强,但同时这也意味着的是高的维护成本。座椅的设计也随着技术和设计理念的进步而进步,SOGERMA 早期设计的驾驶员座椅(见图 2-30)也有很多不足的地方,而在后续的座椅设计制造上都得到了很明显的改观,比如座椅靠背结构和腰垫调节装置(见图 2-31)和头枕设置方式。对比的效果参见 TAAI3-03PE SERIES & TAAI3-03CE SERIES 系列座椅的设计。座椅的设计还在不断地提升，在 A380 飞机上安装的座椅对于先前的设计改变都较大(见图 2－32)。

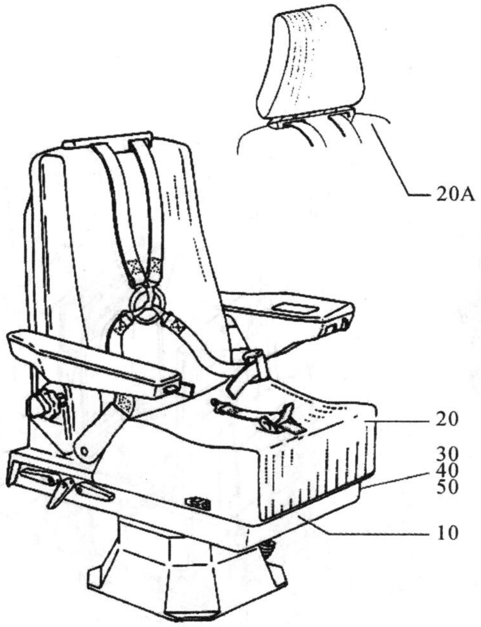
20A
20
30
40
50
10

2－30　SOGERMA 早期设计的驾驶员座椅

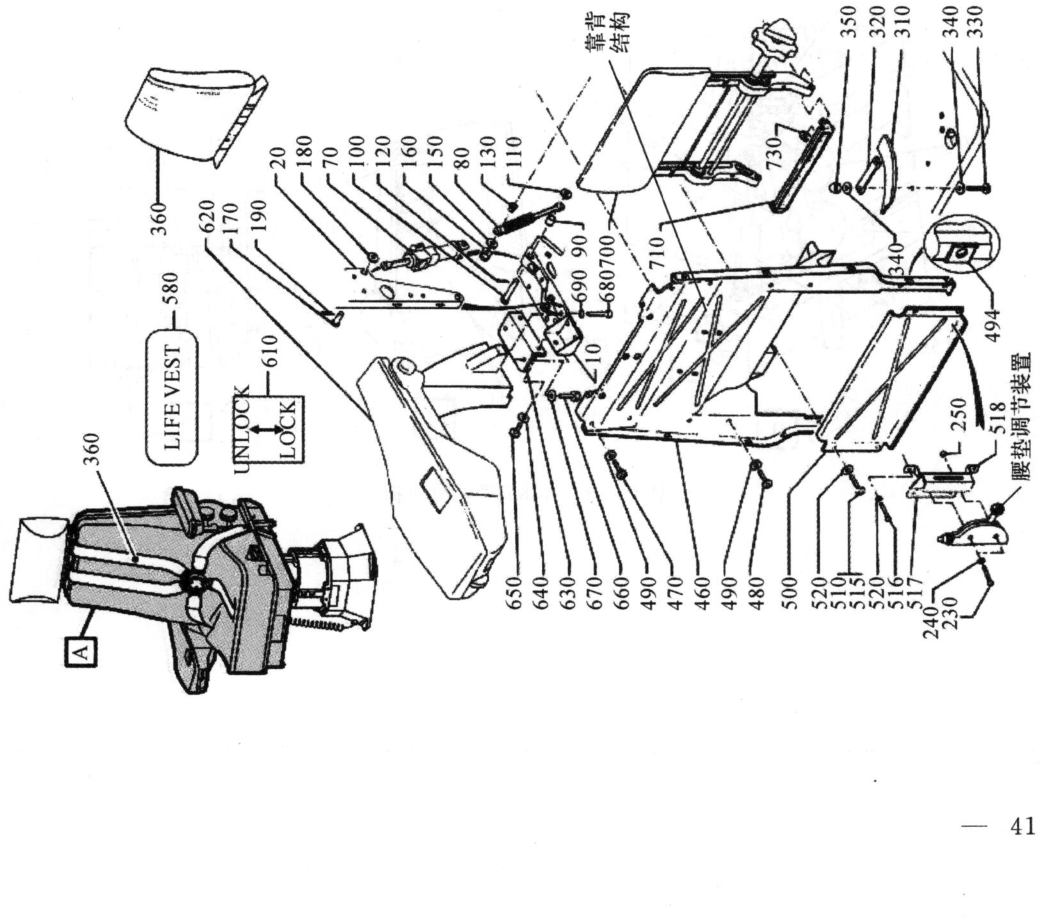
靠背结构
360
620
170
190
20
180
70
100
120
160
150
80
130
110
90
690
680700
710
10
580
LIFE VEST
610
UNLOCK
LOCK
360
A
730
350
320
310
340
330
340
494
250
518
腰垫调节装置
650
640
630
670
660
490
470
460
490
480
500
520
510
515
520
516
517
240
230

图2－31　座椅靠背结构和腰垫调节装置

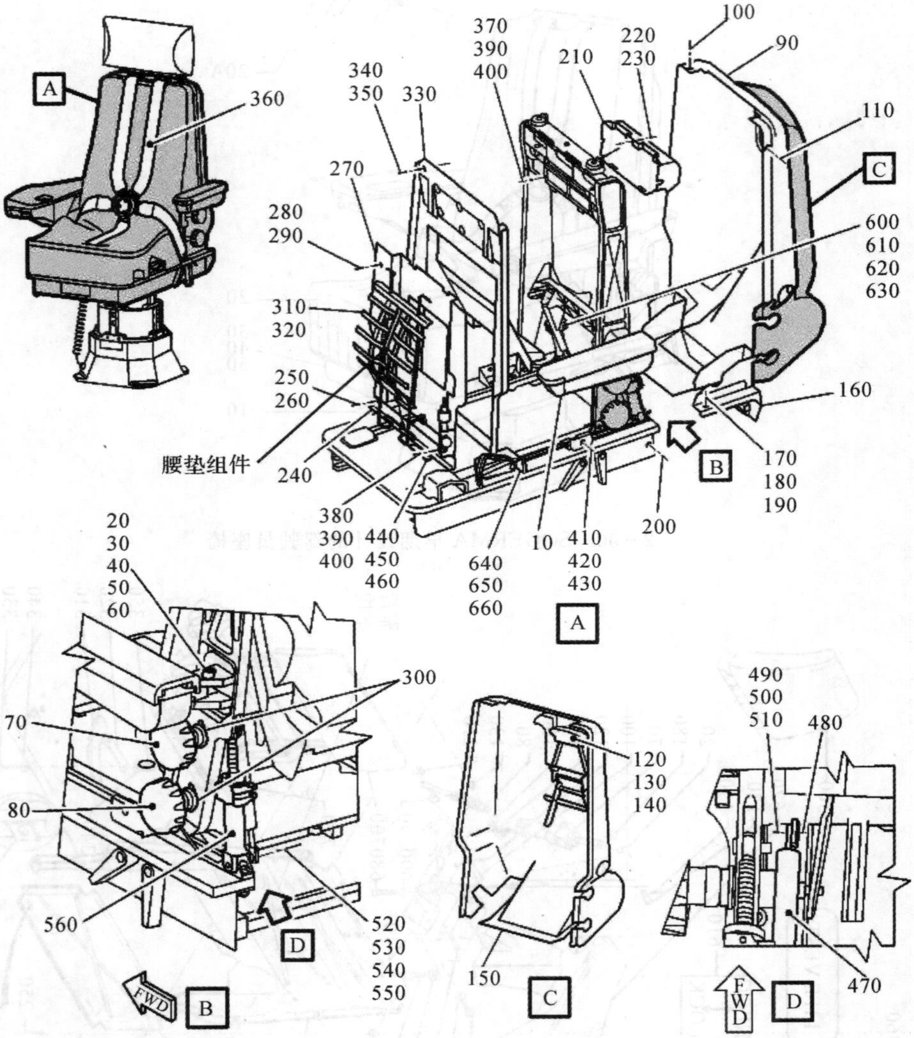
A
360
370
390
400
100
90
340
350
330
210
220
230
110
C
270
280
290
600
610
620
630
310
320
250
260
160
腰垫组件
240
B
170
180
190
380
390
400
440
450
460
10
640
650
660
410
420
430
200
A
20
30
40
50
60
300
70
80
560
520
530
540
550
D
FWD
B
120
130
140
150
C
490
500
510
480
470
FWD
D

图 2 - 32　A380 驾驶舱座椅

2. 座椅功能

SOGERMA 公司的驾驶员座椅的设计理念和功能要求是以最小的重量提供最舒适的驾驶感觉，座椅垫的形状和座椅的可调节范围可以使得任意体型驾驶员找到飞行中最舒适的位置，座椅套材质是织物或者羊皮(见图 2-33)。

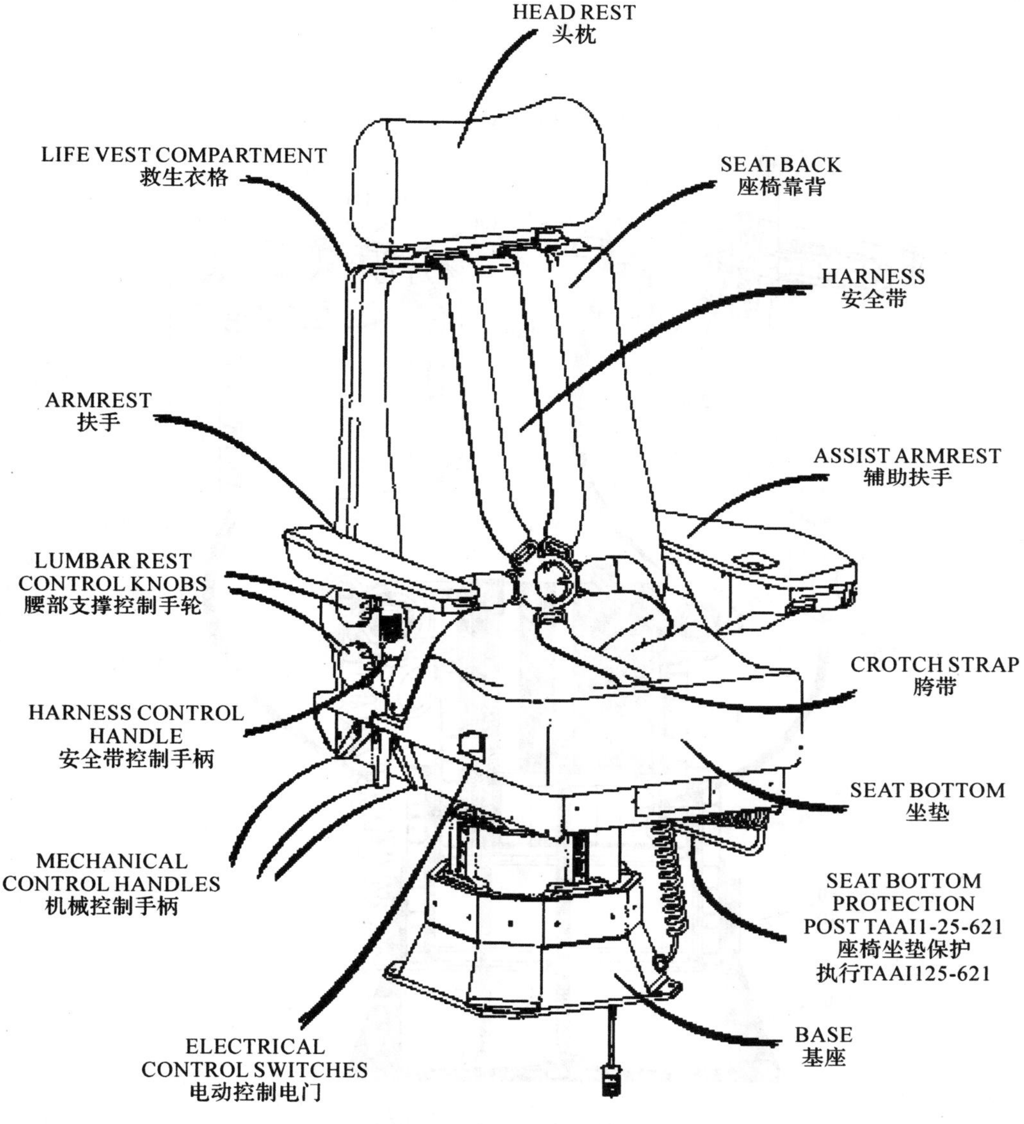
HEAD REST
头枕
LIFE VEST COMPARTMENT
救生衣格
SEAT BACK
座椅靠背
HARNESS
安全带
ARMREST
扶手
ASSIST ARMREST
辅助扶手
LUMBAR REST
CONTROL KNOBS
腰部支撑控制手轮
CROTCH STRAP
胯带
HARNESS CONTROL
HANDLE
安全带控制手柄
SEAT BOTTOM
坐垫
MECHANICAL
CONTROL HANDLES
机械控制手柄
SEAT BOTTOM
PROTECTION
POST TAAI1-25-621
座椅坐垫保护
执行TAAI125-621
BASE
基座
ELECTRICAL
CONTROL SWITCHES
电动控制电门

图 2-33　A380 驾驶员座椅各组成部件

3. 座椅下部结构

座椅的下部结构有 3 部分组成：连接驾驶舱地板的复合材料基座，2 个复合材料盘绕而成的方形圆柱套管，1 个减速马达实现的电动装置(见图 2-34)。

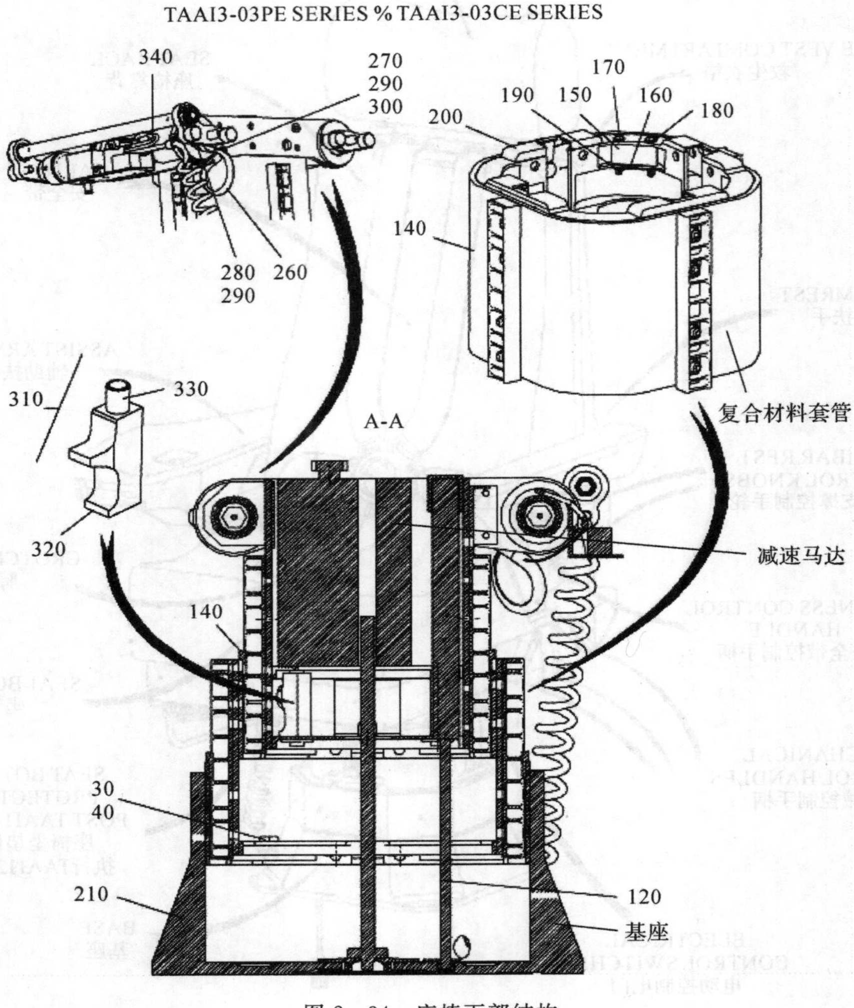
TAAI3-03PE SERIES % TAAI3-03CE SERIES
340
270
290
300
280
290
260
170
190
150
160
180
200
140
310
330
320
A-A
复合材料套管
减速马达
140
30
40
210
120
基座

图 2－34　座椅下部结构

4. 座椅的坐垫组件(见图 2-35)

坐垫组件包括 1 个轻合金底板和 2 个垂直的轻合金滑动轨道侧板，坐垫的前后运动通过一个滚针轴承和固定在座椅地盘上的减速马达实现。固定在下部的一个轴承和减速齿轮引导底板的横向运动。可以使用手动控制杆(坐垫板的侧部)去超控电动控制以防止电动部件的失效(见图 2-36)。

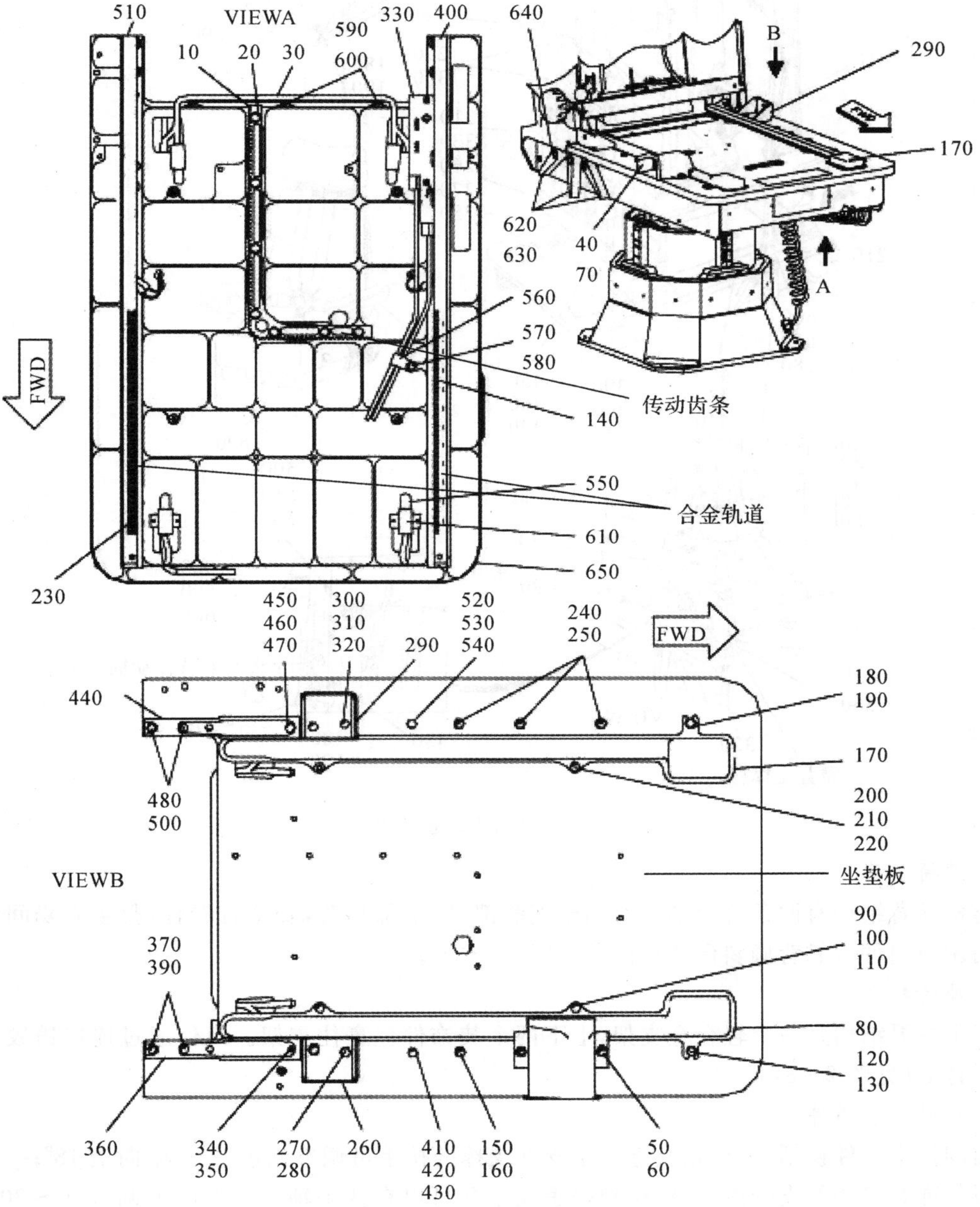
510
VIEWA
330
400
640
590
10
20
30
600
B
290
170
620
630
40
70
A
560
570
580
140
传动齿条
FWD
550
合金轨道
610
650
230
450
460
470
300
310
320
290
520
530
540
240
250
FWD
440
180
190
170
480
500
200
210
220
VIEWB
坐垫板
90
100
110
370
390
80
120
130
360
340
350
270
280
260
410
420
430
150
160
50
60

图 2-35　驾驶员座椅坐垫组件

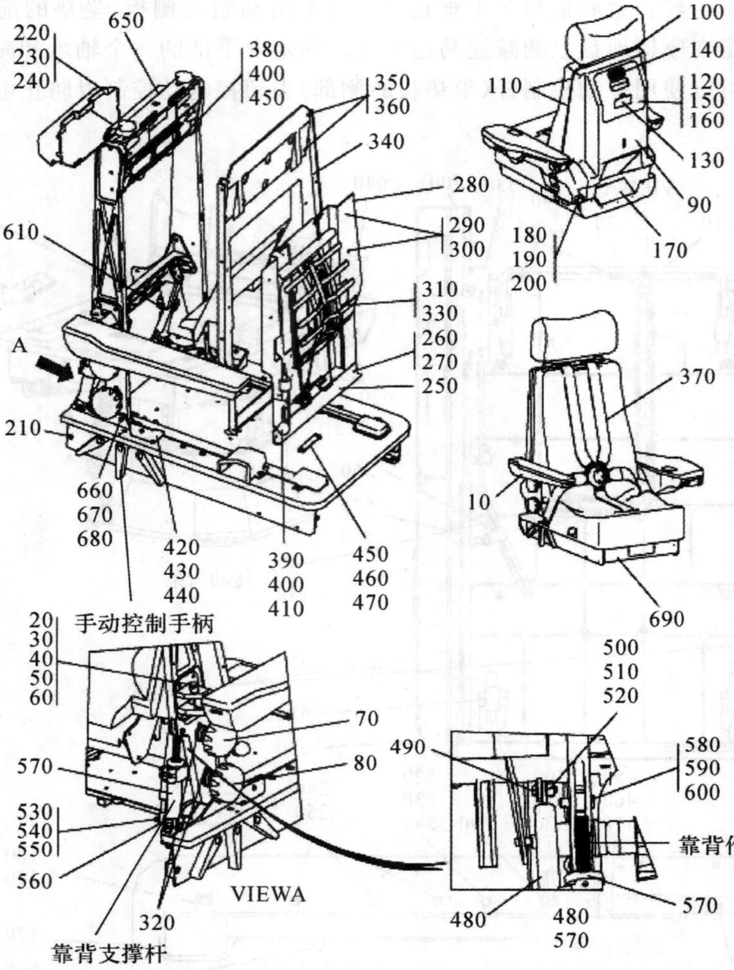
220
230
240
650
380
400
450
350
360
340
280
290
300
310
330
260
270
250
610
A
210
660
670
680
420
430
440
390
400
410
450
460
470
100
140
110
120
150
160
130
90
180
190
200
170
370
10
690
20
30
40
50
60
手动控制手柄
70
80
570
530
540
550
560
320
VIEWA
靠背支撑杆
500
510
520
490
580
590
600
靠背作动筒
480
480
570
570

图 2-36　座椅手动超控组件

5. 座椅靠背

座椅靠背结构有两条合金加工梁用于安装部件(上部靠背,安全带卷轴,救生衣隔间和腰背部的调节组件),靠背倾斜调节范围从−7°～ −34°。

6. 座椅扶手

扶手主要结构是一个轻合金支架,上下两个装饰件包裹住支架。组件通过连接销铰接到座椅靠背上(见图 2-37)。

7. 辅助扶手组件

辅助扶手组件包括:一个铝合金扶手支架支撑的扶手可调节到水平 0°到 向上 18°;一个轻合金板装饰有完整的皮肤泡沫,铰接到扶手支架并可以在扶手轴线方向向下调节 0°～30°;一个铝合金支架固定在座椅坐垫结构上。扶手组件可以收上到后部位置并通过高压作动筒保持手收上位(见图 2-38)。

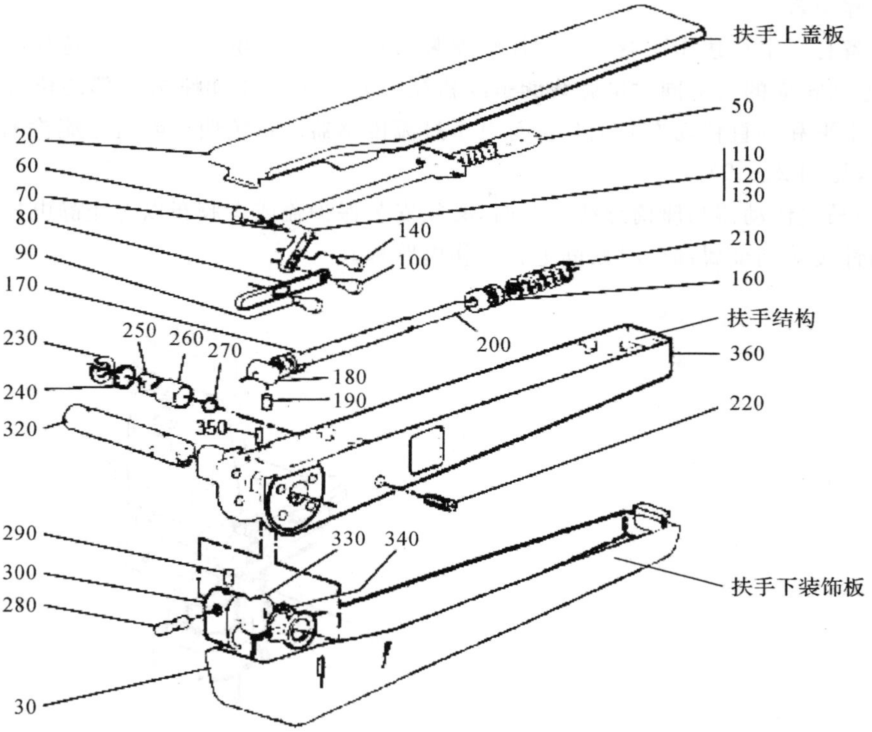
扶手上盖板
50
20
60
110
120
130
70
80
140
100
90
210
170
160
扶手结构
200
230
250
260
270
360
180
240
190
320
350
220
290
330
340
300
扶手下装饰板
280
30

图 2－37　驾驶员座椅扶手组件

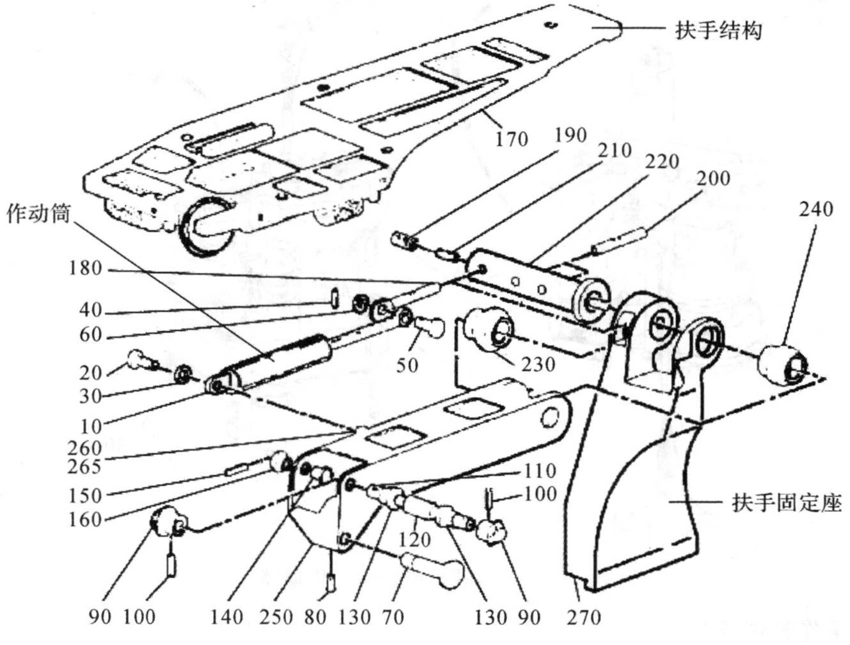
扶手结构
170
190
210
220
200
作动筒
240
180
40
60
50
230
20
30
10
260
265
110
150
100
160
扶手固定座
120
90 100
140 250 80 130 70
130 90
270

图 2－38　辅助扶手组件

8. 马达作动器

座椅装备有一个马达作动器。马达作动器装备有 2 个交流电动马达。当选择移动的方向时,电源供电到相应的马达同时电磁线圈解除机械齿轮锁定以驱动座椅上部的位置移动。马达驱动器在水平和垂直移动方向上装备有电子过流传感器。系统使用峰值电流检测装置切断马达的供电(见图 2－39)。

注意:当马达作动器与座椅导线脱开时,必须安装保护盖或者胶布以防止静电损伤。当插头的金属插针接触到金属部分时候静电会损伤电路板。

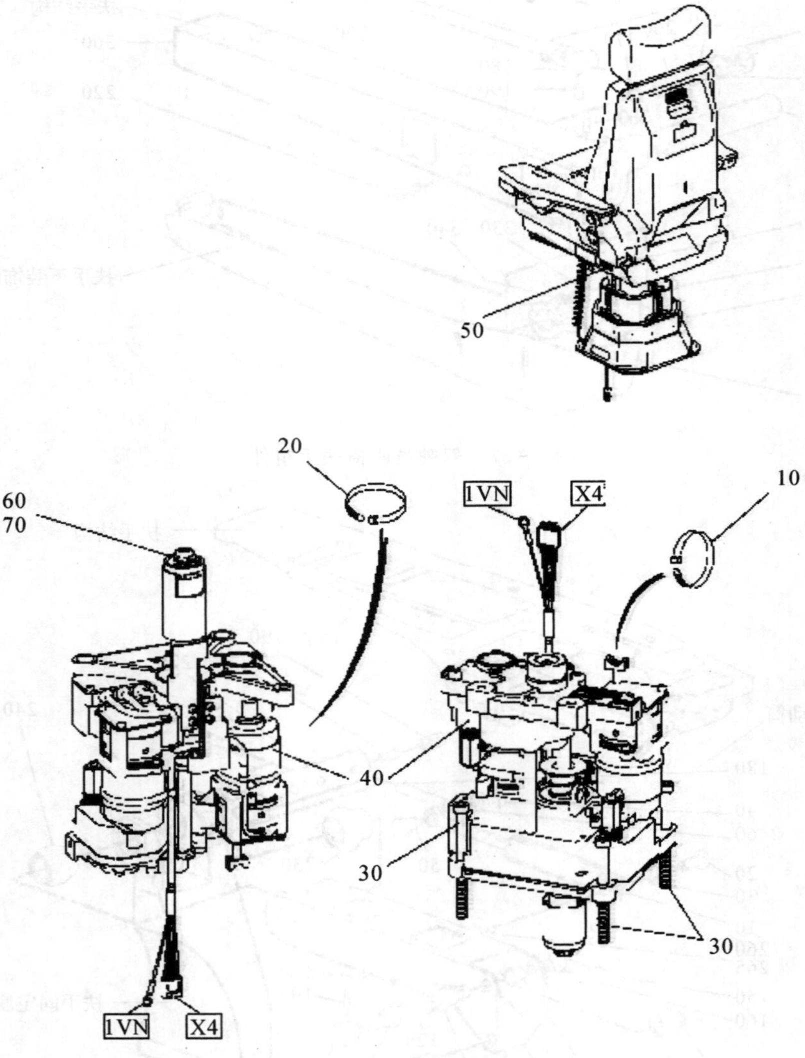
50
20
10
60
70
1VN
X4
40
30
30
1VN
X4

图 2－39　驾驶员座椅马达作动器

9. 座椅操作和调节

(1)水平移动。

注意:只有第一个选择的操作开关是控制移动的,水平移动和垂直移动不能同时满足。

电动：拨动开关马达供电直到前后移动位移的极限；电动向后直到到达装载位置时停止；拨动开关到达要求的位置后释放开关，马达作动器内部的电磁制动器会立刻锁定坐垫位置。为防止过载情况或者到达水平极限行程，马达驱动器会在过电流后立刻停止。如果继续向原来方向拨动开关，电流供入马达驱动器并被立刻切断，可以听到很短的作动器作动声音。

注意： 坐在座椅上的人产生的座椅移动反方向的负载或造成马达驱动器的过载力矩检测保护。

手动：手动操作标有“H”的旋钮可以超控电动位移，向上拉手柄后用手移动坐垫到需要的位置。

(2)垂直位移。

注意： 只有第一个选择的操作开关是控制移动的。水平移动和垂直移动不能同时满足

1)电动：拨动开关马达供电直到上下位移的极限；拨动开关到达要求的位置后释放开关，马达作动器内部的电磁制动器会立刻锁定坐垫位置。为防止过载情况或者到达垂直极限行程，马达驱动器会在过电流后立刻停止。如果继续向原来方向拨动开关，电流供入马达驱动器并被立刻切断，可以听到很短的作动器作动声音。注意：坐在座椅上的人产生的在座椅移动反方向的负载会造成马达驱动器的过载力矩检测保护。

2)手动：手动操作标有“V”的旋钮可以超控电动位移，向上拉手柄后用手移动坐垫到需要的位置。当坐垫在上部位置的时候，向上拉手柄，坐垫会自动的升起。向上拉手柄同时向下使力可以使坐垫向下移动(见图 2-40)。

10. 靠背

座椅靠背可以在极限位置范围(－7°～34°)内用“R”旋钮调节，拉起“R”旋钮并向后使力使座椅靠背倾斜。释放旋钮靠背将停留在需要的角度，拉起旋钮，座椅靠背将自动收回到最前的位置。

11. 头枕

可以通过在头枕上使力来调节座椅头枕位置(上下和后倾)。

12. 腰垫

旋转上面的旋钮来调节需要的垂直位置；旋转下面的旋钮来调节需要的腰背倚靠的位置。

13. 扶手

按动调节按钮(安装在扶手的端头)，拉起或放下扶手到需要的位置，释放按钮来锁住位置；扶手可以收上到靠背后部位置，通过抬起扶手并向后旋转到收上位实现。

2.3.3　座椅电路原理线路图

注意：机长和副驾驶的线路图是一样的。

座椅供电为 115 V 400 Hz 交流电，电压直接供到马达内部。灯泡电压 28 V，控制开关在两侧最外侧显示器外侧的操作面板上(见图 2-41)。

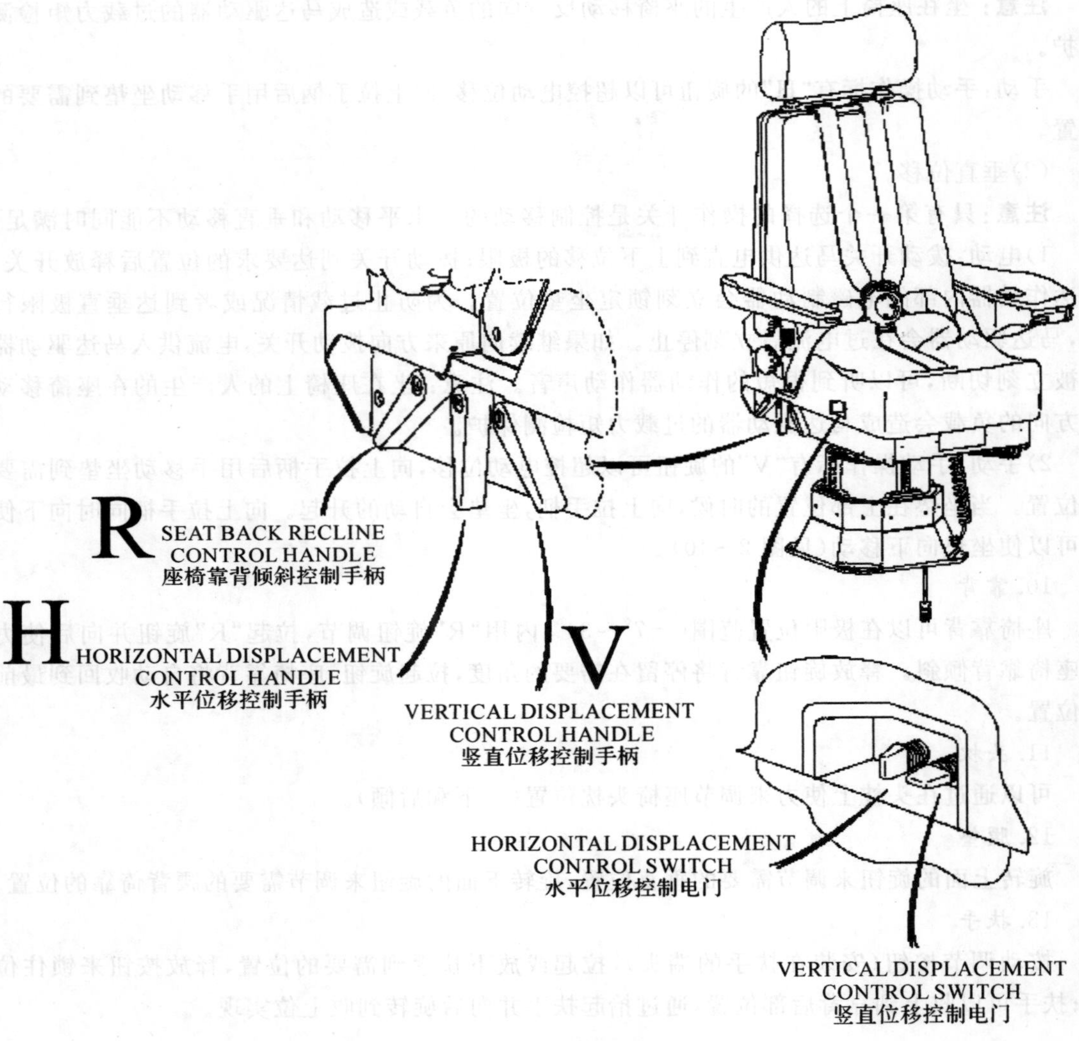
R SEAT BACK RECLINE
CONTROL HANDLE
座椅靠背倾斜控制手柄
H HORIZONTAL DISPLACEMENT
CONTROL HANDLE
水平位移控制手柄
V
VERTICAL DISPLACEMENT
CONTROL HANDLE
竖直位移控制手柄
HORIZONTAL DISPLACEMENT
CONTROL SWITCH
水平位移控制电门
VERTICAL DISPLACEMENT
CONTROL SWITCH
竖直位移控制电门

图 2-40　驾驶员座椅作动形式

TAAI3-03PE SERIES & TAAI3-03CE SERIES

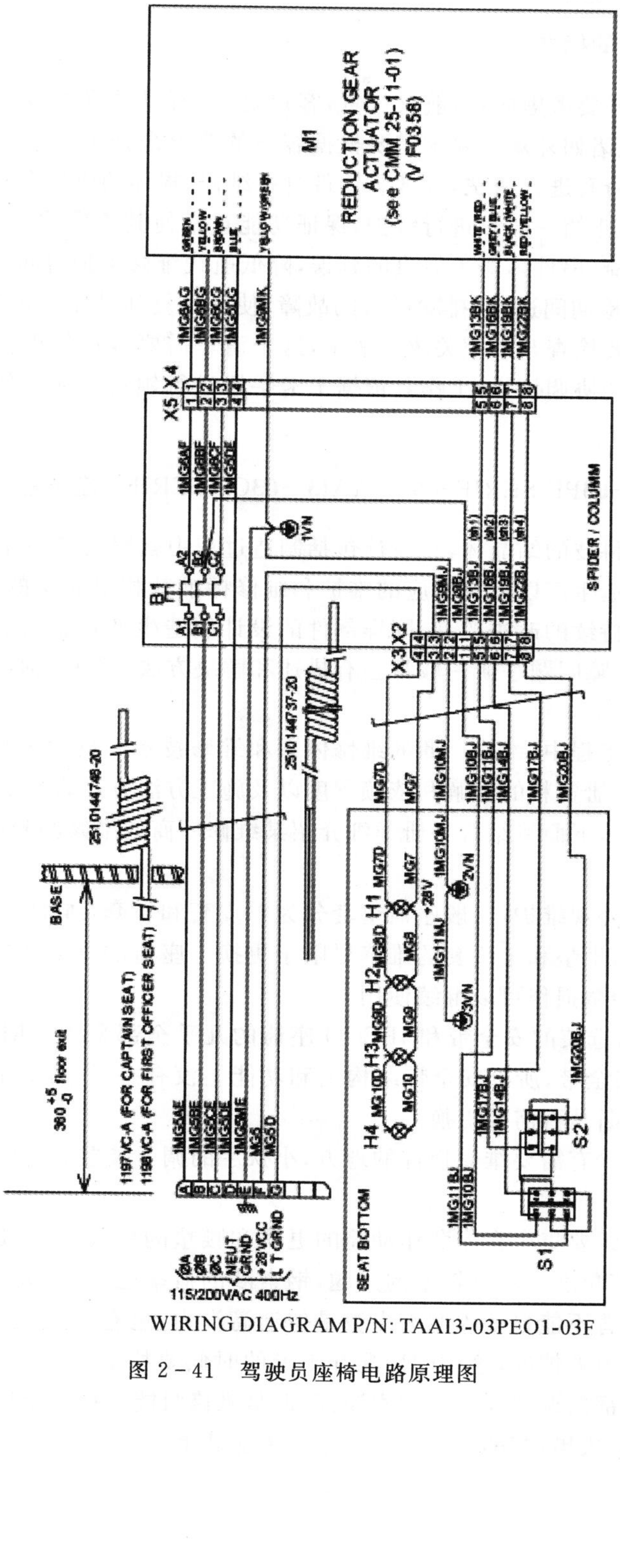
M1
REDUCTION GEAR
ACTUATOR
(see CMM 25-11-01)
(V F03 58)
SPIDER / COLUMN
SEAT BOTTOM
BASE
115/200VAC 400Hz

WIRING DIAGRAM P/N: TAAI3-03PEO1-03F

图 2－41　驾驶员座椅电路原理图

2.4 驾驶员座椅的常见故障和维修

2.4.1 座椅维修的标准

驾驶员座椅的维修要考虑成本,航材订货,客户要求,所以维修的最低标准是做到驾驶员座椅的功能正常,其他诸如外观的要求需要根据客户的要求来开出工卡决定做与不做。一般不要求高标准的对座椅套进行清洗,外部装饰件进行维修,损坏的座椅套和海绵垫进行更换。

在飞机运营期间,座椅一般只进行维护,保证功能正常使其不影响航班的运营;遇到较大的问题就更换整张座椅(串件),避免航班的延误,降低航线维修维护时间的不确定性。座椅检修一般在飞机进行C检期间进行,排除已有的故障,使其恢复到最佳的状态。

飞机入厂以后需要检查开出相关故障清单,这个清单需要客户的审核去掉客户认为的不重要条目和生产控制的协调订货,工作者依据工卡手册进行领料完成工作,并签名确认,最后由质量控制来终结工卡。

2.4.2 TAAI3－03PE SERIES & TAAI3－03CE SERIES 座椅常见故障和维修方法

飞机作为一种高科技的结晶体,在设计包括制造过程中就解决了许许多多的难题,严谨的科学体系使其在其制造生产以后其相应的维护和维修标准就相对非常的成熟,维修体系因其安全的重要性而得到持续的改进改良,同样部件的设计制造生产包括售后的资料和技术支持都比较完善,部件的故障问题手册一般都会有描述和解决方法,即便手册没有也可以得到厂家的技术支持。

而在实际的维修工程中,维修厂商的维修体系和维修技术人员的本身技能水平和思维方式的不同,所以对于手册资料的理解和依赖程度以及施工方法方式略有不同,维修的经验各有不同,效果也略有差异,下面将结合手册详细介绍某维修厂商的维修经验进行座椅维护维修的介绍。

首先分析座椅的外观维护,一般座椅垫套分为羊皮套和布套,维护的方法一样,状态良好的情况下清洗座椅套,坐垫和坐垫套的维修尽限于更换。座椅的背部装饰板包括扶手的装饰板损坏后都是更换,轻微损伤可以继续使用。

SOGERMA 座椅选装的安全带和 IPECO 座椅的几乎全部采用 AMSAFE 公司或者 Pacific Science 公司的安全带,所以安全带结构上和功能上没有差异,维修的时候主要参考相关的 CMM 手册标准判断是否需要更换。

座椅两侧扶手很少有需要维修换件的地方,小扶手的调节装置有时候会损坏换件,发生的概率非常小。

座椅靠背的维修组要集中在靠背作动筒的更换和腰垫的更换,其次是靠背锁定机构钢索的调节,靠背不能调节角度一般是钢索的问题,钢索断的概率也很小,大多数情况是钢索的长度需要重新调节。靠背不能自动收回大多数是作动筒没力,也有钢索太长导致解锁不到位而卡滞抵消作动筒的弹力的情况,这样的情况开工卡的时候要特别注意,作动筒未必需要更换。腰垫的故障一般是上部的调节前后的钢索断掉,但是维修只能更换整个组件,拆卸旋转把手的时候要注意技巧,晃动拔出,装的时候只有一个位置能装上。

坐垫移动故障有水平和垂直不能移动和移动费力，首先要检查的是钢索是否有问题，因为钢索太长会导致旋转手柄转到最大位置也不能解锁马达，一般情况钢索不会断也不需要更换，只需要调节。但是更换马达驱动器的时候要特别注意钢索从驱动器引出的位置，只有一种情况下钢索引出的位置才是正确的，其他方式将会导致钢索的磨损甚至磨断。水平移动费力或震动的情况一般是齿条位置不对称和马达驱动器损坏以及齿间有杂物，震动也有可能是水平轨道磨损严重和 L 形轨道固定螺丝松脱的情况。垂直不能移动有时是钢索问题有时候是马达问题，一般是先调节钢索来确定问题所在，如果钢索调节无效即是马达问题，需要换件送修。SOGERMA 厂家曾经出过改装方案来更换一批问题件号的马达，部分类似的系列很容易出问题，即便如此维修中更换马达驱动器的情况也是非常少数的情况。更换马达驱动器除了要注意钢索引出位置外，在扎线的时候要仔细看手册上图示的布线走向，某航空公司送修的许多座椅出现扎线位置与手册不一致的地方，而且那样扎线的效果也是不理想的，扎线地方占用了一根钢索的一个固定支点。还有安装马达驱动器垂直丝轴的时候要注意三个凸点卡到底座的三个槽内，一般安装方式将位置对好后向下压坐垫，让三个点卡住位置后再紧螺丝，这样丝轴不会跟转。紧螺丝的时候要注意这个特殊螺母的紧固方式。

座椅的供电线路很少出问题，一般马达驱动器供电问题都是出在插头的位置，即插头哦短线。而灯的故障如果是仍然有灯泡亮就一定是坐垫下部的灯座连接焊点短线松脱或者灯泡损坏，如果确定所有灯泡完好，先检测线路上第一个灯座的连线情况，依次检修。灯泡全部完好而灯不亮一般情况都是上游的灯座容易出问题特别是第一个灯座连线的问题，少数情况也会是插头插钉断线。

常见故障和维修方法见表 2－6。

表 2－6　手册描述的常见故障、可能原因及排故方法

故障现象	可能的故障原因	排除方法
1. 电动及照明故障排除		
垂直作动开关 S1 失效	供电有缺陷	检查维修供电连接
	电源未供到马达作动器或电压不正确	检查闭合 B1；检查马达供电电压
	开关 S1 失效	更换 S1 开关
	线路缺陷	检测线路
座椅底部灯泡失效	供电有缺陷	检查供电
	灯泡失效	更换灯泡
	连接线路缺陷	检查线路
		检查 X3 插头
2. 机械故障排除		
扶手低垂，锁定位置不正常	剪切销过载损坏	更换新的销子

续表

故障现象	可能的故障原因	排除方法
扶手连接有间隙	螺丝松	紧螺丝
辅助扶手旋钮松	有个弹簧销损坏	安装新的销子
	有个锥形齿轮失调	调校或按需更换
辅助扶手旋钮自由	锥形齿轮有杂物	清洁锥形齿轮
靠背操作旋钮"R"旋转靠背不动	有一个锁定失效或失调	检测，调节或者按需更换锁定装置
	控制钢索失调或损坏	调节或者更换并调节
	座椅靠背或者锁定关节失效（松脱或者错误安装）	检查结合处，如果需要，分解后重新组装
靠背在旋钮释放后不能锁定位置	锁定失效或失调	检测，调节或者按需更换锁定装置
"R"旋钮操作后靠背不能弹回初始位	锁定失效或失调	检测，调节或者按需更换锁定装置
	高压气体作动筒失效	检测并按需更换作动筒
旋钮拉起后不能弹回初始位	弹簧脱钩或者失效	重新安装或者更换弹簧
"V"旋钮操作后坐垫不能升降	补偿作动筒无力或损坏	更换作动筒
	升降圆柱衬套和轴承间有杂物	清洁衬套和轴承
	升降丝杆作动机构失效	检测更换马达作动器
	旋钮组件松脱或损坏	重新拉紧或者更换旋钮组件
	控制钢索失调或损坏	调节或更换并调节
	马达作动器的齿式离合器失效	检测更换马达作动器
旋钮拉起后不能弹回初始位	弹簧脱钩或变松	更换弹簧
	控制钢索紧或损坏	更换钢索
"H"旋钮操作后坐垫不能移动或者移动困难	前后齿条或马达齿条之间有杂物	清洁齿条和轴承
	控制钢索失调或损坏	调节或者更换并调节
	轴承或滚轴	更换

续表

故障现象	可能的故障原因	排除方法
旋钮拉起后不能弹回初始位	马达作动器的齿式离合器失效	检测更换马达作动器
	弹簧脱钩或变松	更换弹簧
	控制钢索紧或损坏	更换钢索
头枕不能倾斜	头枕失效	更换
腰垫控制旋钮旋转困难	旋钮脏或松脱	清洁并润滑
水平作动开关 S2 失效	供电连接有缺陷	检查维修供电连接
	电源未供到马达作动器或电压不正确	检查闭合 B1；检查马达供电电压
	开关 S2 失效	更换 S2 开关
	线路缺陷	检测线路
马达驱动器供电运作但不起作用	马达驱动器有根线未连接（跳开关可能跳开）	更换马达作动器
		检测 X2 插头（按需打开跳开关）
		检测 X5 插头（按需打开跳开关）
释放开关 S1/S2 坐垫不能立即停止	马达作动器失效	更换马达作动器

2.5　观察员和乘务员座椅的结构

2.5.1　观察员座椅

在 B737 上，驾驶舱有第一观察员座椅和第二观察员座椅。

1. 第一观察员座椅

第一观察员座椅平时折叠在驾驶舱入口通道右墙上的一个凹槽内。当其展开时，它正好处于驾驶舱入口通道的驾驶舱门里。为使机组人员出入驾驶舱，必须折叠座椅。

座椅的主要构件是椅面、椅背和安全带。椅面是一块软垫，它固定在一个金属骨架上，右侧的长铰链把椅面固定在驾驶舱通道的隔墙上，在椅面的左侧有两支销子，这两支销子插入驾驶舱通道左墙的锁板孔内，椅面就保持在展开位置上。椅面软垫由浮性材料制成，它是为保证单人在水上漂浮而设计的（见图 2－42）

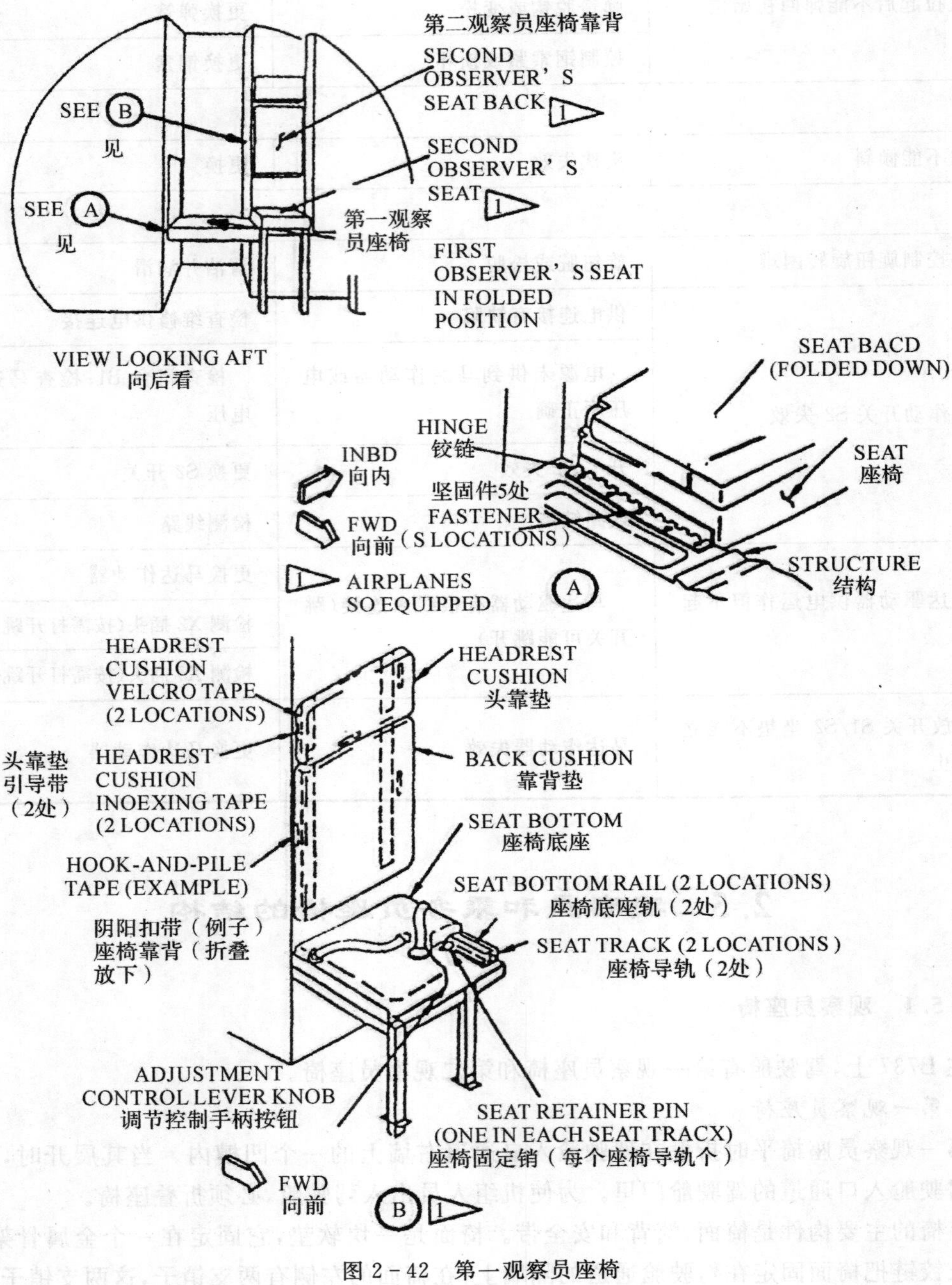
第二观察员座椅靠背
SECOND OBSERVER'S SEAT BACK
SEE B 见
SECOND OBSERVER'S SEAT
SEE A 见
第一观察员座椅
FIRST OBSERVER'S SEAT IN FOLDED POSITION
VIEW LOOKING AFT
向后看
SEAT BACD (FOLDED DOWN)
HINGE
铰链
INBD
向内
SEAT
座椅
坚固件5处
FASTENER (S LOCATIONS)
FWD
向前
STRUCTURE
结构
AIRPLANES SO EQUIPPED
A
HEADREST CUSHION VELCRO TAPE (2 LOCATIONS)
HEADREST CUSHION
头靠垫
头靠垫引导带（2处）
HEADREST CUSHION INOEXING TAPE (2 LOCATIONS)
BACK CUSHION
靠背垫
SEAT BOTTOM
座椅底座
HOOK-AND-PILE TAPE (EXAMPLE)
阴阳扣带（例子）
座椅靠背（折叠放下）
SEAT BOTTOM RAIL (2 LOCATIONS)
座椅底座轨（2处）
SEAT TRACK (2 LOCATIONS)
座椅导轨（2处）
ADJUSTMENT CONTROL LEVER KNOB
调节控制手柄按钮
SEAT RETAINER PIN (ONE IN EACH SEAT TRACX)
座椅固定销（每个座椅导轨个）
FWD
向前
B

图 2-42　第一观察员座椅

2. 第二观察员座椅

第二观察员座椅位于驾驶舱的左侧，靠近驾驶舱后隔板，座椅的主要构件为椅面、椅背和安全带。椅面是一个连有软垫的金属骨架。椅面安置在滑轨上，可前后调节。滑轨与后部隔间伸出的支架相连。椅背由一背垫和头靠组成。背垫和头靠用带子缝合，并用尼龙阴阳扣带固定在隔板上。椅背软垫也由浮性材料制成，保证单人能在水上漂浮。该座椅装备有可调整的肩带，并留有余地，供第二观察员座位用的踏脚板连在机长座椅的后部（见图 2－43）。

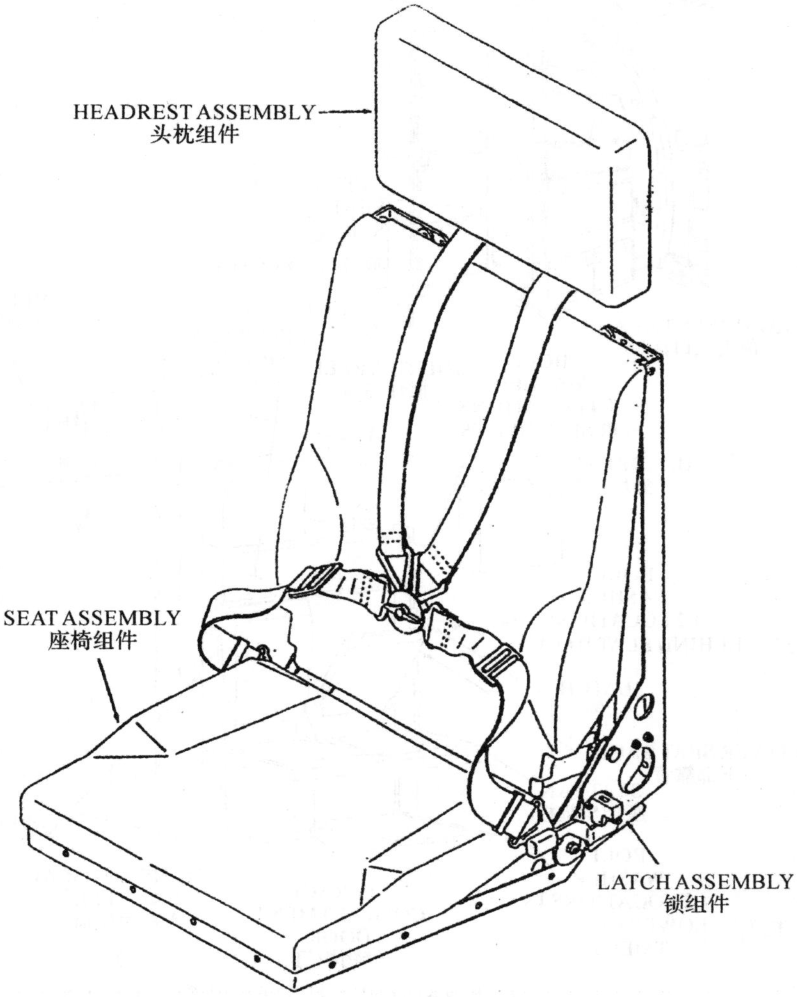
HEADREST ASSEMBLY
头枕组件
SEAT ASSEMBLY
座椅组件
LATCH ASSEMBLY
锁组件

图 2－43　第二观察员座椅

3. 乘务员座椅

乘务员座椅分为单人座椅、双人座椅等。它们可以安置在服务区的隔板上，或过道上（见图 2－44，图 2－45）安装在过道上的乘务员座椅的结构复杂一点，因为其上的铰接点更多。

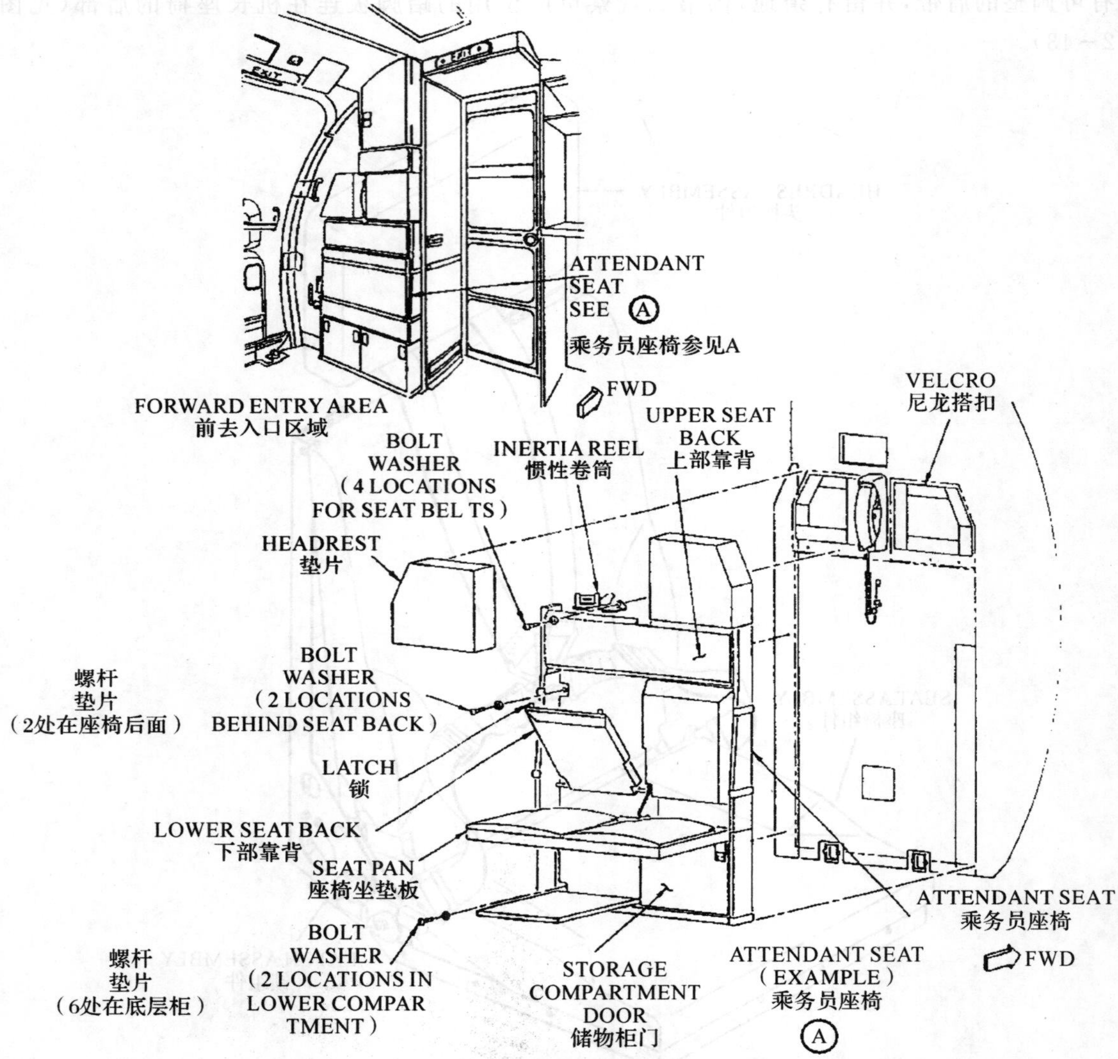
ATTENDANT
SEAT
SEE A
乘务员座椅参见A
FORWARD ENTRY AREA
前去入口区域
FWD
VELCRO
尼龙搭扣
UPPER SEAT
BACK
上部靠背
BOLT
WASHER
（4 LOCATIONS
FOR SEAT BEL TS）
INERTIA REEL
惯性卷筒
HEADREST
垫片
螺杆
垫片
（2处在座椅后面）
BOLT
WASHER
（2 LOCATIONS
BEHIND SEAT BACK）
LATCH
锁
LOWER SEAT BACK
下部靠背
SEAT PAN
座椅坐垫板
ATTENDANT SEAT
乘务员座椅
FWD
螺杆
垫片
（6处在底层柜）
BOLT
WASHER
（2 LOCATIONS IN
LOWER COMPAR
TMENT）
STORAGE
COMPARTMENT
DOOR
储物柜门
ATTENDANT SEAT
（EXAMPLE）
乘务员座椅
A
CABIN ATTENDANT'S SEAT INSTALLATION
客舱乘务员座椅安装示意

图 2－44　B757 上的乘务员座椅

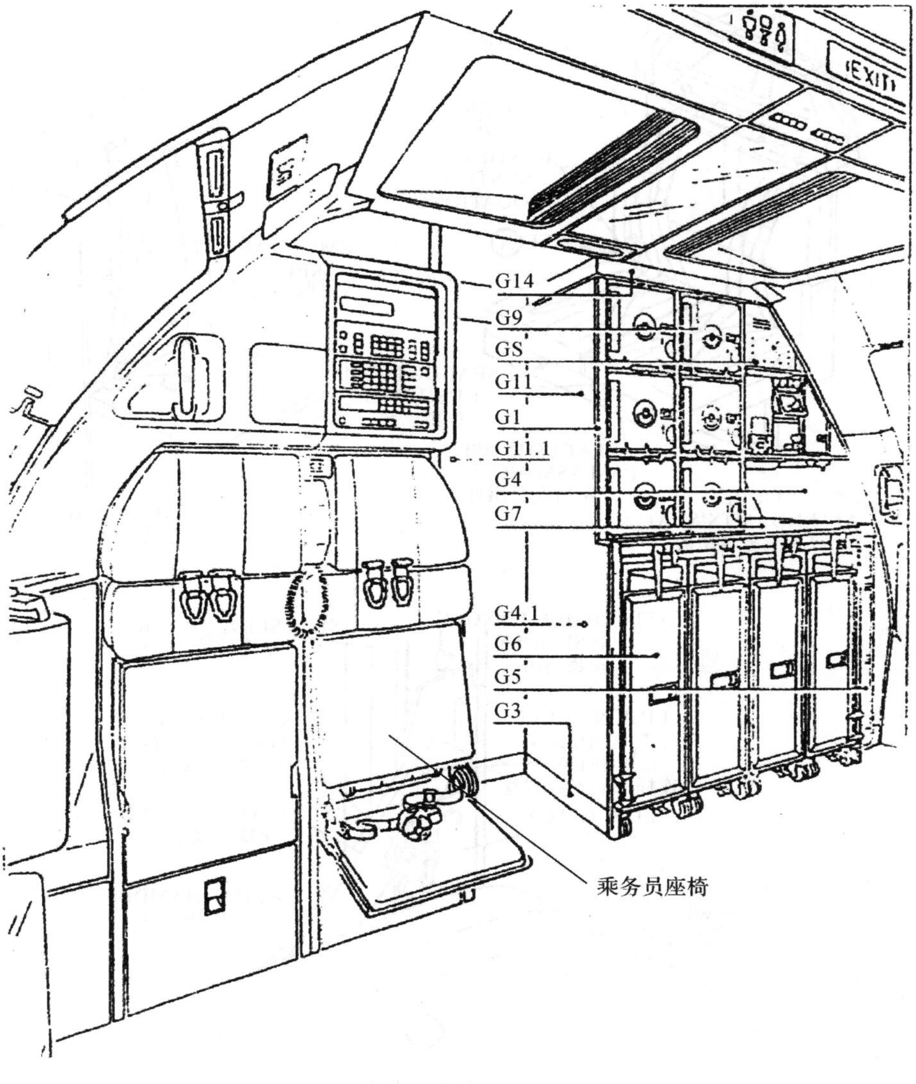
EXIT
G14
G9
GS
G11
G1
G11.1
G4
G7
G4.1
G6
G5
G3
乘务员座椅

图 2-45　A320 服务区的乘务员座椅

乘务员座椅的结构和第一观察员座椅类似，分为头靠、椅背、椅面、安全带等，一般下方还有一个装应急用品的小箱。椅面能折叠上去。椅背、头靠通过尼龙阴阳扣带连在结构上。

观察员座椅和乘务员座椅的安全带和驾驶员座椅的安全带的设计原理相同。(见图 2-46)

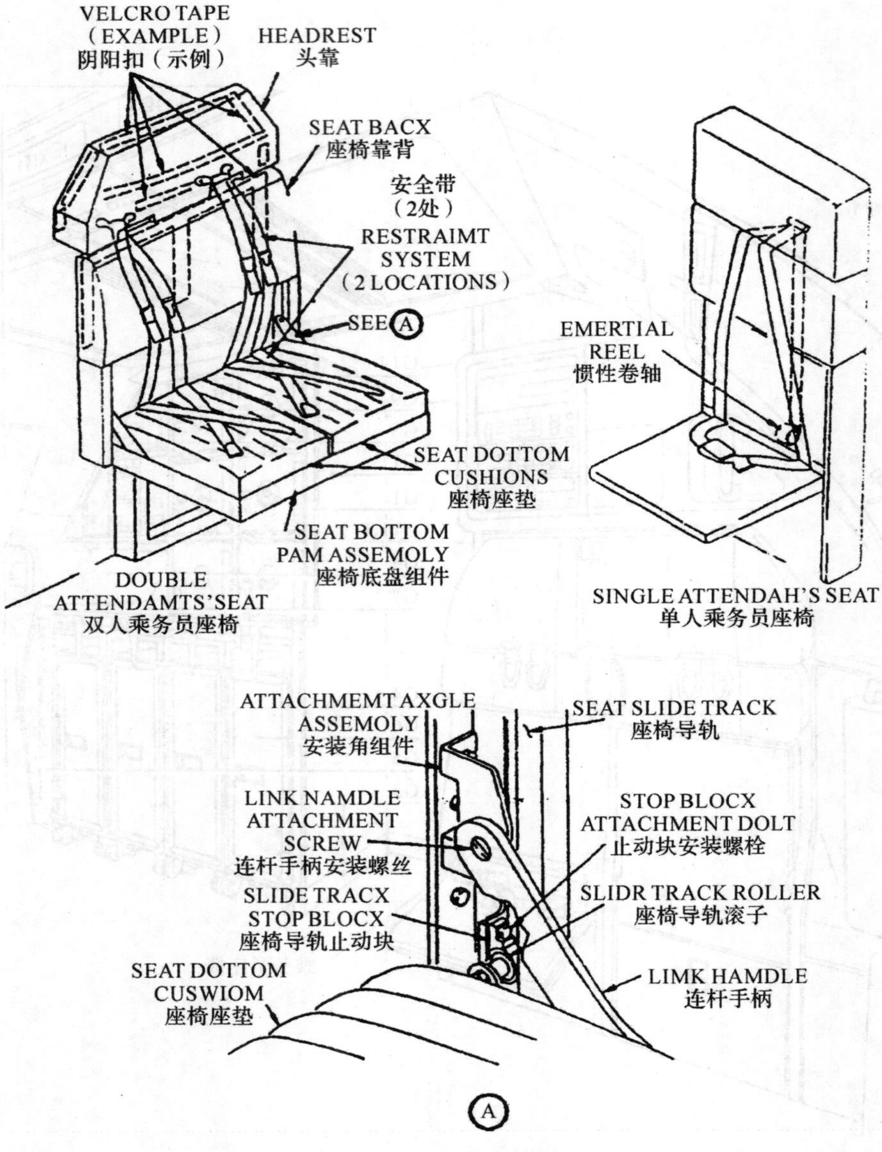
VELCRO TAPE
(EXAMPLE)
阴阳扣(示例)
HEADREST
头靠
SEAT BACX
座椅靠背
安全带
(2处)
RESTRAIMT
SYSTEM
(2 LOCATIONS)
SEE A
EMERTIAL
REEL
惯性卷轴
SEAT DOTTOM
CUSHIONS
座椅座垫
SEAT BOTTOM
PAM ASSEMOLY
座椅底盘组件
DOUBLE
ATTENDAMTS'SEAT
双人乘务员座椅
SINGLE ATTENDAH'S SEAT
单人乘务员座椅
ATTACHMEMT AXGLE
ASSEMOLY
安装角组件
SEAT SLIDE TRACK
座椅导轨
LINK NAMDLE
ATTACHMENT
SCREW
连杆手柄安装螺丝
STOP BLOCX
ATTACHMENT DOLT
止动块安装螺栓
SLIDE TRACX
STOP BLOCX
座椅导轨止动块
SLIDR TRACK ROLLER
座椅导轨滚子
SEAT DOTTOM
CUSWIOM
座椅座垫
LIMK HAMDLE
连杆手柄
A

图 2-46　乘务员座椅结构

习　　题

1. 试述座椅的一般结构。
2. 座椅所带的小桌板有哪两类？分别用在何处？
3. 试述扶手内小桌板的结构。

4. 试述靠背倾斜调节控制装置的组成和工作原理。
5. 如何调整座椅靠背的倾斜量?
6. Velcro tape 是一种什么材料? 有何特点? 用于何处?
7. 座椅腿是如何固定在地板导轨梁上的?
8. 如何拆卸座椅?
9. 座椅的修理工作有哪些?
10. 座椅安装到飞机上时,需要做哪些测试和调节?
11. 试述分解座椅的注意事项和大致步骤。
12. 驾驶员座椅的布局是什么?
13. 驾驶员座椅的结构是什么?
14. 试述观察员和服务员座椅的结构。

第3章　飞机水系统

3.1　飞机水系统的工作原理

3.1.1　飞机水系统概述

飞机水系统通常分为水和废水两部分。水和废水系统作为现代客机重要组成部分，其功能是否完善，设计是否合理，不仅影响飞机上旅客旅行的舒适性，而且也影响飞机的可靠性，维护工作的便捷性。

老式窄体客机因水箱数量、分配管路、排放管路、监控装置等较少，因而水系统的设计较为简单。随着技术的更新，现代大型客机多采用软件对客舱设备进行监控及操作，其过程也更加人性化，在废水处理、排放系统、管路等方面均有不同程度改进。先进的系统，既为旅客提供了便捷、舒适的客舱环境，更为机务人员维护系统工作提供便利。

时至今日，宽体客机逐渐成为远程飞行的主力机型，甚至某些距离较近但客流较大的航线也使用大型宽体客机，如波音公司B777，B787系列，空客公司A330，A340，A380系列等，这些机型都有一个共同特点，客舱设计集高水准的乘坐舒适性、经济性和运营灵活性为一体，各种先进的技术也都运用于此。相比较B737这些老机型，它们的技术更先进，而对于B787，A380等新型号飞机，它们的技术又比较成熟，因此将这些飞机的水和废水系统设计作为现代飞机设计的典型来介绍是合适的。在本章中，将以B777和A330为主要介绍对象，介绍现代飞机水和废水系统的工作原理及系统构成，典型故障分析等。

3.1.2　飞机水系统工作原理及系统构成

水和废水系统的主要作用就是保证飞机上乘客、乘务人员的用水，包括洗手、冲洗马桶、厨房烧水等；废水系统则及时清除飞机厕所、厨房、货舱等部位产生的废水污水。二个系统共同保证了机上旅行的舒适性。具体过程如下：饮用水系统通过对存储部件或分配管路进行加压，将饮用水输送到用水部位如厨房、马桶、厕所盥洗池等，以便乘客洗手洗脸或者乘务员烧水使用；废水系统则收集真空马桶、厨房、货舱等部位的废水和污水，通过管路，或排放到机外，或存储到废水箱，等待进行地面勤务工作时清除。现代宽体客机都有较多厨房和厕所，人为监控较为麻烦，因此现代大型客机的水和废水系统都可以对机上所有厨房和厕所进行状态监控，并将它们的状态显示到乘务员面板上，甚至记录下来以便维护。

饮用水系统为厨房和厕所提供用水。废水系统用于排放厨房厕所的污水和废水，某些飞机也用于排放货舱、门槛收集的污水。以下两个结构图分别为 B777 和 A330 水和废水系统构成图，从中我们可以发现，二者的大体构成基本相同，都可分为三大部分：饮用水系统、废水排放系统和饮用水水箱增压系统，只不过波音将饮用水水箱增压系统（新型号 B777 为水泵系统）归纳为水系统之中（见图 3－1 和图 3－2）。

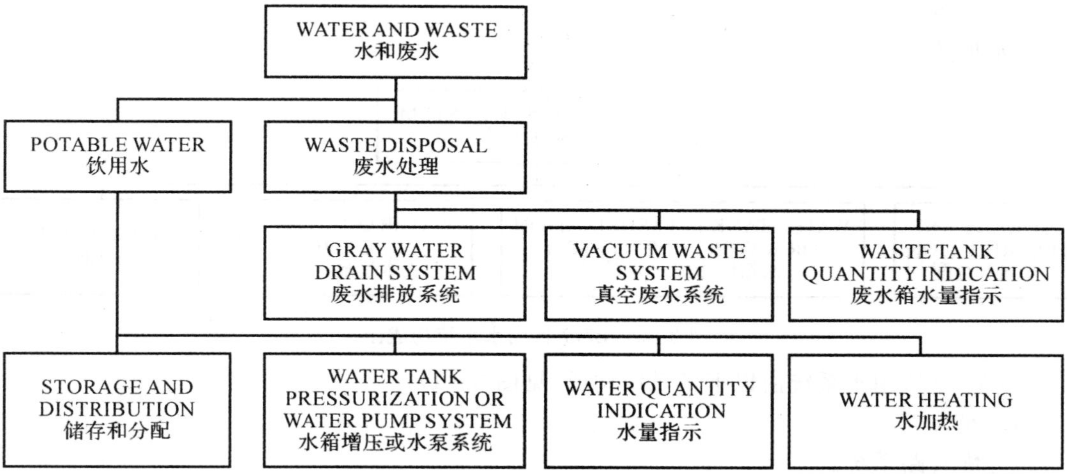
WATER AND WASTE
水和废水
POTABLE WATER
饮用水
WASTE DISPOSAL
废水处理
GRAY WATER DRAIN SYSTEM
废水排放系统
VACUUM WASTE SYSTEM
真空废水系统
WASTE TANK QUANTITY INDICATION
废水箱水量指示
STORAGE AND DISTRIBUTION
储存和分配
WATER TANK PRESSURIZATION OR WATER PUMP SYSTEM
水箱增压或水泵系统
WATER QUANTITY INDICATION
水量指示
WATER HEATING
水加热

图 3－1　B777 水系统构成图

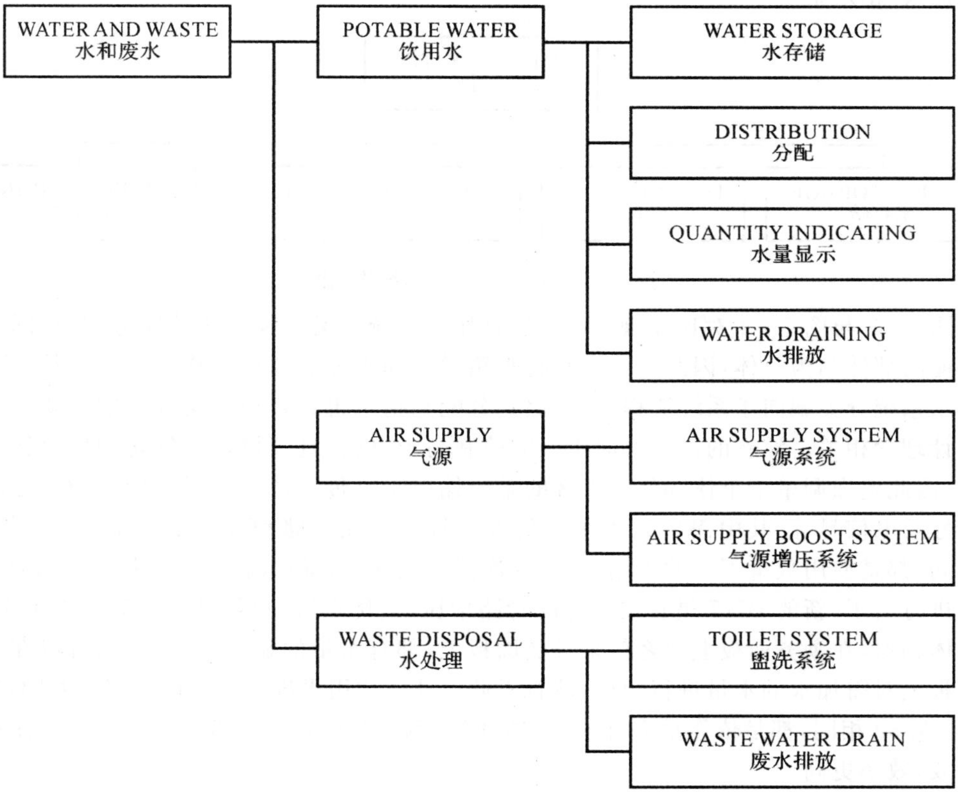
WATER AND WASTE
水和废水
POTABLE WATER
饮用水
WATER STORAGE
水存储
DISTRIBUTION
分配
QUANTITY INDICATING
水量显示
WATER DRAINING
水排放
AIR SUPPLY
气源
AIR SUPPLY SYSTEM
气源系统
AIR SUPPLY BOOST SYSTEM
气源增压系统
WASTE DISPOSAL
水处理
TOILET SYSTEM
盥洗系统
WASTE WATER DRAIN
废水排放

图 3－2　A330 水系统构成图

1. 饮用水系统构成

(1)B777 饮用水系统由以下子系统构成(见图 3－3)。

1)存储和分配。

2)水箱增压或水泵系统(新型号 B777 使用水泵系统)。

3)水量指示。

4)水加热。

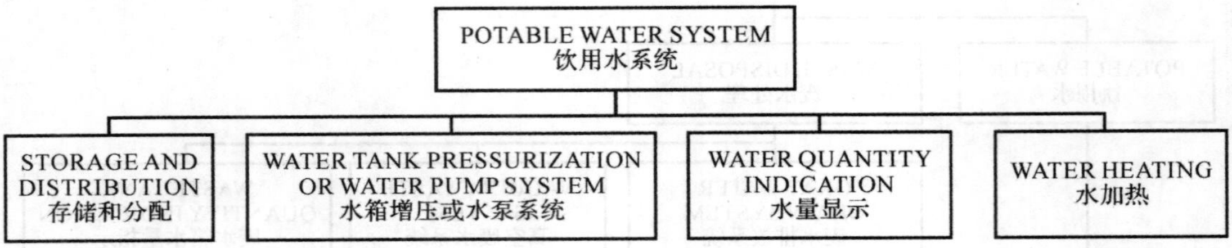
POTABLE WATER SYSTEM
饮用水系统
STORAGE AND DISTRIBUTION
存储和分配
WATER TANK PRESSURIZATION OR WATER PUMP SYSTEM
水箱增压或水泵系统
WATER QUANTITY INDICATION
水量显示
WATER HEATING
水加热

图 3－3　B777 饮用水系统构成图

(2)A330 饮用水系统由以下子系统构成(见图 3－4)。

1)水箱。

2)分配管路系统。

3)水量指示系统。

4)加水/排水系统。

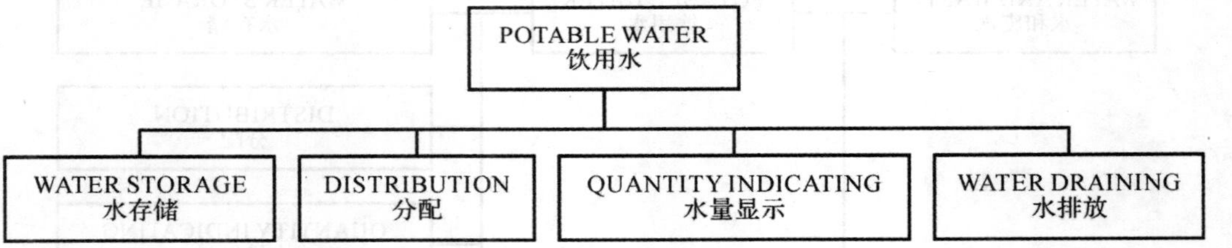
POTABLE WATER
饮用水
WATER STORAGE
水存储
DISTRIBUTION
分配
QUANTITY INDICATING
水量显示
WATER DRAINING
水排放

图 3－4　A330 饮用水系统构成图

从图 3－3 与图 3－4 对比发现,B777 的饮用水系统分类更偏向于功能分类,相同功能或类似功能的部件归为一体,因此可看到它将水箱增压和水加热器单独作为一个系统;而 A330 的饮用水系统分类偏向于系统流程,从存储到分配到指示再到排放。这种差别主要与波音空客的设计理念相关。波音的系统偏向于人的控制高于电脑,且其设计电气化程度要比空客的低一些,因此更强调单个个体部件。空客的系统偏向于电传一体化,系统自动运行,运用较多模拟信号及电信号等,其中需要人为干预的部分较少。在存储和分配部分中,B777 与 A330 大体相同,都是使用数量不等的饮用水水箱,连接分配管路,将水输送到各用水系统,同时需要对水箱进行增压(新的 B777 是直接对分配管路增压,其优点后面再说明)。对于指示系统,二者也大体相似,在勤务面板上及客舱乘务员面板上,都有水量的显示,但空客的可以在客舱乘务员面板上对需加水的水量进行预设,波音无此设计。饮用水排放二者也有部分差别,旧型号 B777 与 A330 相同,都是依靠重力排放,接通通气管路以防真空,新型号 B777 则可使用水泵加速排放,效率更高。

2. 饮用水系统的具体工作原理。

饮用水系统能够发挥作用,主要在于存储、分配和加压。存储水箱接上分配管路,然后在压力作用下，输送到各个厨房和厕所。在飞行过程中，客舱内部是加压状态，因此饮用水系统的压力要大于客舱压力，才能有水从厨房厕所流出。

(1)B777 饮用水系统具体工作原理。

在水箱有足够水量的情况下，APU 引气系统或直接使用压气机对水箱进行增压，在压力的作用下，饮用水沿着分配管路到达厨房和厕所，流经的管路中有较多控制活门，以便某部分出现故障时进行隔离。打开活门或者水龙头打开时水流出供使用。

对于存储系统，较早生产的波音 B777 飞机上有两个或者三个饮用水箱，占用了较大空间，且重量较大，因此新批次改为只有一个水箱，且体积较小。为了能使饮用水系统分配管路中的水流到厨房和厕所，较早生产的 B777 使用 APU 引气系统或者独立的压气机为水箱增压，管路多系统复杂；因此改进后的饮用水系统利用一个水泵直接对分配管路进行增压，去掉了引气管路及压气机，极大地简化了系统，减小了重量，这在飞机设计力争 1 g 的情况下，无疑是很大的进步。通过分配管路，水箱中的压力或分配管路中的压力将水送到厨房和厕所，冲洗真空马桶的水和驾驶舱湿度调节器(选装)的水也来自饮用水系统(见图 3－5 和图 3－6)。

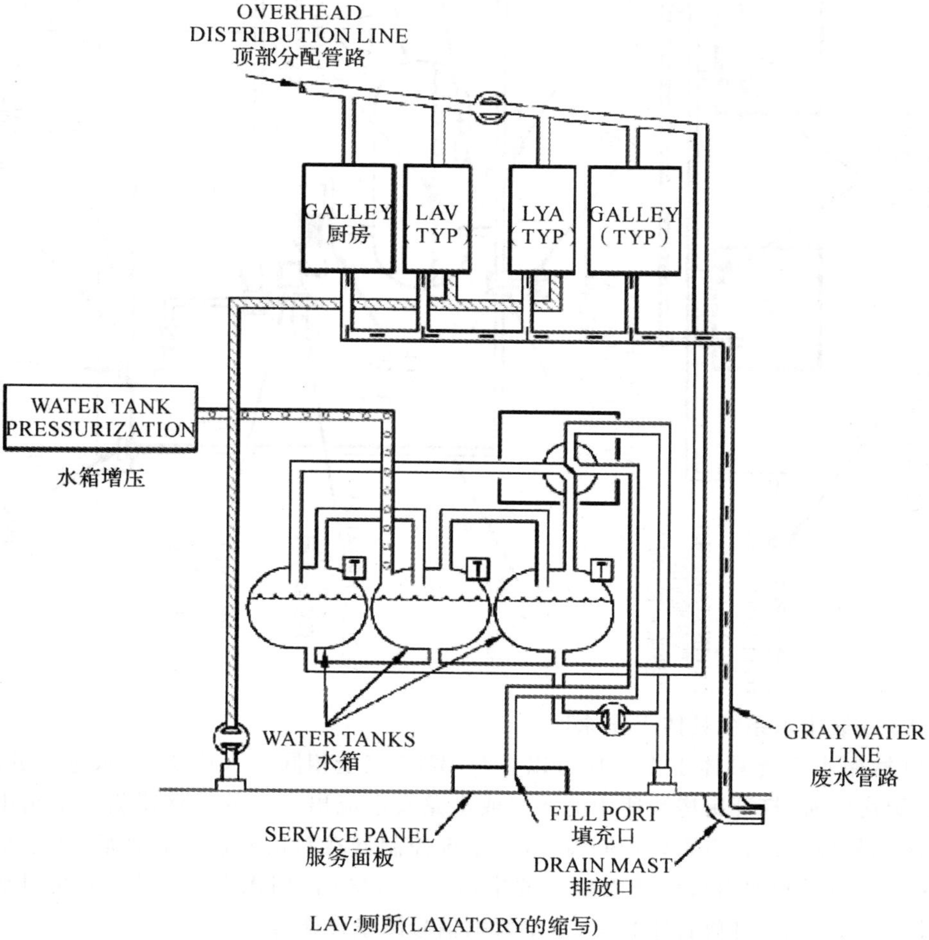
OVERHEAD
DISTRIBUTION LINE
顶部分配管路
GALLEY
厨房
LAV
(TYP)
LYA
(TYP)
GALLEY
(TYP)
WATER TANK
PRESSURIZATION
水箱增压
WATER TANKS
水箱
GRAY WATER
LINE
废水管路
FILL PORT
填充口
SERVICE PANEL
服务面板
DRAIN MAST
排放口
LAV:厕所(LAVATORY的缩写)

图 3－5　较早生产的 B777 饮用水系统

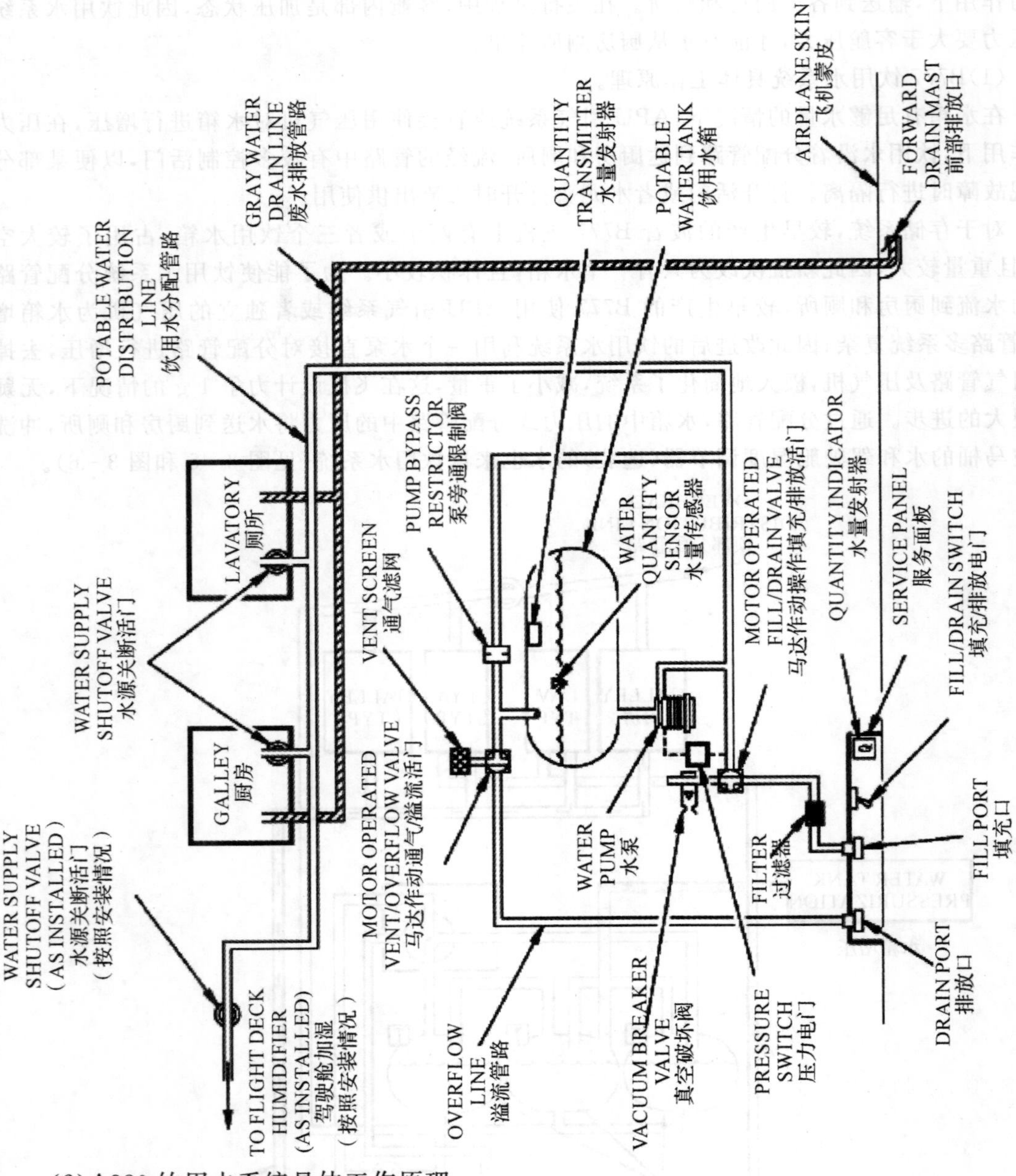
AIRPLANE SKIN
飞机蒙皮
FORWARD DRAIN MAST
前部排放口
QUANTITY TRANSMITTER
水量发射器
POTABLE WATER TANK
饮用水箱
GRAY WATER DRAINLINE
废水排放管路
POTABLE WATER DISTRIBUTION LINE
饮用水分配管路
LAVATORY
厕所
GALLEY
厨房
WATER SUPPLY SHUTOFF VALVE
水源关断活门
WATER SUPPLY SHUTOFF VALVE (AS INSTALLED)
水源关断活门（按照安装情况）
TO FLIGHT DECK HUMIDIFIER (AS INSTALLED)
驾驶舱加湿（按照安装情况）
MOTOR OPERATED VENT/OVERFLOW VALVE
马达作动通气/溢流活门
VENT SCREEN
通气滤网
PUMP BYPASS RESTRICTOR
泵旁通限制阀
WATER QUANTITY SENSOR
水量传感器
MOTOR OPERATED FILL/DRAIN VALVE
马达作动操作填充/排放活门
QUANTITY INDICATOR
水量发射器
SERVICE PANEL
服务面板
FILL/DRAIN SWITCH
填充/排放电门
FILL PORT
填充口
DRAIN PORT
排放口
WATER PUMP
水泵
FILTER
过滤器
OVERFLOW LINE
溢流管路
VACUUM BREAKER VALVE
真空破坏阀
PRESSURE SWITCH
压力电门

图3-6 改进后的B777饮用水系统

(2)A330 饮用水系统具体工作原理。

A330 饮用水系统具体工作原理可以说与 B777 完全相同。水箱加压，水进入分配管路，然后到达厨房厕所，打开厨房厕所中的活门或水龙头水流出。水量传感器测量水箱中水的多少，然后将信号传送到真空系统控制器，真空系统控制器在对信号进行处理后，将水量信息传送到前乘务员面板和饮用水勤务面板上的指示计。A330 饮用水系统与 B777 饮用水系统的差别具体在于引气源、排放管路数量、水量数据信号测量传输等。

在 A330 的发展过程中，空客也对饮用水系统进行了优化，优化地方包括溢流管路，活门安装位置等，优化幅度都较小（见图 3－7）。

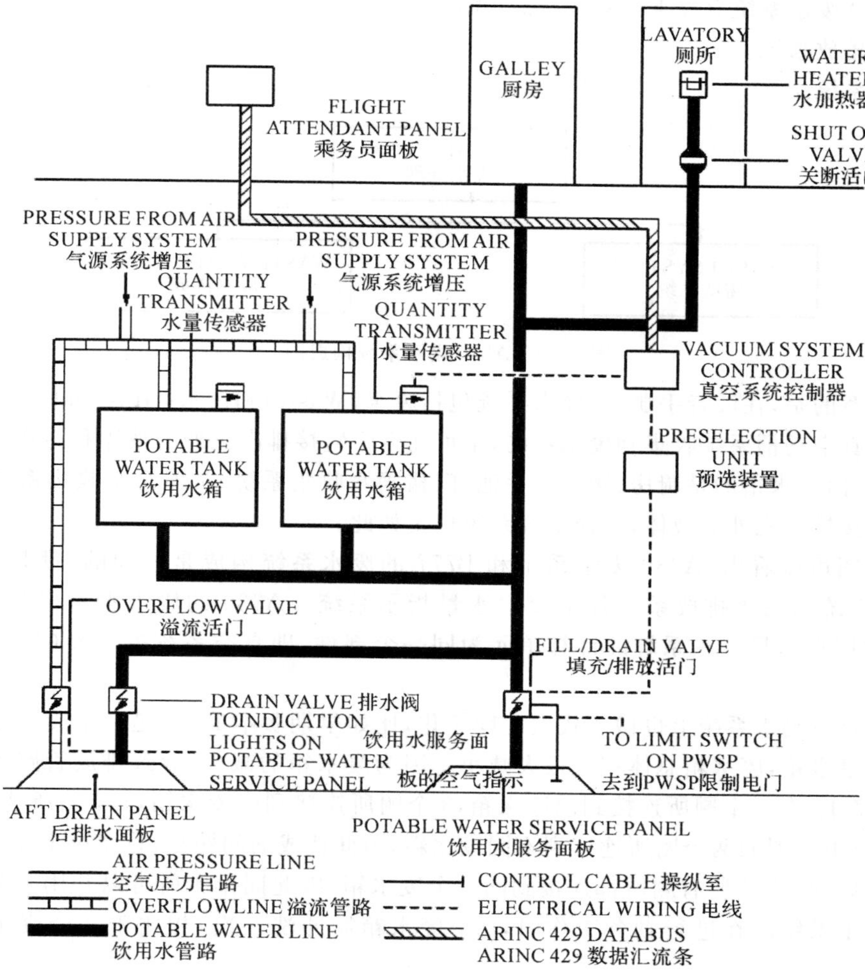
LAVATORY
厕所
GALLEY
厨房
WATER HEATER
水加热器
FLIGHT ATTENDANT PANEL
乘务员面板
SHUT OFF VALVE
关断活门
PRESSURE FROM AIR SUPPLY SYSTEM
气源系统增压
PRESSURE FROM AIR SUPPLY SYSTEM
气源系统增压
QUANTITY TRANSMITTER
水量传感器
QUANTITY TRANSMITTER
水量传感器
VACUUM SYSTEM CONTROLLER
真空系统控制器
POTABLE WATER TANK
饮用水箱
POTABLE WATER TANK
饮用水箱
PRESELECTION UNIT
预选装置
OVERFLOW VALVE
溢流活门
FILL/DRAIN VALVE
填充/排放活门
DRAIN VALVE 排水阀
TOINDICATION LIGHTS ON POTABLE-WATER SERVICE PANEL
饮用水服务面板的空气指示
TO LIMIT SWITCH ON PWSP
去到PWSP限制电门
AFT DRAIN PANEL
后排水面板
POTABLE WATER SERVICE PANEL
饮用水服务面板
AIR PRESSURE LINE
空气压力官路
OVERFLOWLINE 溢流管路
POTABLE WATER LINE
饮用水管路
CONTROL CABLE 操纵室
ELECTRICAL WIRING 电线
ARINC 429 DATABUS
ARINC 429 数据汇流条

图 3－7　A330 饮用水系统

3. 废水系统的构成

(1)B777 废水系统由以下子系统构成(见图 3－8)。

1)废水排放系统。

2)真空废水系统。

3)废水箱水量指示。

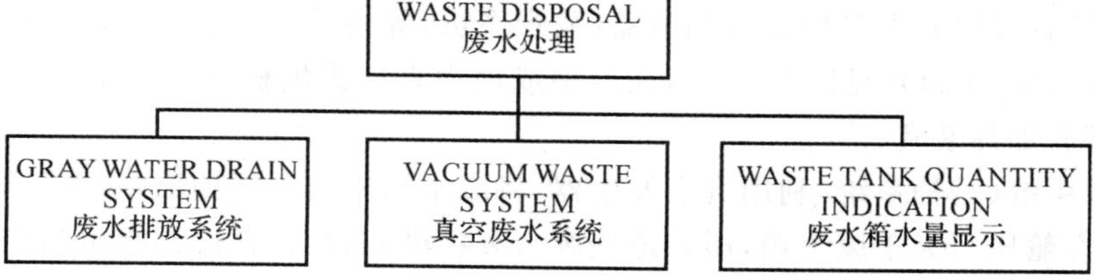
WASTE DISPOSAL
废水处理
GRAY WATER DRAIN SYSTEM
废水排放系统
VACUUM WASTE SYSTEM
真空废水系统
WASTE TANK QUANTITY INDICATION
废水箱水量显示

图 3－8　B777 废水系统构成图

(2)A330 废水系统有以下子系统构成(见图 3-9)。

1)废水排放系统。

2)马桶系统。

WASTE DISPOSAL
废水处理
TOILET SYSTEM
盥洗系统
WASTE WATER DRAIN
废水排放

图 3-9　A330 废水系统构成图

需要注意的是,在波音手册中,废水系统包括废水(Waste)和污水(Gray water)两种概念,废水指的是真空马桶系统收集到废水箱的,不可在空中直接排出机外的液体和污物,需在勤务工作时清除;而污水指的是厨房、厕所洗手池、门槛雨水收集系统、货舱余水收集系统收集的,可在空中直接排出机外的液体,同样空客系统也是如此。

从上两图可以看出,A330 废水系统和 B777 的废水系统构成是相同的,都是真空废水系统(马桶系统)、污水排放系统加上废水水量指示系统。A330 的废水水量指示系统的计算单元与饮用水水量指示系统的计算单元为同一个部件,即真空系统控制器(见图 3-2 及图 3-7)。

波音在真空废水系统上也做了较大程度简化,比如早期版本 B777 是 3 个废水箱,后简化为一个较大废水箱,废水箱总体积有很大减小。因为废水箱的减少,导致排放管路大为减少。在早期 B777 上,有 3 个厕所连接到前废水箱,3 个厕所连接到中废水箱,4 个厕所连接到后废水箱,且客舱中并列的两个厕所连接到不同废水箱,由此造成的问题是,管路过于复杂,不利于维修。改进后的 B777 所有厕所都连接到同一个废水箱,因此同排厕所可以共用一条管路,从而大大简化了系统。在进行勤务工作时,3 个废水箱需冲洗 3 次,相比于一个废水箱,耗时不少。

空客废水系统中的马桶系统,将 A330 飞机上的左右马桶分开管理,分成了左右两个更小的子系统。而与 B777 相比,A330 废水系统排放管路大部分地方都有防冰加热装置,波音的只在管路中有很少部分加热装置。

4. *废水系统的具体工作原理*

波音飞机与空客飞机相同的是,污水排放系统和真空废水系统(马桶系统)都是废水系统的一部分,但二者之间没有实质上的关联,管路没有任何交叉。

污水排放系统的工作原理是,厕所洗手池、厨房下水池、货舱余水收集系统、货舱动力驱动单元滴油盘(波音飞机)、驾驶舱湿度调节器(波音飞机)等将污水收集起来,通向机腹的两个鱼鳍状排放口(Drain Mast)(见图 3-10),在空中或地面直接排出机外。为了防止排放口结冰,每个排放口都有加热装置。

真空废水系统(马桶系统)利用真空发生器,将废水箱中的空气抽出,从而使废水箱中的压力减小,由于客舱压力大于废水箱,压差迫使废水废物进入管路,存储到废水箱中,在进行地面勤务工作时将其排出。

(1)B777 污水排放系统具体工作原理。

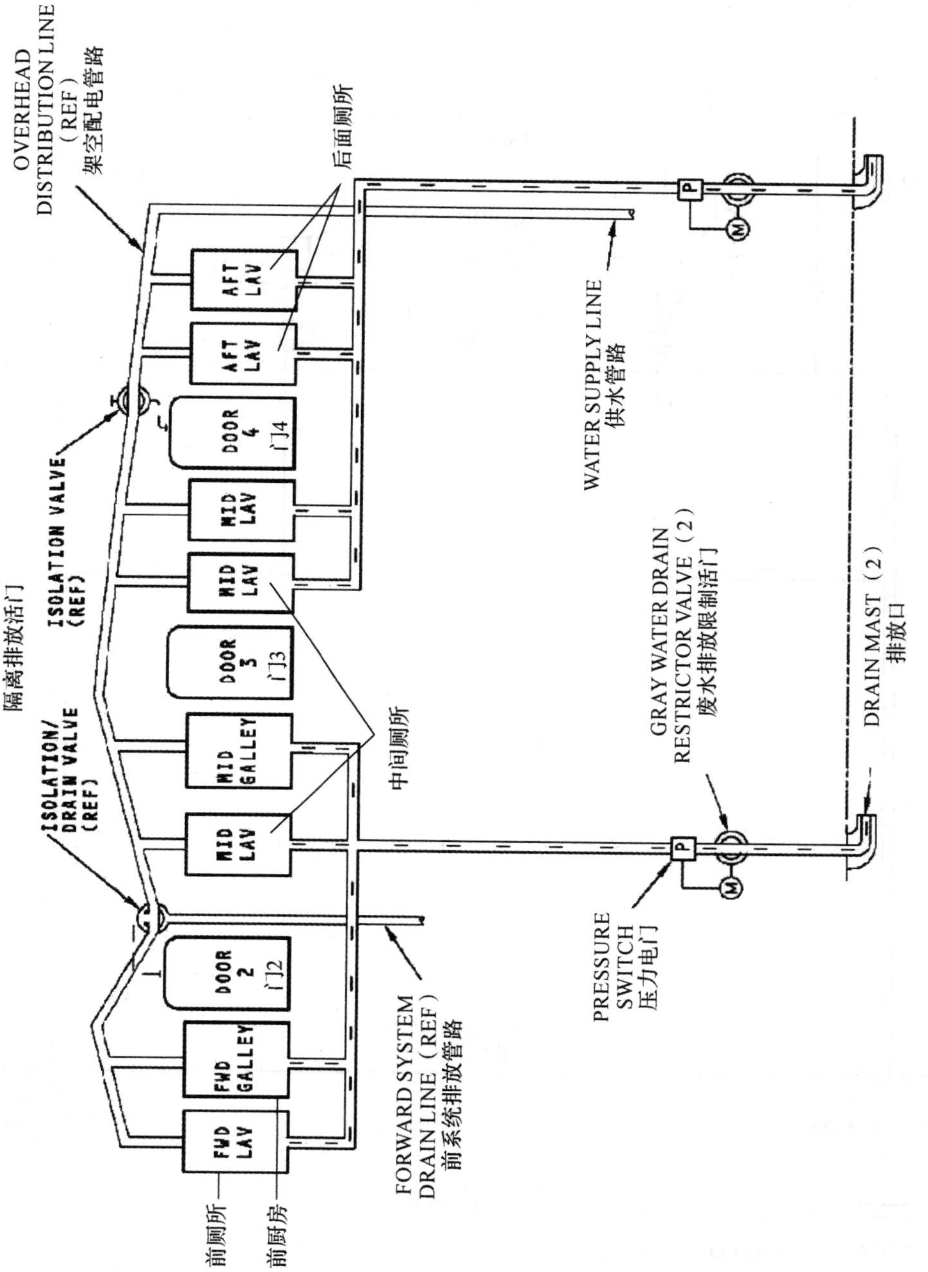
OVERHEAD DISTRIBUTION LINE (REF)
架空配电管路
后面厕所
AFT LAV
AFT LAV
DOOR 4
门4
MID LAV
MID LAV
DOOR 3
门3
MID GALLEY
MID LAV
DOOR 2
门2
FWD GALLEY
FWD LAV
ISOLATION VALVE (REF)
隔离排放活门
ISOLATION/ DRAIN VALVE (REF)
中间厕所
WATER SUPPLY LINE
供水管路
GRAY WATER DRAIN RESTRICTOR VALVE (2)
废水排放限制活门
DRAIN MAST (2)
排放口
PRESSURE SWITCH
压力电门
FORWARD SYSTEM DRAIN LINE (REF)
前系统排放管路
前厕所
前厨房

图3-10　B777污水排放系统构成图

B777 污水排放系统管路构成如上图所示(厕所未全部显示),系统收集的污水都流向机腹的两个鱼鳍状排放口。图中的污水排放限流活门(Gray water drain restrictor valve)的作用是,在空中控制随污水流出机外的空气的量,防止客舱压力减小。

(2)A330 废水系统具体工作原理。

A330 污水排放系统与 B777 污水排放系统相同，也有控制压力随污水泄漏的活门(见图 3－11)。

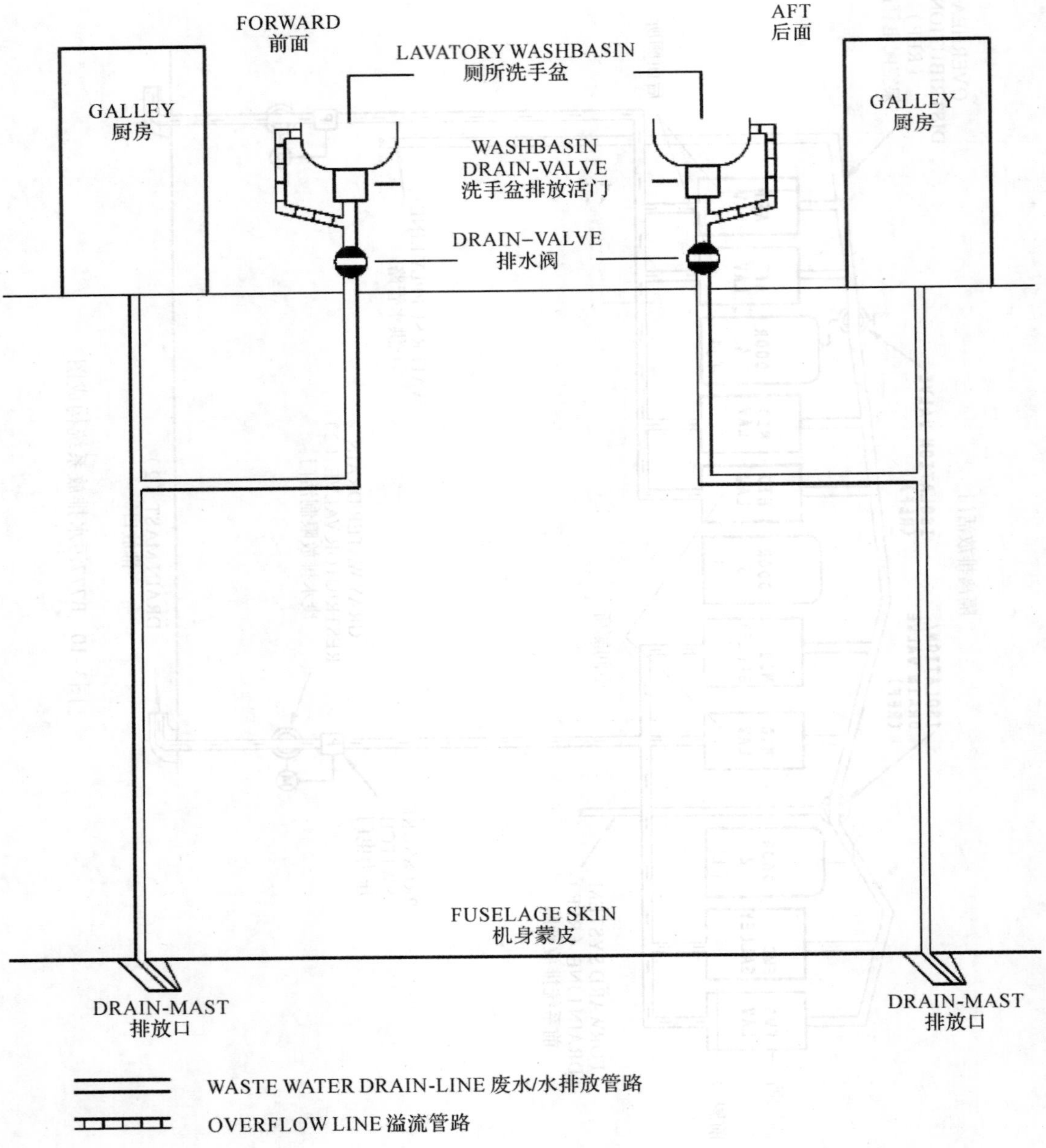
FORWARD
前面
AFT
后面
LAVATORY WASHBASIN
厕所洗手盆
GALLEY
厨房
GALLEY
厨房
WASHBASIN
DRAIN-VALVE
洗手盆排放活门
DRAIN–VALVE
排水阀
FUSELAGE SKIN
机身蒙皮
DRAIN-MAST
排放口
DRAIN-MAST
排放口
WASTE WATER DRAIN-LINE 废水/水排放管路
OVERFLOW LINE 溢流管路

图 3－11　A330 污水排放系统构成图

(3)B777 真空废水系统具体工作原理。

在厕所中按压冲洗开关，饮用水冲洗马桶，废水箱中的真空发生器(vacuum blower)工作，产生吸力，将废水和排泄物沿管路排放到废水箱中，地面勤务时清理废水箱。饮用水与马桶连接处有防虹吸管，防止饮用水因压力减小无法进入冲洗马桶。

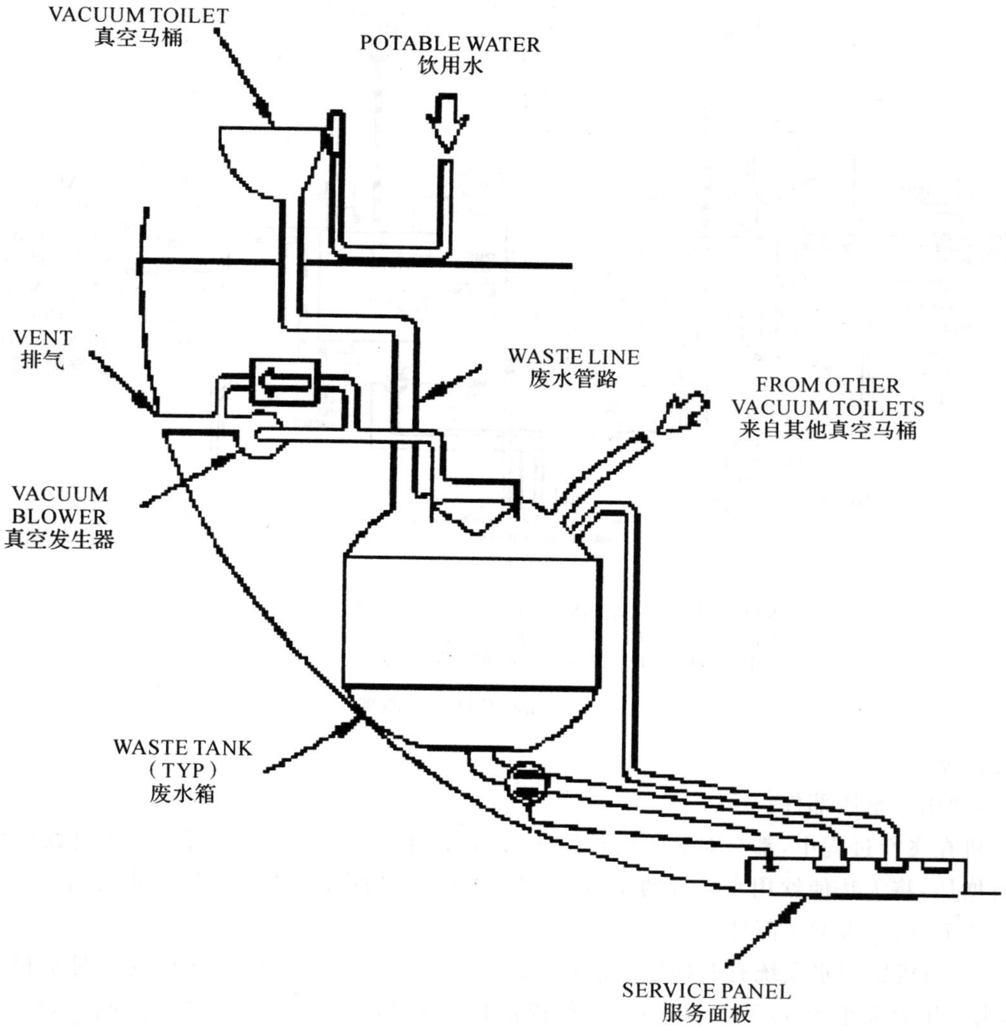
VACUUM TOILET
真空马桶
POTABLE WATER
饮用水
VENT
排气
WASTE LINE
废水管路
FROM OTHER
VACUUM TOILETS
来自其他真空马桶
VACUUM
BLOWER
真空发生器
WASTE TANK
（TYP）
废水箱
SERVICE PANEL
服务面板

VACUUM WASTE SYSTEM
（TYPICAL）
真空废水系统

图 3-12　B777 真空废水系统原理

(4)A330 马桶系统。

A330 马桶系统工作原理同 B777,大体结构相似(见图 3-13)。

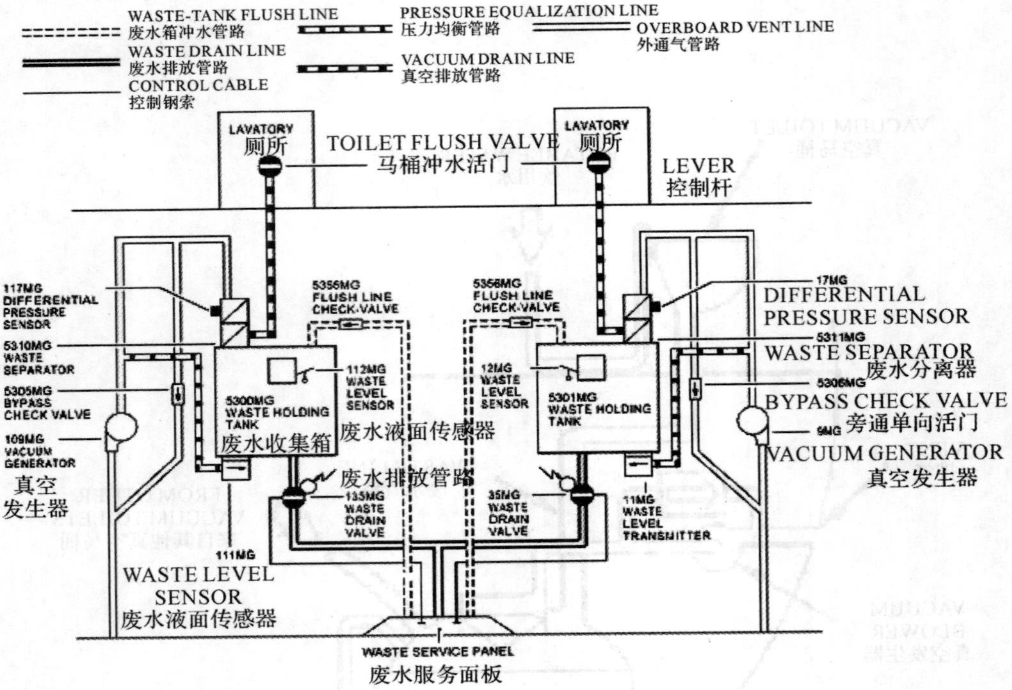
WASTE-TANK FLUSH LINE
废水箱冲水管路
WASTE DRAIN LINE
废水排放管路
CONTROL CABLE
控制钢索
PRESSURE EQUALIZATION LINE
压力均衡管路
VACUUM DRAIN LINE
真空排放管路
OVERBOARD VENT LINE
外通气管路
LAVATORY
厕所
TOILET FLUSH VALVE
马桶冲水活门
LEVER
控制杆
117MG
DIFFERENTIAL PRESSURE SENSOR
废水分离器
5310MG WASTE SEPARATOR
旁通单向活门
5305MG BYPASS CHECK VALVE
109MG VACUUM GENERATOR
真空发生器
5355MG FLUSH LINE CHECK-VALVE
5300MG WASTE HOLDING TANK
废水收集箱
112MG WASTE LEVEL SENSOR
废水液面传感器
废水排放管路
135MG WASTE DRAIN VALVE
111MG
WASTE LEVEL SENSOR
废水液面传感器
5356MG FLUSH LINE CHECK-VALVE
12MG WASTE LEVEL SENSOR
5301MG WASTE HOLDING TANK
35MG WASTE DRAIN VALVE
11MG WASTE LEVEL TRANSMITTER
17MG
DIFFERENTIAL PRESSURE SENSOR
5311MG
WASTE SEPARATOR
废水分离器
5306MG
BYPASS CHECK VALVE
旁通单向活门
9MG
VACUUM GENERATOR
真空发生器
WASTE SERVICE PANEL
废水服务面板

WASTE LEVEL TRANSMITTER:废水液面发射器
WASTE HOLDING TANK:废水收集箱
FLUSH LINE CHECK VALVE:冲水管路单向活门

图 3-13　A330 马桶系统原理

5. 主要部件介绍

(1)饮用水增压部件。

飞机在飞行过程中,都会对客舱进行增压,以保证乘客感觉舒适。因此,若不对饮用水系统进行增压,将无法使饮用水系统的压力大于客舱压力,从而没有办法使饮用水流出。

1)B777 饮用水增压部件。

B777 飞机饮用水系统有两种增压模式:较早的机型使用 APU 引气和压气机对水箱进行增压,水箱压力大小为 35～45 psi[①];另一种较新的方式是,在水箱与分配管路之间安装一个水泵,直接对分配管路进行增压(见图 3-14)。

B777 饮用水增压系统有以下部件。

①压气机。

②压气机单向活门。

③压力释放活门。

④压力限制开关。

① 1 psi=6.894 7 kPa

⑤引气总管。

⑥两个气滤。

⑦水泵。

这 7 个部件都是较早机型有的，而新的 B777 只有一个水泵（见图 3－15），因此我们可以看出，在系统经过改良后，已经大为简化，去除了很多部件，减少了系统出现差错的可能性，提高了维护性，同时系统的重量体积都有所减小。随着飞机设计的不断进步，这种改变会越来越多的出现。

如图 3－14 所示为旧型号 B777 饮用水增压部件。压气机进气或者引气系统的引气先经过气滤的过滤，然后通过单向活门（防止逆流）和压力释放活门（限制压力大小），进入水箱。管路中有一个压力限制电门，作用是当系统压力过大时，可以断开压气机的供电或者停止从引气系统引气，保证系统不会超压。填充/溢流活门为勤务时使用的活门，打开活门可进行填充和溢流。

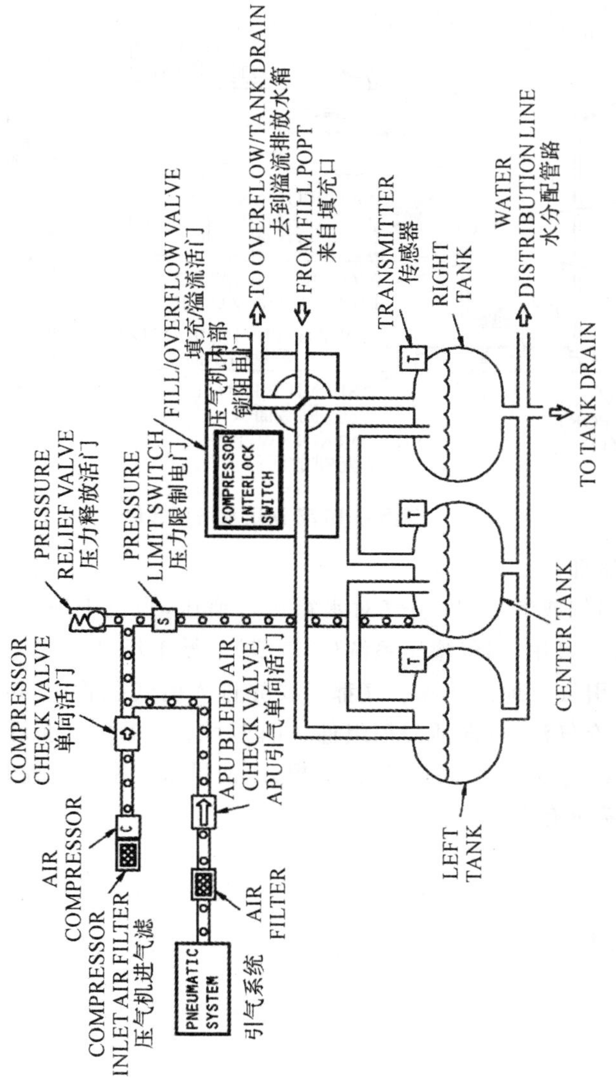
COMPRESSOR INLET AIR FILTER
压气机进气气滤
AIR COMPRESSOR
COMPRESSOR CHECK VALVE
单向活门
PRESSURE RELIEF VALVE
压力释放活门
PRESSURE LIMIT SWITCH
压力限制电门
PNEUMATIC SYSTEM
引气系统
AIR FILTER
APU BLEED AIR CHECK VALVE
APU引气单向活门
COMPRESSOR INTERLOCK SWITCH
压气机内部锁阻电门
FILL/OVERFLOW VALVE
填充/溢流活门
TO OVERFLOW/TANK DRAIN
去到溢流排放水箱
FROM FILL POPT
来自填充口
TRANSMITTER
传感器
RIGHT TANK
WATER DISTRIBUTION LINE
水分配管路
TO TANK DRAIN
CENTER TANK
LEFT TANK

图3-14　旧型号B777饮用水增压部件

新型号 B777 在水箱和分配管路之间安装了一个水泵，使用此水泵对分配管路进行增压，水泵有一个旁通管路，作用是当客舱不使用饮用水时，水泵中的水也能从旁通管路流动，为水泵进行降温。旁通管路限制器用于保证水优先从分配管路流走。马达控制的通气/溢流活门在系统正常增压时，处于通气位，防止水箱出现真空；在加水过程中自动旋转到溢流位，排放多余的水。

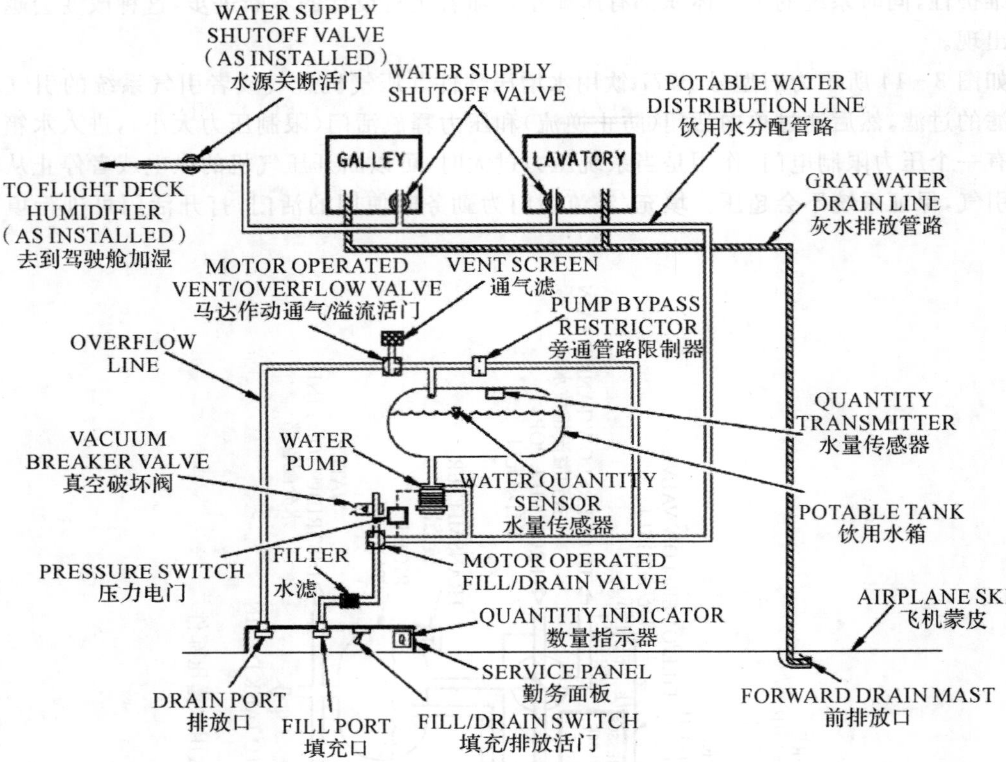
WATER SUPPLY SHUTOFF VALVE (AS INSTALLED)
水源关断活门
WATER SUPPLY SHUTOFF VALVE
POTABLE WATER DISTRIBUTION LINE
饮用水分配管路
GALLEY
LAVATORY
TO FLIGHT DECK HUMIDIFIER (AS INSTALLED)
去到驾驶舱加湿
GRAY WATER DRAIN LINE
灰水排放管路
MOTOR OPERATED VENT/OVERFLOW VALVE
马达作动通气/溢流活门
VENT SCREEN
通气滤
PUMP BYPASS RESTRICTOR
旁通管路限制器
OVERFLOW LINE
QUANTITY TRANSMITTER
水量传感器
VACUUM BREAKER VALVE
真空破坏阀
WATER PUMP
WATER QUANTITY SENSOR
水量传感器
POTABLE TANK
饮用水箱
PRESSURE SWITCH
压力电门
FILTER
水滤
MOTOR OPERATED FILL/DRAIN VALVE
QUANTITY INDICATOR
数量指示器
AIRPLANE SKIN
飞机蒙皮
SERVICE PANEL
勤务面板
DRAIN PORT
排放口
FILL PORT
填充口
FILL/DRAIN SWITCH
填充/排放活门
FORWARD DRAIN MAST
前排放口

图 3-15　新型号 B777 饮用水增压部件

2）A330 饮用水增压部件。

A330 使用发动机引气或者 APU 引气对水箱进行增压，当位于地面时，则使用地面引气进行加压。如果没有引气可用，引气增压系统（压气机）开始工作，以确保饮用水系统有正常压力。发动机引气、APU 引气及地面气源引气都需要先进入引气总管中，再由引气总管进入水箱。引气总管上面安装有气滤、单向活门等组件。旧型号 A330 饮用水系统正常压力是 25～30 psi，新型号的 A330 改为 35～40 psi。压力的提升，使供水效率有所提升（见图 3～16）。

A330 饮用水增压系统有以下部件。

①引气总管。

②压气机。

③地面压缩空气接头。

④引气梭阀。

⑤单向活门。

⑥减压活门。

⑦气滤。

⑧压力微控电门。

引气总管的引气流进气滤、单向活门、减压活门，进入水箱，水箱中的水在压力作用下进入分配管路。管路中也有一个压力微电门，可以感受压力大小并控制压气机的供电。

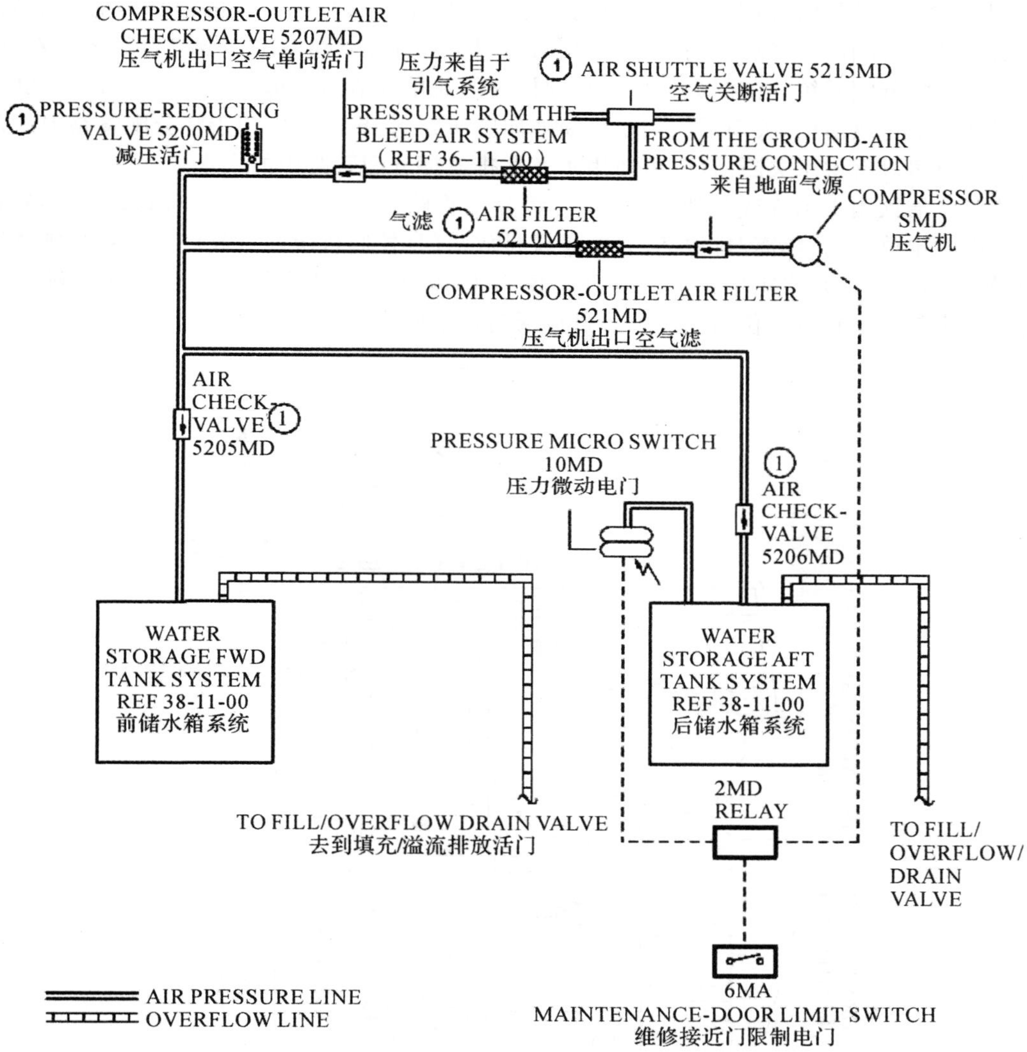
COMPRESSOR-OUTLET AIR CHECK VALVE 5207MD
压气机出口空气单向活门
压力来自于引气系统
PRESSURE FROM THE BLEED AIR SYSTEM (REF 36-11-00)
1 AIR SHUTTLE VALVE 5215MD
空气关断活门
1 PRESSURE-REDUCING VALVE 5200MD
减压活门
FROM THE GROUND-AIR PRESSURE CONNECTION
来自地面气源
COMPRESSOR SMD
压气机
气滤
1 AIR FILTER 5210MD
COMPRESSOR-OUTLET AIR FILTER 521MD
压气机出口空气滤
AIR CHECK-VALVE 5205MD 1
PRESSURE MICRO SWITCH 10MD
压力微动电门
1 AIR CHECK-VALVE 5206MD
WATER STORAGE FWD TANK SYSTEM REF 38-11-00
前储水箱系统
WATER STORAGE AFT TANK SYSTEM REF 38-11-00
后储水箱系统
2MD RELAY
TO FILL/OVERFLOW DRAIN VALVE
去到填充/溢流排放活门
TO FILL/OVERFLOW/DRAIN VALVE
AIR PRESSURE LINE
OVERFLOW LINE
6MA
MAINTENANCE-DOOR LIMIT SWITCH
维修接近门限制电门

图 3－16　A330 饮用水增压部件

(2)饮用水存储和分配部件。

存储和分配系统部件，即水箱和分配管路及各种完成供水功能所必需的附件。

1)B777 饮用水存储和分配。

较早型号的 B777 有两个或三个水箱，每个水箱 454 L，可填充 413 L 水；而新的 B777 只使用了一个水箱，且水箱也只有 170 L，可填充 151 L 水。对比发现，波音对水箱的改变非常巨大，以至于旧机型加水量是新机型的 5.4～8.1 倍。如此巨大的改变，并未出现水量不够的情况，说明波音对其水分配系统进行了巨大优化。而有效载水量的减小，也使飞机较大程度提高了有效载货量，按一升水一千克来计算，此项改变可提高载货能力 675～1 088 kg。可以看出，若是三个水箱，提高了 1 t 的载运量(见图 3－17 和图 3－18)。

分配系统负责向各个厨房和厕所输送用水。旧型号 B777 分配管路与 B737 相似，都是使用一条头顶分配管，向各个厨房厕所分配用水；新型号 B777 未采用此分配系统，其贯穿整个飞机的管路是从地板下面通过。为了防止分配管路漏水滴落，在分配管路外面还有一层防水管路，即使发生内层管路泄漏，也只会泄漏到外层管路中。其分配系统的前部分有一个隔离/排放活门，后部分有一个隔离活门。这两个活门用于对分配管路的一部分进行隔离。隔离/排放活门也可将分配系统的前部分的余水排向机腹的前排放活门。每一个厕所都有一个供水关断活门和一个排放活门，关断活门用于关断通向厕所的水，排放活门用于将分配管路中的余水除去。而厨房只有供水关断活门，可使用水龙头排放掉分配管路中的余水。

若要清洁饮用水系统或其他工作时，需将分配管路中的余水排放掉。旧型号 B777 需打开厕所中的排放活门、隔离/排放活门、前系统排放活门(控制机腹前排放口)、后系统排放活门(控制机腹后排放口)、水箱排放口。新型号 B777 则需要打开厕所中排放活门，拨动勤务面板上的填充排放开关到排放位(打开填充/排放活门)，水便从填充口流出。

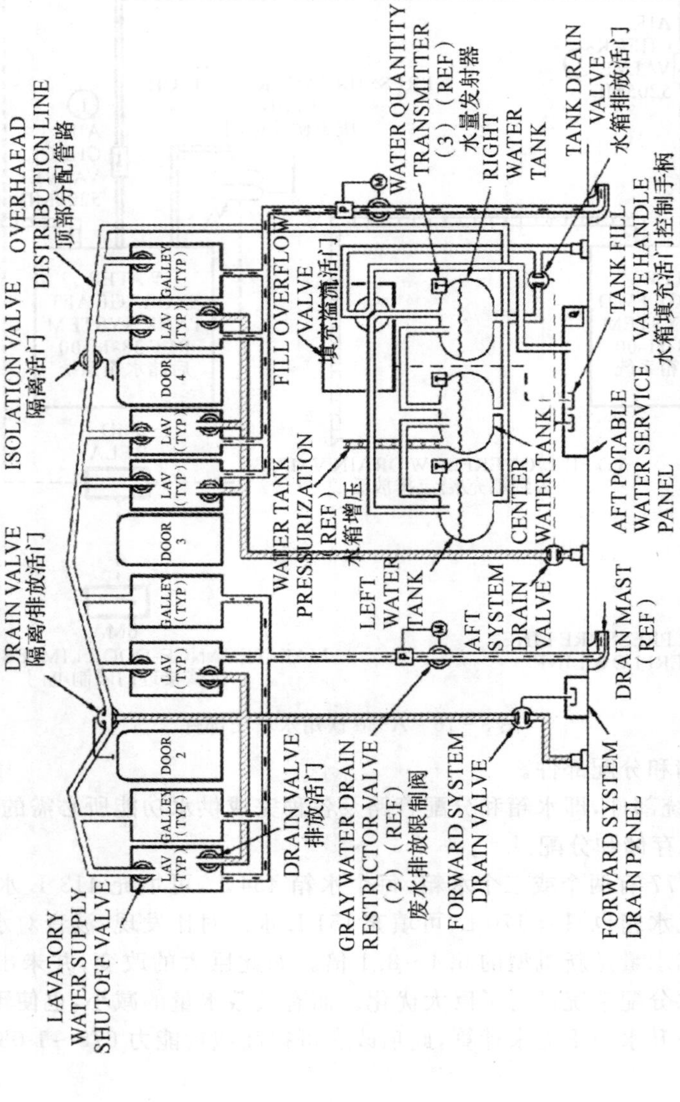
OVERHAEAD DISTRIBUTION LINE
顶部分配管路
ISOLATION VALVE
隔离活门
ISOLATION/ DRAIN VALVE
隔离/排放活门
LAVATORY WATER SUPPLY SHUTOFF VALVE
DRAIN VALVE
排放活门
GRAY WATER DRAIN RESTRICTOR VALVE (2) (REF)
废水排放限制阀
FORWARD SYSTEM DRAIN VALVE
FORWARD SYSTEM DRAIN PANEL
DRAIN MAST (REF)
AFT SYSTEM DRAIN VALVE
LEFT WATER TANK
WATER TANK PRESSURIZATION (REF)
水箱增压
CENTER WATER TANK
AFT POTABLE WATER SERVICE PANEL
TANK FILL VALVE HANDLE
水箱填充活门控制手柄
FILL OVERFLOW VALVE
填充溢流活门
WATER QUANTITY TRANSMITTER (3) (REF)
水量发射器
RIGHT WATER TANK
TANK DRAIN VALVE
水箱排放活门
LAV (TYP)
GALLEY (TYP)
DOOR 2
DOOR 3
DOOR 4

图3－17 旧型号B777饮用水存储和分配图

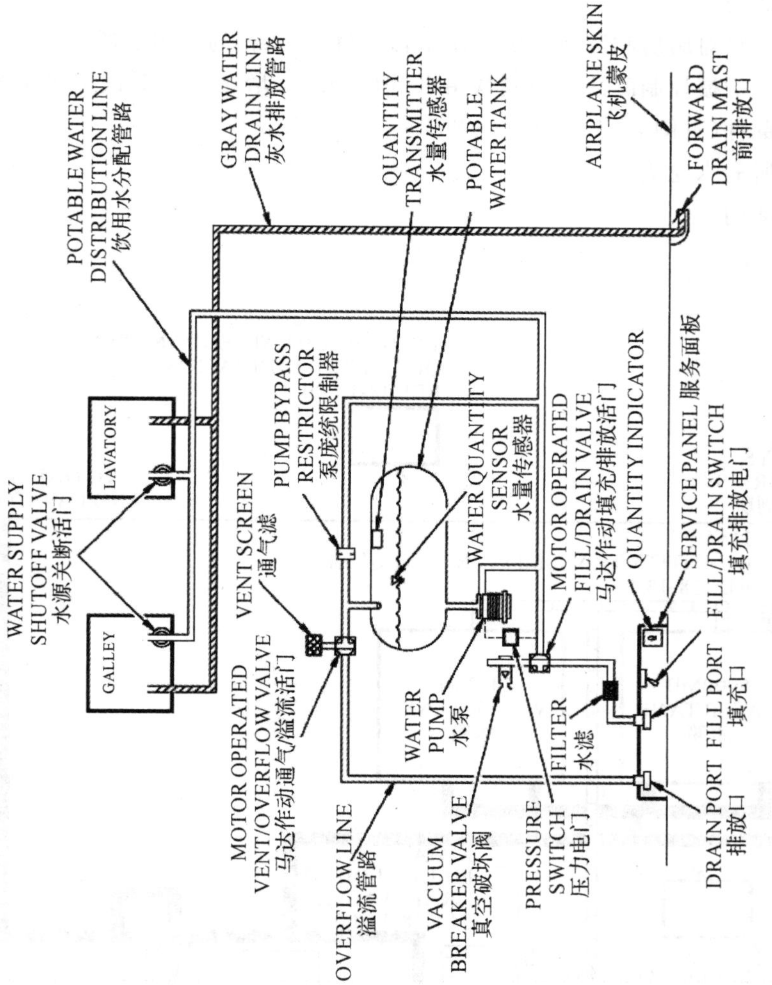
POTABLE WATER DISTRIBUTION LINE
饮用水分配管路
GRAY WATER DRAIN LINE
灰水排放管路
QUANTITY TRANSMITTER
水量传感器
POTABLE WATER TANK
AIRPLANE SKIN
飞机蒙皮
FORWARD DRAIN MAST
前排放口
LAVATORY
GALLEY
WATER SUPPLY SHUTOFF VALVE
水源关断活门
VENT SCREEN
通气滤
PUMP BYPASS RESTRICTOR
泵旁统限制器
WATER QUANTITY SENSOR
水量传感器
MOTOR OPERATED FILL/DRAIN VALVE
马达作动填充/排放活门
QUANTITY INDICATOR
SERVICE PANEL 服务面板
FILL/DRAIN SWITCH
填充排放电门
MOTOR OPERATED VENT/OVERFLOW VALVE
马达作动通气/溢流活门
OVERFLOW LINE
溢流管路
VACUUM BREAKER VALVE
真空破坏阀
WATER PUMP
水泵
PRESSURE SWITCH
压力电门
FILTER
水滤
FILL PORT
填充口
DRAIN PORT
排放口
图3-18　新型号B777简化后的饮用水存储和分配图

2)A330 饮用水存储和分配。

A330 饮用水存储系统包括以下组件。

①2 个水箱。

②2 个填充/溢流/排放活门。

③一个饮用水勤务面板,带勤务接口;控制手柄和控制灯。

④一套预选系统,可设置水箱的加水量。

饮用水系统有 2 个水箱,每个水箱的容量 350 L。与新型号 B777 相比,加水量要多很多。水箱由复合材料制成。水箱上有用于连接各系统的接口,存储系统与以下系统有相关联系。

①分配系统。

②水量指示系统。

③排水系统。

④马桶系统。

⑤引气系统。

⑥前乘务员面板。

饮用水分配管路对厨房和厕所提供饮用水，来自饮用水箱的饮用水通过分配管路和活门，流向厨房和厕所。机械控制的活门控制饮用水进行分配。增压空气对饮用水系统提供压力。分配管路有以下部件(见图 3-19 和图 3-20)。

①厨房和厕所的水龙头。

②手动关断活门。

③水加热器。

④分配管路。

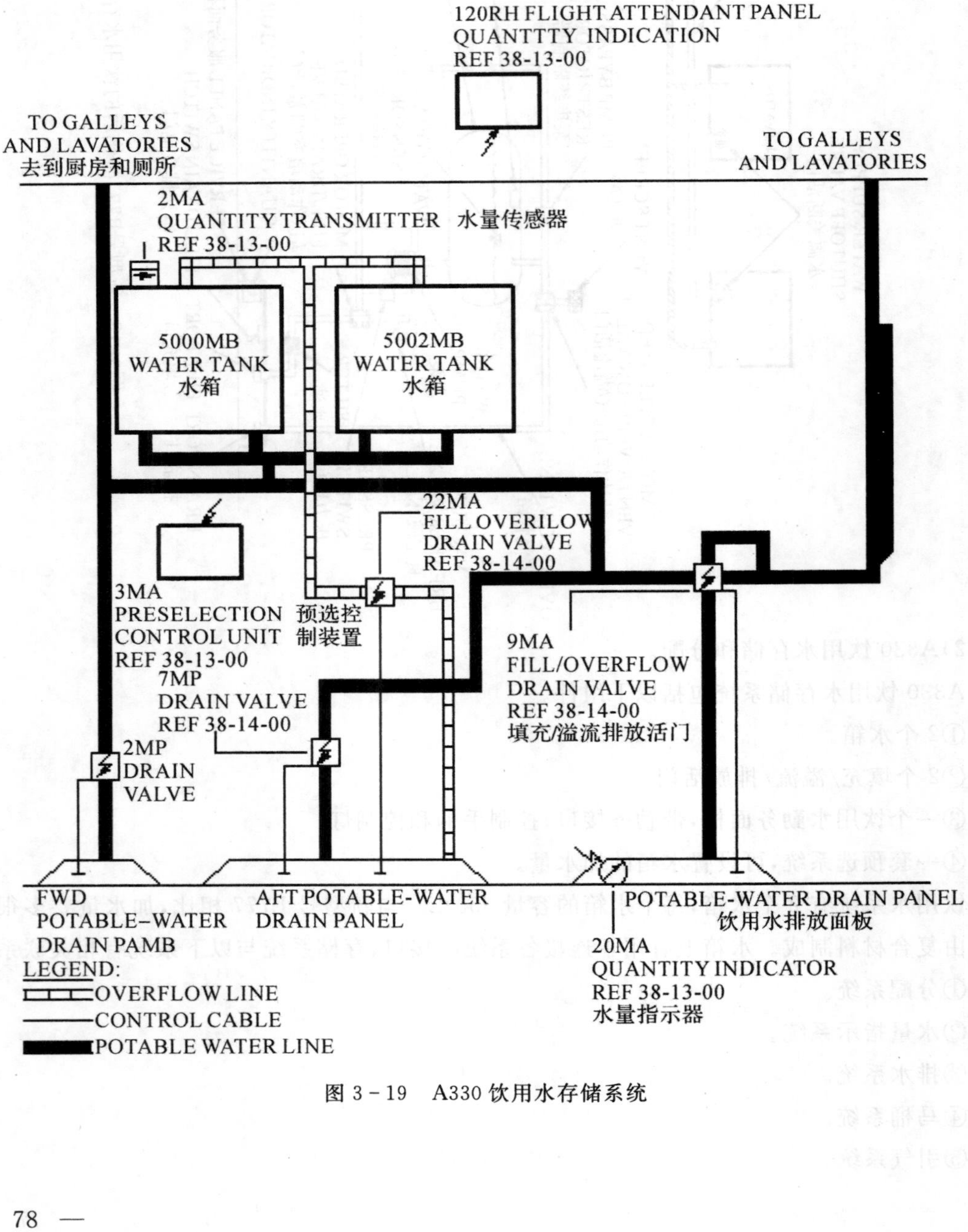
120RH FLIGHT ATTENDANT PANEL
QUANTTTY INDICATION
REF 38-13-00
TO GALLEYS
AND LAVATORIES
去到厨房和厕所
TO GALLEYS
AND LAVATORIES
2MA
QUANTITY TRANSMITTER 水量传感器
REF 38-13-00
5000MB
WATER TANK
水箱
5002MB
WATER TANK
水箱
22MA
FILL OVERILOW
DRAIN VALVE
REF 38-14-00
3MA
PRESELECTION 预选控
CONTROL UNIT 制装置
REF 38-13-00
9MA
FILL/OVERFLOW
DRAIN VALVE
REF 38-14-00
填充/溢流排放活门
7MP
DRAIN VALVE
REF 38-14-00
2MP
DRAIN
VALVE
FWD
POTABLE-WATER
DRAIN PAMB
AFT POTABLE-WATER
DRAIN PANEL
POTABLE-WATER DRAIN PANEL
饮用水排放面板
20MA
QUANTITY INDICATOR
REF 38-13-00
水量指示器
LEGEND:
OVERFLOW LINE
CONTROL CABLE
POTABLE WATER LINE

图 3-19　A330 饮用水存储系统

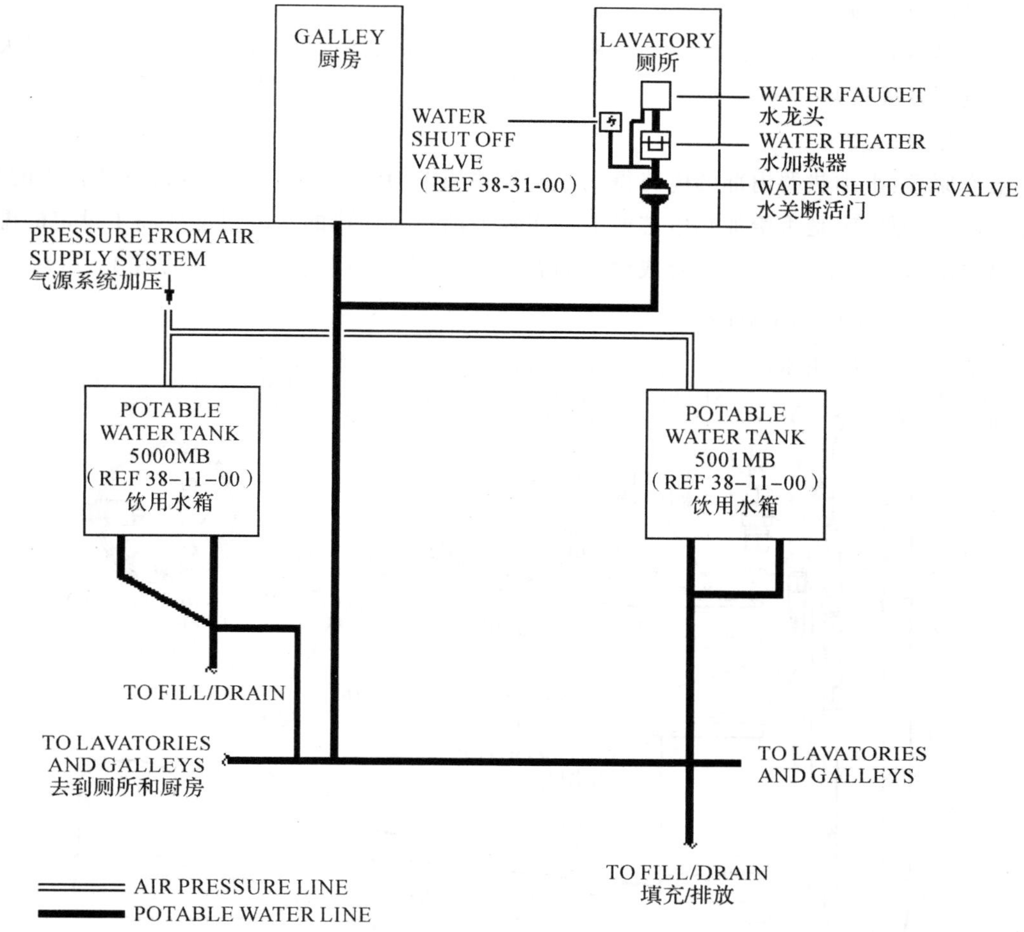
GALLEY
厨房
LAVATORY
厕所
WATER FAUCET
水龙头
WATER SHUT OFF VALVE (REF 38-31-00)
WATER HEATER
水加热器
WATER SHUT OFF VALVE
水关断活门
PRESSURE FROM AIR SUPPLY SYSTEM
气源系统加压
POTABLE WATER TANK 5000MB (REF 38-11-00)
饮用水箱
POTABLE WATER TANK 5001MB (REF 38-11-00)
饮用水箱
TO FILL/DRAIN
TO LAVATORIES AND GALLEYS
去到厕所和厨房
TO LAVATORIES AND GALLEYS
TO FILL/DRAIN
填充/排放
AIR PRESSURE LINE
POTABLE WATER LINE

图 3-20　A330 饮用水分配图

(3)水加热系统。

B777 与 A330 厕所洗手池都提供了热水功能，其原理是，对加热器里面的小水箱中的水进行加热，其温度高于预设温度，当水箱中的水从水箱出口出来后与冷水进行混合，获得预设温度的水，同时这样做也可增加可用热水的水量。

1)B777 水加热系统。

水加热器位于厕所洗手池下面，用于给通向洗手池的水加热。电源开关有两个位置，开和关，温度选择开关有以下位置和近似温度。

①低(105°F,40.6 ℃)。

②中(115°F,46 ℃)。

③高(125°F,51.7 ℃)。

当水加热器中的小水箱压力接近 140 psi 时，压力释放活门打开。压力低于该值时，活门自动关闭。水加热器有一个过热开关，在加热器顶部盖子下面。当加热器过热时，可使用此开关关闭水加热器。将水加热至设定温度需 15 min。当排放饮用水系统的时候，需关闭水加热器以免过热情况的发生。

水加热器有一个指示灯，当以下两种情况同时发生时，指示灯亮，有一项不满足即熄灭。

①电源开关打开。

②过热开关关闭。

工作原理：水加热器内部的电路得到预设开关预设的温度，然后和温度传感器传来的温度进行对比，以便决定是否给加热电芯通电。实际上加热器加热的水的温度要高于设定的温度，这些热水从出口出来，与冷水混合成设定的温度，以此来获得较多的热水（见图 3 - 21）。

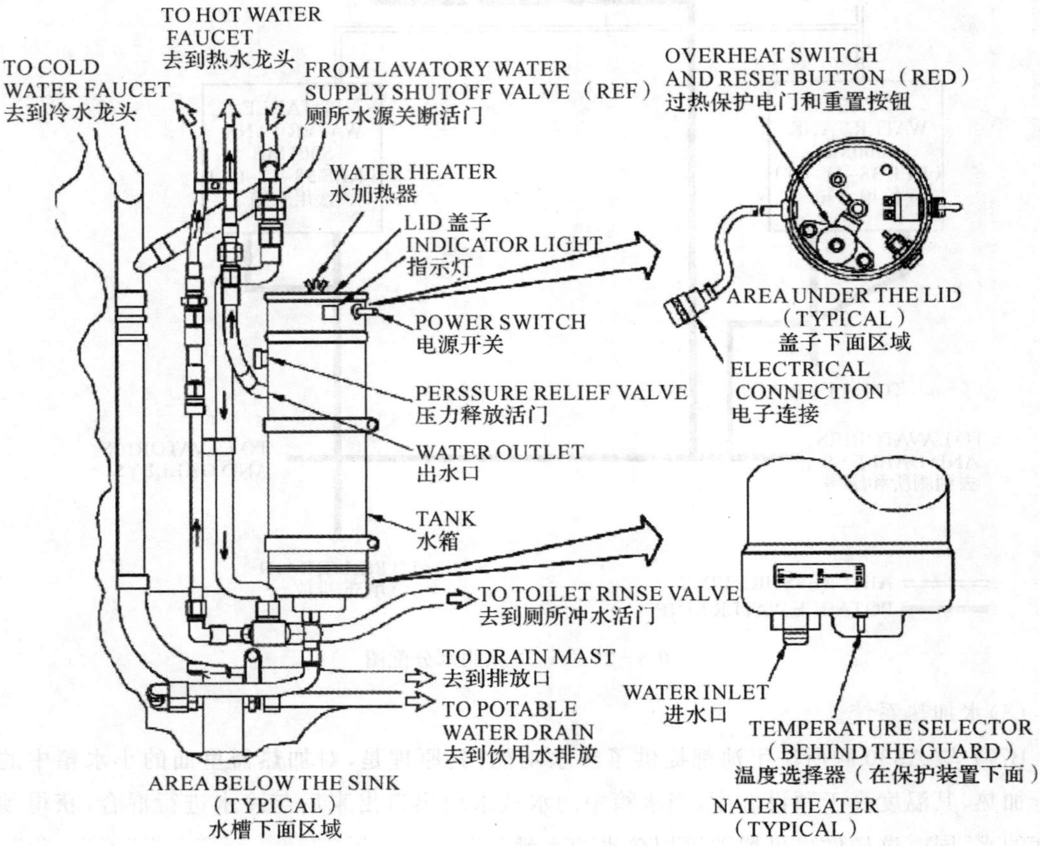
TO HOT WATER FAUCET
去到热水龙头
TO COLD WATER FAUCET
去到冷水龙头
FROM LAVATORY WATER SUPPLY SHUTOFF VALVE（REF）
厕所水源关断活门
OVERHEAT SWITCH AND RESET BUTTON（RED）
过热保护电门和重置按钮
WATER HEATER
水加热器
LID 盖子
INDICATOR LIGHT
指示灯
POWER SWITCH
电源开关
AREA UNDER THE LID（TYPICAL）
盖子下面区域
ELECTRICAL CONNECTION
电子连接
PERSSURE RELIEF VALVE
压力释放活门
WATER OUTLET
出水口
TANK
水箱
TO TOILET RINSE VALVE
去到厕所冲水活门
TO DRAIN MAST
去到排放口
TO POTABLE WATER DRAIN
去到饮用水排放
WATER INLET
进水口
TEMPERATURE SELECTOR（BEHIND THE GUARD）
温度选择器（在保护装置下面）
AREA BELOW THE SINK（TYPICAL）
水槽下面区域
NATER HEATER（TYPICAL）

图 3 - 21　B777 水加热器

2）A330 水加热系统。

空客将水加热器归为分配系统。水加热器安装在厕所洗手池下方，通过供水管路输送到水龙头。水加热器一次最多对 1.5 L 的水进行加热，水加热器构成情况如图 3 - 22 所示。

①小水箱，由不锈钢制成。

②超温电门（当超温时此电门切断电源）。

③压力释放活门（释放水箱中过大压力）。

④指示灯（显示加热器状态）。

⑤水温传感器（测量水的温度）。

⑥低水位探测装置(测量低水位,当出现低水位时停止水加热器)。

⑦进水量和出水量控制(控制进出水加热的水量)。

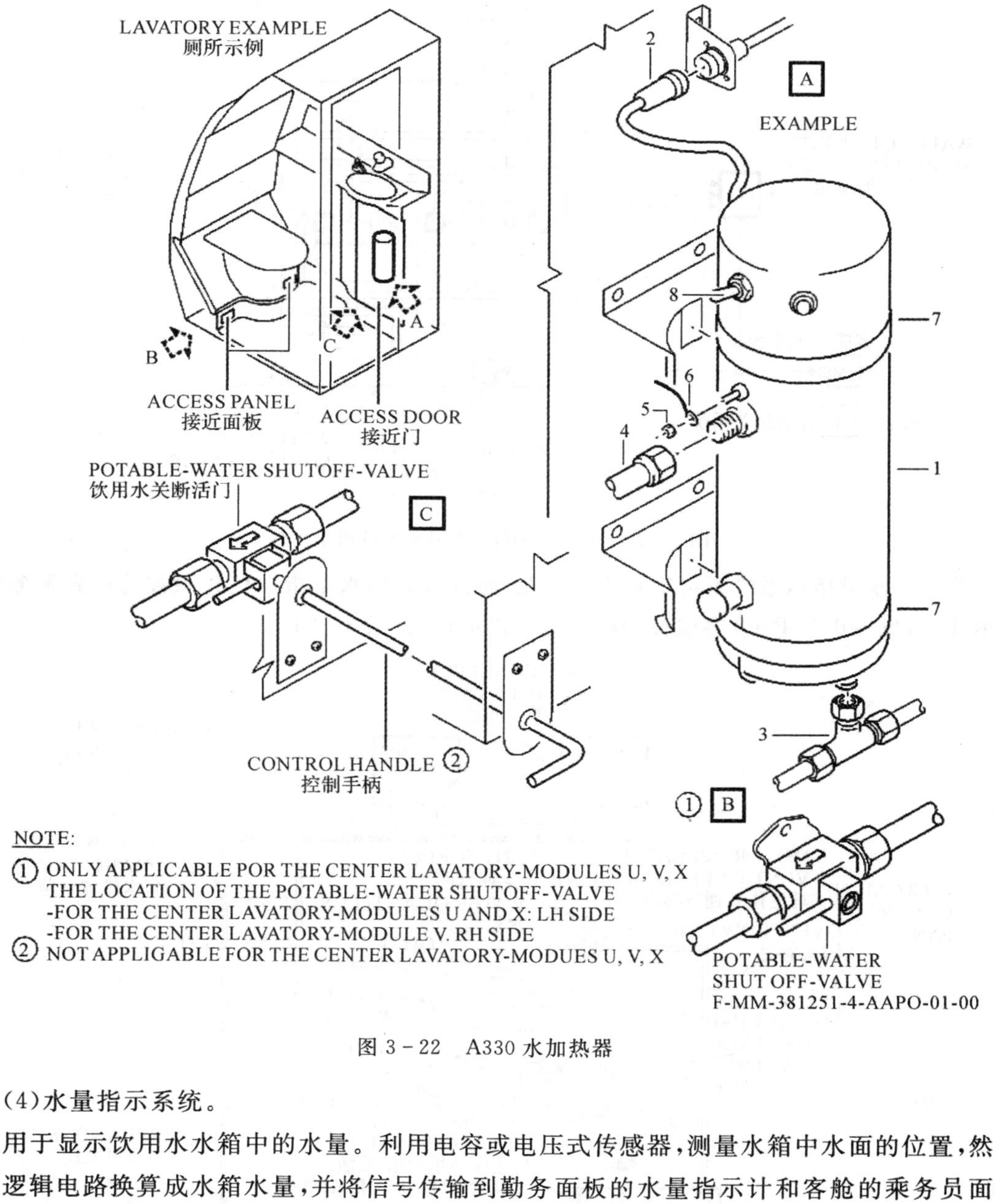
LAVATORY EXAMPLE
厕所示例
A
B
C
ACCESS PANEL
接近面板
ACCESS DOOR
接近门
POTABLE-WATER SHUTOFF-VALVE
饮用水关断活门
C
CONTROL HANDLE ②
控制手柄
A
EXAMPLE
1
2
3
4
5
6
7
8
① B
POTABLE-WATER
SHUT OFF-VALVE
F-MM-381251-4-AAPO-01-00
NOTE:
① ONLY APPLICABLE POR THE CENTER LAVATORY-MODULES U, V, X
THE LOCATION OF THE POTABLE-WATER SHUTOFF-VALVE
-FOR THE CENTER LAVATORY-MODULES U AND X: LH SIDE
-FOR THE CENTER LAVATORY-MODULE V. RH SIDE
② NOT APPLIGABLE FOR THE CENTER LAVATORY-MODUES U, V, X

图 3-22 A330 水加热器

(4)水量指示系统。

用于显示饮用水水箱中的水量。利用电容或电压式传感器,测量水箱中水面的位置,然后使用逻辑电路换算成水箱水量,并将信号传输到勤务面板的水量指示计和客舱的乘务员面板上(波音的为客舱管理系通 CMS 或客舱服务系统 CSS)。

1)B777 水量指示系统。

旧型号 B777 水量传感器将水量信息传送到累加单元,累加单元再将水量信息传送到客舱管理系统(CMS)或者客舱服务系统(CSS)的显示器及后饮用水勤务面板指示计(见图 3-23)

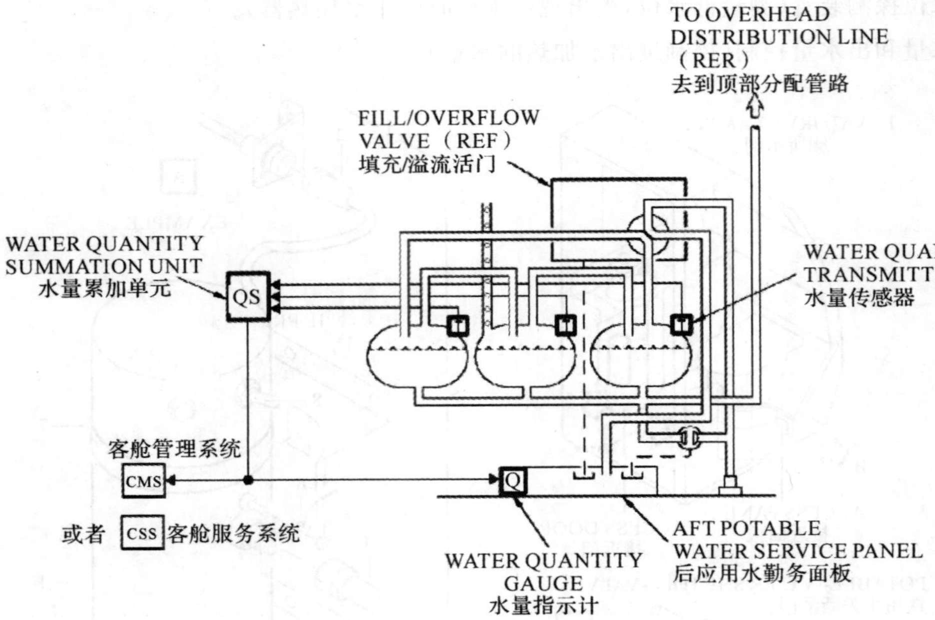
TO OVERHEAD
DISTRIBUTION LINE
（RER）
去到顶部分配管路
FILL/OVERFLOW
VALVE（REF）
填充/溢流活门
WATER QUANTITY
SUMMATION UNIT
水量累加单元
QS
WATER QUANTITY
TRANSMITTER（3）
水量传感器
客舱管理系统
CMS
Q
或者
CSS
客舱服务系统
AFT POTABLE
WATER SERVICE PANEL
后应用水勤务面板
WATER QUANTITY
GAUGE
水量指示计

图 3-23　旧型号 B777 饮用水水量指示系统

改进后水量指示系统不再安装累加单元，而且得到的水量指示信息除被传送到勤务面板指示计外，也传送到 P408 客舱控制面板水量指示计（见图 3-24）。

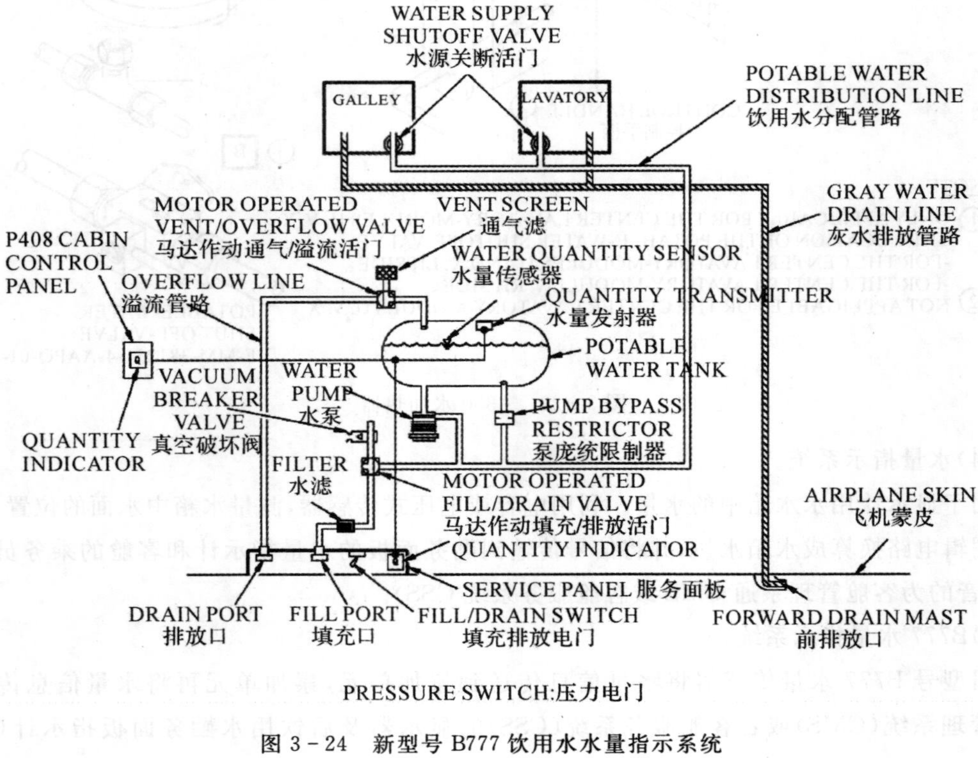
WATER SUPPLY
SHUTOFF VALVE
水源关断活门
GALLEY
LAVATORY
POTABLE WATER
DISTRIBUTION LINE
饮用水分配管路
GRAY WATER
DRAIN LINE
灰水排放管路
MOTOR OPERATED
VENT/OVERFLOW VALVE
马达作动通气/溢流活门
VENT SCREEN
通气滤
P408 CABIN
CONTROL
PANEL
OVERFLOW LINE
溢流管路
WATER QUANTITY SENSOR
水量传感器
QUANTITY TRANSMITTER
水量发射器
POTABLE
WATER TANK
VACUUM
BREAKER
VALVE
真空破坏阀
WATER
PUMP
水泵
PUMP BYPASS
RESTRICTOR
泵庞统限制器
QUANTITY
INDICATOR
FILTER
水滤
MOTOR OPERATED
FILL/DRAIN VALVE
马达作动填充/排放活门
QUANTITY INDICATOR
AIRPLANE SKIN
飞机蒙皮
SERVICE PANEL 服务面板
DRAIN PORT
排放口
FILL PORT
填充口
FILL/DRAIN SWITCH
填充排放电门
FORWARD DRAIN MAST
前排放口
PRESSURE SWITCH:压力电门

图 3-24　新型号 B777 饮用水水量指示系统

2）A330 水量指示系统。

两个水量传感器分别安装在两个水箱中。传感器监控饮用水箱的水量，传送数据给真空系统控制器（VSC）。真空系统控制器再将数据发送至以下两个部位。

①客舱内话数据系统（CIDS），显示于前乘务员面板。

②饮用水勤务面板上的水量指示器。

排水关断活门安装在饮用水箱下方的饮用水管路。当水箱排水时，在水箱水量低于 5% 时，可停止排放过程，防止水箱的空气进入分配管路（见图 3－25）。

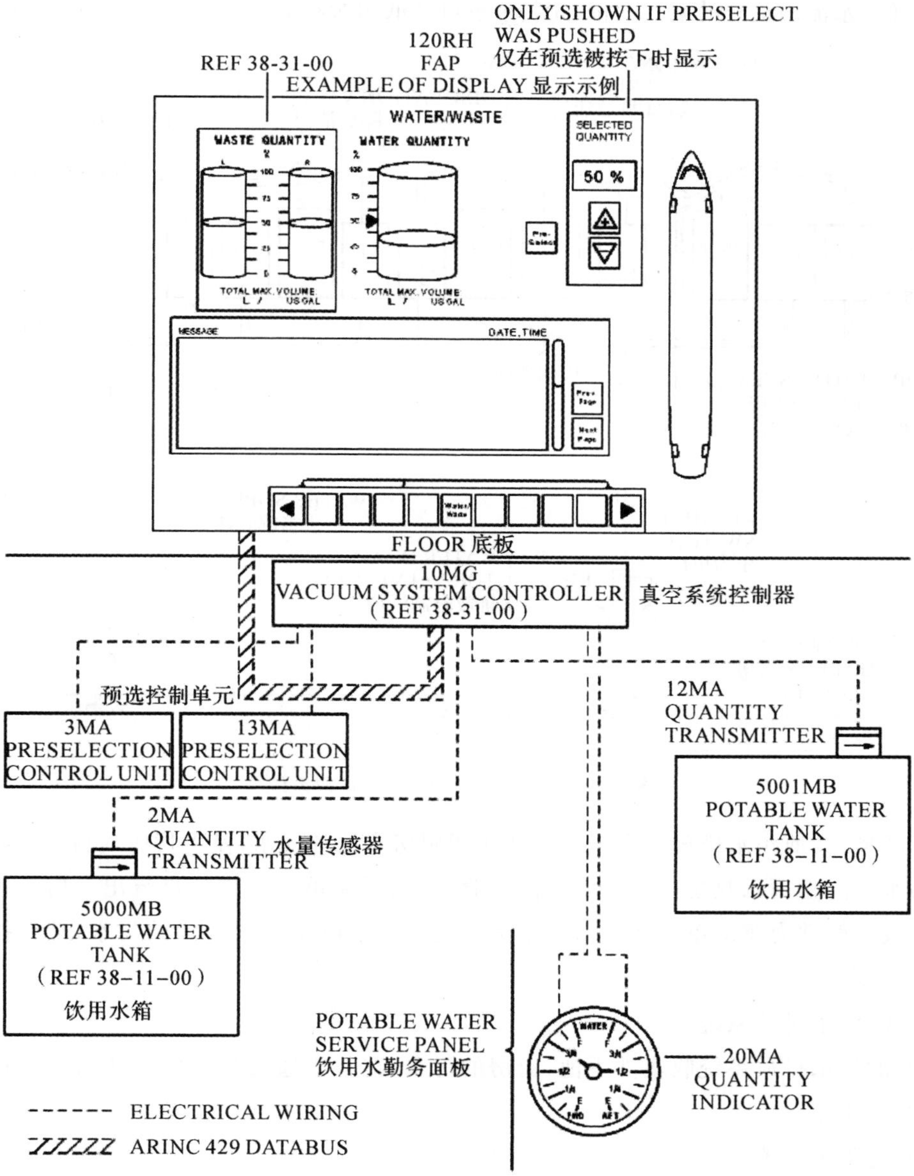
ONLY SHOWN IF PRESELECT
WAS PUSHED
仅在预选被按下时显示
120RH
FAP
REF 38-31-00
EXAMPLE OF DISPLAY 显示示例
WATER/WASTE
WASTE QUANTITY
WATER QUANTITY
SELECTED QUANTITY
50 %
TOTAL MAX. VOLUME
MESSAGE
DATE, TIME
FLOOR 底板
10MG
VACUUM SYSTEM CONTROLLER
（REF 38-31-00）
真空系统控制器
预选控制单元
3MA
PRESELECTION
CONTROL UNIT
13MA
PRESELECTION
CONTROL UNIT
12MA
QUANTITY
TRANSMITTER
5001MB
POTABLE WATER
TANK
（REF 38-11-00）
饮用水箱
2MA
QUANTITY
TRANSMITTER
水量传感器
5000MB
POTABLE WATER
TANK
（REF 38-11-00）
饮用水箱
POTABLE WATER
SERVICE PANEL
饮用水勤务面板
20MA
QUANTITY
INDICATOR
ELECTRICAL WIRING
ARINC 429 DATABUS

图 3－25　A330 饮用水水量指示系统

(5)废水系统中的污水排放部件。

用于排放厕所洗手池、厨房水池、货舱污水收集系统(B777)、门槛雨水槽等部位收集的污水。

1)B777 污水排放系统。

旧型号的 B777 的污水排放系统与新型号 B777 污水排放系统有较大差别。

对于旧型号:厕所洗手池和厨房水池的污水通过管路到达机腹的两个鱼鳍状排放口,在空中流出机外。为防止结冰,排放口都有加热装置。污水排放限流活门(Gray water restrictor)用于在空中保持随污水流出机外的空气的量,此装置也可降低厕所和厨房的噪音(见图 3-26)。

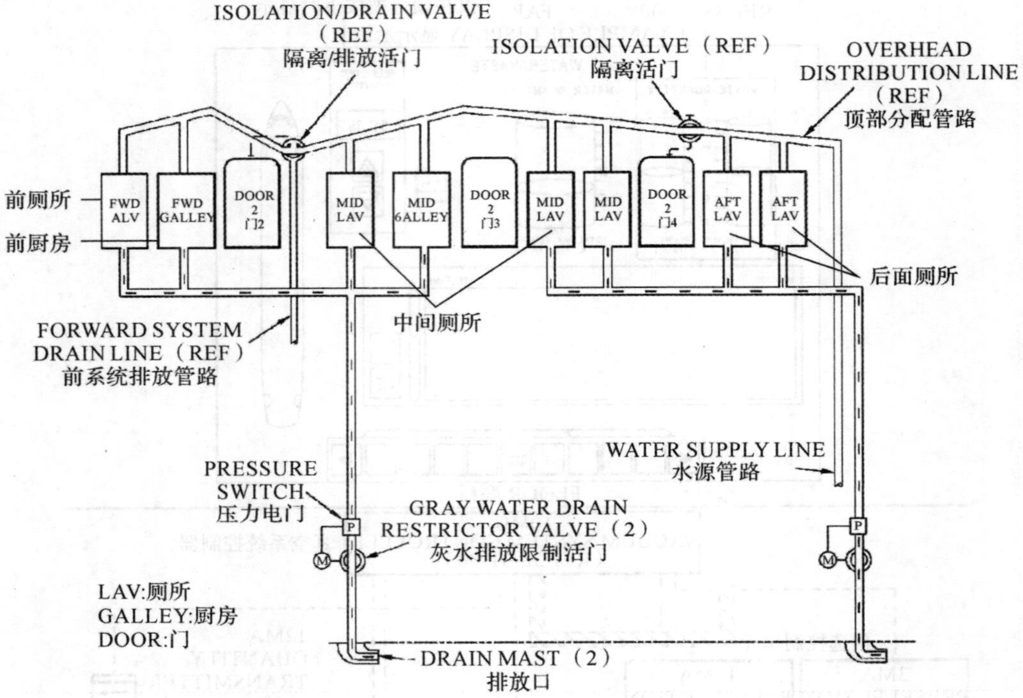

ISOLATION/DRAIN VALVE (REF)
隔离/排放活门
ISOLATION VALVE (REF)
隔离活门
OVERHEAD DISTRIBUTION LINE (REF)
顶部分配管路
前厕所
前厨房
FWD ALV
FWD GALLEY
DOOR 2 门2
MID LAV
MID 6ALLEY
DOOR 2 门3
MID LAV
MID LAV
DOOR 2 门4
AFT LAV
AFT LAV
后面厕所
中间厕所
FORWARD SYSTEM DRAIN LINE (REF)
前系统排放管路
WATER SUPPLY LINE
水源管路
PRESSURE SWITCH
压力电门
GRAY WATER DRAIN RESTRICTOR VALVE (2)
灰水排放限制活门
LAV:厕所
GALLEY:厨房
DOOR:门
DRAIN MAST (2)
排放口

图 3-26 旧型号 B777 污水排放系统

对于新型号:前污水排放系统用于排放厕所厨房水池的污水,及主货舱地板污水收集系统收集的污水。门槛雨水收集槽收集的水流到舱底,然后从单独的排放口流出。后污水排放系统用于排放货舱动力驱动单元滴油盘及主货舱地板污水收集系统收集的污水,从后排污口流出(见图 3-27)。

2)A330 污水排放系统。

A330 的污水排放系统收集洗手池、厨房的污水,在空中通过加热的鱼鳍状排放口排出机外(见图 3-28)。

(6)真空废水系统。

B777 的真空废水系统与 A330 的马桶系统是同一个系统,二者的作用都是除去马桶中的废水,并存储到废水箱中。系统将马桶中的废水和污物吸进废水箱中。吸力由真空发生器产生。客舱内部与飞机外部的压力差也是产生吸力的原因之一。从废水勤务面板清除废水箱中的废水和污物。

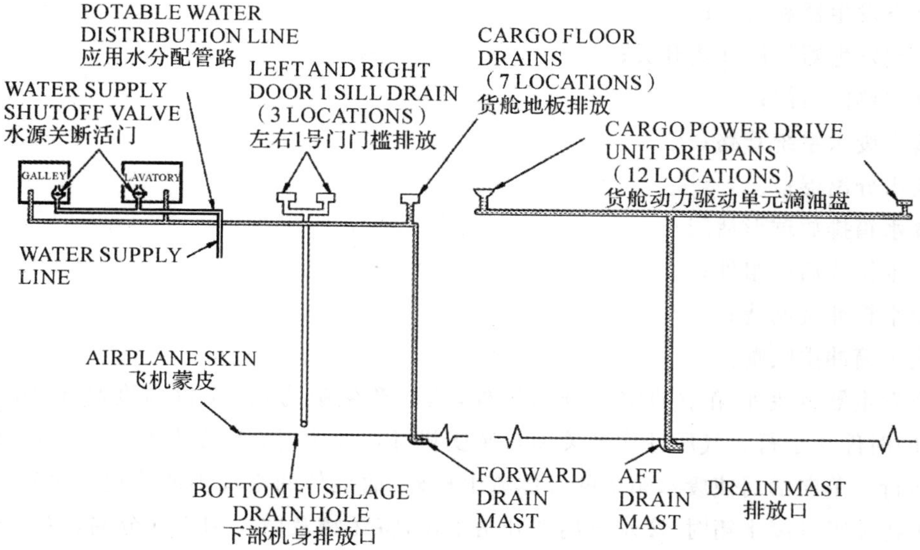
POTABLE WATER
DISTRIBUTION LINE
应用水分配管路
WATER SUPPLY
SHUTOFF VALVE
水源关断活门
LEFT AND RIGHT
DOOR 1 SILL DRAIN
（3 LOCATIONS）
左右1号门门槛排放
CARGO FLOOR
DRAINS
（7 LOCATIONS）
货舱地板排放
CARGO POWER DRIVE
UNIT DRIP PANS
（12 LOCATIONS）
货舱动力驱动单元滴油盘
GALLEY
LAVATORY
WATER SUPPLY
LINE
AIRPLANE SKIN
飞机蒙皮
BOTTOM FUSELAGE
DRAIN HOLE
下部机身排放口
FORWARD
DRAIN
MAST
AFT
DRAIN
MAST
DRAIN MAST
排放口

图 3－27　新型号 B777 污水排放系统

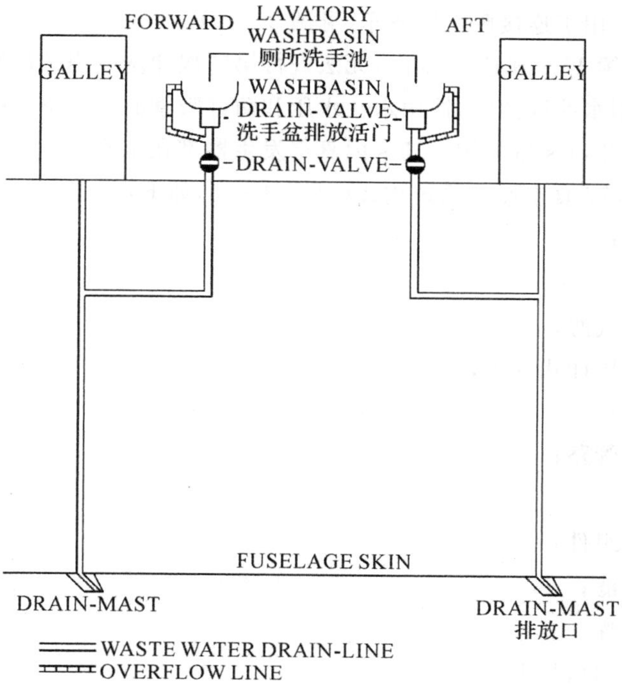
FORWARD
LAVATORY
WASHBASIN
厕所洗手池
AFT
GALLEY
GALLEY
WASHBASIN
DRAIN-VALVE
洗手盆排放活门
DRAIN-VALVE
FUSELAGE SKIN
DRAIN-MAST
DRAIN-MAST
排放口
WASTE WATER DRAIN-LINE
OVERFLOW LINE

图 3－28　A330 污水排放系统

1）B777 真空废水系统。

旧型号的 B777 真空废水系统构成如下：

①真空马桶组件；

②废水箱；

③真空发生器和气滤；

④真空发生器气压计式开关；

⑤真空单向活门；

⑥真空废水系统管路；

⑦废水分离器；

⑧废水箱排放球形活门；

⑨废水排放活门组件；

⑩废水箱冲洗网滤；

⑪废水箱冲洗喷嘴。

真空发生器将废水箱中的空气排向机外，从而产生吸力，在飞机高度高于 16 000 ft[①](4 877 m)时停止运行。气压计式开关用与感受机外内压力，防止飞机高于 16 000 ft 时真空发生器运行。单向活门使废水箱中的气体流出机外，而机外的空气不能流进废水箱中。当马桶中的污物被吸进废水箱时，废水分离器开始工作，将污物及微粒和空气分离，空气被真空发生器排出机外，污物及颗粒则留在废水箱中。冲洗喷嘴及网滤用于对废水箱进行清洁，也冲洗废水箱中的水量传感器。排放球形活门位于废水箱出口，用于控制排放废水箱。排放活门即勤务面板上的排放口，用于连接废水勤务车(见图 3-29)。

整个冲洗过程持续 15 s 在这 15 s 内，无法进行第二次冲洗。当按压厕所中马桶冲洗按钮时，逻辑电路打开饮用水冲洗活门，饮用水在水压和防虹吸管的作用下，冲洗马桶。0.7 s 后马桶底部的排放活门打开，4 s 后关闭。15 s 内真空发生器都在工作。

经过简化后的 B777 真空废水系统构成(见图 3-30)如下：

①真空马桶组件；

②废水箱；

③真空发生器和气滤；

④真空发生器气压计式开关；

⑤真空单向活门；

⑥真空废水系统管路；

⑦废水分离器；

⑧废水排放活门组件；

⑨废水箱冲洗网滤；

⑩废水箱冲洗喷嘴。

⑪各部件作用于旧型号 B777 相同。

---

① 1ft＝0.304 8 m

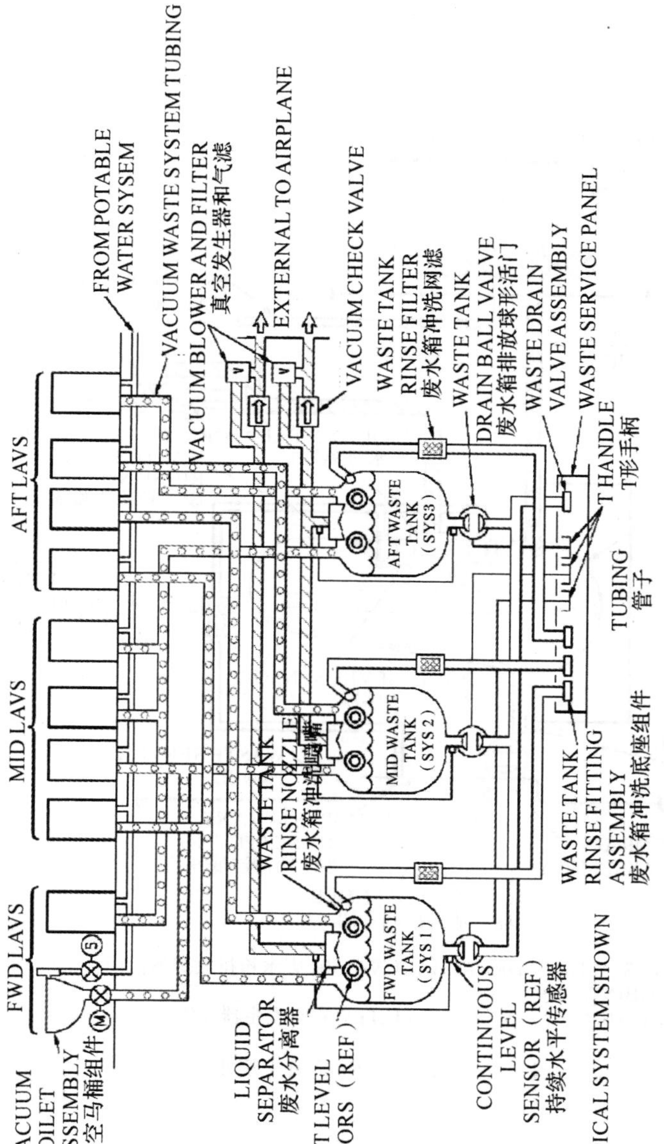
FWD LAVS
MID LAVS
AFT LAVS
FROM POTABLE WATER SYSEM
VACUUM WASTE SYSTEM TUBING
VACUUM BLOWER AND FILTER
真空发生器和气滤
EXTERNAL TO AIRPLANE
VACUJM CHECK VALVE
WASTE TANK RINSE FILTER
废水箱冲洗网滤
WASTE TANK DRAIN BALL VALVE
废水箱排放球形活门
WASTE DRAIN VALVE ASSEMBLY
WASTE SERVICE PANEL
T HANDLE
T形手柄
TUBING
管子
WASTE TANK RINSE FITTING ASSEMBLY
废水箱冲洗底座组件
AFT WASTE TANK (SYS3)
MID WASTE TANK (SYS2)
FWD WASTE TANK (SYS1)
WASTE TANK RINSE NOZZLE
废水箱冲洗喷嘴
VACUUM TOILET ASSEMBLY
真空马桶组件
LIQUID SEPARATOR
废水分离器
POINT LEVEL SENSORS（REF）
CONTINUOUS LEVEL SENSOR（REF）
持续水平传感器
NOTE: TYPICAL SYSTEM SHOWN

图3-29　旧型号B777真空废水系统

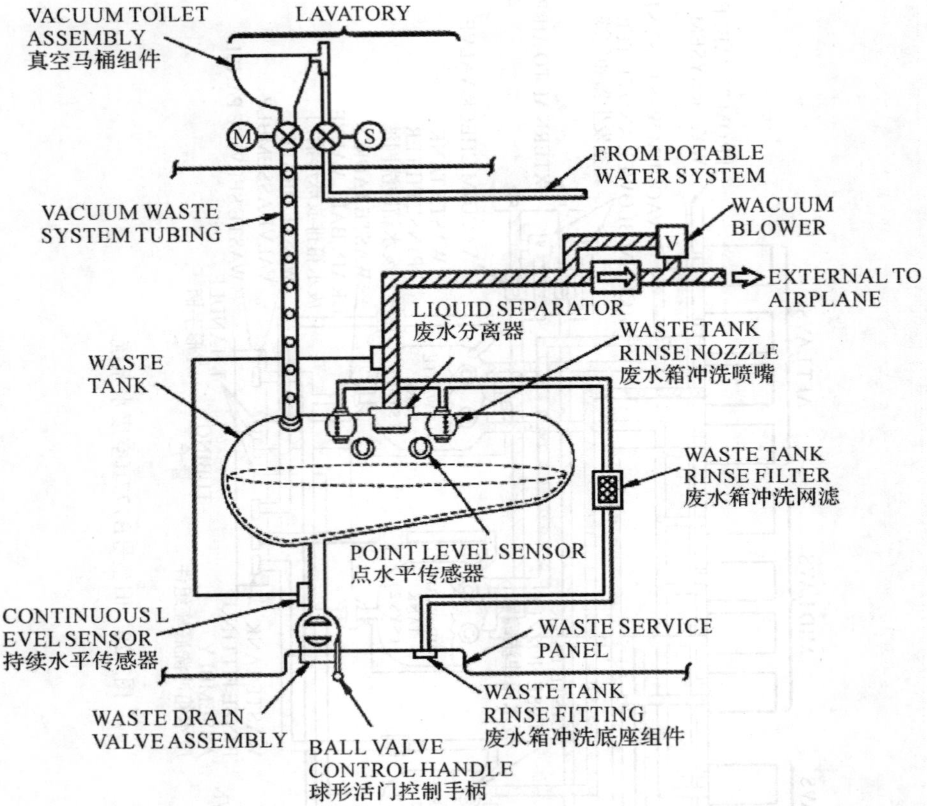
VACUUM TOILET ASSEMBLY 真空马桶组件
LAVATORY
M
S
FROM POTABLE WATER SYSTEM
VACUUM WASTE SYSTEM TUBING
WACUUM BLOWER
V
EXTERNAL TO AIRPLANE
LIQUID SEPARATOR 废水分离器
WASTE TANK RINSE NOZZLE 废水箱冲洗喷嘴
WASTE TANK
WASTE TANK RINSE FILTER 废水箱冲洗网滤
POINT LEVEL SENSOR 点水平传感器
CONTINUOUS L EVEL SENSOR 持续水平传感器
WASTE SERVICE PANEL
WASTE TANK RINSE FITTING 废水箱冲洗底座组件
WASTE DRAIN VALVE ASSEMBLY
BALL VALVE CONTROL HANDLE 球形活门控制手柄

WASTE TANK DRAIN BALL VALVE:废水箱排放球形活门
TUBING:管子
VACUUM BLOWER AND FILTER:真空发生器和气滤

图 3-30　新型号 B777 真空废水系统

2)A330 马桶系统。

马桶系统使用饮用水箱的洁净水冲洗马桶。它有左、右 2 个子系统。每一个子系统有马桶组件、废水箱和真空装置。真空传输系统将来自马桶的废水排到废水箱。真空系统操作压力是 4～9 psi,低于客舱压力,因此可产生吸力。真空系统控制器(VSC)控制马桶系统和相关电子元件。

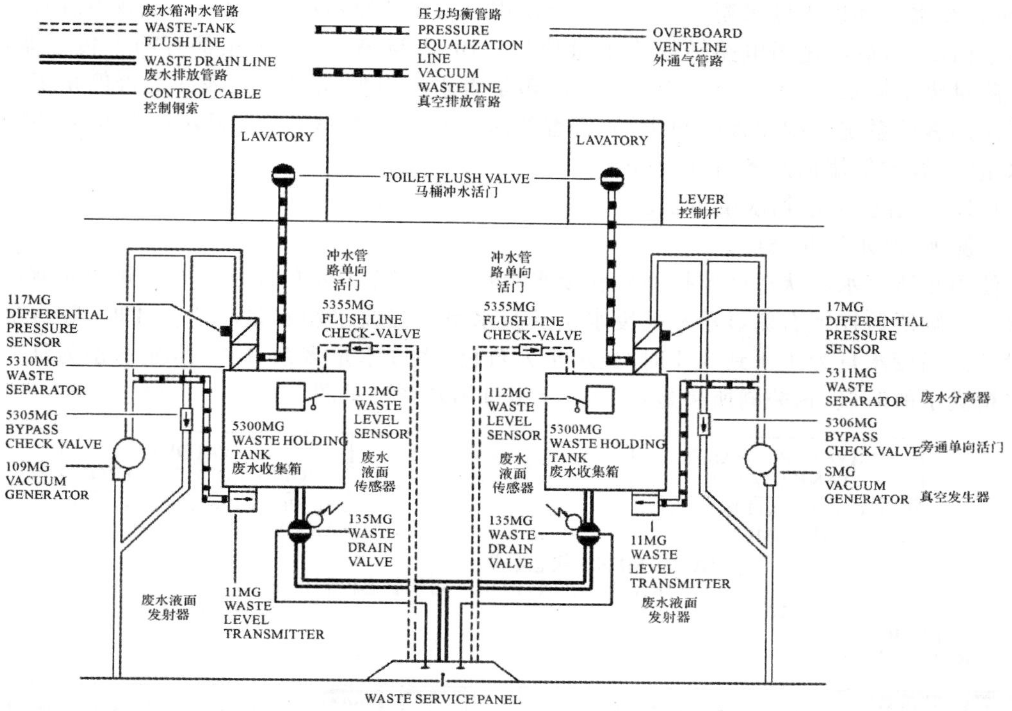
废水箱冲水管路
WASTE-TANK
FLUSH LINE
WASTE DRAIN LINE
废水排放管路
CONTROL CABLE
控制钢索
压力均衡管路
PRESSURE
EQUALIZATION
LINE
VACUUM
WASTE LINE
真空排放管路
OVERBOARD
VENT LINE
外通气管路
LAVATORY
LAVATORY
TOILET FLUSH VALVE
马桶冲水活门
LEVER
控制杆
冲水管
路单向
活门
5355MG
FLUSH LINE
CHECK-VALVE
冲水管
路单向
活门
5355MG
FLUSH LINE
CHECK-VALVE
117MG
DIFFERENTIAL
PRESSURE
SENSOR
5310MG
WASTE
SEPARATOR
5305MG
BYPASS
CHECK VALVE
109MG
VACUUM
GENERATOR
112MG
WASTE
LEVEL
SENSOR
5300MG
WASTE HOLDING
TANK
废水收集箱
废水
液面
传感器
112MG
WASTE
LEVEL
SENSOR
废水
液面
传感器
5300MG
WASTE HOLDING
TANK
废水收集箱
17MG
DIFFERENTIAL
PRESSURE
SENSOR
5311MG
WASTE
SEPARATOR
废水分离器
5306MG
BYPASS
CHECK VALVE
旁通单向活门
SMG
VACUUM
GENERATOR
真空发生器
135MG
WASTE
DRAIN
VALVE
135MG
WASTE
DRAIN
VALVE
11MG
WASTE
LEVEL
TRANSMITTER
废水液面
发射器
废水液面
发射器
11MG
WASTE
LEVEL
TRANSMITTER
WASTE SERVICE PANEL

图 3－31　A330 马桶系统

A330 马桶系统由以下部分构成。

①废水箱。

②马桶组件。

③废水水量传感器。

④废水分离器。

⑤真空发生器。

⑥真空系统控制器 VSC。

⑦真空发生器旁通管路单向活门。

⑧废水排放活门。

⑨勤务面板排放活门。

⑩废水勤务面板。

⑪压差传感器。

其中,马桶组件又可分为以下部分:

①底座、马桶和冲洗环。

②供水关断活门。

③防虹吸活门。

④马桶冲水活门。

⑤冲水控制模块(FCM)。

⑥译码组件。

(7)废水箱水量指示。

废水箱水量指示的主要功能是指示废水箱水量,并且当水箱满的时候,可停止马桶的电源,防止废水继续进入废水箱。工作原理与饮用水水箱传感器相同,利用电压或电容式传感器测量水面高度,后经逻辑电路转换为水量信号。B777 与 A330 废水箱都有两个传感器,一个用于测量废水箱水量,另一个用于监控废水箱是否水满以便控制相关部件是否停止工作。波音的使用客舱系统控制面板(CSCP)或者客舱区域控制面板(CACP)显示厕所功能和废水箱废水量,空客的使用前乘务员面板(FAP)。

1)B777 客舱废水箱水量指示。

①厕所/废水箱状态屏。

使用厕所废水箱状态屏监控厕所和废水箱状态。屏幕显示的厕所监控区可显示厕所位置和状态。厕所监控区右侧显示相关废水箱及废水量。当废水箱水量小于 1/4 时,竖直显示条为绿色。当废水量为 1/4 到 3/4 时,显示条为黄色,当废水量多余 3/4 时,显示条为红色。当废水箱满了的时候,相关厕所会显示 INOP(不可用)字符(见图 3-32)。

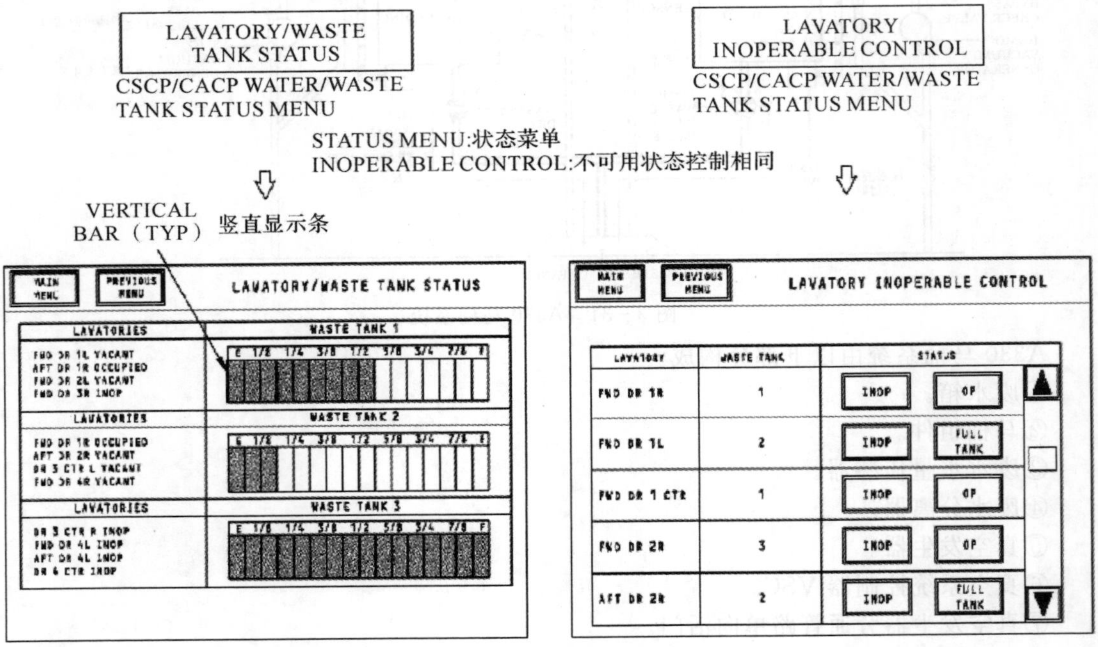
LAVATORY/WASTE TANK STATUS
CSCP/CACP WATER/WASTE TANK STATUS MENU
LAVATORY INOPERABLE CONTROL
CSCP/CACP WATER/WASTE TANK STATUS MENU
STATUS MENU:状态菜单
INOPERABLE CONTROL:不可用状态控制相同
VERTICAL BAR（TYP） 竖直显示条
LAVATORY/WASTE TANK STATUS
LAVATORIES
WASTE TANK 1
WASTE TANK 2
WASTE TANK 3
LAVATORY INOPERABLE CONTROL
INOP
OP
FULL TANK

图 3-32 B777 废水箱及厕所状态显示屏

②厕所不可用状态屏。

使用厕所不可用状态屏显示厕所状态,此屏状态栏会显示各厕所状态。

通过碰触 OP 键或 INOP 键来显示工作或不工作的厕所。被碰触的键会变成绿色。对于共用一个废水箱的所有厕所,如果此废水箱满了,INOP 指示会自动同时显示在各个厕所。FULL TANK 会替代 OP 符号,出现在正常状态时 OP 的位置。此状态不能改变。使用向上和向下的箭头来滚动各厕所信息。

当废水箱满时,废水箱满的指示会自动弹出。碰触 WASTE TANK STAUS 离开此屏进入废水箱状态显示屏(见图 3-33)。

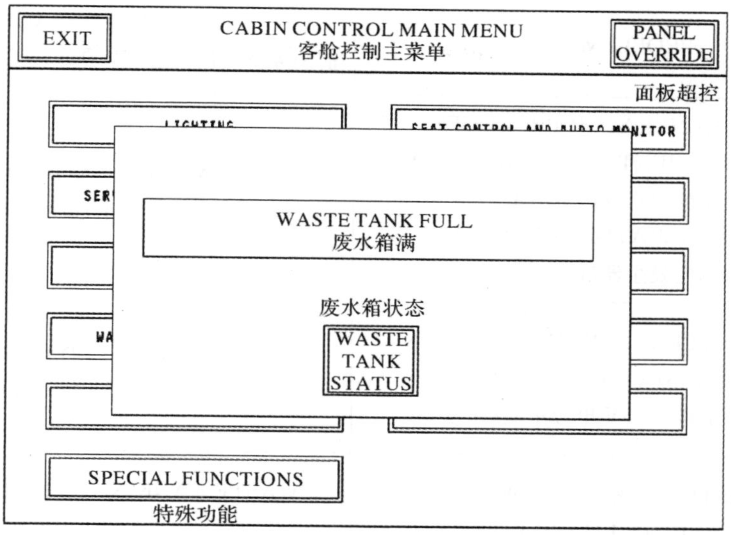
EXIT
CABIN CONTROL MAIN MENU
客舱控制主菜单
PANEL OVERRIDE
面板超控
WASTE TANK FULL
废水箱满
废水箱状态
WASTE TANK STATUS
SPECIAL FUNCTIONS
特殊功能

图 3-33　B777 废水箱满警告屏

2)A330 客舱废水箱水量指示。

传感器与 VSC(真空系统控制器)连接,向 VSC 传递模拟信号,VSC 计算后发送给 FAP 显示。如果 VSC 从传感器接收到“水箱满”的信号,则 VSC 停止不可用的马桶子系统,厕所 INOP 指示灯亮,FAP 上左(右)废水箱满指示条弹出。当系统有一部分不能正常工作时,VSC 也好发送信号到 CMC(中央管理计算机)和 FAP(前乘务员面板)。勤务人员可根据 FAP 显示信息对废水系统进行排故(见图 3-34 和表 3-1)。

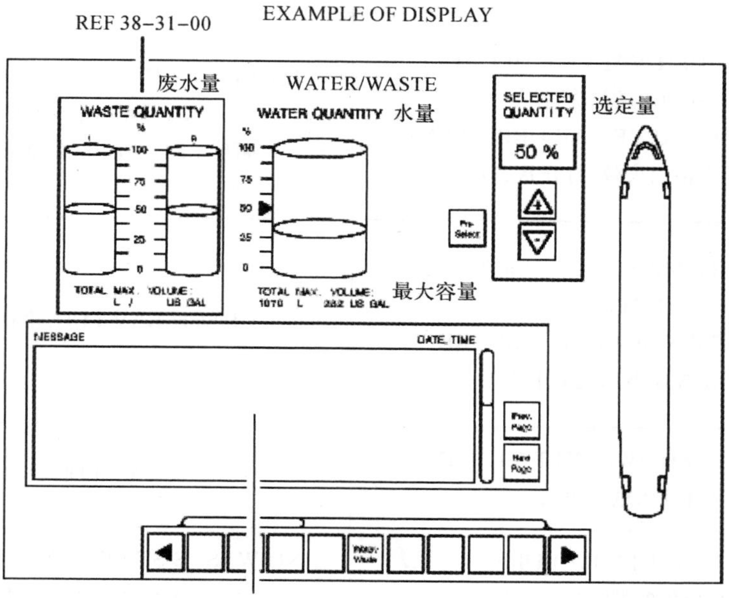
REF 38-31-00
EXAMPLE OF DISPLAY
废水量
WATER/WASTE
WASTE QUANTITY
WATER QUANTITY 水量
SELECTED QUANTITY
选定量
50 %
最大容量
MESSAGE
DATE, TIME

图 3-34　A330 废水箱状态显示屏

表 3-1　A330FAP 显示废水系统信息

PROBLEM	FAP MESSAGE： 前乘务员面板信息(FWD ATTENDANT PANEL)
VACUUM GENERATOR PRODUCES INSUFFICIENT VACUUM： 真空发生器真空产生不足 VACUUM GENERATOR OVERHEAT： 真空发生器过热	LAVS L(R)INOP ON GND： 厕所 L(R)地面不可用
28V POWER INTERRUPTED(MORE THAN 5 SECONDS)AT VSC SIDE： 在真空系统控制器侧 28V 电源中断(超过 5s)	LAV LDD INOP： 厕所 LDD 不可用
TANK WASTE LEVEL 30% OR MORE AT FLIGHT PHASE 1： 在飞行阶段 1 废水箱在 30%或更多的水平	WASTE TANK NOT EMPTY——CHECK LEVEL REQD： 废水箱不是空的——校准水平要求
WASTE TANK FULL：废水箱空	LAVS L(R)INOP WASTE TANK FULL： 厕所 L(R)不可用，废水箱满
GROUND SERVICING：地面服务	LAVS INOP GND SERVICING： 厕所地面服务不可用
TOILET FLUSH VALVE FAILURE： 马桶冲水活门失效 TOILET RINSE VALVE FAILURE(OPEN)： 马桶冲洗活门失效(打开状态)	LAV LDD SHUT OFF WATER SUPPLY，CLOSE MAN OVRD： 厕所 LDD 关断水源，关闭人工超控
FCU REPORT MISSING：FCU 报告丢失 FCU DEFECT：FCU 失效 VSC SYSTEM SIDE CARD FAILURE： 真空系统控制器系统侧卡失效	CHECK LAV LDD：检查厕所 LDD
TOILET FLUSH SWITCH FAILURE： 马桶冲水电门失效	LAV LDD INOP
VSC CHANNEL FAILURE： 真空系统控制器通道不可用	NO WASTE STATUS AVAILABLE L(R)： 无废水可用状态 L(R)

3.2 飞机水系统的勤务

3.2.1 饮用水系统加水

按照波音与空客要求，至少 3 天排放或者使用饮用水系统一次，若不进行排放或使用频率较低，会导致微生物滋生。禁止同时对饮用水系统和废水系统进行勤务，以防饮用水系统遭受污染。对饮用水系统勤务之前，需对双手进行清洁，同时也应确保饮用水设备的清洁。对水箱进行填充之前，应确保厕所中的排放活门处于关闭位置，波音飞机的某些残疾人厕所或者头等舱厕所有两个排水活门，另一个位于马桶冲洗活门下面。如果此活门没有关闭，饮用水管路可能会结冰，导致设备的损坏（见图 3－35）。

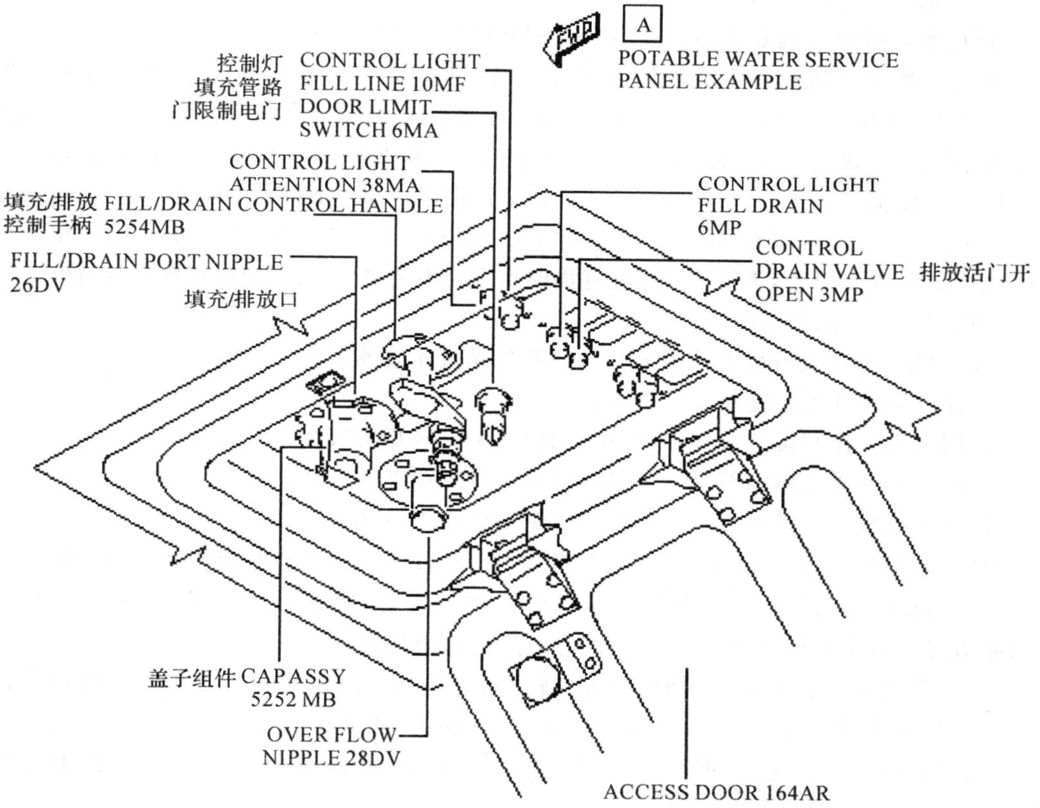

FWD
A
POTABLE WATER SERVICE PANEL EXAMPLE
控制灯 CONTROL LIGHT
填充管路 FILL LINE 10MF
门限制电门 DOOR LIMIT SWITCH 6MA
CONTROL LIGHT ATTENTION 38MA
填充/排放控制手柄 FILL/DRAIN CONTROL HANDLE 5254MB
FILL/DRAIN PORT NIPPLE 26DV
填充/排放口
CONTROL LIGHT FILL DRAIN 6MP
CONTROL DRAIN VALVE OPEN 3MP 排放活门开
盖子组件 CAP ASSY 5252 MB
OVER FLOW NIPPLE 28DV
ACCESS DOOR 164AR

图 3－35　A330 饮用水勤务面板

（1）旧型号 B777 饮用水水箱加水。

1）打开后饮用水勤务面板及填充口盖子，确保填充口无污物，连接供水设备 STD－1141 或者其他供水源的填充管。建议的供水压力为 25 psi（禁止超过 55 psi）。

2）确保饮用水系统电路接地跳开关和饮用水系统电路跳开关处于闭合位，给飞机供电。

3）拉动勤务面板上的手柄以打开填充/溢流活门。启动供水设备，开始向水箱供水。当水从溢流口流出时，停止供水。将填充/溢流活门手柄推回。

4)断开供水设备连接管,当飞机填充口中没有余水流出时,盖上盖子,关闭后饮用水勤务面板。

5)如果填充前对饮用水系统进行过排放,则在进行填充程序前要先打开饮用水排放面板,拉出前系统排放活门手柄,打开后饮用水勤务面板,拉出后系统排放活门手柄,如果水流从前排放口或后排放口流出,说明某个厕所中的排放活门处于打开位置,将其打到关断位。恢复前后排放面板后进行填充。

6)闭合相应跳开关,将飞机恢复到正常状态。

(2)新型号 B777 饮用水水箱加水。

1)对地面操控汇流条及地面勤务汇流条进行通。

2)确保以下跳开关处于闭合位。

①饮用水系统控制接地跳开关(WATER SYSTEM CONTROL－GND)。

②饮用水系统电力驱动泵跳开关(WTR SYS ELECT PUMP)。

③饮用水系统控制跳开关(WATER SYSTEM CONTROL)。

3)打开前饮用水勤务面板,确保填充/排放口无污物,连接 STD－1141 或其他供水设备的供水管路(要求供水压力 25 psi,最大不超过 55 psi),将饮用水填充排放电门打到填充位,启动供水设备开始供水。当水从溢流口流出或观察水量指示计达到所需水量时,关闭供水设备,断开供水管,盖上填充/溢流口的盖子,将填充排放电门拨至正常位。如果不打到正常位,则当飞机在地面时,水系统不会增压如果填充/排放电门是从填充位经过正常位打到排放位的,需先将电门拨至填充位然后再拨至正常位,否则当飞机在地面时水系统不会增压,关闭前饮用水勤务面板。

4)如需要,断开供电电源。

(3)新型号 B777 没有电力或填充活门故障的情况下加水。

1)断开以下跳开关并安装跳开关夹。

①饮用水系统控制接地跳开关(WATER SYSTEM CONTROL－GND)。

②饮用水系统电力驱动泵跳开关(WTR SYS ELECT PUMP)。

③饮用水系统控制跳开关(WATER SYSTEM CONTROL)。

2)打开前货舱大门,拆除前货舱左侧 STA 757－STA 805 处侧壁板,以便接近填充/排放活门。将填充/排放活门的人工手柄扳至 POS 2. 的位置,此位置为水箱填充/排放位置,将通气/溢流活门人工手柄扳至 POS 1. 位置,此位置为溢流位置。

3)打开前饮用水勤务面板,确保填充/排放口无污物,连接 STD－1141 或其他供水设备的供水管路(要求供水压力 25 psi,最大不超过 55 psi),启动供水设备开始供水。当水从溢流口流出时,关闭供水设备,断开供水管,盖上填充/溢流口的盖子。关闭前饮用水勤务面板。

4)将填充/排放活门的人工手柄扳至 POS 1. 的位置,通气/溢流活门扳至 POS 2. 位置,安装拆下的前货舱侧壁板,关闭前货舱门。

5)闭合以上程序断开的跳开关。

(4)A330 饮用水系统加水(电源可用)。

1)给飞机通电,并确保以下 5000VE 面板上的跳开关处于闭合位。

①水系统水量指示跳开关(WATER SYSTEM QUANT IND)。

②水系统排放跳开关(WATER SYSTEM DRAIN)。

2)当外界温度过低时，需参考过冷天气水和废水系统维护措施；如果机内温度低于 4℃，进行机内预热程序。

3)进入客舱，在前乘务员面板上设置所需加水量，具体步骤为依次点击触控屏上的“Water/Waste”和“Pre－Select”触控键，点击“＋”或“－”设定水量。

4)打开饮用水勤务面板(见图 3－36)及填充/排放口的盖子，连接饮用水勤务车的管路到填充/排放口，将勤务面板上的控制手柄从 NORMAL 位旋转到 PULL TO FILL 位，然后拉出手柄。确保勤务面板上的控制灯 3 MP(或 6 MP)亮，控制灯 38 MA 熄灭。

5)启动供水设备，供水最大压力为 125 psi，若超过此压力，可能对系统造成损坏。当控制灯 38MA(注意停止填充灯)亮起时，需立即停止填充程序。当水达到设定水量时，控制手柄会自动回复 NORMAL 位。也可在水量即将达到设定值时断开供水，手动将手柄旋转至 NORMAL 位。

6)停止供水设备，确保前成员面板和饮用水勤务面板上的水量指示与设定值相同。断开供水管路，清洁饮用水勤务面板区域并目视检查是否泄漏(饮用水系统禁止泄漏)，盖上填充/排放口盖子。

7)打开后饮用水排放面板，清洁并擦干后饮用水排放面板相关区域，目视检查是否有泄漏，关闭后饮用水排放面板。

8)清洁工作区域及工具，确保各面板锁扣正确锁定，撤除设备。如需要，对飞机断电。

(5)A330 饮用水系统加水(电源不可用)。

1)断开以下跳开关并安装跳开关夹及标牌。

①水系统水量指示跳开关(WATER SYSTEM QUANT IND)。

②水系统排放跳开关(WATER SYSTEM DRAIN)。

2)当外界温度过低时，需参考过冷天气水和废水系统维护措施；如果机内温度低于 4℃，进行机内预热程序。

3)打开后饮用水排放面板，连接排放管到排放口，排放管的另一端放在 10 L 的容器中。打开饮用水勤务面板及填充/排放口的盖子，连接饮用水勤务车供水管到填充口。

4)将后排放面板的填充/排放活门控制手柄旋转到打开位，将饮用水勤务面板上的控制手柄旋转到 PULL TO FILL 位，然后拉出手柄。

5)启动供水设备，供水最大压力为 125 psi，若超过此压力，可能对系统造成损坏。当水箱满时，水会从饮用水勤务面板溢流口及后饮用水排放面板排放口流出。此时将后排放面板的填充/排放活门手柄旋转至关断位，将饮用水勤务面板的控制手柄旋转到正常位。停止供水设备，断开各个外部连接管。

6)旋转勤务面板控制手柄至 PULL TO DRAIN 位并拉出，水会从填充/排放口流出，大约 15 s 后，将手柄推回并旋转至正常位。此步骤是为了将填水管管路中的余水排出。

7)盖上填充/排放口的盖子，清理并擦干勤务面板相关区域，目视观察是否有泄漏，有泄漏则进行修理程序。若无，盖上勤务面板的盖板。将后排放面板区域的容器去除，清理并擦干后排放面板相关区域，目视观察是否有泄漏，有泄漏则进行修理程序。若无，盖上后排放面板的盖板。

8)闭合以上程序断开的跳开关，将飞机恢复到正常状态。

3.2.2 饮用水系统放水

(1)旧型号 B777 饮用水系统放水(见图 3－36)。

1)断开以下跳开关并安装跳开关夹。厕所水加热器跳开关 1 至 6 号(LAV WTR HTR 1#～6#)。

2)将左 2 号门上面的隔离/排放活门扳到排放位置,确保左后门隔离活门在打开位。确保每个厕所和厨房的供水关断活门处于打开位(厕所镜子后面)。确保每个厕所的排放活门处于打开排放位置(洗手池下面,某些残疾人厕所和头等舱厕所有两个,另一个位于马桶罩下面)。打开马桶罩,确保马桶排放活门处于打开排放位置。

3)打开饮用水排放活门面板,连接排放管到飞机饮用水排放口(4 个位置,前系统排放口,后系统排放口,水箱排放口,水箱填充口)(根据构型不同,排开口数量会有所不同)

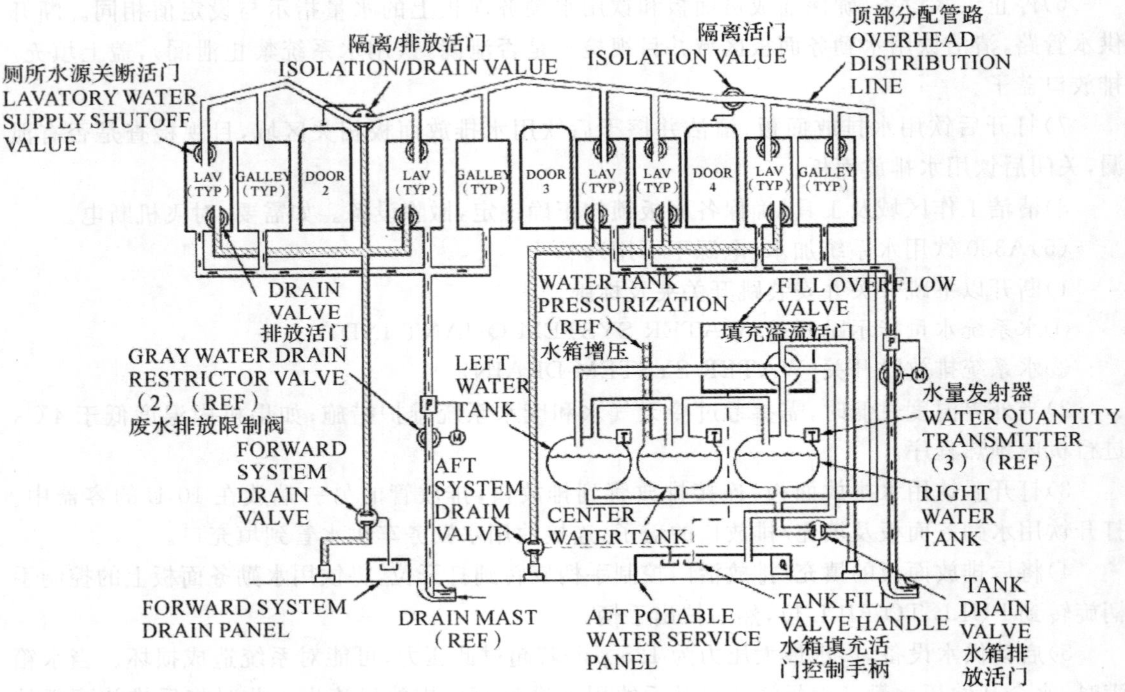
厕所水源关断活门
LAVATORY WATER SUPPLY SHUTOFF VALUE
隔离/排放活门
ISOLATION/DRAIN VALUE
隔离活门
ISOLATION VALUE
顶部分配管路
OVERHEAD DISTRIBUTION LINE
LAV (TYP)
GALLEY (TYP)
DOOR 2
DOOR 3
DOOR 4
DRAIN VALVE
排放活门
GRAY WATER DRAIN RESTRICTOR VALVE (2) (REF)
废水排放限制阀
FORWARD SYSTEM DRAIN VALVE
AFT SYSTEM DRAIM VALVE
WATER TANK PRESSURIZATION (REF)
水箱增压
FILL OVERFLOW VALVE
填充溢流活门
LEFT WATER TANK
CENTER WATER TANK
RIGHT WATER TANK
水量发射器
WATER QUANTITY TRANSMITTER (3) (REF)
FORWARD SYSTEM DRAIN PANEL
DRAIN MAST (REF)
AFT POTABLE WATER SERVICE PANEL
TANK FILL VALVE HANDLE
水箱填充活门控制手柄
TANK DRAIN VALVE
水箱排放活门

图 3－36 旧型号 B777 饮用水系统排放

4)确保后饮用水勤务面板的填充/溢流活门手柄处于关闭位置(此步骤用于确保饮用水系统的压气机处于工作状态)。系统充分增压后,拉动后饮用水勤务面板上的排放活门手柄打开后系统排放活门(此步骤将排放饮用水箱和机翼之后水系统管路中的余水)。拉动前系统排放面板上的手柄打开前系统排放活门(此步骤将排放机翼之前水系统管路中的余水)。

5)确保厨房中的排放活门或者水龙头打开(若安装有排放活门则排放活门位于厨房洗手池下面),打开每个烧水器的排放口。

6)机腹排放口全部水流停止后再等待 5 min,以使余水全部流出机外(当水箱的水排放完后,水箱中的加压气体会阻止分配管路中的水流出,当水箱压力减小到一定程度后,分配管路中的水才会再次流出,因此需等待 5 min)。

7)将前系统排放面板上的手柄推回,将后饮用水勤务面板上的排放手柄推回。等待 20 min,空气压缩机对饮用水系统进行加压,再次拉开前系统排放面板上的手柄打开前系统排放活门,拉开后饮用水勤务面板上的排放手柄打开后系统排放活门,水流会再次流出。停止流动后再等待 5 min,用于排放残留的水。

8) 如果不需马上填充饮用水,则断开以下跳开关并挂上跳开关夹。

①水系统控制接地跳开关(WTR SYS CTRL GND)。

②水系统压气机跳开关(WTR SYS CPRSR)。

③水系统控制跳开关(WTR SYS CTRL)。

9)关闭每个烧水器的排放口及厨房中的排放活门或者水龙头。将左 2 号门上面的隔离/排放活门扳到打开位置,关闭每个厕所的排放活门。关闭前后系统排放活门之前等待至少 5 min。断开连接到机腹排放口的排水管,恢复以上进行程序断开的跳开关。恢复飞机到正常状态(见图 3-37)。

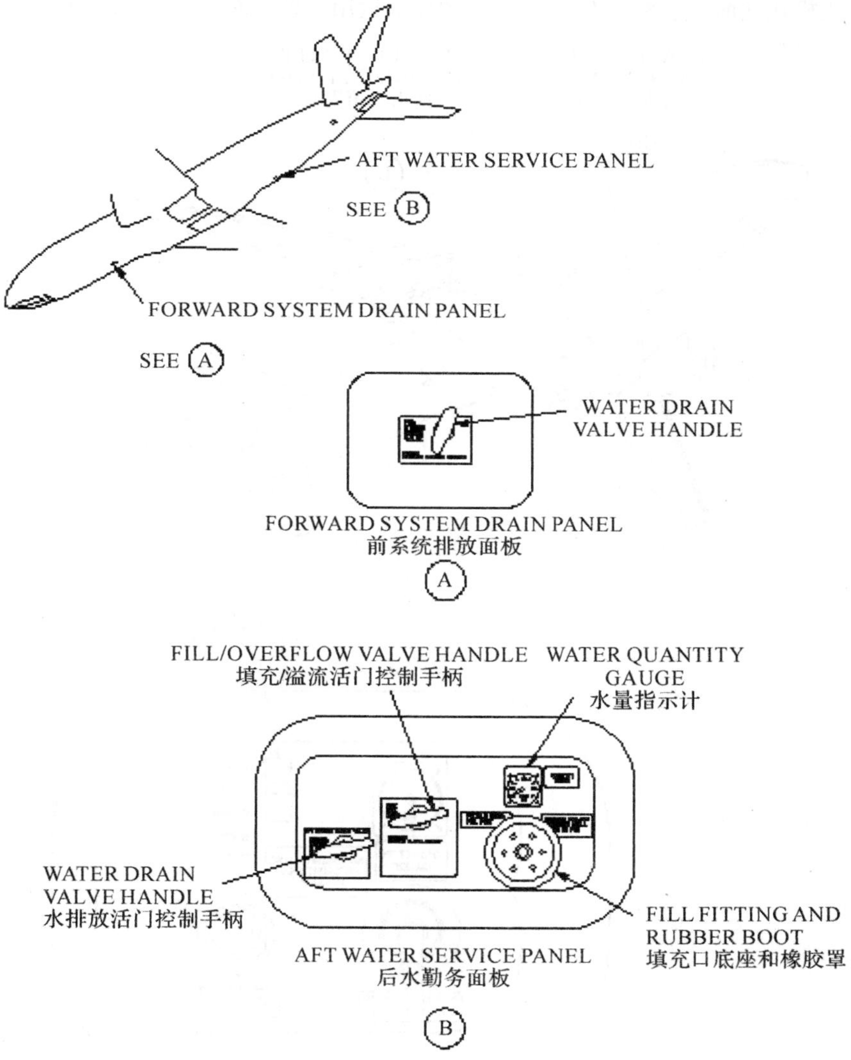
AFT WATER SERVICE PANEL
SEE (B)
FORWARD SYSTEM DRAIN PANEL
SEE (A)
WATER DRAIN
VALVE HANDLE
FORWARD SYSTEM DRAIN PANEL
前系统排放面板
(A)
FILL/OVERFLOW VALVE HANDLE
填充/溢流活门控制手柄
WATER QUANTITY
GAUGE
水量指示计
WATER DRAIN
VALVE HANDLE
水排放活门控制手柄
FILL FITTING AND
RUBBER BOOT
填充口底座和橡胶罩
AFT WATER SERVICE PANEL
后水勤务面板
(B)

图 3-37 旧型号 B777 饮用水排放面板及勤务面板

(2)新型号 B777 饮用水系统放水。

1)对地面操控汇流条及地面勤务汇流条进行通电。

2)确保以下跳开关处于闭合位。

①饮用水系统控制接地跳开关(WATER SYSTEM CONTROL－GND)。

②饮用水系统电力驱动泵跳开关(WTR SYS ELECT PUMP)。

③饮用水系统控制跳开关(WATER SYSTEM CONTROL)。

3)打开前饮用水勤务面板及填充/排放口上的盖子,将排放管路连接到填充/排放口,将饮用水填充排放电门打到排放位(注意:填充/排放活门将转至排放位,水泵会将水箱中的水泵出),等到填充/排放口不再有水流出且水量指示计指示为空时,断开排放管,盖上填充/排放口的盖子,将饮用水填充排放活门打到正常(NORMAL)位(如果不打到正常位,当飞机在地面时,水系统不会增压)(如果填充/排放电门是从填充位经过正常位打到排放位的,需先将电门拨至填充位然后再拨至正常位,否则当飞机在地面时水系统不会增压)。关闭前饮用水勤务面板(见图 3-38)。

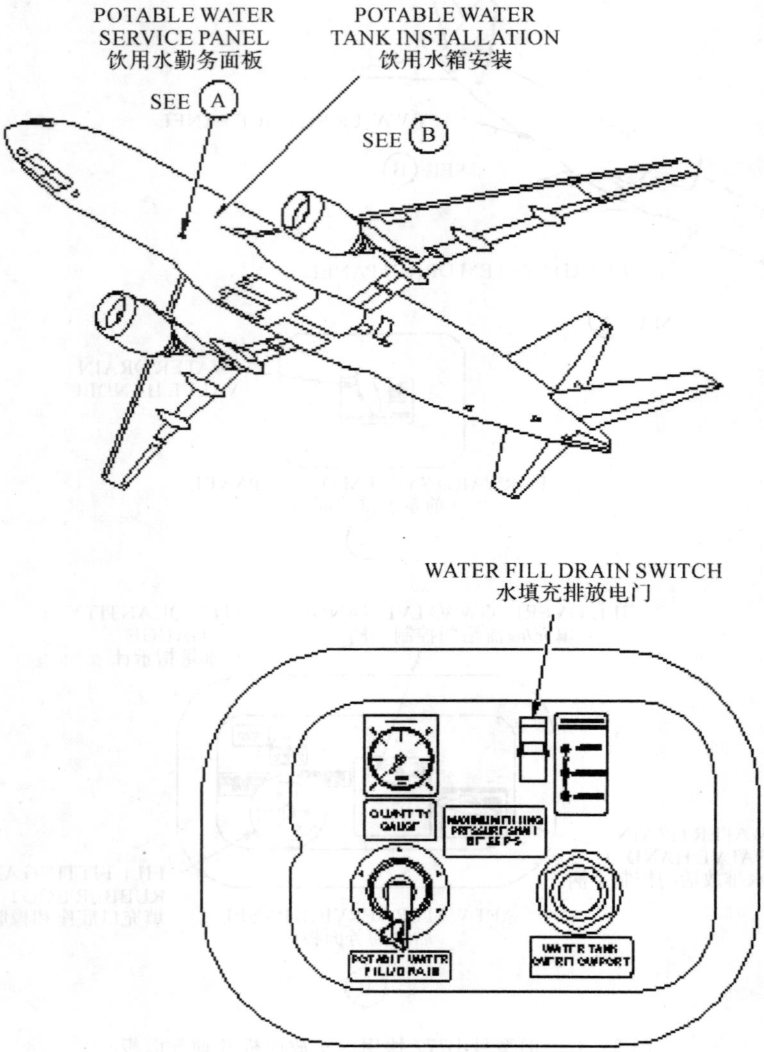
POTABLE WATER
SERVICE PANEL
饮用水勤务面板
SEE A
POTABLE WATER
TANK INSTALLATION
饮用水箱安装
SEE B
WATER FILL DRAIN SWITCH
水填充排放电门

图 3-38　新型号 B777 饮用水勤务面板

(3)新型号 B777 没有电力或者排放活门故障的情况下放水(见图 3-40)。

1)打开前饮用水勤务面板及填充/排放口上的盖子,将排放管路连接到填充/排放口。

2)断开以下跳开关并安装跳开关夹。

①饮用水系统控制接地跳开关(WATER SYSTEM CONTROL—GND)。

②饮用水系统电力驱动泵跳开关(WTR SYS ELECT PUMP)。

③饮用水系统控制跳开关(WATER SYSTEM CONTROL)。

3)打开前货舱大门,拆除前货舱左侧 STA 757—STA 805 处侧壁板,以便接近填充/排放活门。将填充/排放活门的人工手柄扳至 POS 2. 的位置,此位置为水箱填充/排放位置(因为是重力排放,因此不必改变通气/溢流活门的位置),此时饮用水会从填充/排放口流出(流速将会很慢,通常会花费一小时或者更长时间来排放整个水箱中的水).

4)排放完后将填充/排放活门的人工手柄扳至 POS 1. 的位置,安装拆下的前货舱侧壁板,断开排水管,盖上填充/排放口的盖子,并关闭前饮用水勤务面板和后前货舱门。

5)闭合以上程序断开的跳开关,将飞机恢复到正常状态。

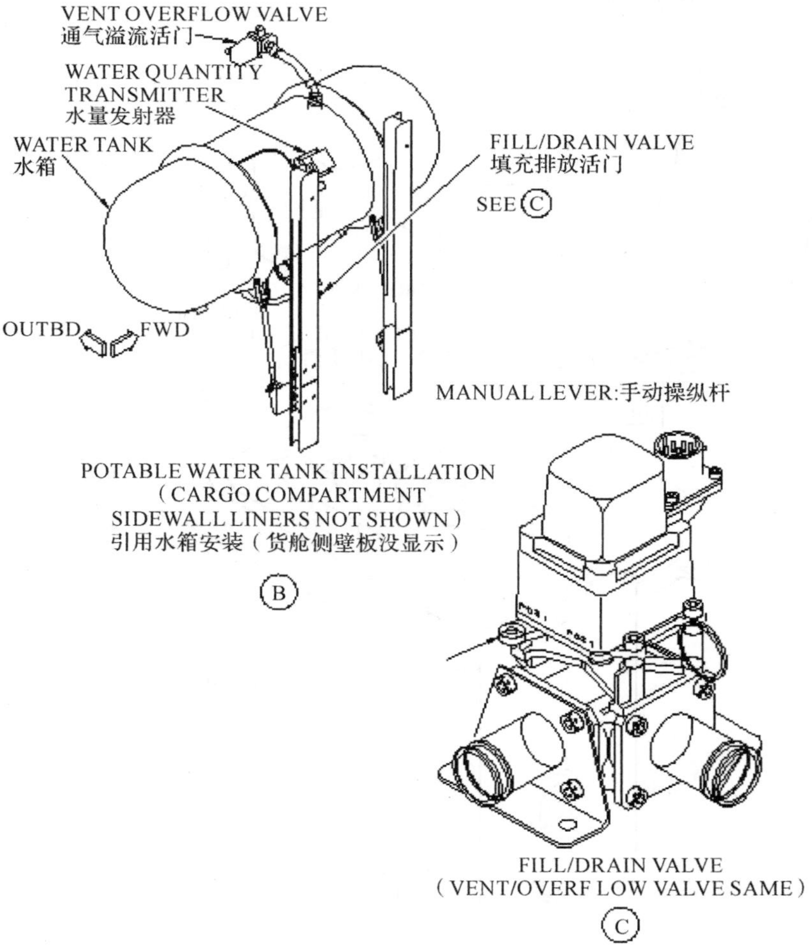
VENT OVERFLOW VALVE
通气溢流活门
WATER QUANTITY
TRANSMITTER
水量发射器
WATER TANK
水箱
FILL/DRAIN VALVE
填充排放活门
SEE C
OUTBD
FWD
MANUAL LEVER:手动操纵杆
POTABLE WATER TANK INSTALLATION
(CARGO COMPARTMENT
SIDEWALL LINERS NOT SHOWN)
引用水箱安装(货舱侧壁板没显示)
B
FILL/DRAIN VALVE
(VENT/OVERF LOW VALVE SAME)
C

图 3-39　新型号 B777 饮用水填充/溢流活门人工控制杆

(4)A330 饮用水系统排放。

1)断开以下跳开关并安装跳开关夹。

①饮用水系统水量指示跳开关(WATER SYSTEM QUANT IND)。

②饮用水系统排放跳开关(WATER SYSTEM DRAIN)。

2)确保厕所和厨房的供水关断活门处于打开位。打开前饮用水排放面板、后饮用水排放面板和饮用水勤务面板。将地面排放管连接到勤务面板的填充/排放口、前饮用水排放面板的排放口(见图 3-40)、后饮用水排放面板的两个排放口(见图 3-41)。

3)旋转饮用水勤务面板上的填充/排放控制手柄至排放位,然后向下拉出锁定。勤务面板上的排放活门控制灯 3 MP 和 6 MP 亮起。饮用水从勤务面板的填充/排放口和前饮用水排放面板排放口流出。

4)打开厕所和厨房中的所有水龙头、热水器水龙头,进行排放。当前水箱中的水少于5%时,控制灯 10 MP 亮起,同时后饮用水排放面板排放口开始排水。当后饮用水水箱水量少于5%时,系统停止排放。

5) 关闭前后饮用水排放面板排放手柄,旋转勤务面板上的排放手柄到正常位。断开地面排放管路,将飞机恢复到正常状态。

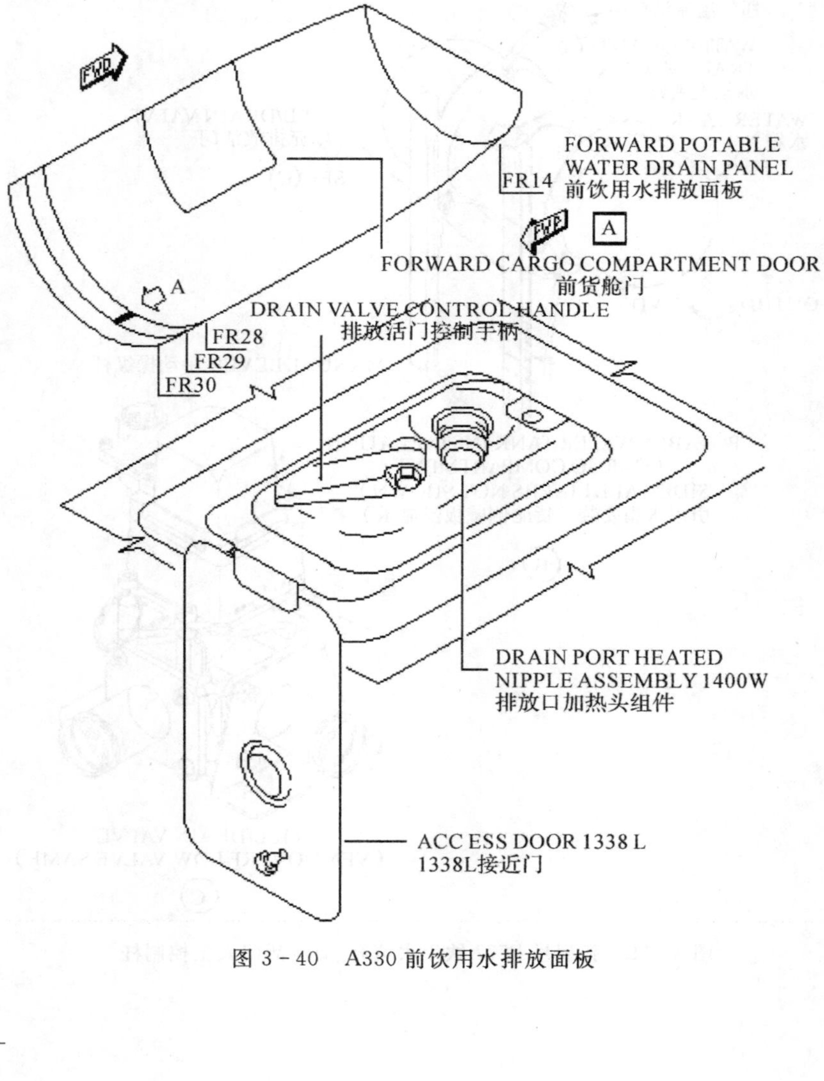
FWD
FORWARD POTABLE
WATER DRAIN PANEL
前饮用水排放面板
FR14
FWD
A
FORWARD CARGO COMPARTMENT DOOR
前货舱门
A
DRAIN VALVE CONTROL HANDLE
排放活门控制手柄
FR28
FR29
FR30
DRAIN PORT HEATED
NIPPLE ASSEMBLY 1400W
排放口加热头组件
ACC ESS DOOR 1338 L
1338L接近门

图 3-40　A330 前饮用水排放面板

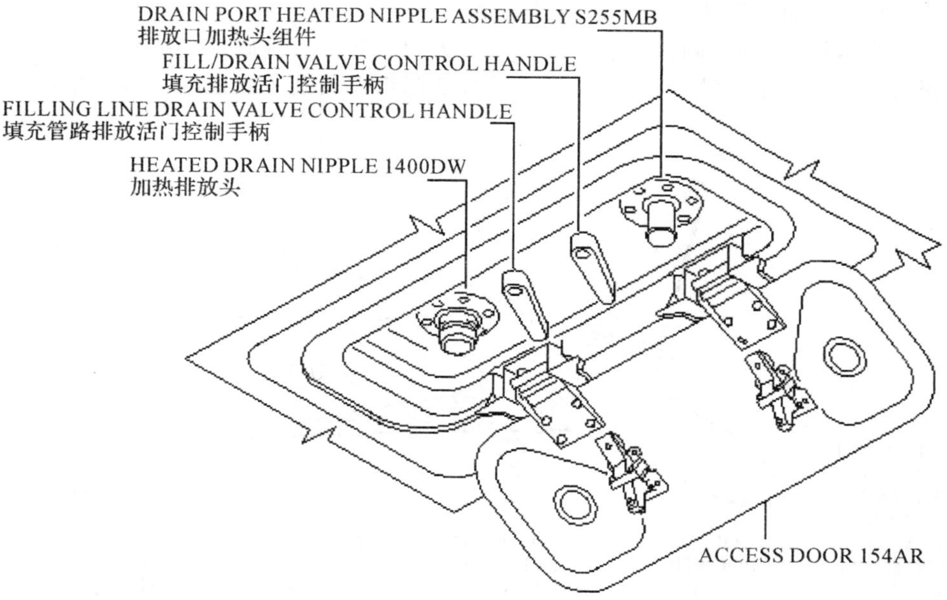
DRAIN PORT HEATED NIPPLE ASSEMBLY S255MB
排放口加热头组件
FILL/DRAIN VALVE CONTROL HANDLE
填充排放活门控制手柄
FILLING LINE DRAIN VALVE CONTROL HANDLE
填充管路排放活门控制手柄
HEATED DRAIN NIPPLE 1400DW
加热排放头
ACCESS DOOR 154AR

图 3-41　A330 后饮用水排放面板

(5)空客 A330 饮用水系统排放(无电力情况下)。

1)确保厕所和厨房的供水关断活门处于打开位,打开前饮用水排放面板、后饮用水排放面板和饮用水勤务面板。将地面排放管连接到勤务面板的填充/排放口、前饮用水排放面板的排放口、后饮用水排放面板的两个排放口(见图 3-40 和图 3-41)。

2)旋转勤务面板上的填充/排放控制手柄到排放位,拉出锁定。旋转后排放面板上的填充/排放控制手柄到打开位,填充管路排放手柄到打开位。旋转前排放面板的排放手柄到打开位。水将会从勤务面板的填充/排放口、后排放面板的填充管路排放口、前排放面板的排放口流出。

3)将前后排放面板上的手柄旋转至关断位,将勤务面板上的手柄旋转至正常位。断开地面排放管,将飞机恢复到正常状态。

3.2.3　废水箱排放

(1)旧型号 B777 废水箱勤务面板(见图 3-42)。

1)对飞机进行通电,做好个人防护(防护服、长袖橡胶手套、防护面罩、护目镜)及准备好清洁用品。

2)打开废水箱勤务面板及排放口盖子,将废水勤务车排放管连接到排放口,按压排放口组件内部口盖的手柄,打开内部口盖,拉动手柄打开废水下部的排放球形活门,废水从废水箱中流出。依次拉动三个废水箱的球形活门手柄。

3)打开废水勤务面板上的冲洗口盖,连接冲洗管路(要求冲洗压力为 30～50 psi,最大不超过 80 psi,若冲洗压力小于 30 psi,废水箱得不到完全冲洗),对废水箱进行冲洗。冲洗水量为 10～50 gal①。依次对三个废水箱进行冲洗。当冲洗的水完全流出时,将排放手柄推回,以关闭球形活门。

---

①　1 gal=3.7 L

4)参考相关手册向废水系统中添加消毒剂。

5)断开废水箱排放管,确保无液体再流出后关闭勤务面板排放口组件的两个口盖,确认冲洗口的密封良好后盖上冲洗口的盖子,清洁排放活门组件及勤务面板后关闭勤务面板。

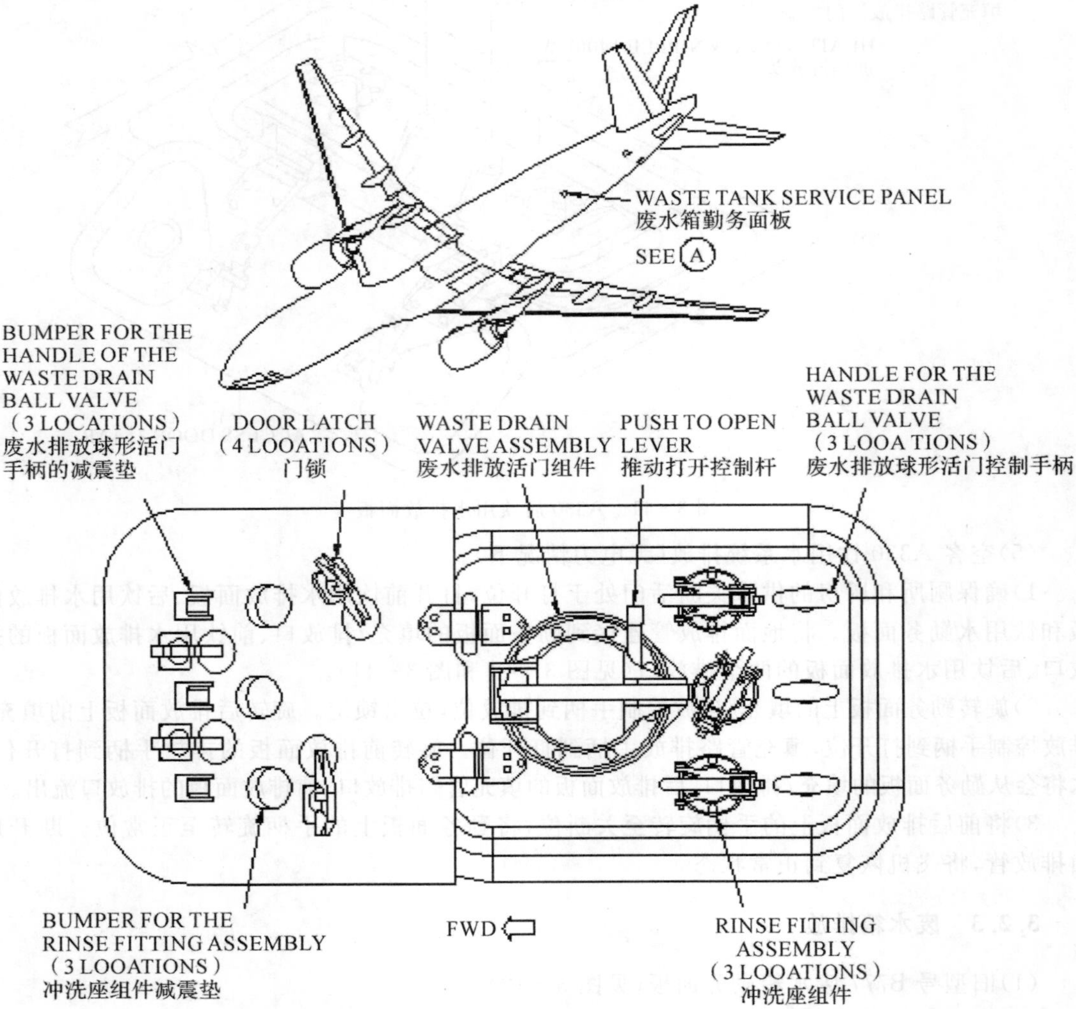
WASTE TANK SERVICE PANEL
废水箱勤务面板
SEE A
BUMPER FOR THE HANDLE OF THE WASTE DRAIN BALL VALVE (3 LOCATIONS)
废水排放球形活门手柄的减震垫
DOOR LATCH (4 LOOATIONS)
门锁
WASTE DRAIN VALVE ASSEMBLY
废水排放活门组件
PUSH TO OPEN LEVER
推动打开控制杆
HANDLE FOR THE WASTE DRAIN BALL VALVE (3 LOOA TIONS)
废水排放球形活门控制手柄
BUMPER FOR THE RINSE FITTING ASSEMBLY (3 LOOATIONS)
冲洗座组件减震垫
FWD
RINSE FITTING ASSEMBLY (3 LOOATIONS)
冲洗座组件

图 3-42 旧型号 B777 废水勤务面板

(2)新型号 B777 废水箱勤务面板(见图 3-43)。

1)对飞机进行通电,做好个人防护(防护服、长袖橡胶手套、防护面罩、护目镜)及准备好清洁用品。

2)打开废水箱勤务面板,将废水排放管连接到排放口,拉动球形活门手柄,对废水箱进行排放。

3)打开冲洗口,连接冲洗管路(要求冲洗压力为 30~50 psi,最大不超过 80 psi,若冲洗压力小于 30 psi,废水箱得不到完全冲洗),对废水箱进行冲洗。冲洗水量为 10~50 gal。当冲洗的水完全流出时,将排放手柄推回,以关闭球形活门。

4)参考相关手册向废水系统添加消毒剂。

5)断开废水箱排放管,确保无液体再流出后关闭活门组件的两个口盖,确认冲洗口的密封良好后盖上冲洗口的盖子,清洁排放活门组件及勤务面板后关闭勤务面板。

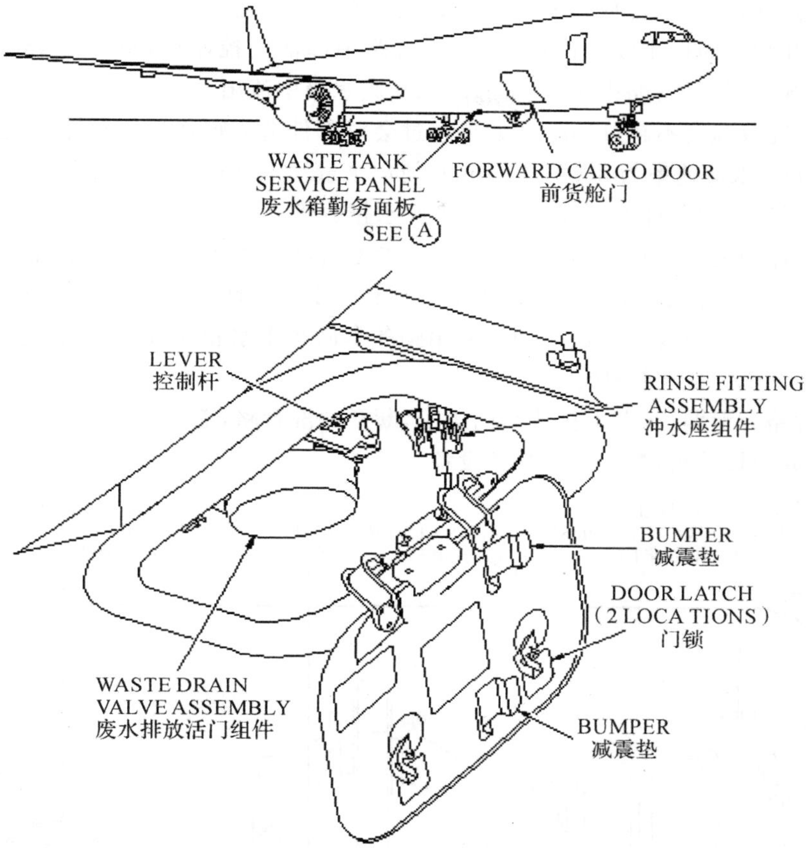

WASTE TANK
SERVICE PANEL
废水箱勤务面板
SEE (A)
FORWARD CARGO DOOR
前货舱门
LEVER
控制杆
RINSE FITTING
ASSEMBLY
冲水座组件
BUMPER
减震垫
DOOR LATCH
(2 LOCATIONS)
门锁
WASTE DRAIN
VALVE ASSEMBLY
废水排放活门组件
BUMPER
减震垫

图 3－43　新型号 B777 废水系统勤务面板

(3)A330 马桶系统勤务面板(见图 3－44)。

1)工作过程中需要时刻做好个人防护,如佩戴橡胶手套等,工作结束后需使用肥皂洗手,禁止同时对马桶系统和饮用水系统操作。

2)给飞机通电。

3)确保马桶清洁液温度不超过 60 ℃,若超过此温度会对部件构成损伤。如果外界温度处于 0 ℃以下,按表 3－2 确定废水箱是否需进行强制排放。

表 3－2　废水箱排放

构型			可暴露时间	废水箱排放
空调	客舱温度	外部温度		
开	10 ℃以上	0～15 ℃	任何时长	不需要
		－15 ℃以下	1 h 15 min	需要
关		0～7 ℃	1 h 30 min	
		－7～15 ℃	45 min	
		－15 ℃以下		
如果已经对废水箱进行过排放,必须在发动机启动前 30 min 向各个废水箱中添加 18 L 30 ℃的消毒剂				

4)打开勤务面板废水排放口和废水箱冲洗口的盖子,连接废水排放管,按压 PUSH TO OPEN 杆,打开勤务面板排放口内部口盖,将管路中部活门控制杆(drain－valve－control－lever)扳到打开位,打开管路中排放活门,废水从废水箱中流出。

5)确保冲洗液温度不超过 60 ℃,如果超过会对部件造成损伤。启动冲洗设备(确保水压稳定在 34.8 psi,水流速率为 38.01 L/min),使用水量为 100 L。分别对每个废水箱进行冲洗后,将管路中部活门控制杆扳到关闭位,断开废水排放管。

6)填充消毒剂之前,当外界温度过低时,需参考过冷天气水和废水系统维护措施;如果机内温度低于 4 ℃,进行机内预热程序。因消毒剂有一定危险性,在使用消毒剂时务必遵循生产厂家的说明书。确保温度不超过 60 ℃,使用勤务车向每个水箱添加 18 L 消毒液。消毒液由 0.25%的 14－001A 混合水构成。

7)确保管路无泄漏后,盖上排放活门盖子,断开冲洗管路,盖上冲洗口盖子,擦干相关工作区域,盖上勤务面板盖板,撤去相关勤务设备。

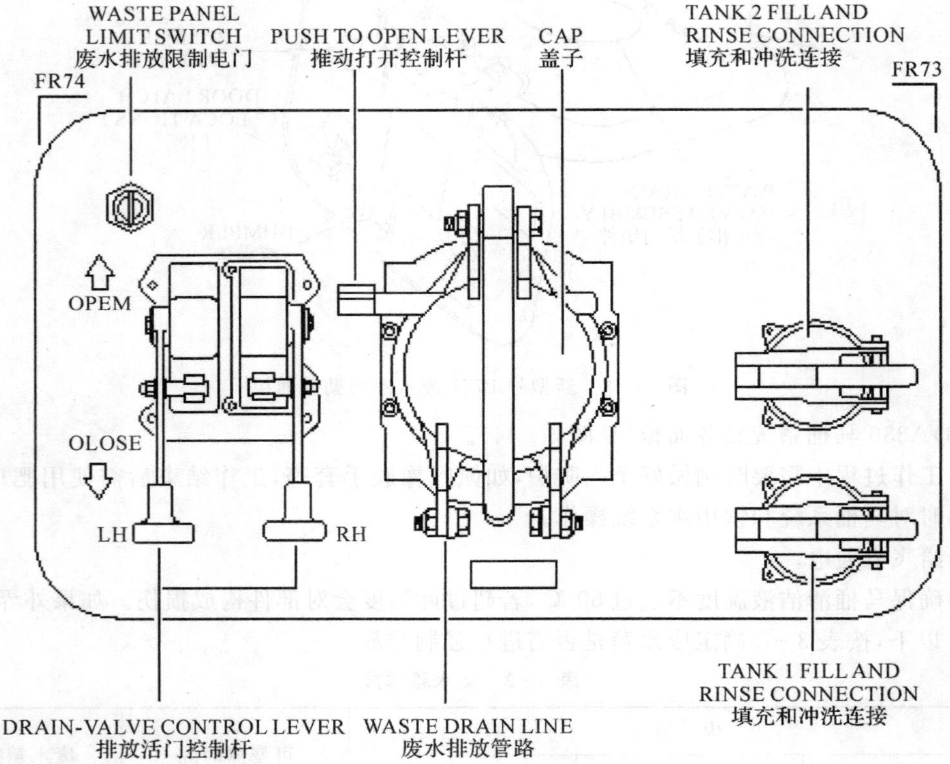
WASTE PANEL
LIMIT SWITCH
废水排放限制电门
PUSH TO OPEN LEVER
推动打开控制杆
CAP
盖子
TANK 2 FILL AND
RINSE CONNECTION
填充和冲洗连接
FR74
FR73
OPEM
OLOSE
LH
RH
TANK 1 FILL AND
RINSE CONNECTION
填充和冲洗连接
DRAIN-VALVE CONTROL LEVER
排放活门控制杆
WASTE DRAIN LINE
废水排放管路

图 3－44 A330 马桶勤务面板

3.3 飞机水系统的测试和维护

3.3.1 饮用水系统测试

(1)旧型号 B777 饮用水系统泄漏测试(见图 3－45)。

测试步骤如下：

1)给飞机供电，排放饮用水系统及水箱中的水，对水箱进行卸压。

2)使用前系统排放面板和后饮用水勤务面板的排放手柄，将前系统排放活门和后系统排放活门关闭；确保每个厕所的供水关断活门处于打开位置；打开每个厕所的排放活门。

3)进入散货舱，拆除散货舱后壁板，拆除图中所示水箱接头(图中 PLUG 位)，在接头位置安装压力计 STD－1091(0～100 psi)。

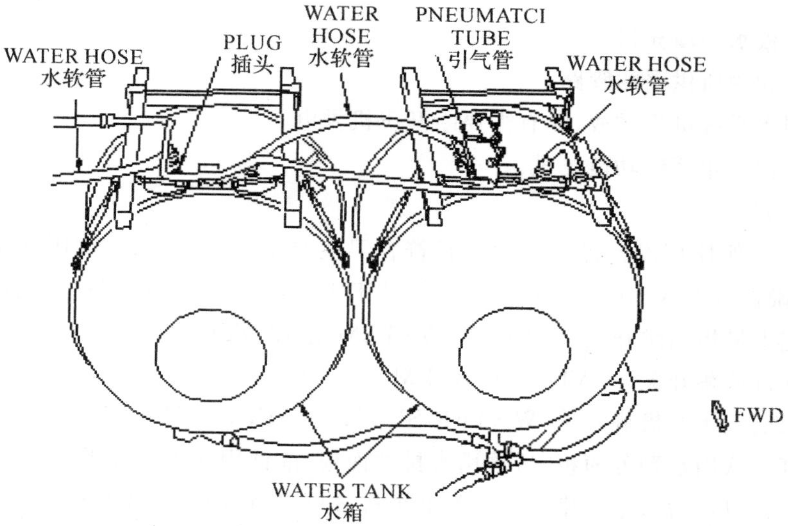
WATER HOSE
水软管
PLUG
插头
WATER
HOSE
水软管
PNEUMATCI
TUBE
引气管
WATER HOSE
水软管
FWD
WATER TANK
水箱

图 3－46　B777 饮用水泄漏测试

4)拆除引气管路(如上图所示，PNEUMATIC TUBE)，连接压力调节调节器 STD－1082(0～50 psi)和气滤，外部气源与压力调节器相连。对水箱进行加水，然后使用外部气源进行增压，增压大小为 50 psi 。

5)打开每个厕所和厨房的水龙头，让水流出 2 min，然后关闭所有水龙头，保持增压 5 min，确保以下位置没有空气或者水泄漏。

①水箱。

②饮用水勤务面板的水填充接口。

③机腹饮用水系统排放口。

④向厨房和厕所供水的管路。

⑤厕所排放活门及管路。

6)关闭每个厕所的供水关断活门，在前后勤务面板拉出系统排放活门手柄，打开系统排放活门，完全排放系统及水箱中的水后将手柄推回，关闭每个厕所的排放活门，打开供水关断活门。

7)断开以下跳开关并安装跳开关夹，悬挂指示牌，将后饮用水勤务面板上的填充/溢流活门拉出，对系统卸压。

饮用水系统压气机跳开关(WTR SYS CPRSR)

8)拆除压力计及外部增压装置,恢复水箱管路连接及后货舱壁板。

(2)新型号 B777 饮用水系统泄漏测试。

测试步骤如下:

1)给飞机供电,对水箱进行填充(如有需要),对饮用水系统进行增压,打开厨房和厕所的水龙头 2 min,然后关闭所有水龙头。

2)确保以下部位未泄漏。

①水箱。

②勤务面板水箱填充口。

③向厨房和厕所供水的管路。

3)对饮用水系统进行排放,如有需要断开飞机供电。

(3)A330 饮用水系统功能测试。

测试步骤如下:

1)测试前确保使用设备是经过批准且符合卫生要求的,否则将对饮用水系统造成污染。给飞机通电,确保 5000VE 面板上以下跳开关处于闭合状态,相关开关悬挂警告牌禁止操作:

①水系统水量指示跳开关(WATER SYSTEM QUANTIND)。

②水系统排放跳开关(WATER SYSTEM DRAIN)。

③水系统空气压气机跳开关(WATER SYSTEM AIR COMPRESSOR)。

2)依次打开饮用水勤务面板,后饮用水排放面板,前饮用水排放面板。连接排放管到勤务面板的溢流/通气口、后饮用水排放面板的 2 个排放口、前饮用水排放面板的排放口。

3)打开勤务面板填充/排放口盖子,连接饮用水勤务车,对水量预选功能进行测试。

4)在饮用水勤务车上设置供水压力为 125 psi,将饮用水勤务面板上的盖板限制电门按下并保持,另外一人在客舱前乘务员面板选择 25%水量,释放勤务面板盖板限制电门,旋转并拉出填充/排放活门手柄到填充位,对水箱进行填充。此时系统中的两个填充/溢流/排放活门会打开(见图 3-46),水箱开始填充水,勤务面板上的前填充/排放活门灯亮。当水箱达到 25%水量时,两个填充/溢流/排放活门自动关闭,填充/排放杆自动回到正常位,前填充/排放活门灯熄灭,前水箱满和后水箱满灯亮起。观察在前乘务员面板显示水量与设置水量是否相同。

5)在前乘务员面板依次设置水量为 50%,75%,100%,重复步骤 4 工作内容,观察结果是否与以上结果相同,若不同,则进行排故。

6)断开地面勤务车,及排放管路,如需要,排放饮用水系统。盖上填充/排放口盖子,擦干并关闭勤务面板及排放面板。去除相关警告牌,恢复跳开关初始状态。

3.3.2 废水系统测试

1. B777 污水排放系统泄漏测试

(1)前污水排放系统。

1)在前机腹鱼鳍状排放口安装堵盖 SPL-1951,用于密封前污水排放口。

2)向前厨房洗手池倒水直到管路完全灌满,等待 5 min。

3)确保整条排放管路无漏水。

4)拆除堵盖。

(2)后污水排放系统。

1)在后机腹鱼鳍状排放口安装堵盖 SPL—1951,用于密封后污水排放口。

2)向后厨房洗手池倒水直到管路完全灌满,等待 5 min。

3)确保整条排放管路无漏水。

4)拆除堵盖。

2. B777 真空废水系统泄漏测试

测试步骤如下。

1)确保地面勤务跳开关及厕所、饮用水系统相关跳开关处于闭合状态。

2)打开尾部散货舱(新型号 B777 打开前货舱),拆除废水箱一侧侧壁板,断开真空发生器的输入管和输出管。使用连接工具 SPL—192 连接输入管和输出管(此步骤用于将真空发生器从系统中隔离出去),在真空发生器的进口和出口安装堵头。在机外通气口安装接口,用于连接外部真空源 STD—1134 或者 SPL—9132。拆除厕所马桶罩,关闭每个马桶的人工关断活门。

3)向真空废水系统提供 18±1 in Hg① 的真空,然后关闭真空源,记录关闭后系统实际压力大小,5 min 后再次记录压力大小。判断 5 min 后系统压力大小是否处于 9～19 in Hg 之间。若处于此数值之间说明系统泄漏情况符合要求,如不符合需进行排故。

4)释放掉系统中的真空,将飞机恢复到正常位。

3. B777 真空废水系统功能测试

测试步骤如下。

1)确保地面勤务跳开关及厕所、饮用水系统相关跳开关处于闭合状态。

2)给飞机通电,进入厕所,确保饮用水系统不是空的,若是空的进行填充。

3)按压马桶冲洗按钮,确保真空发生器立即进入工作程序,确保马桶冲洗环的所有喷嘴都工作,确保马桶废水释放活门可以完全打开释放废水且 4 s 后恢复正常位,确保真空发生器大约 15 s 后停止运行。

4)对其他厕所进行相同测试。

5)将飞机恢复到正常位。

4. A330 马桶系统组件功能测试

测试步骤如下。

1)对飞机进行通电,确保 5000VE 面板上厕所相关及饮用水系统相关跳开关处于关闭位。

2)确保废水箱未满,如需要排放废水箱。确保饮用水箱有足够的水,如需要填充饮用水水箱。确保饮用水系统处于增压状态。确保废水勤务面板是关闭的。

3)按照表 3-3 进行组件测试(注意:进行测试之前确保马桶没有水流入)。

---

① 1 in Hg=3.39 kPa

表 3-3　A330 马桶系统组件测试操作

操　作	结　果
依次按压并释放飞机左边所有厕所的冲洗开关	真空发生器工作,马桶冲洗正常
同时按压和释放飞机左边 2 个厕所的冲洗开关	真空发生工作,马桶冲洗正常
打开废水勤务面板的盖板	
按压飞机左边厕所冲洗开关	真空发生器不工作,马桶不能冲水
关闭废水勤务面板的盖板	
对飞机右边厕所进行同样测试	

4)将飞机恢复到测试前状态。

5. A330 马桶系统泄漏测试(见图 3-46 和图 3-47)

测试步骤如下。

1)拆除真空马桶系统部件之前及安装系统部件之后进行此测试。给飞机通电,确保废水勤务面板处于关闭状态,确保的跳开关处于关闭状态,做好个人防护工作。

2)测量左侧马桶系统:将压力计和一个压力释压开关安装到前后机外通气口上,安装时确保能够看到压力计的数字,安装好后关闭释压开关。进入飞机左侧厕所,按压并释放马桶冲洗开关,使用一个秒表计量这个冲洗过程的时间,以及 30 s 后记录机外通气活门上气压计的压力大小并和图 3-47 进行对比,120 s 后再次记录压力大小并和图 3-48 对比。打开机外通气活门上的释压开关,释放压力,2 min 后关闭活门,此时压力计上读数应为零。

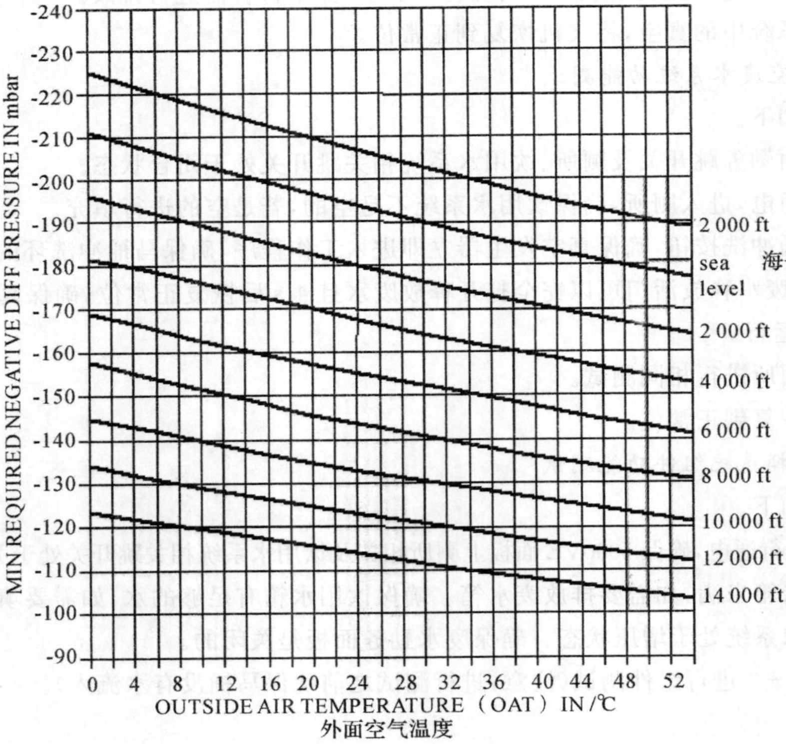
-240
-230
-220
-210
-200
-190
-180
-170
-160
-150
-140
-130
-120
-110
-100
-90
MIN REQUIRED NEGATIVE DIFF PRESSURE IN mbar
2 000 ft
sea level
海平面
2 000 ft
4 000 ft
6 000 ft
8 000 ft
10 000 ft
12 000 ft
14 000 ft
0 4 8 12 16 20 24 28 32 36 40 44 48 52
OUTSIDE AIR TEMPERATURE（OAT）IN /℃
外面空气温度

图 3-46　A330 马桶真空测试表 1

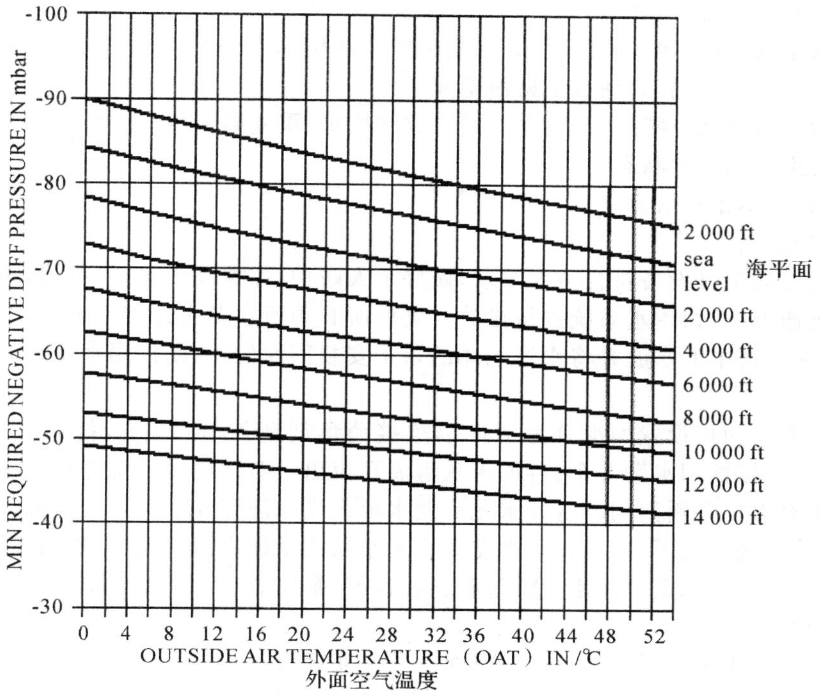
MIN REQUIRED NEGATIVE DIFF PRESSURE IN mbar
-100
-90
-80
-70
-60
-50
-40
-30
2 000 ft
sea level 海平面
2 000 ft
4 000 ft
6 000 ft
8 000 ft
10 000 ft
12 000 ft
14 000 ft
0 4 8 12 16 20 24 28 32 36 40 44 48 52
OUTSIDE AIR TEMPERATURE（OAT）IN/℃
外面空气温度

图 3-47　A330 马桶真空测试表 2

3)依次挑选另外两个左侧厕所,按照步骤 2 的方式进行测量记录对比。

4)右边测试方法与左边相同。如果测试结果不满足表 1 和表 2,则进行排故工作。

5)拆除所有工具,恢复飞机到初始状态,完成工作。

3.3.3　饮用水系统维护

1. B777 饮用水系统消毒

消毒步骤如下。

1)此程序为定期维护工作。首先对饮用水系统进行排放,拆除厨房水滤(拆除后安装好水滤壳体盖子),断开厨房烧水器等使用饮用水的设备。

2)填充水箱,观察水量指示计,当水箱中有一半的水时,停止填充。

3)配置消毒剂(整个过程中不要吸入任何化学气体,以免对人体造成伤害):消毒剂将会为整个饮用水系统提供 0.01%浓度(以体积计算)的二氧化氯。准备二氧化氯 G00022 Purogene 4.54 L(或者 Oxine compound)和柠檬酸 B00637 acid 0.57 L(晶体或者粉末)(注:根据飞机有效性不同,混合浓度有所不同,具体参考维修手册),在塑料容器中充分混合,静置 5 min,添加水至大约 19 L。

4)打开饮用水勤务面板,使用饮用水勤务设备 STD—1141 将消毒剂添加到饮用水系统中(此时系统中部不能有水滤,否则水滤将过滤掉消毒剂)。

5)向水箱填充水直到水箱满,给饮用水系统增压,打开厕所和厨房中所有水龙头,让水流出直到看见淡黄色消毒液,关闭水龙头。冲洗马桶,直到看见淡黄色消毒液。再次填充水箱直到水箱满,以使饮用水系统所有部分都接触到消毒液。

6)最少等待 1 h 后,打开厕所厨房中的所有水龙头,排放饮用水直到水流停止,关闭水龙头。进行饮用水系统排放程序。

7)填充饮用水水箱,增压,打开所有水龙头排放饮用水直到看不见消毒液,等待水流 15 s 后关闭水龙头。冲洗马桶,直到看不见消毒液。

8)如果饮用水依然有味道或者颜色,则排放饮用水,重复第 7 步。

9)将飞机恢复到正常状态。

2. A330 饮用水系统消毒

消毒步骤如下。

1)确保使用的工具设备符合卫生要求,做好个人防护(如橡胶手套,护目镜,防护服等)

2)给飞机通电,对饮用水系统进行排放。确保所有厕所水龙头处于冷水位,关闭所有厕所水加热器,拆除厨房中的水滤并将水滤壳体的盖子安装回原位,关闭饮用水系统的所有人工关断活门。

3)在前乘务员面板设置加水量为 100%,连接消毒剂勤务车到填充/排放口,向水箱中填充消毒剂,然后连接饮用水勤务车,再加水从溢流孔流出。对饮用水系统进行增压。

4)打开所有人工关断活门。打开水龙头使水填充满水滤壳体后关闭。将厕所的水龙头设置到冷水位,关闭洗手池下水口,打开水龙头直到水从洗手池溢流口流出,然后放掉所有的水,将水龙头设置到热水位,重复冷水位的过程。冲洗马桶 15 次。打开厨房的水龙头,每个水龙头流出 5 L 的水。

5)关闭所有人工关断活门。打开以下跳开关并安装跳开关夹。

①水系统水量指示跳开关(WATER SYSTEM QUANT IND)。

②水系统空气压缩机跳开(WATER SYSTEM AIR COMPRESSOR)。

③水系统排放跳开关(WATER SYSTEM DRAIN)。

6)在没有电的情况下再次填充水箱,直到消毒剂从所有溢流口流出从而确保所有饮用水管路都被消过毒。让消毒液在管路中停留 1 h。恢复以上程序断开的跳开关。

7)重复步骤 4)到步骤 6),让消毒液停留 0.5 h。

8)再次重复步骤 4)到步骤 6)后,排放饮用水系统。

9)填充水箱,厕所水龙头设置到冷水位和热水位,分别排放 3 L 的水,冲洗马桶 15 次,打开厨房水龙头排放 5 L 水。以此来冲洗消毒液。重复冲洗 3 次。

10)恢复飞机到正常状态,完成工作。

3.3.4 真空废水系统(马桶系统)维护

1. B777 马桶堵塞清除(堵塞物离马桶较近)

清除步骤如下。

1)做好个人防护工作,包括橡胶手套、护目镜、防护服等。

2)断开相关厕所跳开关并悬挂跳开关夹。

3)小心地将工具 SPL－1943(真空马桶堵塞去除器)安装进马桶底部排放口。不要使劲按压,防止工具底部破坏马桶底部或管路。移动工具直到碰触到堵塞物或者完全进入马桶管路。

4)当碰触到堵塞物时,顺时针旋转工具,使工具旋进堵塞物中,将堵塞物拉出。

5)闭合相关厕所跳开关,向马桶中加 1 gal 水,按压厕所冲洗开关,确保马桶工作正常。

2. B777 马桶堵塞清除(堵塞物离马桶较远)

清除步骤如下:

1)给飞机供电,进行以下步骤以便确定堵塞位置。

①冲洗离废水箱最远的那个马桶。

②如果马桶废水无法排走,堵塞在这个马桶与废水箱之间。

③依次冲洗与此废水箱连接的马桶,确定堵塞位置。

2)用外径为 1.5 in 的软管连接堵塞的马桶排放口和一个可用的马桶排放口。

3)确保可用马桶是空的,冲洗可用的马桶。此时可用马桶的冲水吸力会将堵塞马桶中的堵塞物向外吸。

4)以上步骤如果无法去除堵塞,则拆除离堵塞最近的马桶,按照堵塞程序去除堵塞。

5)如果堵塞离马桶较远,则在最近的马桶上面安装水压冲击工具 SPL－1947 来去除堵塞。先使用水压冲击工具向管路中加水,或者从其他马桶向堵塞管路加水。每个马桶都有一个空气引气管,当水到达引气管出口时,断开引气管,在引起管出口安装堵盖。堵塞部位上游的所有马桶引气管都进行此步骤(见图 3－48)。

6)确保水压冲击工具压力位 70～80 psi,在相关厕所悬挂禁止使用标牌,确保相关厕所跳开关处于闭合状态。冲洗相同废水系统中的一个可用厕所,同时按住水压冲击工具,以便系统的吸力及工具的冲击力对堵塞物的作用最大。若堵塞无法清除,加大工具压力。

7)确保堵塞清除后,断开相关跳开关,拆除水压冲击工具,将系统恢复。

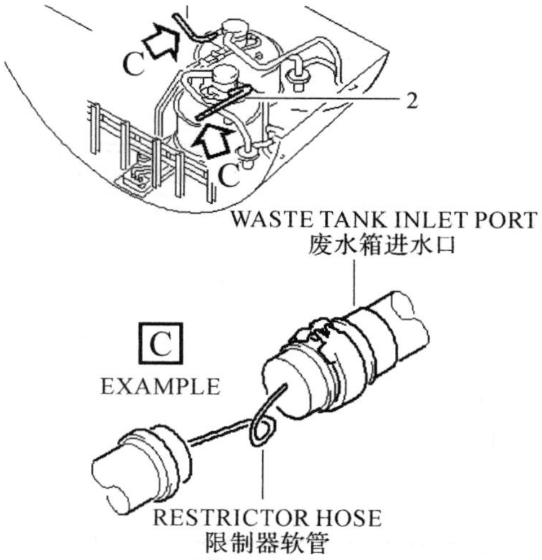
C
2
C
WASTE TANK INLET PORT
废水箱进水口
C
EXAMPLE
RESTRICTOR HOSE
限制器软管

图 3－48　A330 废水箱隔离

3. A330 马桶系统堵塞清除

清除步骤如下。

1)给飞机通电,断开相关厕所跳开关。对废水系统消毒后,排放废水箱。进入散货舱,打开散货舱灯光,拆除废水箱一侧侧壁板,断开废水箱进口管路,管路的两头都安装限制器(见图 3－49)。此步骤用于隔离废水箱。

2)拆除左右系统最前面的马桶罩,关闭厕所中的供水关断开关,在厕所地面上铺上塑料薄膜以保护地板。将其中的一个厕所的马桶组件从废水系统中拆下来,电接头不用断开。对马桶接入废水系统的部位路进行清洁。

3)在马桶连接废水系统的接口部位连接适配器(adapter)将清洁工具的真空管路(见图 3－48) 和高压管路连接到适配器(见图 3－49 中 PRESSURE HOSE),启动清洁工具,调节工具使真空管的真空值为 3.63～3.92 psi,使高压水泵的最大压力位 5 801.5 psi。以 1 m/min 的速度将高压水管向废水管路中移动,直到到达废水箱进口处的限制器。高压管会对系统中的堵塞物进行清除。到达废水箱进口处的限制器后,关闭高压水管,真空装置继续工作,工作原理图的图 3－49 所示 。

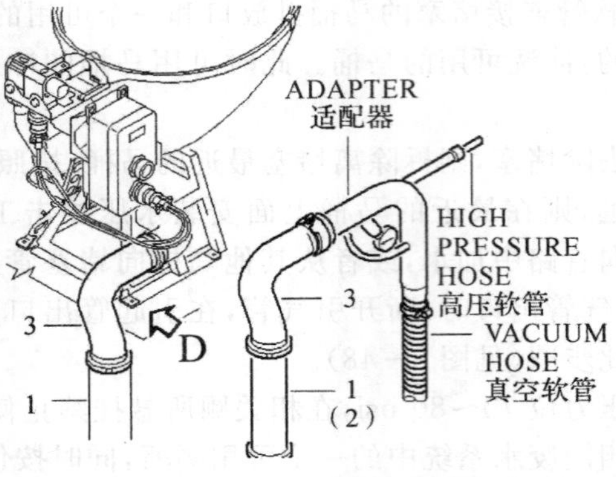
ADAPTER
适配器
HIGH
PRESSURE
HOSE
高压软管
VACUUM
HOSE
真空软管
3
3
D
1
1
(2)

图 3－49　A330 马桶堵塞清除工具的连接

4)确认管路清洁完成后,收回高压水管,关闭真空管路。若废水排放管依然堵塞,进行第二次冲洗(见图 3－50)。

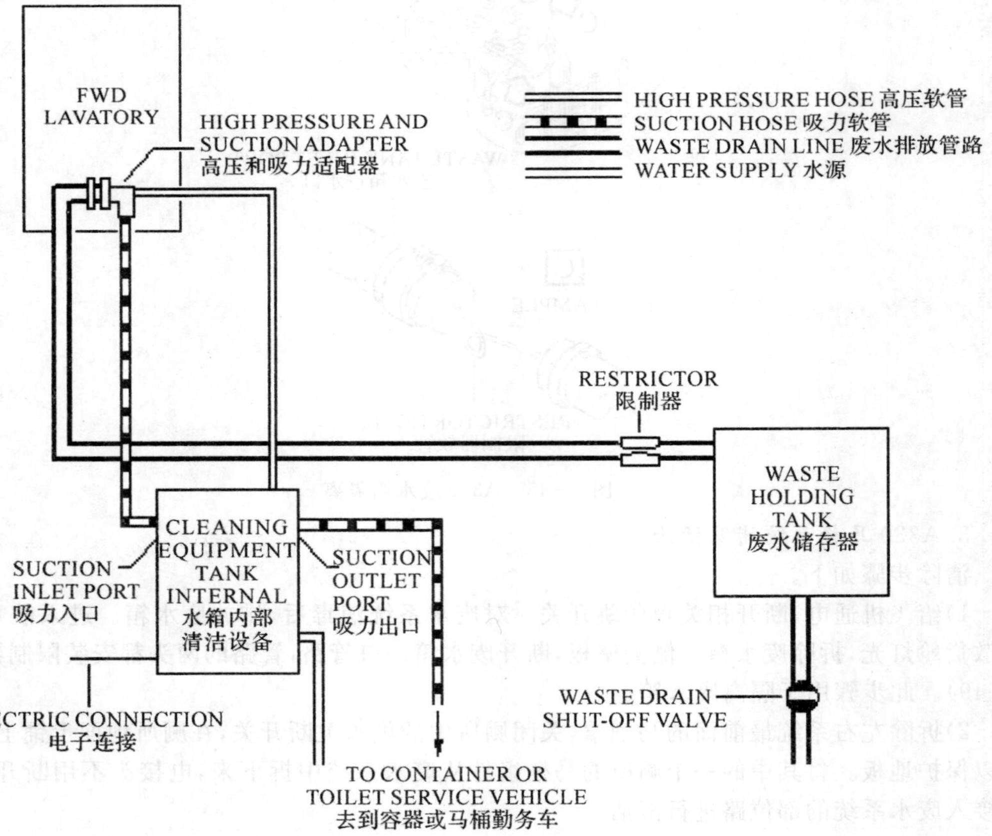
FWD
LAVATORY
HIGH PRESSURE AND
SUCTION ADAPTER
高压和吸力适配器
HIGH PRESSURE HOSE 高压软管
SUCTION HOSE 吸力软管
WASTE DRAIN LINE 废水排放管路
WATER SUPPLY 水源
RESTRICTOR
限制器
WASTE
HOLDING
TANK
废水储存器
CLEANING
EQUIPMENT
TANK
INTERNAL
水箱内部
清洁设备
SUCTION
INLET PORT
吸力入口
SUCTION
OUTLET
PORT
吸力出口
WASTE DRAIN
SHUT-OFF VALVE
ELECTRIC CONNECTION
电子连接
TO CONTAINER OR
TOILET SERVICE VEHICLE
去到容器或马桶勤务车

图 3－50　A330 马桶堵塞清除原理图

5）结束工作，将飞机恢复到正常状态。

3.4　飞机水系统的典型故障分析

3.4.1　B777 饮用水系统典型故障

1. 厕所水龙头无热水

可能的故障原因有：热水器控制开关没有打开；热水器发生超温情况，超温关断开关自动关闭热水器；热水器内部故障。

按照以下程序进行排故。

(1)检查热水器控制开关。

1)如果控制开关处于关闭位，则打开控制开关，如果有热水，故障解决。

2)如果控制已经处于打开位，继续以下步骤。

(2)按压热水器顶部的超温开关。

1)打开水龙头热水端 10 s。

2)如果有热水，故障解决。

3)如果无热水，继续下一步。

(3)更换热水器。

1)打开水龙头热水端 10 s。

2)如果有热水，故障解决。

2. 厕所水龙头热水过热

可能的故障原因有热水器温度选择开关选择了不正确温度；热水器本身故障。按照以下程序进行排故。

(1)检查热水器底部温度控制开关。

1)如果温度控制开关选择了不正确温度，拨至正确温度，打开水龙头热水端 10 s，若温度满足要求，故障解决。

2)如果温度控制开关已经处于正确温度，继续下一步。

(2)更换热水器。

1)打开水龙头热水袋 10 s。

2)如果稳定满足要求，故障解决。

3. 饮用水箱无法填充

可能的故障原因有：填充/溢流活门故障，管路堵塞，填充/溢流活门控制钢索未连接好，管路加热器失效等。按照以下程序进行排故。

(1)对饮用水箱进行填充。

1)如果可以填充，说明是内部间歇故障(可能是管路内部结冰)。

2)如果不能进行填充，进行下一步。

(2)检查饮用水箱填充/溢流活门。

1)拆除散货舱后壁。

2)拉动勤务面板上的填充/溢流手柄，目视观察填充/溢流活门是否打开。

3)如果填充/溢流活门没有打开,进行以下步骤。

①检查填充/溢流活门钢索是否连接。

②如果钢索没有连接,将钢索连接好,进行填充测试,如果能够填充,排除故障。

③如果无法填充,更换填充/溢流活门,进行填充测试,如果能够填充,排故故障。

4) 如果填充/溢流活门已经打开,进行下一步。

(3)检查管路是否堵塞。

1)用手尽量感觉填充/排放管路。

2)如果管路中有结冰,进行以下步骤。

更换失效的管路加热器,进行填充测试,如果能填充,故障排除。

3)如果管路中没有结冰,进行以下步骤。

更换失效的管路,进行填充测试,如果能够填充,故障排除。

3.4.2 B777 废水系统典型故障

1.废水箱无法排放

(1)进行废水箱勤务,检查客舱控制面板(CSCP)或者客舱乘务员控制面板(CACP)上废水量显示。

1)如果显示废水量为空,则系统为内部间歇性故障。

2)如果显示废水量不为空,继续以下步骤。

(2)检查废水排放球形活门是否处于打开位。

1)如果球形活门没有打开,确认控制钢索是否连接到球形活门。

①如果控制钢索没有连接到球形活门,更换钢索。

进行废水箱勤务,如果废水排放,故障排除。

②如果钢索连接到球形活门,球形活门却没有打开,更换球形活门。

进行废水箱勤务,如果废水排放,故障排除。

(3)如果球形活门处于打开位,检查废水排放管路,确认废水排放管是否结冰。

1) 接近废水排放管路,用手感受管路加热器是否是热的。

①如果不热,更换管路加热器。

② 进行废水箱勤务,如果可以排放,故障排除。

2)如果加热器没问题,继续下一步骤。

(4)如果废水排放管路没有结冰,进行废水管路堵塞清除程序。

① 进行废水箱勤务,如果可以排放,故障排除。

②如果还不能进行排放,则拆除废水箱顶部盖板人工排放。

2.废水箱传感器失效

(1)检查客舱系统控制面板(CSCP)上废水箱状态信息。

1)如果废水箱满,则进行勤务。

2)再次检查废水箱状态信息,如果为空,故障排除。

3)如果显示为"满"或者"不可用数据",继续下一步骤。

(2)如果显示为"满"或者"不可用数据",进行 LCM 自检测试。

1)如果 LCM 自检测试没有显示传感器 J1,J2 或者 J3 失效,但是自检却没有通过,则更换逻辑控制组件。

2)再次检查客舱系统控制面板(CSCP)上废水箱状态信息,如果显示为空,故障排除。

(3)如果 LCM 自检测试显示传感器 J1 或者 J2 失效,则更换固定点水面传感器。

1)再次检查客舱系统控制面板(CSCP)上废水箱状态信息,如果显示为空,故障排除。

(4)如果 LCM 自检测试显示传感器 J3 失效,则更换连续水面传感器。

3.废水箱状态显示页面出现显示故障

(1)检查客舱系统控制面板(CSCP)或者客舱乘务员控制面板(CACP)上废水箱水量。

1)如果显示的废水量符合要求,则显示系统无问题。

2)如果在废水箱不为空的情况下显示为“空”或者“不可用数据”,则继续下一步骤。

(2)如果废水箱 1 显示为“空”或者“不可用数据”。

1)断开左电源管理面板上的“区域管理单元 1”(ZONE MGMT UNIT 1)跳开关,并安装跳开关夹。

2)停止 5 s,闭合跳开关,查看 CSCP 或 CACP 上废水箱状态。

①如果废水箱水量显示符合要求,故障排除。

②如果废水显示“空”或者“不可用数据”,则进行下一步。

(3)对废水箱进行勤务,查看 CSCP 或者 CACP 上废水箱水量信息。

1)如果废水量显示符合要求,故障排除。

2)如果废水量显示为“不可用数据”,则进行下一步。

(4)对 CSCP 进行快速测试

1)记录快速测试显示的维修信息,在 FIM 维修信息索引中找到此维修信息。

2)按照 FIM 要求对此维修信息进行排故,然后进行以下步骤。

3)查看 CSCP 或者 CACP 上废水箱水量指示,如果废水量显示符合要求,故障排除。

4)如果显示“不可用数据”,则进行下一步。

(5)查看 CACP 或 CSCP 废水箱状态,确定是哪一个废水箱出现的“不可用数据”信息。

1)如果是废水箱 1,使用 WDM 38－32－11 进行维修。

2)如果是废水箱 2,使用 WDM 38－32－12 进行维修。

3)如果是废水箱 3,使用 WDM 38－32－13 进行维修。

(6)给出现“不可用数据”的废水箱加水。

3.4.3　A330 饮用水系统典型故障

1.某一个厕所中水龙头无热水

故障原因可能有两种:一是线路问题,无法供电;二是热水器本身出现了故障,参照 AMM 38－12－00－720－801 对热水器进行测试,确定是否是热水器的问题。按照以下程序对进行排故。

(1)如果一个厕所中无热水,检查热水器控制灯是否亮。

1)如果控制灯亮,断开然后闭合 5005VE 面板上的系统跳开关 1 mA 和 MB 上相关跳开关。

2)如果控制灯不亮,将热水器上的拨动开关先拨至关闭位,然后拨回打开位。

3)如果控制灯依然不亮,检查飞机连接到热水器的电插头是否有电。

4)如果飞机电插头无电,检查并修复热水器和厕所接线盒之间的线路,参考 ASM 38—12—01。

5)如果依然无热水,更换热水器。

(2)参照 AMM 38—12—00—720—801 对热水器进行测试。

2. 多个厕所水龙头无热水

故障原因有多种,如跳开关未闭合,电接头连接出现问题,继电器 4MA 或者 14MA 故障,线路问题等,对故障进行确认。

①确认饮用水系统有水,如需要填充饮用水系统则参考 AMM 12—15—38—613—801。

②确认饮用水系统已经增压,参考 AMM 38—10—00—614—801。

③确认厕所中的饮用水人工关断活门是否处于打开位。

④确保热水器处于可用状态,参照 AMM 38—12—00—720—801 对热水器进行测试。

接下来按照以下步骤对故障进行排故。

(1)如果多个厕所中无热水。

1)如果厕所位于 1 号门和 2 号门区域(前系统)。

打开然后闭合系统跳开关。

①如果故障继续,对连接到热水器的电插头进行检查,确保相关电接头可用供电。

②如果故障继续,更换热水器继电器 4 mA。

③如果故障继续,检查并修复继电器 4 mA 和厕所接线盒之间的线路。

2)如果厕所位于 3 号门和 4 号门区域(后系统),打开然后闭合系统跳开关。

①如果故障继续,对连接到热水器的电插头进行检查,确保相关电接头可用供电。

②如果故障继续,更换热水器继电器 14 mA。

③如果故障继续,检查并修复继电器 14 mA 和厕所接线盒之间的线路。

(2)确保热水器工作正常,参照 AMM 38—12—00—720—801 对热水器进行测试。

3. 所有厕所水龙头水量不足

可能的故障原因为引气系统气压低。首先确认厕所中的饮用水人工关断活门处于打开位。然后,按照以下步骤对故障进行排故。

1)所有厕所水龙头水量不足。

检查饮用水系统是否有水,如需要,进行勤务,参考 AMM 12—15—38—613—801。

2)如果依然水量依然不足。

检查饮用水系统是否有足够压力,如需要,对饮用水系统进行加压,参考 AMM 3810—00—614801。

3)如果引气系统压力低,则参考下面的饮用水压力失效排故程序。

4. 饮用水系统压力失效

可能的故障原因为,压力微电门 10MD 故障,减压活门 5200MD 故障,压气机故障,线路问题,饮用水增压系统引气总管故障。

先进行以下步骤确认故障。

1)确认饮用水勤务面板处于关闭位。

2)对辅助增压系统进行测试,参考 AMM 38—42—00—720—801。

3)对减压活门进行测试,参考 AMM 38—41—00—710—801。

4)对饮用水增压系统引气总管进行测试,参考 AMM 38—41—00—710—803 。

再按照以下步骤对故障进行排故。

如果饮用水系统不增压,更换压力微电门 10MD。

①如果故障继续,更换减压活门 5200MD(某些有效性的飞机需更换压力总管)。

②如果故障继续,更换压气机 8MD。

③如果故障继续,检查并修复以下路径线路:勤务面板限制电门到压力微电门之间线路;压力微电门到电力继电器 2MD 之间的线路。

3.4.4 A330 废水系统典型故障

1.废水勤务面板限制电门失效

(1)可能的故障原因:

1)限制电门需调校;

2)接头插钉的连接出现问题;

3)限制电门本身出现问题;

4)限制电门与真空系统控制器(VSC)之间的线路出现问题。

进行以下测试对故障进行确认。①在跳开关面板 5005VE 上,按压真空马桶系统复位按钮。②对限制电门进行操控测试,确认是否有信号输送到 VSC。③在驾驶舱 MCDU(多功能控制显示组件)上依次选择“系统报告/测试主菜单”→“饮用水/废水系统”→“马桶指示”→“地面扫描”,进入 GND SCANNING 页面进行系统自检。

(2)按照以下步骤对故障进行排故。

1)如果测试给出维修信息 WASTE SVCE PANEL DOOR,对限制电门进行调校。

2)如果故障继续,打开散货舱门,拆除地板 162ZW。

①关闭废水勤务面板。

②断开限制电门的电接头。

③通电测试插钉 D 和 F 的连接情况。

3)如果通过测试,更换废水勤务面板限制电门。

4)如果未通过测试,检查并修复限制电门到 VSC 之间的线路。

5)重新进行故障确认程序。

2.洗手池污水排放失效

(1)可能的故障原因:厕所洗手池下面的水滤问题,洗手池排放活门问题,污水结冰保护系统工作。可参考 AMM 38—32—00—710—801 对污水排放系统进行测试。

(2)按照以下步骤对故障进行排故。

1)如果洗手池排水过慢,拆下并清洁洗手池水滤。

2)如果故障继续,更换洗手池下面的排放活门。

3)如果故障继续,清洁污水排放管路。

4)如果故障继续,对污水结冰保护系统进行故障隔离程序。

5)参考 AMM 38—32—00—710—801 对污水排放系统进行测试,并且检查污水排放系统是否能正常操作。

习　题

1. B777 飞机饮用水系统由什么子系统构成？
2. 简述 B777 饮用水系统工作原理。
3. A330 饮用水系统增压部件是什么？
4. B777 飞机水加热器三个挡位的加热温度是多少？
5. 在飞机通电及断电时，对 A330 饮用水系统加水的步骤是什么？
6. A330 马桶系统泄露测试步骤是什么？
7. B777 飞机饮用水系统消毒步骤是什么？

第4章　飞机厨房

随着民用航空业的发展，对乘客服务的重视与日俱增。那么在高空飞行的旅途中如何做到能给经济舱的乘客提供可口、周到的餐食服务，给头等舱、公务舱的提供个性化、有品位的餐饮享受，其中重要的硬件保障就是方便、实用的厨房设施。因为飞机厨房设施的主要功能就是对旅客用饮、食品进行储存、准备、配置、供给和清理。

4.1 飞机厨房的布局与构型

厨房区域一般是航班飞机的使用、服务中心。该区域的设计将直接影响空中服务质量。厨房是民用飞机内部设计的一个组成部分，它与飞机其他系统应保持和谐统一，并为飞机内部设计的个性添彩。虽然厨房由专业供应商提供，但航班飞机的空中服务主要由厨房完成，因此在飞机总体阶段，都很重视厨房设计。总体布局时厨房因饮、食品和杂物的进出，需要独立设置服务门，并尽可能地与登机门布置在一起，以扩大使用空间，形成服务区域。根据飞机总体的不同要求，厨房可以集中布置，或分设，或两者兼之。大型客机尤其是宽机身飞机则采用两者兼之的设计布置，并向上下、纵深立体发展。

一般情况下，厨房按所在位置又可分为前厨房，后厨房。但在大型客机和宽机身飞机上，由于飞机大，旅客多，为及时满足旅客的需求，可分成多个服务区间，并要设立多个厨房以满足需求。一般在前后分设多个厨房设备组件并集中布置使用，和在飞机中部多增一个中厨房(见图 4-1，图 4-2，图 4-3)。

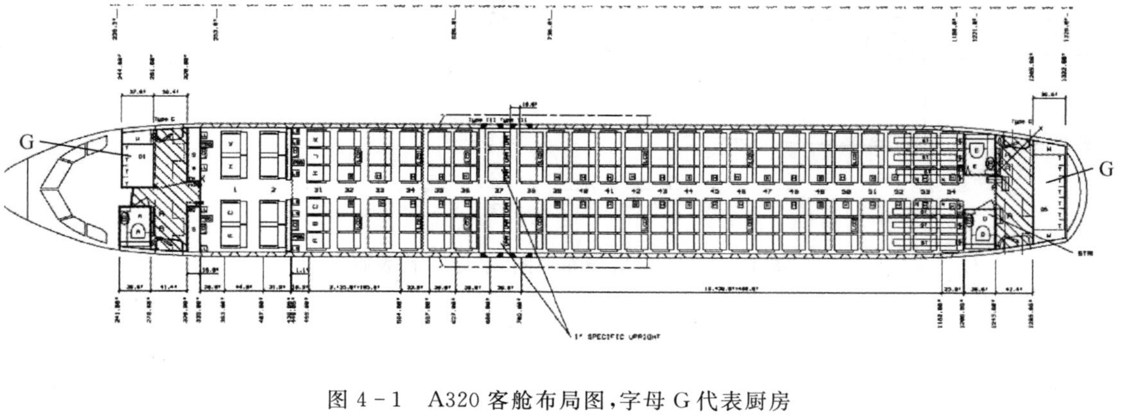
G
G
1" SPECIFIC UPRIGHT

图 4-1　A320 客舱布局图，字母 G 代表厨房

厨房的构型主要按不同机型,不同航空公司选购不同的专业供应商而决定。主要可分为单体式和组装式。

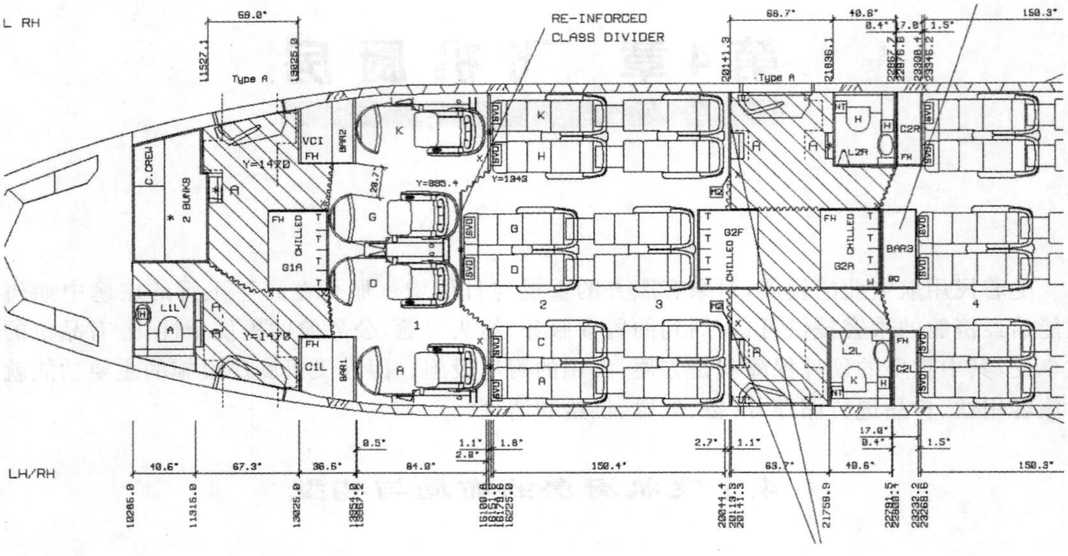
L RH
RE-INFORCED
CLASS DIVIDER
Type A
C.CREW
2 BUNKS
VCI
BAR2
BAR1
G1A
C1L
L1L
CHILLED
G2F
G2R
BAR3
L2R
C2R
L2L
C2L
LH/RH

图 4-2　A330 客舱布局图,字母 G 代表厨房

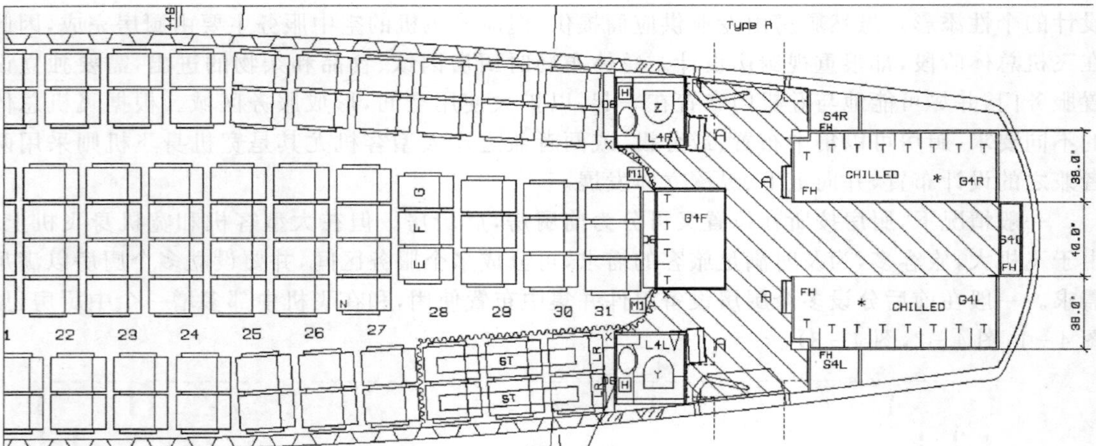
Type A
S4R
CHILLED
G4R
G4F
G4D
G4L
S4L
L4R
L4L
KICK PANEL

图 4-3　A330 客舱布局图,字母 G 代表厨房

4.2　飞机厨房的构成和结构

4.3.1　厨房的构成

厨房有干厨房和湿厨房两种类型。干厨房不连接到飞机的通风或饮用水系统，主要用来储存食物饮料和存放推车(餐车)。湿厨房连接到饮用水系统，污水系统，通风系统和电源系统等。厨房由复合材料制成的基本组件、侧壁板、后壁板等围成，分成许多格，实际上是一个容纳厨房各种设备的橱柜。这个橱柜通过支架和吊装连杆与飞机结构相连；通过地脚螺栓和地板结构相连。为了使厨房结构的轮廓和飞机舱壁板的轮廓很好地吻合，在厨房结构的边缘上装有轮廓装饰板。厨房结构露在外面的部分都贴有装饰层和防撞条。因为厨房结构内有导向条，所以推车、储存柜箱能方便地从厨房结构中推进推出，便于食品饮料的装机和分发。不用时，它们被多个锁扣(止动手柄)限制在厨房结构内，使用时，转动锁扣(止动手柄)到打开位，就可抽出推车和储存柜箱(见图 4-4 和图 4-5)。

4.2.2　厨房的结构

现代客机由于载客量增大，其厨房和食品柜的数量都相应增加。每个分隔空间中，将分别放置垃圾箱、推车、储存柜箱、烤箱、水加热器(咖啡壶、烧水器、热水器)等。水系统元件和电气系统的装置也布置在厨房结构内。客机上的厨房设备，餐盘和手推车的大小，一般属于客户航空公司的选装设备。在 A380 上更多增加了许多最新设备。

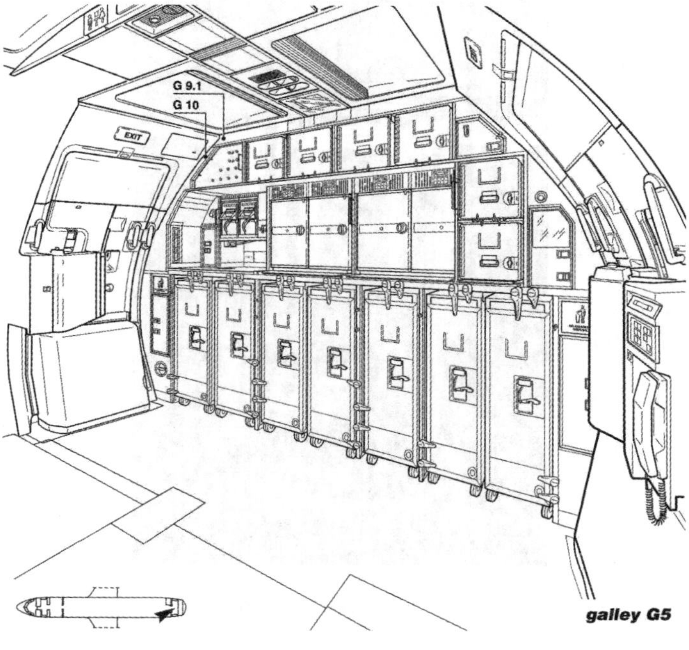
G 9.1
G 10
EXIT
galley G5

图 4-4　飞机后厨房

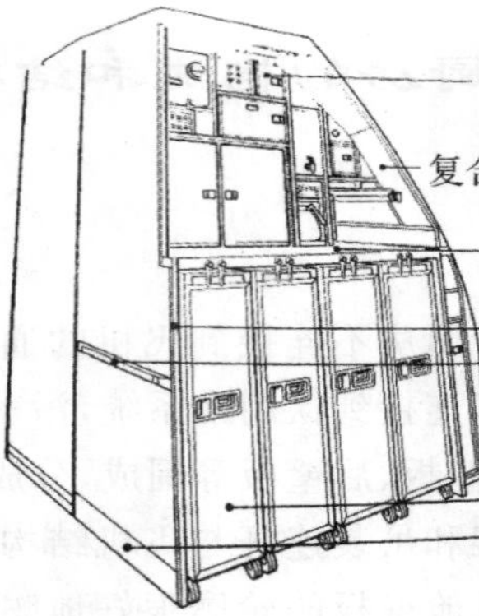
储存柜箱
复合材料的框架结构
工作台
压边条
防撞条
小推车
挡板

图 4－5　飞机前厨房

1. 柜门组件

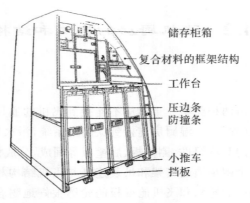

在厨房结构上，有一些分隔区安装有柜门，如管道系统接近门、杂物柜门、垃圾箱门等。这些门使厨房看起来更为整齐和美观，门上也有门锁装置。

2. 推车

乘务员用推车运送分发给旅客的饮料和食品。推车的轮子上有止动装置，当踩下推车下的止动刹车柄，轮子就不能转动；当踩下另一个松刹车柄，推车的轮子又能运转自如。这样保证了在晃动的客舱内，狭窄的通道上，乘务员能够提供安全的服务(见图 4－6)。

限制推车的锁口
飞机上的推车

图 4－6　飞机上的手推车

3. 储存柜箱

长方体的储存柜箱，在几个表面上都铆接有把手，便于搬运时的提拿。储存柜箱的箱门上有门锁，以确保飞机在颠簸状态下，储存柜箱内的物品不会掉出来(见图 4－7)。

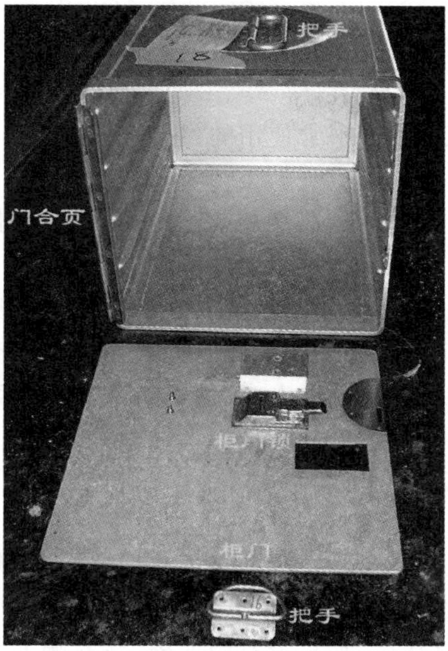
把手
门合页
柜门锁
柜门
把手

图 4－7　飞机的存储柜

4. 烤箱、咖啡壶、烧水器、热水器

烤箱、咖啡壶、烧水器、热水器等，属于航线可更换件，通过快换型的紧固件固定在厨房结构内的相应位置上。这些装置使用大电流的电能进行加热。这些装置的背面有插头，插座安装在厨房结构上。如果有故障，整个装置能方便地拆下来更换。当拆下这些装置后，为了确保厨房结构上的插头插座不被损坏，要在插头和插座上盖上保护套，或裹一层保护胶纸（见图 4－8）。

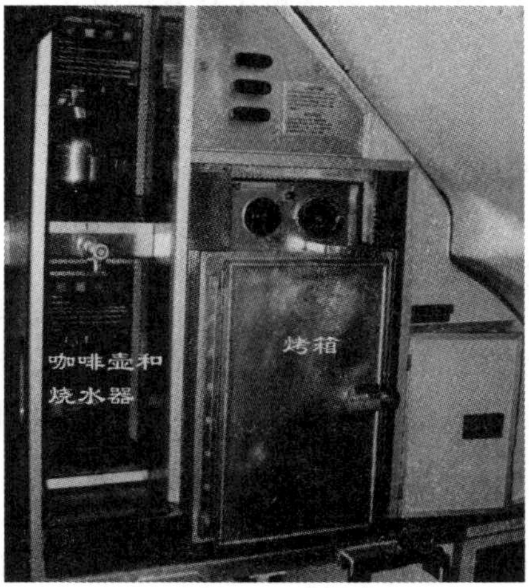
咖啡壶和
烧水器
烤箱

图 4－8　飞机厨房的烤箱水壶

(1)烤箱。

烤箱是一个带风扇和电加热棒（或加热丝）的电加热器，风扇的作用是把热风吹向各个方向，起到均匀加热的作用。烤箱的门上也有锁定装置，防止内部被加热的食物餐盒掉出来。烤箱的电源插座设在烤箱柜的里面，其他装置也是如此。

(2)热水器。

热水器的构造较简单，原理如同平常使用的"热得快"电加热器。

(3)烧水器。

烧水器的工作原理同上，但它的构造较复杂一些，装有探测水温的探头和过热保护装置。

(4)咖啡壶。

咖啡壶也是用电加热的。所不同的是壶体上方有一个过滤咖啡的抽屉状的盒子，咖啡放在这里，沸水从上面注入，再流入下面的咖啡壶。咖啡壶装置上有一个固定咖啡壶用的把手，推动把手，咖啡壶就被固定在适当的位置上，被锁紧。反方向推动把手，壶体就被松开，可从加热装置上取出，便于乘务人员倾倒制好的咖啡。飞机厨房一般是不带冰箱的，需要冰冻的食品饮料，通过携带的冰块来冰冻。

(5)水系统管路。

饮用水通过分配管进入厨房结构内部后，经过水滤，进入加热器等装置，管路中装有消音器，消音器是一个处在高处的带网罩的装置。污水直接通过排放杆排出机外，在飞行的过程中，客舱内是增压的，机外的气压低，如果没有消音器，将有噪音。同理，厕所盥洗池的排放管上也装有消音器。

(6)电气线路和服务面板。

厨房上有一块厨房服务控制面板，用电装置的控制开关设在其上。方便乘务员操作。各条控制线路汇聚于此。

(7)新设备。

1)蒸汽式烤箱。

与传统的烤箱相比，该烤箱还可进行辐射式加热方式与蒸汽加热方式的转换，并可监控内部的温度，使加热温度更精确。同时，蒸汽烤箱还具有保温功能。

2)冰酒器。

南方航空公司 A380 飞机在两舱厨房里配备专门冰酒器，与传统机上厨房的冷柜不同，它更便利于冰镇葡萄酒及葡萄酒的冷藏保存，也最利于葡萄酒香的发挥。

3)特浓咖啡机。

南方航空公司 A380 两舱厨房配载的特浓咖啡机，由意大利 IACOBUCCI 公司开发生产，是目前市场上唯一能同时制作 2 杯咖啡的机器。该机器上特别附加的蒸气管，可以更容易地制作牛奶泡沫，这使在飞机上喝上 cappuccino 咖啡成为可能。该咖啡机利用厨房供水系统，采用先进的热交换技术，取代了烧水壶，可以连续无中断地提供服务。

4)垃圾压缩车。

南方航空公司 A380 厨房还配有垃圾压缩车及真空废物处理系统，可分别处理固体、液体垃圾，使厨房的清洁工作更便利。可专门处理机上服务时产生的垃圾，如废纸、餐巾纸、塑料杯、碟、餐具、铝餐盒等，并可将垃圾的体积压缩至原有的 1/5，减少了垃圾的存放空间。可将液体及半流质的废弃物以真空抽取的方式集中收到废物箱中。该垃圾压缩车中的垃圾纸盒是防漏设计的，垃圾压缩车里还专门设计了污水收槽，避免污染客舱环境，腐蚀飞机。

4.3 飞机厨房的主要检修和测试

4.3.1 飞机厨房的清洁

厨房的清洁包括抽屉组件及门和结构组件的清洁。工作前的清洁便于对厨房的检查和往后的工作，工作后的清洁使厨房更洁净美观。

4.3.2 飞机厨房的检查

一般性的检查有：查看结构组件是否有磨伤、裂纹、切口、曲翘、腐蚀等缺陷；检查铆接和焊接件的连接情况；检查包铝区域。

再详细的检查有：查看厨房各个元件（储物柜，烤箱，烧水器等）的功能性，完整性。查看厨房水系统是否有漏水及其他故障，查看厨房电气系统功能是否完整。

4.3.3 飞机厨房的拆卸分解

在拆装除湿厨房时要注意安全。由于湿厨房能连接到饮用水系统，污水系统，通风系统和电源系统等，所以在拆除时首先要确保其厨房是否处在断电和完全放空水系统的状态中。在工作前，一定要按照工卡完成相关的准备工作。

在不同机型下，要参考相关适用性的 AMM 手册并严格按照工卡来实行工作任务。根据手册和工作程序的要求，在驾驶舱和客舱相应的面板上，断开有关的跳开关，挂上“请勿闭合”的标签。不同的飞机和机型有相应的适用性和不同的手册参考，工作时要清晰所要求的相关信息。如以 BOEING737－300/400/500 型飞机的前厨房为例：参考手册得出，断开 P18 面板上的厨房灯、禁止吸烟灯、座椅安全带指示灯的跳开关，和断开 P6 面板上的后厨房跳开关（见图 4－9）。

C. Prepare for the Removal
subTask 25－31－11－864－001
(1)Open these circuit breakers and attach Do－NoT－CLOSE tag:
(a)P18 Main power Distribution panel
1)18B10, GALLEY LiGHTS or GALLEY/ATTEND AREA LTS
SUBTASK 25－31－11－854－002
(2)Open these circuit breakers (3 locations) and attach Do－NOT－CLOSE ta gs:
(a)P6 Manin Porwer Distribution Panel
1)6Co7, FWD GALLEY
2)6C08, FWD GALLEY or GALLEY N0. 1
3)6C09, FWD GALLEY
SuBTASK 25－31－11－864－004
(3)DO this tack:“Water Tank Depressurization”(PAGEBLOCK 38－41－00/201).
SUBTASK 25－31－11－024－058
(4)DRain the water from the galley N0. 1.
SUBTASK 25－31－11－024－059

图 4－9　分解厨房的 AMM 手册资料

拆除厨房上的设施，如储物柜，烤箱，烧水器，餐车等。在拆除电器元件后，应及时用防静电胶纸包裹插座，以防在工作中损坏或产生静电对其电子元件造成损害。

拆除影响厨房拆装的周边附件。由于厨房结构的边缘上装有轮廓装饰板并和飞机舱壁板的轮廓有很好地吻合，所以在拆除厨房前也要先把厨房结构边缘上的装饰板和飞机舱的壁板，如下天花板，服务门和登机门周边的门衬板，壁板和储物柜等都要先拆下，为了能更好地把厨房移出或分解。

有的机型的区域，由于厕所与厨房的布置的相对紧凑，所以也要优先拆除相关的厕所组件（厕所的相关内容可参考本书的第 5 章）。

拆除与飞机结构相连的支架和吊装连杆及和地板结构相连的地脚螺栓。其他还有厨房连接在飞机结构上的搭地线和连接各个系统的电线，水管等。不同的机型对应不同构型的厨房，所以工作时一定严格按照工卡和参考相关手册资料施工。并严格按照相关的施工步骤。在拆除的过程中，遵循“先外后里，先小后大，先松后紧”的原则，即先拆除外部的部件再拆除靠里的部件，先拆除小的部件再拆除大的部件，先拆除较松的部件再拆除紧的部件。这样可预防，在拆除过程中厨房活动较大时由于拉扯或挤压造成部件不必要的损伤（见图 4－10，图 4－11，图 4－12，图 4－13）。

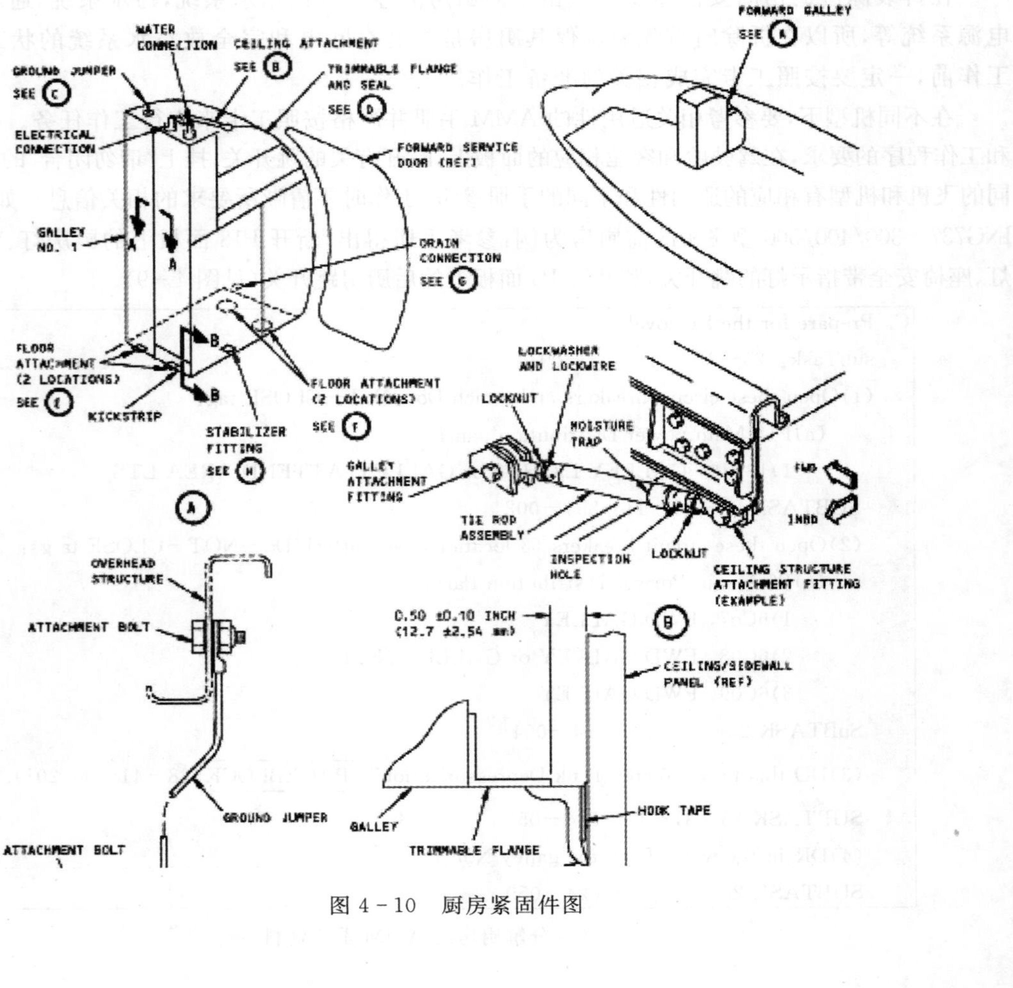
FORWARD GALLEY
SEE A
WATER CONNECTION
CEILING ATTACHMENT
SEE B
GROUND JUMPER
SEE C
TRIMMABLE FLANGE AND SEAL
SEE D
ELECTRICAL CONNECTION
FORWARD SERVICE DOOR (REF)
GALLEY NO. 1
DRAIN CONNECTION
SEE G
FLOOR ATTACHMENT (2 LOCATIONS)
SEE E
KICKSTRIP
FLOOR ATTACHMENT (2 LOCATIONS)
SEE F
STABILIZER FITTING
SEE H
A
LOCKWASHER AND LOCKWIRE
LOCKNUT
MOISTURE TRAP
GALLEY ATTACHMENT FITTING
FWD
INBD
TIE ROD ASSEMBLY
INSPECTION HOLE
LOCKNUT
CEILING STRUCTURE ATTACHMENT FITTING (EXAMPLE)
B
OVERHEAD STRUCTURE
ATTACHMENT BOLT
0.50 ±0.10 INCH (12.7 ±2.54 mm)
CEILING/SIDEWALL PANEL (REF)
GROUND JUMPER
GALLEY
TRIMMABLE FLANGE
HOOK TAPE
ATTACHMENT BOLT

图 4－10　厨房紧固件图

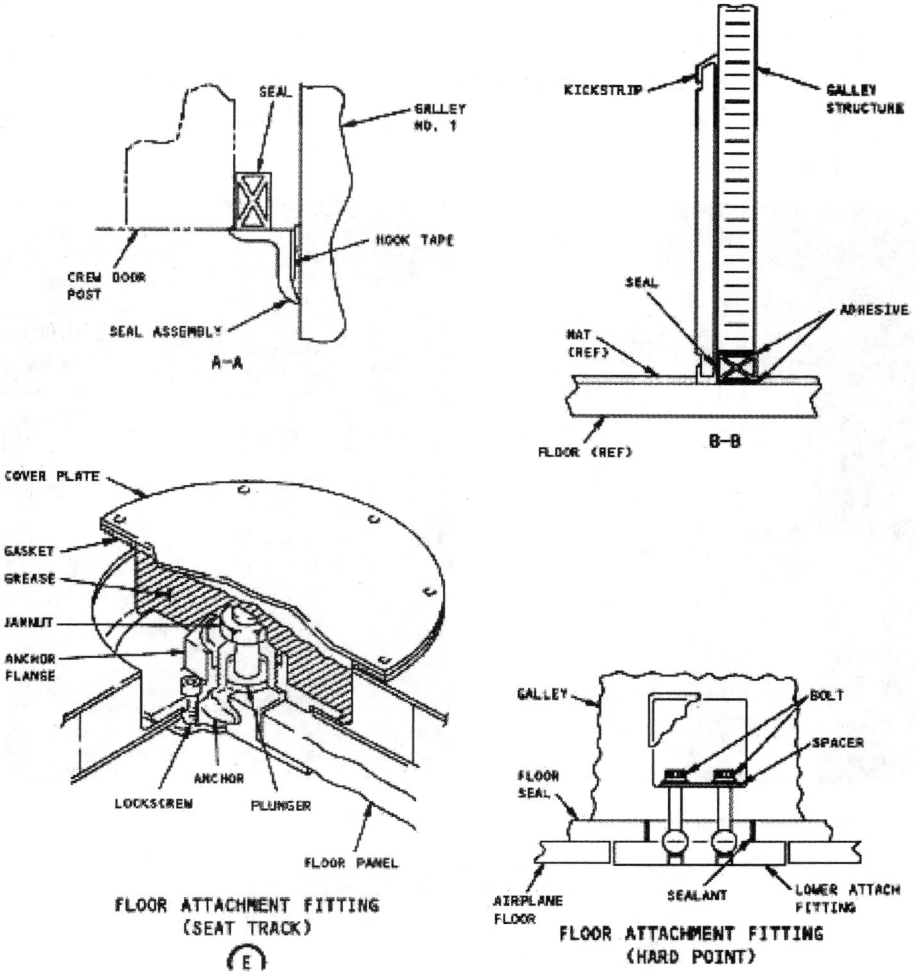
SEAL
GALLEY NO. 1
HOOK TAPE
CREW DOOR POST
SEAL ASSEMBLY
A-A
KICKSTRIP
GALLEY STRUCTURE
SEAL
ADHESIVE
MAT (REF)
FLOOR (REF)
B-B
COVER PLATE
GASKET
GREASE
JAMNUT
ANCHOR FLANGE
ANCHOR
LOCKSCREW
PLUNGER
FLOOR PANEL
FLOOR ATTACHMENT FITTING
(SEAT TRACK)
E
GALLEY
BOLT
SPACER
FLOOR SEAL
AIRPLANE FLOOR
SEALANT
LOWER ATTACH FITTING
FLOOR ATTACHMENT FITTING
(HARD POINT)

图 4-11 厨房紧固件拆除

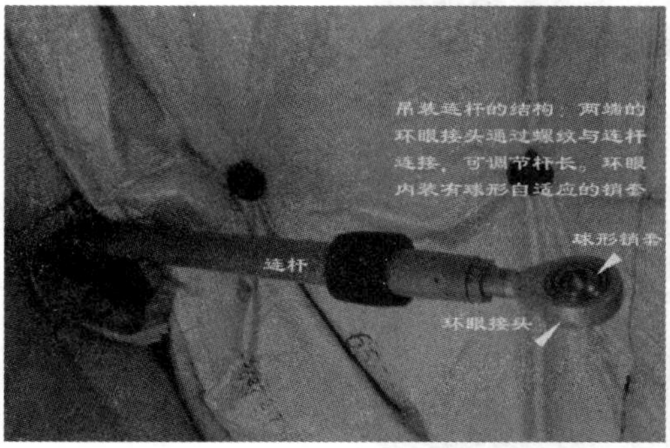
吊装连杆的结构，两端的
环眼接头通过螺纹与连杆
连接，可调节杆长，环眼
内装有球形自适应的销套
球形销套
连杆
环眼接头

图 4-12 厨房固定连杆

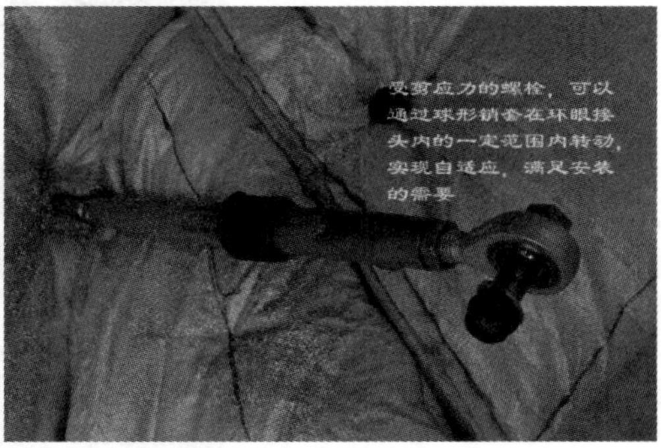
受剪应力的螺栓，可以
通过球形销套在环眼接
头内的一定范围内转动，
实现自适应，满足安装
的需要

图 4-13 连杆长度可调节

飞机前厨房的结构较小，可把整个厨房结构一起拆下来。有些厨房（如后厨房等）在后密封舱壁前，体积比较大，所以拆卸时，还需要将厨房结构分解成较小的结构单元，才能顺利通过舱门,运下飞机。组合式的厨房是由两个或两个以上组件组合而成的,或左右组合或上下组合。其组合形式分别有黏贴和螺栓组装,或黏贴和螺栓组装两者并存。在分解厨房时,要参考相对应的手册资料。对分解螺栓进行拆卸或去除连接部位的黏合胶。分解时要注意由于水系统和电路系统等的在厨房各组件间的连接管路和电线等,并对其拆除分解,及时用胶布包裹管口和插座并做好标记(见图 4-12,图 4-15,图 4-16)。

正在拆卸的飞机后厨房结构

图 4-14　分解中的厨房

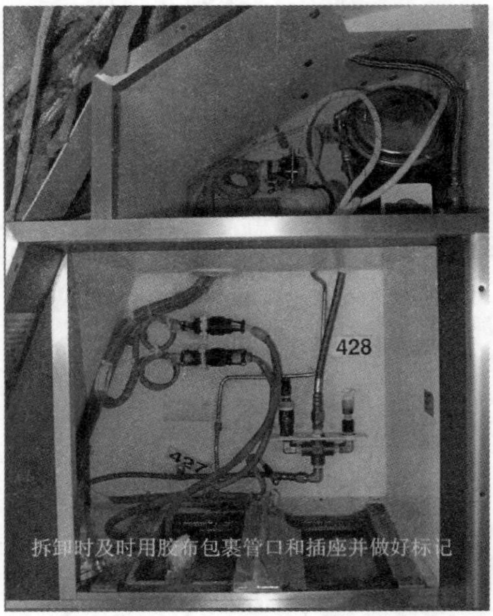
428
427
拆卸时及时用胶布包裹管口和插座并做好标记

图 4-15　保护管道及插头

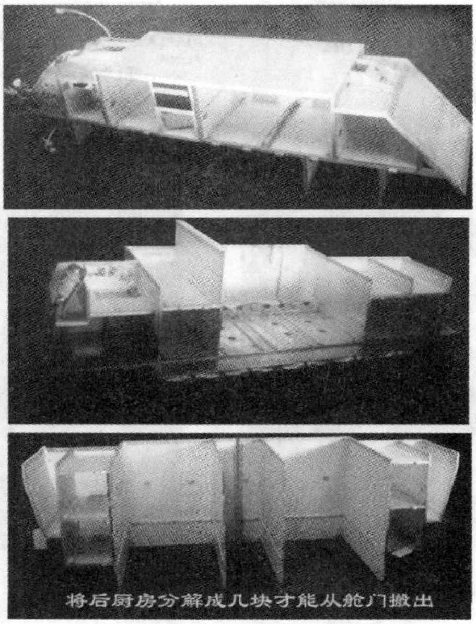
将后厨房分解成几块才能从舱门搬出

图 4-16　分解后的厨房

4.3.4　飞机厨房的修理

飞机厨房结构的修理：如果设备的结构完整性没有损伤，基本的黏接、焊接、嵌入件和铆钉的拆卸及更换是许可的。结构修理分为两个级别，I 级修理适用于表面覆盖有装饰材料或表面可以看到的面板，II 级修理适用于在安装时看不到的或舱内部的结构。厨房结构的材料主要为复合材料，BOEING 飞机的主要为蜂窝板，而空客的飞机主要为复合塑料材料。不同的材料修理对应不同的修理工艺。值得注意的是，在手册资料上有明确指出超过多大的损伤必须进行修理，请参看本书第 12 章或有关的复合材料维修资料。

厨房内设施的修理：对于厨房内的用电器、推车等，参照有关的厂家资料进行维修。储存柜箱用久了，它的门表面会氧化或擦伤。可拆下铰链组件，把门卸下来。然后松开锁扣固定板，拆下门锁；拆下铆接的拉手。将门送去打磨和作阳极化处理等，恢复门表面的美观。再装回储物柜箱。厨房上的锁扣、铝合金包边条等，也可用上述方法翻新。

4.3.5　飞机厨房的组装安装

厨房的组装安装过程与分解拆除相反，但要注意按做好标记的原样复原。注意电子线路和水管等没有夹在各组件的夹缝中。组装好螺栓后对其缝隙用黏合胶黏贴密封。注意为了达到防腐的目的，厨房下面的客舱地板上，铺设有隔潮层，在安装厨房前，要确保已铺设有隔潮层并在安装过程中确保它的完整性。至于如何铺设隔潮层，我们将在第九章里进行介绍。在安装完成后，严格按手册要求对手册上要求厨房防腐的地方做好防腐工作。在安装的全部工作完成后，务必记得把拆除前跳开的跳开关恢复，并将“请勿闭合”的标签取下归还保管好，务必确保没有遗留在飞机上。

4.3.6　飞机厨房的测试

在安装完厨房后，还必须按工卡和手册的要求，对厨房的水系统和电气系统进行测试，保障其功能性完整没有故障。

如果厨房离位在车间进行修理和检测，继续开发专门的测试平台才行，正常各种厨房的 CMM 手册里面会有详细的要求，这主要就是部件维修机构或者厨房 OEM 厂家所必须具备的能力，对于大型 MRO 而言，厨房的测试通常是装机后进行相关的测试。

习　题

1. 飞机厨房有哪几种类型？分别是什么？
2. 飞机厨房由哪些组件构成？
3. 飞机厨房一般性检查包括什么内容？
4. 简述飞机厨房分解的具体步骤。
5. 飞机厨房详细检查的内容包括什么？

第 5 章　飞机厕所的结构与维护维修

5.1　飞机厕所的结构

5.1.1　飞机厕所的类型

飞机厕所可按照安装拆卸的方式，分为模块式的和非模块式的。一些较为老式的飞机，如B757，采用的是非模块式的厕所。也就是说，安装厕所时，必须在飞机上将厕所的各部分组装在一起。飞机上施工空间小，周围的设施多，不便于施工，同时，这样的设计也意味着要花费更多的停场时间。

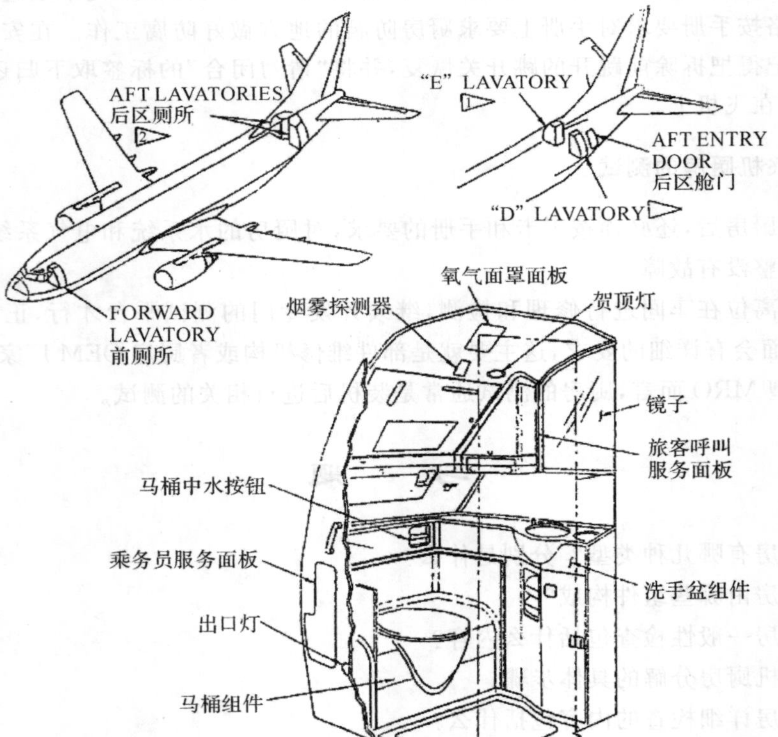
AFT LAVATORIES
后区厕所
2
"E" LAVATORY
1
AFT ENTRY
DOOR
后区舱门
"D" LAVATORY
FORWARD
LAVATORY
前厕所
氧气面罩面板
烟雾探测器
贺顶灯
镜子
旅客呼叫
服务面板
马桶中水按钮
乘务员服务面板
洗手盆组件
出口灯
马桶组件
IMBD
FWD
1 客舱后区，D厕所和E厕所

图 5－1　B737 厕所布局图

目前先进的大型喷气客机则采用了模块式的厕所，它的特点是把厕所作为一个整体，通过地脚螺杆和连杆，将厕所结构固定在地板结构和机身隔框上，便于安装，拆卸和维修。本章主要讨论的是模块化的厕所(见图 5－1)。

5.1.2　厕所的组成

不同厂家生产的厕所，设计上会有一定的差别。本章后所附插图，展示了两种不同品牌的厕所：一种是日本 YOKOHAMA 公司的产品；一种是英国 Rumbold 公司的产品(见图 5－2 及图 5－3)。

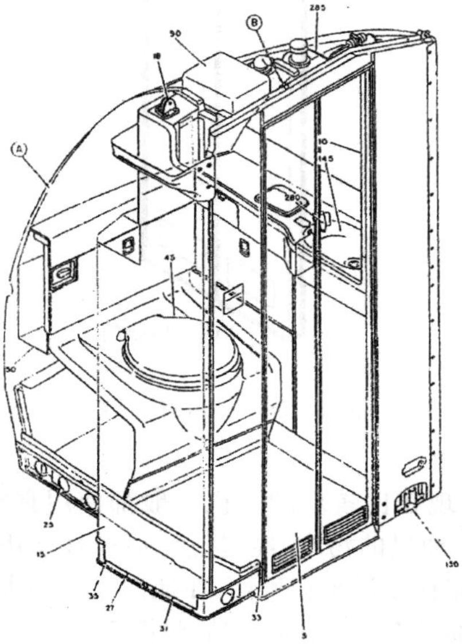

5－2　厂家为 YOKOHAMA 的厕所

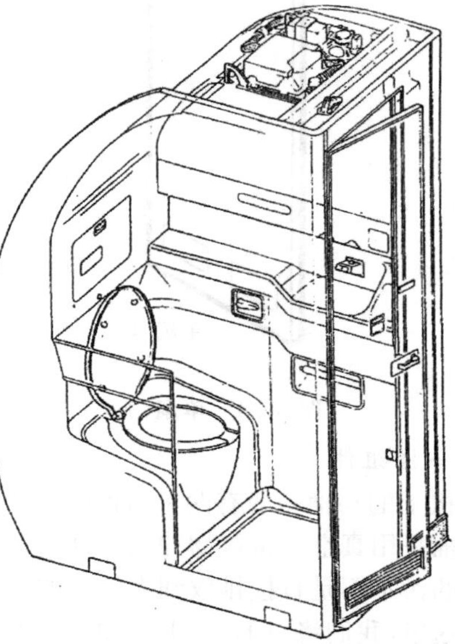

图 5－3　厂家为 Rumbold 的厕所

一般情况下，厕所包括以下一些结构和装置。

1. 围成厕所结构的壁板、地板

厕所结构通常是无梁硬壳式结构。厕所壁板的材料多为复合材料蜂窝面板，露出的部分，最外面贴有 Tedlar 装饰层，即墙纸。波音飞机上使用的墙纸只能有波音提供，空客飞机上的墙纸有 Isovolta 和 Schneller 两个厂家。厕所结构下方的周围装有防踢条，防踢条有两种：波音一般使用塑料边加地毯材料，空客使用不锈钢材料。厕所的一面侧壁板上，安装有乘务员座椅，以及应急手电筒的充电器等电子电气装置。厕所两侧壁板的边缘，经过精心设计，可以和机身侧壁板结构很好地连接在一起。厕所顶部装有供连接吊装连杆的支座，底部有安装地脚螺栓的凹入结构。厕所内安装废水箱处的地板上，装有门槛状的凸沿，防止废水箱内的水溢流出来。

2. 门组件

厕所的门通常有两种形式，一种是单扇门，一种是两扇折叠门(见图 5－4 及图 5－5)，两扇折叠门更节省空间。折叠门打开和关闭时，门上的销子在门组件上方结构内的滑槽中滑动。

门用复合材料蜂窝面板制成，外面贴有 Tedlar 装饰层，周边配铝合金包边条。门的下方有通气格栅。门锁是经过特别设计的，当门关闭并锁上时，门锁结构触发厕所外部的“厕所有人”灯点亮，内部照明也增亮，厕所门的外侧上方天花板的“厕所有人”指示灯亮。

厕所门安装在厕所上有转轴和铰链两种形式，目前多使用铰链式，转轴多用于老式飞机。都可独立于厕所进行拆装。

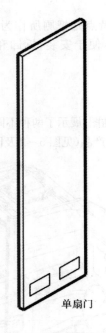
单扇门

图 5-4 单扇门

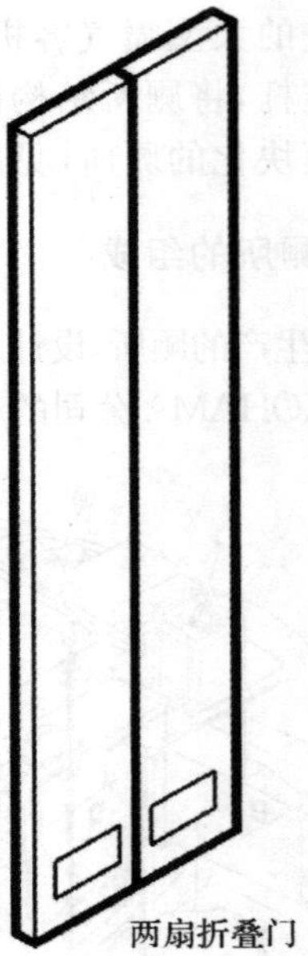
两扇折叠门

图 5-5 两扇折叠门

3. 马桶组件

飞机上的马桶一般有两种,冲水马桶和真空马桶。现在比较新的飞机一般都使用真空马桶。真空马桶是用真空泵将赃物冲走。冲水马桶使用的是马桶里的污水,经过过滤后循环使用。厕所马桶里的污水不是直接排放到大气中的,污物冲走后会储存在污水箱里面,在地面上由污水车收集带走。这里,我们将以 B737 上的冲水马桶组件为例,详细讨论一下它的构造(见图 5-6)。

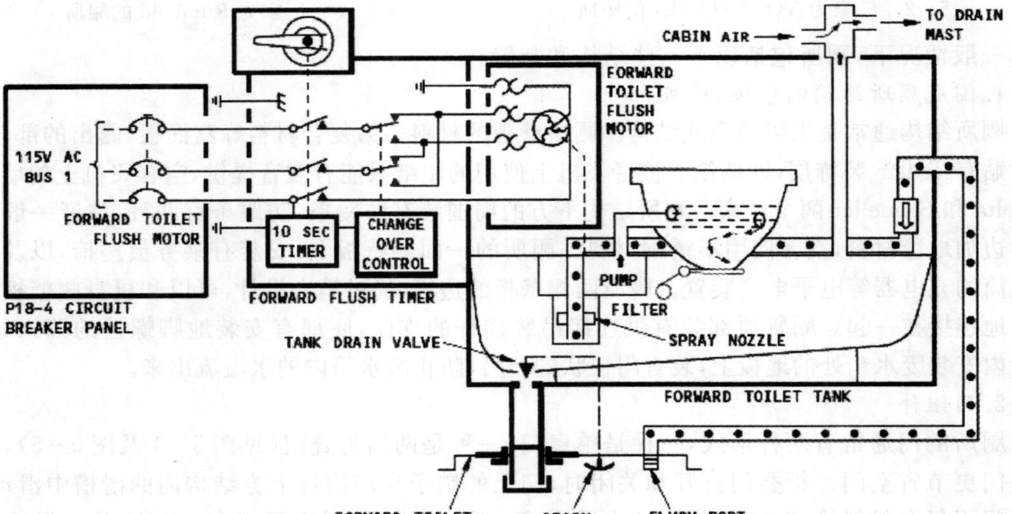
TO DRAIN MAST
CABIN AIR
FORWARD TOILET FLUSH MOTOR
115V AC BUS 1
FORWARD TOILET FLUSH MOTOR
10 SEC TIMER
CHANGE OVER CONTROL
P18-4 CIRCUIT BREAKER PANEL
FORWARD FLUSH TIMER
PUMP
FILTER
TANK DRAIN VALVE
SPRAY NOZZLE
FORWARD TOILET TANK
FORWARD TOILET SERVICE PANEL
SEE D
DRAIN VALVE CONTROL
FLUSH PORT

(a)

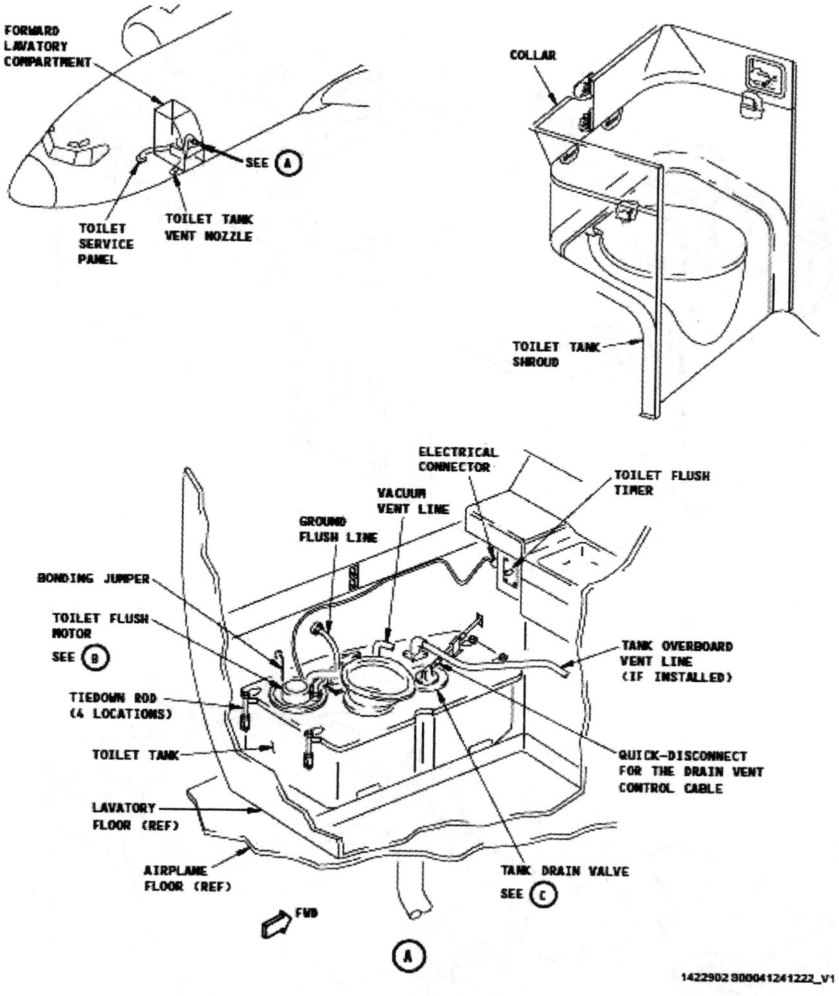
FORWARD LAVATORY COMPARTMENT
SEE A
TOILET SERVICE PANEL
TOILET TANK VENT NOZZLE
COLLAR
TOILET TANK SHROUD
ELECTRICAL CONNECTOR
TOILET FLUSH TIMER
VACUUM VENT LINE
GROUND FLUSH LINE
BONDING JUMPER
TOILET FLUSH MOTOR
SEE B
TANK OVERBOARD VENT LINE (IF INSTALLED)
TIEDOWN ROD (4 LOCATIONS)
TOILET TANK
QUICK-DISCONNECT FOR THE DRAIN VENT CONTROL CABLE
LAVATORY FLOOR (REF)
AIRPLANE FLOOR (REF)
TANK DRAIN VALVE
SEE C
FWD
A
1422902 S00041241222_V1

(b)

图 5-6　水系统与马桶

(a)电路图;(b)组件

为了能很好地放置于不同区域的不同厕所，马桶组件的外廓设计成不同的形状，比如B737上的D厕所和E厕所，其马桶组件的形状是对称的。因此，同架飞机的马桶组件一般不能互换(见图5-7)。

马桶组件由马桶罩、带马桶座盆的废水箱两部分组成。马桶罩：马桶罩的罩体上有马桶座和马桶盖，马桶罩的材料通常是玻璃纤维板(见图5-8)。

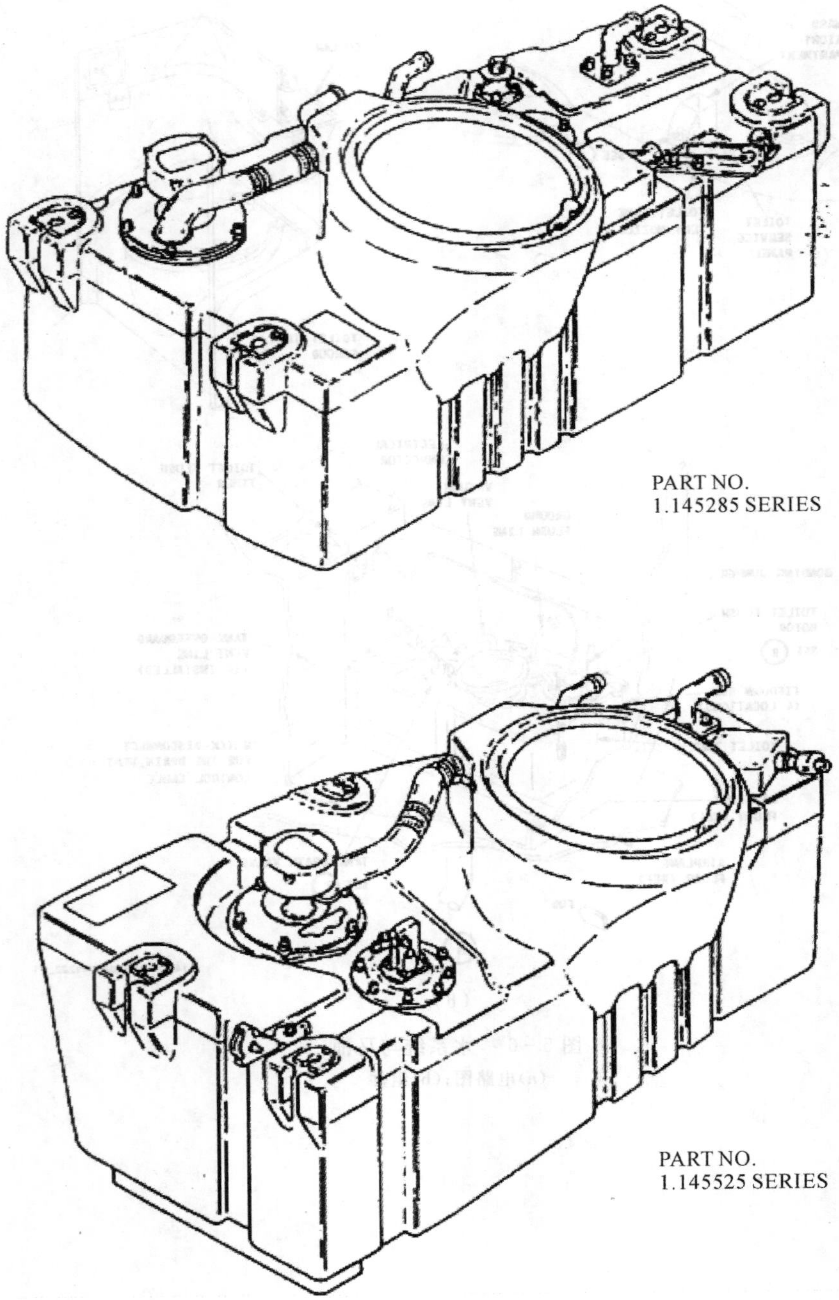
PART NO.
1.145285 SERIES
PART NO.
1.145525 SERIES

图5-7 不同位置的马桶组件外形

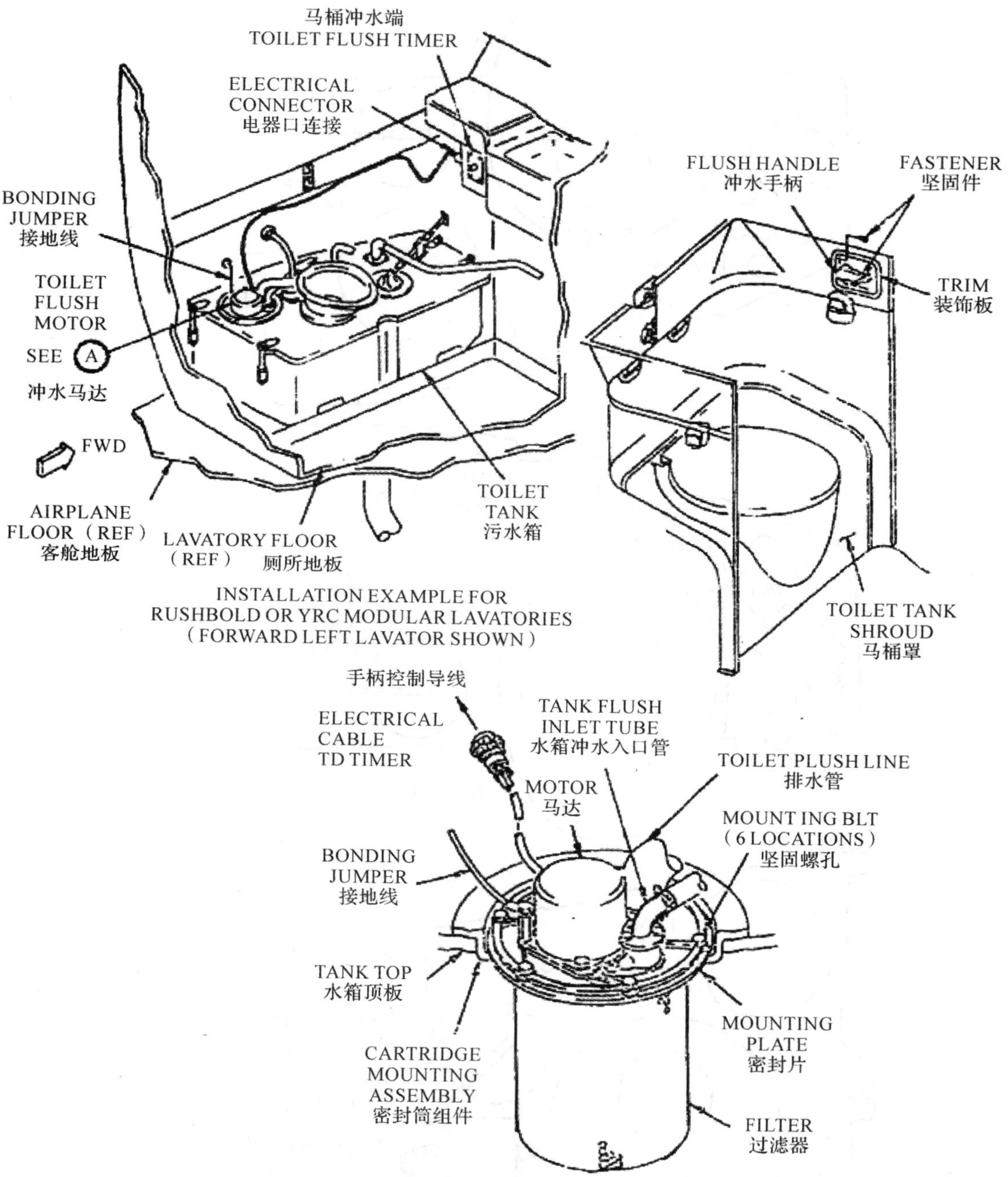
马桶冲水端
TOILET FLUSH TIMER
ELECTRICAL
CONNECTOR
电器口连接
BONDING
JUMPER
接地线
TOILET
FLUSH
MOTOR
SEE A
冲水马达
FWD
AIRPLANE
FLOOR (REF)
客舱地板
LAVATORY FLOOR
(REF)
厕所地板
TOILET
TANK
污水箱
INSTALLATION EXAMPLE FOR
RUSHBOLD OR YRC MODULAR LAVATORIES
(FORWARD LEFT LAVATOR SHOWN)
FLUSH HANDLE
冲水手柄
FASTENER
坚固件
TRIM
装饰板
TOILET TANK
SHROUD
马桶罩
手柄控制导线
ELECTRICAL
CABLE
TD TIMER
TANK FLUSH
INLET TUBE
水箱冲水入口管
TOILET PLUSH LINE
排水管
MOTOR
马达
MOUNT ING BLT
(6 LOCATIONS)
坚固螺孔
BONDING
JUMPER
接地线
TANK TOP
水箱顶板
CARTRIDGE
MOUNTING
ASSEMBLY
密封筒组件
MOUNTING
PLATE
密封片
FILTER
过滤器

图 5－8　马桶冲洗马达一泵一过滤器组件

废水箱组件：废水箱由一个玻璃纤维复合材料的箱体和一块箱盖组成，冲洗设备用的接头、马桶座盆和通风导管等，是箱盖的一部分。箱体位于地板排放孔的上面，并接到外部排放管上，箱体用系留杆定位(见图 5－9)。

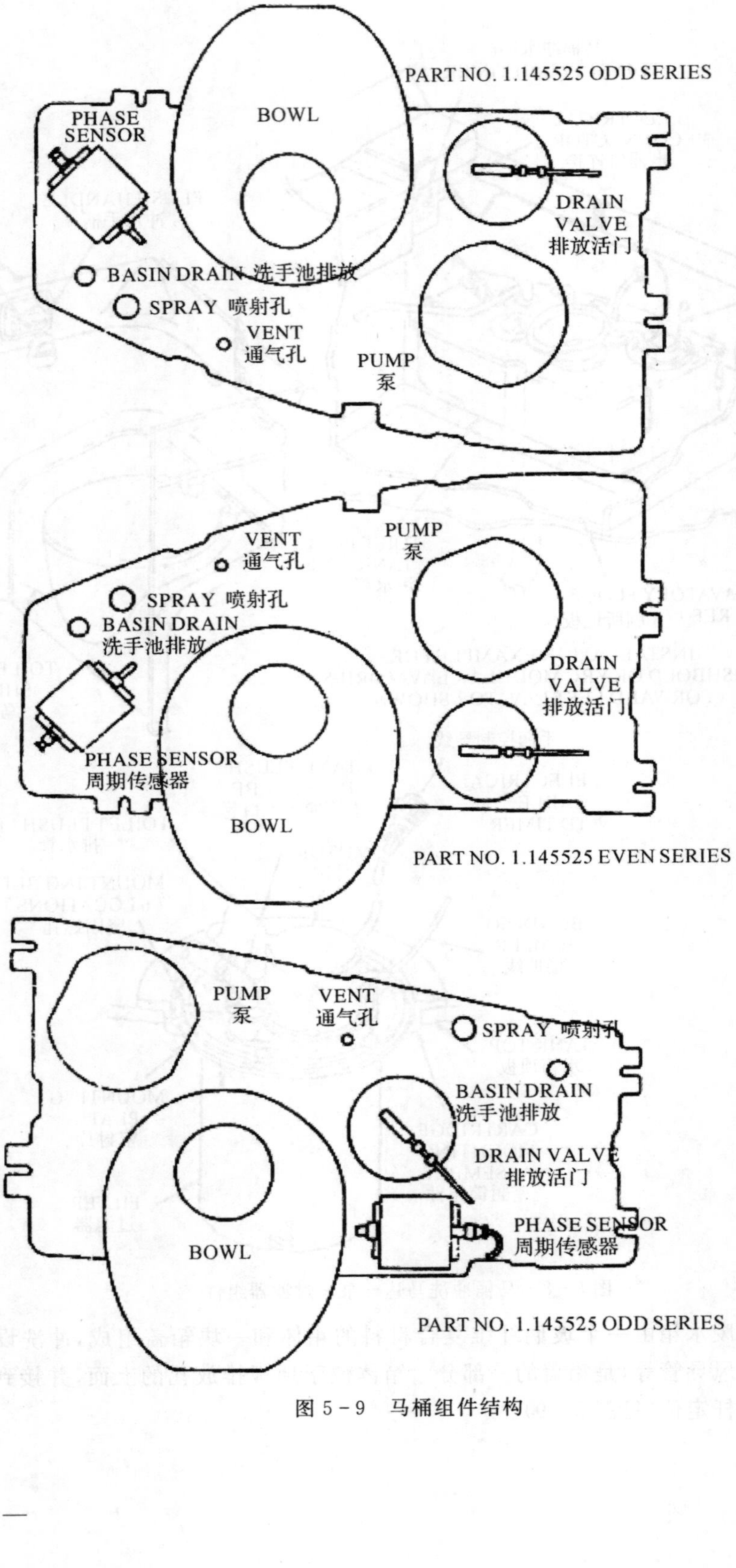
PART NO. 1.145525 ODD SERIES
BOWL
PHASE SENSOR
DRAIN VALVE
排放活门
BASIN DRAIN 洗手池排放
SPRAY 喷射孔
VENT
通气孔
PUMP
泵
VENT
通气孔
PUMP
泵
SPRAY 喷射孔
BASIN DRAIN
洗手池排放
DRAIN VALVE
排放活门
PHASE SENSOR
周期传感器
BOWL
PART NO. 1.145525 EVEN SERIES
PUMP
泵
VENT
通气孔
SPRAY 喷射孔
BASIN DRAIN
洗手池排放
DRAIN VALVE
排放活门
PHASE SENSOR
周期传感器
BOWL
PART NO. 1.145525 ODD SERIES

图 5-9 马桶组件结构

马桶座盆的冲洗设备包括：一个冲洗控制手柄、定时器、电动马达、过滤网套和有关的导管。冲洗控制手柄和定时器装在厕所上部的箱柜上。冲洗马达装在废水箱的箱盖上，冲洗马达的下方是一个过滤网套，通电时，冲洗马达带动滤网内的一个带叶片的轴转动，废水箱内的循环水，就从滤网外部，通过滤网进入到滤网内部，并抽吸到座盆冲洗环，对座盆进行冲洗。冲洗马达的通电，由使用者扳动（或按下）冲洗控制手柄（或按钮）来控制，控制手柄处的定时器，使冲洗马达运转 10 s，然后断开。冲洗电路里的换向电路将操纵马达在一个方向转动，作一次冲洗，然后为下一次冲洗循环反转电机。

马桶座盆底部有一块隔板，遮住旅客视线所及的废水箱内的废水。冲洗操作使隔板保持清洁。在地面进行维护操作时，需要检查隔板是否在正常（向上）的位置，否则要做冲洗操作检查，将其调整到正常位置。在地面维护工作中，外部的清水可通过地面冲洗管接头和相应的管路导入，冲洗干净箱体。废水箱内还有一个废水箱排放活门，这个活门通过控制钢索，由地面废水箱勤务面板上的 T 型手柄进行控制，此手柄也控制排放管下游的球形活门（见图 5－10 及图 5－11）。

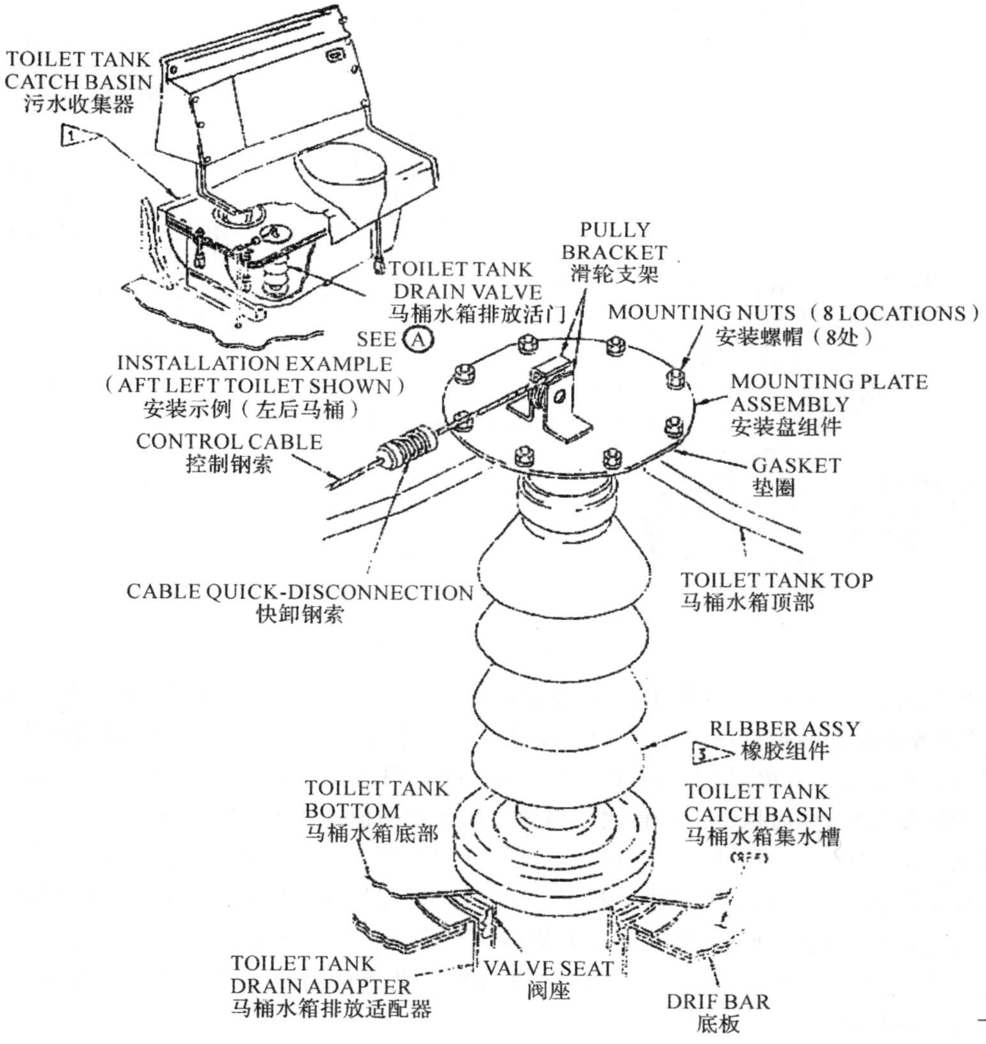
TOILET TANK
CATCH BASIN
污水收集器
TOILET TANK
DRAIN VALVE
马桶水箱排放活门
SEE A
INSTALLATION EXAMPLE
(AFT LEFT TOILET SHOWN)
安装示例（左后马桶）
PULLY
BRACKET
滑轮支架
MOUNTING NUTS (8 LOCATIONS)
安装螺帽（8处）
MOUNTING PLATE
ASSEMBLY
安装盘组件
CONTROL CABLE
控制钢索
GASKET
垫圈
CABLE QUICK-DISCONNECTION
快卸钢索
TOILET TANK TOP
马桶水箱顶部
RLBBER ASSY
橡胶组件
TOILET TANK
BOTTOM
马桶水箱底部
TOILET TANK
CATCH BASIN
马桶水箱集水槽
TOILET TANK
DRAIN ADAPTER
马桶水箱排放适配器
VALVE SEAT
阀座
DRIF BAR
底板

图 5－10　厕所排放活门组件

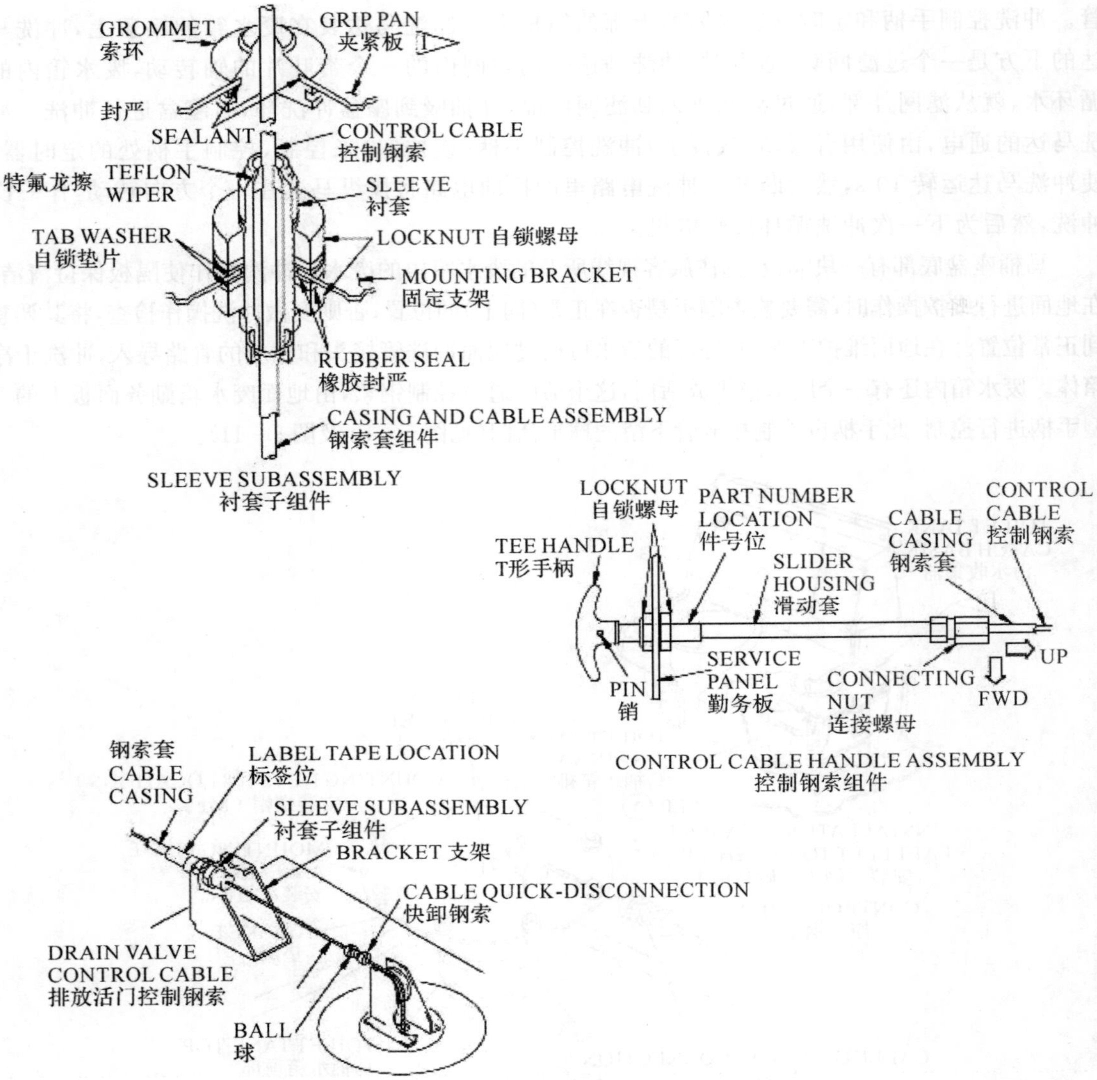
GROMMET
索环
GRIP PAN
夹紧板
封严
SEALANT
CONTROL CABLE
控制钢索
特氟龙擦
TEFLON
WIPER
SLEEVE
衬套
TAB WASHER
自锁垫片
LOCKNUT 自锁螺母
MOUNTING BRACKET
固定支架
RUBBER SEAL
橡胶封严
CASING AND CABLE ASSEMBLY
钢索套组件
SLEEVE SUBASSEMBLY
衬套子组件
LOCKNUT
自锁螺母
PART NUMBER
LOCATION
件号位
CABLE
CASING
钢索套
CONTROL
CABLE
控制钢索
TEE HANDLE
T形手柄
SLIDER
HOUSING
滑动套
SERVICE
PANEL
勤务板
PIN
销
CONNECTING
NUT
连接螺母
UP
FWD
CONTROL CABLE HANDLE ASSEMBLY
控制钢索组件
钢索套
CABLE
CASING
LABEL TAPE LOCATION
标签位
SLEEVE SUBASSEMBLY
衬套子组件
BRACKET 支架
CABLE QUICK-DISCONNECTION
快卸钢索
DRAIN VALVE
CONTROL CABLE
排放活门控制钢索
BALL
球

图 5-11　厕所排放活门控制钢索

马桶排放活门如图 4-10 所示，葫芦形状的活门由一根快卸钢索控制，当进行废水箱勤务时，拉动勤务面板上的排放活门控制手柄，由快卸钢索带动葫芦形活门内部的弹簧动作，使橡胶材料的葫芦状活门收缩，使得马桶排放口导通。当松开控制手柄后，钢索受葫芦内部弹簧回复力作用恢复原状，同时橡胶活门再次依靠弹力堵塞住马桶排放口防止渗漏。

管路中的球形活门，拉动勤务面板上的排放活门控制手柄，通过控制钢索，作动球形活门作动器使球形活门改变状态处于排泄状态。由于球形活门作动器的另一端通过钢索与马桶排放活门相连，松开控制手柄后，弹簧回复力使得球形活门作动器回复关闭位。球形活门通过封圈进行封严，若封圈安装不恰当，则可能会产生渗漏。此种渗漏若达到一定的量，将很有可能产生“蓝冰”的危害。

“蓝冰”的产生，是由于飞机厕所的废水系统里面加了蓝色的清洁剂，飞机在飞行过程中，如果厕所排放系统密封不严密导致废水渗漏，这些渗漏出的废水在飞机外表处受冷空气作用便会凝结成蓝色的冰团。随着体积不断增大在飞机的颠簸振动或者气温上升的条件下脱落，对地面人员和设备造成损伤；同时，如果是飞机前部厕所排放系统渗漏造成蓝冰，脱落后容易被发动机吸入而打坏发动机或者打坏飞机后面的飞行舵面，引发飞行事故。

4. 盥洗台组件与镜子

盥洗台组件包括盥洗台壳体、不锈钢盥洗盆、垃圾箱、卫生用品箱、冷热水龙头，热水龙头的水加热器和相应的进水出水管路等(见图 5－12 至图 5－15)。

其中垃圾箱、热水龙头的水加热器和相应的进水出水管路，都巧妙地隐藏在盥洗盆的下方。用一块蜂窝复合材料的柜门盖起来，维护维修时，可打开这扇柜门。

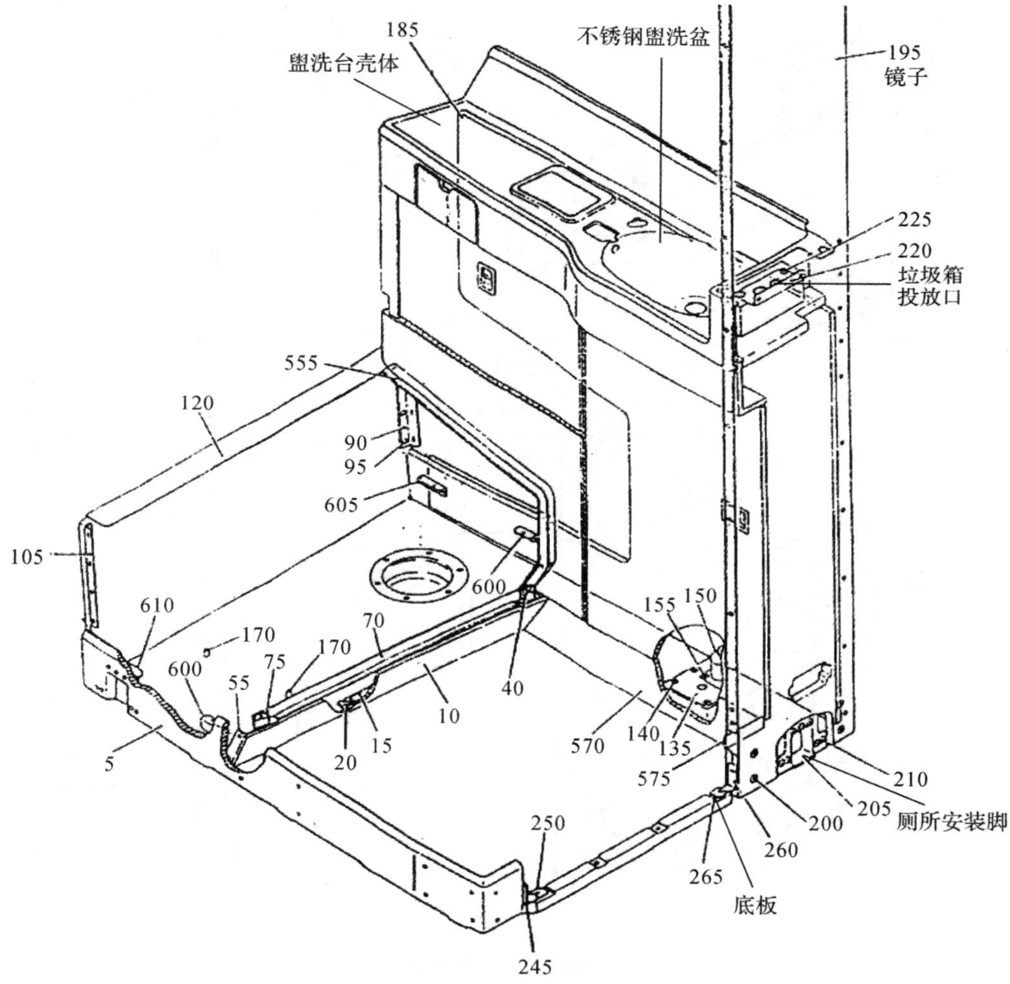
185
盥洗台壳体
不锈钢盥洗盆
195
镜子
225
220
垃圾箱
投放口
555
120
90
95
605
105
600
610
170
70
170
600
75
55
40
10
155
150
140
135
5
20
15
570
575
210
205
厕所安装脚
200
260
250
265
底板
245

图 5－12　YOKOBAMA 的前 A 厕所的盥洗台和底板

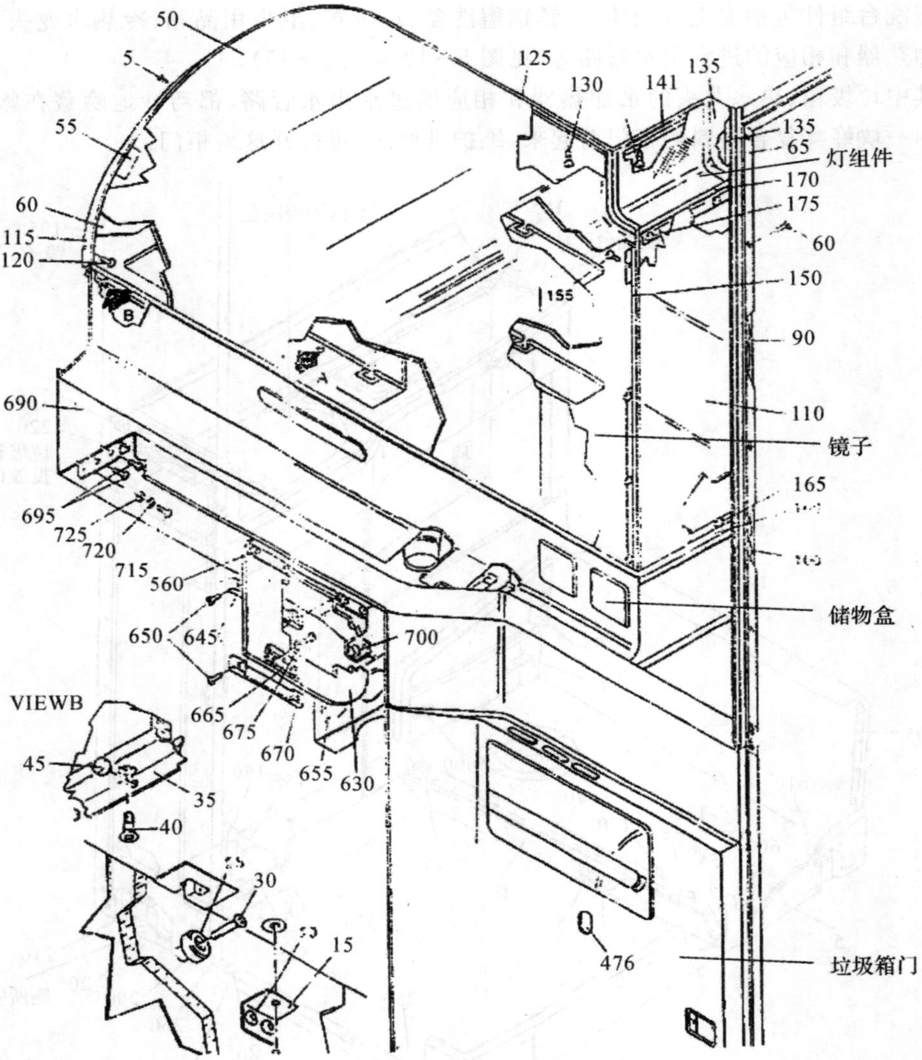
50
5
125
130
141
135
135
65
灯组件
170
175
60
55
60
115
120
B
155
150
90
110
镜子
165
690
695
725
720
715
560
650
645
700
储物盒
VIEWB
665
675
670
655
630
45
35
40
30
15
476
垃圾箱门

图 5 - 13　ROMBOLD 后 E 厕所盥洗台上部

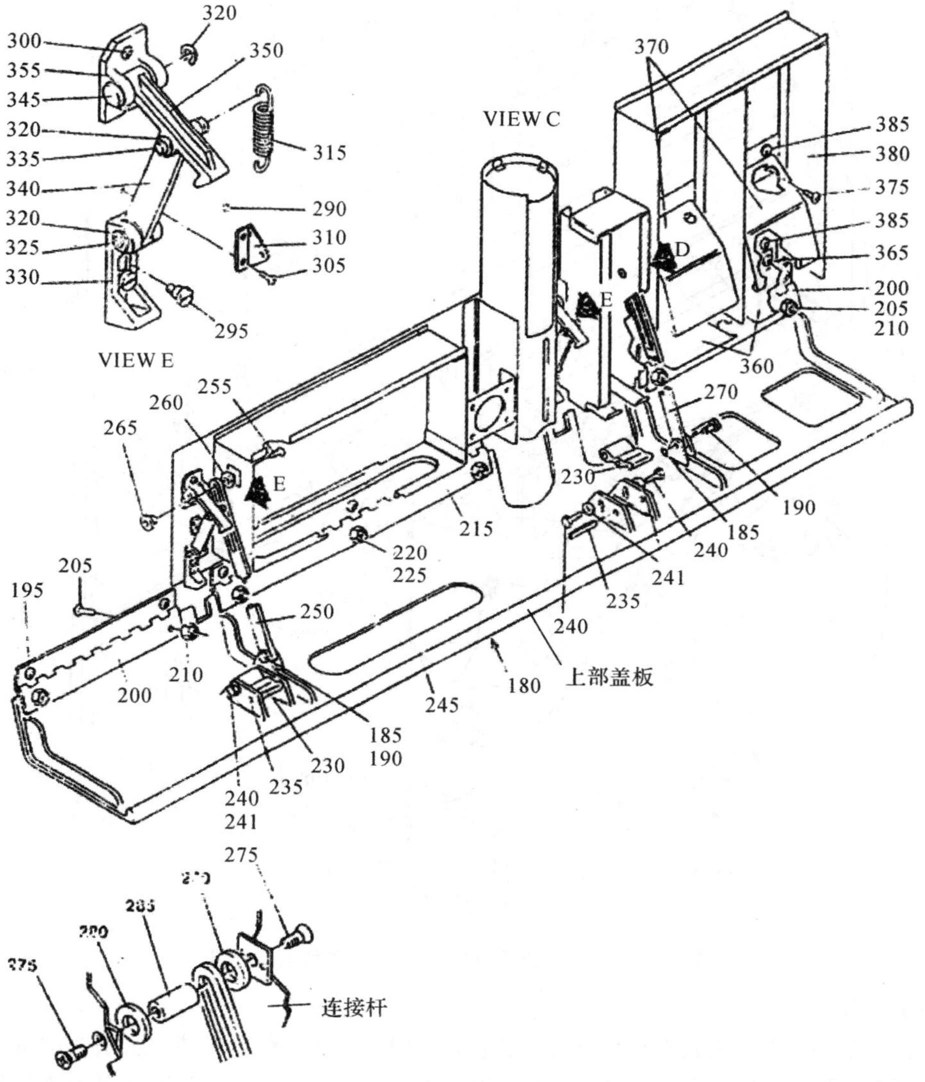

320
300
355
345
350
320
335
340
315
320
290
310
325
305
330
295
VIEW E
VIEW C
370
385
380
375
385
365
200
205
210
D
E
360
255
260
265
E
270
190
230
185
240
215
220
225
241
205
195
235
250
240
210
200
180
上部盖板
245
185
190
230
235
240
241
275
连接杆

图 5-14　ROMBOLD 后 E 厕所盥洗台上部的盖板

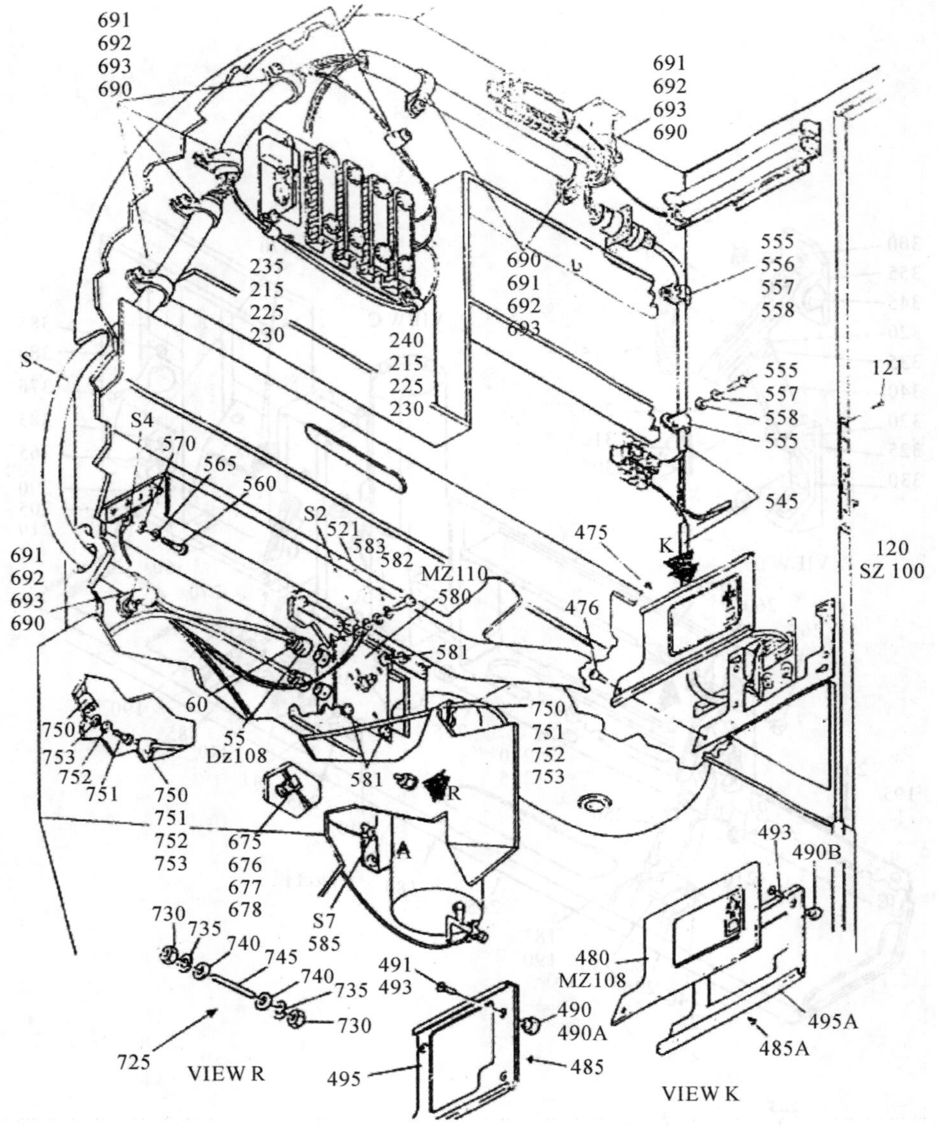
691
692
693
690
691
692
693
690
235
215
225
230
690
691
692
693
240
215
225
230
555
556
557
558
555
557
558
555
121
S
S4
570
565
560
545
S2
521
583
582
MZ110
580
475
K
120
SZ 100
691
692
693
690
476
581
60
55
Dz108
750
753
752
751
750
751
752
753
750
751
752
753
581
R
675
676
677
678
A
S7
585
730
735
740
745
740
735
730
725
VIEW R
491
493
490
490A
495
485
480
MZ108
493
490B
495A
485A
VIEW K

图 5－15　ROMBOLD 后 E 厕所盥洗台电气元件

(1)卫生用品箱。

飞机上卫生间的方便旅客用具包括：肥皂盒、纸杯、厕纸、擦手纸、棉纸、烟灰缸等。卫生用品箱用于存放这些用品。有的厕所，将这些用品的容纳区，直接设计在盥洗台上方的区域。

(2)垃圾箱与灭火瓶。

垃圾箱在盥洗盆下靠近门的一侧。在每个厕所里都配有由一个灭火瓶和两个易熔敏感元件组成的灭火瓶组件，一个易熔敏感元件感受废纸箱内的温度，另一个感受洗手盆下的温度。当这些区域超过规定温度值(大约 80℃)时，易熔材料熔化，灭火瓶内的灭火剂自动喷射灭火。

若灭火瓶上的压力指示低于绿色范围，则表明厕所灭火瓶已经释放。有的灭火瓶上没有压力指示，这就需要观察废纸箱出内壁板上的一个带状温度敏感指示盘，当发生火警后，温度指示盘由灰色变为黑色，黑色的温度指示盘表明灭火瓶已释放，必须把灭火瓶拆下做重量检查，重新充填灭火剂（见图 5－16）。

如果厕所出现的火警不在废纸箱处，则烟雾探测器报警，需要乘务员用手提灭火瓶灭火。为排除厕所内的异味，厕所天花板处装有抽风机。

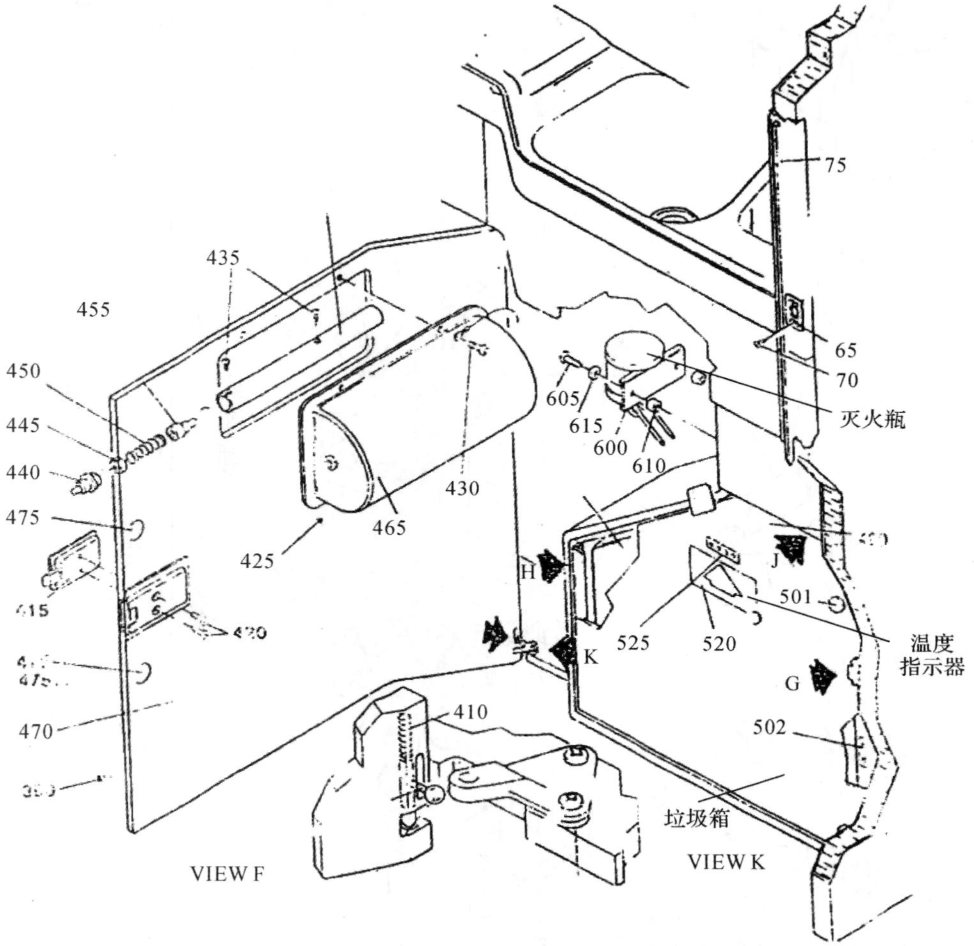
75
435
455
65
70
450
605
灭火瓶
445
615
600
440
610
430
475
465
425
H
J
501
525
520
温度
指示器
K
G
410
470
502
垃圾箱
VIEW F
VIEW K

图 5－16　厕所盥洗台下的垃圾箱、温度指示器及灭火瓶

（3）卫生间水系统。

饮用水通过外侧面板进入舱内，并接到一个选择活门上，从这里再分两路，一路是冷水，接在盥洗盆上方冷热水龙头的冷水龙头上，另一路通过加热器后，接在热水龙头上。

水加热器的容积为 1.5quart①，用电加热元件加热。三根电加热棒从加热器底部插入。加热器上还有水温控制装置和过热保护装置。加热器用一个卡箍安装在托架上。

盥洗盆有两条出水管，一条接在盥洗盆的底部，一条接在盥洗盆侧面的溢流口处，当盥洗盆内的水要漫出来时，可从这个溢流口排走。两条管子都连接到一个消音器上，这里的消音器

① 1quart＝0.946 L

的作用和厨房的相同，然后管子再接到污水排放系统(见图 5－17)。

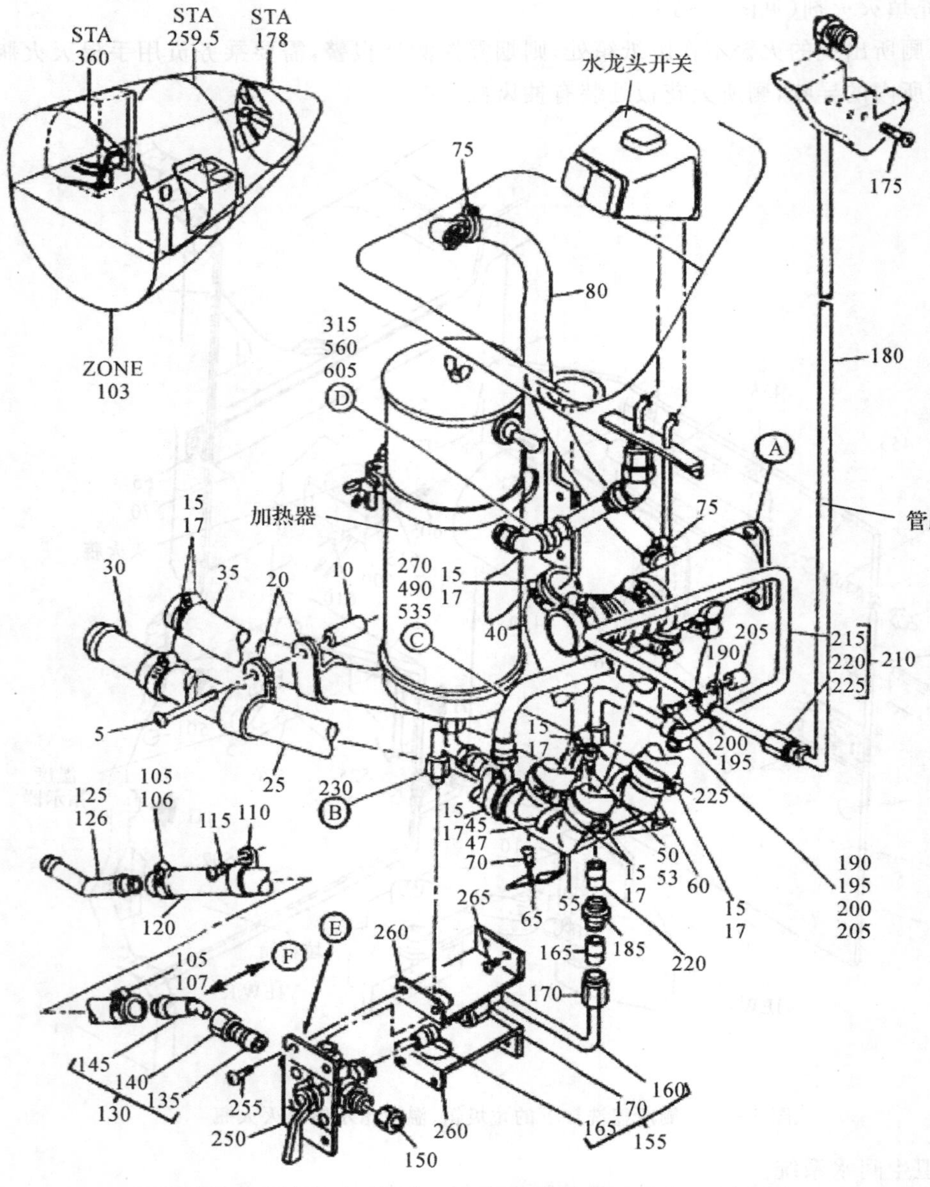
STA
360
STA
259.5
STA
178
ZONE
103
水龙头开关
加热器
管路
PLUMBING INGTL-LAV A（PASSENGER WATER SYSEV ONLY）
FIGURE 50B（SHEET 1）

图 5－17　厕所盥洗台洗手盆下的水系统管路

(4)镜子。

飞机上的镜子是通过化学方法增硬防碎的。

5. 厕所顶部的服务组件(LSU)和烟雾探测器

(1)厕所服务组件。

厕所顶部的服务组件，包括扬声器、氧气发生器和氧气面罩、空调出风口等。

扬声器，可在飞机下降，或其他一些需要停止使用厕所的时候，通知里面的人员。

氧气发生器和氧气面罩，也是在紧急情况下，为厕所里面的人员服务的（见图 5 - 18(a)）。

(2)烟雾探测器。

烟雾探测器用来探测厕所内是否有失火的迹象。早期的一些飞行事故，就是由于乘客在厕所内吸烟，点燃易燃物造成的。它的基本构造和工作原理是：烟雾探测器内部有一探测元件，分两个小室，一个为标准室，一个为感应室。厕所内的空气被抽入感应室，在装置内空气被电离，感应装置感应其重量，和标准室的相对比，就能得到判断结果。如果有烟雾，探测器内的警告喇叭就会响，同时有红灯亮，驾驶舱内也将出现显示。探测器上还有一个复位开关，以及一盏绿灯，绿灯显示已通电（见图 5 - 18(b)）。

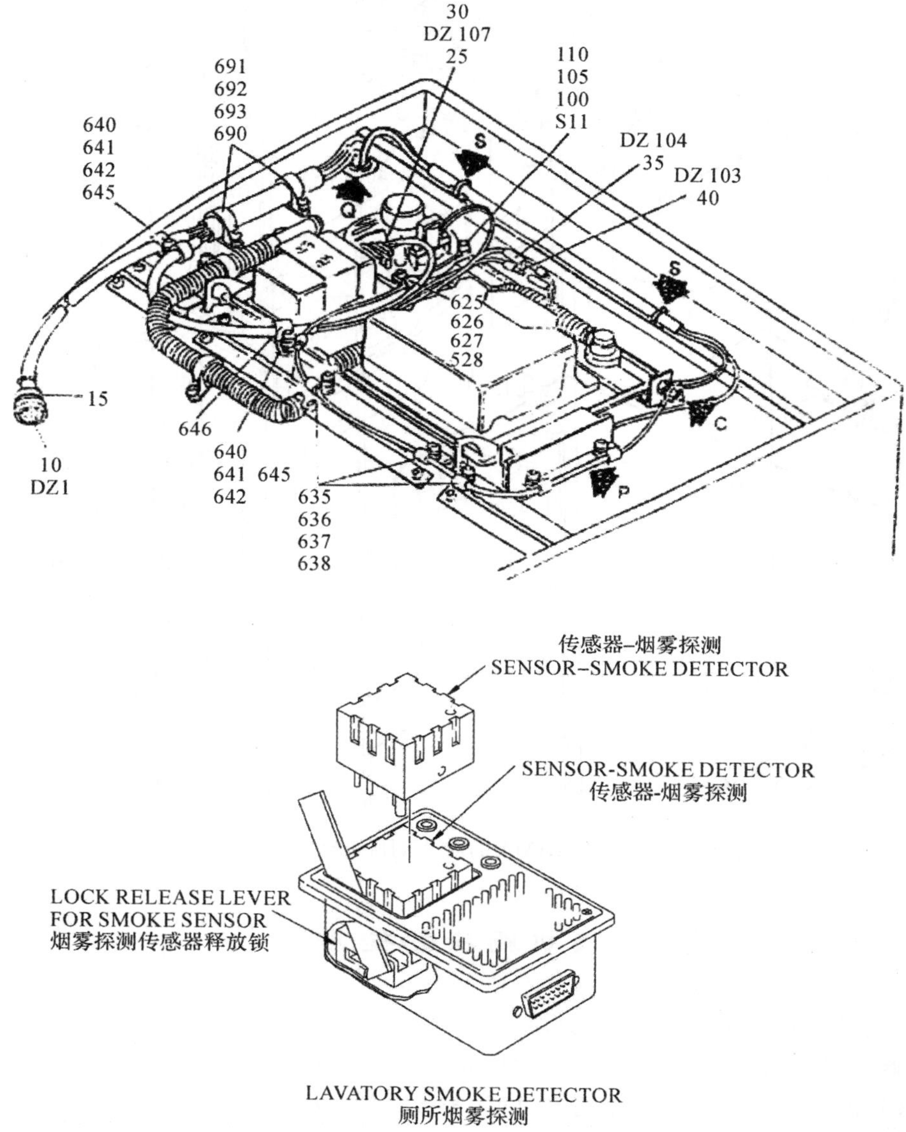
30
DZ 107
25
110
105
100
S11
691
692
693
690
640
641
642
645
DZ 104
35
DZ 103
40
625
626
627
528
15
10
DZ1
646
640
641 645
642
635
636
637
638
S
Q
C
P
传感器-烟雾探测
SENSOR-SMOKE DETECTOR
SENSOR-SMOKE DETECTOR
传感器-烟雾探测
LOCK RELEASE LEVER
FOR SMOKE SENSOR
烟雾探测传感器释放锁
LAVATORY SMOKE DETECTOR
厕所烟雾探测

图 5 - 18　厕所上方的 LSU 和烟雾探测器

6. 厕所照明和旅客呼叫组件

本项内容会在本书第 7 章和第 10 章中详细介绍。

7. 电气系统的各种线路

厕所内部有水加热器、电动马达、灯光、扬声器等多项用电设备，拆装维修时应注意其电气系统的线路布置(见图 5－19)。

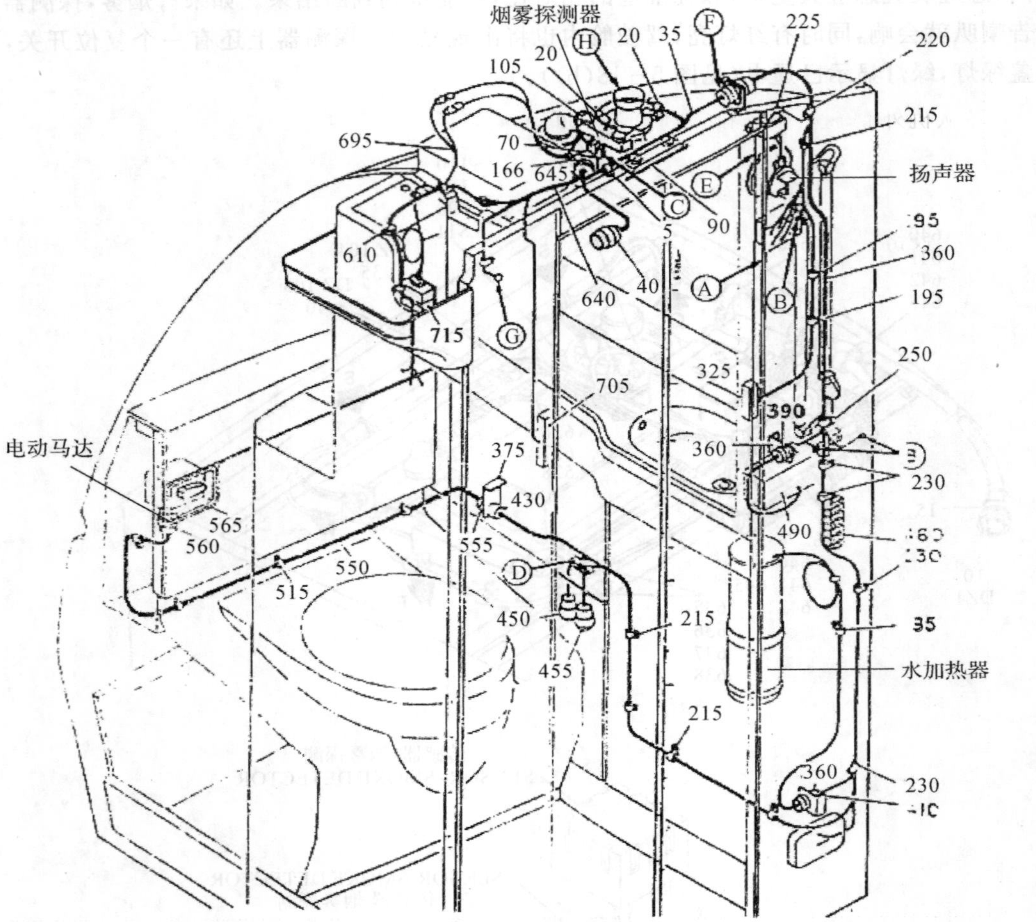
烟雾探测器
扬声器
电动马达
水加热器

图 5－19　YOKOHAMA 的前 A 厕所电路图

5.2　飞机厕所的检修

在本节，我们仍以 B737 的厕所为例，介绍一下厕所的检修程序。

厕所的检修，包括清洁、拆卸、修理、测试和排故、安装。这里，主要讨论一下厕所的装拆、测试和排故，详细的结构修理程序，请参看本书第 13 章的有关内容。

5.2.1　飞机厕所的拆卸步骤

以 B737 的厕所为例，介绍一下厕所的拆卸和安装步骤。注意：这里的步骤只是描述如何从飞机上拆卸下或安装模块式的厕所。厕所从飞机上拆下后，还可以根据修理的需要继续分解，比如拆下盥洗台、镜子、壁板等。为了达到防腐的目的，厕所下面的客舱地板上，铺设有隔潮层，拆卸厕所时，要注意尽量不要搞坏隔潮层。安装时，有时根据需要，需重新铺设这层隔潮层，厕所拆卸步骤如下（见图 4－1 至图 4－8）：

准备：根据手册和工作程序的要求，在相应的面板上，断开有关的跳开关，挂上“请勿闭合”的标签。在 B737 上，这些跳开关位于 P18 面板。它们是：厕所拱顶灯和厕所被使用的标志、氧气系统、旅客烟雾探测、机组呼叫烟雾探测、厕所烟雾探、冲水马达。

(1)释放水箱的压力；

(2)从机外勤务面板上排放并冲洗马桶污水箱；

(3)如果必要，从厕所上拆下乘务员座椅；

(4)如果必要，拆卸厕所上的录音带放声器；

(5)连铰链一起拆卸厕所门，有时还需拆除附近的天花板，拆除连接厕所和天花板的压条；

(6)脱开电气接头的连接；

(7)从托架上取出销钉，从托架上移开连杆，用胶带把连杆黏到头顶结构上；

(8)拆下空调器分配管；

(9)从防踢条上拆除地毯；

(10)拆除防踢条紧固件、防踢条，地板安装螺栓的接近板；

(11)拆除地板安装螺栓；

(12)拆除马桶罩和污水箱；

(13)脱开马桶冲水管、洗手池排放管，水箱水管，缆索和导线接头，做好接头的保护；

(14)拆卸废水箱；

(15)从厕所地板上松开排放接头，并拉出接头，从厕所的顶部和底部脱开外侧水管的连接；

(16)把厕所移出，在移出是应观察是否与周围壁板有挂碰。

5.2.2　飞机厕所的安装

厕所的安装步骤(见图 5－20)如下：

(1)在地板上安装排放接头；

(2)安装马桶冲水管、洗手池排放管，水箱水管，导线接头和控制缆索；

(3)安装马桶废水箱和马桶罩；

(4)安装地板连接螺栓；

(5)安装上部连杆接头；

(6)安装空调器分配管，顶部和底部水管；

(7)连接电气接头；

(8)安装服务组件；

(9)如果先前拆除了相邻的天花板，需安装拆除的天花板；

(10)安装厕所门；

(11)如果必要，安装录音带放声器；

(12)有乘务员座椅结构的，安装乘务员座椅；

(13)安装防踢条；

(14)安装接进门；

(15)安装地毯条；

(16)拆下禁止闭合的标牌，闭合有关跳开关(拆卸时断开的那些)；

(17)确保厕所水、电气系统操作正常。

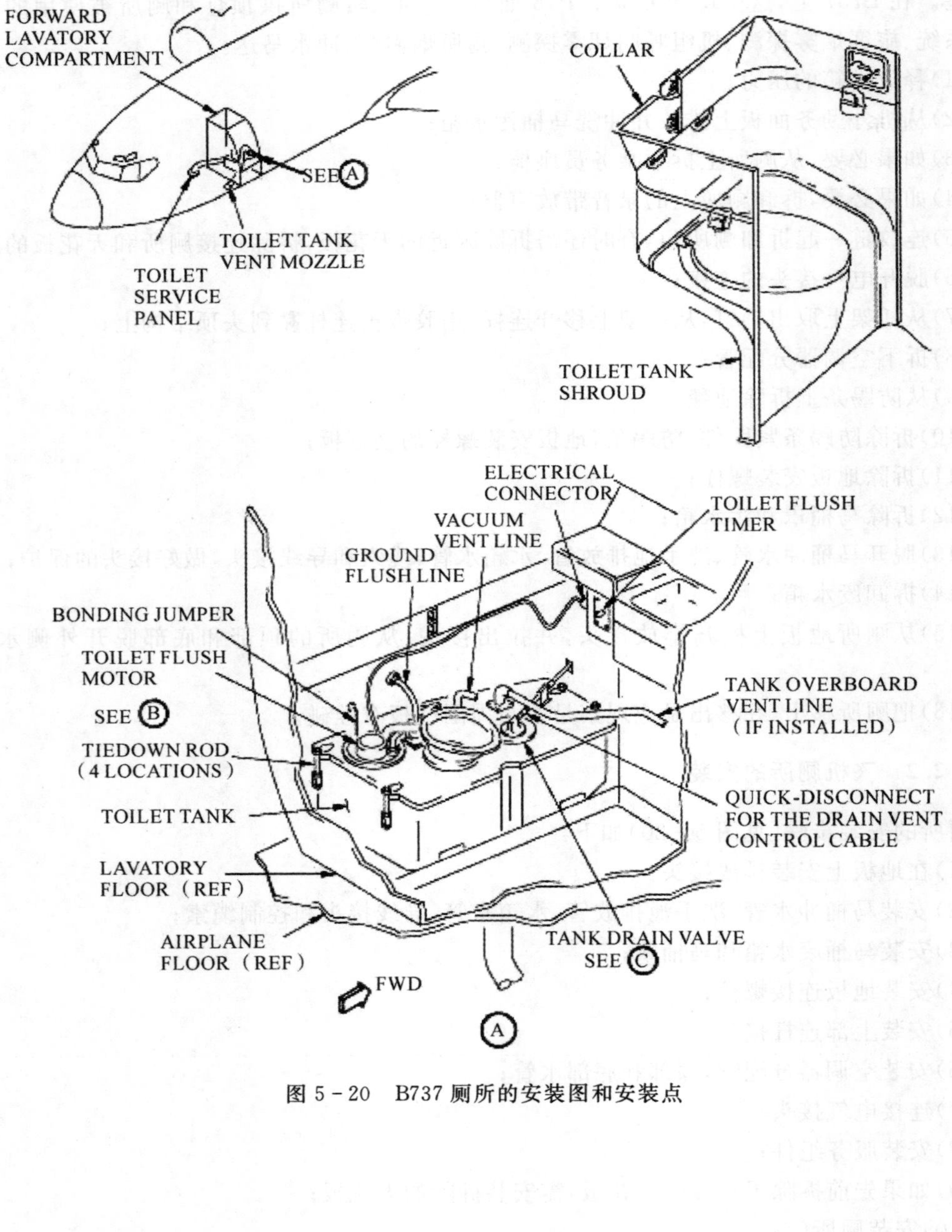
FORWARD
LAVATORY
COMPARTMENT
SEE A
TOILET TANK
VENT MOZZLE
TOILET
SERVICE
PANEL
COLLAR
TOILET TANK
SHROUD
ELECTRICAL
CONNECTOR
TOILET FLUSH
TIMER
VACUUM
VENT LINE
GROUND
FLUSH LINE
BONDING JUMPER
TOILET FLUSH
MOTOR
SEE B
TIEDOWN ROD
(4 LOCATIONS)
TOILET TANK
LAVATORY
FLOOR (REF)
AIRPLANE
FLOOR (REF)
TANK OVERBOARD
VENT LINE
(IF INSTALLED)
QUICK-DISCONNECT
FOR THE DRAIN VENT
CONTROL CABLE
TANK DRAIN VALVE
SEE C
FWD
A

图 5-20 B737 厕所的安装图和安装点

5.2.3 飞机厕所的检测和排故

1. 飞机厕所的检测项目

组装好的飞机厕所需要进行以下系列的功能测试：

1)水、电、气的相关的功能测试；

2)照明和各种指示灯测试；

3)操作冲洗手柄测试；

4)烟雾探测器的电源指示灯测试；

5)管道系统功能测试；

6)检查系统是否泄漏；

7)检查水龙头的流量、温度；

8)排水测试等。

2. 飞机厕所的排故

表5-1为B737飞机厕所的常见故障、原因分析和排除方法介绍：

表5-1　B737厕所的常见故障与排除方法

故　障	可能原因	排除方法
不供水	选择活门关闭	打开阀门
	供水管堵塞	清除杂物
盥洗盆不能快速排放或水通过活塞时泄漏	活塞调节不合适，没有完全密封排放按钮	松开排放活门组件与盥洗盆之间的2个防松螺帽，顺时针拧紧凸边管道以增加流速；如果活塞没有密封，则反时针拧紧，重新锁定螺帽
水龙头漏水	水龙头出故障	参考厂家资料
没有电供到厕所组件	电源断开，电缆或电缆连接器损坏	按需更换电缆和零件，恢复电源
荧光灯不亮	灯管出故障	检查灯座，如果正常，则更换灯管
	镇流器出故障	检查插脚处的电压，如果正常，检查线路，参考厂家资料
厕所关闭时荧光灯不亮	开关组件故障	检查门侧壁锁钉螺杆微调旋钮接触器是否旋在正确位置，如果不是，则更换微调旋钮
	镇流器故障	更换镇流器，参考厂家手册

续表

故　障	可能原因	
返回座位标志灯不亮	灯泡坏	更换灯泡
面板上的红色“乘务员呼叫”指示器不亮	霓虹光灯泡不亮	更换“返回座位”面板
外部的乘务员呼叫灯不亮	灯泡故障	更换灯泡
	开关/灯泡组件故障	更换开关/灯泡组件
外部的“乘务员呼叫灯”不能恢复关闭状态	开关/灯泡组件故障	更换开关/灯泡组件
热水龙头流出冷水	热水器未接通电源	打开热水器
	热水器故障。过热释放开关跳开	参考厂家资料
厕所马桶不能冲水	冲洗计时器故障	检查马达工作的连续性，如果正常，则更换冲洗计时器
	冲洗马达故障	参考厂家资料
冲洗手柄在 10 s 内不能复位	冲洗计时器故障	更换冲洗计时器
扬声器不能工作	扬声器出故障，连接扬声器的线路断开	检查扬声器线路，如果正常，更换扬声器
烟雾探测器电源指示灯不显示	烟雾探测器出故障	更换烟雾探测器
烟雾探测器的自检不工作	烟雾探测器出故障	更换烟雾探测器

习　题

1. 飞机客舱厕所分为哪几类？
2. 飞机厕所的门分为几种？
3. 飞机厕所内包括哪些设施？
4. 马桶组件由哪几部分组成？包括有哪些装置？
5. 废水箱内的水是如何被循环运用的？
6. 如何对废水箱做勤务？
7. 飞机厕所内水系统包括哪些常见的元件？
8. 试述垃圾箱上的温度指示装置和灭火瓶的作用，如何对它们进行检修？
9. 飞机厕所顶部的 LSU 由哪些装置组成？
10. 试述烟雾探测器的工作原理。
11. 飞机厕所在拆卸之前必须做哪些准备工作？
12. 试述厕所的拆卸步骤。
13. 飞机厕所安装完毕后，还应做哪些检测项目？
14. 常见的飞机厕所故障有哪些？如何排故？

第 6 章　客舱装饰板及结构

本章主要介绍客舱飞机装饰板，它属于客舱设施的一部分，主要为旅客和机组提供一个舒适、安全、美观、方便的内部环境。其中包括，客舱的侧壁板、门衬板、天花板、行李箱、隔板及储物柜、机组休息室等，如图 6－1 所示为 B737NG 系列的客舱整体图。

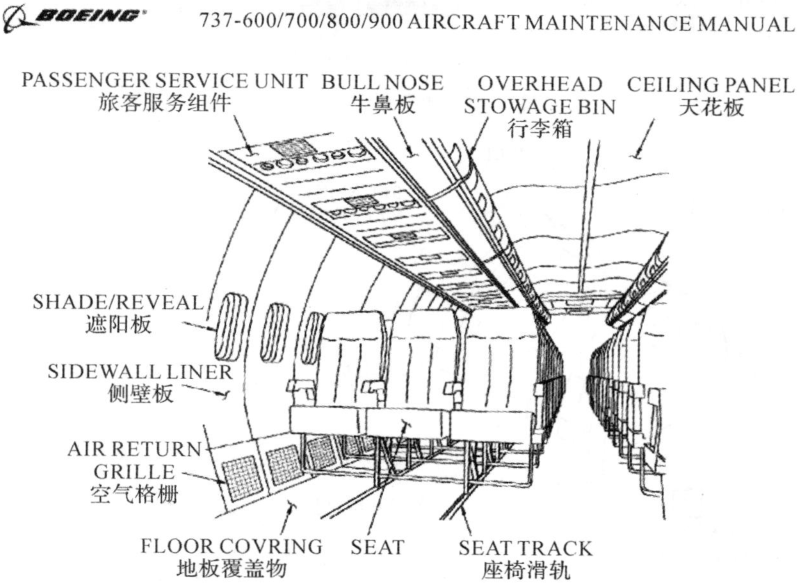
BOEING
737-600/700/800/900 AIRCRAFT MAINTENANCE MANUAL
PASSENGER SERVICE UNIT
旅客服务组件
BULL NOSE
牛鼻板
OVERHEAD STOWAGE BIN
行李箱
CEILING PANEL
天花板
SHADE/REVEAL
遮阳板
SIDEWALL LINER
侧壁板
AIR RETURN GRILLE
空气格栅
FLOOR COVRING
地板覆盖物
SEAT
SEAT TRACK
座椅滑轨

图 6－1　B737NG 系列客舱整体图

6.1　侧壁板、内窗框及门衬板

侧壁板安装在客舱内部两侧墙壁上，从上到下分为上侧壁板和下侧壁板(隔栅板)。不同飞机的内部，其侧壁板、天花板的形状、块数、固定方式相差较大。例如：在波音 B737 上，在客舱内的头顶和两侧，沿着机身纵向，装有空调喷嘴梁(又称空调喷嘴挤压型材)，其上有槽，用来固定侧壁板、天花板。客舱内部轮廓由空调格栅、侧壁板、PSU 面板、行李箱、天花板组成。其天花板分为左右两块，其内侧分别固定在头顶空调喷嘴梁的左右两侧的槽中。(见图 6－2)。而 A320 客舱内部的壁板结构有所不同。它的舱壁轮廓由下侧壁板、上侧壁板、顶灯面板、PSU 组件、行李箱和一整块天花板组成。天花板灯也不是安装在行李箱上，而是安装在天花板的雕塑凹槽内。其天花板表面未铺 Tedlar 装饰层，而是用了喷漆工艺。它的侧壁板的拆卸方法也和波音飞机的不同(见图 6-3)。因此,在今后的实际工作中,我们应逐步掌握各种不同机型的客舱壁板和行李箱的结构及装拆要点。

在本节,我们主要以 B737 飞机内的壁板为例,介绍客舱壁板的结构及安装、拆卸知识;并介绍壁板背后机身结构上覆盖的隔离层的有关知识。

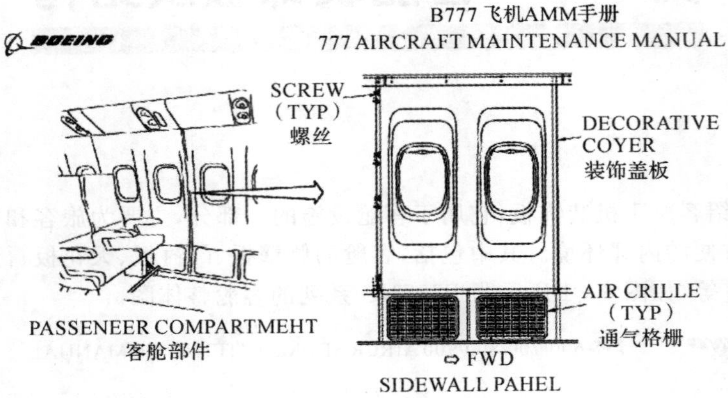
B777 飞机AMM手册
777 AIRCRAFT MAINTENANCE MANUAL
BOEING
SCREW
(TYP)
螺丝
DECORATIVE
COYER
装饰盖板
AIR CRILLE
(TYP)
通气格栅
PASSENEER COMPARTMEHT
客舱部件
⇨ FWD
SIDEWALL PAHEL

图 6-2 侧壁板

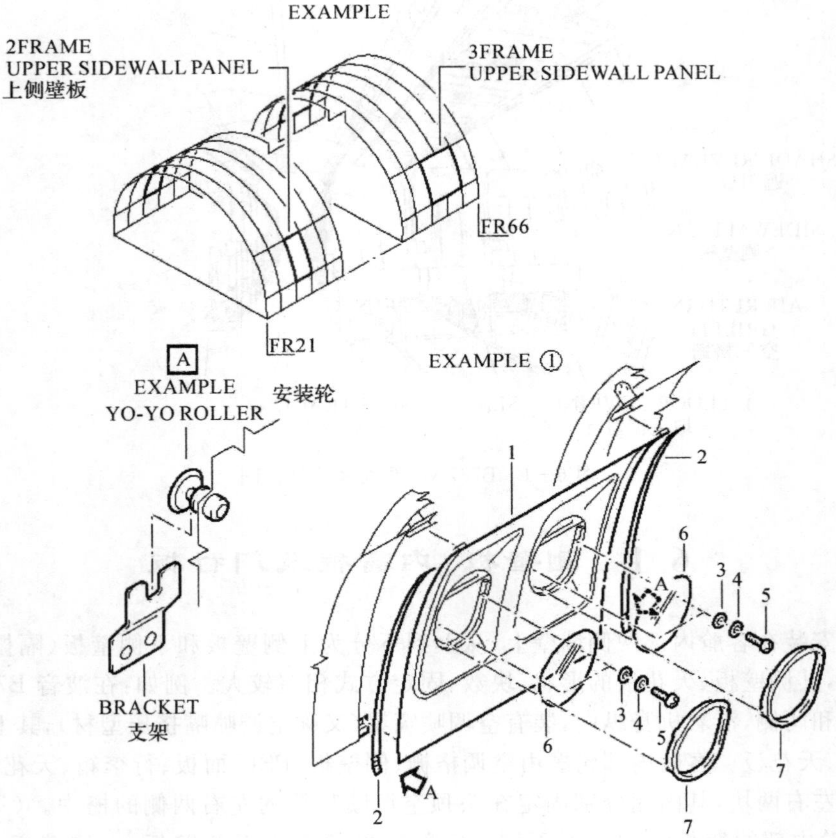
EXAMPLE
2FRAME
UPPER SIDEWALL PANEL
上侧壁板
3FRAME
UPPER SIDEWALL PANEL
FR66
FR21
A
EXAMPLE
YO-YO ROLLER
安装轮
EXAMPLE ①
BRACKET
支架
1
2
3
4
5
6
7
A

图 6-3 窗框板分解

6.1.1　侧壁板的机构与安装

侧壁板的材料为蜂窝板复合材料，外表面覆盖有墙纸 Tedlar 装饰层。侧壁板的两侧边缘上有槽，供插入装饰条。侧壁板上还开有窗孔。在侧壁板的外侧，窗孔处安装有铝合金和橡胶的框架，飞机舷窗的内窗组件就安装在这个框架内。框架的上方，用尼龙阴阳扣带固定有轻质的塑料导套，用于引导并容纳内窗上的遮光板(见图 6-4)。

侧壁板的上方卡在两侧空调喷嘴梁的槽上，下方安装有空调格栅；空调隔栅背后有单向档片，一方面能使客舱使用后的空调空气从隔栅排放到货舱，通过再循环风扇把空气加入混合总管，增加空调系统的效率；另一方面防止货舱着火时烟雾回流到客舱，起单向作用；侧壁板的两侧，每侧都和相邻的侧壁板，用固定螺钉和长圆形的压片压在结构上，压片压在两块相邻侧壁板的锯齿状突起上。相邻两板上的突起的位置根据飞机轮廓相互吻合，所以每块侧壁板上形状不一样，有标号，不能随便互换位置。

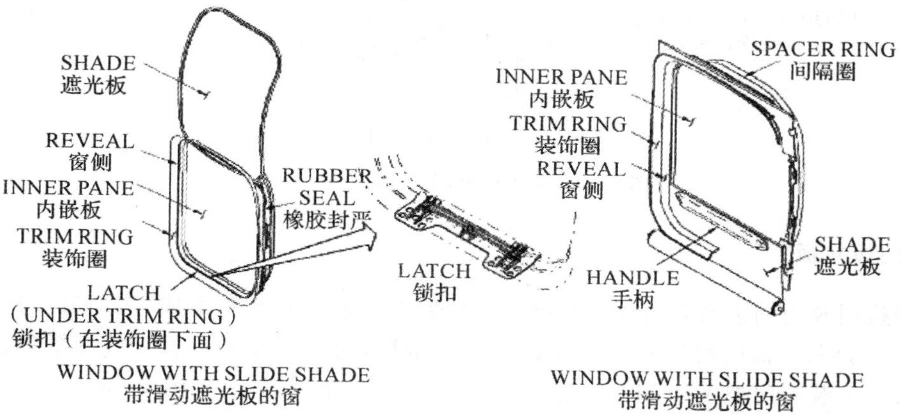
SHADE
遮光板
REVEAL
窗侧
INNER PANE
内嵌板
TRIM RING
装饰圈
LATCH
(UNDER TRIM RING)
锁扣 (在装饰圈下面)
RUBBER
SEAL
橡胶封严
LATCH
锁扣
WINDOW WITH SLIDE SHADE
带滑动遮光板的窗
SPACER RING
间隔圈
INNER PANE
内嵌板
TRIM RING
装饰圈
REVEAL
窗侧
HANDLE
手柄
SHADE
遮光板
WINDOW WITH SLIDE SHADE
带滑动遮光板的窗

图 6-4　遮阳板

为了保证有美观的外表，在相邻两块侧壁板边缘的槽中，插入和侧壁板装饰层图案、颜色一致的装饰条，装饰条遮盖了相邻两板之间的空隙和内部的紧固件。拆卸时，也需先拆卸装饰条：将其从下方拉出来，才能拆侧壁板。

6.1.2　内窗组件的结构

飞机客舱窗由外层、中层和内层玻璃组成。其中外层玻璃为定向有机玻璃；中层玻璃为普通有机玻璃。此两层玻璃都能承受座舱的增压载荷。在中层玻璃的下方有一个小通气孔。如果在对着中层玻璃通气孔的外层窗玻璃上，出现气体冲击的雾状痕迹，则表明密封处已渗漏，可通过更换窗户封严和玻璃解决。

内窗组件由窗框、内窗玻璃、遮光板、锁扣等部分组成。窗框的材料为聚碳酸酯塑料；遮光板的材料为 Tedlar 覆盖的聚碳酸酯。

内窗玻璃是不能承受增压载荷的。

遮光板可在内窗塑料框的槽中移动。遮光板有两种形式(见图 6-5)：一种向上拉，遮住窗户；一种向下拉，遮住窗户。

内窗组件通过锁扣固定在侧壁板的窗孔框架上。安装时，调整到遮光板能顺利伸入侧壁板的导套中，然后轻按窗框，就可将窗框组件扣紧在侧壁板结构上。拆卸时，内窗组件上有一个快拆小孔，用细的内六角扳手从孔中向下戳，就能打开锁扣，取下内窗组件如图 6－5 所示。

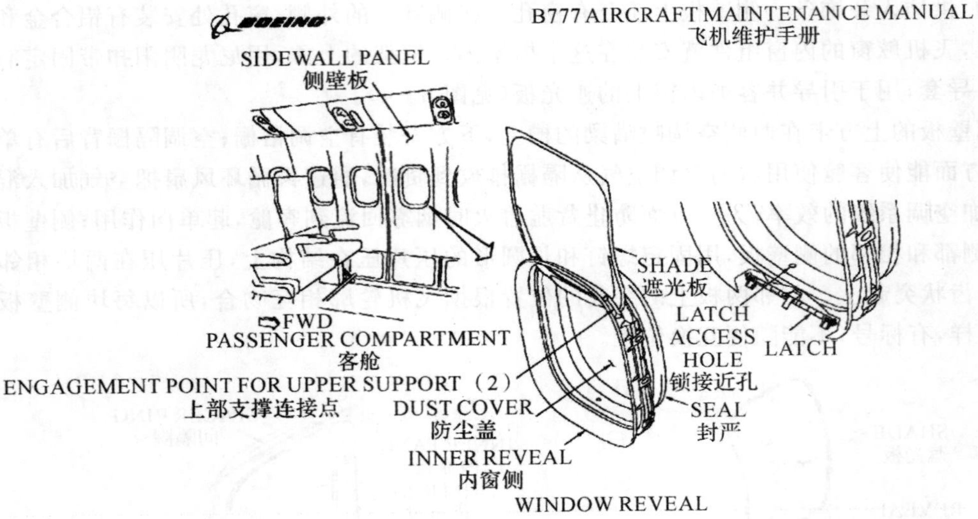
BOEING
B777 AIRCRAFT MAINTENANCE MANUAL
飞机维护手册
SIDEWALL PANEL
侧壁板
SHADE
遮光板
LATCH
ACCESS
HOLE
锁接近孔
LATCH
FWD
PASSENGER COMPARTMENT
客舱
ENGAGEMENT POINT FOR UPPER SUPPORT (2)
上部支撑连接点
DUST COVER
防尘盖
SEAL
封严
INNER REVEAL
内窗侧
WINDOW REVEAL

图 6－5　遮阳板拆卸方法

6.1.3　门边衬板

在客舱登机门及门周边装有衬板。其材料由玻璃纤维复合材料板组成，表面有一层装饰墙纸。以 B777 为例，上部门衬板安装了应急出口指示灯，通风口及乘务员氧气面罩等设备，左右垂直门边衬板装有门把手和 115 V 电插座，衬板用螺丝垫片固定(见图 6－6)。

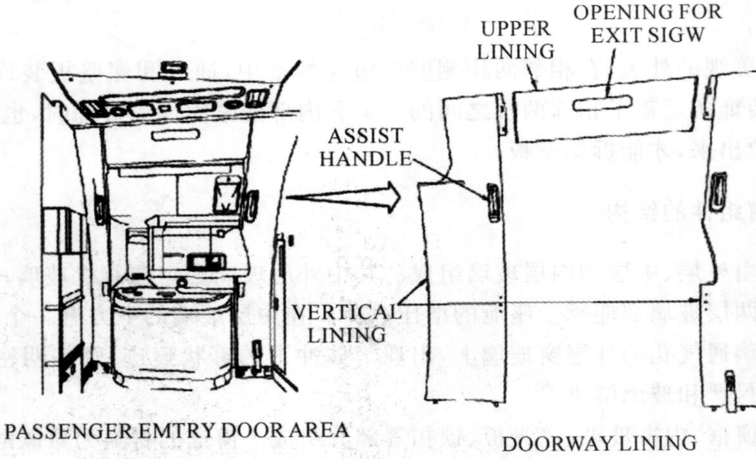
UPPER
LINING
OPENING FOR
EXIT SIGW
ASSIST
HANDLE
VERTICAL
LINING
PASSENGER EMTRY DOOR AREA
DOORWAY LINING

图 6－6　B777 门衬板

6.2　天花板的结构

6.2.1　天花板

天花板可分为上天花板和下天花板。上天花板指客舱中部位置较高的天花板；下天花板指飞机前、后进口处附近的天花板。

飞机的下天花板上方，有各种各样的设施汇聚于此，其上还装有金属框架，我们在这里不做详细探讨。下面仍以 B737 为例，介绍上天花板的结构和装拆要点（见图 6－7）。

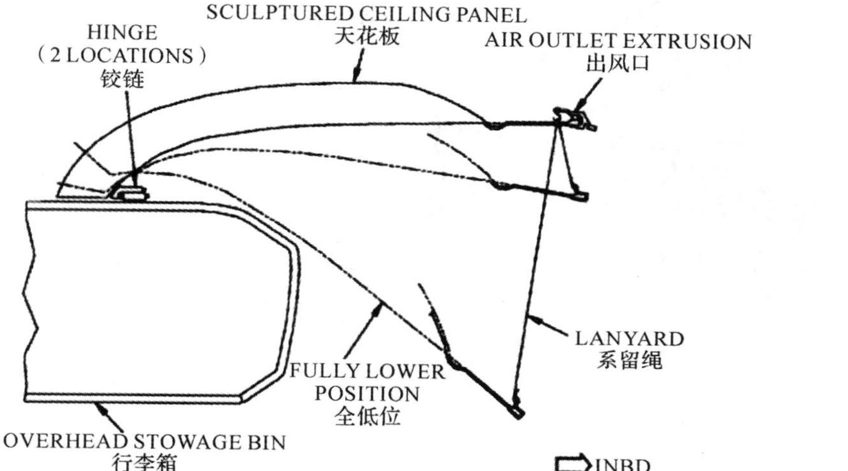
SCULPTURED CEILING PANEL
天花板
HINGE
(2 LOCATIONS)
铰链
AIR OUTLET EXTRUSION
出风口
LANYARD
系留绳
FULLY LOWER
POSITION
全低位
OVERHEAD STOWAGE BIN
行李箱
INBD
114723 S00041215676-V1
A-A
Ceiling Panels
Figure 2/25-21-01-990-802

图 6－7　B737 天花板

B737 天花板的材料也是压扁芯复合材料，向客舱内的一面贴有 Tedlar 装饰层材料。有关的维修步骤请参见本书第 13 章。

B737 客舱的上天花板，一端固定在沿机身纵向布置的空气喷嘴梁的槽上；一端通过钉在天花板背面的锁销装置，固定在行李箱上表面上的固定锁扣装置中（每块天花板上有两个这样的装置）。这套锁销锁扣装置设计得很巧妙。锁扣装置上有一个槽，天花板上的锁销能在此槽中滑动。通过操纵锁扣上的扣板，锁销能停在槽中的两个位置上：一个是槽的尽头，一个是槽上扣板的一个凹入缺口上。

安装天花板时，先按下锁扣装置上的扣板，使天花板上的锁销滑入槽的尽头，这时，整块天花板到了最靠近舷窗一侧的位置，这样就有余地使另一端的壁板对准空调喷嘴梁的槽。（此时，不要忘记将吊绳的钩子钩在天花板上的吊钩锁眼中，吊绳的另一端固定在飞机结构上）接着，将天花板向飞机中轴线一侧推，当壁板的一侧进入到空调喷嘴梁的槽中时，壁板的另一侧，锁销也恰好卡在扣板的凹入缺口处。这样就完成了上天花板的安装。这并不难理解，比如平时为将一块玻璃装入铝合金槽时，我们会先将玻璃的上端插入铝合金上槽的最深处，这样下端的玻璃就可以顺利对准下面的铝合金槽，慢慢将玻璃向下槽中放，最后玻璃处在上下槽之间，而并不会掉出来。安装天花板与此同理。

拆卸工作的原理和安装工作一样：首先，按压扣板，使锁销从凹入缺口滑出，用力将天花板向舷窗一侧推，锁销将滑到槽的尽头，这时，靠近飞机中轴线一侧的天花板从空调喷嘴梁上的槽中脱开，但吊绳将其钩住，避免了天花板突然脱开，可能会伤及到人员或损坏其表面的装饰层。然后再次按压扣板，将天花板向中轴线方向拉，当锁销从锁扣的槽中整个拉出，再从天花板上的吊钩锁眼中取下吊绳上的钩子，即可把天花板拆卸下来了。

B777 的上天花板固定形式有所不同，天花板旁有通风隔栅，天花板的一边放入卡槽固定，另一边用锁扣使之固定。有些天花板安装了旅客广播喇叭，拆卸时注意做好相关插头保护（见图 6－8）。

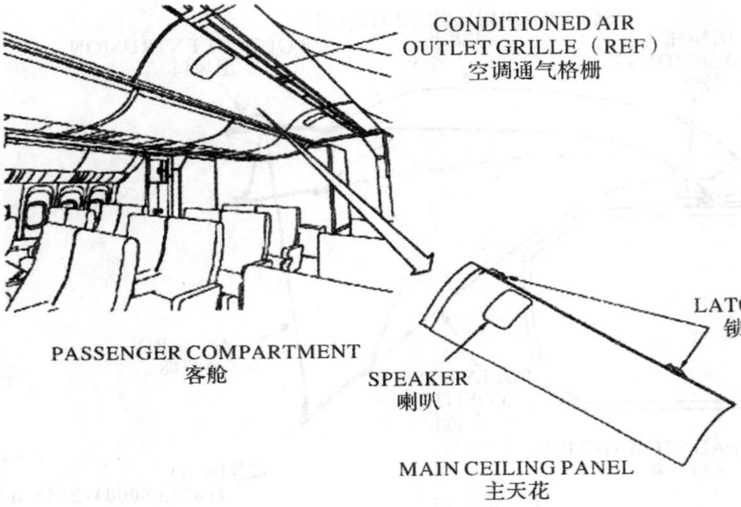
CONDITIONED AIR
OUTLET GRILLE（REF）
空调通气格栅
LATCHES
锁扣
PASSENGER COMPARTMENT
客舱
SPEAKER
喇叭
MAIN CEILING PANEL
主天花

图 6－8　通风隔栅

下天花位板于飞机前、后进口处附近区域。下天花板用螺丝或螺杆及垫片固定在飞机结构上，有些机型的下天花板内还存放着应急救生艇设备，如图 6—9 所示为 B737NG 的后区下天花。

6.2.2　隔离层（隔热棉）

去除侧壁板和天花板后，我们将看到，在飞机客舱段的隔框、后密封舱壁等结构上，覆盖有一层隔离层（隔热棉）。隔离层主要有吸热、吸音，阻挡紫外线等功用。它由几层不同的织物组成，芯材是玻璃纤维织物，有的中间还要加一层铅涂层纤维。两面是内、外覆盖层。几层材料用缝纫机钉在一起。织物的边缘缝有包边带（或称镶边条）。隔离层材料上开有孔，孔中装有尼龙锁眼。安装时，塑料钉之类的零件从隔离层的锁眼中穿过，将隔离层固定在机体结构上。修理或制作隔热棉必须按照手册进行，注意隔热棉拆装修理时必须佩带相关防护用品，防止吸入伤害工作者。具体隔热棉结构如图 6－10 所示。

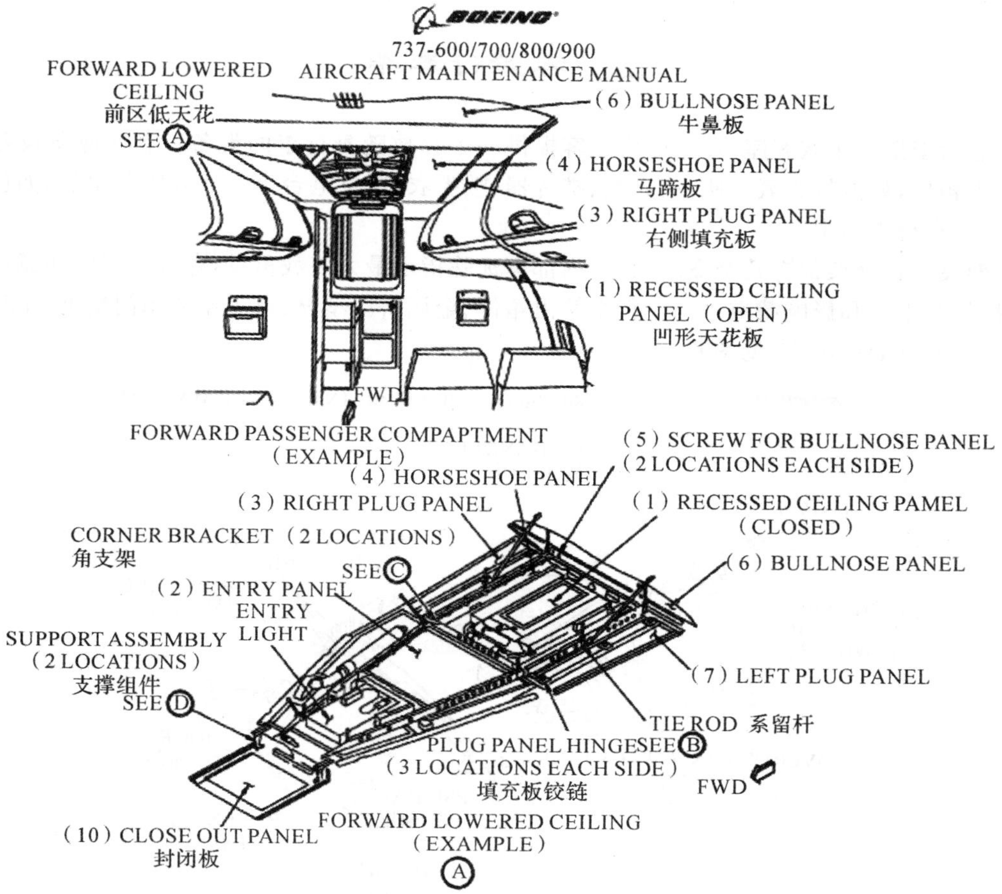
BOEING
737-600/700/800/900
AIRCRAFT MAINTENANCE MANUAL
FORWARD LOWERED CEILING
前区低天花
SEE A
(6) BULLNOSE PANEL
牛鼻板
(4) HORSESHOE PANEL
马蹄板
(3) RIGHT PLUG PANEL
右侧填充板
(1) RECESSED CEILING PANEL (OPEN)
凹形天花板
FWD
FORWARD PASSENGER COMPAPTMENT
(EXAMPLE)
(5) SCREW FOR BULLNOSE PANEL
(2 LOCATIONS EACH SIDE)
(4) HORSESHOE PANEL
(3) RIGHT PLUG PANEL
(1) RECESSED CEILING PAMEL
(CLOSED)
CORNER BRACKET (2 LOCATIONS)
角支架
SEE C
(6) BULLNOSE PANEL
(2) ENTRY PANEL
ENTRY
LIGHT
SUPPORT ASSEMBLY
(2 LOCATIONS)
支撑组件
SEE D
(7) LEFT PLUG PANEL
TIE ROD 系留杆
PLUG PANEL HINGESEE B
(3 LOCATIONS EACH SIDE)
填充板铰链
FWD
(10) CLOSE OUT PANEL
封闭板
FORWARD LOWERED CEILING
(EXAMPLE)
A

Forward lowered Ceiling Instsllstion
Figure 402 (Sheet 1 of 2) /25-21-71-990-801

SCREW:螺丝
ENTRY PANEL:接近板

图 6－9　B737NG 后区下天花板

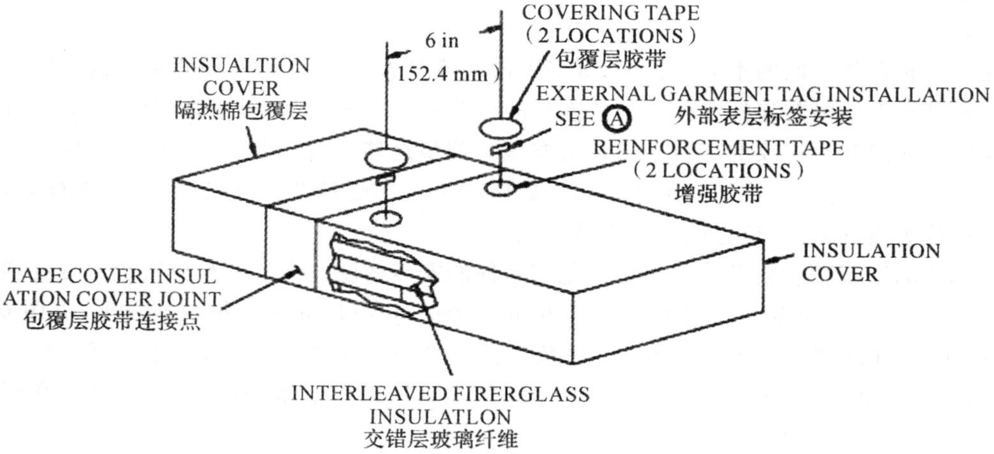
COVERING TAPE
(2 LOCATIONS)
包覆层胶带
6 in
152.4 mm
INSUALTION
COVER
隔热棉包覆层
EXTERNAL GARMENT TAG INSTALLATION
SEE A
外部表层标签安装
REINFORCEMENT TAPE
(2 LOCATIONS)
增强胶带
INSULATION
COVER
TAPE COVER INSUL
ATION COVER JOINT
包覆层胶带连接点
INTERLEAVED FIRERGLASS
INSULATLON
交错层玻璃纤维

图 6－10　隔热棉结构

6.3 客舱行李架

客舱行李架位于旅客座椅上方,为旅客提供一个存放随身行李的设备。有些应急设备存放在行李箱里,如携带式氧气瓶、灭火瓶、扩音器、救生衣、应急电台等。部分服务用品,如毯子等,也存放在行李箱中。

每架飞机行李架都有几个宽度尺寸,内部有标牌指示最大装载重量,存放行李时注意避免超重,损坏行李架和影响载重平衡。行李箱由箱体、金属挤压型材、行李箱的箱门组件、牛鼻板(bull nose panel)等组成(见图 6-11)。

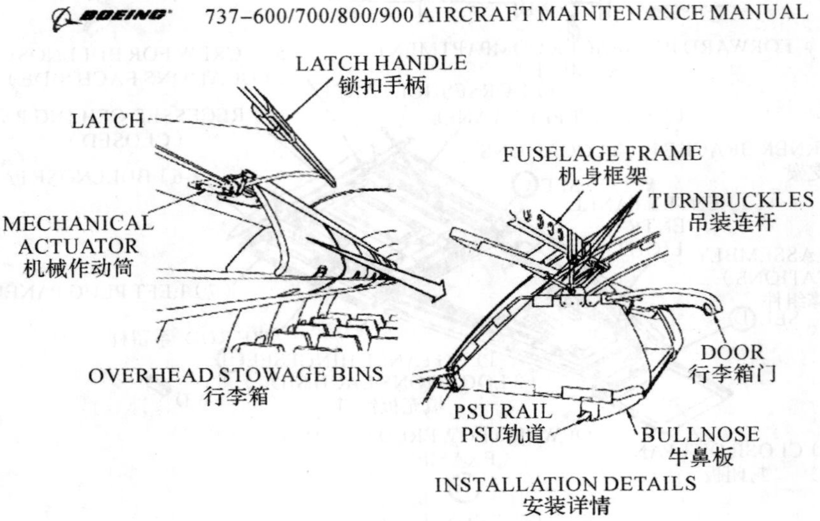
BOEING
737-600/700/800/900 AIRCRAFT MAINTENANCE MANUAL
LATCH HANDLE
锁扣手柄
LATCH
MECHANICAL
ACTUATOR
机械作动筒
FUSELAGE FRAME
机身框架
TURNBUCKLES
吊装连杆
DOOR
行李箱门
OVERHEAD STOWAGE BINS
行李箱
PSU RAIL
PSU轨道
BULLNOSE
牛鼻板
INSTALLATION DETAILS
安装详情

图 6-11 行李箱门组件

6.3.1 行李箱箱体

行李箱箱体的材料为覆盖有 Tedlar 装饰层的蜂窝结构复合材料,具体维修步骤参见本书第 13 章。

在行李箱箱体表面的不同位置上,有多个吊装连杆接头。行李箱就是通过这些接头和固定在飞机结构上的吊装连杆连接。吊装连杆的构造和固定厨房、厕所用的连杆的原理相同,连杆的长度可通过其上螺纹的旋合来伸长或缩短。调整这些连杆的长度,使整排的行李箱在同一条直线上,并不是一件容易的工作,因此,如果前次工作已经调校好,拆卸这些连杆时,要用胶带将连杆头裹起来,以免它的长度有所变化。

行李箱的安装精度会影响客舱内其他零部件的安装精度。为了使整排行李箱处在同一直线上,相邻两个行李箱上方的连接接头,将用同一个销钉穿过,固定在吊装连杆上(见图 6-12 和图 6-13)。在相邻两个行李箱的下方,装有前排金属挤压型材的地方,还插有一根连接螺栓,将行李箱的底部连接在一起。注意:这个螺栓不是用螺母上紧的,而是用一个卡在螺栓杆身径向槽内的卡簧锁紧的。

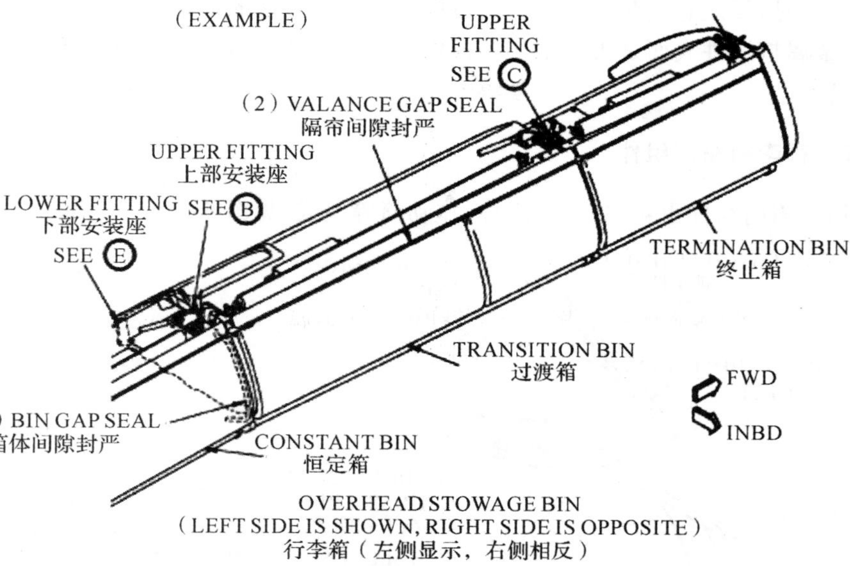

(EXAMPLE)
UPPER FITTING
SEE C
(2) VALANCE GAP SEAL
隔帘间隙封严
UPPER FITTING
上部安装座
LOWER FITTING
下部安装座
SEE B
SEE E
TERMINATION BIN
终止箱
TRANSITION BIN
过渡箱
FWD
INBD
(22) BIN GAP SEAL
箱体间隙封严
CONSTANT BIN
恒定箱
OVERHEAD STOWAGE BIN
(LEFT SIDE IS SHOWN, RIGHT SIDE IS OPPOSITE)
行李箱（左侧显示，右侧相反）

图 6－11　行李箱连杆

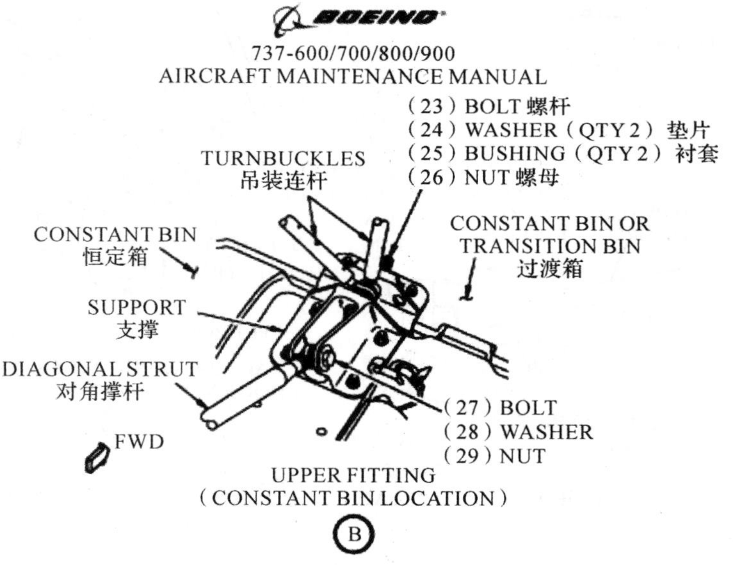

BOEING
737-600/700/800/900
AIRCRAFT MAINTENANCE MANUAL
(23) BOLT 螺杆
(24) WASHER (QTY 2) 垫片
(25) BUSHING (QTY 2) 衬套
(26) NUT 螺母
TURNBUCKLES
吊装连杆
CONSTANT BIN
恒定箱
CONSTANT BIN OR
TRANSITION BIN
过渡箱
SUPPORT
支撑
DIAGONAL STRUT
对角撑杆
FWD
(27) BOLT
(28) WASHER
(29) NUT
UPPER FITTING
(CONSTANT BIN LOCATION)
B

图 6－13　连杆 B—B 剖视图

当行李箱装好后，同样，为美观起见，相邻两行李箱之间的缝隙，将通过插入的装饰条进行掩盖。

有的行李箱上部，还安装有荧光灯的灯座和镇流器，并安装有固定天花板的锁扣装置。

行李箱下表面处，装有前后两排金属挤压型材。

前排金属挤压型材容纳了门锁组件，并为其提供了安装点。挤压型材上盖有装饰条和表示座位号的标志。遮盖了内部的门锁组件等结构。

后排的金属挤压型材一是为容纳 PSU 面板，二是和前排挤压件一起，固定牛鼻板。

维修维护时，要注意这些薄壁的金属挤压件是否有腐蚀的迹象；其安装连接件处是否有腐蚀的迹象；金属挤压件表面是否有划伤等损伤。如果有，需进行打磨和防腐处理。损坏严重的要予以更换。

6.3.2 行李箱箱门组件

行李箱的箱门组件由箱门、门锁组件、作动筒等组成（见图 6－14）。

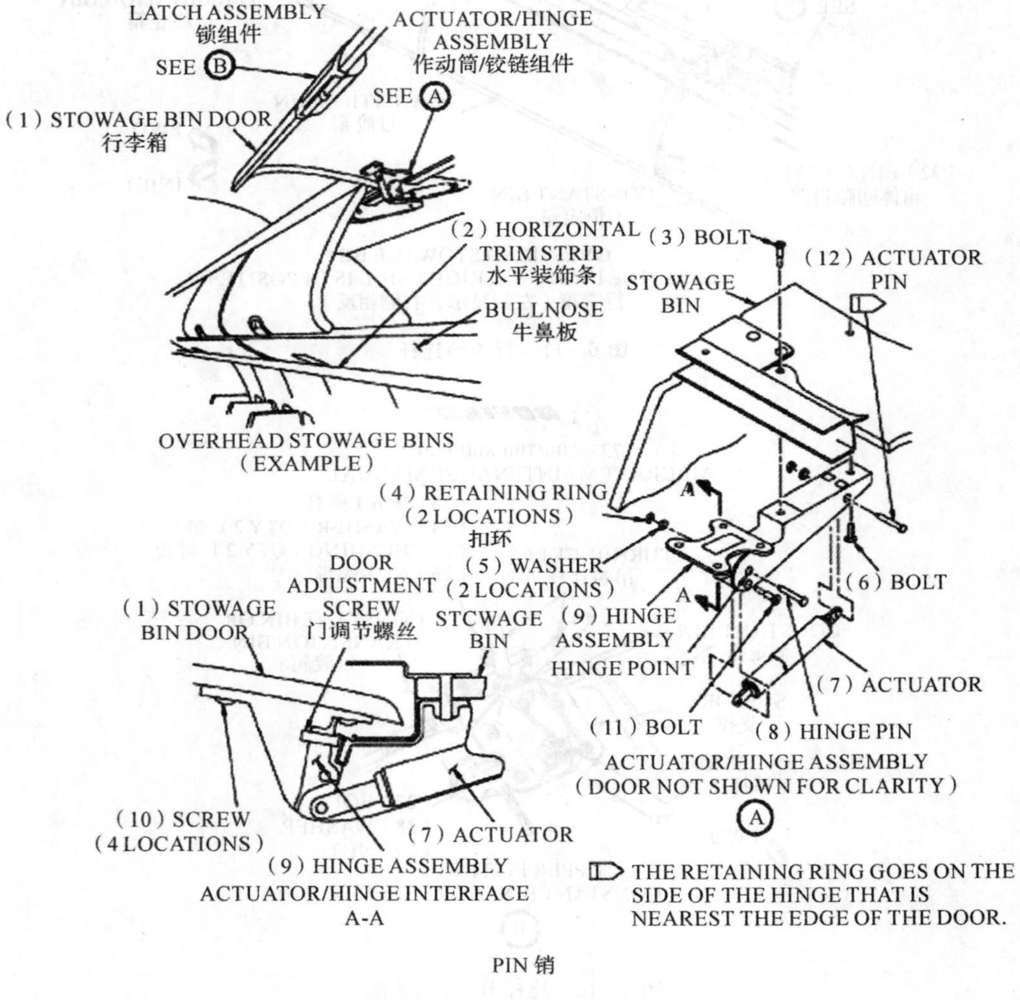
LATCH ASSEMBLY
锁组件
SEE B
ACTUATOR/HINGE ASSEMBLY
作动筒/铰链组件
SEE A
(1) STOWAGE BIN DOOR
行李箱
(2) HORIZONTAL TRIM STRIP
水平装饰条
BULLNOSE
牛鼻板
OVERHEAD STOWAGE BINS (EXAMPLE)
(3) BOLT
STOWAGE BIN
(12) ACTUATOR PIN
(4) RETAINING RING (2 LOCATIONS)
扣环
(5) WASHER (2 LOCATIONS)
DOOR ADJUSTMENT SCREW
门调节螺丝
(1) STOWAGE BIN DOOR
STCWAGE BIN
(9) HINGE ASSEMBLY
HINGE POINT
(6) BOLT
(7) ACTUATOR
(11) BOLT
(8) HINGE PIN
ACTUATOR/HINGE ASSEMBLY (DOOR NOT SHOWN FOR CLARITY)
A
A
A
(10) SCREW (4 LOCATIONS)
(7) ACTUATOR
(9) HINGE ASSEMBLY
ACTUATOR/HINGE INTERFACE
A-A
THE RETAINING RING GOES ON THE SIDE OF THE HINGE THAT IS NEAREST THE EDGE OF THE DOOR.
PIN 销

图 6－14 行李箱门组件

平时，行李箱的箱门通过锁扣装置扣在行李箱箱体上。当按压门锁组件上的长方形 PUSH 按钮，锁扣松开，箱门在作动筒的作用下打开。

箱门通过合页、作动筒组件铰接在行李箱。

6.3.3 门锁组件

门锁组件中有一根细长的杆件，它将按压 PUSH 按钮的转动运动传到箱门两侧的锁扣装置上。门锁组件的锁扣装置上有紧固螺钉，门锁组件通过这些螺钉固定在前排金属挤压型材上，金属挤压型材又通过螺钉固定在复合材料的箱体上。

PUSH 按钮露在外面，使用时间长了，表面会发生氧化和褪色，影响美观。维修处理方法是：

1)用研磨机对其进行研磨；

2)用喷砂机对其进行喷砂处理；

3)进行抛光处理；

4)在其表面喷光亮烤漆。

6.3.4　作动筒组件

通常作动筒的套筒铰接在箱体内，作动筒组件的活塞杆铰接在箱门上。作动筒与箱体的连接方式也存在其他形式的设计。

6.3.5　牛鼻板组件

牛鼻板位于行李箱的下方，扣在前后两排的金属挤压件上，并用螺钉固定，是一块倾斜的面板。通过牛鼻板，行李箱和 PSU 面板之间形成一条完整的轮廓曲线。

牛鼻板的另一个作用是安装通道灯，通道灯每隔一个行李箱有一盏，走道两侧行李箱上的灯是交错分布的。

6.3.6　PSU 面板和填充板

如前所述，旅客座椅上方的旅客服务组件提供下列服务：独立的通风孔、应急氧气、阅读灯、呼叫按钮、呼叫灯；不准吸烟和系好安全带标牌；广播喇叭等(见图 6－15)。我们知道，在厕所内和乘务员工作区，也有类似装置，分别称为 LSU(厕所服务组件)和 ASU(乘务员服务组件)，这里我们要讨论的是 PSU 面板的安装和拆卸过程。

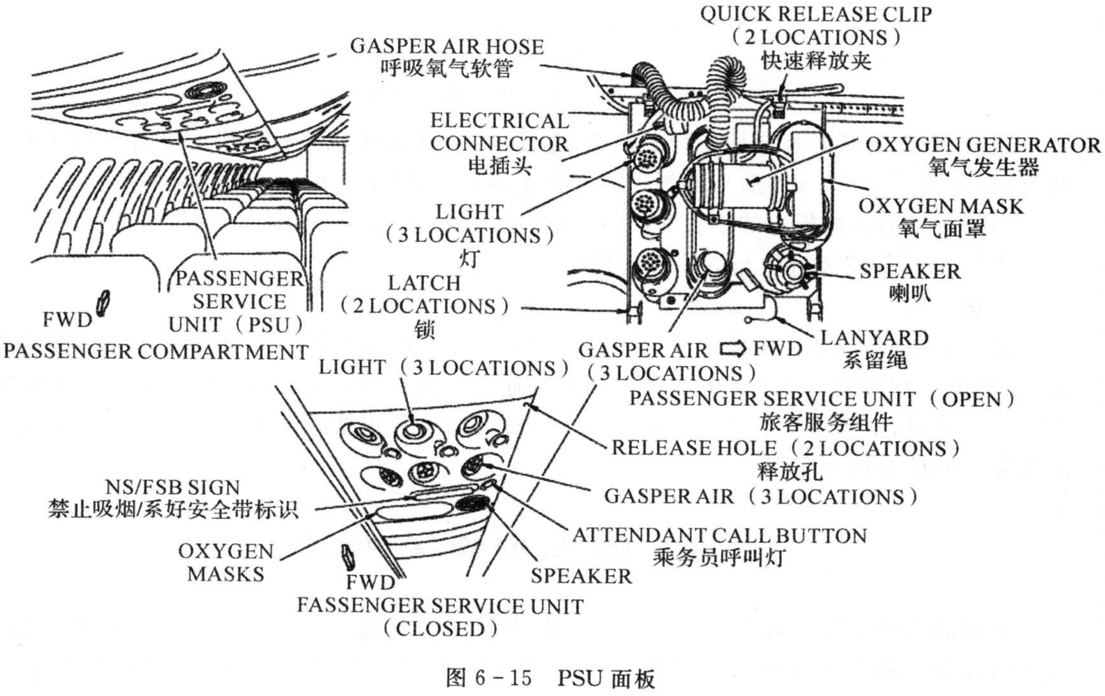
QUICK RELEASE CLIP
(2 LOCATIONS)
快速释放夹
GASPER AIR HOSE
呼吸氧气软管
ELECTRICAL CONNECTOR
电插头
OXYGEN GENERATOR
氧气发生器
OXYGEN MASK
氧气面罩
LIGHT
(3 LOCATIONS)
灯
SPEAKER
喇叭
LATCH
(2 LOCATIONS)
锁
PASSENGER SERVICE UNIT (PSU)
FWD
PASSENGER COMPARTMENT
GASPER AIR ⇨ FWD
(3 LOCATIONS)
LANYARD
系留绳
LIGHT (3 LOCATIONS)
PASSENGER SERVICE UNIT (OPEN)
旅客服务组件
RELEASE HOLE (2 LOCATIONS)
释放孔
NS/FSB SIGN
禁止吸烟/系好安全带标识
GASPER AIR (3 LOCATIONS)
ATTENDANT CALL BUTTON
乘务员呼叫灯
OXYGEN MASKS
SPEAKER
FWD
FASSENGER SERVICE UNIT
(CLOSED)

图 6－15　PSU 面板

1. 旅客服务组件 PSU

旅客服务组件的材料为 Tedlar 包铝材料。

旅客服务组件位于行李箱后排金属挤压型材和飞机侧壁挤压型材之间。每个装置的外侧边用两个铰链形夹子支撑,而内侧边用锁扣装置扣紧。在 PSU 面板内侧的表面上有两个小孔,这是用来拆卸面板的。

拆卸面板时,用一根较细的内六角扳手或其他尖细的工具,插入这两个孔向上戳,就能打开面板内侧的锁扣,放下 PSU 面板的一端。此时能看到 PSU 面板的内部。在面板上有吊钩锁眼,用吊绳钩住,吊绳的长度可有两个选择,使面板打开不同的角度(见图 6-16)。

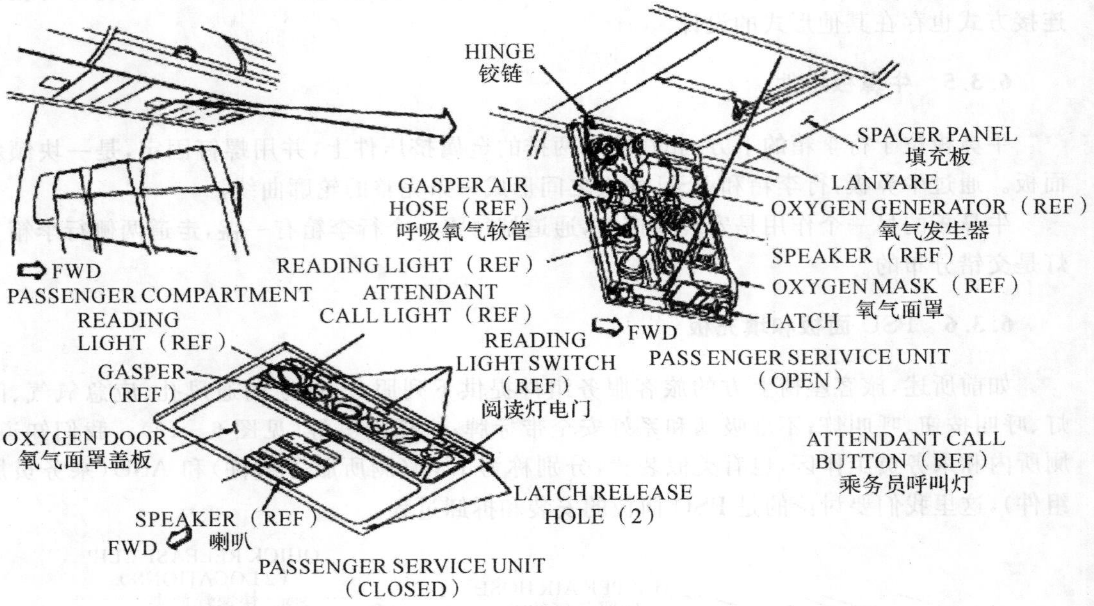
HINGE
铰链
SPACER PANEL
填充板
GASPER AIR
HOSE (REF)
呼吸氧气软管
LANYARE
OXYGEN GENERATOR (REF)
氧气发生器
SPEAKER (REF)
FWD
PASSENGER COMPARTMENT
READING LIGHT (REF)
OXYGEN MASK (REF)
氧气面罩
ATTENDANT
CALL LIGHT (REF)
LATCH
FWD
READING
LIGHT (REF)
READING
LIGHT SWITCH
(REF)
阅读灯电门
PASS ENGER SERIVICE UNIT
(OPEN)
GASPER
(REF)
OXYGEN DOOR
氧气面罩盖板
ATTENDANT CALL
BUTTON (REF)
乘务员呼叫灯
LATCH RELEASE
HOLE (2)
SPEAKER (REF)
喇叭
FWD
PASSENGER SERVICE UNIT
(CLOSED)

图 6-16 PSU 面板内部组件

这时,首先要断开各空调支管的接头,电器插头等(这些软管和导线通常都预留了一定的长度,以备改装之需)。然后从面板外侧的夹子装置上,取下面板。

当用工具插入面板上的小孔时,要特别小心不能划伤小孔周围的装饰层表面。

PSU 面板的安装过程与拆卸过程相反。

2. 填充板

由于 PSU 面板处在座椅上方的一定位置上,所以相邻两个 PSU 面板之间需要安装填充板,在座椅上方形成一个平整的表面。填充板通过锁扣装置固定在箱体和机体侧壁的结构上。当进行改装时,由于座椅的位置变动了,PSU 面板的位置也要跟着移动,此时,可以通过更换不同宽度的填充板来实现。

6.4 隔板、储物柜和地柜

客舱隔板用于把客舱分隔为不同的区域,如乘务员休息区、头等舱、公务舱及经济舱。一些客舱设备如乘务员座椅、乘务员配餐板、设备柜、杂志袋、电视屏等设备安装在隔板上,有些隔板上还提供婴儿摇篮安装孔，B777 隔板如图 6-17 所示。

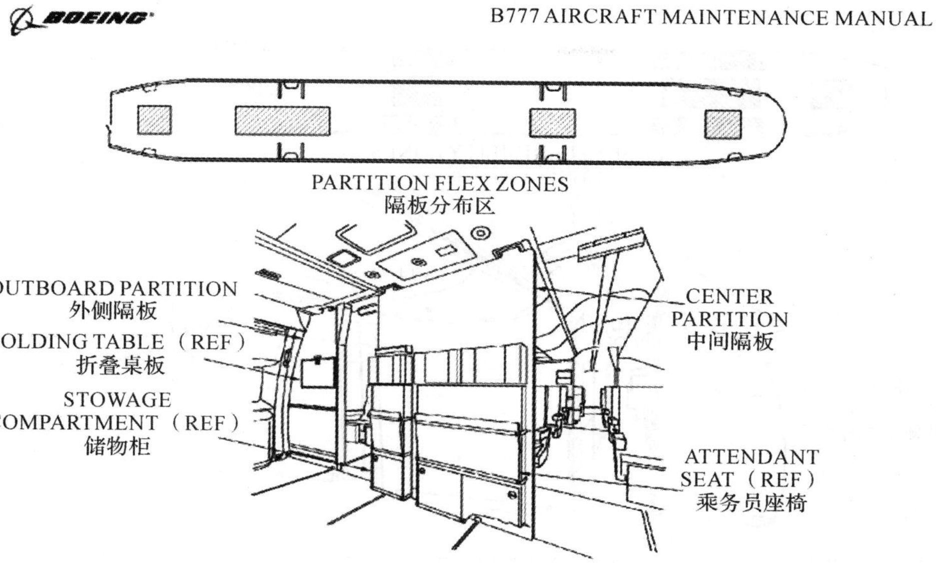
BOEING
B777 AIRCRAFT MAINTENANCE MANUAL
PARTITION FLEX ZONES
隔板分布区
OUTBOARD PARTITION
外侧隔板
FOLDING TABLE (REF)
折叠桌板
STOWAGE COMPARTMENT (REF)
储物柜
CENTER PARTITION
中间隔板
ATTENDANT SEAT (REF)
乘务员座椅

图 6-17　B777 隔板

隔板的安装从地板一直延伸到天花板，上部用连杆连接到机身结构固定，连杆可以调整长度使隔板稳定支撑。如果有带电设备一般电插头在隔板顶部。而隔板底部则用螺杆及安装座固定，外面则用踢脚板装饰遮盖底部，隔板旁过道处大部分安装了门帘。拆装隔板需要先断开相关影响的设备和跳开关、电插头，做好插头保护。然后断开顶部连杆连接及下部固定座，就能拆下隔板(见图 6-18)。

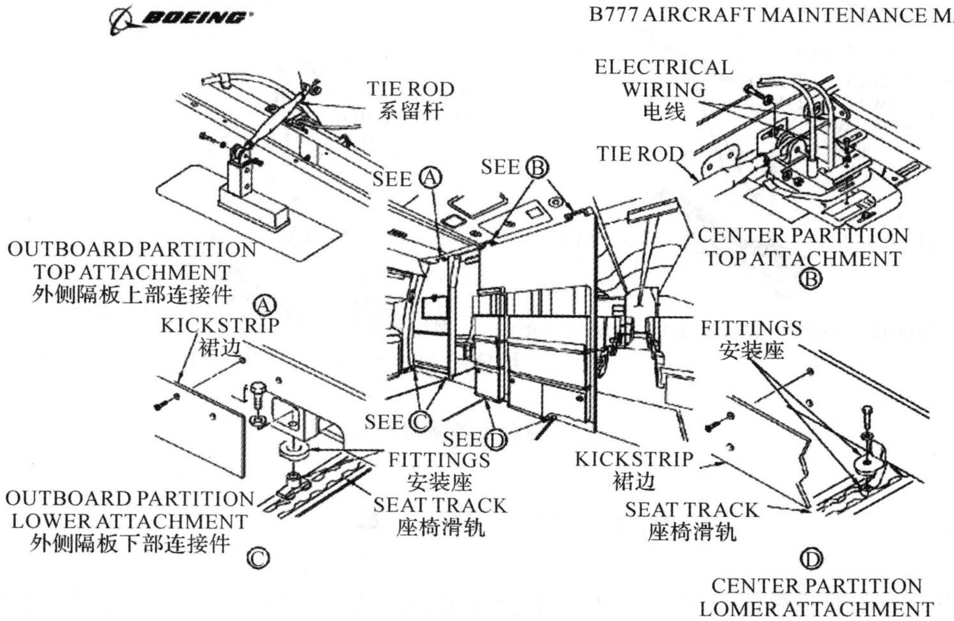
BOEING
B777 AIRCRAFT MAINTENANCE MANUAL
TIE ROD
系留杆
ELECTRICAL WIRING
电线
TIE ROD
SEE Ⓐ
SEE Ⓑ
OUTBOARD PARTITION TOP ATTACHMENT
外侧隔板上部连接件
Ⓐ
CENTER PARTITION TOP ATTACHMENT
Ⓑ
KICKSTRIP
裙边
FITTINGS
安装座
SEE Ⓒ
SEE Ⓓ
FITTINGS
安装座
SEAT TRACK
座椅滑轨
KICKSTRIP
裙边
SEAT TRACK
座椅滑轨
OUTBOARD PARTITION LOWER ATTACHMENT
外侧隔板下部连接件
Ⓒ
Ⓓ
CENTER PARTITION LOMER ATTACHMENT

图 6-18　隔板的移除

储物柜的安装形式与隔板基本一致，为机组衣服、机上设施设备及应急设备提供存放处(6-19)。

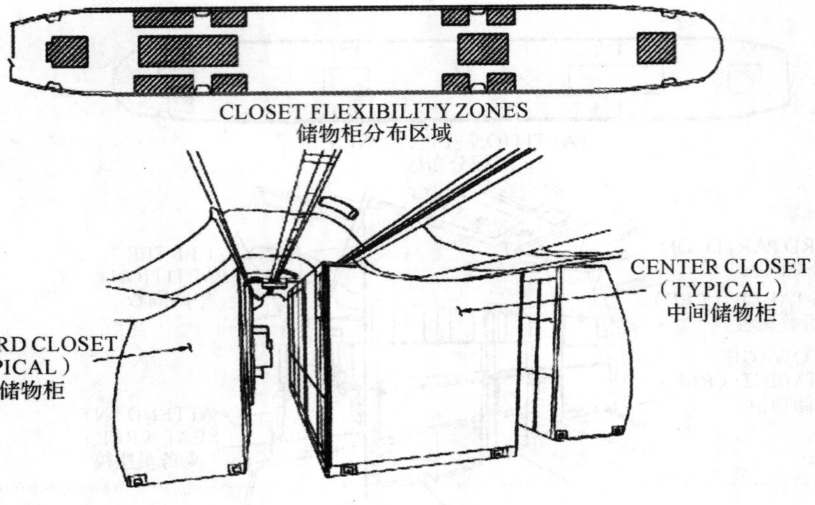
CLOSET FLEXIBILITY ZONES
储物柜分布区域
CENTER CLOSET
(TYPICAL)
中间储物柜
OUTBOARD CLOSET
(TYPICAL)
外侧储物柜

图 6-19 储物柜安装形式

储物柜还有一种只用座椅滑轨固定的储物柜(俗称狗屋)，一般安装在最后一排座椅后方，用于存放应急设备，具体如图 6-20 所示。

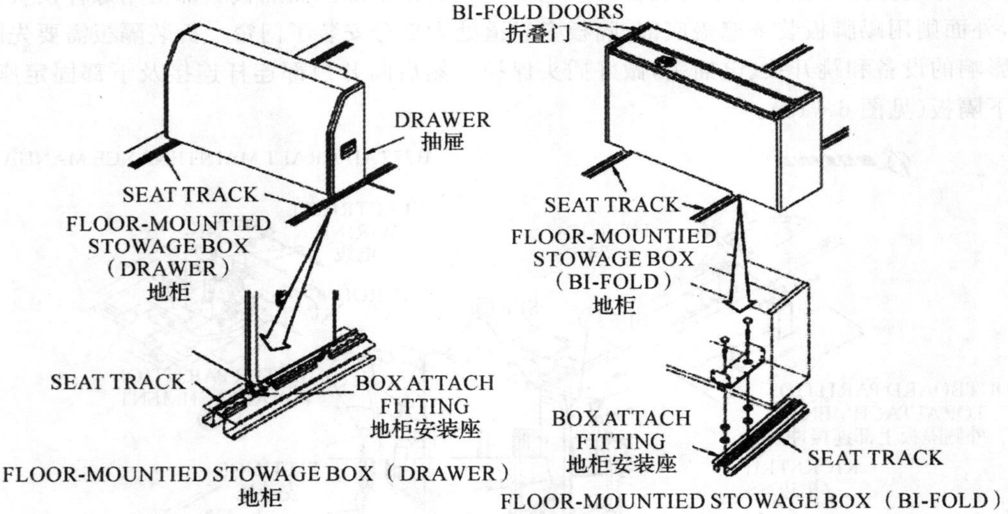
BI-FOLD DOORS
折叠门
DRAWER
抽屉
SEAT TRACK
FLOOR-MOUNTIED
STOWAGE BOX
(DRAWER)
地柜
SEAT TRACK
BOX ATTACH
FITTING
地柜安装座
FLOOR-MOUNTIED STOWAGE BOX (DRAWER)
地柜
SEAT TRACK
FLOOR-MOUNTIED
STOWAGE BOX
(BI-FOLD)
地柜
BOX ATTACH
FITTING
地柜安装座
SEAT TRACK
FLOOR-MOUNTIED STOWAGE BOX (BI-FOLD)
地柜

图 6-20 应急设备储物柜

6.5 休 息 室

休息室分为主舱机组休息室(MDFCR)和下乘务员休息区域(LLAR)。主要提供给长距离飞行时机组和乘务员休息睡眠的区域，以下分别进行介绍。

6.5.1　主舱机组休息室(MDFCR)

主舱机组休息室提供给长途飞行时不当班的机组休息使用，而且 FCR 只能在巡航时使用。以 B777 为例，机组休息室位于客舱左 1 号门前面，如图 6－21 所示。

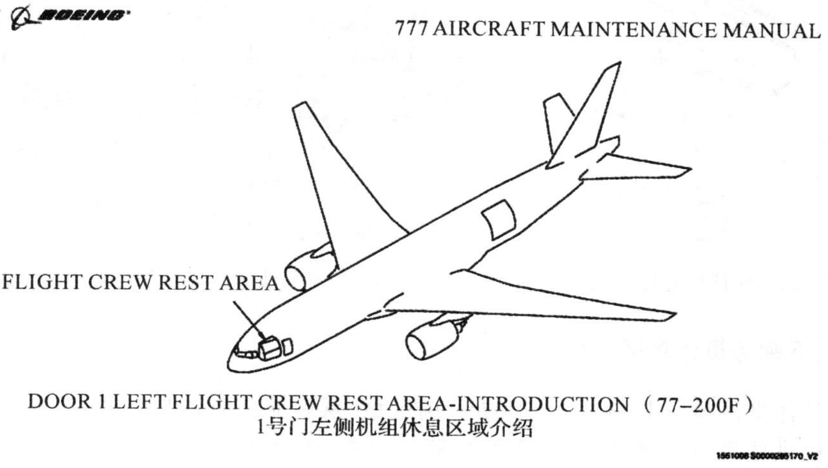
BOEING
777 AIRCRAFT MAINTENANCE MANUAL
FLIGHT CREW REST AREA
DOOR 1 LEFT FLIGHT CREW REST AREA-INTRODUCTION（77–200F）
1号门左侧机组休息区域介绍

图 6－21　主舱机组休息室

(1)机组休息室主要有以下设备，包括：

1)灯光系统；

2)乘务员呼叫按钮；

3)音频娱乐系统；

4)(客舱内话)耳机；

5)通风系统；

6)温度控制设备；

7)烟雾探测器；

8)手提氧气设备；

9)大衣挂钩；

10)安全带；

11)其他应急设备；

(2)典型描述：

B777 的机组休息室利用 3 个座椅滑轨固定点及一个固定点连接在地板上，其顶部利用两根连杆固定在飞机结构上。机组休息室同时连接着驾驶舱后壁板，分解后的机组休息室可从客舱登机门卸下。

机组休息室的电源插头位于其头顶天花板内，可通过拆下相邻过道的头顶天花板接近(见图 6－22 和图 6－23)。

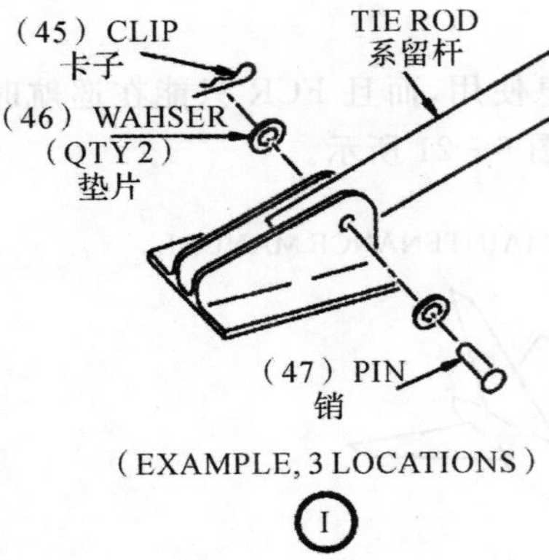
(45) CLIP
卡子
TIE ROD
系留杆
(46) WAHSER
(QTY 2)
垫片
(47) PIN
销
(EXAMPLE, 3 LOCATIONS)
I

图 6-22　连杆的连接形式

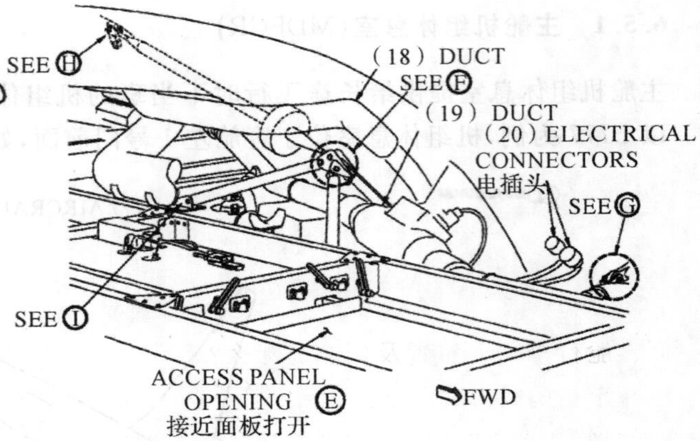
SEE H
(18) DUCT
SEE F
(19) DUCT
(20) ELECTRICAL
CONNECTORS
电插头
SEE G
SEE I
ACCESS PANEL
OPENING E
接近面板打开
FWD

图 6-23　休息室头顶通风口和电插头的连接部位

6.5.2　下乘务员休息区域(LLAR)

下乘务员休息区域(LLAR)位于后货舱前区域,从客舱内有进口可进入,主要为乘务员在长途飞行中提供休息睡眠区域,休息室的位置如图 6-24 所示。

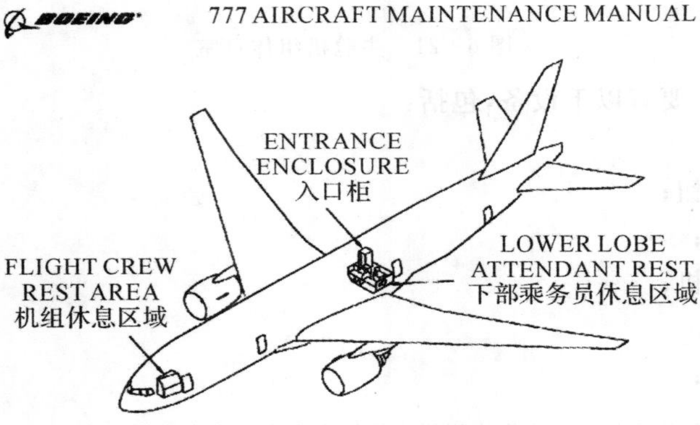
777 AIRCRAFT MAINTENANCE MANUAL
ENTRANCE
ENCLOSURE
入口柜
FLIGHT CREW
REST AREA
机组休息区域
LOWER LOBE
ATTENDANT REST
下部乘务员休息区域

图 6-24　下乘务员休息区域

下乘务员休息室里主要包括以下设备:

1)灯光设备;

2)旅客广播;

3)内话耳机;

4)通风设备;

5)温度控制设备;

6)烟雾探测器;

7)灭火器;

8)手提氧气设备;

9)其他应急设备。

B777 的乘务员休息室除了正常出口还有一个紧急逃离的出口,供紧急情况使用。

习　　题

1. 客舱内部轮廓由什么组成?
2. 侧壁板是由什么材料制成的?
3. 客舱内窗组件由什么部件组成?
4. 天花板分为哪几种类型?
5. 隔离层的作用是什么?
6. 客舱行李架的位置及作用是什么?
7. 行李箱门组件由什么部件组成?
8. 修理 PUSH 按钮的具体方法是什么?
9. PSU 面板的作用是什么?
10. 机组休息室有哪些设备?

第7章 灯光系统

飞机灯光系统通常包括：驾驶舱、客舱、货舱、电子设备舱和各勤务舱的灯光、飞机外部的灯光系统和应急灯系统（见图 7－1）。

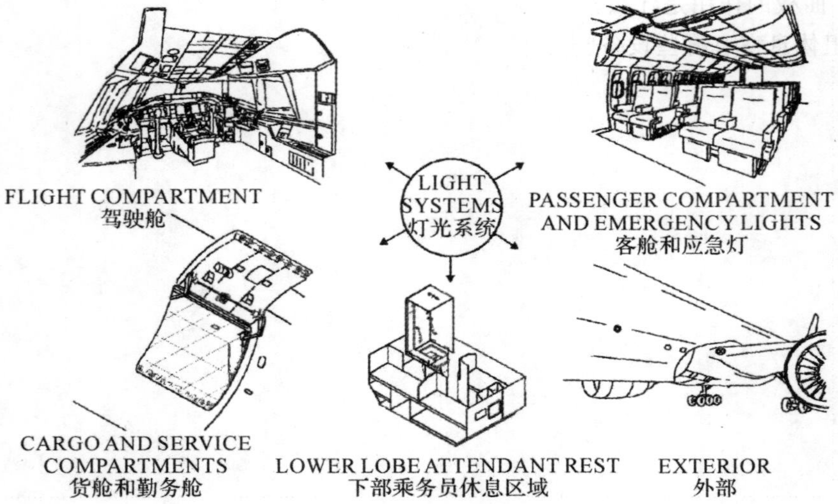

FLIGHT COMPARTMENT
驾驶舱
LIGHT SYSTEMS
灯光系统
PASSENGER COMPARTMENT AND EMERGENCY LIGHTS
客舱和应急灯
CARGO AND SERVICE COMPARTMENTS
货舱和勤务舱
LOWER LOBE ATTENDANT REST
下部乘务员休息区域
EXTERIOR
外部

图 7－1　飞机灯光系统

本章我们只对客舱灯光和客舱内的应急灯作一个简单的介绍，因为在拆装行李箱组件、侧壁板、PSU（旅客服务组件）、地板压条等设施时，也会涉及客舱内的灯光系统。

7.1　客舱灯光系统

7.1.1　灯光系统的应用现状和发展历程

老式窄体机客舱灯光设计通常采用经验方法，采用性能熟悉的灯具（荧光管和白炽灯），也没有对客舱设施设备进行统一维护管理，在调试和改装环节比较被动。设计时也较少考虑旅客的舒适感、电力消耗和维护成本。

随着技术日新月异，旅客对客舱的要求越来越高，全球能源匮乏，客舱灯光设计不再局限于满足照明需求，还要综合考虑旅客舒适度、客舱环境的质量、能耗和维护成本等。因此，采用软件对客舱灯光照度进行仿真计算，确定灯具的亮度、布局。B787 飞机使用德国 DLE 公司的 LED 照明系统，取代传统的荧光管，并利用可以变幻色彩及明亮度的 LED 数组营造出仿真

「天空」的天花板效果，提升旅客对空间感知度的模拟天空，提高乘客的舒适感。LED 技术在节约一半电力消耗的同时，还大大降低了维护成本。A380 飞机客舱内的灯光设计也颇费心机：白天打暖灯光，夜晚就打成星空灯。

7.1.2　传统灯具介绍及对比

飞机上选装灯具一般有两种，荧光灯和白炽灯，下面对这 2 种灯具进行简单介绍。

1. 荧光灯主要结构及拆装要点

(1)主要结构：每一个荧光灯有两支灯管、一个镇流器和一个灯罩。

(2)拆装要点：灯罩边框里有四个凹槽，操作者可以使用内六角工具释放灯罩边框。当从组件中释放灯罩边框时，有 4 条索扣扣住边框。每一个灯都有快卸螺丝。下天花铰链面板能让操作者接近镇流器(见图 7－2)。

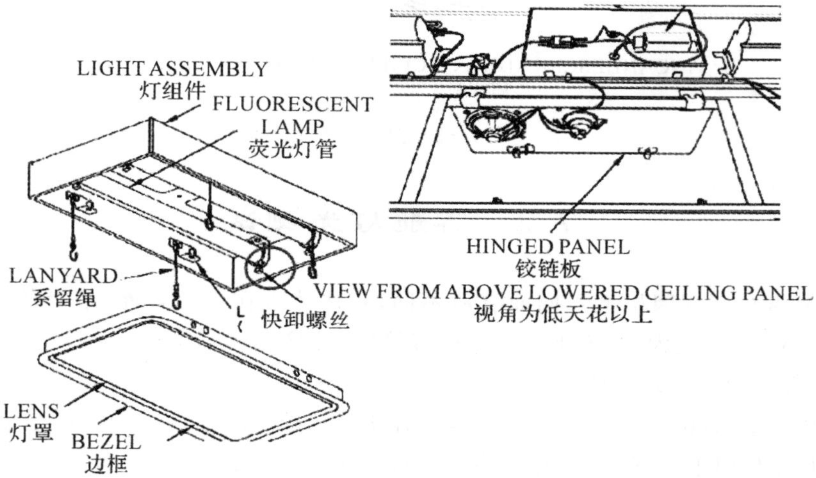
LIGHT ASSEMBLY
灯组件
FLUORESCENT
LAMP
荧光灯管
HINGED PANEL
铰链板
LANYARD
系留绳
VIEW FROM ABOVE LOWERED CEILING PANEL
视角为低天花以上
快卸螺丝
LENS
灯罩
BEZEL
边框

图 7－2　荧光灯拆装

2. 白炽灯主要结构及拆装要点

(1)主要结构。

1)灯罩边框/灯罩护圈；

2)灯罩；

3)4 个凸块；

4)4 个凹槽；

5)灯；

6)手柄 LEVER，可以使用手柄将灯固定在某一个位置。

(2)拆装要点。

1)按压灯罩边框/灯罩护圈；

2)逆时针旋转护圈直到凸块与凹槽分离；

3)向下拉(见图 7－3)。

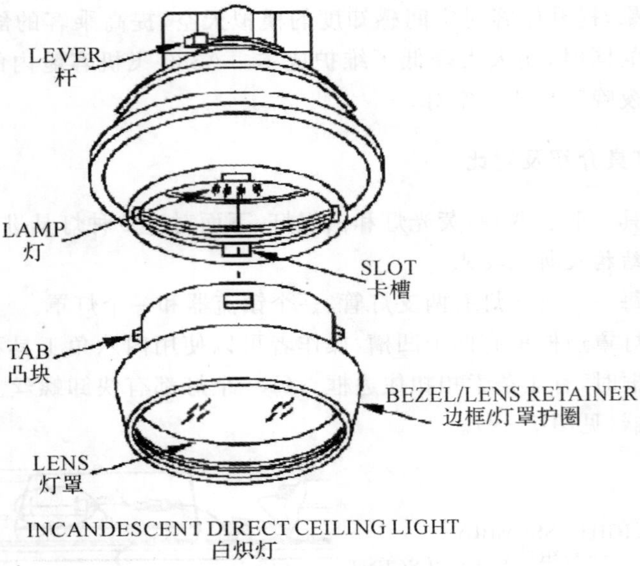
LEVER
杆
LAMP
灯
SLOT
卡槽
TAB
凸块
BEZEL/LENS RETAINER
边框/灯罩护圈
LENS
灯罩
INCANDESCENT DIRECT CEILING LIGHT
白炽灯

图 7－3　白炽灯拆装

7.2　客舱灯光测试

客舱灯光调试流程因机型不同而有所不同，具体体现在调试界面、信息传递等。下面以B777 飞机和 A330 飞机为例，简单介绍飞机客舱灯光测试。

1. B777 飞机客舱灯光测试

CSCP(Cabin System Control Panel 全称客舱系统控制面板)，全客舱只有 1 个，安装在客舱中厨房。CSCP 用于测试、安装和编辑 CMS(Cabin Management System，全称客舱管理系统)的软件。CSCP 拥有大量的存储设备，用于储存 CMS 的程序数据和测试结果。

CACP(Cabin Area Control Panel)，全称客舱区域控制面板，客舱一共安装 3 个，分别对前区、中区和后区进行控制，乘务员使用 CSCP 和 CACP 选择客舱灯光设置和实施其他监控功能(见图 7－4)。

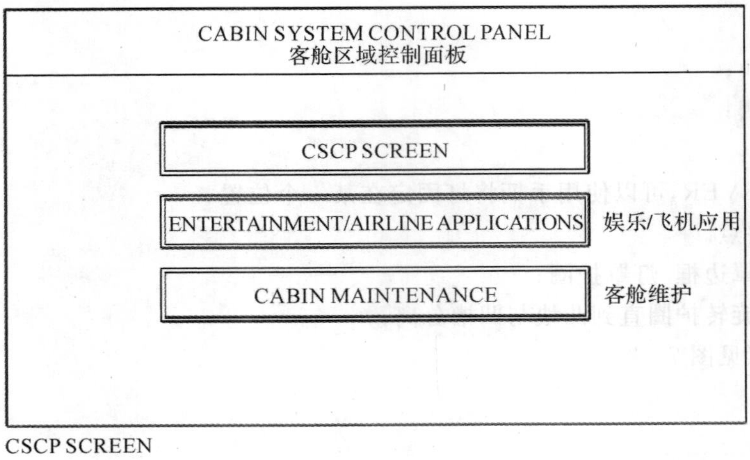
CABIN SYSTEM CONTROL PANEL
客舱区域控制面板
CSCP SCREEN
ENTERTAINMENT/AIRLINE APPLICATIONS
娱乐/飞机应用
CABIN MAINTENANCE
客舱维护
CSCP SCREEN

图 7－4　CSCP 主界面

在 CSCP 界面上点击 CABIN MAINTENANCE，进入客舱维护界面；点击 CABIN TESTS，进入客舱测试界面；选择 LAMPS TEST，进入灯光测试界面(见图7-5)。

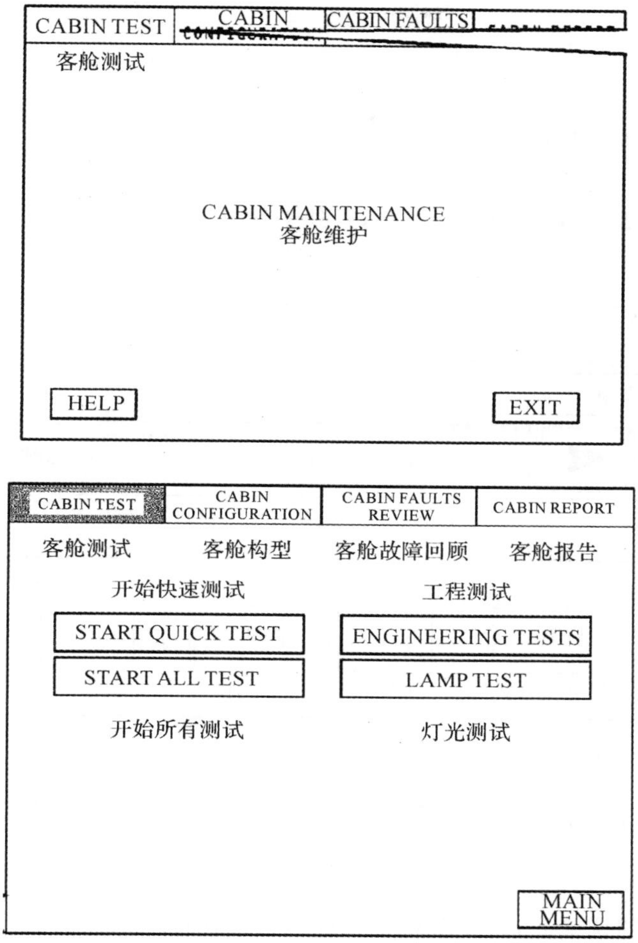
CABIN TEST
CABIN
CABIN FAULTS
客舱测试
CABIN MAINTENANCE
客舱维护
HELP
EXIT
CABIN TEST
CABIN CONFIGURATION
CABIN FAULTS REVIEW
CABIN REPORT
客舱测试
客舱构型
客舱故障回顾
客舱报告
开始快速测试
工程测试
START QUICK TEST
ENGINEERING TESTS
START ALL TEST
LAMP TEST
开始所有测试
灯光测试
MAIN MENU

图 7-5　进入灯光测试界面

灯光测试界面包含所有客舱灯的测试电门。触摸电门可对客舱灯光进行调节、测试(见图7-6)。

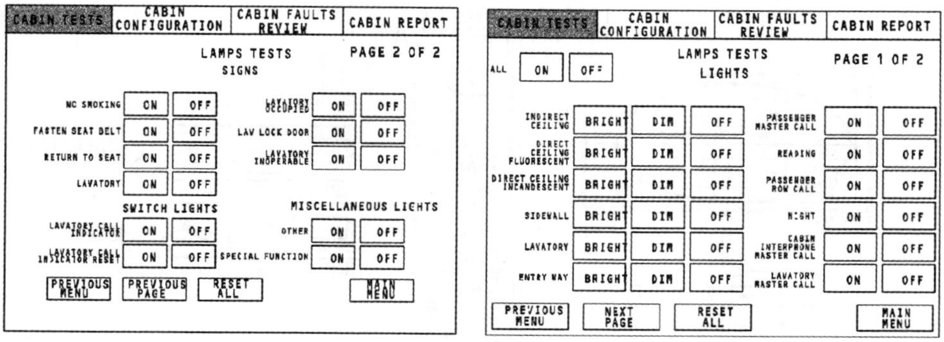
CABIN TESTS
CABIN CONFIGURATION
CABIN FAULTS REVIEW
CABIN REPORT
LAMPS TESTS
SIGNS
PAGE 2 OF 2
NO SMOKING
FASTEN SEAT BELT
RETURN TO SEAT
LAVATORY
LAV LOCK DOOR
ON
OFF
SWITCH LIGHTS
MISCELLANEOUS LIGHTS
OTHER
SPECIAL FUNCTION
PREVIOUS MENU
PREVIOUS PAGE
RESET ALL
MAIN MENU
LAMPS TESTS
LIGHTS
PAGE 1 OF 2
ALL
SIDEWALL
LAVATORY
ENTRY WAY
BRIGHT
DIM
PASSENGER MASTER CALL
READING
PASSENGER ROW CALL
NIGHT
LAVATORY MASTER CALL
NEXT PAGE

图 7-6　灯光测试调节界面

测试界面上的区域选择指示器可供操作者选择指定客舱区域。加载在客舱管理系统(CMS)中的构型数据库(CDB)提供了以下 2 点信息：

1)区域名称。

2)区域数量。

CDB 设置了 4 个场景模式，以下是典型配置：

1)夜间模式：只有夜灯点亮。

2)低模式：只有天花板灯点亮，且处于暗位。

3)中间模式：天花板灯、侧壁板灯点亮，且处于暗位。

4)高模式：天花板灯、侧壁板灯点亮，且处于亮位(见图 7-7)。

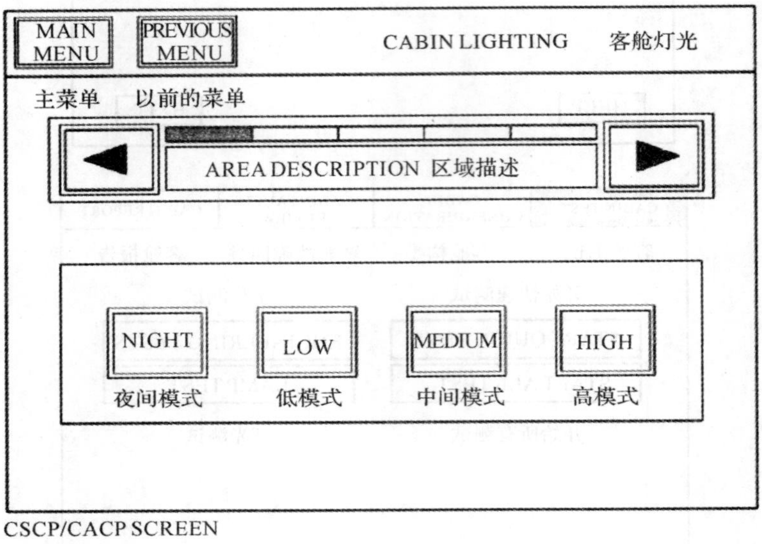
MAIN MENU
PREVIOUS MENU
CABIN LIGHTING 客舱灯光
主菜单 以前的菜单
AREA DESCRIPTION 区域描述
NIGHT
LOW
MEDIUM
HIGH
夜间模式
低模式
中间模式
高模式
CSCP/CACP SCREEN

图 7-7 CMS 界面

完成客舱灯光的调试后，调试信息将通过客舱系统管理组件(CSMU)和旅客广播/客舱内话(PA/CI)控制者进入区域管理组件 ZMU，由 ZMU 从构型数据库 CDB 下载数据库中的控制程序，并运用此控制程序通知头顶电子组件 OEU 应该点亮哪盏灯以及该盏灯的亮度(见图 7-8)。

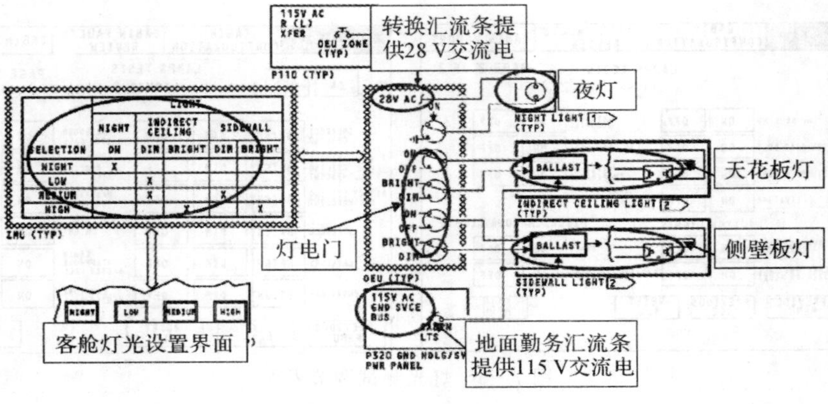
转换汇流条提供28 V交流电
P110 (TYP)
28V AC
夜灯
NIGHT LIGHT (TYP)
BALLAST
天花板灯
INDIRECT CEILING LIGHT (TYP)
侧壁板灯
SIDEWALL LIGHT (TYP)
灯电门
OEU (TYP)
ZMU (TYP)
客舱灯光设置界面
地面勤务汇流条提供115 V交流电

图 7-8 CMS 原理图

2. A330 飞机客舱灯光调试

空客飞机的灯光调试过程与波音飞机大致相同，它主要通过前乘务员面板对客舱灯光进行测试（见图 7－9）。

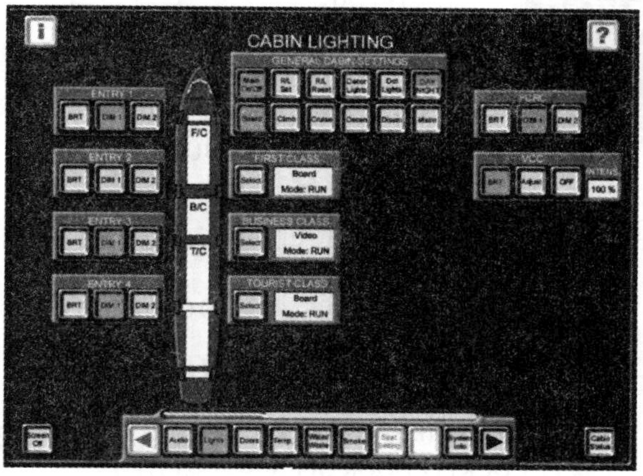
CABIN LIGHTING
GENERAL CABIN SETTINGS
ENTRY 1
ENTRY 2
ENTRY 3
ENTRY 4
BRT
DIM 1
DIM 2
F/C
B/C
T/C
FIRST CLASS
BUSINESS CLASS
TOURIST CLASS
Select
Board
Video
Mode: RUN
PURC
VCC
Adjust
OFF
INTENS.
100 %

图 7－9　空客 FAP 灯光测试界面

图 7－9 为空客飞机前乘务员面板-客舱灯光测试界面。FAP（Front Attendant Panel）全称前乘务员面板，FAP 为使用者和 CIDS 提供了易于控制的高效的人机界面，利用它可以指示、控制以及改变 CIDS 与客舱系统的状态。显而易见，空客 FAP 可以分为上部触摸屏和下部键盘两部分。

在前乘务员面板 FAP 完成客舱灯光调试，信号通过客舱内话数据系统（CIDS）传输，对整个客舱灯光进行控制（见图 7－10）。

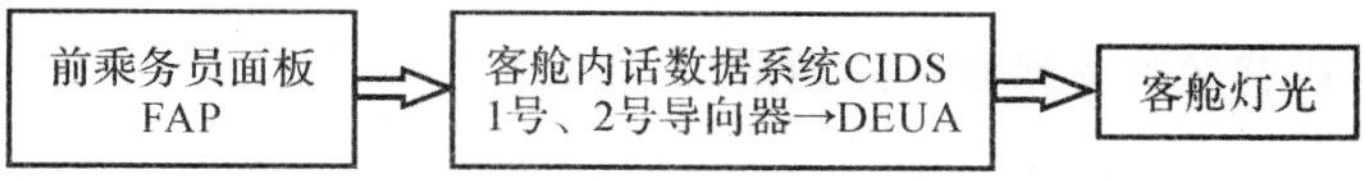
前乘务员面板
FAP
客舱内话数据系统CIDS
1号、2号导向器→DEUA
客舱灯光

图 7－10　控制步骤

FAP 反映了客舱布局特征，客舱灯光场景模式装载在客舱管理组件（CAM）中。客舱灯光设置命令主要通过前乘务员面板完成（见图 7－11）。

1 号导向器向解码/编码组件 DEU A 发送信号，2 号导向器处于热备用模式，1 号、2 号导向器同时运转，并交联信号。

导向器通过 DEU A 将客舱照明请求信号传送到远程整体镇流器组件 AIBU（最多 8 个），在正常操作下，来自前乘务员面板的信号（例如主开关、经济舱变暗、机舱场景模式等至预设的灯光值）通过以太网数据链接同时传输到 CIDS1 号和 2 号导向器。以太网数据连接信号的主要特征是：

1）10Mb/s 的高速；

2）FAP 把相同的信号传送给 CIDS 的两个导向器。

注意：主开关控制只在地面可用。

1 号导向器从 FAP 接收信号，通过上行数据线（Top Line Data Bus）向客舱 DEU A 传输信号。上行数据线是一条 14 比特数据命令，即每秒 4Mb。信号一旦被 DEU A 确认，就会转换成双向串行数据界面信号，并传输给远程整体镇流器组件（AIBU），从而向荧光灯供电。正常汇流条向每一个 AIBU 提供 115V 交流电，DEU A 将照明信息从导向器传输到 8 个 AIBU。

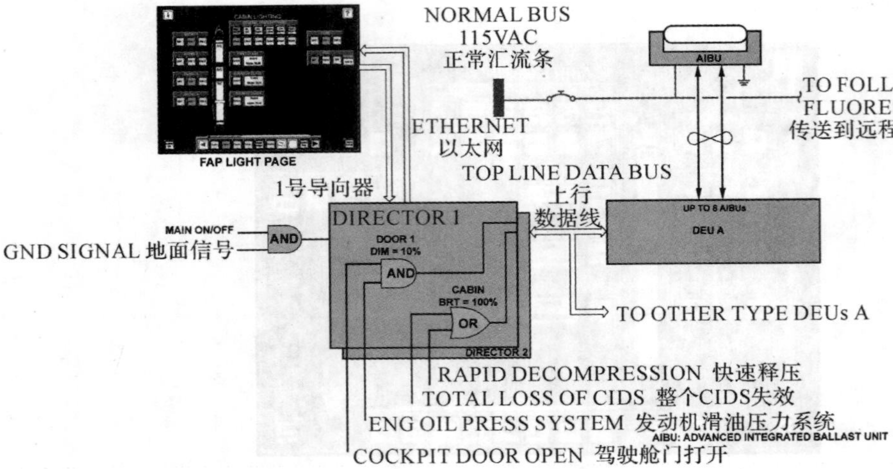
NORMAL BUS
115VAC
正常汇流条
AIBU
TO FOLLOWING AIBUs
FLUORESCENT TUBES
传送到远程整体镇流器组件
FAP LIGHT PAGE
ETHERNET
以太网
TOP LINE DATA BUS
1号导向器
上行
数据线
DIRECTOR 1
MAIN ON/OFF
AND
GND SIGNAL 地面信号
DOOR 1
DIM = 10%
AND
CABIN
BRT = 100%
OR
DIRECTOR 2
UP TO 8 AIBUs
DEU A
TO OTHER TYPE DEUs A
RAPID DECOMPRESSION 快速释压
TOTAL LOSS OF CIDS 整个CIDS失效
ENG OIL PRESS SYSTEM 发动机滑油压力系统
AIBU: ADVANCED INTEGRATED BALLAST UNIT
COCKPIT DOOR OPEN 驾驶舱门打开

图 7－11　控制原理

当驾驶舱门打开，发动机运转，前登机区域灯光变暗至正常亮度的 10%。在非正常的构型，例如客舱快速释压或整个 CIDS 失效时，客舱灯光点亮，且亮度为 100%。

注意：入口灯光照明区域选择灯光亮度一致。

7.3　波音飞机客舱灯光系统的组成和工作原理

7.3.1　波音飞机客舱灯光系统一般组成

一般而言，客舱内的正常照明灯光可分为：登机口灯光、侧壁板和天花板灯光、厕所灯光、乘务员工作区域灯光、旅客阅读灯、旅客呼叫灯和厕所呼叫灯及相应的呼叫指示灯、客舱告示信号牌等七类灯光（见图 7－12 和图 7－13）。

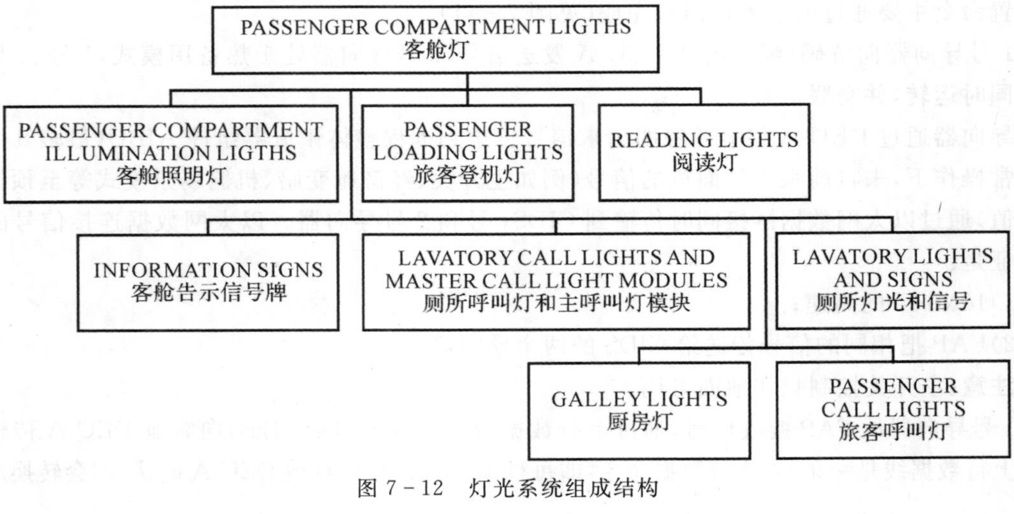
PASSENGER COMPARTMENT LIGTHS
客舱灯
PASSENGER COMPARTMENT ILLUMINATION LIGTHS
客舱照明灯
PASSENGER LOADING LIGHTS
旅客登机灯
READING LIGHTS
阅读灯
INFORMATION SIGNS
客舱告示信号牌
LAVATORY CALL LIGHTS AND MASTER CALL LIGHT MODULES
厕所呼叫灯和主呼叫灯模块
LAVATORY LIGHTS AND SIGNS
厕所灯光和信号
GALLEY LIGHTS
厨房灯
PASSENGER CALL LIGHTS
旅客呼叫灯

图 7－12　灯光系统组成结构

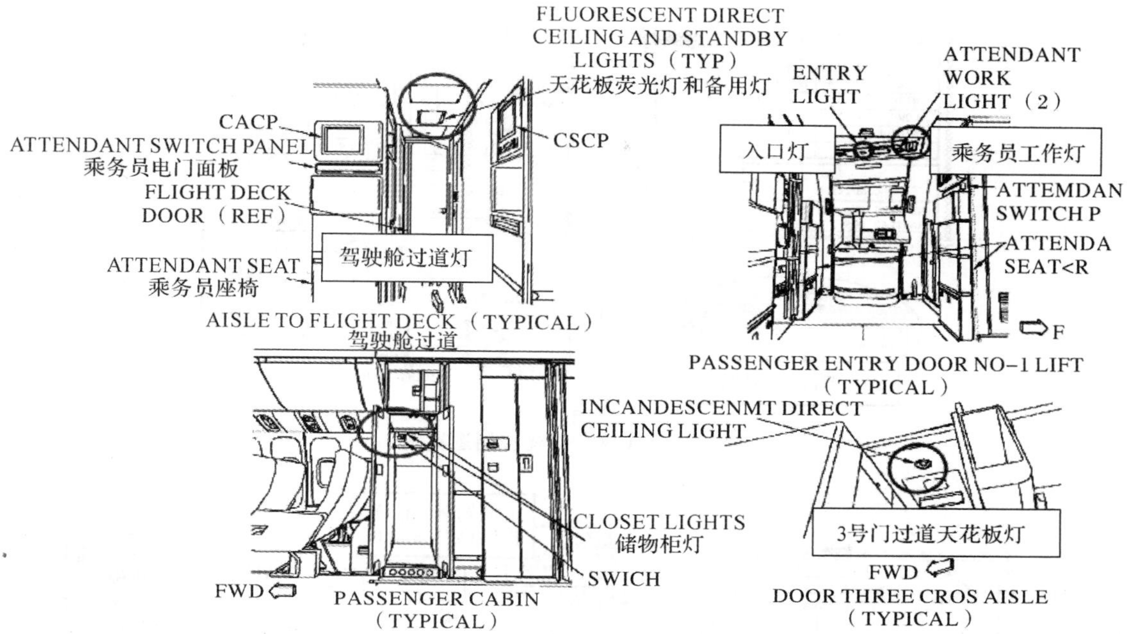
FLUORESCENT DIRECT
CEILING AND STANDBY
LIGHTS（TYP）
天花板荧光灯和备用灯
CACP
ATTENDANT SWITCH PANEL
乘务员电门面板
FLIGHT DECK
DOOR（REF）
ATTENDANT SEAT
乘务员座椅
CSCP
驾驶舱过道灯
AISLE TO FLIGHT DECK（TYPICAL）
驾驶舱过道
ENTRY
LIGHT
ATTENDANT
WORK
LIGHT（2）
入口灯
乘务员工作灯
ATTEMDAN
SWITCH P
ATTENDA
SEAT<R
F
PASSENGER ENTRY DOOR NO-1 LIFT
（TYPICAL）
INCANDESCENMT DIRECT
CEILING LIGHT
CLOSET LIGHTS
储物柜灯
SWICH
FWD
PASSENGER CABIN
（TYPICAL）
3号门过道天花板灯
FWD
DOOR THREE CROS AISLE
（TYPICAL）

图 7 - 13　客舱灯光种类

7.3.2　客舱灯光系统工作原理

1. 长明灯

长明灯是确保当地面勤务汇流条停止供电，转换汇流条开始供电时客舱有灯光照明。夜灯不受任何系统控制。当地面勤务汇流条不供电，转换汇流条供电时，夜灯自动点亮(见图 7 - 14)。

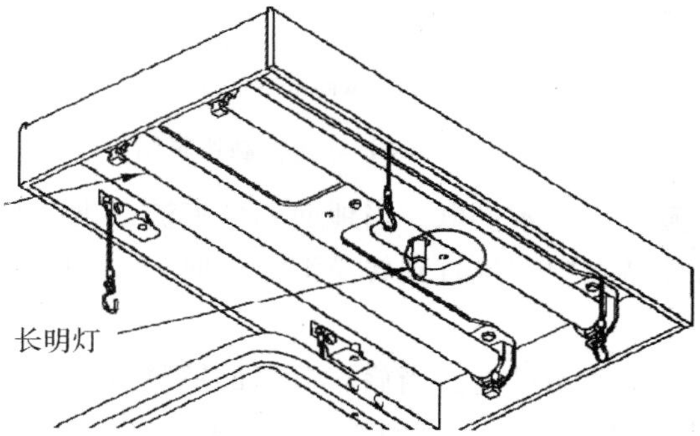
长明灯

图 7 - 14　长明灯

控制线路功能描述：如图 7 - 15 与图 7 - 16 所示分别是 CSCP 和 CACP 对旅客灯光控制的逻辑电路图。装载在 CMS(Cabin Management System，全称客舱管理系统)中的 CDB 可以设置任一场景模式下灯亮。

CSCP 中的选择信息经过客舱系统管理组件(CSMU)和 PA/CI 控制者进入 ZMU；CACP 中灯光选择信息直接进入 ZMU。ZMU 从 CDB 中下载数据库中的控制程序，并运用此控制程序通知 OEU 应该点亮哪盏灯和该灯的亮度。

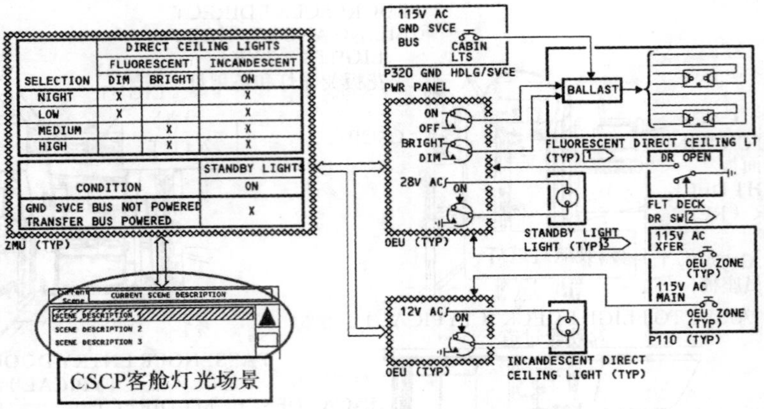
DIRECT CEILING LIGHTS
FLUORESCENT
INCANDESCENT
SELECTION
DIM
BRIGHT
ON
NIGHT
LOW
MEDIUM
HIGH
STANDBY LIGHTS
CONDITION
GND SVCE BUS NOT POWERED
TRANSFER BUS POWERED
ZMU (TYP)
CSCP客舱灯光场景
115V AC
GND SVCE
BUS
CABIN
LTS
P320 GND HDLG/SVCE
PWR PANEL
BALLAST
FLUORESCENT DIRECT CEILING LT
(TYP)
DR OPEN
FLT DECK
DR SW
28V AC
STANDBY LIGHT
LIGHT (TYP)
115V AC
XFER
OEU ZONE
(TYP)
115V AC
MAIN
P110 (TYP)
OEU (TYP)
12V AC
INCANDESCENT DIRECT
CEILING LIGHT (TYP)

图 7－15　CSCP 灯光控制逻辑图

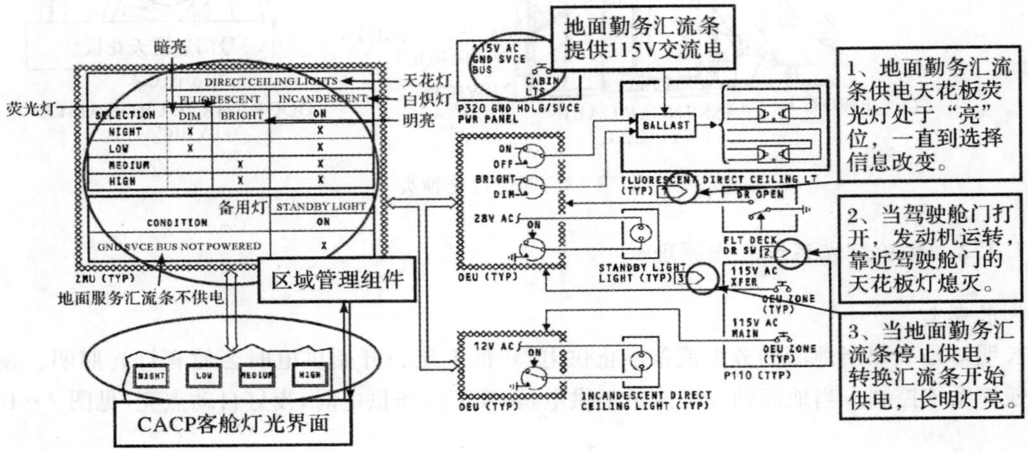
暗亮
天花灯
白炽灯
荧光灯
明亮
备用灯
地面服务汇流条不供电
区域管理组件
CACP客舱灯光界面
地面勤务汇流条
提供115V交流电
1、地面勤务汇流条供电天花板荧光灯处于“亮”位，一直到选择信息改变。
2、当驾驶舱门打开，发动机运转，靠近驾驶舱门的天花板灯熄灭。
3、当地面勤务汇流条停止供电，转换汇流条开始供电，长明灯亮。
NIGHT
LOW
MEDIUM
HIGH

TRANSFER BUS POWERED:转换汇流条供电

图 7－16　CACP 灯光控制逻辑图

天花板荧光灯由地面勤务汇流条供电。当地面勤务汇流条供电时，天花板荧光灯点亮，并处于“亮”位。上述灯一直保持在“亮”位直到转换汇流条向 ZMU 供电且操作者做出了另一个选择。

天花板白炽灯由主交流汇流条供电。当旅客氧气面罩释放，ELMS 使用 ARINC629 总线向天花板荧光灯供电，使其处于“亮”位。直到氧气系统重新设置，荧光灯会保持“亮”位。当旅客氧气释放，天花板灯、侧壁板灯及入口灯的操作相同。转换汇流条必须向长明灯提供电源。如果地面勤务汇流条停止供电，转换汇流条开始供电，长明灯、夜灯就会自动点亮。

2. 入口灯

(1)操作测试。

入口灯通过 CSCP 和 CACP 的入口灯(Entry Way Lights)界面控制。

客舱区域选择界面可供操作者选择指定的入口灯管辖区域。装载在 CMS 中的 CDB 提供了以下信息：

1)区域名称。

2)区域数。

如图 7-17 是入口灯控制界面。

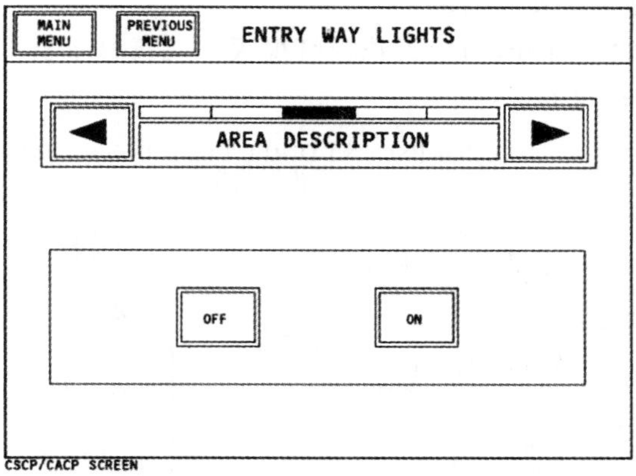
MAIN MENU
PREVIOUS MENU
ENTRY WAY LIGHTS
AREA DESCRIPTION
OFF
ON
CSCP/CACP SCREEN

图 7-17　入口灯控制界面

(2)功能描述。

如图 7-18 所示是入口灯的逻辑电路图。

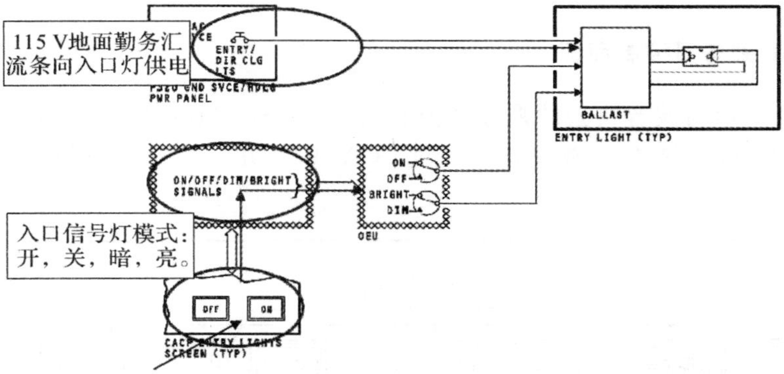
115 V地面勤务汇流条向入口灯供电
ENTRY/
DIR CLG
LTS
PWR PANEL
BALLAST
ENTRY LIGHT (TYP)
ON/OFF/DIM/BRIGHT
SIGNALS
ON
OFF
BRIGHT
DIM
OEU
入口信号灯模式：
开，关，暗，亮。
OFF
ON
SCREEN (TYP)

图 7-18　入口灯逻辑电路图

装载在 CMS 中的 CDB 设置指定的灯点亮。CSCP 中的选择信息通过 CSMU 和 PA/CI 控制者进入 ZMU；CACP 中的灯光选择信息直接进入 ZMU。ZMU 从 CDB 中下载数据库中的控制程序，并运用此控制程序通知 OEU 应该点亮哪盏灯和该灯的亮度。

地面服务汇流条向入口灯供电。当地面服务汇流条向入口灯供电，入口灯点亮并处于“亮”位。上述灯会一直处于“亮”位，直到转换汇流条向 ZMU 供电，并且灯光选择信息有所改变。

当旅客氧气面罩释放，ELMS 使用 ARINC629 总线向入口灯供电并使其一直处于“亮”位。直到氧气系统重新设置，上述灯一直处于“亮”位。

当旅客氧气释放时，以下灯的操作相同。

1)天花板灯。

2)侧壁板灯。

3)天花板荧光灯。

7.3.3 驾驶舱过道灯的开关

驾驶舱过道灯电门位于驾驶舱门后。

当发动机运转,驾驶舱门打开,门后天花板灯熄灭。飞行显示器上的反光可能令人无法观察显示器上的数据(见图 7-19)。

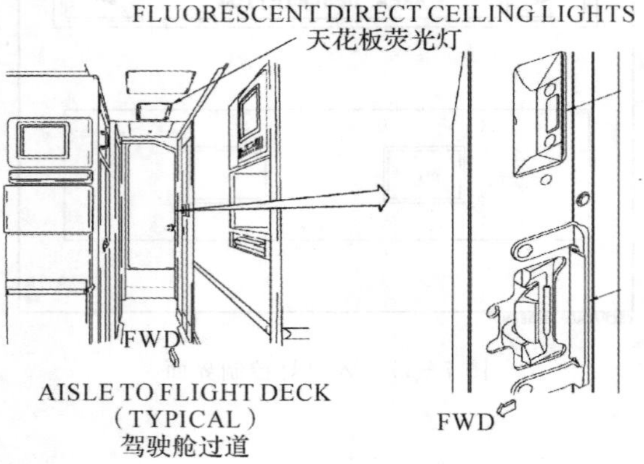
FLUORESCENT DIRECT CEILING LIGHTS
天花板荧光灯
FWD
AISLE TO FLIGHT DECK
(TYPICAL)
驾驶舱过道
FWD

图 7-19 驾驶舱过道灯电门

7.3.4 ASP 乘务员控制面板

如图 7-20 所示为波音典型的乘务员控制面板。ASP(Attendant Switch Panel),全称客舱乘务员控制面板,安装在乘务员座椅上方、CACP 下方。ASP 向以下系统提供控制和指示。

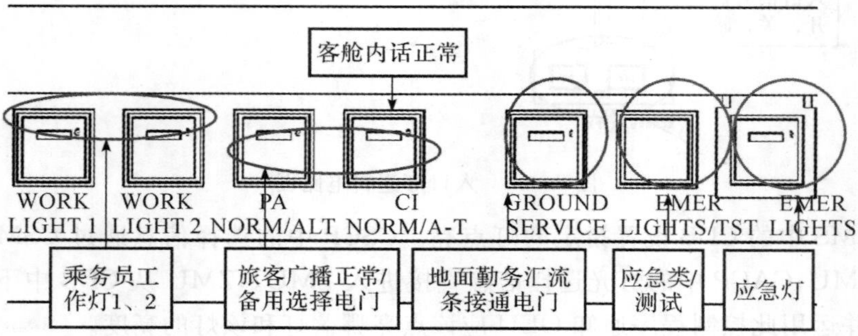
客舱内话正常
WORK LIGHT 1
WORK LIGHT 2
PA NORM/ALT
CI NORM/A-T
GROUND SERVICE
EMER LIGHTS/TST
EMER LIGHTS
乘务员工作灯1、2
旅客广播正常/备用选择电门
地面勤务汇流条接通电门
应急类/测试
应急灯

图 7-20 波音典型乘务员控制面板

1)乘务员工作灯。

2)旅客广播系统。

3)客舱内话系统。

4)应急灯。

ASP 通过 CSMU 发送离散信号给 PA/CI 控制者,选择正常或交替电路。根据面板位置不同,面板上的工作灯电门数量不同。

客舱左 2 登机门(PED)乘务员控制面板上有以下电门：

1)旅客广播正常/备用选择电门。

2)客舱内话正常/备用选择电门。

3)地面勤务。

4)应急灯。

5)应急灯/测试。

7.3.5　LLAR 下乘务员休息间

LLAR(Lower Lobe Attendant Rest)，全称下乘务员休息间。LLAR 相关的 2 个控制面板对下列功能进行控制和指示：

1)紧急撤离电门(evacuation)。

2)空调。

3)防火。

4)氧气。

5)禁止吸烟和系好安全带信号灯。

6)灯光。

如图 7－21 所示为 LLAR 典型控制电门面板。

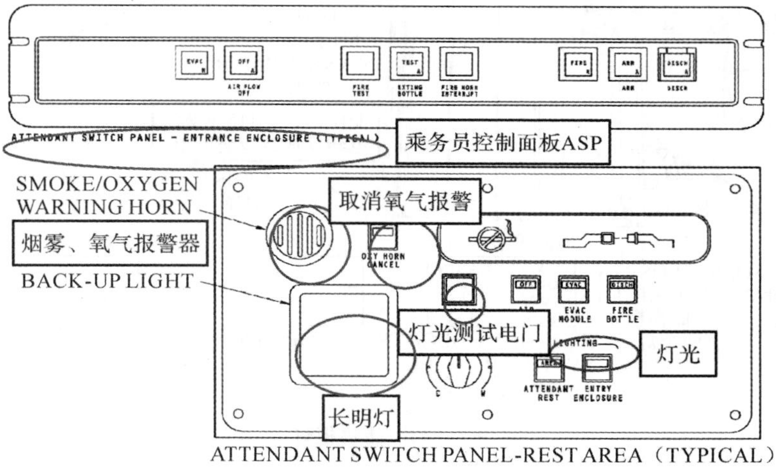
EVAC
OFF
AIR FLOW OFF
FIRE TEST
TEST
EXTING BOTTLE
FIRE HORN INTERRUPT
FIRE
ARM
ARM
DISCH
DISCH
ATTENDANT SWITCH PANEL - ENTRANCE ENCLOSURE (TYPICAL)
乘务员控制面板ASP
SMOKE/OXYGEN WARNING HORN
取消氧气报警
烟雾、氧气报警器
OXY HORN CANCEL
BACK-UP LIGHT
OFF
EVAC
EVAC MODULE
FIRE BOTTLE
灯光测试电门
LIGHTING
灯光
ATTENDANT REST
ENTRY ENCLOSURE
长明灯
ATTENDANT SWITCH PANEL-REST AREA（TYPICAL）

图 7－21　LLAR 控制电门面板

功能描述：如图 7－22 所示为乘务员工作灯逻辑电路图。主汇流条向乘务员工作灯电门提供 28V 直流电源。当上述电门处于“OFF”位时，电门开关的 LED 灯点亮。当该区域没有灯光时，该 LED 灯能帮助找到电门开关。

乘务员工作灯电门向头顶电子组件(OEU，Overhead Electronic Unit)提供开启或关断电门的信息。OEU 向 ZMU 提供信息。ZMU 从 CDB 中下载数据库中的控制程序，并运用此控制程序通知 OEU 应该点亮哪盏灯和该灯的亮度。OEU 闭合逻辑电门，并将此信息传给乘务员工作灯，灯点亮。

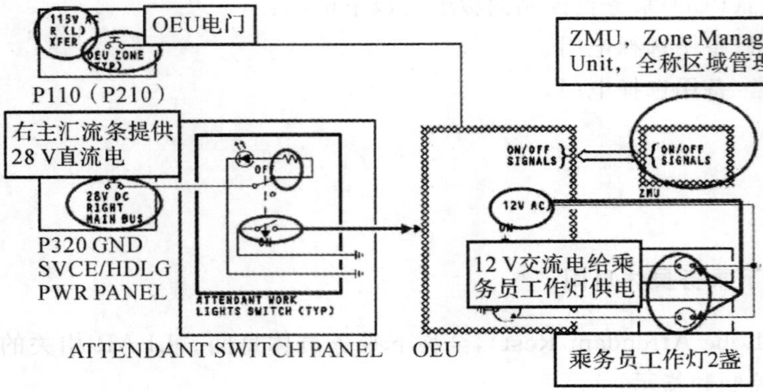
115V AC R (L) XFER
OEU ZONE 1 (TYP)
OEU电门
P110（P210）
右主汇流条提供28 V直流电
28V DC RIGHT MAIN BUS
P320 GND SVCE/HDLG PWR PANEL
OFF
ON
ATTENDANT WORK LIGHTS SWITCH (TYP)
ATTENDANT SWITCH PANEL
OEU
ZMU，Zone Management Unit，全称区域管理组件
ON/OFF SIGNALS
ZMU
12V AC
12 V交流电给乘务员工作灯供电
乘务员工作灯2盏

图 7-22　乘务员工作灯逻辑电路

7.3.6　储物柜灯

储物柜灯有变压器、灯电门开关，变压器将 115 V 交流电转换成 28 V 交流电。压下电门开关，灯点亮（见图 7-23）。

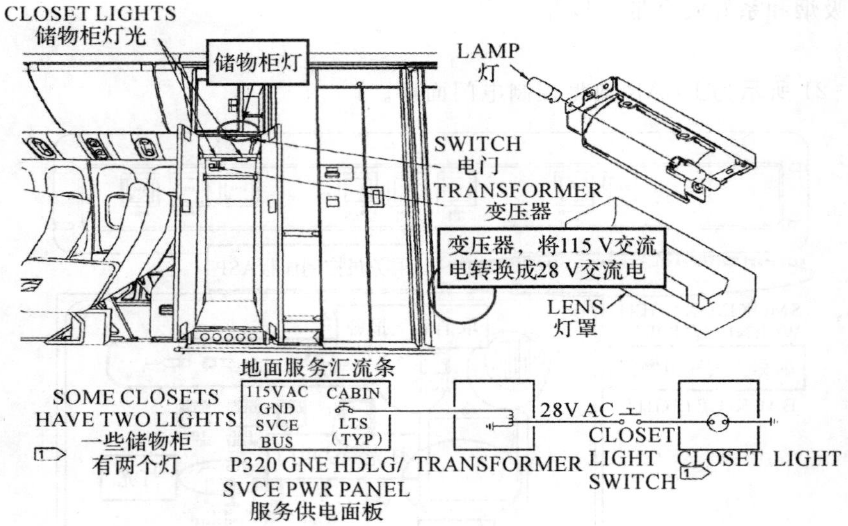
CLOSET LIGHTS
储物柜灯光
储物柜灯
LAMP
灯
SWITCH
电门
TRANSFORMER
变压器
变压器，将115 V交流电转换成28 V交流电
LENS
灯罩
地面服务汇流条
SOME CLOSETS HAVE TWO LIGHTS
一些储物柜有两个灯
115VAC GND SVCE BUS
CABIN LTS (TYP)
P320 GNE HDLG/ SVCE PWR PANEL
服务供电面板
TRANSFORMER
28V AC
CLOSET LIGHT SWITCH
CLOSET LIGHT

图 7-23　储物柜灯

7.3.7　阅读灯

阅读灯安装在客舱座椅 PSU（Passenger Service Unit，旅客服务组件）上，为旅客提供照明。一般使用 PSU 上的阅读灯控制电门对阅读灯进行控制。

（1）操作测试。

PCU（Passenger Control Unit），全称旅客控制组件。PCU 安装在旅客座椅扶手处，通过触摸键，旅客可实现对头顶阅读灯进行开关控制，切换娱乐频道和调节音量大小等功能（见图 7-24）。

如图 7-25 所示为 CACP/CSCP 上的阅读灯控制界面，对客舱指定区域的所有阅读灯进行控制。触摸 CACP/CSCP 上的阅读灯界面“NORMAL”电门，恢复座椅上的电门控制至默认模式。当飞机刚通电，CACP/CSCP 上的阅读灯界面默认模式是正常模式。

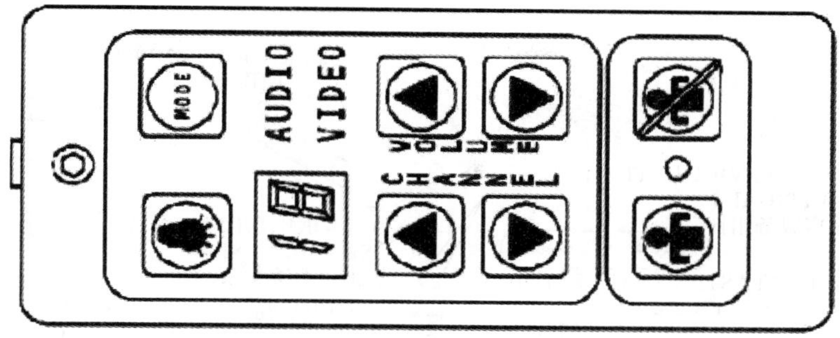
MODE
AUDIO
VIDEO
VOLUME
CHANNEL

图 7－24　旅客座椅 PCU

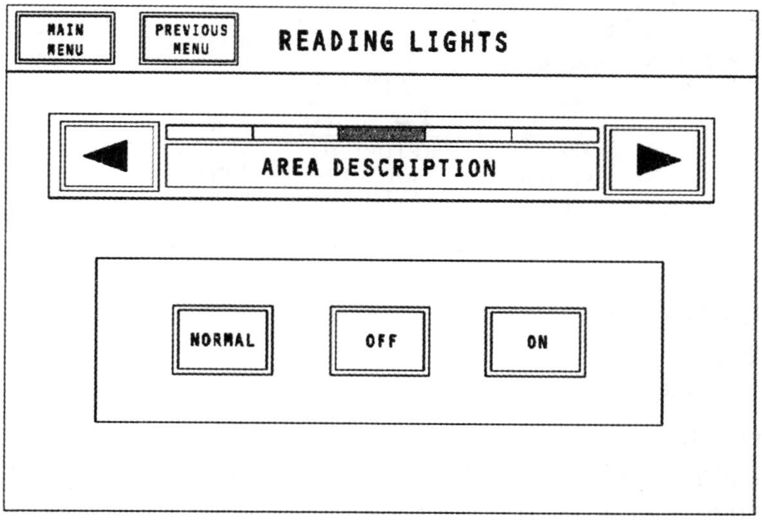
MAIN MENU
PREVIOUS MENU
READING LIGHTS
AREA DESCRIPTION
NORMAL
OFF
ON

图 7－25　CACP/CSCP 阅读灯控制界面

注意：为确保所有阅读灯正常工作，应进入 CSCP 或 CACP 的阅读灯界面，触摸阅读灯界面上的“ON”，所有阅读灯应该点亮。如果有一盏灯没有亮，可能是这盏灯损坏了。

(2)功能描述。

如图 7－26 所示为阅读灯控制的逻辑电路图，OEU 设置指定客舱区域的阅读灯的状态，正常模式下会将控制返回 PCU，主要汇流条向阅读灯提供 115 V 交流电。

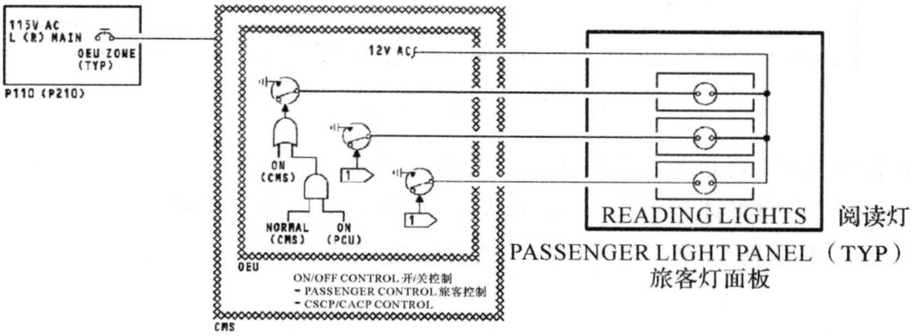
115V AC
L (R) MAIN
OEU ZONE (TYP)
P110 (P210)
12V AC
ON (CMS)
NORMAL (CMS)
ON (PCU)
1
OEU
ON/OFF CONTROL 开/关控制
- PASSENGER CONTROL 旅客控制
- CSCP/CACP CONTROL
CMS
READING LIGHTS 阅读灯
PASSENGER LIGHT PANEL (TYP)
旅客灯面板

图 7－26　阅读灯控制逻辑电路图

7.3.8 信息标志灯

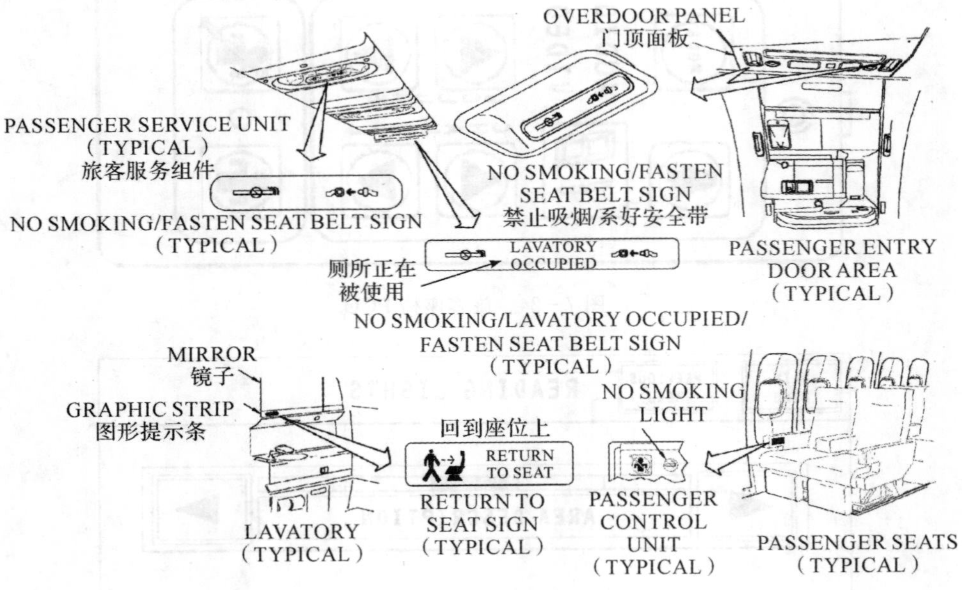
OVERDOOR PANEL
门顶面板
PASSENGER SERVICE UNIT
(TYPICAL)
旅客服务组件
NO SMOKING/FASTEN SEAT BELT SIGN
(TYPICAL)
NO SMOKING/FASTEN
SEAT BELT SIGN
禁止吸烟/系好安全带
LAVATORY
OCCUPIED
厕所正在
被使用
PASSENGER ENTRY
DOOR AREA
(TYPICAL)
NO SMOKING/LAVATORY OCCUPIED/
FASTEN SEAT BELT SIGN
(TYPICAL)
MIRROR
镜子
GRAPHIC STRIP
图形提示条
回到座位上
RETURN
TO SEAT
NO SMOKING
LIGHT
RETURN TO
SEAT SIGN
(TYPICAL)
PASSENGER
CONTROL
UNIT
(TYPICAL)
LAVATORY
(TYPICAL)
PASSENGER SEATS
(TYPICAL)

图 7-27 信息标志灯

信息标志灯有以下 3 类：

①禁止吸烟标志。

②系好安全带标志。

③返回座位标志。

操作测试：如图 7-28 所示为 P5 板的选择旋钮可选择“系好安全带”“禁止吸烟”两个电门，各自有 3 种功能模式(开、关、自动)可以选择。

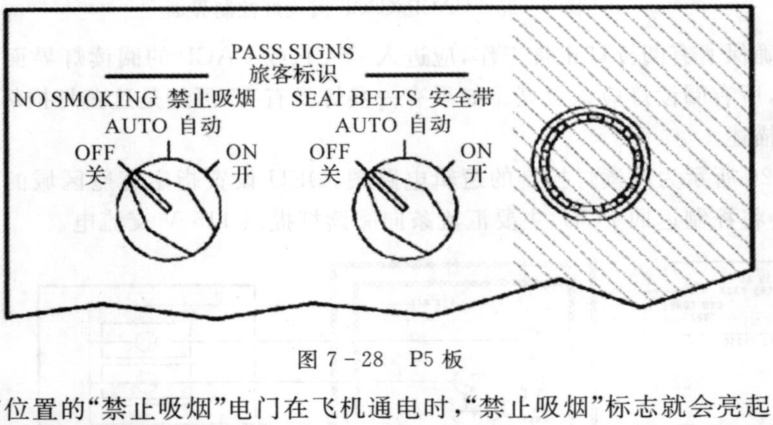
PASS SIGNS
旅客标识
NO SMOKING 禁止吸烟
SEAT BELTS 安全带
AUTO 自动
OFF
关
ON
开
AUTO 自动
OFF
关
ON
开

图 7-28 P5 板

注意：所有位置的“禁止吸烟”电门在飞机通电时，“禁止吸烟”标志就会亮起。

运用吸烟分配界面可改变吸烟区域的大小，CMS 的 CDB 控制吸烟分配界面外观。如果它为活动界面，CDB 也可以设置部分或全部“禁止吸烟”标志灯永久点亮(见图 7-29)。

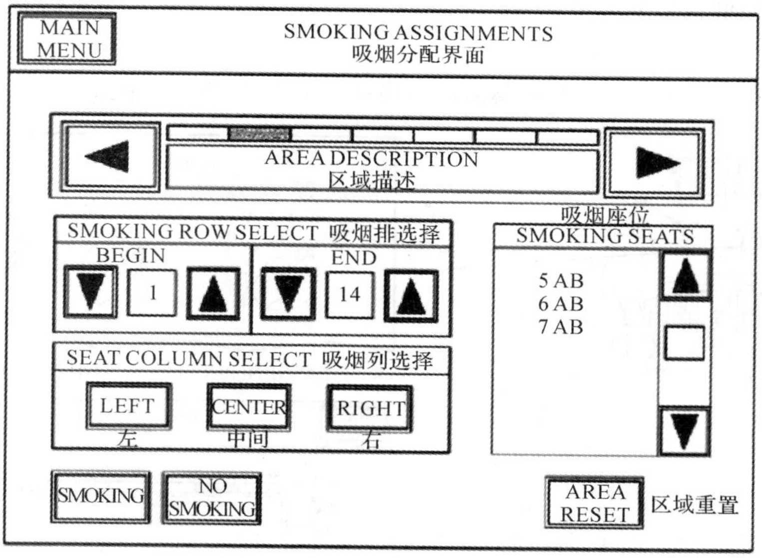
MAIN MENU
SMOKING ASSIGNMENTS
吸烟分配界面
AREA DESCRIPTION
区域描述
SMOKING ROW SELECT 吸烟排选择
BEGIN
1
END
14
吸烟座位
SMOKING SEATS
5 AB
6 AB
7 AB
SEAT COLUMN SELECT 吸烟列选择
LEFT
左
CENTER
中间
RIGHT
右
SMOKING
NO SMOKING
AREA RESET
区域重置

图 7 - 29　CMS 的 CDB 控制界面

客舱标志灯逻辑电路图左右系统 ARINC629 双向数据总线与 CSMU 实现数据交互。CSMU 将数据分别传送给 CSCP 和 PA/CI。PA/CI 将数据传给 ZMU1、2、3，由 ZMU 从 CDB 中下载数据库中的控制程序，并运用此控制程序通知 OEU 应该点亮哪盏灯和该灯的亮度。OEU 闭合逻辑电门，灯点亮(见图 7 - 30)。

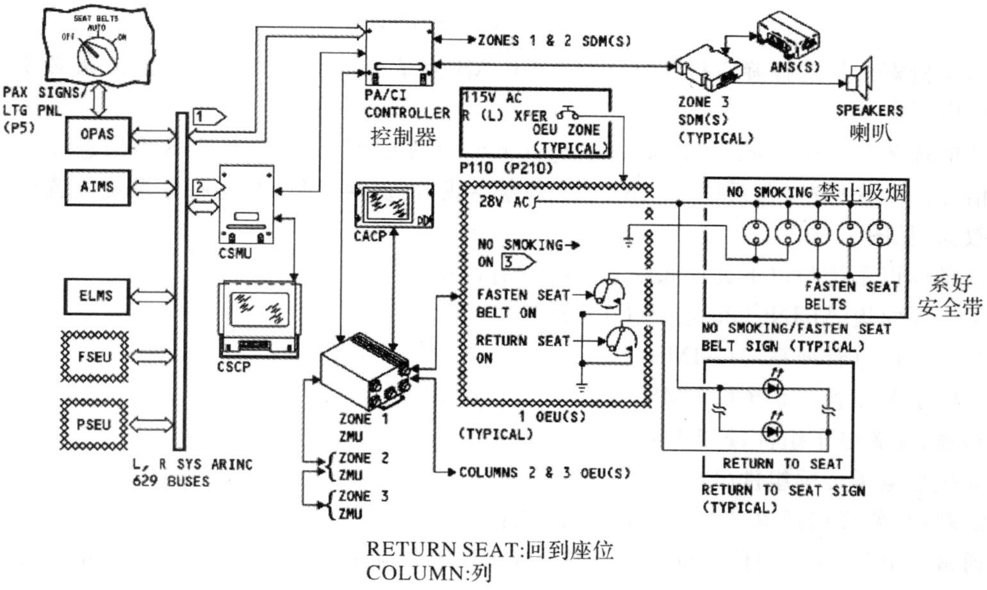
PAX SIGNS/
LTG PNL
(P5)
OPAS
AIMS
ELMS
FSEU
PSEU
L, R SYS ARINC
629 BUSES
CSMU
CSCP
PA/CI
CONTROLLER
控制器
ZONES 1 & 2 SDM(S)
ZONE 3
SDM(S)
(TYPICAL)
ANS(S)
SPEAKERS
喇叭
115V AC
R (L) XFER
OEU ZONE
(TYPICAL)
P110 (P210)
CACP
28V AC
NO SMOKING
ON
FASTEN SEAT
BELT ON
RETURN SEAT
ON
1 OEU(S)
(TYPICAL)
ZONE 1
ZMU
ZONE 2
ZMU
ZONE 3
ZMU
COLUMNS 2 & 3 OEU(S)
NO SMOKING 禁止吸烟
FASTEN SEAT
BELTS
系好
安全带
NO SMOKING/FASTEN SEAT
BELT SIGN (TYPICAL)
RETURN TO SEAT
RETURN TO SEAT SIGN
(TYPICAL)

RETURN SEAT:回到座位
COLUMN:列

图 7 - 30　客舱标志灯逻辑电路

7.3.9　驾驶舱指示

当选择旋钮在“ON”位时，EICAS 会显示 C 级信息。每一个选择旋钮在下 EICAS 都有一条相关信息。如果有 2 个选择旋钮打在“ON”位，EICAS 上只显示一条信息“传递信号灯点亮”。

在客舱控制主菜单上，触摸“吸烟分配”，出现以下界面(见图 4－31)。

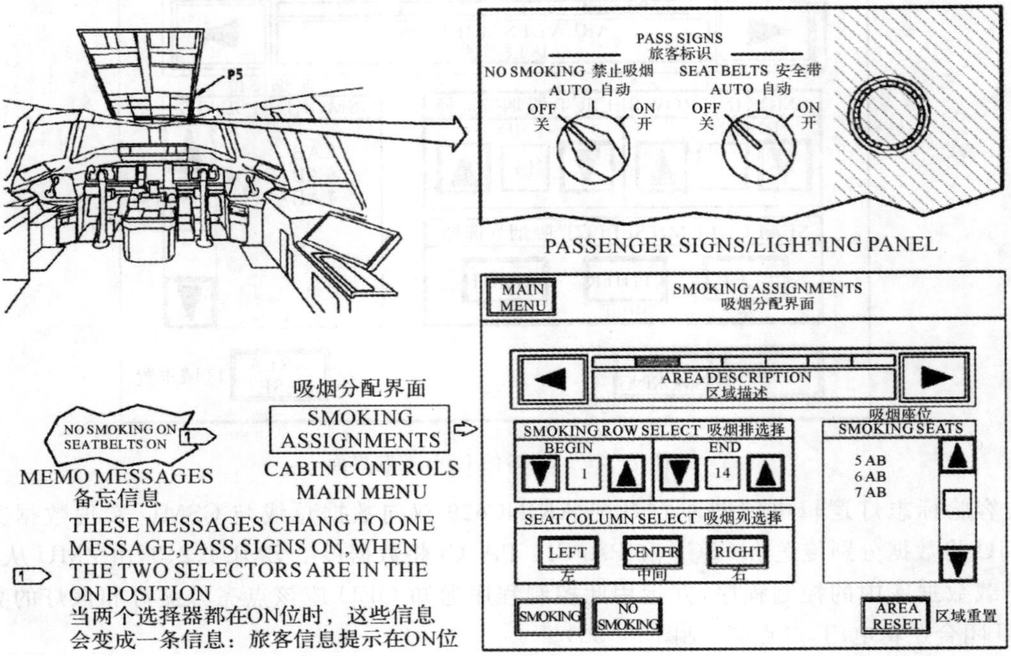

P5
PASS SIGNS
旅客标识
NO SMOKING 禁止吸烟
SEAT BELTS 安全带
AUTO 自动
OFF
关
ON
开
PASSENGER SIGNS/LIGHTING PANEL
MAIN MENU
SMOKING ASSIGNMENTS
吸烟分配界面
AREA DESCRIPTION
区域描述
SMOKING ROW SELECT 吸烟排选择
BEGIN
END
1
14
吸烟座位
SMOKING SEATS
5 AB
6 AB
7 AB
SEAT COLUMN SELECT 吸烟列选择
LEFT
左
CENTER
中间
RIGHT
右
SMOKING
NO SMOKING
AREA RESET
区域重置
吸烟分配界面
SMOKING ASSIGNMENTS
CABIN CONTROLS MAIN MENU
NO SMOKING ON
SEATBELTS ON
MEMO MESSAGES
备忘信息
THESE MESSAGES CHANG TO ONE MESSAGE,PASS SIGNS ON,WHEN THE TWO SELECTORS ARE IN THE ON POSITION
当两个选择器都在ON位时，这些信息会变成一条信息：旅客信息提示在ON位

图 7－31　驾驶舱控制按钮

当座椅安全带选择旋钮打在“ON”位，EICAS 会显示 C 级信息。转换汇流条必须为信息标志供电。

功能描述：PSS(Passenger Service System)，全称旅客服务系统，PSS 为信息标志灯提供控制信号。PSS 从左、右系统 ARINC629 数据总线、当班乘务员，客舱服务系统配置数据取得输入数据(见图 7－32)。

信息标识系统与以下其他系统和组件均有连接。

①头顶面板 ARINC629 系统(OPAS)。

②飞机信息管理系统(AIMS)。

③电子装载管理系统(ELMS)。

④襟、缝翼电子组件(FSEU)。

⑤接近电子传感组件(PSEU)。

注意：只要飞机通电，“禁止吸烟”标志就长亮。

通常由 PA/CI 控制信息标志。如果 PA/CI 失效，则由 CSMU 控制。二者都是传送“开/关”命令至 ZMU。信息标志有以下模式：关、自动、开。PA/CI 和 CSMU 使用的软件可以设置指定的标志灯何时点亮或熄灭。CDB 可点亮“返回座位”标志，并设置其稳定或闪烁。

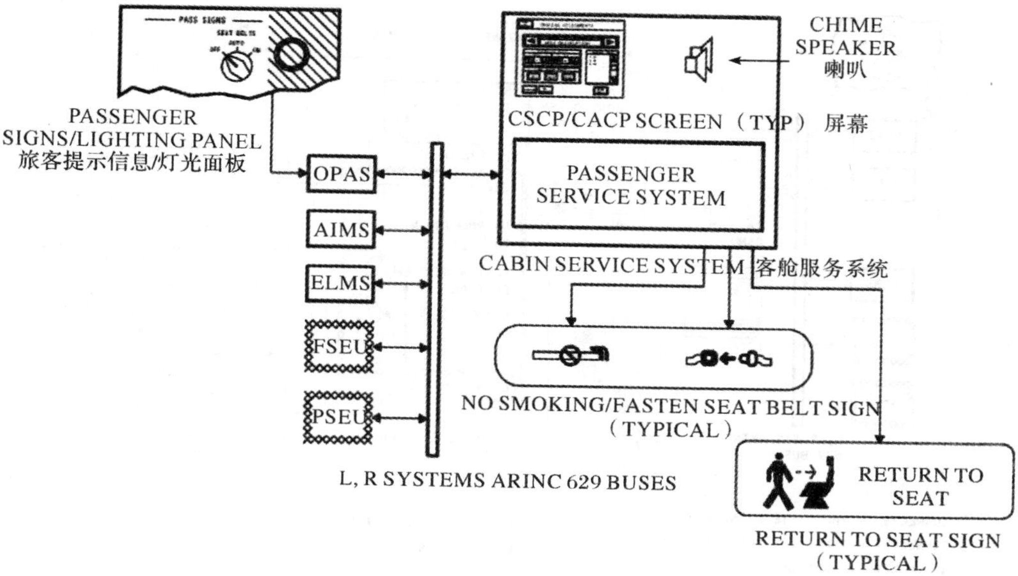
PASS SIGNS
SEAT BELTS
OFF
AUTO
ON
PASSENGER
SIGNS/LIGHTING PANEL
旅客提示信息/灯光面板
OPAS
AIMS
ELMS
FSEU
PSEU
L, R SYSTEMS ARINC 629 BUSES
CHIME
SPEAKER
喇叭
CSCP/CACP SCREEN（TYP） 屏幕
PASSENGER
SERVICE SYSTEM
CABIN SERVICE SYSTEM 客舱服务系统
NO SMOKING/FASTEN SEAT BELT SIGN
（TYPICAL）
RETURN TO
SEAT
RETURN TO SEAT SIGN
（TYPICAL）

图 7－32　PSS 控制按钮

(1)关闭模式。

当任意一个旋钮打在“OFF”位，一个信号会传送到头顶面板 ARINC629 系统(OPAS)。OPAS 把信号传送到 AIMS、PA/CI 和 CSMU。PA/CI 和 CSMU 运用信息计算何时熄灭标志灯。

(2)打开模式。

PA/CI 和 CSMU 设置标志灯在“ON”。

(3)自动模式。

PA/CI 和 CSMU 设置标志灯在“ON”或“OFF”，基于以下信息。

1)旅客氧气系统是否释放。

2)起落架位置。

3)襟翼手柄位置。

4)飞机高度。

5)客舱压力高度。

注意：当“系好安全带”灯点亮，可以使用 CDB 改变飞机高度。

如图 7－33 所示，PA/CI 从 ARINC629 总线左系统组件获得信息，控制信息标志灯。

1)AIMS：飞机高度和客舱压力数据。

2)ELMS：旅客氧气释放信号。

3)FSEU：襟翼手柄位置数据。

4)OPAS：禁止吸烟和座椅安全带选择旋钮位置数据。

5)PSEU：起落架位置数据。

如果 PA/CI 失效，则由 CSMU 控制。CSMU 从 ARINC629 总线右系统获得信息。PA/CI 或 CSMU 在内系统(I/S)汇流条把开/关命令信号发送到 ZMU。

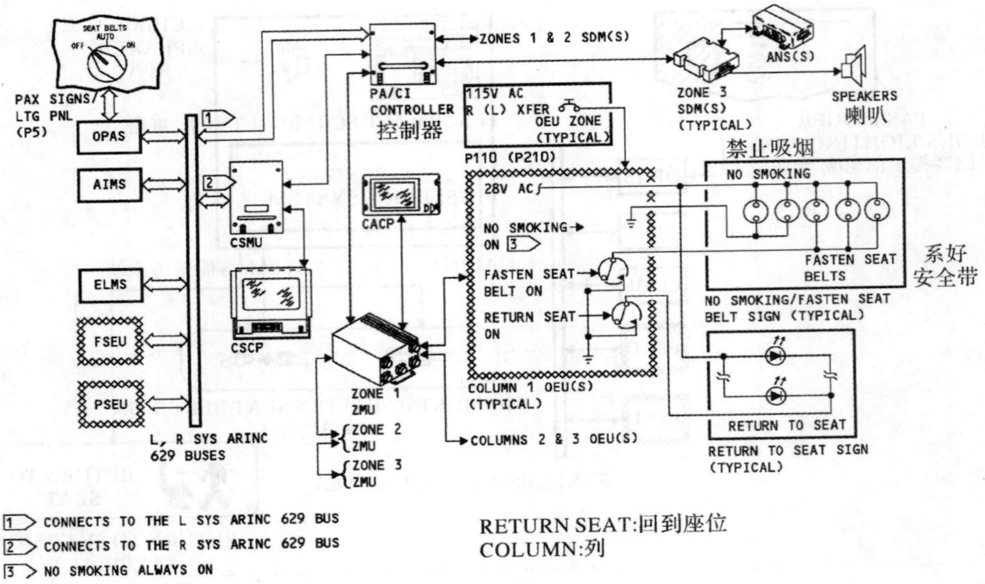
SEAT BELTS
OFF
AUTO
ON
PAX SIGNS/
LTG PNL
(P5)
OPAS
AIMS
ELMS
FSEU
PSEU
L, R SYS ARINC
629 BUSES
CSMU
CSCP
CACP
PA/CI
CONTROLLER
控制器
ZONES 1 & 2 SDM(S)
ZONE 3
SDM(S)
(TYPICAL)
ANS(S)
SPEAKERS
喇叭
115V AC
R (L) XFER
OEU ZONE
(TYPICAL)
P110 (P210)
28V AC
NO SMOKING
ON 3
FASTEN SEAT
BELT ON
RETURN SEAT
ON
COLUMN 1 OEU(S)
(TYPICAL)
COLUMNS 2 & 3 OEU(S)
ZONE 1
ZMU
ZONE 2
ZMU
ZONE 3
ZMU
禁止吸烟
NO SMOKING
FASTEN SEAT
BELTS
系好
安全带
NO SMOKING/FASTEN SEAT
BELT SIGN (TYPICAL)
RETURN TO SEAT
RETURN TO SEAT SIGN
(TYPICAL)
1 CONNECTS TO THE L SYS ARINC 629 BUS
2 CONNECTS TO THE R SYS ARINC 629 BUS
3 NO SMOKING ALWAYS ON
RETURN SEAT:回到座位
COLUMN:列

图 7-33　左系统组件原理图

(4)系好安全带。

1)当机组设置座椅安全带选择旋钮打在“ON”位，“系好安全带”标志灯亮。当“系好安全带”标志旋钮在“AUTO”位，以下任一情况发生，“系好安全带”灯亮。

①旅客氧气释放。

②起落架未收起并锁定。

③襟翼手柄不在“UP”位。

④飞机高度高于 10 300 ft。

⑤客舱压力高度低于 10 000 ft。

2)当“系好安全带”标志旋钮在“OFF”位，旅客氧气释放，“系好安全带”亮起。

(5)返回座位。

当旅客氧气未释放，“系好安全带”标志灯亮时，“返回座位”标志灯亮起。

(6)禁止吸烟。

1)当飞机通电时，全客舱“禁止吸烟”标志灯长亮。

2)当机组设置“禁止吸烟”选择旋钮“ON”位，“禁止吸烟”标志灯亮起。

3)当机组设置“禁止吸烟”选择旋钮“AUTO”位，以下任一情况发生时，“禁止吸烟”标志灯亮起：

(7)旅客氧气释放。

1)起落架未收起并锁定。

2)飞机高度低于 10 300 ft。

3)客舱压力高度高于 10 000 ft。

4)当旅客氧气释放、“禁止吸烟”选择旋钮在“OFF”位，“禁止吸烟”标志灯亮起(见图 7-34)。

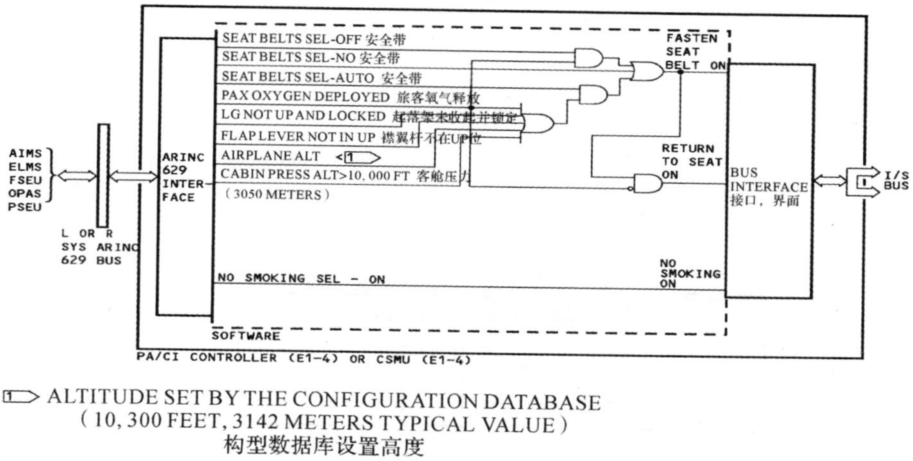
SEAT BELTS SEL-OFF 安全带
SEAT BELTS SEL-NO 安全带
SEAT BELTS SEL-AUTO 安全带
PAX OXYGEN DEPLOYED 旅客氧气释放
LG NOT UP AND LOCKED
FLAP LEVER NOT IN UP
AIRPLANE ALT
CABIN PRESS ALT>10,000 FT
(3050 METERS)
FASTEN SEAT BELT ON
RETURN TO SEAT ON
NO SMOKING SEL - ON
NO SMOKING ON
AIMS
ELMS
FSEU
OPAS
PSEU
L OR R SYS ARINC 629 BUS
ARINC 629 INTERFACE
BUS INTERFACE 接口，界面
I/S BUS
SOFTWARE
PA/CI CONTROLLER (E1-4) OR CSMU (E1-4)
ALTITUDE SET BY THE CONFIGURATION DATABASE
(10,300 FEET, 3142 METERS TYPICAL VALUE)
构型数据库设置高度

图 7-34　PSS 系统原理图

7.3.10　厕所呼叫灯及主呼叫灯组件

(1)厕所呼叫灯-操作测试。

厕所呼叫电门安装在洗手池下方,可供厕所里的人呼叫乘务员。厕所呼叫复位电门供乘务员重置厕所呼叫灯系统。按压厕所呼叫电门,琥珀色灯亮起。主呼叫灯和厕所复位电门灯同时亮起;按下 CSCP 或 CACP 服务呼叫界面上的厕所呼叫重置电门时,这三盏灯同时熄灭(见图 7-35)。

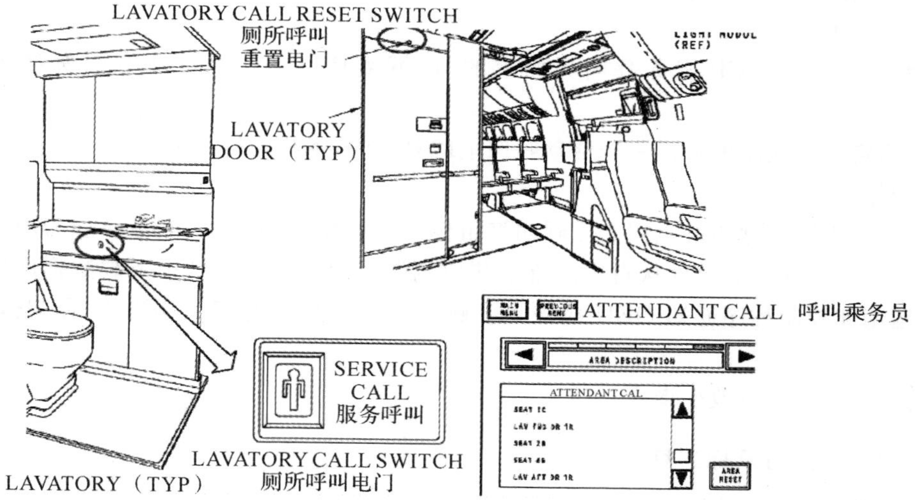
LAVATORY CALL RESET SWITCH
厕所呼叫
重置电门
LAVATORY DOOR (TYP)
SERVICE CALL
服务呼叫
LAVATORY CALL SWITCH
厕所呼叫电门
LAVATORY (TYP)
ATTENDANT CALL 呼叫乘务员

图 7-35　厕所呼叫灯测试

(2)主呼叫灯组件-操作测试。

主呼叫灯为白炽灯,灯罩有 4 种颜色:蓝色、琥珀色、粉红色和不透明(opaque 备用)。

1)当旅客按下座椅上的旅客呼叫电门,蓝色灯亮。

2)当厕所有人按下厕所呼叫电门,琥珀色灯亮。

3)当有人使用旅客服务系统呼叫该区域乘务员,粉红色灯亮。

除了需要使用的蓝色灯、粉红色灯和琥珀色灯时,其他不需使用的位置就使用不透明(备用)灯罩遮住。

注意:灯罩可按不同次序排列(见图 7-36)。

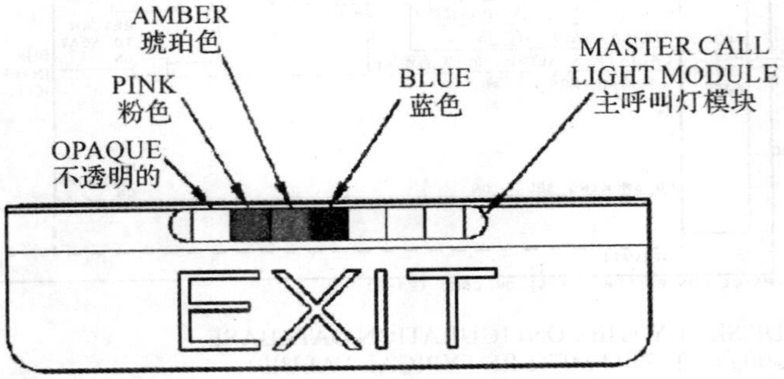
AMBER
琥珀色
PINK
粉色
BLUE
蓝色
MASTER CALL
LIGHT MODULE
主呼叫灯模块
OPAQUE
不透明的
EXIT

图 7-36　主呼叫灯测试

(3)功能描述。

1)按下厕所呼叫电门,一个信号就会传输到 CMS。CMS 里面的 ZMU 就会重置并点亮厕所呼叫灯。OEU 从 ZMU 获取信息,重置并点亮厕所呼叫灯。ZMU 使过道主呼叫灯组件、厕所呼叫灯和呼叫复位电门灯点亮。并锁定在以上状态。

CMS 也可点亮以下指示灯。

①客舱谐音。

②CSCP/CACP 服务呼叫界面的活动呼叫。

2)按下厕所呼叫复位电门,信号就会沿着与呼叫信号相同的路线传输。导致厕所呼叫和复位呼叫灯熄灭。

3)触摸 CSCP/CACP 服务呼叫界面上的"区域复位"时,该区域所有厕所呼叫灯就会复位。

4)当指定客舱区域的最后一个活动呼叫电门复位时,主呼叫灯熄灭。

(4)操作测试。

图 7-37 为厕所呼叫灯电门和主呼叫灯组件逻辑电路图,转换汇流条必须为厕所呼叫灯操作提供电源,主呼叫灯组件从右主汇流条获得电源。ZMU 从 CDB 中下载数据库中的控制程序,并运用此控制程序通知 OEU 应该点亮哪盏灯和该灯的亮度。OEU 闭合逻辑电门,灯点亮。

注意:可使用 CDB 改变谐音。

7.3.11　厕所灯及标志灯

(1)厕所灯拆装要点。

镜子灯是荧光灯,有一个镇流器和一个接头。按压镜子灯灯罩,可以拆除灯罩,拆掉后可以接近灯管和镇流器。厕所 PSU 上有一个白炽灯,放下 PSU,升高灯罩,可接近灯管(见图 7-38)。

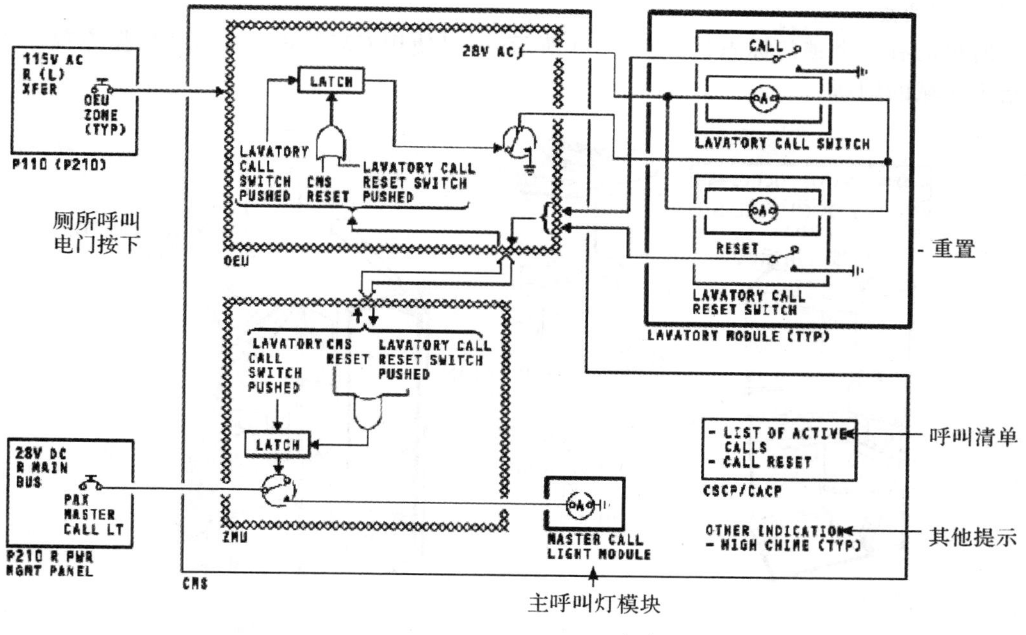
115V AC
R (L)
XFER
OEU
ZONE
(TYP)
P110 (P210)
厕所呼叫
电门按下
28V AC
LATCH
LAVATORY
CALL
SWITCH
PUSHED
CMS
RESET
LAVATORY CALL
RESET SWITCH
PUSHED
OEU
CALL
LAVATORY CALL SWITCH
RESET
LAVATORY CALL
RESET SWITCH
LAVATORY MODULE (TYP)
- 重置
ZMU
28V DC
R MAIN
BUS
PAX
MASTER
CALL LT
P210 R PWR
MGMT PANEL
MASTER CALL
LIGHT MODULE
- LIST OF ACTIVE
CALLS
- CALL RESET
CSCP/CACP
呼叫清单
OTHER INDICATION
- HIGH CHIME (TYP)
其他提示
CMS
主呼叫灯模块
CHIME:鸣叫

图 7－37　呼叫灯组件逻辑电路

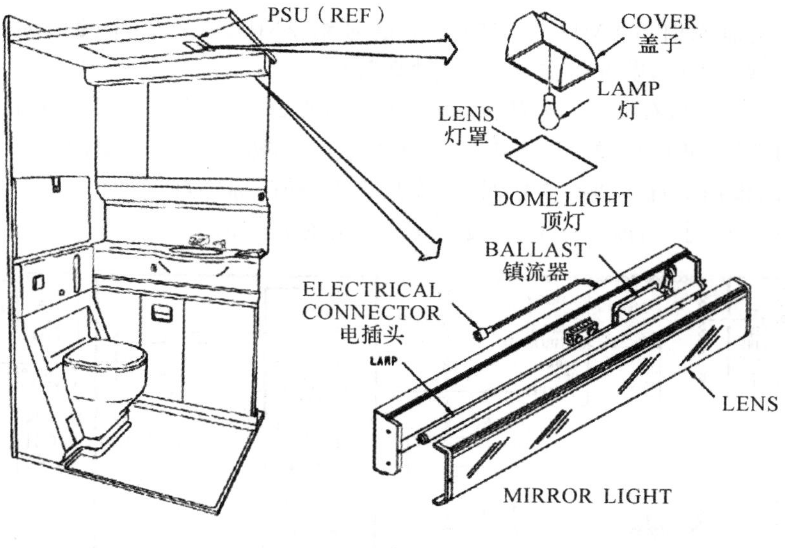
PSU (REF)
COVER
盖子
LAMP
灯
LENS
灯罩
DOME LIGHT
顶灯
BALLAST
镇流器
ELECTRICAL
CONNECTOR
电插头
LAMP
LENS
MIRROR LIGHT
MIRROR 镜子

图 7－38　厕所灯拆装

(2)标志灯。

标志灯会显示客舱指定区域内厕所是否在使用,厕所门是否锁上。“厕所有人”标志灯位于厕所管辖区域前后 PSU 下面。驾驶舱也有一个“厕所有人”标志(A 厕所)。

(3)培训要点。

厕所里面有一个锁门标志，如图 7－39 所示，可以使用 CMS 里面的构型数据库程序管理客舱指定区域的厕所。

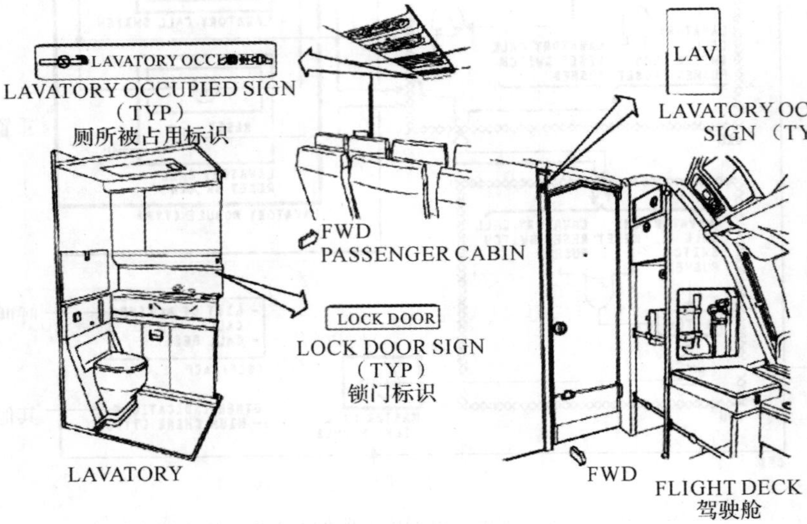
LAVATORY OCCUPIED SIGN (TYP)
厕所被占用标识
LAV
LAVATORY OCCUPIED SIGN (TYP)
FWD
PASSENGER CABIN
LOCK DOOR
LOCK DOOR SIGN (TYP)
锁门标识
LAVATORY
FWD
FLIGHT DECK
驾驶舱

图 7－39　标志灯

(4)厕所灯-功能描述。

CMS 通过 ZMU 和 OEU 控制厕所灯。

1)当飞机在地面时，CSMU 会传输一个信号给 ZMU。ZMU 将此信号传递给 OEU。OEU 再传递给厕所组件，荧光灯点亮并处于“亮”位。

2)当厕所门锁上时，有一个信号就传输到 OEU。OEU 传给 ZMU。ZMU 将信号的形式进行转变，并传给 OEU。OEU 传递给厕所组件，厕所灯点亮，并处于“亮”位，锁门标志灯熄灭。

3)当厕所门未锁上且飞机在空中时，荧光灯熄灭，锁门标志灯点亮。

4)当 OEU 通电时，圆顶灯(dome light)点亮(见图 7－40)。

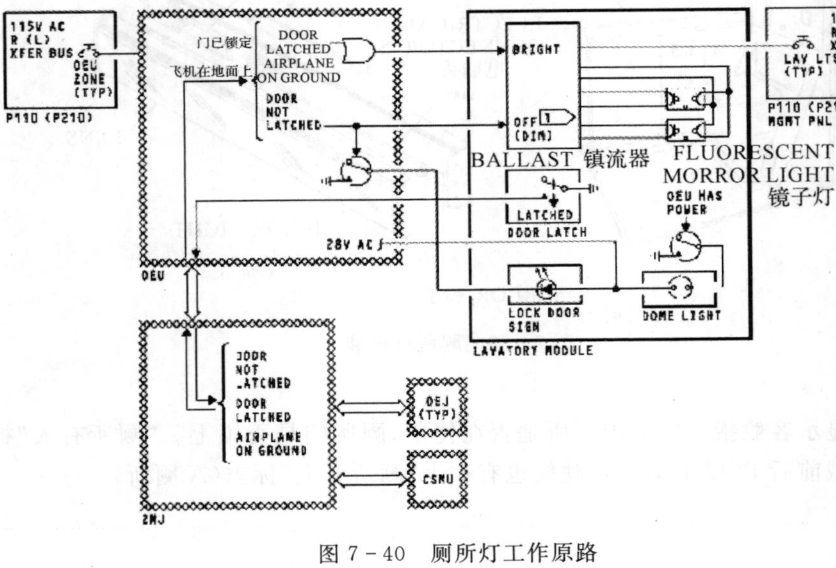
115V AC R (L) XFER BUS
OEU ZONE (TYP)
P110 (P210)
门已锁定
DOOR LATCHED
飞机在地面上
AIRPLANE ON GROUND
DOOR NOT LATCHED
OEU
BRIGHT
OFF (DIM)
BALLAST 镇流器
FLUORESCENT MORROR LIGHT
镜子灯
LATCHED
DOOR LATCH
OEU HAS POWER
28V AC
LOCK DOOR SIGN
DOME LIGHT
LAVATORY MODULE
115V AC R (L) XFER BUS
LAV LTS (TYP)
P110 (P210) PWR MGMT PNL (TYP)
DOOR NOT LATCHED
DOOR LATCHED
AIRPLANE ON GROUND
OEU (TYP)
CSMU
ZMU

图 7－40　厕所灯工作原路

(5)客舱标志灯-功能描述。

当关上并锁上厕所门时,厕所组件就会传递一个信号给 OEU。OEU 再将信号传给 ZMU。

ZMU 从其他 OEU 获得关于厕所的数据。当 ZMU 通电时,厕所边上的灯就会点亮。当一个区域所有的厕所门都关闭并锁上时,该信号就传给 OEU。OEU 就闭合能使"厕所有人"标志灯的逻辑电门。当相关区域废水箱满时,该区域的"厕所有人"灯点亮(见图 7-41)。

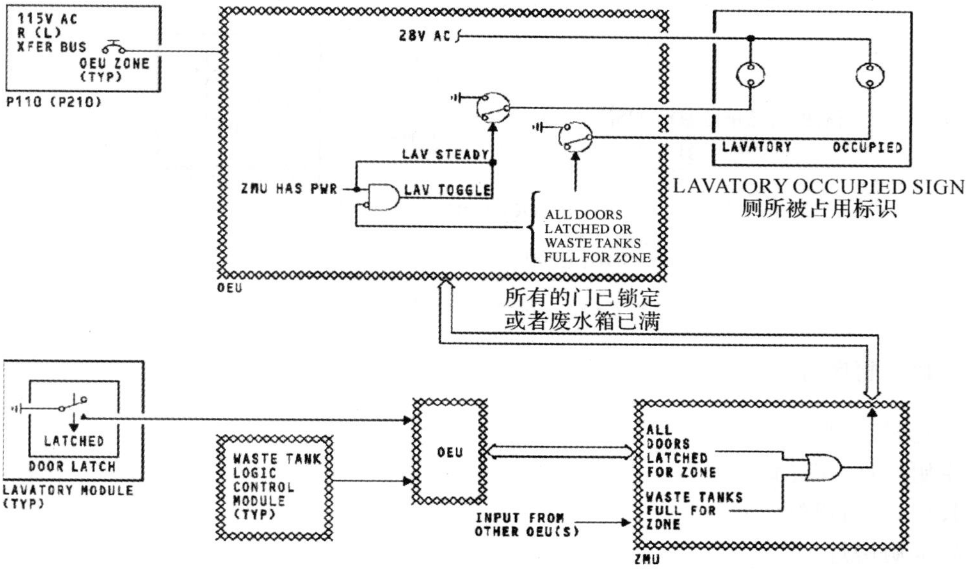
115V AC
R (L)
XFER BUS
OEU ZONE
(TYP)
P110 (P210)
28V AC
LAV STEADY
ZMU HAS PWR
LAV TOGGLE
ALL DOORS
LATCHED OR
WASTE TANKS
FULL FOR ZONE
OEU
LAVATORY
OCCUPIED
LAVATORY OCCUPIED SIGN
厕所被占用标识
所有的门已锁定
或者废水箱已满
LATCHED
DOOR LATCH
LAVATORY MODULE
(TYP)
WASTE TANK
LOGIC
CONTROL
MODULE
(TYP)
OEU
INPUT FROM
OTHER OEU(S)
ALL
DOORS
LATCHED
FOR ZONE
WASTE TANKS
FULL FOR
ZONE
ZMU
MODULE 模块

图 7-41　客舱标志灯原理图

当厕所有人灯点亮时,可能是以下 2 种构型中的 1 种:

1)Lav steady 1 厕所有人;

2)Lav toggle 2 废水箱满。

在 1 配置中,当 ZMU、OEU 通电时,厕所边上的灯就会一直处于"ON"位。

在 2 配置中,当"厕所有人"标志灯点亮时,厕所边上的灯熄灭。

(6)驾驶舱标志灯-功能描述。

当前厕所都有人时,ZMU 传递一个信号给 OEU。OEU 闭合逻辑电门,使驾驶舱"厕所有人"灯持续点亮(见图 7-42)。主暗亮及测试组件可点亮厕所灯,使其处于"亮"或"暗"位。

(7)电源。

转换汇流条为客舱荧光灯、圆顶灯(dome light)和客舱"厕所有人"标志灯操作提供电源,驾驶舱标志灯电源来自右主汇流条。主暗亮及测试组件可点亮厕所灯,使其处于"亮"或"暗"位。

(8)培训要点。

当厕所门打开时,可以使用 CMS 构型数据库。

1)点亮荧光灯,并使其处于暗模式。

2)改变"厕所有人"灯的构型为"厕所有人"或"废水箱满"。

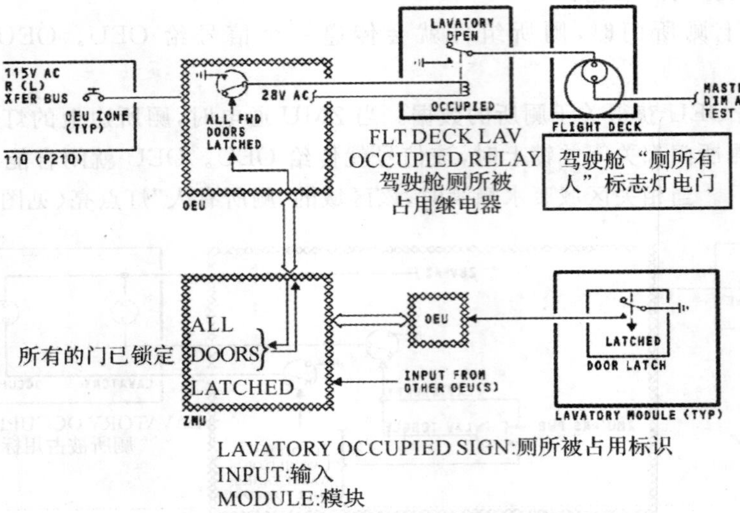
LAVATORY OPEN
OCCUPIED
FLIGHT DECK
MASTER DIM AND TEST
115V AC R (L) XFER BUS
OEU ZONE (TYP)
110 (P210)
ALL FWD DOORS LATCHED
28V AC
OEU
FLT DECK LAV OCCUPIED RELAY
驾驶舱厕所被占用继电器
驾驶舱“厕所有人”标志灯电门
ALL DOORS LATCHED
所有的门已锁定
ZMU
OEU
INPUT FROM OTHER OEU(S)
LATCHED
DOOR LATCH
LAVATORY MODULE (TYP)
LAVATORY OCCUPIED SIGN:厕所被占用标识
INPUT:输入
MODULE:模块

图 7－42　驾驶舱指示灯原理图

7.3.12　厨房灯

(1)厨房灯类型。

1)主厨房灯-荧光灯。

2)长明灯-白炽灯。

3)辅助厨房灯。

(2)操作测试。

接通厨房区域灯电门,点亮主厨房灯,可调节灯处于暗位或亮位。

接通乘务员灯电门对辅助灯进行操作。当转换汇流条通电,地面勤务汇流条不通电时,长明灯亮(见图 7－43)。

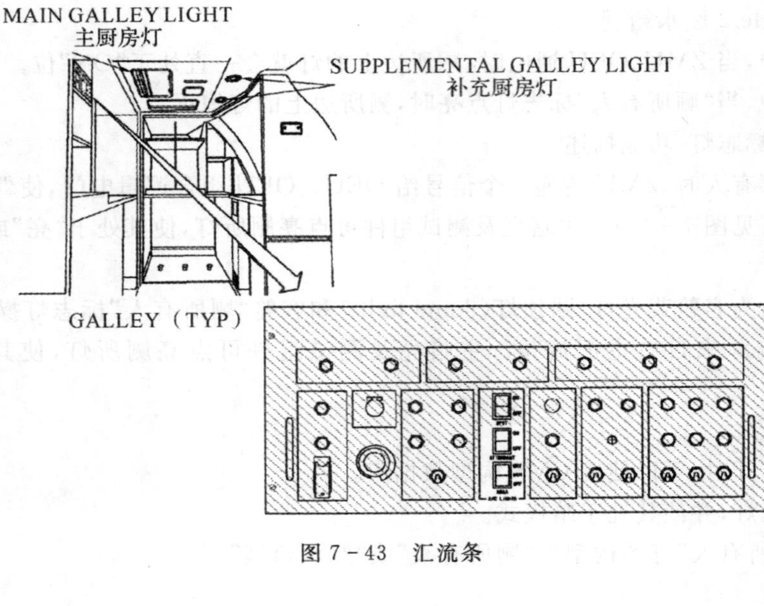
MAIN GALLEY LIGHT
主厨房灯
SUPPLEMENTAL GALLEY LIGHT
补充厨房灯
GALLEY (TYP)

图 7－43　汇流条

(3)功能描述。

厨房荧光灯为厨房大部分区域提供照明。厨房灯电门发出一个信号给厨房灯的镇流器，镇流器点亮厨房灯，调节其处于亮位或暗位。

辅助厨房灯为厨房小部分区域提供照明，某些厨房没有辅助灯。ZMU 对厨房辅助灯进行控制，ZMU 使用厨房辅助灯处的输入数据。灯光测试计算出何时点亮或熄灭厨房灯，辅助厨房灯电门的信息会通过 OEU 传递给 ZMU。灯光测试信息来自 CSCP 灯光测试界面。当辅助厨房灯电门设置在“ON”位或者辅助厨房灯测试在“ON”时，ZMU 给出“ON”命令信号给 OEU。OEU 点亮辅助厨房灯。

(4)长明灯。

某些厨房荧光灯组件有一个长明灯。当正常灯不可用时，长明灯会发出最低亮度的灯光为厨房区域提供照明。ZMU 对长明灯实行自动控制。ZMU 使用的输入数据来源于 ELMS 中地面勤务汇流条控制的状态和灯光测试程序。ZMU 运用这些数据计算出何时点亮或熄灭长明灯。地面勤务汇流条的信息通过 CSMU 提供给 ELMS。灯光测试信息来源于 CSCP 灯光测试界面。当地面勤务汇流条不通电，ZMU 给出一个“ON”的命令信号给适合的 OEU。OEU 就会点亮长明灯。客舱/有效的电门信号也可以通过 CSMU 提供给 ELMS。

(5)电源。

荧光灯电源是 115 V 交流电。电源来自地面勤务汇流条。

主汇流条 115V 二级交流电必须为厨房辅助灯操作供电。转换汇流条 115V 交流电必须为长明灯操作供电(见图 7-44)。

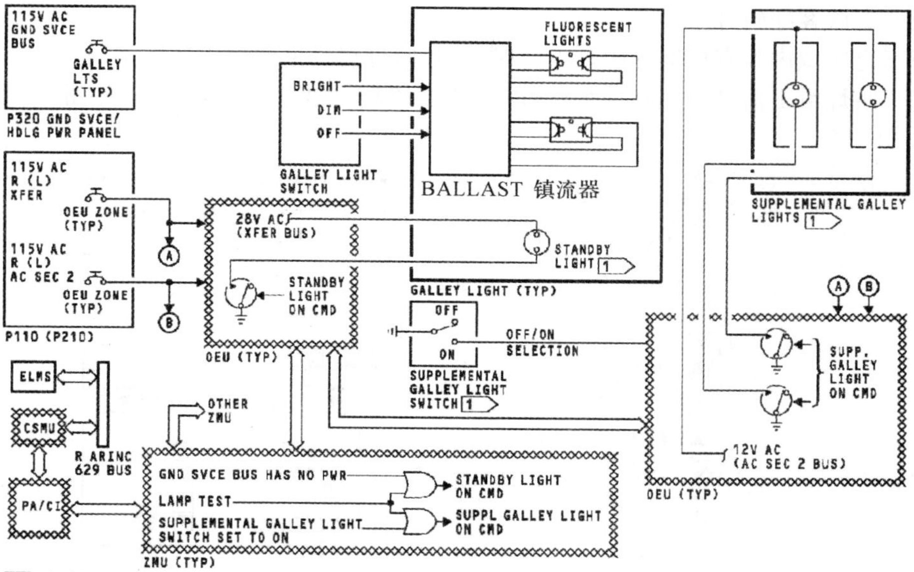
115V AC
GND SVCE
BUS
GALLEY
LTS
(TYP)
P320 GND SVCE/
HDLG PWR PANEL
BRIGHT
DIM
OFF
GALLEY LIGHT
SWITCH
FLUORESCENT
LIGHTS
BALLAST 镇流器
SUPPLEMENTAL GALLEY
LIGHTS 1
115V AC
R (L)
XFER
OEU ZONE
(TYP)
115V AC
R (L)
AC SEC 2
OEU ZONE
(TYP)
P110 (P210)
28V AC
(XFER BUS)
STANDBY
LIGHT 1
STANDBY
LIGHT
ON CMD
OEU (TYP)
GALLEY LIGHT (TYP)
OFF
ON
OFF/ON
SELECTION
SUPPLEMENTAL
GALLEY LIGHT
SWITCH 1
SUPP.
GALLEY
LIGHT
ON CMD
12V AC
(AC SEC 2 BUS)
OEU (TYP)
ELMS
CSMU
PA/CI
R ARINC
629 BUS
OTHER
ZMU
GND SVCE BUS HAS NO PWR
LAMP TEST
SUPPLEMENTAL GALLEY LIGHT
SWITCH SET TO ON
STANDBY LIGHT
ON CMD
SUPPL GALLEY LIGHT
ON CMD
ZMU (TYP)

1 NOT INSTALLED IN ALL GALLEYS
不是安装在所有的厨房

FLUORESCENT LIGHTS:荧光灯
SWITCH:电门
STANDBY:备用的
BUS:汇流条
ZONE:区域
SELECTION:选择
SUPPLEMENTAL:补充的

图 7-44　供电原理图

7.3.13 旅客呼叫灯

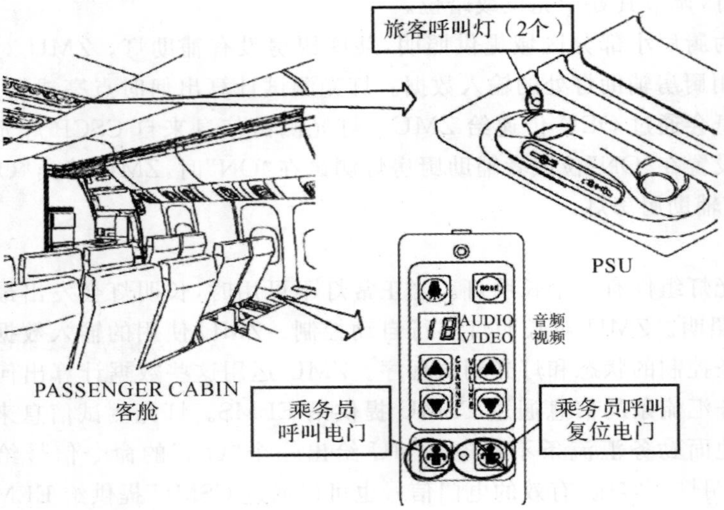
旅客呼叫灯（2个）
PSU
AUDIO
VIDEO
音频
视频
PASSENGER CABIN
客舱
乘务员呼叫电门
乘务员呼叫复位电门

图 7-45 旅客呼叫灯

(1)操作测试。

1)当按压乘务员呼叫电门时,旅客呼叫灯点亮。主呼叫灯组件蓝色灯亮起。

2)当按压复位电门,PSU 上的呼叫灯熄灭。可使用 CSCP/CACP 服务呼叫界面重置指定客舱区域所有旅客呼叫灯。

3)当指定区域内没有旅客呼叫灯点亮时,主呼叫灯组件上的灯灭掉。

旅客呼叫灯给出信号到主呼叫组件,PA/CI 系统和 CACP/CSCP 界面(见图 7-46)。

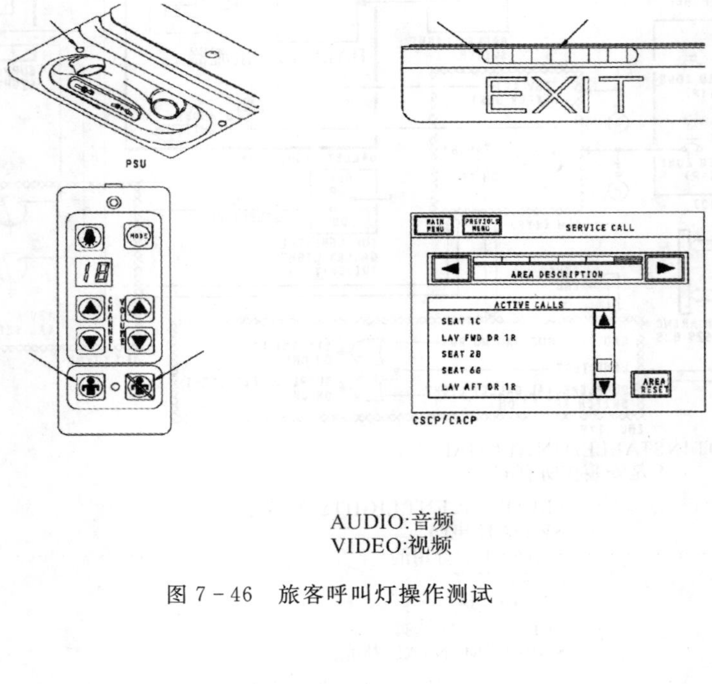
PSU
EXIT
MAIN MENU
PREVIOUS MENU
SERVICE CALL
AREA DESCRIPTION
ACTIVE CALLS
SEAT 1C
LAV FWD DR 1R
SEAT 2B
SEAT 6B
LAV AFT DR 1R
AREA RESET
CSCP/CACP

AUDIO:音频
VIDEO:视频

图 7-46 旅客呼叫灯操作测试

(2)功能描述。

装载在 CMS 里面的 CDB 可设置旅客呼叫灯点亮。PCU 上做出的旅客呼叫选择可点亮或熄灭可用的旅客呼叫灯。OEU 设置选中的呼叫灯至命令状态。ZMU 设置主呼叫组件的蓝色灯点亮。ZMU 将旅客呼叫选择信息传递到：

1)OEU。

2)PA/CI。

3)CSMU。

4)CACP。

5)OEU 设置旅客呼叫灯点亮,并锁定在以上状态。

PA/CI 传输了一个信号给扬声器驱动组件(SDM),发出高谐音。CSMU 传递信号给 CSCP。CACP/CSCP 在服务呼叫界面上就会显示相关信息。

当按下乘务员呼叫复位电门,旅客呼叫灯熄灭。当触摸 CSCP/CACP 服务呼叫界面上“AREA RESET”(区域重置),指定区域内所有旅客呼叫重置。当指定区域没有旅客呼叫灯点亮,主呼叫灯熄灭。

(3)电源。

主汇流条必须为旅客呼叫灯操作供电。主呼叫灯组件从右主汇流条得到电源(见图 7-47)。

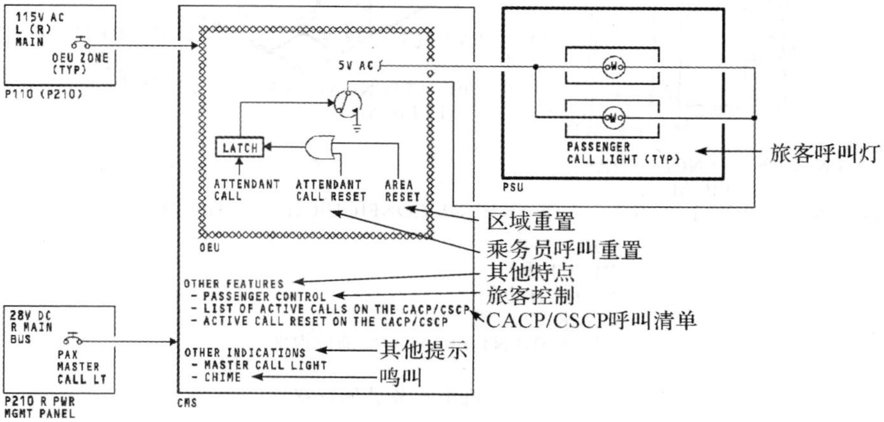
115V AC
L (R)
MAIN
OEU ZONE
(TYP)
P110 (P210)
5V AC
LATCH
ATTENDANT
CALL
ATTENDANT
CALL RESET
AREA
RESET
OEU
PASSENGER
CALL LIGHT (TYP)
PSU
旅客呼叫灯
区域重置
乘务员呼叫重置
其他特点
旅客控制
CACP/CSCP呼叫清单
OTHER FEATURES
- PASSENGER CONTROL
- LIST OF ACTIVE CALLS ON THE CACP/CSCP
- ACTIVE CALL RESET ON THE CACP/CSCP
28V DC
R MAIN
BUS
PAX
MASTER
CALL LT
P210 R PWR
MGMT PANEL
OTHER INDICATIONS
- MASTER CALL LIGHT
- CHIME
其他提示
鸣叫
CMS

图 7-47 供电原理图

7.3.14 机组乘务员休息灯

(1)下乘务员休息室灯种类。

LLAR 有以下灯和标志灯。

1)区域灯-荧光灯。

2)储物柜灯-白炽灯。

3)出口标志灯。

4)楼梯灯-白炽灯。

5)长明灯-白炽灯。

6)夜灯-白炽灯。

7)禁止吸烟和系好安全带标志。

8)铺位区域阅读灯-白炽灯。

9)梳妆镜子灯-荧光灯。

(2)操作测试。

呼叫灯/复位电门在客舱 LLAR 入口处门顶上,LLAR 灯受入口乘务员控制面板和 LLAR 乘务员转换面板控制。测试长明灯测试电门位于 LLAR 乘务员控制面板,阅读灯控制在铺位区域,电池组件在 LLAR 后电子舱,为长明灯提供电源。

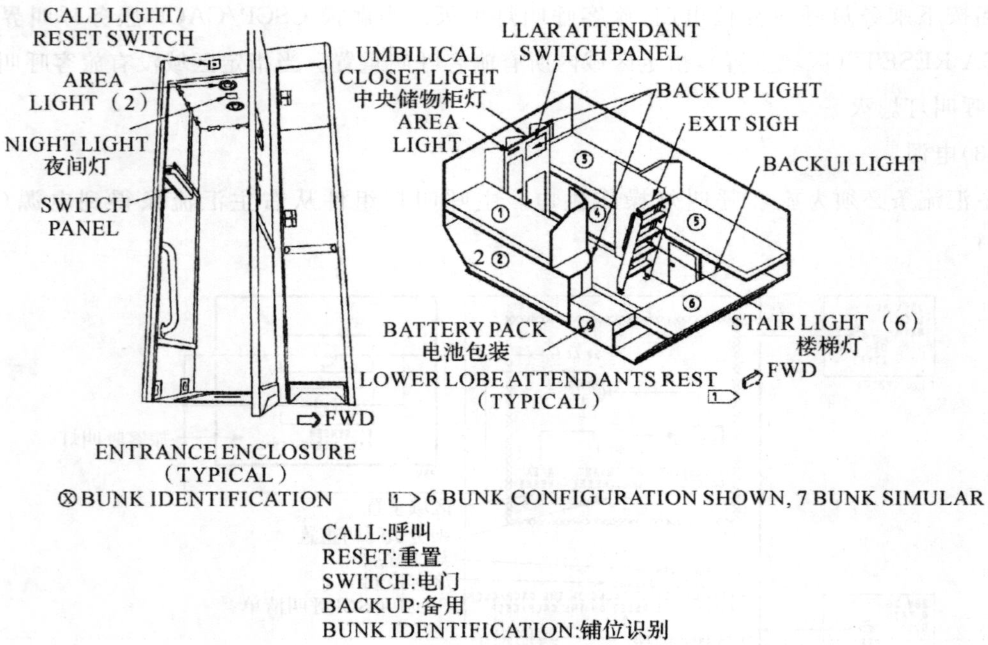
CALL LIGHT/
RESET SWITCH
AREA
LIGHT (2)
NIGHT LIGHT
夜间灯
SWITCH
PANEL
FWD
ENTRANCE ENCLOSURE
(TYPICAL)
UMBILICAL
CLOSET LIGHT
中央储物柜灯
AREA
LIGHT
LLAR ATTENDANT
SWITCH PANEL
BACKUP LIGHT
EXIT SIGH
BACKUI LIGHT
BATTERY PACK
电池包装
STAIR LIGHT (6)
楼梯灯
FWD
LOWER LOBE ATTENDANTS REST
(TYPICAL)
⊗BUNK IDENTIFICATION
1 6 BUNK CONFIGURATION SHOWN, 7 BUNK SIMULAR
CALL:呼叫
RESET:重置
SWITCH:电门
BACKUP:备用
BUNK IDENTIFICATION:铺位识别

图 7-48 机组乘务员休息室

(3)功能描述。

ZMU 从 CMS 构型数据库取得数据来控制区域灯的操作,同时控制区域灯电门里的 LED。区域灯电门给出离散信号给 OEU,信号从 OEU 传递到 ZMU,ZMU 使用 CDB 逻辑告知 OEU 点亮或熄灭一个区域的灯,区域灯电源来自 115V 交流电主汇流条。OEU 将电源转换成 12V 交流电。ZMU 从 ARINC629 总线取得 ELMS 的信息。当地面勤务汇流条停止供电,转换汇流条继续供电时,夜灯自动点亮(见图 7-49)。

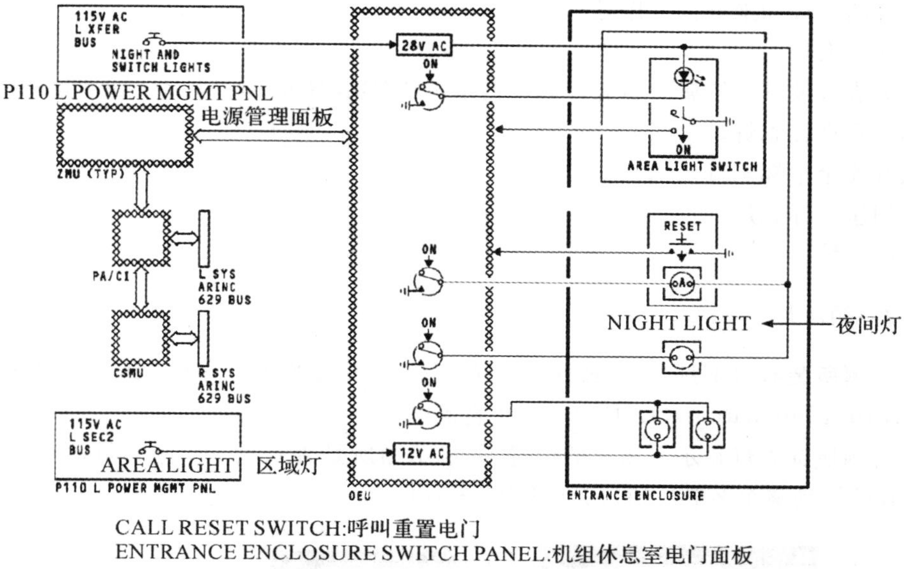

115V AC
L XFER
BUS
NIGHT AND
SWITCH LIGHTS
P110 L POWER MGMT PNL
电源管理面板
ZMU (TYP)
PA/CI
L SYS
ARINC
629 BUS
CSMU
R SYS
ARINC
629 BUS
115V AC
L SEC2
BUS
AREA LIGHT
区域灯
P110 L POWER MGMT PNL
28V AC
ON
ON
ON
ON
12V AC
OEU
ON
AREA LIGHT SWITCH
RESET
NIGHT LIGHT
夜间灯
ENTRANCE ENCLOSURE
CALL RESET SWITCH:呼叫重置电门
ENTRANCE ENCLOSURE SWITCH PANEL:机组休息室电门面板

图 7－49　机组休息灯工作原理图

7.4　空客飞机客舱照明工作原理

照明工作原理图如图 7－50 所示。

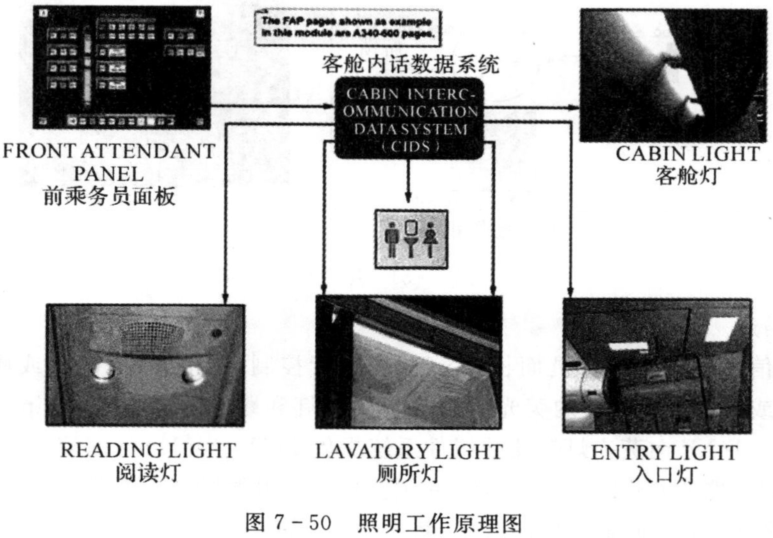

The FAP pages shown as example in this module are A340-600 pages.
客舱内话数据系统
CABIN INTERCOMMUNICATION DATA SYSTEM (CIDS)
FRONT ATTENDANT PANEL
前乘务员面板
CABIN LIGHT
客舱灯
READING LIGHT
阅读灯
LAVATORY LIGHT
厕所灯
ENTRY LIGHT
入口灯

图 7－50　照明工作原理图

7.4.1　客舱灯光系统组成

客舱灯光系统为客舱、厕所、厨房和乘务员工作区域提供照明，它包含以下子系统：

1）客舱灯光。

2）厕所灯。

3)旅客阅读灯和乘务员工作灯。

4)厕所有人灯。

以下标志灯及其系统属于客舱内话数据系统(CIDS,参考 AMM 23-73-00)组件:

1)禁止吸烟标志灯。

2)系好安全带标志灯。

3)返回座位标志灯。

4)呼叫系统。

7.4.2 厕所灯

每一个厕所装有以下灯:一个或两个荧光灯(115 V 交流电)、镜灯(28 V 直流电)和踢脚灯(Kick Strip Illumination)(LED 灯,28 V 直流电)。

客舱的厕所标志灯显示了厕所的位置,并显示厕所是否有人。前乘务员面板灯光模式页面通过 CIDS 控制整个客舱厕所灯光(见图 7-51)。

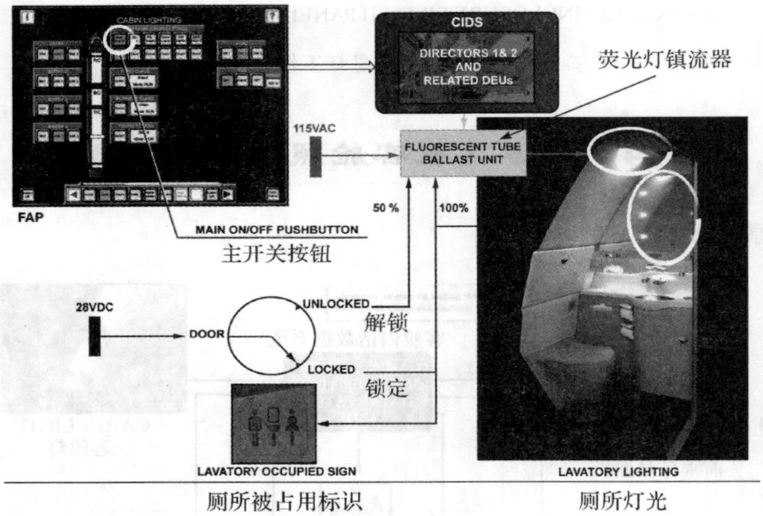
CABIN LIGHTING
CIDS
DIRECTORS 1& 2
AND
RELATED DEUs
荧光灯镇流器
115VAC
FLUORESCENT TUBE
BALLAST UNIT
FAP
50 %
100%
MAIN ON/OFF PUSHBUTTON
主开关按钮
28VDC
UNLOCKED
解锁
DOOR
LOCKED
锁定
LAVATORY OCCUPIED SIGN
LAVATORY LIGHTING
厕所被占用标识
厕所灯光

图 7-51 厕所灯

(1)功能描述。

厕所照明信息通过前乘务员面板,经 CIDS 进行控制,用主开/关电门或厕所维护电门。每个厕所有一或两个带镇流器的荧光灯,辅助灯,镜灯和踢脚灯(a kick strip light)。正常汇流条 113XP 或 214XP 向荧光灯镇流器组件系统提供 115V,400Hz 的交流电。地面勤务汇流条 602PP 向镜灯、踢脚灯(the strip light)和镇流器控制组件供电。重要汇流条 101PP 向辅助灯供电,只要重要汇流条向辅助灯供电,辅助灯就会一直点亮。每个厕所门通过门锁装置控制两个继电器(DOOR RLY+MAINT RLY)。微动电门控制组件控制灯的亮度和厕所有人标志,开关电门组件控制镇流器(见图 7-52)。

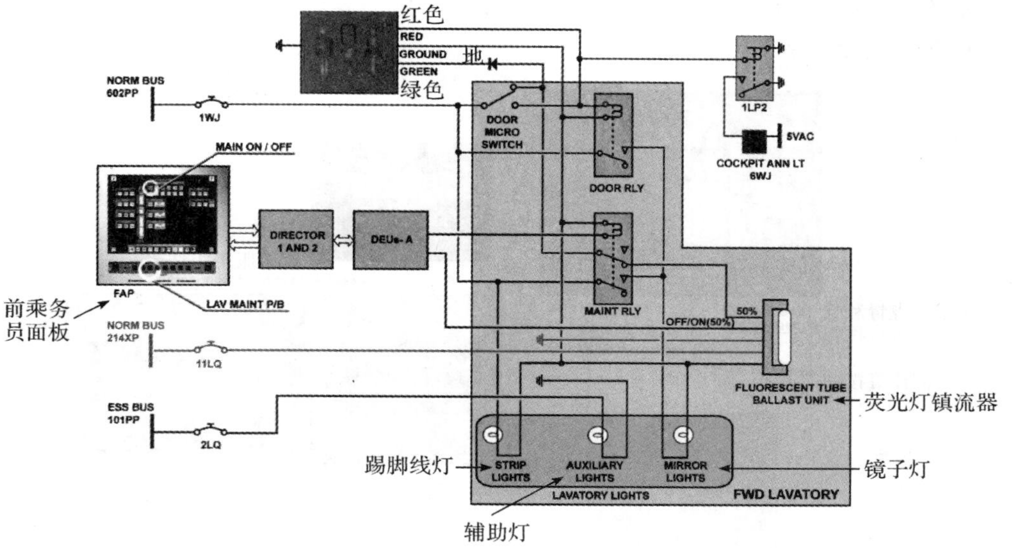
红色
RED
GROUND
地
GREEN
绿色
NORM BUS
602PP
1WJ
DOOR
MICRO
SWITCH
MAIN ON / OFF
DOOR RLY
1LP2
5VAC
COCKPIT ANN LT
6WJ
DIRECTOR
1 AND 2
DEUs- A
FAP
前乘务员面板
LAV MAINT P/B
NORM BUS
214XP
11LQ
MAINT RLY
50%
OFF/ON(50%)
FLUORESCENT TUBE
BALLAST UNIT
荧光灯镇流器
ESS BUS
101PP
2LQ
踢脚线灯
STRIP
LIGHTS
AUXILIARY
LIGHTS
MIRROR
LIGHTS
镜子灯
LAVATORY LIGHTS
FWD LAVATORY
辅助灯

图 7－52　厕所灯工作原理图

(2)厕所指示灯操作。

1)当厕所门关上但未锁上时,正常汇流条 602PP 向荧光灯供电,并通过 MAINT RLY 调节灯的亮度为正常值的一半。客舱厕所有人标志变绿。

2)当厕所门关上并锁上,正常汇流条 602PP 向镜灯供电,并通过 DOOR RLY 调节灯的亮度为 100%。客舱厕所有人标志变红。注意:当前厕所有人,继电器 1LP2 接通。点亮驾驶舱头顶面板的厕所有人通告器。

3)当厕所门打开,荧光灯的亮度为正常值的一半。客舱厕所有人标志变绿。无论厕所门是开还是关、有无锁上,正常汇流条 602PP 都向踢脚灯(kick strip light)供电,重要汇流条 101PP 向辅助灯供电(见图 7－52)。

7.4.3　旅客阅读灯

旅客阅读灯在旅客服务组件(PSU)上。前乘务员面板上的“设置及重置电门”控制所有阅读灯。相应的 DEU A 通过旅客界面和电源适配器(PISA),使阅读灯点亮。该适配器最多能同时监控 4 盏阅读灯。旅客可用一个控制电门控制阅读灯(见图 7－53)。

(1)功能描述。

旅客阅读灯包含 LED 灯,可通过 PSU 上的电门或旅客控制组件(PCU)的电门进行控制。前乘务员面板和 CIDS 导向器的内部逻辑电路控制阅读灯。客舱机组工作灯是卤素灯。每盏客舱机组阅读灯都直接由电门控制(见图 7－54)。

(2)操作测试。

1)当阅读灯电门设置在“开”或“关”时,信号直接传送到 PISA。PISA 内部电源变压器将把 115 V 交流电转换成 28 V 直流电。

ARINC429 总线将照明信号从加强型旅客娱乐系统导向器(EPESC)传送到导向器。导向器通过上行数据线将信号传递给 DEU A。最后,信号通过低电压差信号(LVDS)双向串行接口传送给 PISA 电源供电组件。阅读灯的亮度与设定的客舱灯光场景模式有关，取决于客舱普通照明的亮度水平。

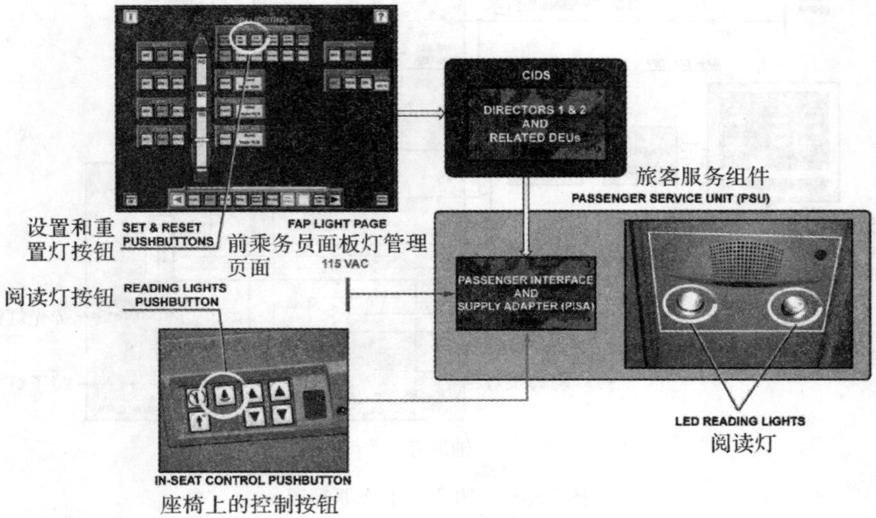
CIDS
DIRECTORS 1 & 2 AND RELATED DEUs
旅客服务组件
PASSENGER SERVICE UNIT (PSU)
设置和重置灯按钮
SET & RESET PUSHBUTTONS
FAP LIGHT PAGE
前乘务员面板灯管理页面
115 VAC
阅读灯按钮
READING LIGHTS PUSHBUTTON
PASSENGER INTERFACE AND SUPPLY ADAPTER (PISA)
LED READING LIGHTS
阅读灯
IN-SEAT CONTROL PUSHBUTTON
座椅上的控制按钮

DIRECOTR:导向器

图 7-53　旅客阅读灯

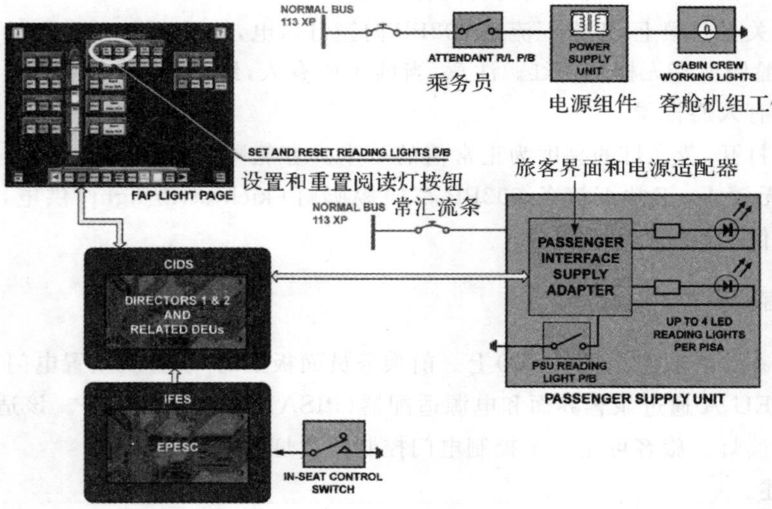
NORMAL BUS 113 XP
ATTENDANT R/L P/B
乘务员
POWER SUPPLY UNIT
电源组件
CABIN CREW WORKING LIGHTS
客舱机组工作灯
SET AND RESET READING LIGHTS P/B
设置和重置阅读灯按钮
FAP LIGHT PAGE
旅客界面和电源适配器
NORMAL BUS 113 XP
常汇流条
PASSENGER INTERFACE SUPPLY ADAPTER
UP TO 4 LED READING LIGHTS PER PISA
PSU READING LIGHT P/B
PASSENGER SUPPLY UNIT
CIDS
DIRECTORS 1 & 2 AND RELATED DEUs
IFES
EPESC
IN-SEAT CONTROL SWITCH

图 7-54　阅读灯工作原理图

2)当飞机在地面，前乘务员面板阅读灯设置与重置电门可实现所有客舱阅读灯的手动控制。为实现地面逻辑电路控制，起落架控制界面组件(LGCIU)传输向下及增压的信号给导向器。在飞机通电的情况下，无论飞机在地面或在飞行状态中，阅读灯都可实现个人控制。

每盏灯都有一个电池供电组件，并配有 115 V 交流电/6 V 交流电转换器。正常汇流条 113XP 提供电池供电组件(见图 7-55)。

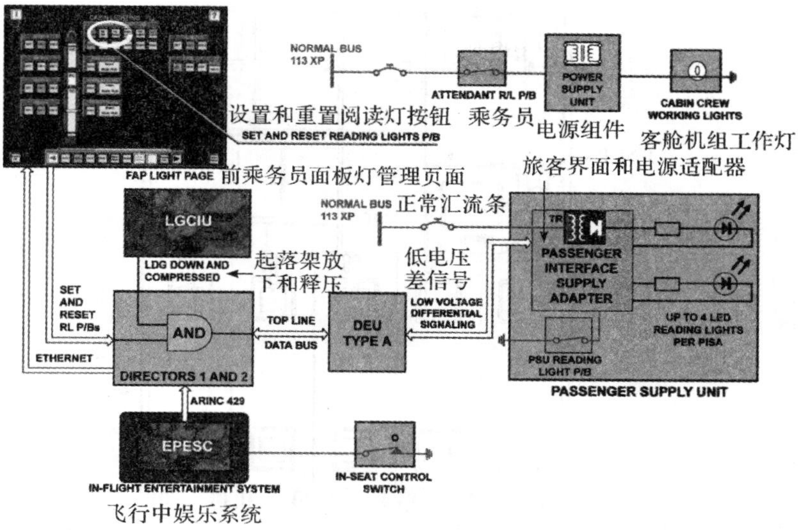
NORMAL BUS
113 XP
ATTENDANT R/L P/B
乘务员
POWER SUPPLY UNIT
电源组件
CABIN CREW WORKING LIGHTS
客舱机组工作灯
设置和重置阅读灯按钮
SET AND RESET READING LIGHTS P/B
FAP LIGHT PAGE
前乘务员面板灯管理页面
旅客界面和电源适配器
NORMAL BUS
113 XP
正常汇流条
LGCIU
LDG DOWN AND COMPRESSED
起落架放下和释压
低电压差信号
LOW VOLTAGE DIFFERENTIAL SIGNALING
TR
PASSENGER INTERFACE SUPPLY ADAPTER
UP TO 4 LED READING LIGHTS PER PISA
PSU READING LIGHT P/B
PASSENGER SUPPLY UNIT
SET AND RESET RL P/Bs
AND
TOP LINE
DATA BUS
DEU TYPE A
ETHERNET
DIRECTORS 1 AND 2
ARINC 429
EPESC
IN-FLIGHT ENTERTAINMENT SYSTEM
飞行中娱乐系统
IN-SEAT CONTROL SWITCH

图 7－55　操作原理图

7.5　灯光系统主要部件组成和功能

7.5.1　波音飞机

波音飞机灯光系统典型核心组件如图 7－56 所示。

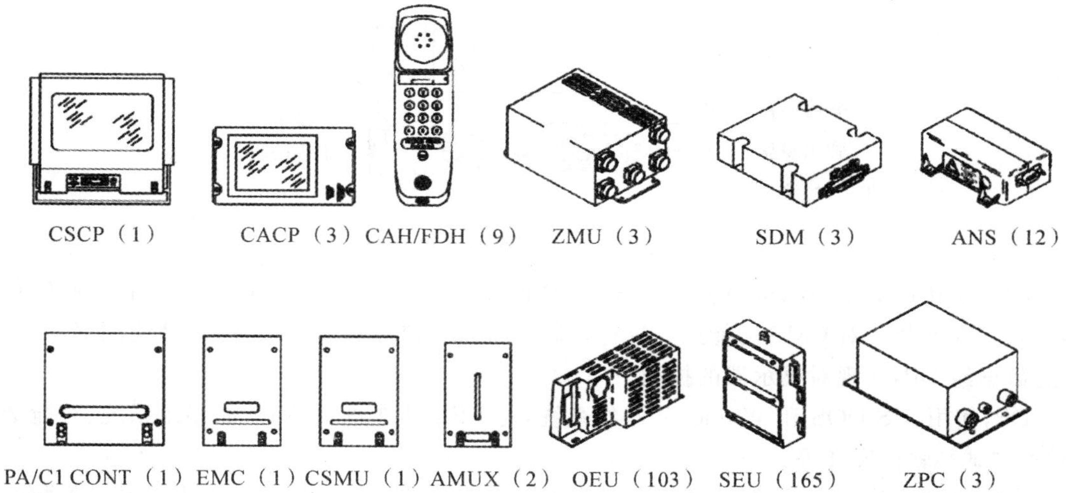
CSCP（1）
CACP（3）
CAH/FDH（9）
ZMU（3）
SDM（3）
ANS（12）
PA/C1 CONT（1）
EMC（1）
CSMU（1）
AMUX（2）
OEU（103）
SEU（165）
ZPC（3）

图 7－56　CSCP、CACP、ZMU 和 OEU 都是 CMS 的核心组件

1. CSCP

CSCP，Cabin System Control Panel，全称客舱系统控制面板。安装在客舱中厨房，位置如图 7－57 所示。

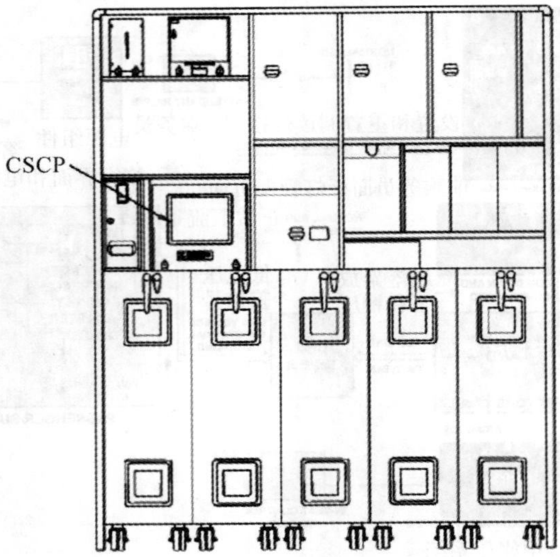
CSCP

图 7 - 57　CSCP 位置

如图 7 - 58 所示为典型的 CSCP 界面。CSCP 有 2 个部分，核心机(Core Partition，简称 CP)和显示器(Display Partition，简称 DP)。这 2 个部分将核心功能从 BFE 功能分离出来。

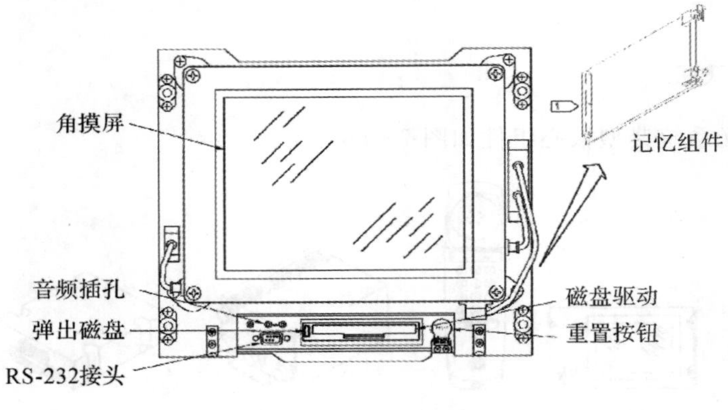
角摸屏
记忆组件
音频插孔
磁盘驱动
弹出磁盘
重置按钮
RS-232接头

图 7 - 58　CSCP 界面

CP，使用 UNIX - BASED 操作系统。CP 控制着 CMS 的核心功能。它控制核心组件的测试和软件安装。对 CMS 功能选择进行控制，如灯光、监控和旅客服务。CP 使用 X - server 发送数据给 DP，实现对显示器的控制。

DP，使用 MS DOS 和 Windows 操作系统，对 BFE 功能进行控制，如娱乐系统、客舱数据网络、测试和软件安装等。

CP 传送数据给 DP 并在屏幕上显示出来；DP 又将荧屏上选择的数据发送给 CP，控制所有的核心和 BFE 功能。

按下显示器下方的 Reset 按钮，重置显示器和导向器。操作者从软盘驱动读取数据并发送给大量的储存设备。储存设备分 2 个盘，每个盘 80 MB，CP 和 DP 各占一个。

2. CACP

图 7 - 59 为 CACP 典型操作界面。CACP，Cabin Area Control Panel，全称客舱区域控制面

板。全客舱有 3 个，分别安装在左 1 号门、左 2 号门和右 3 号门的乘务员座椅上方(见图 7-60)。

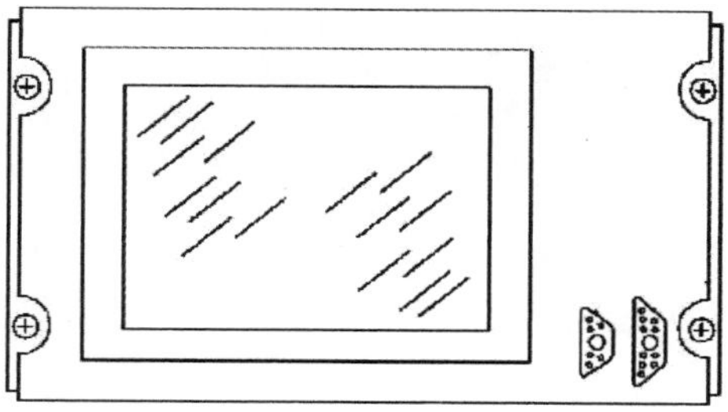

图 7-59　CACP 界面

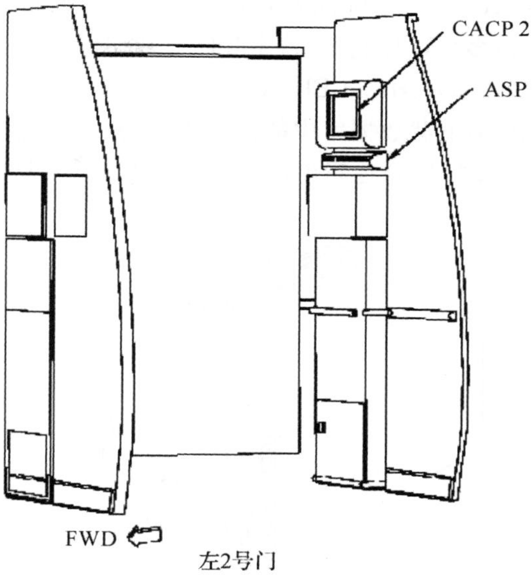
CACP 2
ASP
FWD
左2号门

图 7-60　CACP 位置

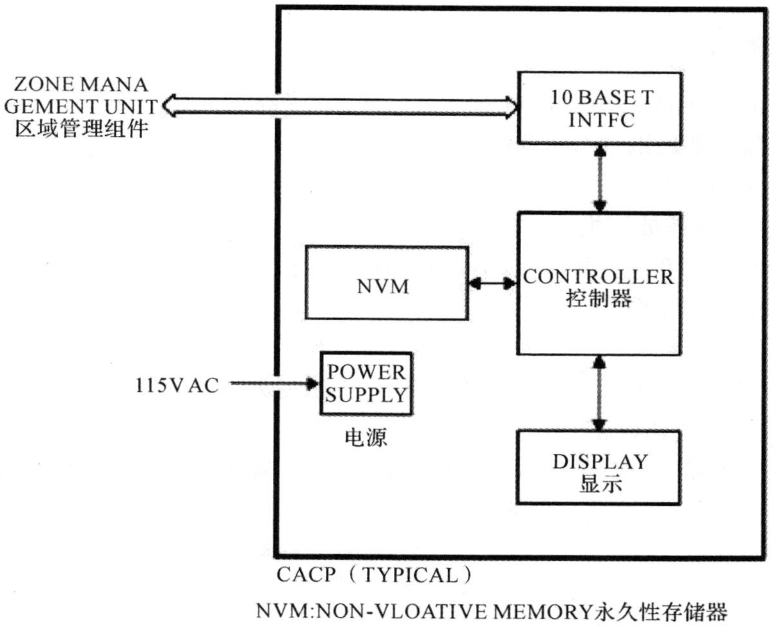
ZONE MANA
GEMENT UNIT
区域管理组件
10 BASE T
INTFC
NVM
CONTROLLER
控制器
115VAC
POWER
SUPPLY
电源
DISPLAY
显示
CACP（TYPICAL）
NVM:NON-VLOATIVE MEMORY永久性存储器

图 7-61　CACP 内部逻辑电路图

图 7-61 为 CACP 典型内部逻辑电路图。从图中可以看出，CACP 有 10 base T interface 连接 ZMU，发送控制数据给 CMS 组件，并从 ZMU 获得测试和显示数据。乘务员使用 CACP 触摸屏选项控制 CMS 功能，显示器把选择信息返回给 ZMU。

NVM(Non—Volatile Memory)，全称永久性存储器。它从构型数据库下载相关数据并告知 CACP 显示哪个选择界面，可以控制飞机的哪个区域。

3. ZMU，OEU

ZMU(Zone Management Unit)，全称区域管理组件，用于控制旅客服务和客舱灯光，1个ZMU最多可以控制30盏主呼叫灯，ZMU安装在中央行李架右侧天花板上。

OEU，Overhead Electronic Unit，全称头顶电子组件。1个ZMU连接3个OEU。ZMU从CDB中下载数据库中的控制程序，并运用此控制程序通知OEU应该点亮哪盏灯和该灯的亮度。OEU闭合逻辑电门，灯点亮(见图7-62)。

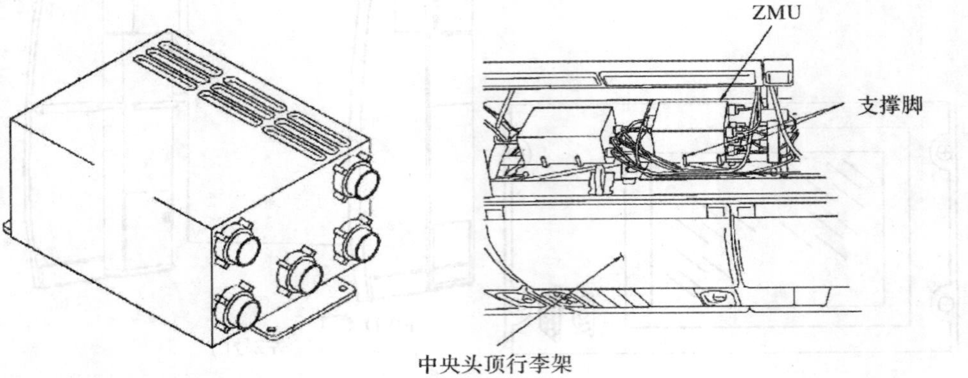
ZMU
支撑脚
中央头顶行李架

图7-62　ZMU组件及位置

7.5.2　空客飞机

前乘务员面板(FAP)、导向器(Director)、解码/编码组件A(DEUA)和解码/编码组件B(DEUB)是客舱内部通讯数据指令器(CIDS)的4个主要部件。

(1)前乘务员面板FAP。

客舱灯光在前乘务员面板的“灯光模式”(LIGHT MODULE)进行控制。控制过程通过CIDS中的两个导向器和一些解码/编码组件(DEU)完成。灯光模式页面还显示客舱构型和客舱设备的灯光状态(见图7-63)。

1)主开关电门。

主开/关电门控制客舱及登机区域的所有灯点亮/熄灭。

2)入口灯电门1，2，3，4。

入口灯、暗1及暗2电门控制登机区域灯光的亮度，各个电门控制的灯光亮度如下：

①BRT：100%；

②DIM 1：50%；

③DIM 2：10%。

注意：当发动机运转，驾驶舱门打开，左前入口灯自动跳至DIM2电门。

3)客舱灯光电门。

该系统划分成两个区域：

①TCF：前客舱；

②TCR：后客舱。

客舱、暗1和暗2电门控制窗户、center hatrack和过道灯光的亮度。

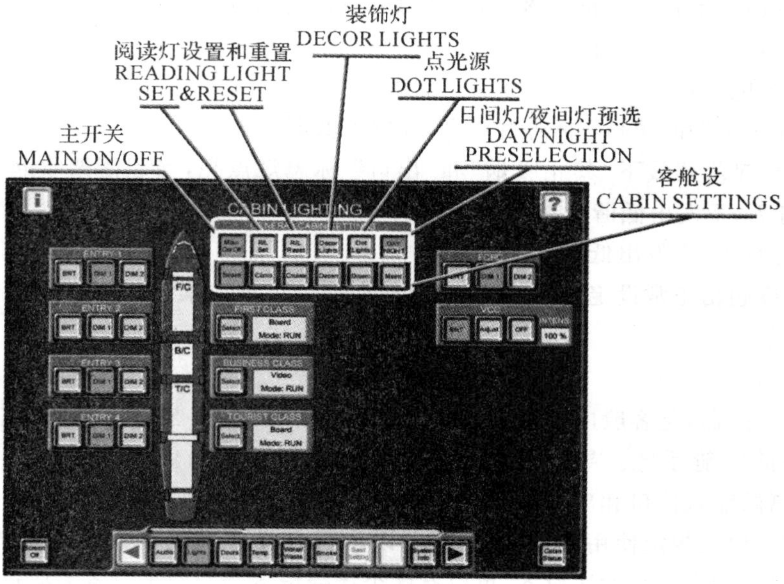
装饰灯
DECOR LIGHTS
阅读灯设置和重置
READING LIGHT
SET&RESET
点光源
DOT LIGHTS
日间灯/夜间灯预选
DAY/NIGHT
PRESELECTION
主开关
MAIN ON/OFF
客舱设
CABIN SETTINGS
CABIN LIGHTING

图 7-63　前乘务员面板

①WINDOW 电门控制左右窗户灯光。

②CENTER 电门控制 center hatrack 灯光。

③AISLE 电门控制左右过道灯光。

夜灯模式下,天花板所有灯灭,夜灯点亮。

4)厕所维护电门。

①当厕所门打开,厕所灯点亮,亮度为正常值的一半。

②当厕所门锁上,厕所灯全亮,相应的“厕所有人”灯点亮。

③不管厕所门打开或者关闭,厕所维护电门都能接通,使所有厕所灯点亮。

5)客舱标志灯控制。

客舱标志灯在驾驶舱头顶面板 P5 进行控制(见图 7-64)。

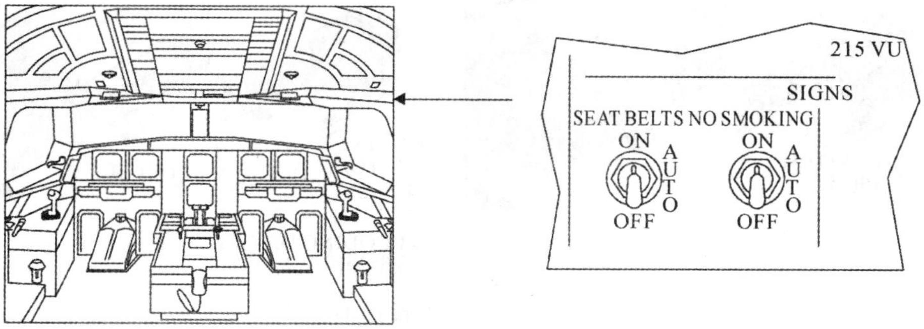
215 VU
SIGNS
SEAT BELTS
NO SMOKING
ON
AUTO
OFF
ON
AUTO
OFF

图 7-64　驾驶舱标志灯控制按钮

①系好安全带电门。

ON:“系好安全带”和厕所“返回座位”标志灯点亮,并发出低谐音。

AUTO:当襟翼伸出(1,2,3,或全部)或主起落架放下,“系好安全带”“返回座位” 标志灯自动点亮，并发出低谐音。飞机降落后，即使襟翼收回，标志灯也不会灭。

OFF：标志灯灭。不发出低谐音。

②禁止吸烟电门：

ON："禁止吸烟"和"出口"标志灯点亮，并发出低谐音。

AUTO：当起落架放下"禁止吸烟"和"出口"标志灯点亮，当起落架收起"禁止吸烟"和"出口"标志灯灭，不发出低谐音。

OFF：标志灯灭，不发出低谐音。

当座舱高度超出正常设定值时，不管旋钮打在哪个位置，"禁止吸烟""系好安全带"和"出口"标志灯都点亮。

(2)Director。

Director，导向器，是客舱内部通讯数据指令器的核心部件。它用于控制、监控和测试乘务员及旅客专用的客舱系统。导向器的数字输入输出子模块有 4 个：ARINC429 数据总线、RS232 接口、离散输入接口和离散输出接口。

ARINC429 协议规定使用双绞屏蔽线，并以串行方式传输数字数据信息，信息为单向传输，即总线上只允许有一个发送设备，可以有多个接受设备。当两个设备需要进行双向信息传输时，则需在每一个方向都使用一根独立的传输总线。

(3)DEU A，DEU B。

DEU(decode/encode unit)全称解码/编码组件，DEU A 用于连接 DERECTOR 和旅客使用的各种客舱系统和设备(见图 7-65)。

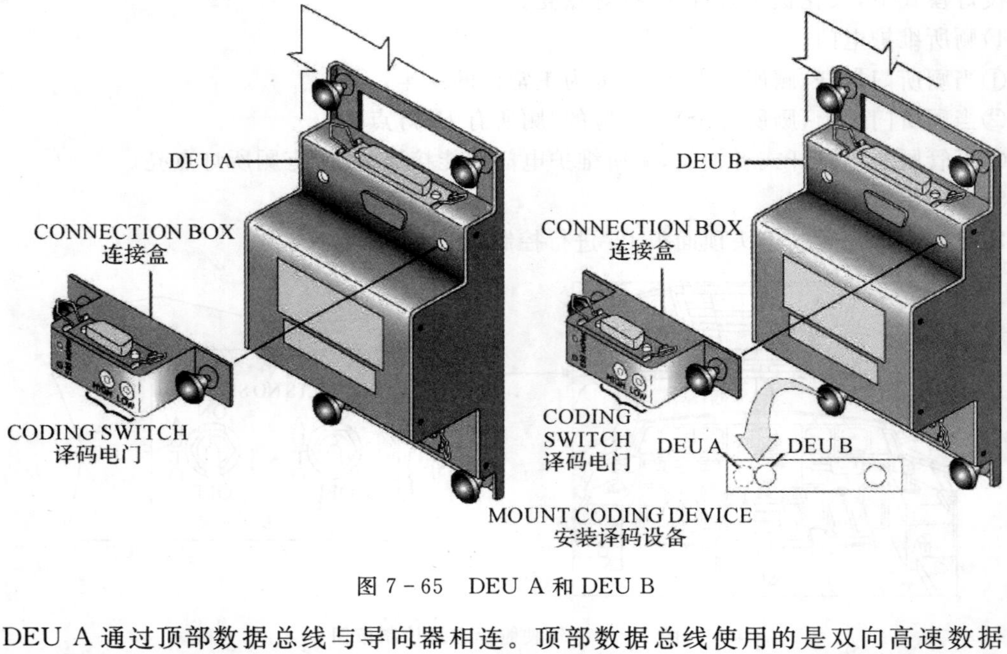
DEU A
CONNECTION BOX
连接盒
CODING SWITCH
译码电门
DEU B
CONNECTION BOX
连接盒
CODING
SWITCH
译码电门
DEU A
DEU B
MOUNT CODING DEVICE
安装译码设备

图 7-65　DEU A 和 DEU B

DEU A 通过顶部数据总线与导向器相连。顶部数据总线使用的是双向高速数据总线(4MB/S)。每条数据总线和平行地与两个导向器连接。当某一条数据总线失效时，连接到该数据总线上的所有 DEU 的旅客功能全部失效。数据总线上有许多的接线盒，每个接线盒与一个 DEU A 相连。它通过两位代码开关将自己的地址发送给 DEU A。导向器来的控制指

令和音频信号解码并发送到相关的设备。(注意:数据总线最后一个接线盒包括了终端电阻用于阻抗匹配)

在正常情况下,服务汇流条直接给DEU A和PISA提供28V直流电;在紧急情况下,只有基础汇流条给CIDS提供28V直流电。在这种情况下,为了FSB/NS标志灯工作,汇流条通过DEU A给PISA供电。

中部数据总线将CIDS计算机与DEU B相连,以实现乘务员相关功能。数据总线位于客舱天花板顶部。中部数据总线使用的是双向高速数据总线(4MB/S)。每条数据总线和平行地与两个导向器连接。当某一条数据总线失效时,连接到该数据总线上的所有DEU B全部失效。

数据总线上有许多的接线盒,这些接线盒与顶部数据总线相同,每个接线盒与一个DEU B相连,它通过两位代码开关将自己的地址发送给DEU B。注意:数据总线最后一个接线盒包括了终端电阻用于阻抗匹配,DEU A和DEU B的支架不同,以免两者出现安装错误。

7.5.3 未来机型展望

随着南方航空公司A380、中国国际航空公司B777-300ER等新内饰的窄体客机陆续交付,客舱设计与乘机舒适性成为业内以及乘客的热议话题。制造商和航空公司将共同致力于调整客舱座位布局,改进空间设计和增加附加设施,提供旅客的乘机舒适度,在经济性与舒适性之间达到一个平衡点。例如利用LED灯光的投射效果,营造出“天空内饰”效果,让客舱显得比实际更高更宽一些;再例如将飞机舷窗设计得更大,间距更小,并在舱壁采用碟形设计,使得客舱自然采光更好,乘客视野更宽阔;还有运用先进材料和降噪技术,可以让客舱的噪音更小等等。

(1)未来客舱灯光系统,发光二极管(LED)将有可能全面取代白炽灯和荧光灯。

目前电光源一共有4代:白炽灯(卤钨灯),荧光灯(日光灯、节能灯),高强度气体放电灯(HID),半导体发光二极管(LED)。LED作为第四代电光源,拥有前三代电光源所不具备的特点。LED是发光二极管,可以将电能直接转化为光,它的出现解决了白炽灯和荧光灯遇到的问题,它的电能利用率比荧光灯高,同时也不会对环境产生有害物质,可以说是未来照明的不二之选,优势体现在以下几点:

1)节能。目前LED的光效大约是白炽灯的8倍,荧光灯的2~4倍,那也就意味着相同亮度的LED耗电量仅为白炽灯的1/8,荧光灯的1/4到1/2。

2)使用寿命长。LED灯的使用寿命一般为$3\times10^4\sim5\times10^4$ h,远远高于白炽灯的1 000 h和荧光灯的10 000 h。

3)绿色环保。不含铅、汞等污染元素,对环境没有任何污染,而荧光灯中含有汞蒸汽,汞是一种有害物质,能在室温下蒸发,即使很小的剂量也会对肝、肺和大脑造成损害,对人体和环境有极大的危害。无频闪,无紫外线(UV)和红外线(IR)辐射,消除了传统光源频闪引起的视觉疲劳,无光线污染,对人体无伤害、无辐射。

4)安全。灯壳多采用塑料材质,抗冲击强度高,不易碎,便于运输,使用更加安全。白炽灯和荧光灯通常采用玻璃外壳,相对易碎,同时容易产生玻璃碎片,不够安全。

(2)有利必有弊,LED存在以下两方面劣势。

1)价格高。由于LED生产的科技含量高,制造成本相对于其他灯具也高出很多,LED灯的价格比其他灯具高出很多。普通家用白炽灯通常低于5元，荧光灯为20～80元，LED灯则普遍高于50元。

2)散热。LED的效率受高温影响而急剧下降，浪费电力之余也产生更多热，令温度进一步上升，形成恶性循环。除浪费电力的同时也缩短寿命，因此LED灯需要良好的散热。

除了灯具的改进，升级客舱系统、测试软件，设计更多更真实的客舱场景，为旅客乘机营造更舒适的客舱环境。更方便维护人员进行调节、测试工作。

习　题

1. 飞机上选装的灯具有几种？
2. 飞机上荧光灯拆装要点是什么？
3. 试述白炽灯的组成部分及拆装要点。
4. 简述B777灯光测试的具体步骤。
5. 客舱内的正常照明灯光可分为哪几种？
6. 客舱灯光系统的工作原理是什么？
7. LLAR相关的2个控制面板对什么功能进行控制和指示？
8. 信息标识系统与什么系统和组件均有连接？
9. 飞机厕所呼叫灯及主呼叫灯的操作测试步骤有哪些？
10. 下乘务员休息室灯种类有哪些？

第 8 章　飞机客舱应急设备

飞机客舱常见的应急设备有：灭火瓶、氧气瓶、自动氧气面罩、防烟面罩、急救箱、应急手电、救生衣、应急滑梯、应急无线电设备、扩音喇叭、消防斧等。这些设备有固定安装位置的，有便携式放置在客舱内特定部分的。机组人员和维护人员都需知道它们的确切位置和使用方法。维护人员还需定期对这些应急设备进行检查、检测，下面将应急设备按照固定安装位置式和便携式两类分别介绍。

8.1　固定安装位置式应急设备

8.1.1　应急充气救生滑梯

应急充气救生滑梯主要用于在没有地面登机梯和廊桥等设施的紧急情况下，帮助旅客从客舱安全地到达地面或水面。在水上迫降的情况下，还可当作救生筏。救生滑梯折叠打包后存放在机舱门下部的滑梯罩中，里面还包括充气管和高压滑梯充气瓶。

当旅客登机完毕，空乘人员将舱门关闭并使之保持在预位状态。当舱门在预位状态，紧急情况发生时，借助门的打开，应急滑梯能自动展开，在展开过程中即开始充气。如果自动充气系统损坏，还有手动充气手柄，用来触发组件内部的高压氮气瓶放气阀，帮助展开滑梯。当飞机在正常情况下下客时，空乘人员首先需要解除预位，这样打开舱门时就不会自动放出滑梯了。

在紧急情况下，通常登机门和勤务门只能从内部放出救生滑梯，在外部开门时不会释放滑梯。应急门从内从外开门都可以将滑梯释放。

1. 应急滑梯迅速充气的原理

应急充气滑梯要求在触发后，在数秒(通常的标准为 6 s)的时间内迅速展开、膨胀、成型，并形成一定的刚度。它利用装在滑梯组件里面的高压氮气瓶，在紧急情况下释放出压缩气体，当高速的压缩气体在灌充滑梯时，流经救生滑梯上的吸气装置(一种单向活门)，由于高压气体的高速流动具有引射作用，因此吸气装置可以借助这种引射力，配合充气瓶，将外界的空气大量吸入救生滑梯，使滑梯在短时间内迅速膨胀(见图 8-1)。

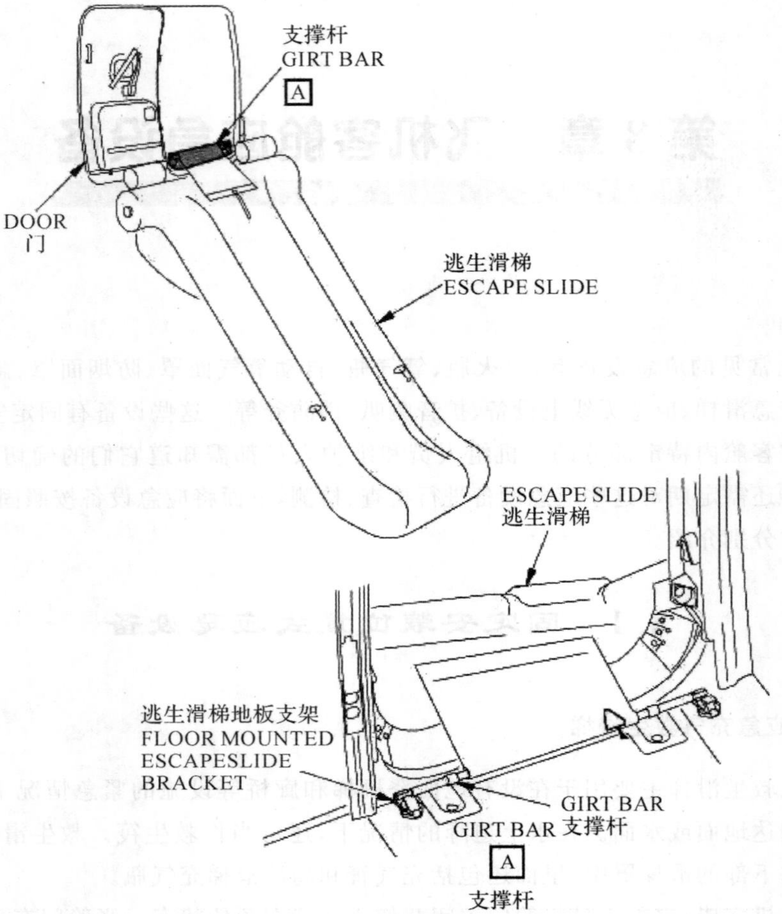
支撑杆
GIRT BAR
A
DOOR
门
逃生滑梯
ESCAPE SLIDE
ESCAPE SLIDE
逃生滑梯
逃生滑梯地板支架
FLOOR MOUNTED
ESCAPESLIDE
BRACKET
GIRT BAR
支撑杆
GIRT BAR
A
支撑杆

图 8-1　应急滑梯

2. 应急救生滑梯的结构

单通道飞机，如 B737、B757，其应急滑梯形状较为简单，通常主体为两个平行的圆柱形气囊，其间是下滑通道，与机身和地面接触的部位设计有辅助气囊。

B747、A380 等巨型客机的大翼上方开有应急门，当飞机迫降后，应急门内的滑梯也能迅速放出。这类滑梯的构造较为特殊，由一段铺设在大翼上表面比较平缓的坡道滑梯和一段下滑滑梯两部分组成。滑梯底面设计有横向的支撑管，起到提高滑梯刚性、减震等作用。这类滑梯在紧急情况下，早期的产品是分段分两次充气打开，目前新型的可一次将两段整个滑梯灌充成形。

B747 和 A380 还有一个特点：这两种机型都有上层客舱。B747 的上层舱较短，容纳的人数有限，A380 有全长度的上层客舱。由于上层客舱之下有主客舱、货舱、起落架，离地面大约有 10 m 高，因此，用于上层客舱的滑梯长度超过 14 m(B747 上客舱滑梯长度为 14.2 m；A380 上客舱滑梯长度达 14.7 m)，是经过特别设计的。B747 上客舱救生滑梯需用两个氮气瓶进行灌充，而其他主客舱救生滑梯只配一个高压氮气瓶。A380 的救生滑梯采用了内置电瓶驱动的新技术。A380 的上客舱滑梯呈多边形，其上端设计的较宽，可提高滑梯的抗风能力。A380

的前舱门充气滑梯甚至设计了一段加长滑梯，以便万一飞机是机尾着地，飞机前部高翘时，救生滑梯仍能够接触到地面，使人员安全下滑。

有的飞机还配有救生船或救生筏，如麦道系列的飞机，在其客舱的天花板处存放有救生船，B747 还携带一个六边形的救生筏。

3. 应急救生滑梯上的附设装置

如前所述，为帮助旅客从客舱安全地到达地面或水面，滑梯上备有电瓶供电的应急灯光，以便乘客在夜间能看清周围的情况，并便于搜救人员进行搜救。在水上迫降时，应急滑梯充当救生筏。在滑梯与飞机的连接处，有一个特殊手柄，拉动该手柄，救生滑梯就能与飞机脱开，但为安全起见，仍有一条绳索将飞机和滑梯相连。滑梯上设有一小口袋，其内存放小刀一把。这把刀就是用来割断绳索的。

应急救生滑梯侧面配有一种纺织材料制作的漏斗形袋子，将其打开放入水中，可减慢救生滑梯的漂流速度，其原理与降落伞在空气中可使物体减速的原理相同。

常见的附设装置还有应急用的无线电台、食用水、食品、急救包、电筒、哨子、着色剂等。为了避免乘客迫降后在救生滑梯内日晒雨淋，救生滑梯设计有遮阳天棚。大部分机型的救生滑梯，需人工手动搭建附带的遮阳棚，而 B767 的救生滑梯，放出时遮阳棚已建成，进一步方便了乘客。

4. 救生滑梯的维护和收叠

应急滑梯虽极少可能使用到，但它要求具备非常高的可靠性。因此，滑梯通常每三年需检查一次。常规的方法是给滑梯灌充压缩空气到规定的压力数值（通常为 2.5～3 psi 的压力），放置 6 h 后，检查其内部压力是否在允许范围内。应急滑梯上设有检查压力的检查口。把压力表接在检查口上可得到相关的压力数据。如果有漏气现象，必须用滑梯生产厂家指定的胶粘材料和纺织物进行修补。滑梯内的氮气瓶也需定期做水压测试。

把体积庞大的飞机充气滑梯收叠打包，最终放回舱门下部的收藏区域，并保证在紧急情况下能在几秒的时间内顺利打开，这是一项程序复杂、步骤繁多的工作。给救生滑梯打包需按工作手册一步步进行，需使用抽真空设备把里面的气体抽出；使用专门的设备进行夹紧，并使用专门的木质模板进行尺寸检查测量。有时滑梯不易折叠，还需放入烘烤房，以 50℃ 的温度进行加热处理。

8.1.2　氧气系统

民用客机的氧气系统，主要是作为一种安全保障措施，以便万一座舱增压失效，可向驾驶舱内的飞行员和客舱中的旅客和乘务员提供氧气。各种机型的维修手册（AMM）、部件维修手册（CMM）和其他的手册，皆按照 ATA（航空运输协会）规范 100 的规定，将第三十五章的内容设置为“氧气”。

目前，大型民用飞机上的氧气源有两种，一种是用高压氧气瓶储存氧气，另一种是使用化学氧气发生器，通过化学反应产生氧气。后者也称为固态氧气。使用这两类氧气源的氧气系统分别是客舱氧气系统和驾驶舱氧气系统。

1. 客舱氧气系统

较早期的机型，在驾驶舱和客舱都采用高压氧气瓶作为氧气源，典型的机型如 B737－200。但在客舱这样面积较大的区域使用氧气瓶供氧，其氧气系统结构复杂，管路繁多：来自高压氧气瓶的氧气首先要经过减压调节装置进行减压，进入到供氧总管，再通过供氧支管分配到各个旅客服务组件里的氧气面罩内。采用这种设计，平时的检测维护工作量大；同时，高压氧气系统的体积和重量也较大。

目前的大型民用客机，客舱内主要通过化学氧气发生器和便携式的氧气瓶提供氧气。

氧气发生器存储在旅客头顶上方的旅客服务组件(PSU)面板内，同理，在飞机卫生间上方的厕所服务组件(LSU)内、在乘务员座椅上方的乘务员服务组件(ASU)内，都存储有氧气面罩及化学氧气发生器。氧气发生器体积小，重量轻。

打开旅客服务组件面板，其内的氧气发生器为圆柱形的容器。未使用过的氧气发生器上，都缚有一条颜色鲜艳的热敏指示带，如果这条指示带已变成黑色，则提醒维护人员氧气发生器已因某种原因被触发过了，应予以更换。

黄色的氧气面罩储存在氧气面罩存放盒内，旅客服务组件面板上设有氧气面罩存放盒的盖板。在座舱高度达到一定数值时，该盖板会自动打开，令氧气面罩落下。如在波音系列的飞机上，当座舱高度大于 4 300 m(14 000 ft)时(亦即客舱内的压力小到一定数值时)，氧气面罩将自动放出。通过驾驶舱内 P5 头顶板上的一个控制按钮，飞行员也能人工控制氧气面罩的放出。

氧气面罩存放盒的盖板经过特别的设计，可在地面对盖板的打开进行测试。测试时，盖板可打到微开状态，这样既可以检查装置是否能正常工作，又不致使氧气面罩完全展开，避免造成大量的折叠工作。

氧气发生器的释放销和面罩装置通过一根释放绳相连，当使用者用力拉动面罩，释放绳将把氧气发生器上的释放销拔出，将导致化学氧气发生器的触发装置被触发。

氧气发生器产生氧气的原理为：在氧气发生器内部，装有一个圆筒形的芯子，它由化学原料氯酸钠($NaClO_3$)和铁粉混合压铸而成。这根芯子称为氧烛，当它的一端被点燃时，它能慢慢燃烧起来。当温度达到 248℃(478℉)时，氯酸钠和铁粉发生化学反应，形成氯化钠、氧化铁和氧气。生成的氧气经过内部的过滤装置过滤后流向出口总管，通过出口总管再分配给组件内的几个氧气面罩。氧烛的外表包有足够厚的隔热层，保证氧气发生器的外表面不会过热。

点燃氧烛的触发器，其构造可以是机械激发式的，也可以是通电爆炸帽式的。例如，有的触发器，当使用者用力拉动面罩上的拉绳时，将把氧气发生器上的释放销拔出，从而使里面一个原来被弹簧压住的销子撞击冲击帽，点燃氧烛。

按照有关的适航规定，发生器在紧急情况下应至少连续供氧 12 min。化学氧气发生器一经触发，不能关闭，只有等化学反应结束后才能停止。

发生反应后的氧气发生器会产生很高的温度，因此如意外释放后千万不能用手接触发生器，以免被烧伤。在维修更换时，为了避免意外的氧气释放，可用专用的夹钳将一个安全销装在释放销的孔中，这样，即便释放销被拉动，也不会造成氧气发生器被触发。不过，工作结束时一定要记住将安全销取下。

氧气这种助燃气体，在飞机的客舱中竟然是通过高温的化学燃烧反应获得的，这听上去显得匪夷所思，但实际上这种设计已经成为一种经典的设计，用在各类现代大型民用飞机上。

在客舱中，为了使乘务员在紧急情况下可以走动，还配置了手提氧气设备。较为常见的一种手提氧气设备由一个小的高压氧气瓶、压力调节器、关断活门、压力表、软管及面罩组成。当把面罩接好并打开关断活门，即可从压力调节器获得氧气流。手提氧气设备同时也可作为紧急医疗救护设备。高压氧气瓶的压力，在 70 ℉下应为 1 800 psi，瓶的表面涂成墨绿色，并用一英寸的白色字体标明“航空人员呼吸用氧气”。另一类低压氧气瓶为浅黄色，可承受 400～450 psi 的压力。

2. 驾驶舱氧气系统

机组氧气系统的构造和检测维护工作较为复杂。

为了保证飞行员有充足的氧气供应，在驾驶舱仍采用高压氧气瓶供氧，氧气瓶的压力可达 1 850 psi。

以 B737 的驾驶舱氧气系统为例，它包括高压氧气瓶、压力调节器、压力传感器、关断活门分配总管、独立的氧气面罩和调节器等。

机组氧气面罩收存在正副驾驶和观察员座位附近。机组氧气面罩上有多条软管固定带，它们可经气动充压膨胀，使面罩迅速固定在飞行员的面部。机组面罩带有送话器，保证飞行机组人员戴上面罩后仍可进行语言沟通。

机组氧气系统带一个稀释型压力供养调节器。为延长氧气供给时间，调节器能吸入适量的大气自动稀释氧气。如在地面，该调节器所供给的主要是来自外界的空气，当飞机高度增加时，供氧量逐渐增大，直至供给 100%的纯氧。调节器上的控制器能进行手动调节，令系统提供纯氧。

在飞机的外部靠近氧气瓶的地方，可以看到一个贴有圆形绿色薄膜的显示口。飞机维护人员在做日常的维护工作时，会留意绿色薄膜是否破损，如果薄膜破损，说明内部的氧气瓶已经由于过热等原因释放掉了，需及时检查更换。

8.1.3　应急逃生指引灯

应急逃生指引灯是用来在紧急情况下，飞机电源系统无法工作的情况下，通过客舱内的应急电池和自发光荧光条两类方式为客舱通道提供逃生指引，以下是自发光型荧光条（见图 8-2）。

← EXIT →

图 8-2　自发光荧光条

1. 应急电池供电灯泡型

应急电池供电灯泡型的逃生指引系统使用客舱应急电池的电源，应急电池为安装在地板上的灯珠供电。当飞机电源系统失效时，应急电池能够自动对客舱过道两侧的应急灯珠供电。这种类型的过道应急灯系统由于使用着客舱应急电池的电源，对本身电量就小，负载就大的应急电池来说是一种较大的供电负担。而且需要一套独立的供电线路，这条线路上的继电器，灯珠等组件会随着使用时间的增大而降低组件的可靠性，独立的供电线路不但会影响系统正常工作的可靠性，同样也会造成较大的维修负担和成本。由于以上种种不利的原因，近年来，自发光荧光条形的客舱过道应急灯光指引系统在客舱内广泛使用，已经取代了应急电池供电灯泡型的应急灯光指引系统。

2. 自发光型荧光条

自发光型荧光条采用表面涂有荧光物质的条形发光源，这种发光源能够在黑暗的环境下产生满足适航要求的光源。如图 8-3 所示是 STG Aerospace 公司设计生产的荧光条的剖面结构图。

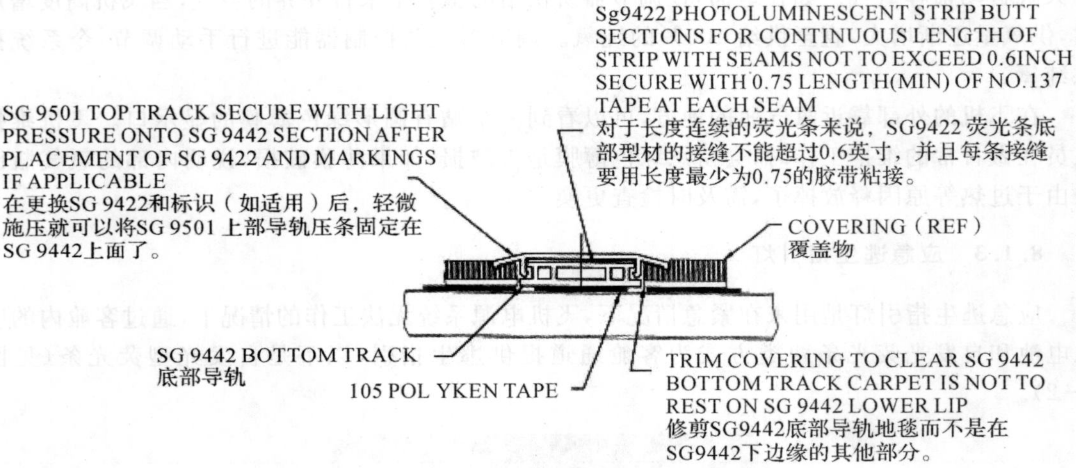
Sg9422 PHOTOLUMINESCENT STRIP BUTT SECTIONS FOR CONTINUOUS LENGTH OF STRIP WITH SEAMS NOT TO EXCEED 0.6INCH SECURE WITH 0.75 LENGTH(MIN) OF NO.137 TAPE AT EACH SEAM
对于长度连续的荧光条来说，SG9422 荧光条底部型材的接缝不能超过0.6英寸，并且每条接缝要用长度最少为0.75的胶带粘接。
SG 9501 TOP TRACK SECURE WITH LIGHT PRESSURE ONTO SG 9442 SECTION AFTER PLACEMENT OF SG 9422 AND MARKINGS IF APPLICABLE
在更换SG 9422和标识（如适用）后，轻微施压就可以将SG 9501 上部导轨压条固定在SG 9442上面了。
COVERING (REF)
覆盖物
SG 9442 BOTTOM TRACK
底部导轨
105 POL YKEN TAPE
TRIM COVERING TO CLEAR SG 9442 BOTTOM TRACK CARPET IS NOT TO REST ON SG 9442 LOWER LIP
修剪SG9442底部导轨地毯而不是在SG9442下边缘的其他部分。

图 8-3 荧光条剖面机构图

从图 8-3 中我们可以看到，这种自发光过道撤离指示条是通过 105 POLKEN TAPE 的胶带黏接在地板上的，它的发光源是一条冷光荧光条，安装在底部导槽中，然后通过外罩盖住。组成一套完整的过道撤离指示条。自发光型过道撤离指示条相比应急电池供电型的应急撤离指示系统而言，有很多的优点。

(1)可靠性好。由于它没有线路系统支持工作，只通过自身发出冷光源，而且发光的要求能够满足适航需要。因此它具有较高的可靠性。

(2)不产生电源系统的负载压力。自发光型荧光条不用使用外部电源，所以不会对飞机电源系统造成负载压力。

(3)维护方便，成本低廉。自发光型荧光条通过双面胶带黏接在地板上，如果表面划伤较严重，影响了正常的使用，那么维护人员只需要将荧光条撕下，重新更换就可以了。

8.1.4　应急定位信号发射器(Emergency Locator Transmitters)

应急定位信号发射器一般有便携式和固定式两类，这两类应急定位信号发生器的工作原理大同小异，只是在安装方式上面会有不同。下面将以固定式为例对应急定位信号发生器进行介绍。如图 8-4 所示是应急定位信号发射器的外形图。

各机型的固定式 ELT 的构成一样，都是一个长筒状的装置，它有控制面板，发射机和天线组成。如图 8-5 所示是 B737 和 A320 系列 ELT 的安装位置。

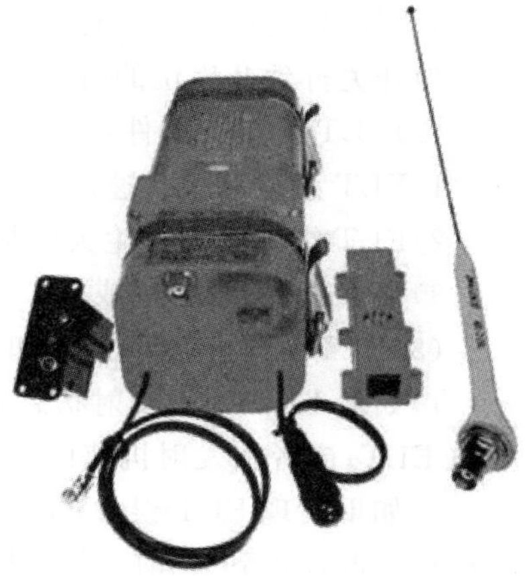

图 8-4　应急定位信标

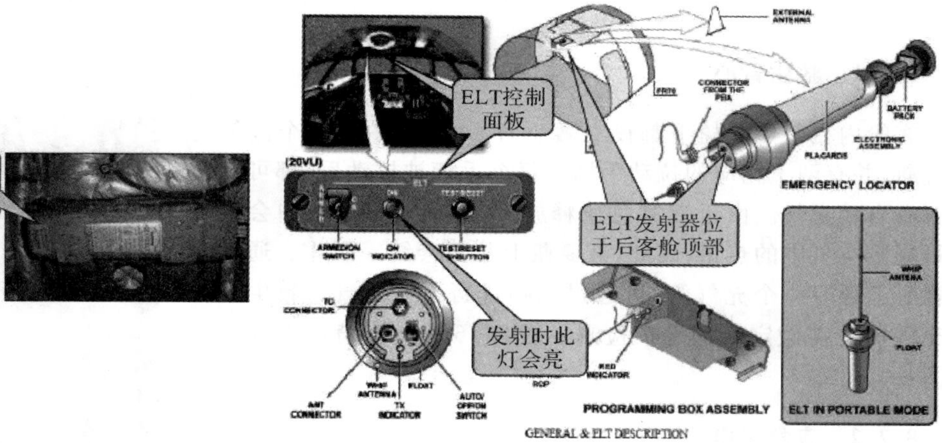
ELT发射机，在客舱后部顶板内
ELT控制面板
(20VU)
ELT
ARMED/ON SWITCH
ON INDICATOR
TEST/RESET PUSHBUTTON
发射时此灯会亮
ELT发射器位于后客舱顶部
EXTERNAL ANTENNA
CONNECTOR FROM THE PBA
BATTERY PACK
ELECTRONIC ASSEMBLY
PLACARDS
EMERGENCY LOCATOR
TO CONNECTOR
ANT CONNECTOR
WHIP ANTENNA
FLOAT
TX INDICATOR
AUTO/OFF/ON SWITCH
RED INDICATOR
RCP
PROGRAMMING BOX ASSEMBLY
WHIP ANTENA
FLOAT
ELT IN PORTABLE MODE
GENERAL & ELT DESCRIPTION

图 8-5　B737 和 A320 ELT 的安装位置

ELT 在正常情况下处于预位状态，这种情况下，发射机前面板的指示灯和控制面板的 OFF 灯都不亮。当控制面板开关或者发射机前面板开关任何一个处于打开位置时，ELT 都将处于发射状态，其发射分为两部分：VHF，UHF(121.5 MHz，243 MHz)和 406 MHz 的数字信号，其中 406 MHz 的数字信号每 50 s 发射一次，这种信号中含有 ELT 的序号，飞机的 ID 号，国家和 ELT 的制造商等信息，该信号通过卫星传输后传给地面站，以提供大范围的搜索，其定位精度可达 2 km。

ELT 在测试时，操作面板的开关处于打开位的时间不能超过 15 s，此时 ELT 不会处于持续发射状态，确认控制面板上红色的 ELT 指示灯时分熄灭，并且通过 121.5 MHz 甚高频监听高谐音是否停止。

(1)ELT 的测试要求如下：

1)维护人员执行 ELT 的相关测试前，需要确认是否下发了航行通告。

2)测试前需要向塔台申请某架飞机将于什么时间进行 ELT 测试，获得塔台同意后，方可测试。

3)测试只能在每个小时的前 5 min 内进行。

4)开关打到开启位的时间不要超过 10 s。

(2)ELT 的触发条件：

1)ELT 感觉到飞机速度极度变化时，ELT 将发射信号。

2)ELT 纵向受力产生大的加速度后会自动发射。

3)当 ELT 操纵面板或 ELT 发射机前面板的开关有一个处于 ON 位时，ELT 也发射

(3)ELT 误放情况的处置如下：

1)如果 ELT 处于发射状态，可通过控制面板开关瞬时打到 ON 位然后放回 ARM 位，可复位 ELT；或者在发射机前面板将开关瞬时打到 ON 位然后放回 OFF 位，也可。

2)如果发现 ELT 误放，第一时间需要向塔台通报情况，如哪架飞机什么时间被误放，后续还要将情况反馈到公司的其他相关部门。

8.2 便携式应急设备

8.2.1 救生背心

客舱内在每个座椅下都设有救生背心，背心中有两个液氮的充气瓶，并有两个相应的拉动手柄。每个手柄被拉动后，都可为救生背心自动充气。由于液氮急速释放，液氮在气化过程中会吸收大量周围空气中的热量，因此，液氮瓶上甚至会结一层霜。通常救生背心上还有一个充气管，可通过人嘴进行人工充气。救生背心及充气瓶也需做定期的维护检测。图 8-6 是救生背心的外形示意图：

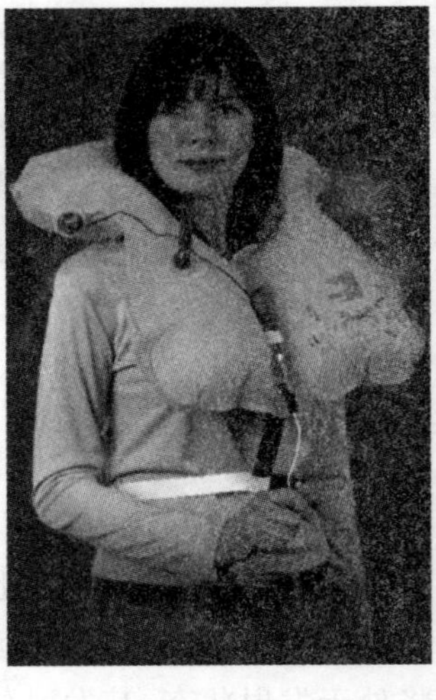

图 8-6 救生背心示意图

8.2.2 应急手电

应急手电是机上重要的应急设备之一，它使用可更换的自带电源，一般都采用常亮的工作方式，在从固定支架上去下后，应急手电即会点亮，只有在重新装回支架上后才会熄灭。应急手电一般安装在乘务员座椅的下部储物盒内的支架上。目前主流机型中有些支架是直接固定在座椅上的，有些则是固定在座椅靠着的设备壁板上的，比如厕所壁板，隔板等(见图 8-7)。

在维护时，一般有例行完成的工卡用来检查应急手电的工作情况。根据手电的厂商提供的工作情况检查方式对手电的电池容量，照明距离，光亮度等进行检查，对不符合检查结果的进行更换。目前手电电池容量的检查方法是通过观察手电把手位置的间断闪亮的指示灯来判断，如果手电指示灯的闪亮周期是 5～7 s，则处于正常的工作状态，否则就说明手电的电池容量不足，需要更换。(见图 8-8)手电电池的更换方法很简单，一般就是将手电拆开，断开电池与手电的连接线，即可完成电池的更换。

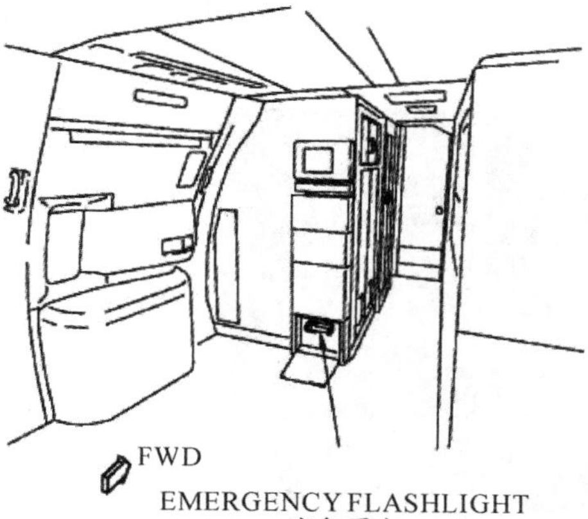
FWD
EMERGENCY FLASHLIGHT
应急手电

图 8-7　应急手电

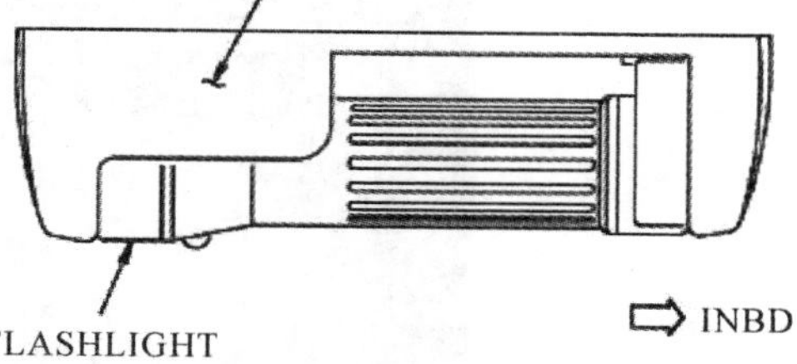
MOUNTING BRACKET
安装支架
FLASHLIGHT
INBD
EMERGENCY FLASHLIGHT
应急手电

图 8-8　应急手电检查

8.2.3　PBE—呼吸保护设备

PBE—Protective Breathing Equipment，又称 Smokehood，是呼吸保护设备的简称 PBE 用来在飞行过程中给机组人员提供大约 15 min 呼吸保护的装置，它最高能够工作在 40 000 ft，约合 12 192 m的高空。它使用真空封严技术装在透明的袋子中，并存放在便携式的手提箱内。真空封严的透明袋子目的是为了将 PBE 与空气隔绝，否则会造成 PBE 失效。PBE 在正常情况下可以随时在飞机上使用。但当 PBE 与空气接触或者受潮指示器变成粉红色时，表示 PBE 失效，PBE 失效后就不能够继续使用。

PBE 具有双层的头罩，能够整个包裹住头部，另外当 PBE 头罩经过适当的揉搓后，可以将长发，眼镜，胡须等都包裹在内。PBE 中的生命维持装置与头罩相连，固定在脑后(见图8-9)。

图 8-9　PBE 呼吸保护设备

PBE 的基本特征：

便携式的手提箱上面有一个检查窗和手提袋，检查窗用来在不打开手提箱的情况下检查受潮指示带的颜色和呼吸设备的生产日期。在手提箱的正面有一张标牌，上面简要描述了 PBE 的使用说明。

生命维持装置是一种不可修复的化学氧气发生器，氧气发生器使用一拉就作动的拉环，机械控制氧气的发生。氧气发生器触发时氯酸钠分解产生低压的氧气和热量，并且一旦触发这一反应就不能够停止了。这种化学氧气发生器一般能够产生 15 min 的可呼吸氧气。

PBE 的面罩分为内外两层包裹住整个头部，面罩与脑后的生命维持装置相连，面罩内还有一个可伸缩的隔膜用来封严面罩和脖颈，另外还有一个透明的观察口用来观察外界环境。

8.2.4　手提式灭火瓶

飞机客舱起火对飞行安全有着巨大影响，比如客舱火情可能蔓延至发动机等系统关键部分，客舱的高温会导致人员伤亡，烟雾和有害气体，氧气缺乏会导致人员伤亡等等严重后果(见图 8－10)。

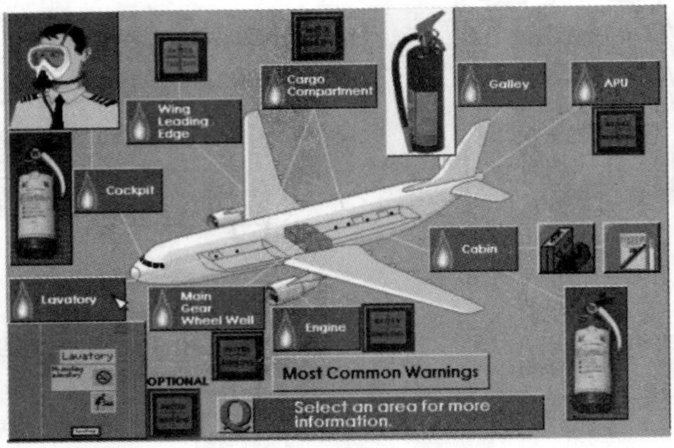
Cargo Compartment
Galley
APU
Wing Leading Edge
Cockpit
Cabin
Lavatory
Main Gear Wheel Well
Engine
Most Common Warnings
OPTIONAL
Select an area for more information.

图 8－10　手提式灭火瓶

如图 8－10 所示的是飞机火情的出现部位的情况。其中驾驶舱，厨房，厕所，客舱内的火情可以通过图上所示的两类灭火瓶熄灭。这两类灭火瓶就是飞机客舱内常用的灭火瓶，分别是水质灭火瓶和卤代烃灭火瓶(又称 HALON 瓶)。

飞机内的火情一般情况下分为以下 4 类：

A 类：纸张，木材，纤维，橡胶，某些塑料等着火。

B 类：气体或液体着火，如汽油，煤油，油漆，油脂等。

C 类：电气设备短路，漏电，超温，跳火等引发的火灾。

D 类：金属(如钠，镁，铝等)着火。

灭火剂的灭火原理有降温，将氧化剂与还原剂隔开，阻止热量传递，防止反应继续。客舱灭火要做到高效，无毒，无腐蚀，易清除的要求。客舱内的火情一般只是 A 类火和 C 类火。A 类火通过水质灭火瓶就能后扑灭。C 类火需要使用卤代烃灭火瓶进行扑灭。在紧急情况下，一定要先判断火情，在使用正确的灭火瓶进行灭火。

水质灭火瓶与卤代烃灭火瓶的外形颜色均不同，水质灭火瓶一般是绿色外表，较长。卤代烃灭火瓶一般是红色外表，相比水质灭火瓶较粗。飞机上灭火瓶的数量根据机型的大小而不同，如图 8－11 所示是两种灭火瓶的对比示意图。

FIRE EXTINGUISHERS
KIDDE
WATER
HALON 1211

图 8－11　两种类的灭火瓶

灭火瓶的使用方法在瓶体上会有介绍。一般来说，使用者在使用手提灭火瓶灭火时应该斜持灭火瓶，大概与水平夹角 45°左右。灭火剂的喷口对准起火源，离起火源大概 6～10 ft 的距离来使用(见图 8 - 12)。

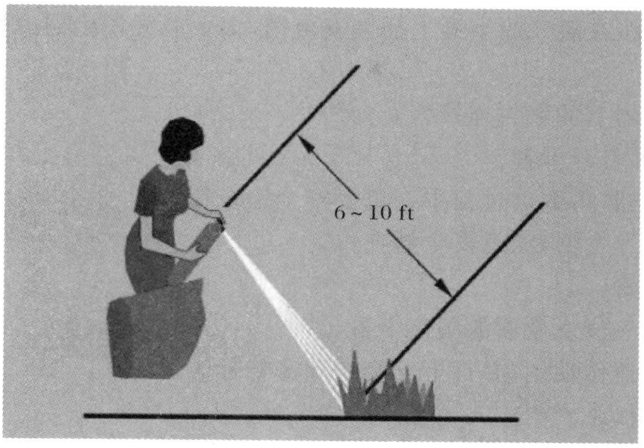
6 ~ 10 ft

图 8 - 12　灭火瓶使用方法

8.3　客舱应急设备的维护

目前客舱应急设备的维护方法主要以检查更换为主，应急设备大都属于不可修复部件，例如旅客氧气发生器，一旦释放就需要更换新件。旅客救生衣如果出现破损等情况，也只能更换新件，没有办法进行修理。下面就将以旅客氧气发生器，客舱过道应急荧光条以及旅客救生衣为例，介绍客舱内应急设备的一些检查和维护方法。

8.3.1　旅客氧气发生器

旅客氧气发生器安装在客舱旅客服务面板内，如图 3 - 13 所示。氧气发生器的表面有一圈橘黄色的色带，用来指示氧气发生器的状态。

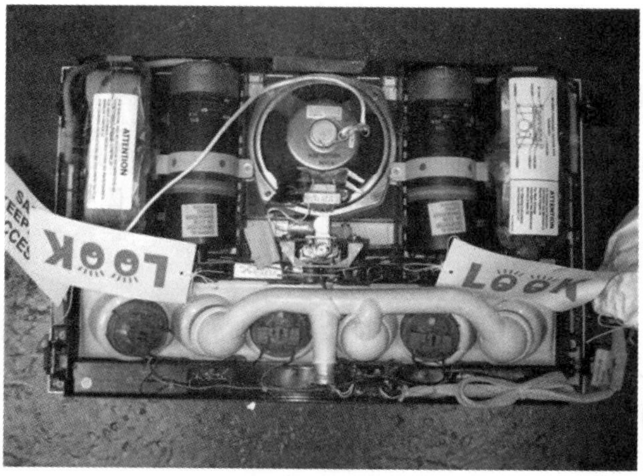
ATTENTION
LOOK
LOOK

图 8 - 13　氧气发生器

在飞机进行C检维护的过程中,需要检查每一个旅客服务面板中的氧气发生器的色带的情况,如果出现发黑的现象,说明该氧气发生器已经释放,需要更换。更换旅客氧气发生器的步骤如下:

1)打开PSU面板,在氧气放生器上插上安全销,去下氧气发生器的作动销,并挂警告标志(见图8-14)。

2)断开氧气发生器上的氧气连接管。

3)松开紧固件,并打开卡箍。

4)拆下氧气发生器,再取出过程中一定要安全销在位。

5)安装新的氧气发生器,注意安全销在位。

6)连接氧气连接管。

7)安装紧固件和氧气发生器的固定卡箍。

8.插好氧气发生器作动销,并拆下安全销和警告标志。

9)关闭PSU面板。

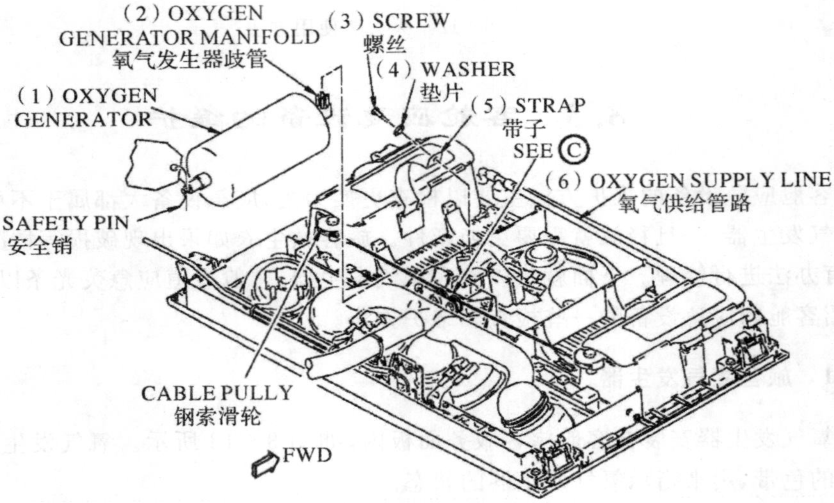
(2) OXYGEN
GENERATOR MANIFOLD
氧气发生器歧管
(3) SCREW
螺丝
(4) WASHER
垫片
(1) OXYGEN
GENERATOR
(5) STRAP
带子
SEE C
(6) OXYGEN SUPPLY LINE
氧气供给管路
(7) SAFETY PIN
安全销
CABLE PULLY
钢索滑轮
FWD

图8-14 拆卸氧气发生器

8.3.2 客舱过道应急荧光条

客舱过道应急荧光条是通过双面胶黏接在客舱过道两侧的地板上,安装时的尺寸需要根据安装图纸一一对应,荧光条的位置,亮度都应该满足要求,具体要求如下:

(1)亮度。

测量荧光条亮度时,首先需要进行以下几项工作。

1)让飞机不受日光直射或置于白天环境中。将飞机置于机库或在晚上测量。

2)所有客舱设备(座椅、行李箱、厨房灯)在位且可用。

3)测光仪应可用,且在计量有效期内。

4)将客舱内部灯光置ON或“明亮”位置(除阅读灯和窗户灯),所有阅读灯和窗户灯置OFF。关闭所有窗户遮阳板、厕所门、客舱门,让客舱灯稳定至少30 min。

5)将测光仪量程置 0～200 LUX(或类似)，白天模式(如有)，并调零。按需调整灯光(灭掉或罩住灯泡)，使其符合维护限制。

在准备工作完成后，沿客舱过道左右两侧，以不超过 12 in(305 mm)间隔测量光强并记录。从后客舱末端开始向前一直测到前登机门后缘，每处所测数据的值都应大于或等于 20LUX，否则就不满足亮度要求。

(2)位置。

荧光条的安装位置要能够让旅客明显且完整的看见荧光条，安装位置的要求如下：

1)一般儿童(身高 1.22 m 左右)在过道处俯视时能够看到荧光条，如图 8－15 所示。

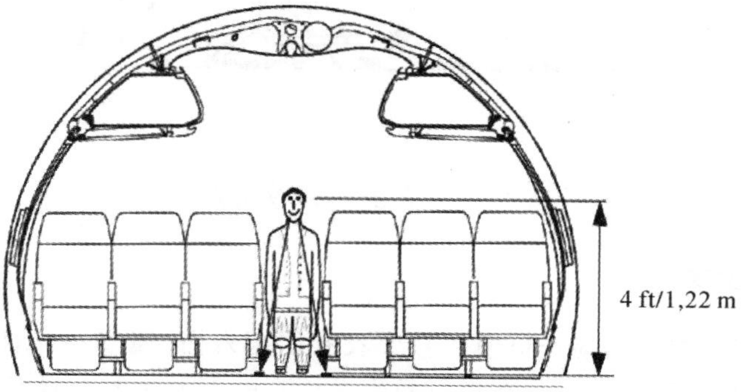
4 ft/1,22 m

图 8－15　荧光条安装位置

2)客舱顶部的灯光能够直射荧光条，没有遮挡物，如图 8－16 所示。

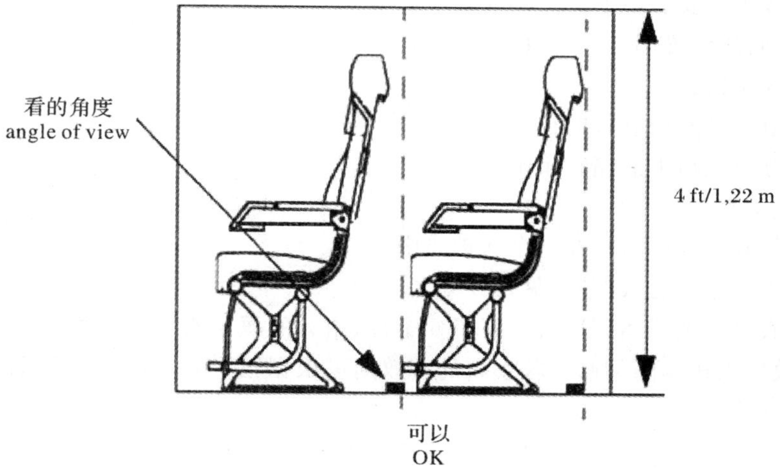
看的角度
angle of view
4 ft/1,22 m
可以
OK

图 8－16　灯光能直射荧光条

3)处于应急门通道位置的旅客可以看到应急门通道座椅位置前方的荧光条，如图 8－17 所示。

荧光条的在维护时，主要就是需要注意安装后的亮度和安装位置的问题，大概需要满足的要求已经在上面进行了介绍，但具体的安装尺寸和亮度规范是随着不同的厂家，或者不同的机型而变化的，所以在实际工作当中，一切参考资料和数据都必须严格按照工卡，手册，图纸上的要求进行(荧光条的结构和维护在本书第 9 章有专门的论述)。

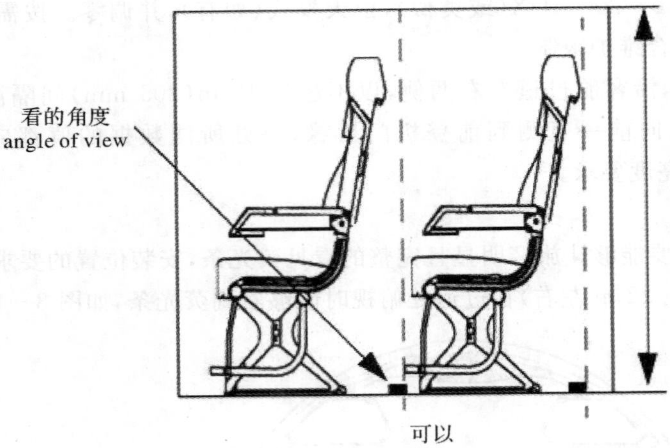
看的角度
angle of view
4 ft/1,22 m
可以
OK

图 8-17　应急门处的荧光条

8.3.3　旅客救生衣

救生衣的维护工作主要是检查更换。救生衣有使用寿命，属于周转件。在救生衣的安装包上会有使用寿命的标签，机务人员在进行救生衣检查的工卡时要查看寿命是否到期，如果寿命不符合工卡的要求，那么需要将救生衣拆下送去车间翻修。下面以 B777 飞机上的救生衣为例，详细介绍一下救生衣的检查更换要点。

检查更换救生衣要点如下：

(1)确保下面的位置都有一个救生衣。

1)每个旅客座椅。

2)每个机组人员座椅靠背的小袋里。

3)每个乘务员座椅下的储物箱中。

(2)取下救生衣。

1)确认每件救生衣都密封在一个保护袋中。

2)检查救生衣上的有效期限(见表 8—1)。

3)如救生衣已到期或离到期日期少于 6 个月，用新的救生衣更换或用可控制方式在到期前更换，将旧救生衣送车间翻修。救生衣的有效期可根据救生衣上的到期日期或生产日期以及部件的时限计算获得。

表 8-1　某些救生衣的寿命

件　号	名　称	寿命限制
63600—101 63600—501 66601—501	救生衣	密封包装的为 10 年，缝制包装的为 5 年
216200—0 216203—0	婴儿/小孩救生衣	初始间隔从生产日期算起 10 年，对于真空包装的救生衣重复间隔为 10 年，对于缝制包装的救生衣重复间隔为 2 年

续表

件　号	名　称	寿命限制
D21343－101	救生衣	5 年
P0723E105P	救生衣	初始间隔为从新件开始服役算起 60 个月，或从生产日期算起 63 个月，先到为准，重复检查间隔从上次检测日期起 60 个月
XMF0100/1W	救生衣	对于真空包装的救生衣，初始间隔为从生产日期算起 120 个月；对于 PU 包装的救生衣，初始间隔为从生产日期算起 60 个月；重复间隔均为从上次检测算起 60 个月

4)如保护袋有损伤，确认没有伤及救生衣。

5)如救生衣也损坏的话，用新的救生衣更换，将旧的救生衣送车间进行翻修。

(3)将拆下检查的旅客救生衣恢复到原位 。

8.4　客舱应急设备的发展趋势

随着卫星通讯技术和无线网络技术的发展，客舱应急设备的种类和功能也越来越多，下面将介绍几种新型的客舱应急设备。

1.客舱辅助医疗面板

该设备在空客公司的新型飞机里比较常见，飞机客舱内一般设计有两个医疗面板，每个面板上有两个医疗插座，是为了在飞机上生病，并需要医疗设备进行急救的病人使用的。医疗面板的位置基本在行李架下方，旅客座位上的服务面板处。插座分别命名为 J1 和 J2。J1 插座提供 115 V、400 Hz、1 000 W 的交流电，J2 插座提供 28 V、420 W 的直流电，适用于不同国家的医疗设备。该设备的总开关在驾驶舱门口、后舱厨房、客舱后部通道的天花板内，其分布规律为：电源插座以前后分布方式布置于客舱内，其电源开关分别处于驾驶舱门口和后厨房天花板上各一组；电源插座以两个并排方式同时处于客舱后天花板上，其电源开关处于后厨房顶部。插座使用时须由熟悉使用医疗设备并且得到授权的人员操作。在辅助医疗面板上都设计有保护盖板，其目的是保证该设备不被破坏，以备特殊情况下使用，所以旅客在客舱里并不容易发现该设备。盖板与氧气瓶和灭火瓶的设计相同，是一个可以快速打开和关闭的盖板，打开时只需按一下开关按钮即可，关闭时，只要直接顺势将盖板压回原来位置听到“咔嗒”声即可。

2.电源驱动应急滑梯系统。

飞机客舱和舱门中携带的各种应急设备，也出现了许多新的设计。如 A380 设计了内置电源驱动的复杂的应急滑梯系统，可在紧急情况下，从上客舱和主客舱疏散 550 名以上的旅客。

3.A380 的电子医疗系统

为避免遇到突发危及生命疾病的病人而需要立刻备降的麻烦，A380 飞机在客舱设计了电子医疗区，它配备了相关的医疗设备，可对患病的旅客进行测试和监控，并把有关信息通过“卫星通信”传输技术发到地面的医院。还有一些研究项目，旨在解决如果类似 SARS 之类的呼吸系统传染病暴发时，飞机客舱如何过滤空气，以防大面积人群感染。

4. 新型客舱应急照明系统

Luminescent Systems Inc(LSI)公司是全球航空业高级、高效照明和电子系统的领先供应商，最近推出了一套专为 A380 飞机开发的新型客舱应急照明系统。LSI 公司与空中客车 Deutschland GmbH 公司的子公司 KID - Systems 公司签订了合作协议，为 A380 飞机开发一种应急照明系统，它能够在重量、可靠性、耗电和照明性能等各方面满足 A380 飞机严格的要求。该系统基于发光二极管技术(LED)，该技术与传统的照明技术相比在性能各方面有了显著的提高。该系统包括天花板应急灯、安装在座椅上的走廊泛光灯、应急门标识和一种厨房及通用区用灯。

上述应急设备在目前虽然没有广泛使用，但它们的出现代表着应急设备在未来的发展趋势，作为机务人员，面对日益复杂的设备和系统，唯有不断地学习新知识，才能在飞机技术高速发展的时代满足岗位要求。

习　题

1. 飞机在什么情况下可以使用应急滑梯？
2. 应急滑梯迅速充气的原理是什么？
3. 客舱应急逃生指引灯有哪几种类型？分别是什么？
4. 自发光型过道撤离指示条的优点是什么？
5. ELT 的测试要求是什么？
6. 如何检查应急电筒的电量？
7. PBE 的作用是什么？
8. 飞机内的火情一般情况下分为几类？分别是什么？
9. 简述灭火瓶的使用方法。
10. 更换旅客氧气发生器的步骤是什么？

第 9 章　客舱地板及地板覆盖物

飞机客舱地板的作用是将飞机机舱内部分隔成上下两部分，并形成一平面以便于人们在上面走动及设备安装。地板上的覆盖物主要有地板胶垫、地毯、防水压条、滑轨压条及客舱过道应急指引系统，它们间的相互搭配与使用，既能对飞机金属结构起防腐蚀、防刮花等保护作用。同时，通过和谐搭配，形成美观、大气的客舱布局，亦可帮助航空公司更好地树立品牌形象。

9.1　客舱地板

9.1.1　地板的分布与用途

飞机客舱地板是通过紧固件安装在飞机机身内部龙骨梁上表面和座椅滑轨之间，将机身内部分为上下两大区（见图 9 - 1），上部区域为客舱，下部区域为货舱、电子舱、轮舱等。

飞机客舱地板的安装区域主要分成两大区：湿区与干区。湿区主要分布在飞机客舱大门、厨房、厕所等的服务区域以及电子设备舱上部地板区域。干区主要是指客舱内除湿区以外的区域。窄体机与宽体机的客舱湿区数量不相等，窄体机主要有 2 个，分布在前后大门区域，即 1＃门区域与 2＃门区域（如图 9 - 2）；而在宽体机（如图 9 - 3）中，由于客舱布局不一样，湿区的数量及分布也不一样，以南方航空公司 A330 机队为例，湿区主要分布在客舱 1＃门区域、2＃门区域及 4＃门区域，共 3 个湿区；而 B777 飞机，

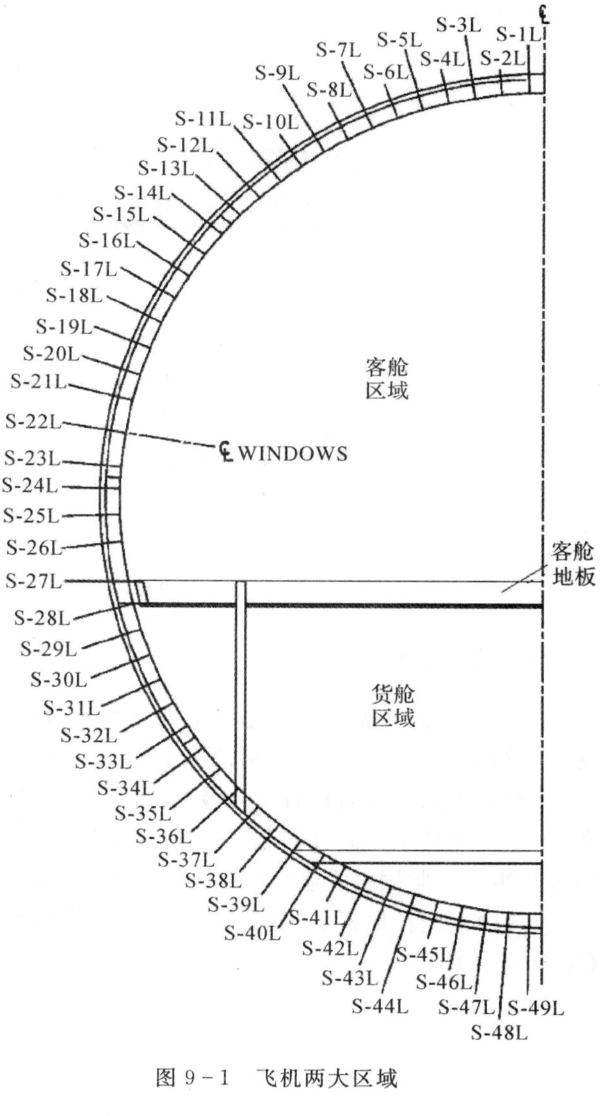
S-1L
S-2L
S-3L
S-4L
S-5L
S-6L
S-7L
S-8L
S-9L
S-10L
S-11L
S-12L
S-13L
S-14L
S-15L
S-16L
S-17L
S-18L
S-19L
S-20L
S-21L
S-22L
S-23L
S-24L
S-25L
S-26L
S-27L
S-28L
S-29L
S-30L
S-31L
S-32L
S-33L
S-34L
S-35L
S-36L
S-37L
S-38L
S-39L
S-40L
S-41L
S-42L
S-43L
S-44L
S-45L
S-46L
S-47L
S-48L
S-49L
WINDOWS
客舱
区域
客舱
地板
货舱
区域

图 9 - 1　飞机两大区域

由于 3＃应急门区域也是湿区，所以共有 4 个湿区。

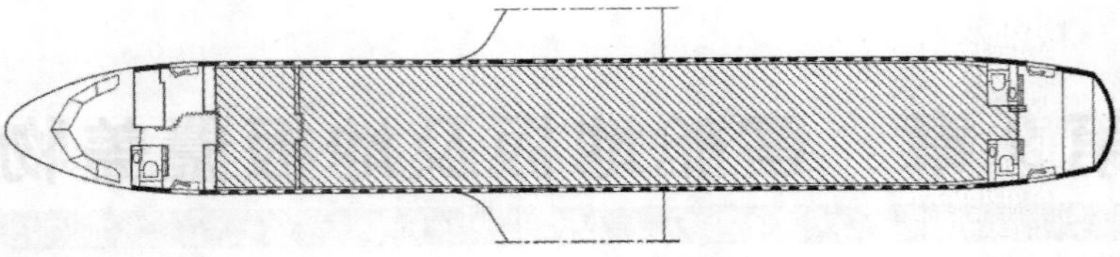

干区——如图阴影部分

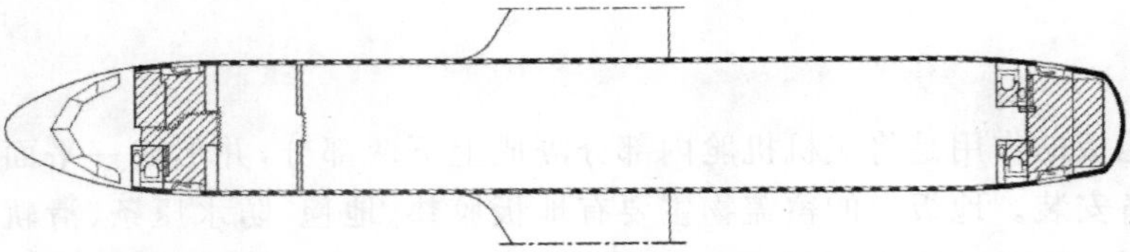

湿区——如图阴影部分

图 9－2　窄体机干湿区分布图

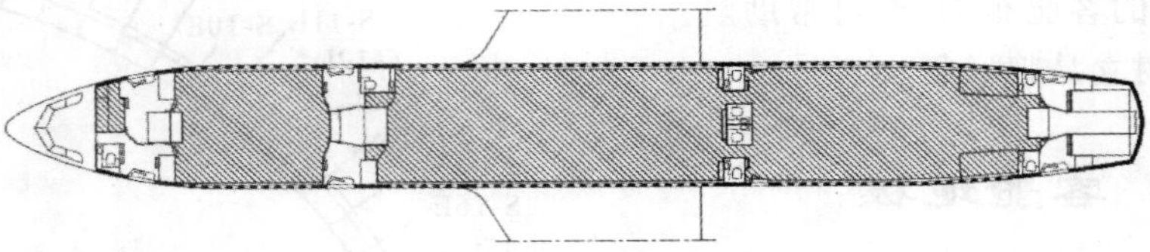

干区——如图阴影部分

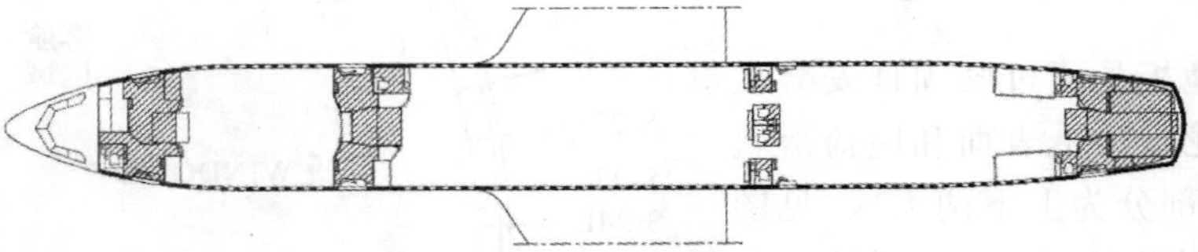

湿区——如图阴影部分

图 9－3　宽体机干湿区分布图

9.1.2　地板的组成

客舱地板是典型的蜂窝结构复合材料板，由中间蜂窝芯层与上下表层组成，地板的蜂窝芯材有些为金属材料（如：铝蜂窝芯），有些为纤维类的非金属材料（见图 9－4）。根据地板的长短、与地板梁间的相对位置关系及受力情况的不同，每块地板边缘开有间距不等的紧固件安装孔；为了提高每个紧固件安装孔的刚性及均匀力的分布，在每个安装孔上都会安装一对由上下两部分组成的紧固件孔套（见图 9－5）；为了减轻地板与地板梁之间的长期直接摩擦而损伤地板梁，降低人们在地板上走动时发出的噪音，地板底部与地板梁接触面间要铺设一层减震条（见图 9－6）。

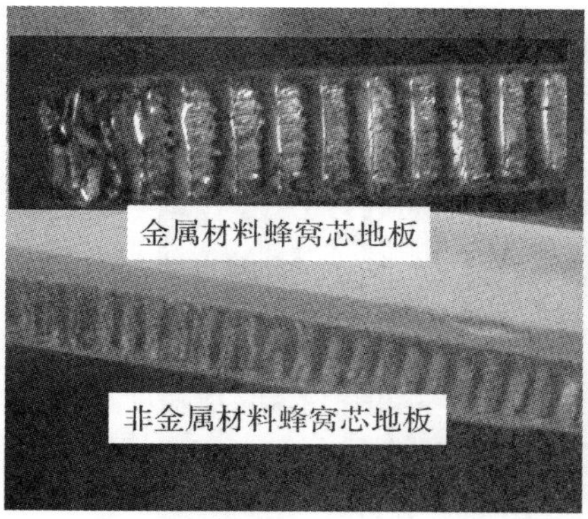
金属材料蜂窝芯地板
非金属材料蜂窝芯地板

图 9-4　地板芯材

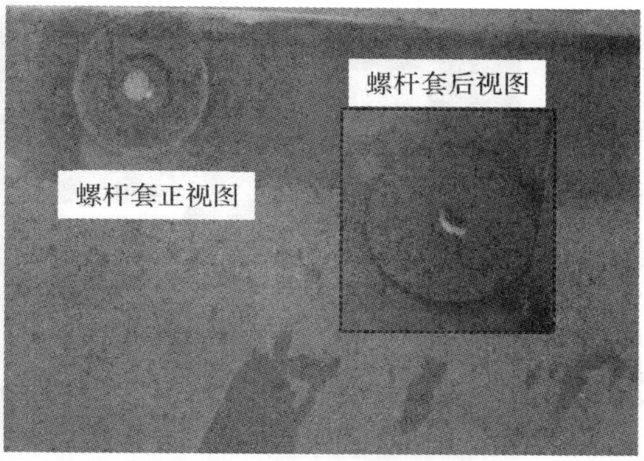
螺杆套后视图
螺杆套正视图

图 9-5　地板螺套

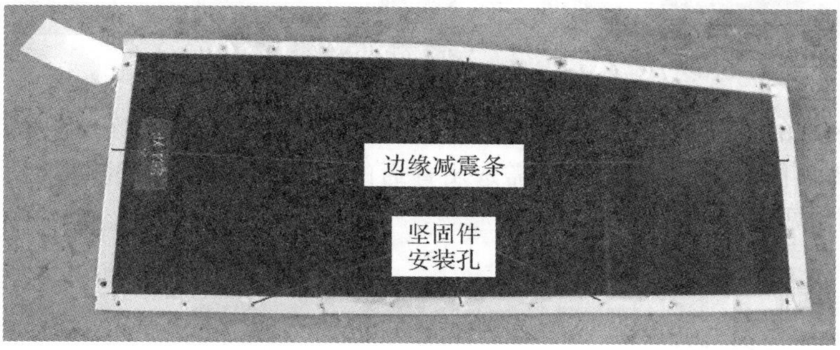
边缘减震条
坚固件
安装孔

图 9-6　客舱地板底部视图

9.1.3　地板的拆装

1. 地板拆卸

客舱地板是用于支撑客舱内部的设备安装及便于人们在其上面行走。地板上表面安装有大量的客舱设备，若要拆卸客舱地板，需要先拆除客舱滑轨压条、旅客座椅、厨房、厕所、储物柜、吧台及地毯/地板胶垫等设备；对于湿区地板，还要使用非金属（塑料/胶木）的铲刀先除去地板边缘封胶，或通过拉动封胶内预先放置的尼龙绳，将密封胶拉出，最后才能使用拆螺钉枪或螺丝刀等工具进行地板拆卸工作。所有拆下的紧固件或垃圾都要立即收走，不能留在飞机上（见图 9-7）。

2. 地板安装

客舱地板是通过使用十字或偏十字沉头螺杆与卡子螺母一起固定到地板梁上的。为了避免地板与地板梁间摩擦及摩擦时产生噪音，放置地板前应先检查地板底部边缘的减震条外观是否完整、完好，若发现破损，要立刻更换。

安装地板之前，需要清洁干净地板梁表面，且核实地板梁表面已按要求做好防腐工作，同时，要检查地板下面区域，确保无任何外来物，尤其是传动钢索经过的地方，尤需多复查；中央油箱上部的区域也要检查，清除掉垃圾或一些松脱的紧固件等。

安装卡子螺母到位后，应将卡子螺母按顺时针方向旋转；安装紧固螺杆前，应先在卡子螺母及螺杆螺纹部分涂抹一层防咬剂，以免紧固螺杆时力矩过大而造成螺母或螺杆螺纹、螺丝刀槽损坏，还便于下次拆卸工作。

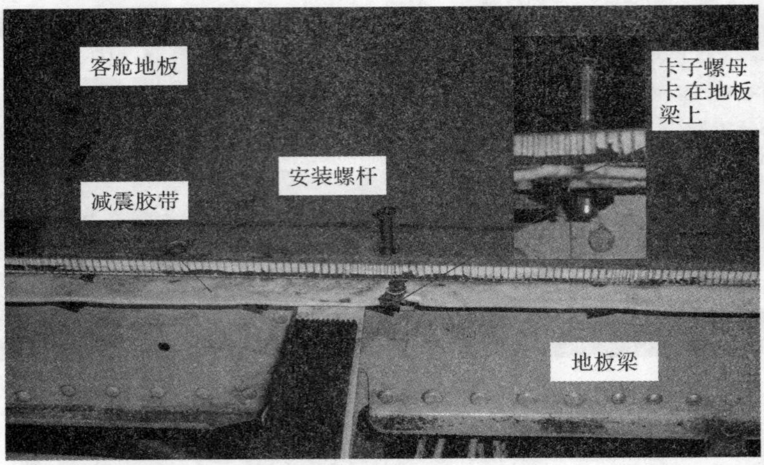
客舱地板
卡子螺母
卡在地板
梁上
安装螺杆
减震胶带
地板梁

图 9-7　地板安装图

根据使用区域的不同，安装地板使用的螺杆不一样。波音飞机湿区地板安装时，要求选用带封严圈的安装螺杆，干区地板安装只需选用普通的地板螺杆即可。空客飞机对地板安装螺杆无封严圈要求（见图 9-8 和图 9-9）。

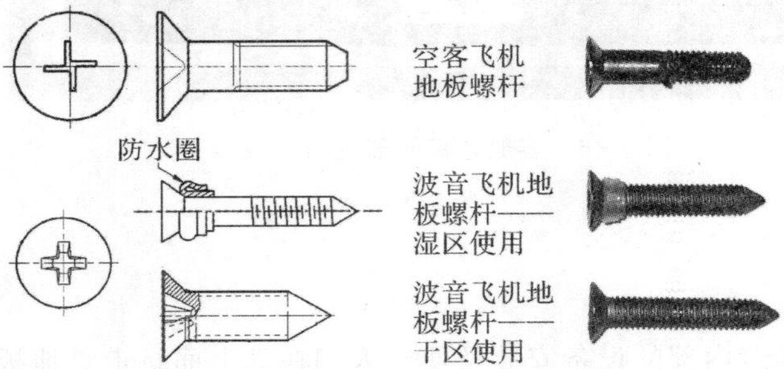
空客飞机
地板螺杆
Ⅰ
防水圈
波音飞机地
板螺杆——
湿区使用
Ⅱ
波音飞机地
板螺杆——
干区使用
Ⅲ

图 9-8　常见的地板安装螺杆

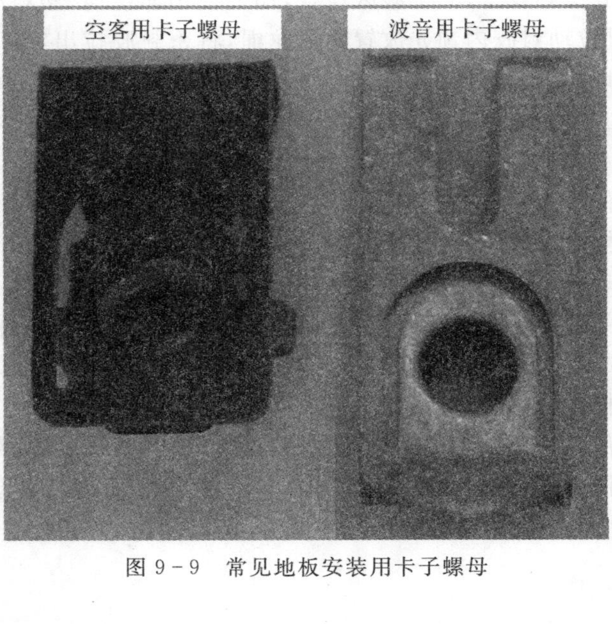
空客用卡子螺母
波音用卡子螺母

图 9-9　常见地板安装用卡子螺母

3. 地板边缘封严

根据地板安装区域的不同，地板边缘的封严要求不同。客机客舱区域的干区地板，由于水分较少，一般都不要求封严地板边缘。由于人们在湿区使用水溶液或受雨水影响的概率大很多，且这些区域的水汽溶合物的腐蚀作用强，液体一旦渗入地板下的金属结构，对金属结构的腐蚀作用极大，因此，湿区地板的封严要求高很多。

图 9－10　地板边缘封严

安装地板后，对地板间的间隙及地板与相邻结构间的间隙进行有效封严，能有效地降低水溶液渗入地板下部结构的可能性。进行地板封严前，要使用单面胶带将地板边缘覆盖（见图 9－10），只留下封严填充的缝隙即可，然后再将混合好的低密度封严填充胶填充进地板间隙，填充完成后，要将边缘保护胶带揭去并收走。选用封严胶时，要按照 AMM 手册第 53 章中地板拆装部分的要求使用。

9.2　客舱织物覆盖物（地毯）

9.2.1　地毯的分布与用途

飞机客舱地毯主要是沿纵向分布在客舱干区地板上表面，座椅底下滑轨之间的区域，还用在厨房、厕所、储物柜及隔板等的裙边上装饰。大多数地毯都是规则的长方形，其沿纵向分成多块，铺设在客舱地板上，以便于局部区域拆卸或更换。

9.2.2　地毯的类型

地毯的主要结构：表层为 100％的毛纺织品；底层为 NOMEX 垫。客舱地毯据不同客户的客舱格调，选用不同的地毯。客舱地毯主要以颜色/纹路区分，已接触过的有蓝色、紫色、灰色、深蓝色等等，南方航空公司飞机主要选用蓝色与紫色两种地毯（见图 9－11）。

图 9－11　常用地毯

9.2.3　地毯的组成

客舱地毯主要由地毯、底/面包边线及包边带组成，如图 9－12 所示。裁剪好的地毯要依据图纸要求进行锁边工作，依据选用荧光条的不同对地毯边缘锁边的要求不同，有些荧光条的保护盖，它的两边缘带有压紧地毯边缘的功能，所以与这种荧光条搭接的地毯边缘无须锁边。同时，使用地毯锁边布带进行包裹边缘后再锁边，能有效提高锁边质量，减少锁边起毛、脱线等现象。

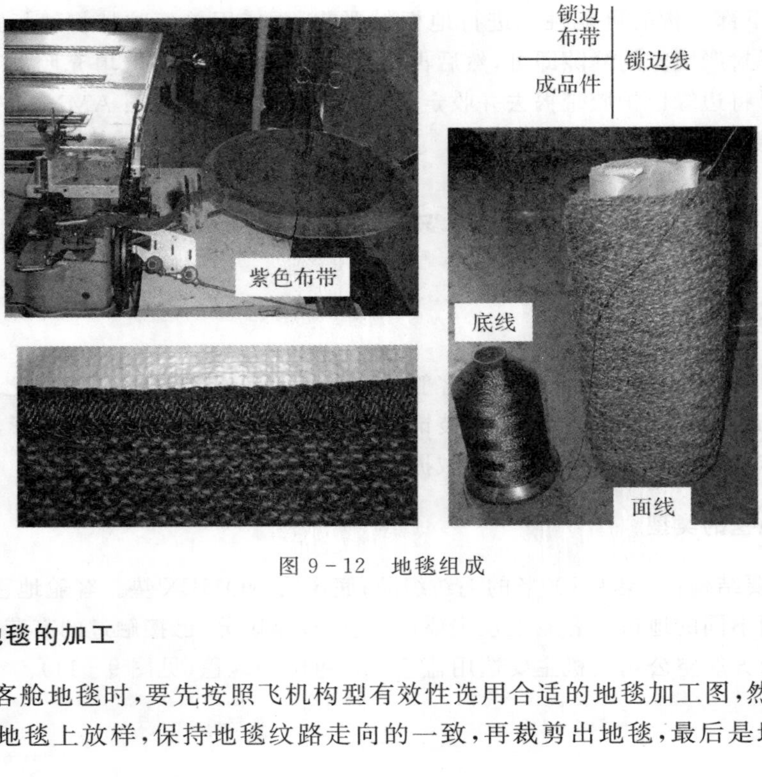
锁边布带
成品件
锁边线
紫色布带
底线
面线

图 9－12　地毯组成

9.2.4　地毯的加工

加工新的客舱地毯时，要先按照飞机构型有效性选用合适的地毯加工图，然后依据工程图尺寸要求在新地毯上放样，保持地毯纹路走向的一致，再裁剪出地毯，最后是地毯锁边工作。

不同区域，对地毯的锁边要求不一样。在客舱过道区域的地毯，客户选用不同种类的过道荧光条，地毯是否锁边就要与所选用的荧光条构型相匹配。如果荧光条透明保护盖能压住地毯边缘，相邻地毯的边就不需要再进行锁边工作，否则，荧光条盖将无法安装到位。

(a) (b) (c) (d)

图 9-13 地毯加工流程

(a)放样；(b)截剪；(c)锁边；(d)成品件

9.2.5 地毯的拆装工艺

地毯铺设，要注意地毯的铺设位置和方向，地毯与其相邻地毯、设备之间的相互配合、对齐，地板表面的清洁等。

(1)拆卸。

1)接通地面勤务电源，向客舱提供照明；

2)按需拆下旅客座椅及滑轨压条；

注意：断开的座椅间导线接头及电子盒接头需要加盖防尘堵盖；要对导线及电子盒进行标记，既方便安装，也可避免安装位置错误造成设备的损坏；拆卸滑轨压条时，不要损伤滑轨表面。

3)使用非金属铲刀辅助拆卸地毯更便捷有效；

4)清除地板表面的旧胶带，使用铲刀的话，应选用非金属铲刀，避免铲伤地板表面；

5)使用清洁液清除地板上旧的胶带或余胶。

警告：做清洁工作时，使用到的清洁液是易燃、有毒及带刺击性气味的液体。使用前，要先确保客舱内部通风良好，穿戴呼吸保护设备、橡胶手套、护目镜及防护衣等。一旦皮肤、眼睛或嘴巴等接触到这些液体时，要及时使用清水冲洗 10～15 min，出现刺激性疼痛感时要及时就医。

(2)安装。

1)接通地面勤务电源，向客舱提供照明；

2)使用真空吸尘器或脱脂布擦拭去除地板表面及滑轨表面的垃圾；

3)铺设双面胶带。铺设时，要特别注意，双面胶带两表面的黏性强度不一样，要将强胶性的一面粘贴到地毯上，弱胶性的一面粘贴到地板上，便于拆卸地毯。既可防止地毯松脱走位，又可避免揭拉双面胶带时损伤到地板表面层。

4)铺设地毯时，应由前往后铺，先将地毯放置到位，对齐后再将地毯压紧到地板上。条件允许的情况下，在将旅客座椅等客舱设备安装到飞机上之前，先铺设地毯，更便于施工。

9.2.6 地毯的清洁

(1)接通地面服务电源，向客舱提供照明。

警告：做清洁工作时，使用到的清洁液是易燃、有毒及带刺击性气味的液体。使用前，要先确保客舱内部通风良好，穿戴呼吸保护设备、橡胶手套、护目镜及防护衣等。一旦皮肤、眼睛或嘴巴等接触到这些液体时，要及时使用清水冲洗 10～15 min，出现刺击性疼痛感时要及时就医。

(2)清洁。

1)去除污迹。

①用温水擦湿地毯表面；

②用脱脂布吸走地毯表面多余水分；

③用毛刷将专用清洁液涂于地毯表面；

④用脱脂布再次擦拭并吸干地毯表面水分；

⑤使用中性纤维毛刷疏松地毯表面毛层。

2)除尘。

①使用真空吸尘器吸去地毯表面尘粒；

②使用中性纤维毛刷疏松地毯表面毛层(见图 9－14)。

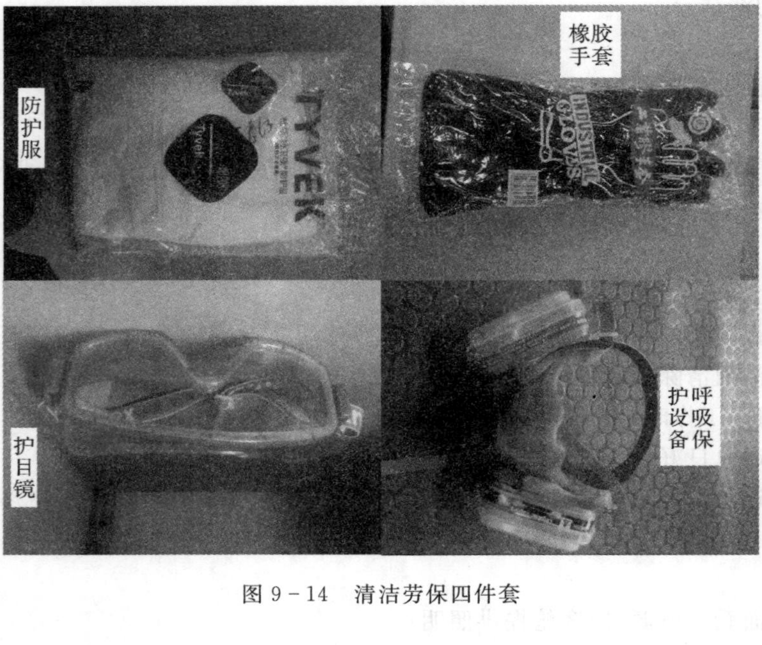
防护服
TYVEK
橡胶手套
INDUSTRIAL GLOVES
护目镜
呼吸保护设备

图 9－14 清洁劳保四件套

9.3　客舱地板胶垫

9.3.1　地板胶在客舱的分布与功用

飞机客舱内常用到的非织物类覆盖物主要是指地板胶垫。其主要分布在飞机大门入口区域、服务区过道区域、厨房底部的地板区域及客舱厕所底盘上，用于更好地防止液体渗透到地板以下的金属结构或电子设备，而影响地板下金属结构的防腐功能及电子设备的正常使用；同时，还用于防止人们在以上区域行走时打滑，便于地面勤务人员在飞机短停或航后快速清洁。

9.3.2　地板胶的标准要求

(1)空客对地板胶的要求。

高质量型(high quality)地板胶：需要同时符合 FAR25.853 以及 ABD0031 中关于可燃性、烟雾密度及毒性测试要求，相关的地板胶规范有：ABS5674 和 ABS5717(见表 9-1)。

表 9-1　地板胶防火、毒性要求

NTF Standard Ⅰ	
The assembly has to fulfil the Fireworthiness Requirments according to ABD0031 and	
依据 ABD0031…组件一定满足防火要求	
FAR Pant 25,ξ25.853(a)and app. F,part I,para.(a)(1)(ii),amdt. 91	
CS Pant 25,ξ853(a)and app. F, part I,para.(a)(1)(ii),amdt.5	
TEST METHODS:	
测试方法：	
Fla mmability according to	AITM 2.0002B
阻燃性测试根据	AITM2.0002B
Smoke Density according to	AITM 2.0007B
烟雾浓度测试根据	AITM2.0007B
Toxcity according to	AITM 3.0005
毒性测试根据 AITM3.0005	
NIF Standard Ⅱ	
The assembly has to fulfil the Fireworthiness Requirements according to	
FAR Pant 25,ξ25.853(a)and app. F,part I,para.(a)(1)(ii),amdt. 91	
CS Pant 25,ξ853(a)and app. F, part I,para.(a)(1)(ii),amdt.5	
Test methods:	
Fla mmability according to	AITM 2.0002B

基础型(basic quality)地板胶：只需符合 FAR25.853 的可燃性要求，相关的地板胶规范有：ABS5716 和 ABS5718(见表 9-2)。

表 9-2 地板胶标准

ABS5674	Non Textile Floor (NTF) Covering low weight, subject to fla mmability, smoke , toxicity requirements
ABS5716	Non Textile Floor (NTF) Covering low weight, subject to fla mmability requirements
ABS5717	Non Textile Floor (NTF) Covering and Surface layer subject to fla mmability, smoke, toxicity requirements
ABS5718	Non Textile Floor (NTF) Covering and Surface layer 非织物地板覆盖物和表面层 subject to fla mmability requirements 防火,烟雾,毒性要求

(2)波音对地板胶的要求。

1)地板胶只要求符合 FAR25.853 的防火要求。

2)地板胶的波音材料规范有 BMS8－286F AIRCRAFT FLOOR MATS。波音地板胶焊接工艺规范有 BAC5351。

3)波音对不同机型的地板胶提出了密度要求,对于超过密度限制的地板胶波音不提供担保和索赔,航空公司要求选用超限的地板胶前必须进行谈判。Lonseal 公司的产品全部不满足密度要求,要选用必须谈判。

4)对地板胶的底层材质无要求。

9.3.3 常见厂家地板胶的介绍

列入空客新版本《Non Textile Floor Covering Selection Brochure issue 8》中的地板胶供应商有 Gerflor, Metzeler,Schneller 和 Wulfmeyer 四家。列入 ABS5718 的地板胶供应商还有 Lonseal, Benecke - Kaliko。列入波音 BAC5351 的厂家还有 Duracote。NTF 选择手册是飞机制造商的 SFE 项目,如果客户要求选用该手册外的地板胶,飞机制造商不承担索赔、担保等责任。但是,即使要选用超出该手册推荐以外的地板胶,也必须要符合相应地板胶规范的要求。如 ABS5674,5716 - 5718 等。

Metzeler 厂家的地板胶全部为 all - in - one 产品,表面为硅胶,背面为纤维板。Wulfmeyer 厂家并不直接生产地板胶,它是通过采购来自 Gerflor 和 Schneller 的普通地板胶,以及来自 Isovolt 的纤维板,将普通地板胶和纤维板黏接在一起后,加温加压形成其自有产品。Gerflor 和 Schneller 厂家各自都有 all - in - one 的地板胶组合件,也有不带纤维板层的普通地板胶。

1. Gerflor 地板胶介绍

BATIFLEX 是 Gerflor 厂家对于航空业的一个品牌名称。

(1)类型简介。

1)基本型(见图 9 - 15)。

AVM282
由表层PVC+2层纤维+中间层+海绵层组成。

AV150
由表层PVC+1层纤维+底层PVC组成。

AV135
由表层PVC+底层纤维板组成（all-in-one 型），
是最轻的all-in-one产品，用于B787。

图 9－15　基本型地板胶

2)高质量型(见图 9－4)。

AVR160
由表层PVC+1层纤维+底层PVC组成。

AVR175
由表层PVC+底层纤维板组成（all-in-one 型），
用于A380。

图 9－16　高质量型地板胶

(2)花纹和颜色:Gerflor 的四种花纹。颜色则分别为不同地名表示,如 London,Krakow,Athens(见图 9－17)。

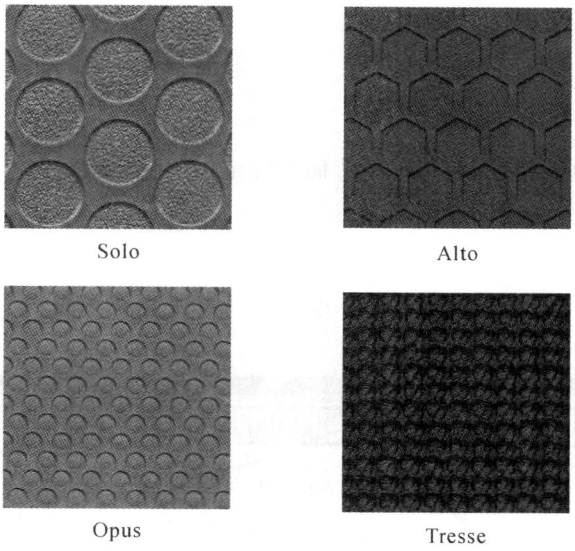
Solo
Alto
Opus
Tresse

图 9－17　地板胶花纹

1)件号规则:BATIFLEX AVM282 OPUS MIAMI【品牌 型号 花纹 颜色】也可以通过以下页面(空客 NTF 选择手册)中红框处来获得其对应的件号(见图 9－19)。

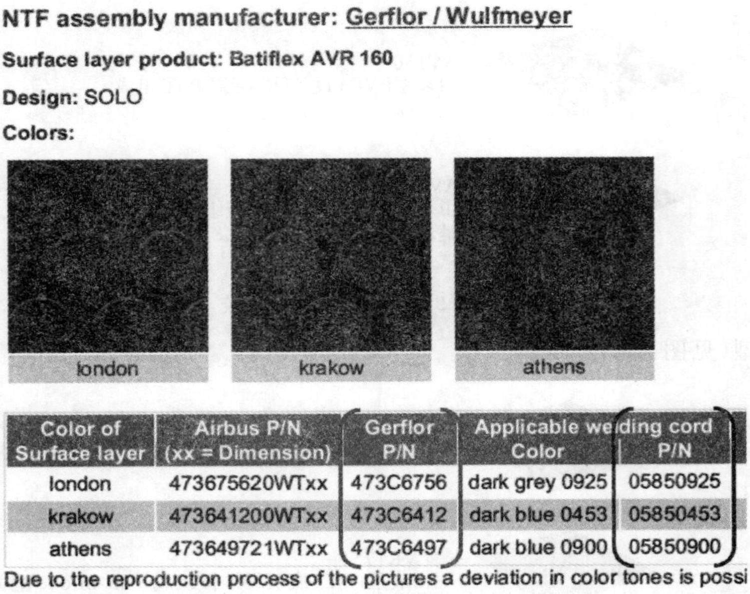

NTF assembly manufacturer: Gerflor / Wulfmeyer

Surface layer product: Batiflex AVR 160

Design: SOLO

Colors:

london　krakow　athens

Color of Surface layer	Airbus P/N (xx = Dimension)	Gerflor P/N	Applicable welding cord Color	P/N
london	473675620WTxx	473C6756	dark grey 0925	05850925
krakow	473641200WTxx	473C6412	dark blue 0453	05850453
athens	473649721WTxx	473C6497	dark blue 0900	05850900

Due to the reproduction process of the pictures a deviation in color tones is possi

图 9－18　地板胶件号规格

2)Gerflor 焊条与地板胶的关系。

CR40 是 Gerflor 焊条的品牌名称。对于不同地板胶的焊条,需提供色号(地名)。如 BATIFLEX AVM282 OPUS MIAMI 的焊条为 CR40 MIAMI.,也可以从图 9－18 中黑框内获得相应件号。

2. Metzeler 地板胶介绍

1)地板胶的组成。

Metzeler 厂家的地板胶表面为硅胶,背面为纤维板。只有 ALL－IN－ONE 一种,其产品符合空客的高质量要求(high quality)(见图 9－19)。

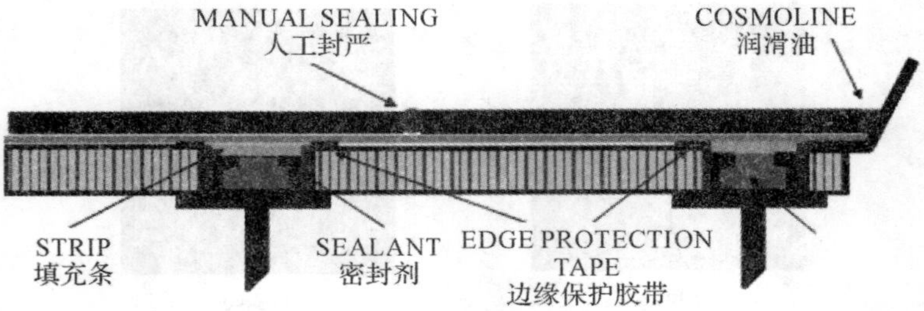
MANUAL SEALING
人工封严
COSMOLINE
润滑油
STRIP
填充条
SEALANT
密封剂
EDGE PROTECTION
TAPE
边缘保护胶带

图 9－19　Metzeler 厂家的地板胶

表 9－3　件号表

Supplier Part Number 供应商件号	Supplier 供应商		NTF Type 类型
Old PN 旧的	New PN 新的		
AFVxxxxDA8－xx	AFRxxxxDA8－xx	Metzeler	Airfloor 74,DA 8
AFVxxxxDS10－xx	AFRxxxxDS10－xx	Metzeler	Airfloor 74,DS 10
AFVxxxxDA19－xx	AFRxxxxDA19－xx	Metzeler	Airfloor 74,DA 19
AFVxxxxR－xx	AFRxxxxR－xx	Metzeler	Airfloor 74,R

(2)地板胶的焊接:由于这种地板胶的表面为硅胶,因此该地板胶不可以热焊接,只可以用 FLOORSIL 系列密封胶封严。

(3)件号规则。

AFRxxxxRxx 是其厂家的产品件号(见表 9－3)。中间四个 x 为尺寸,后面两个 x 为色号。DA8 为直径 8 mm 的不对称圆点,DS10 为直径 10 mm 的对称圆点,R 为地毯纹(见图 9－20)。

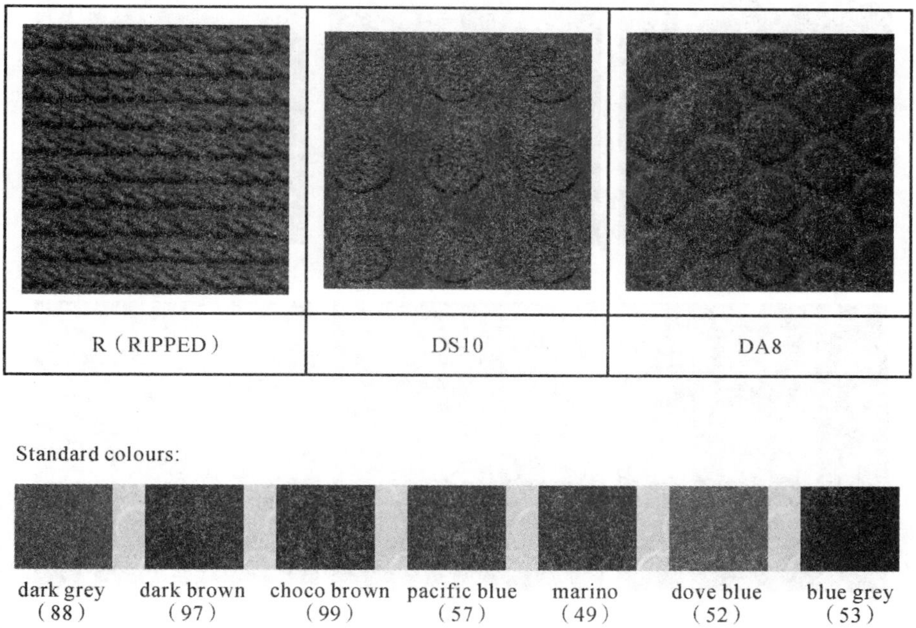
R (RIPPED)
DS10
DA8
Standard colours:
dark grey (88)
dark brown (97)
choco brown (99)
pacific blue (57)
marino (49)
dove blue (52)
blue grey (53)

图 9－20　件号规格

3. Wulfmeyer 厂家地板胶

Wulfmeyer 厂家并不直接生产地板胶。其是先采购来自 Gerflor 或 Schneller 的地板胶(被称为 top layer),和 Isovolt 的纤维板(被称为 laminate)DAN 493 A05A,再将两种产品通过特殊工艺加温加压黏接形成其自有产品。使用纤维板对地板胶加强后,缩水、气泡、褶皱等现象大为减少,还大大提高了地板胶的抗冲击能力。其产品规格常见为 1300 x 3500 和 1500 x 5100,单位为 mm。由于该产品的价格较贵,且产品较重,空客允许采用将表层地板胶和纤维板黏接来代替 Wulfmeyer 产品。由于其 top layer 产品都是来自于 Gerflor 或 Schneller 厂家,所以其选用的焊条及焊接方式是完全按照 Top layer 厂家要求执行的。

4. Schneller 产品简介

(1)花纹和纹理(见图 9－21)。

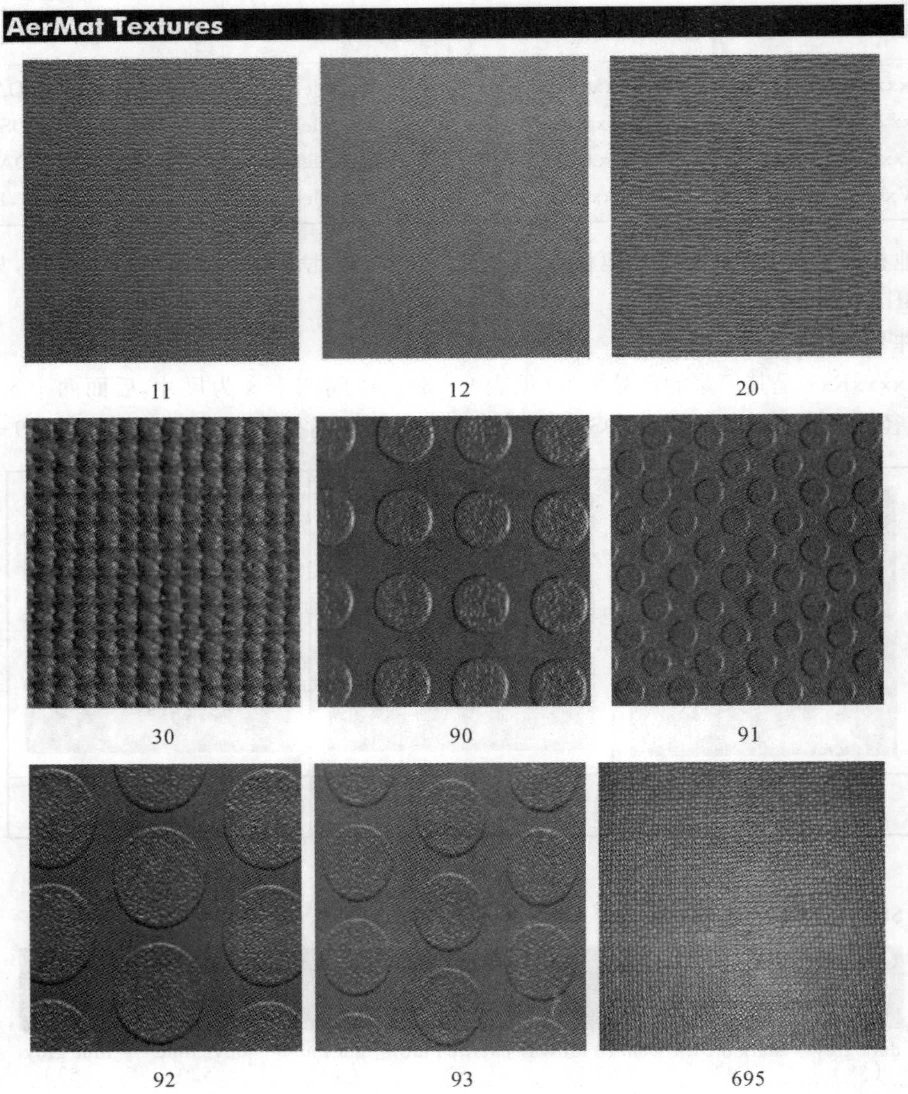
AerMat Textures
11
12
20
30
90
91
92
93
695

图 9－21　地板胶花纹和纹理

(2)地板胶件号:AERMAT37RNS/VP/481/20R/54 组成。

AERMAT37RNS/　VP　/481/　20R　/54

地板胶型号　底层材料　纹理

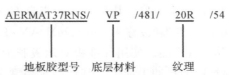

1)AerMat™ 27R/37R/45R 系列地板胶:符合波音 BMS8－286F 飞机地板胶材料规范要求,是列入 BMS8－286F QPL 的产品。B737CL 和 B757 飞机上有使用(见表 9－4)。

表 9－4　件号列表

MATERIAL CLASSIFICATION	MANUFACTURER'S PRODUCT DESIGNATION	MANUFACTURER	QUALIFYING PRODUCT GROUP	DATE
Type 1,Class 1	No. 2285－VD Pattem 20 FL1	Duracote Corporation 350 N. Diamond Street Ravenna, OH 44266	BCA	15－apr－1992
	No. 2265－VD Pattern 11 FL 1	Duracote Corporation	BCA	15－APR－1982
	Batiflex AVR 160 FL 1	Gerflor SA 43 Boulevard Garibaldi 69170 Tarare France	BCA	31－MAY－1985
	Aermat 37RNS Pattern 11	Schneller, inc. 6019 Powder Mill Road Kent, OH 44240	BCA	06－APR－1989
	Aermat 37 VP Pattern 11	Schneller, lnc	BCA	06－APR－1989
	Aermat 37 VP Pattern	Schneller, lnc	BCA	06－APR－1989
	Aermat 37 VP Pattern 20	Schneller, lnc	BCA	06－APR－1989
Type Ⅱ,Class 1	Batiflex AVM280 FL 1	Gerflow SA	BCA	06－NOV－1992
	Aermat 37 RNS, C13－8V Pattern 11	Schneller, inc	BCA	06－NOV－1992
	Aermat 37 RNS, C13－8V Pattern 20	Schneller, inc	BCA	06－NOV－1992
	Batiflex AVM282 Texture:Qpus Solo Tresse Wood	Gerflow SA	BCA	09－SEP－1997 20－JUL－2006

2）AerMat™ 9000 是目前使用较多的 Schneller 厂家地板胶。如常见的 S5934，S7117 等都是该系列产品。AerMat 9500 系列地板胶从现有资料中获取的信息可知，其和 AerMat 9000 系列最大区别是密度较小。这些产品正逐步被新一代的 all－in－one 地板胶替代见表9－5。

表 9-5　常见地板胶产品的单位重量对照表

Comparative Charts Floor Mats Weight		
	g/m²	oz/yd2
Loncoin II	3 800	112
Aermat 9000	3 222	95
Batiflex AV 302	3 200	94
Loncoin Featherweight	2 999	88
Airfloor AFR A and DS10	2 700	80
Flightfloor Plus	2 600	77
Batiflex AVM 282	2 600	77
Panflor	2 575	76
Aermat 9500 BP 93R	2 500	74
Airfloor AFR DA8	2 430	72
Airfloor 60	2 300	68
Aermat 9500 BP (other emb.)	2 300	68
Aermat 9500B 93R	2 300	68
Aermat 9500B	2 190	65
Airflex 62	2 100	62
Batiflex AVR 160	2 100	62
Batiflex AV 150 Solo	2 000	59
Batiflex AVR 175 A	2 000	59
Batiflex AV 150 Opus，Tresse	1 850	55
Flightfloor Classic	1 810	53
Batiflex AV 135 Carpet，Wood，Mineral	1 750	52
Batiflex AV 135 Opus，Solo	1 720	51

3)AerFusion 系列地板胶(如图 9－22):它是最新被空客收录的 All－in－one 地板胶产品。在南方航空公司最新的 A320 飞机上已经在使用(PN:AFV90－0004)。

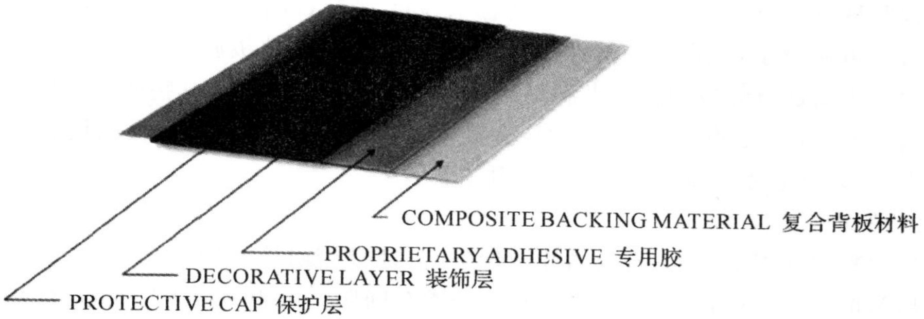
COMPOSITE BACKING MATERIAL 复合背板材料
PROPRIETARY ADHESIVE 专用胶
DECORATIVE LAYER 装饰层
PROTECTIVE CAP 保护层

图 9－22　地板胶组成示意图

(3)Schneller 焊条:焊条的查询可以参考 Gerflor 的方式从空客 NTF 选择手册中获得。

5. Lonseal 产品简介

Lonseal 厂家的地板胶产品是目前这么多地板胶中密度最大的,已经被波音提出来。但按内饰规范要求,南方航空公司 B757 飞机中大部分都是选择了 Lonseal 厂家的 LONCOIN II 系列地板胶(见表 9－6)。

表 9－6　Lonseal 和波音件号的对应

BAC	COLOR	BOEING PARTS#	LONSEAL PARTS#	PATTERN	WIDTH	BACKING
4828	GREEN－SPC	401T2504－7154	C2200M96	LONCOIN Ⅱ－B	96″	Poly/Jute
80600	BROWN		C2122M72	LONCOIN Ⅱ－B	72″	Poly/Jute
80600	BROWN	401T2504－7148	C2122M96	LONCOIN Ⅱ－B	96″	Poly/Jute
7750	BLACK	401T2504－7149	C2183M72	LONCOIN Ⅱ－B	72″	Poly/Jute
50828	BLUE	401T2504－7150	C2187M72	LONCOIN Ⅱ－B	72″	Poly/Jute
70659	GRAY		C2193M72	LONCOIN Ⅱ－B	72″	Poly/Jute
70659	GRAY	401T2504－7151	C2193M96	LONCOIN Ⅱ－B	96″	Poly/Jute
51185	BLUE	401T2504－7152	C2195M96	LONCOIN Ⅱ－B	96″	Poly/Jute
70366	GRAY/BLUE	401T2504－7153	C2196M96	LONCOIN Ⅱ－B	96″	Poly/Jute
70366	GRAY/BLUE		C2196M72	LONCOIN Ⅱ－B	72″	Poly/Jute
50757	BLUE	401T－2504－7155	C2199M96	LONCOIN Ⅱ－B	96″	Poly/Jute
4828	GREEN－SPCG		C2200M72	LONCOIN Ⅱ－B	72″	Poly/Jute
4828	GREEN－SPCG	40152504－7154	C2200M96	LONCOIN Ⅱ－B	96″	Poly/Jute
51193			C2191M72	LONCOIN Ⅱ－B	72″	Poly/Jute
51193	BLUE	40152504－7185	C2191M96	LONCOIN Ⅱ－B	96″	Poly/Jute
51193	BLUE	401T2504－7082	C191	LONCOIN Ⅱ－B	72″	INSERT
51193	BLUE	401T2504－7115	C191.8	LONCOIN Ⅱ－B	96″	INSERT

9.3.4 地板胶的焊接

新地板胶规格是由厂家定好的，一般只有1.3 m宽左右，而飞机上实际需要的地板胶宽度往往都有3 m宽以上，或在一些特殊位置，无法使用单一张地板胶来满足，这样就涉及要将两幅或以上地板胶通过焊接的方法来满足特殊形状或超宽的要求。有些地板胶是不能热焊接的，如Metzeler厂家的地板胶，其上表面层为硅胶材料，这种地板板只能在铺设好后再使用手册要求的FLOORSIL系列密封胶封严其间隙。

(1)地板胶的存放。

由于地板胶的使用量较大，且成品件的价格高、订货周期长，因此现在大多采用整卷订购的方式来购买地板胶，然而这样会出现地板胶的贮存问题。由于地板胶比较重，且往往是卷成一卷的，为了避免地板胶及其表面纹路受挤压变形，建议采用支架的形式存放地板胶，如图9-24所示。或者将整卷平放在地面上，可并列排放但其上不能存放重物。

为保持地板胶的固有性能，应将其保存在不受气候影响的仓库中，仓库中温度应保持在5～35℃(40～95°F)之间，且每24 h内温差不超过20℃(68°F)。留待下次使用的地板胶，应该使用包装盒或防尘袋套住，防止尘埃污染(见图9-23)。

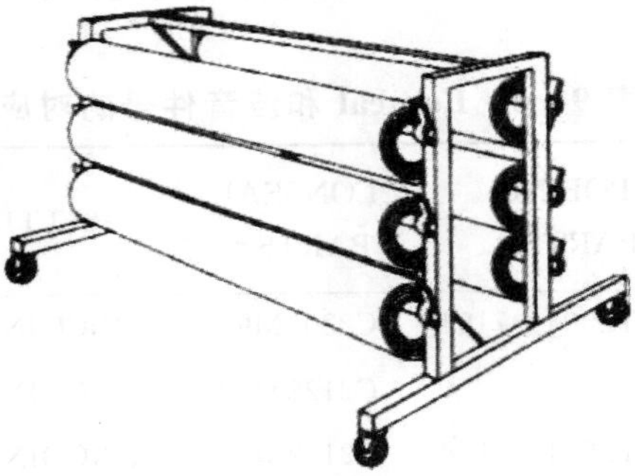

图9-23 地板胶存放支架

(2)焊接工具。

地板胶的焊接工具是用一个工具箱打包在一起的，每次使用都要整套借用，整套归还。灵活组合运用好每一工具，将能大大地提高焊接效率及焊接质量，减少次品件的发生频率(见图9-24和表9-6)。

图9-24 地板胶垫焊接工具

表 9-6　工具明细

工　具	描　述
	带可更换刀片的曲柄三角形开槽工具
	用于 CR40 焊条的口径为 4～5 mm 的高速焊接喷嘴
	焊接滚轮
	修剪小铲刀
	小铲刀皮套
	修剪层板
	带一把 HSS 刀片的修剪刨
	切割小刀
	直刀片
	弯钩形刀片

续表

工　具	描　述
	60 cm 长直拱形型钢尺
	110 cm 长工具箱
	带 5 mm 标准口径真喷嘴的焊枪

(3)地板胶的焊接。

1)焊接准备。

①地板:铺设地板表面或焊接工作区域应保证平坦,无凸起;

②地板胶:根据环境温度不同,使用前应将地板胶展开并平放于地板上 2～12 h;

③温度要求:处理或使用地板胶时,环境温度一定不能低于 10℃(50 ℉)。

2)焊接。

①地板胶幅铺设:将两张需焊接成型的地板胶幅平行放置,两地板胶间留下约 1.5 ± 0.5 mm的间隙,并使用胶带在底部固定,以便定位;

②倒角:用三角刮刀刮人工倒角(见图 9-25);

③焊接:用带快速喷嘴的电子补偿热风筒将焊条加热焊于焊缝内(见图 9-26),与两幅地板胶连成一体;

④铲除多余的焊接物:等焊条冷却后,先使用月牙形小铲刀与修剪导块一起(见图 9-27)将大部分多余的焊条裁剪掉;再单独使用月牙形小铲刀去除还有凸起的焊条如图 9-28 所示。

图 9-25　刮人工倒角

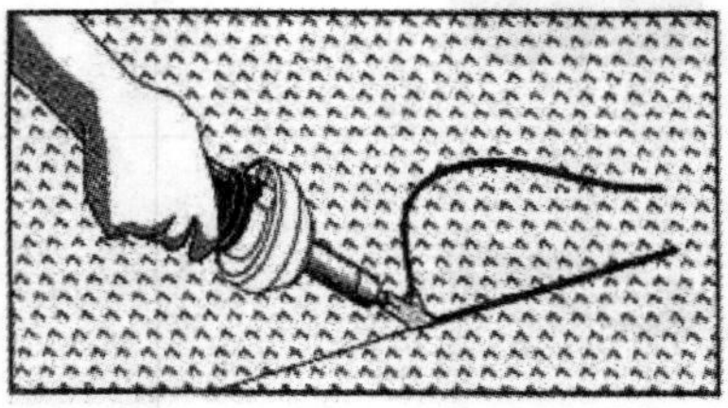

图 9-26　焊接

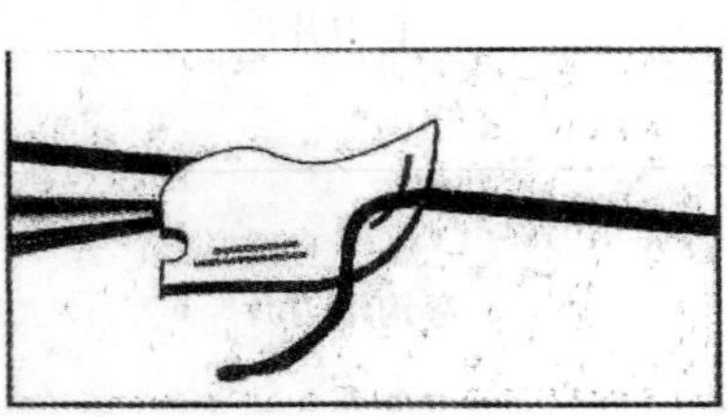

图 9-27　修剪焊条

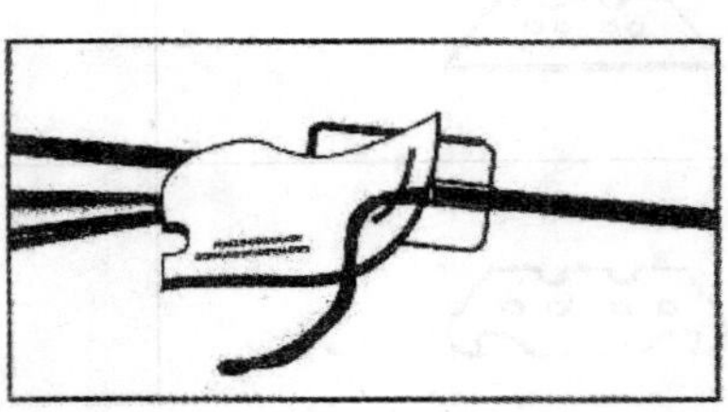

图 9-28　去除多余焊条

9.3.5　地板胶的铺设

1. 准备工作

铺设地板胶前，应先检查整个湿区地板的安装情况，确保每块地板都已经安装好，并要检查封严状态，一定要确认所有地板间间隙，及地板与隔板、结构间的间隙都已按要求进行有效封严。

2. 防水层铺设

为了提高防腐蚀能力，在铺设地板胶前，应先清洁干净整个铺设区域，及在地板上铺设一层透明的防水胶膜，用于防止或减缓水分渗入地板下，常用的防水胶膜有：MP3351－500，3M 厂家的：8663DL polyurethane tape，有 4 in 宽与 36 in 宽两种规格。

3. 双面胶带及地板胶铺设

客舱地板胶都是通过双面胶带黏接到防水层上的，为了获得良好的黏接效果，应先在地板上按一定间距、一定方向先铺设好双面胶：将双面胶带展开并按要求均匀铺设到防水层上如图 9－29 所示；铺设好胶带后，再将地板胶新件放到位，选择几个关键点并固定好，再开始揭去一部分胶带的上保护纸，从中间往两侧压紧地板胶到胶带上，最后将剩余的胶带保护层均揭去，并将地板胶铺设到位。

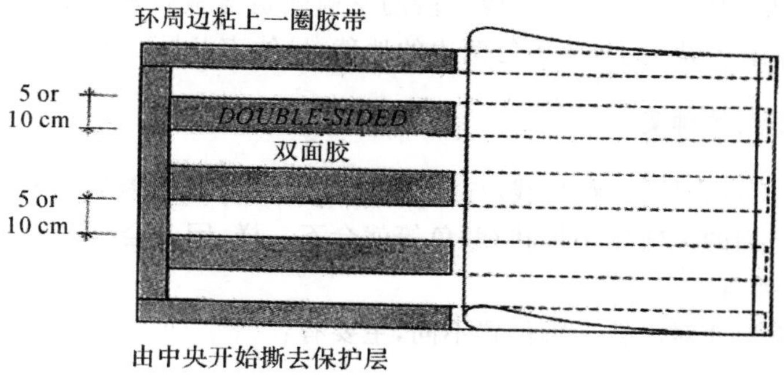
环周边粘上一圈胶带
5 or 10 cm
DOUBLE-SIDED
双面胶
5 or 10 cm
由中央开始撕去保护层

图 9－29　双面胶铺设图

4. 地板胶过道压条的安装

铺设好地板胶垫后，位于地板胶垫与地毯搭接的地方，要安装过渡防水压条（如图 9－30）。防水压条的使用可以起到更好地固定板胶垫边缘，防止地板胶垫边缘脱胶分层，同时，可减少水分流进地毯区域或渗到地板胶垫底部，而影响到地板胶垫底部双面胶带的使用性能及寿命。

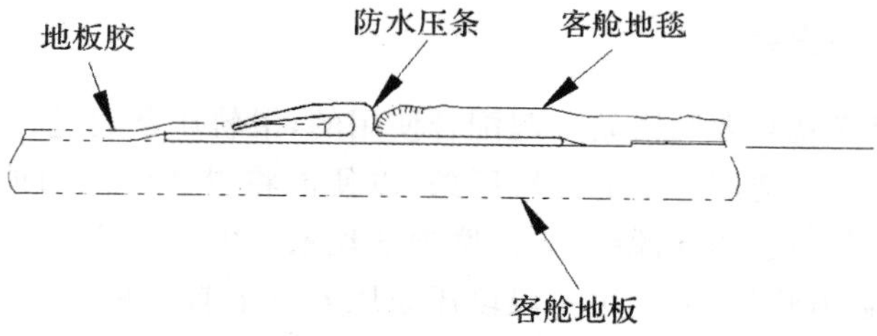
地板胶
防水压条
客舱地毯
客舱地板

图 9－30　过道防水压条安装

5. 地板胶边缘及开口的封严

飞机的厨房和厕所、登机门等区域水分较多，且这些区域水气的组成成分较复杂，有来自烤箱、食物、饮料等溢出的气体，还有厕所中所溢出的气体，其水汽混合物对金属结构的腐蚀作用极其强烈，因此，这些区域是客舱内最容易遭受腐蚀的区域。

在铺设好地板胶后，对地板胶边缘及开口的封严工作就变得异常重要了，既要保证所使用密封胶颜色与地板胶间的协调，又要保证封严的有效与美观。在封严地板胶前，应先沿着封严边缘使用单面保护胶带进行保护，防止过多的封严胶溢出到地板胶表面或设备表面，同时，封严完成后，这保护胶带是要揭去并收走，留下的封严应形成一条直线，美观、协调。

9.4 客舱滑轨压条

9.4.1 滑轨压条的分布与功用

滑轨压条主要分布在客舱旅客座椅之间的滑轨梁上，用于防止液体、垃圾等掉进滑轨梁滑轨内，堵塞滑轨，不利于座椅的拆装工作；同时，可以将沿滑轨边缘分布的导线、导线槽及地毯边等遮盖住，预防踩坏导线或线槽，形成完美的过渡。

当安装完毕地毯和座椅后，要用一段一段的座椅轨道盖板将轨道遮盖起来。盖板为碳纤维增强型塑料，扣在座椅轨道上，要压住两边的地毯、导线束及导线槽等。

9.4.2 导轨压条的种类

根据滑轨所在位置、滑轨边缘导线/导线束的分布情况不同，及客户对客舱布局格调要求的个性需要，所需选用的滑轨压条形状/颜色等就会不一样，因此会有多种多样的滑轨压条，常见到的滑轨压条分类有：

(1)根据滑轨盖边相对滑轨卡脚位置不同，主要有：

1)对称型滑轨压条；

2)偏心型滑轨压条。

(2)根据滑轨所需遮盖范围的大小不同，主要有：

1)宽滑轨压条；

2)窄滑轨压条。

(3)为了获得更好的美观效果，滑轨压条与地毯颜色的要协调，常见的有：

灰色的、深蓝色的、紫色的、蓝色等滑轨压条。

9.4.3 滑轨压条的安装

滑轨压条，顾名思义就是要与滑轨一起配合使用的，滑轨压条通过将卡脚压入滑轨槽内并扣住，如图 9－31 所示。要选用合适的滑轨压条，以便能将滑轨两侧的地毯、导线槽等盖住以防踩踏，起到更好地避免地毯边缘脱线、导线磨损的现象。由于滑轨上需要安装座椅，因此，滑轨压条并不是连续覆盖滑轨的，而是由一段段压条压入位于前后两排座椅之间的滑轨空槽内。滑轨压条的长度应刚好等于前一排座椅后安装脚凸出滑轨面的后边缘到本排座椅前安装脚的前表面之间的距离，以便滑轨压条能刚好覆盖住两张座椅间的滑轨。座椅底部的滑轨，有座椅脚盖住，无须安装压条。

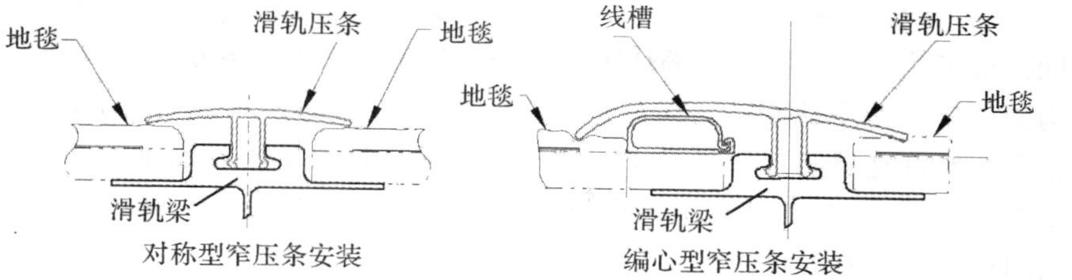
地毯
滑轨压条
地毯
滑轨梁
对称型窄压条安装
线槽
滑轨压条
地毯
地毯
滑轨梁
编心型窄压条安装

图 9-31　滑轨压条安装图

9.5　客舱过道应急荧光指引系统

9.5.1　荧光条的分布与功能

客舱过道应急指引系统铺设在客舱过道两侧或服务区地板胶垫之间，用于在客舱照明系统失效的应急情况下，给客舱上人员迅速往客舱大门或应急出口撤离时提供路径指引，如图 9-32和 9-33 所示。

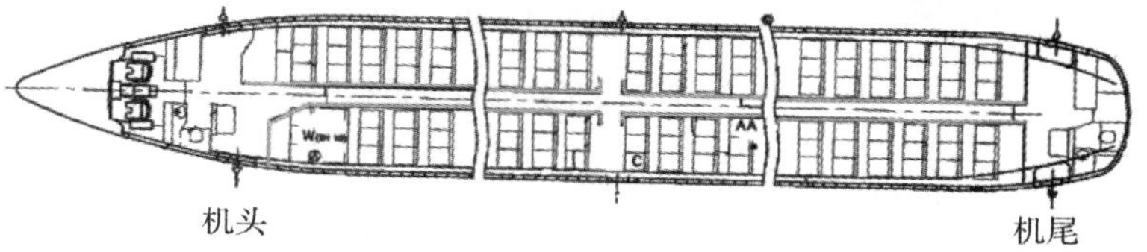
机头
机尾

图 9-32　过道应急指引系统分布图

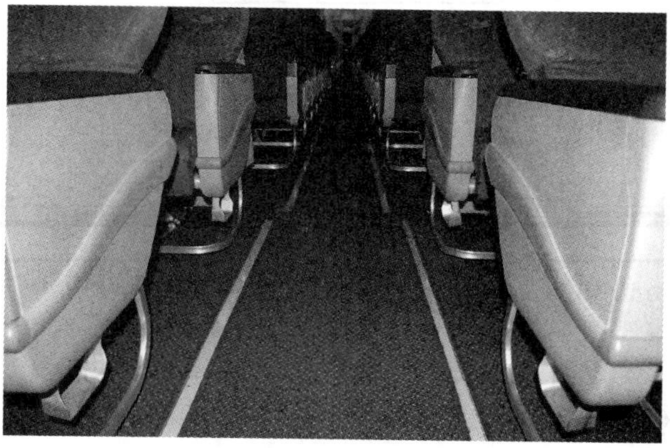

图 9-33　客舱荧光指引系统布局图

9.5.2　荧光条的种类

客舱过道应急指引系统主要经过两个发展阶段，前一阶段是使用并联的灯泡（见图 9-34）由前往后，铺设在过道两侧，由电瓶供电，这种并联灯泡式的应急指引系统故障率高，可靠性低，且需要在地板上铺设供电线路，在乘务员服务面板上要配置人工操作开关等，且导线保护盖、导线及灯泡等容易被踩破而导致失效。近年来，随着科技的进步，一种新型的荧光条式的应急指引系统，具有安装便捷、可靠性高、节能环保等特点，被成功地引进到飞机上(如图9-35)，目前，很多航空公司基本上都已用荧光条替换了旧式的并联小灯泡的指引系统。荧光条的截面构型主要有3种(见图9-36)，这种荧光指引系统满足当局FAR/JAR/CS 25.812要求。荧光条在客舱灯光照明打开时，约需30 min就可吸收到足够的能量，在工作温度介于－40℃（－104℉）～＋100℃（＋212℉）时，荧光条的有效发光时间最长可达72 h，形成一条清晰的通道指引旅客快速有效撤离。

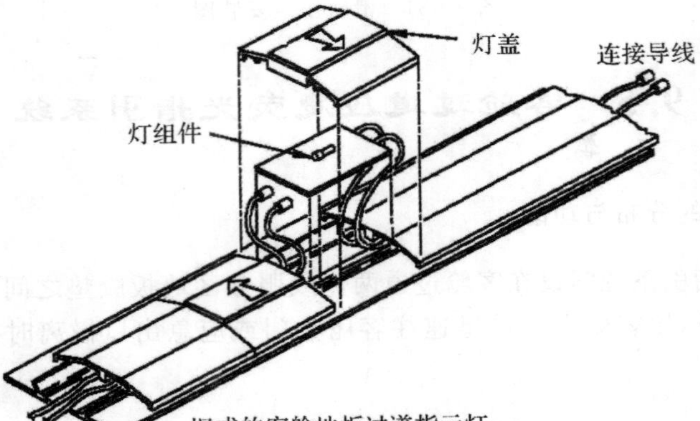
灯盖
连接导线
灯组件
旧式的客舱地板过道指示灯

图9-34　灯泡式客舱地板过道指引灯

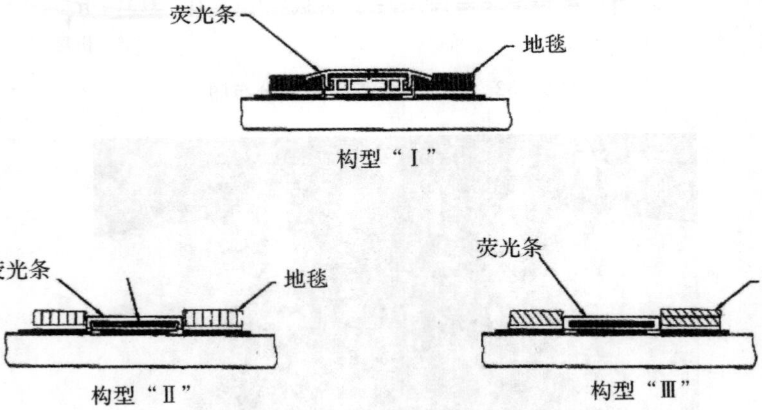
荧光条
地毯
构型“Ⅰ”
荧光条
地毯
构型“Ⅱ”
荧光条
地毯
构型“Ⅲ”

图9-35　客舱荧光条的3种常见构型

9.5.3　荧光条的组成

典型的荧光条组件主要由荧光条、端盖、表面透明保护盖等3部分组成，如图9-36所示。构型I&II型荧光条还可以在透明保护盖与荧光条之间增加一层色膜来使荧光条的色调与地毯协调一致，如南方航空公司A330－300型飞机上所选用的地毯就是紫色的，在一般的荧光条上增加一层紫色的滤膜后，可以起到很好的美观效果，使地毯与荧光条达到和谐统一。由于构型III荧光条是整体式的，不可分解，不能通过增加滤膜的方式改变外观色泽，多用于厨房地板胶垫之间。

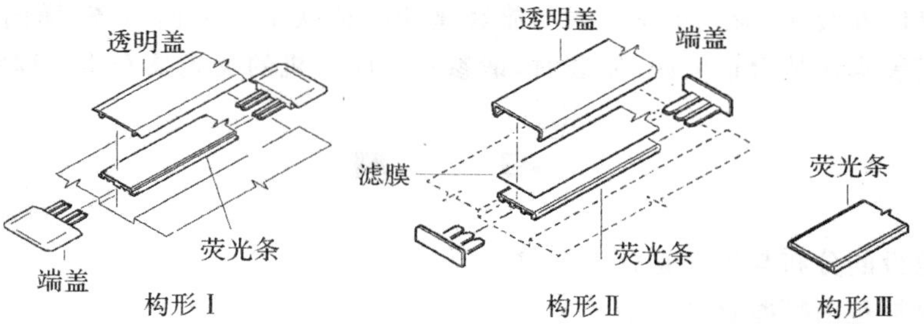
透明盖
端盖
荧光条
构形 I
透明盖
端盖
滤膜
荧光条
构形 Ⅱ
荧光条
构形 Ⅲ

图 9－36　常见荧光条的组成

9.5.4　荧光条的安装要求

客舱荧光条安装在客舱过道两侧及服务区地板胶垫之间，不同构型的荧光条安装要求基本一致，都是先将双面胶带强黏性一面先粘贴到荧光条的底部，清洁干净地板表面后，再将双面胶带弱黏性的一面粘至地板上，需要注意的是荧光条的安装要保持与地毯的匹配。

选用构型 I 类的荧光条，与其相邻的地毯边缘无须锁边，荧光条透明保护盖能有效地压住地毯边缘如图 9－37 所示。除 I 类外的荧光条，其透明保护盖只盖住荧光条部分，无法压住地毯边缘，与其相匹配的地毯边缘均需要锁边，如图 9－38 所示，否则地毯边缘很容易出现脱线、散边等现象。

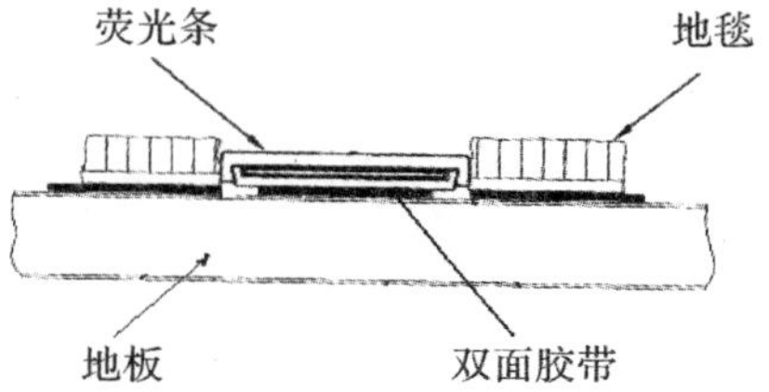
荧光条
地毯
地板
双面胶带

图 9－37　构型“Ⅱ”&“Ⅲ”荧光条的安装

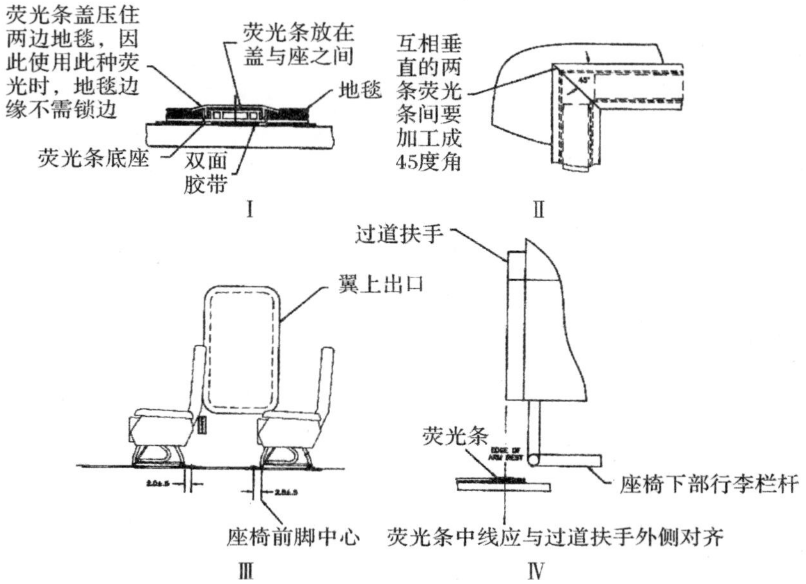
荧光条盖压住两边地毯，因此使用此种荧光时，地毯边缘不需锁边
荧光条放在盖与座之间
地毯
荧光条底座
双面胶带
I
互相垂直的两条荧光条间要加工成45度角
Ⅱ
过道扶手
翼上出口
荧光条
座椅下部行李栏杆
座椅前脚中心
荧光条中线应与过道扶手外侧对齐
Ⅲ
Ⅳ

图 9－38　构型“I”荧光条的安装

荧光条纵向安装时，荧光条中心线与旅客座椅过道扶手外侧面对齐，横向安装时，要注意与座椅前后安装脚保持合适间距，安装时，请参考对应飞机的荧光条安装工程图资料。

习　　题

1. 飞机地板的分布与用途是什么？
2. 客舱地板是由哪些材料组成的？
3. 地板安装时的注意事项是什么？
4. 飞机地毯的主要结构是什么？
5. 地毯的加工步骤是什么？
6. 地毯是清洁步骤是什么？
7. 高质量型和基础型地板胶应符合什么标准？
8. 波音飞机对地板胶的要求是什么？
9. 简述地板胶的焊接步骤。
10. 滑轨压条的分布与功用是什么？

第10章　飞机客舱内话系统

10.1　飞机客舱内话系统的功能

飞机客舱内话系统是飞机通信系统的一部分，它主要提供了飞机客舱内的各工作人员之间的呼叫通信，具体包括下面功能：

1)驾驶舱飞行人员到客舱乘务员位的通信。

2)客舱乘务员位到驾驶舱飞行人员的通信。

3)客舱乘务员位之间的通信。

在进行上述各类通信时，飞行人员和乘务人员可以通过一些视频和音频的信号来提示机组人员需要进行呼叫或者已经有呼叫进入所在位置。这一过程的详细描述如下：

(1)驾驶舱到乘务员位。

按驾驶舱的旅客符号面板上的ATTEND开关可以呼叫乘务员。进行这个呼叫时，在客舱内可看到这些指示：

1)前后撤离位置标志处的粉色灯亮。

2)旅客广播系统向客舱扬声器发出高/低谐音。

(2)乘务员位到驾驶舱。

用手提电话话筒可以从乘务员位呼叫驾驶舱。进行这个呼叫时，驾驶舱内有这些指示：

1)旅客符号板上的“CALL”粉灯亮。

2)声音警告模块产生高谐音。

(3)乘务员位到乘务员位。

用手提电话话筒可以从乘务员位呼叫另一个乘务员位。进行这个呼叫时，在座舱内有这些指示：

1)在另一个乘务员位上的撤离位置标志边的粉色灯会亮。

2)旅客广播系统向客舱扬声器发出高谐音，如图10-1所示是各个呼叫位的设备示意图。

一般民用飞机上的客舱内话呼叫设备中，手提电话话筒安装在乘务员位的客舱服务面板下方。乘务员呼叫灯在前后客舱位置的标志处，它们在前后客舱的天花板上，对于宽体机而言，这些标志灯还在各个区域的隔板位置处。驾驶舱部件的位置在旅客信号面板上，一般在前头顶面板上，另外音频控制面板的模块在副驾驶一侧的前电子板上。

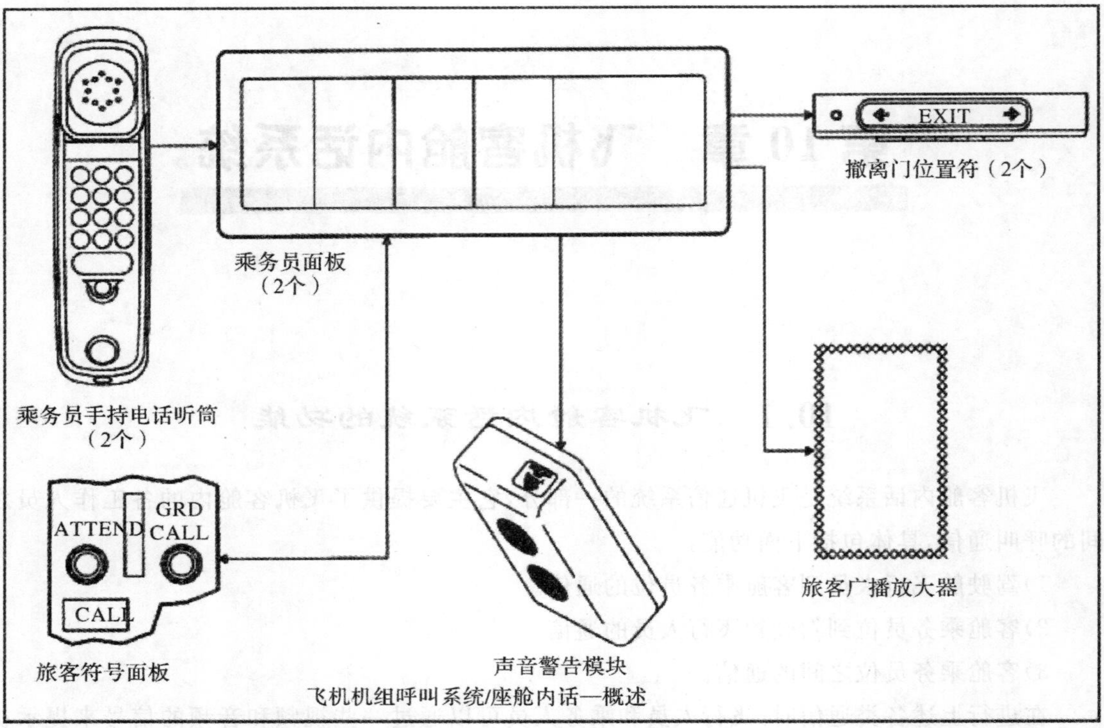
EXIT
撤离门位置符（2个）
乘务员面板
（2个）
乘务员手持电话听筒
（2个）
GRD
ATTEND
CALL
CALL
旅客符号面板
旅客广播放大器
声音警告模块
飞机机组呼叫系统/座舱内话—概述

图 10－1　呼叫设备

10.2　飞机客舱内话系统的设备

客舱内话系统的设备有以下 3 部分。

(1)电源接口。

客舱内话系统从两个地方获得电源。电路跳开关提供 28 V 直流电：

1)乘务员呼叫开关。

2)乘务员面板内的手持电话话筒逻辑控制板。

(2)旅客信号面板。

旅客信号面板上有一乘务员呼叫开关，它向前乘务面板内的电话手柄逻辑控制面板发送呼叫信号。电话手柄逻辑控制面板将两个乘务员位的乘务呼叫灯点亮，并向旅客广播放大器发送一个离散信号以产生一个高/低提示音。

(3)乘务员电话手柄。

乘务员的电话手柄连到两个乘务员面板上的电话手柄逻辑控制板上，电话手柄能向驾驶舱或其他乘务员位发送呼叫信号。

对于给驾驶舱的呼叫，电话手柄逻辑控制板将点亮旅客符号面板上的呼叫灯，并向声音警告模块发送一离散信号使其产生一个高提示音。对于给乘务员位的呼叫，电话手柄逻辑控制板将点亮那个位置上的乘务员呼叫灯，并向声音警告模块发送一离散信号使其产生一个高/低提示音。如图 10－2 所示是内话系统工作原理图。

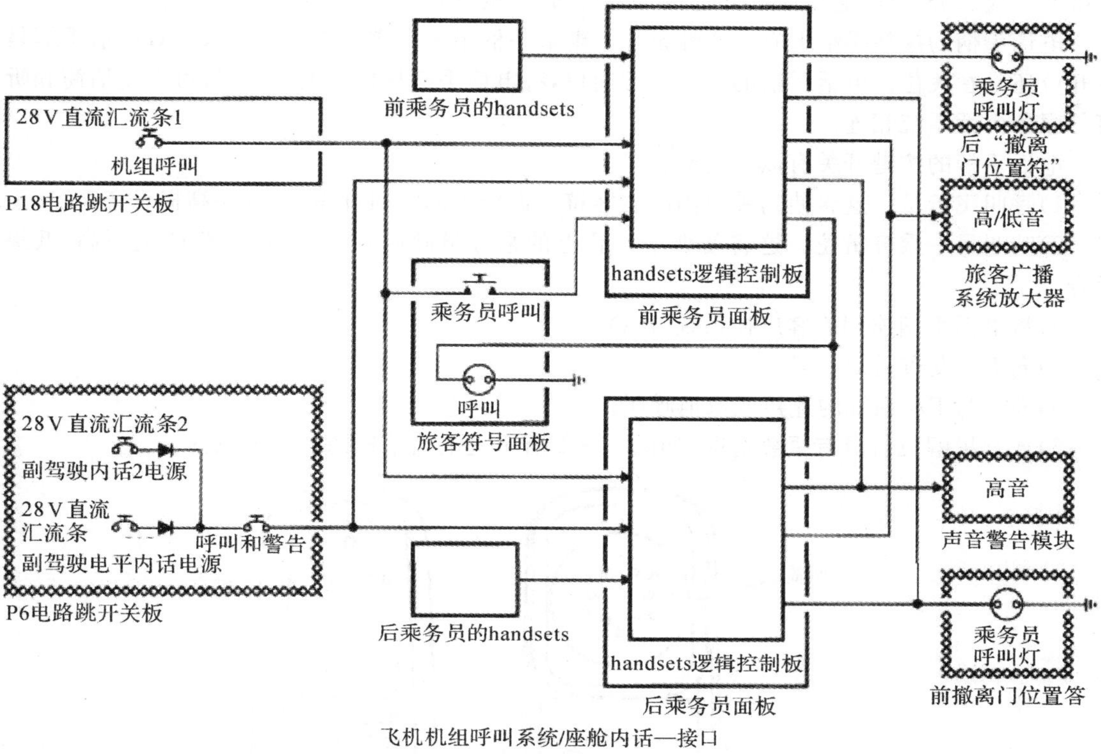
28 V 直流汇流条1
机组呼叫
P18电路跳开关板
前乘务员的handsets
handsets逻辑控制板
前乘务员面板
乘务员呼叫灯
后“撤离门位置符”
高/低音
旅客广播系统放大器
乘务员呼叫
呼叫
旅客符号面板
28 V 直流汇流条2
副驾驶内话2电源
28 V 直流汇流条
副驾驶电平内话电源
呼叫和警告
P6电路跳开关板
后乘务员的handsets
handsets逻辑控制板
后乘务员面板
高音
声音警告模块
乘务员呼叫灯
前撤离门位置答
飞机机组呼叫系统/座舱内话—接口

图 10－2　内话系统原理图

10.3　飞机客舱内话系统的工作原理和组成设备

10.3.1　客舱内话系统的工作原理

客舱内话系统的工作原理相比客舱娱乐系统，客舱管理系统等较为简单。按照部件功能分可以分为通话终端部分和内话控制部分。通话终端部分主要由各个乘务站位和驾驶舱的电话手柄组成，内话控制部分由内话控制器组成。内话控制器目前大部分机型都是将其与旅客寻址广播(PA)控制器整合在一起。

内话系统的工作原理大致如下：通话终端能够向内话控制器提出通话要求，要求内容包括通话目标的地址，一般是驾驶舱，其他乘务站点和旅客广播。内话控制器接到通话要求后根据预先设置好的通话优先级将通话申请提供到控制器内部的微处理器和选择开关网络。选择开完网络和微处理器将符合要求的通话申请通过飞机客舱区域管理组件发送到目标所在区域的区域管理组件，通过区域管理组件使目标站点的电话手柄和区域灯组件发出通话等待信号。在目标终端设备接通通话信号时，内话控制器就会在两个通话站点之间建立起会话通道，然后内话控制器就会使用音频管理组件对两个站点之间的话音进行传输。

10.3.2　电话手柄

电话手柄是乘务员相互之间通讯的工具，也是发布旅客广播的工具。电话手柄与普通电话机的手提部分一样，它由3部分组成：听筒、话筒、按键开关。

电话手柄的握住手柄上有一磁性条片。电话手柄用一个磁操作的簧片来查看电话手柄是在开位还是在关位。电话手柄的使用非常简单，将电话手柄从挂钩上拿起，就可以使话筒和听筒与服务内话系统相连。

电话手柄的按键开关有以下功能：

1)呼叫飞行员。这将使驾驶舱内的旅客符号面板上的呼叫灯亮，并有一高提示音。

2)呼叫另一乘务员位。这将使那个位置上的乘务员呼叫灯亮，并在客舱产生一高/低提示音。

3)将电话手柄连到旅客广播系统(PA)。

4)向PA发布通知。

5)断开与PA系统的连接或取消呼叫。

6)连续提醒飞行员有紧急情况，如图10-3所示是电话手柄的外形示意图。

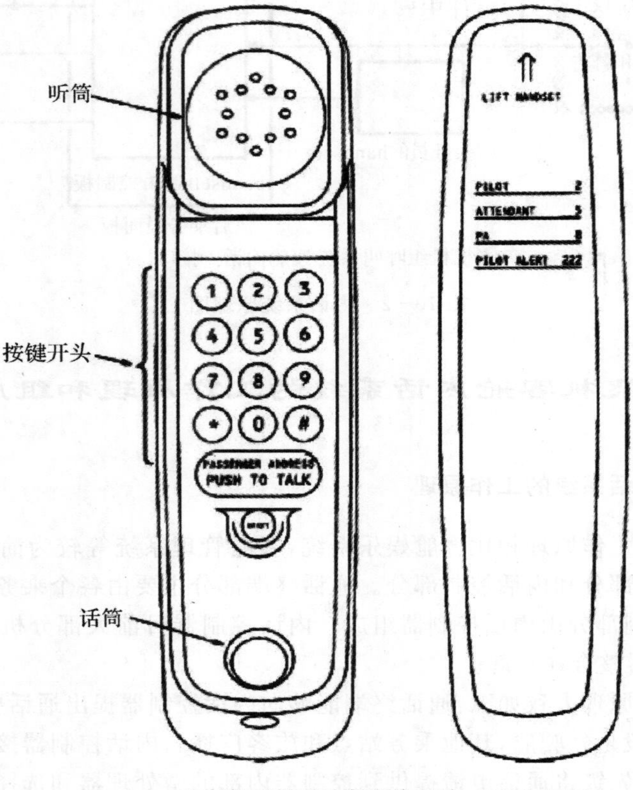
听筒
按键开头
话筒
1
2
3
4
5
6
7
8
9
*
0
#
PASSENGER ADDRESS
PUSH TO TALK
LIFT HANDSET
PILOT 2
ATTENDANT 5
PA 8
PILOT ALERT 222

飞行机组呼叫系统/座舱内话—HANDSET

图10-3 电话手柄

10.3.3 客舱内话控制器

客舱内话控制器是客舱内话系统的核心控制组件，它能够接受所有呼叫输入信号，将呼叫站点之间连接起来，产生话机工作音，发送呼叫警戒信号，发送旅客广播音频到旅客寻址广播系统中。

机组人员使用音频管理组件与客舱内话控制器进行通信。音频管理组件能够将飞行内话系统与客舱内话控制器联系起来，音频管理组件发送麦克风音频，客舱内话控制器接收呼叫音频。音频信号从驾驶员使用的呼叫手柄和音频管理组件一起进入客舱内话控制器的选择开关网络。当驾驶舱得到呼叫信号时，内话控制器发送客舱呼叫信号到音频管理组件。音频管理组件使用这个信号来设置音频控制面板上的呼叫灯。当机组应答呼叫时，音频管理组件会发送信号到内话控制器，进行通话的接通和重置。

内话控制器可以通过客舱管理系统的控制显示器进行工作的控制。一般情况下，机组人员通过控制显示器选择呼叫的乘务员站位。显示控制器能够发送拨号码到内话控制器，内话控制器也能发送显示数据到显示控制器。

区域管理组件通过内话控制器连接到客舱乘务员电话手柄。区域管理组件发送数字音频和拨号代码到内话控制器。内话控制器使用拨号代码生成通话和通话音频。内话控制器发送数字音频和呼叫灯信息到区域控制器。

数模转换器能够从区域管理组件中转换数字音频为模拟音频，然后发送这些信息到选择开关网络。模数转换器能够将来自选择开关网络的数字化音频信号转换成音频信号。

选择开关网络能够接通各个站点之间的通话通道。当第二个站点在通话中，那么微处理器会停止听筒音频的生成。选择开关网络就会接通两者之间的通话通道。如果通话对象在两位以上，选择开关网络可以将这些对象加入到通话会议之中。如图 10－4 所示是客舱内话控制器的工作原理图。

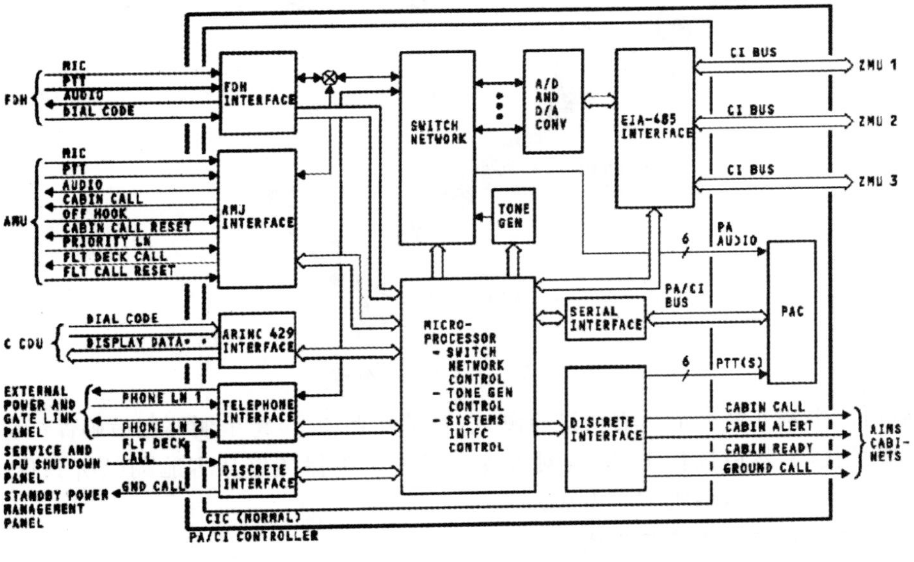
FDH
MIC
PTT
AUDIO
DIAL CODE
FDH INTERFACE
AMU
MIC
PTT
AUDIO
CABIN CALL
OFF HOOK
CABIN CALL RESET
PRIORITY LN
FLT DECK CALL
FLT CALL RESET
AMJ INTERFACE
C CDU
DIAL CODE
DISPLAY DATA
ARINC 429 INTERFACE
EXTERNAL POWER AND GATE LINK PANEL
PHONE LN 1
PHONE LN 2
TELEPHONE INTERFACE
SERVICE AND APU SHUTDOWN PANEL
FLT DECK CALL
STANDBY POWER MANAGEMENT PANEL
GND CALL
DISCRETE INTERFACE
CIC (NORMAL)
PA/CI CONTROLLER
SWITCH NETWORK
A/D AND D/A CONV
EIA-485 INTERFACE
CI BUS
ZMU 1
CI BUS
ZMU 2
CI BUS
ZMU 3
TONE GEN
6
PA AUDIO
MICRO-PROCESSOR
- SWITCH NETWORK CONTROL
- TONE GEN CONTROL
- SYSTEMS INTFC CONTROL
SERIAL INTERFACE
PA/CI BUS
PAC
6
PTT(S)
DISCRETE INTERFACE
CABIN CALL
CABIN ALERT
CABIN READY
GROUND CALL
AIMS CABI-NETS

图 10－4　内话控制器原理图

10.4　飞机客舱内话系统组成设备的维护

客舱内话系统的工作原理大同小异，但是系统的组成却因机型的不同而不同。下面将以南方航空公司 B777 飞机为例，介绍 B777 飞机客舱内话系统组成设备的维护和测试方法。

10.4.1 客舱内话系统组成设备的拆装

1. 驾驶舱通话手柄的拆装与测试

拆下手柄时先将手柄从安装支架中拿出，然后断开通讯缆线，依照下图拆下相关紧固件。同样，参照下图装上紧固件后将手柄放入安装支架中，就完成了整个拆装过程，如图 10－5 所示。

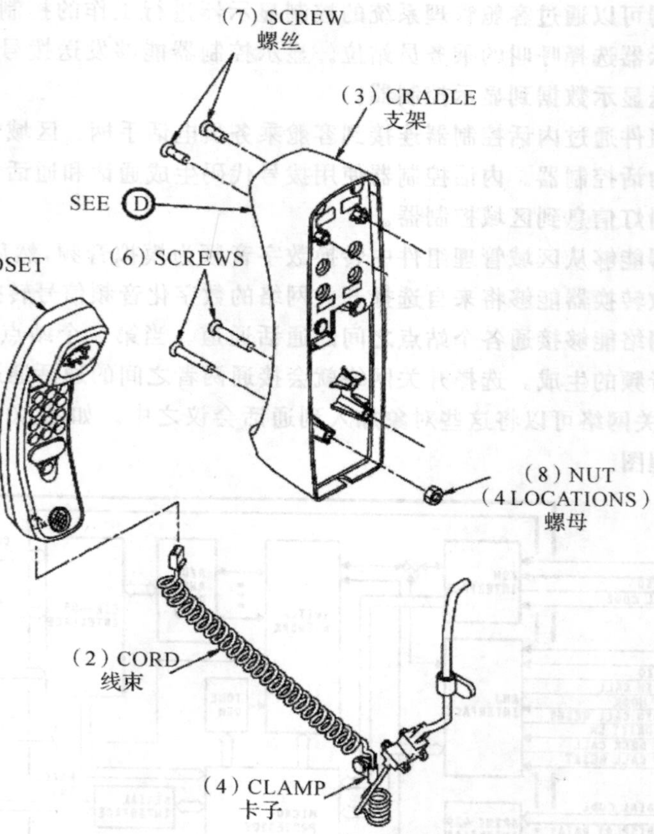

(7) SCREW
螺丝
(3) CRADLE
支架
SEE D
(6) SCREWS
(1) HANDSET
手柄
(8) NUT
(4 LOCATIONS)
螺母
(2) CORD
线束
(4) CLAMP
卡子

图 10－5 电话手柄的分解

驾驶舱通话手柄安装完成后需要进行测试，测试要点如下：将手柄那起后确保能够听到拨号音，按下拨号代码，然后按住 PTT 键对着麦克风说话确保能够从客舱喇叭听到你的话音。如果上述情况出现，说明，话机工作正常。

2. 乘务员通话手柄的拆装与测试

客舱内所有的通话手柄的结构都一样，下述的拆装方法是通用的。与驾驶舱通话手柄的拆装过程相似，只是需要注意通话手柄内是否有 PA 开关。无 PA 开关的通话手柄拆装过程是先将手柄拿出，然后参照下图进行紧固件的拆装。在完成紧固件装好后将通话手柄放回安装支架内即可。有 PA 开关的通话手柄需要注意位于手柄内部的 PA 开关，其他流程基本相同。通话手柄的结构图如图 10－6 所示。

飞机上一共有 8 个服务内话插孔，均要一个个地进行隔离，发动机维护插孔最容易碰到油迹产生短路，可以通过把热空气吹入插孔使得插孔完全干燥在测试看噪音是否依然存在，如果还是存在故障，唯一的方法就是对每一个插孔完全断开，一个一个的进行隔离。
当然，除了插孔的原因外，控制器的原因也要排除，如图 10－7 所示。

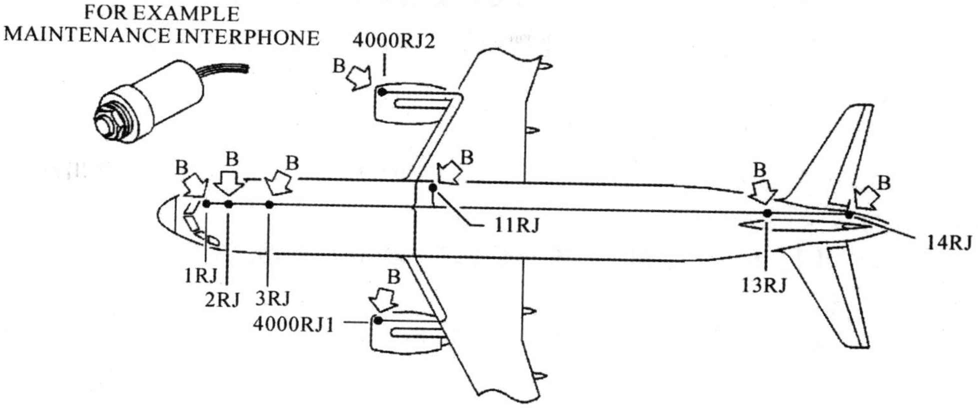
FOR EXAMPLE
MAINTENANCE INTERPHONE
4000RJ2
B
11RJ
14RJ
13RJ
1RJ
2RJ
3RJ
4000RJ1

图 10－7　内话插口

旅客广播正常，客舱内话通信也正常，但是客舱和驾驶舱之间的通信噪音：所有的驾驶舱音频传输首先进入音频管理组件 AMU，所有的客舱音频传输要经过控制组件 Director，AMU 和 Director 之间通过数据线交联，这种情况下首先测量主用和备用两个控制器到 AMU 之间的线路有没有接地，所有的线路之间的绝缘性良好，屏蔽线也正常，还有隔离 AMU 有没有可能引起，控制器内部电路板有没有问题，实际工作中有例子是由于备用控制器的原因导致这个故障的产生。

习　　题

1. 飞机客舱内话系统的功能是什么？
2. 飞机客舱内话系统的工作原理是什么？
3. 客舱内话系统的核心控制组件是什么？
4. 驾驶舱通话手柄的拆装与测试步骤是什么？
5. 简述客舱内话系统常见故障及解决方法。

第 11 章 飞机旅客娱乐系统

11.1 飞机旅客娱乐系统的发展现状

飞机机上娱乐系统，英文简称为 IFES(In－Flight Entertainment System)。最早的机载娱乐系统可以追溯到 1925 年，当时的大英帝国航空公司利用一架 12 座 Handley Page 飞机，在从伦敦飞往巴黎的航线中向乘客播放了一部名为“Lost World”的黑白无声电影，共约持续了 30 min，正好是该航班总的飞行时间(见图 11－1 和图 11－2)。

图 11－1 老式娱乐系统

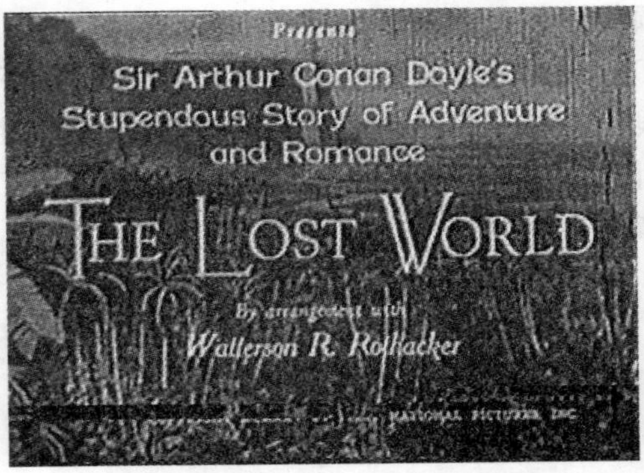
Sir Arthur Conan Doyle's
Stupendous Story of Adventure
and Romance
THE LOST WORLD

图 11－2 飞机上的黑白电视

虽说机载娱乐系统的出现时间并不长，但随着数字化技术的应用发展，从播放电影、电视、小专题、新闻到音频节目、目的地信息、三维移动地图显示、广告以及登机门信息等，内容越来越丰富。在未来还有会在机上为旅客提供互联网的服务。

目前，国际上比较有名的 IFES 供应商有 4 个：一个是日本松下公司(Panasonic，又称 Matsushita)，一个是法国泰雷兹公司(THALES)，还有两个是美国的罗克韦尔柯林斯公司(Rockwell Collins)和霍尼韦尔公司(Honeywell)。在这四家公司当中，松下和泰雷兹公司所占的市场份额是最大的。但无论对于哪家公司来说，在系统设计上都是有着共通之处的，娱乐系统的设计上都是利用互联网技术，将视频、音频等多媒体模拟信号按照一定的传递规则输送给旅客。

11.2　飞机旅客娱乐系统的功能及工作原理

对于目前国内航空公司而言，其机上旅客娱乐系统的功能主要包括视频和音频的广播和点播，机上旅客游戏，实时航图，免税商品，广告，安全信息演示等。这些功能看似烦琐，实际上在实现原理方面都是一致的。在娱乐系统设计之初，要根据目标机型的旅客娱乐系统用户的数量和需求进行网络构建，选择合适的客舱数据网络布局。之后在网络各个节点上安装娱乐系统组件，利用飞机电源系统给组件进行供电。然后根据客舱构型布局在旅客座椅，旅客服务面板，天花板处等位置安装娱乐系统终端，最终实现机载娱乐数据向旅客的传输。另外对于航图等一些特殊的功能，还需要采用到飞机导航系统的相关信息。

机载娱乐系统的构成大致如图 11－3 所示，部分机型可能在电源分配或数据流向上面略有差异，但总的工作原理都是一致的。

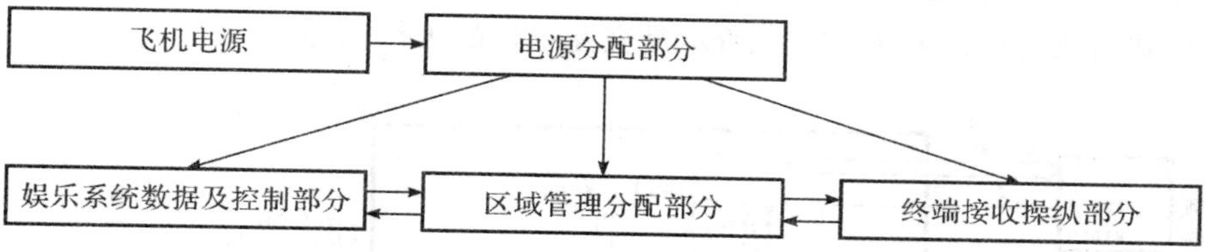
飞机电源
电源分配部分
娱乐系统数据及控制部分
区域管理分配部分
终端接收操纵部分

图 11－3　娱乐系统工作原理

11.3　飞机旅客娱乐系统组成部件及各部件工作原理

通过前文的描述，我们知道娱乐系统的构成分为电源分配部分，娱乐系统数据及控制部分，区域管理分配部分，终端接收操纵部分。下面将分别对各个部分进行介绍。

11.3.1　电源分配部分

电源分配部分不涉及娱乐系统数据的交联，在整个娱乐系统中相对比较独立。目前，娱乐系统的电源分配通常有两种模式。模块化电源组件统一管理分配模式和直接分配模式。在 THALES 公司设计的 I5000 娱乐系统中，电源的分配就采用了统一管理分配模式。飞机电源首先连接到一些模块化的主控制组件中，这种组件能够根据所负责供电区域的部件类型将飞机 115 V，400 Hz 的电源进行转换，并通过终端接收操纵部分的分配组件将电源输送到相应的组件之中。主控制组件不仅能够转换分配电源，还能够保护和监控电源的分配。比直接分配模式更加高效而且安全。

直接分配模式与统一管理模式差异不大，只是没有模块化的电源控制组件。飞机电源直接供电到娱乐系统数据及控制部分，区域管理分配部分，终端接收操纵部分。相当于将电源分配部分分散设计在其他各个部分之中，通过转换分配组件将电源传输到组件中。这种分配模式主要应用在 150 座以下的客机上。

11.3.2 娱乐系统数据及控制部分

娱乐系统数据及控制部分是整个娱乐系统的核心部分，它负责娱乐系统数据的存储，整机娱乐资源的分配，以及终端设备的控制等等功能。另外，通过客舱环境控制系统也能够对娱乐系统进行一些整体性的控制。

娱乐系统数据及控制部分一般包括交互组件，分配组件，播放组件，旅客空中信息计算机。机上娱乐系统的视频和音频信号一般采用 MPEG 制式，播放组件播放模拟信号，通过分配组件对信号进行转换，将模拟信号转换成为数字信号，发送到区域管理分配部分。

1. 交互组件

交互组件能够将视频和音频节目调制成射频信号进行输出，并采用多路复用技术将信号发送到分配组件。交互组件能够接收客舱管理系统的控制信号，播放组件的视频和音频信号和状态信息，旅客空中信息计算机的飞机实时位置信息。并且能够输出调制好的射频信号，发送控制信号到播放组件。如图 11－4 所示是交互组件的工作原理。

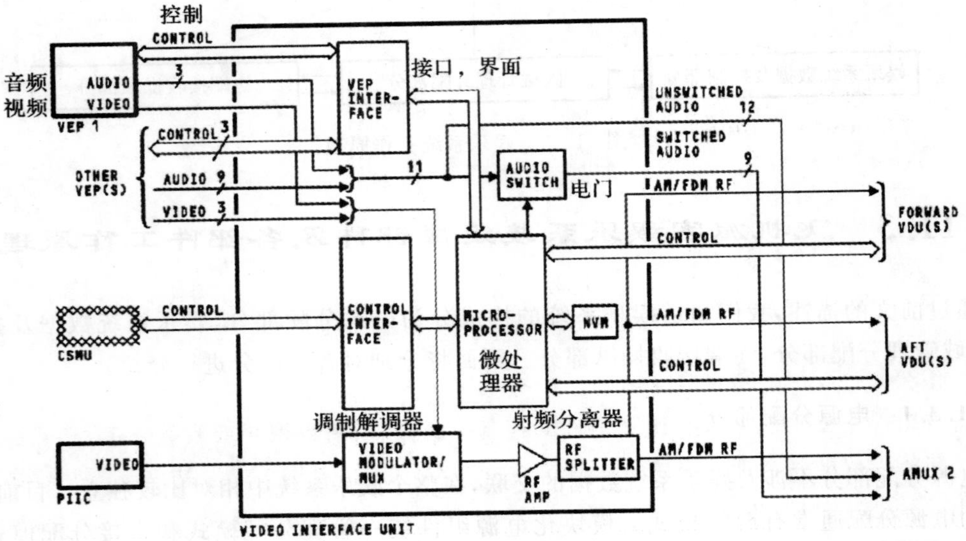
控制
CONTROL
音频
视频
AUDIO
VIDEO
VEP 1
接口，界面
VEP INTER-FACE
UNSWITCHED AUDIO
12
SWITCHED AUDIO
OTHER VEP(S)
CONTROL
AUDIO
VIDEO
AUDIO SWITCH
电门
AM/FDM RF
FORWARD VDU(S)
CONTROL
CSMU
CONTROL INTER-FACE
MICRO-PROCESSOR
微处理器
NVM
AFT VDU(S)
调制解调器
射频分离器
VIDEO
PIIC
VIDEO MODULATOR/MUX
RF AMP
RF SPLITTER
AMUX 2
VIDEO INTERFACE UNIT

图 11－4　交互组件工作原理图

从多个播放器发出的视频和音频信号进入到交互组件中的调制多路复用器，通过调幅和调频的方式，调制成为复合射频信号，经过射频放大器和分频器发送出去。在播放器中的视频和音频信号在通过调制多路复用器和射频调幅放大器以及射频分离器后，最终信号以调频和调幅模式加载到射频信号中。

2. 分配组件

分配组件的功能是接受交互组件的射频信号，通过射频分离电路和调谐电路，将加载到射频信号中的视频和音频信号分离出来，再通过一个放大电路后，最终输送到终端显示设备上。一般在分配组件中会有一个路由电路，这个电路能够实现视频和音频的路由分配功能。路由电路由分配组件中的微处理器控制，它完成视频和音频信号的路由，在 B777 的娱乐系统中，

路由电路接收两组调谐的视频和音频信号，然后将这两组信号路由到四组终端显示组件中。另外分配组件主要负责将视频分配到投影仪，客舱公用显示器等公共显示设备中，但不承担旅客显示设备的视频分配功能。图 11－5 所示描述分配组件的工作原理。

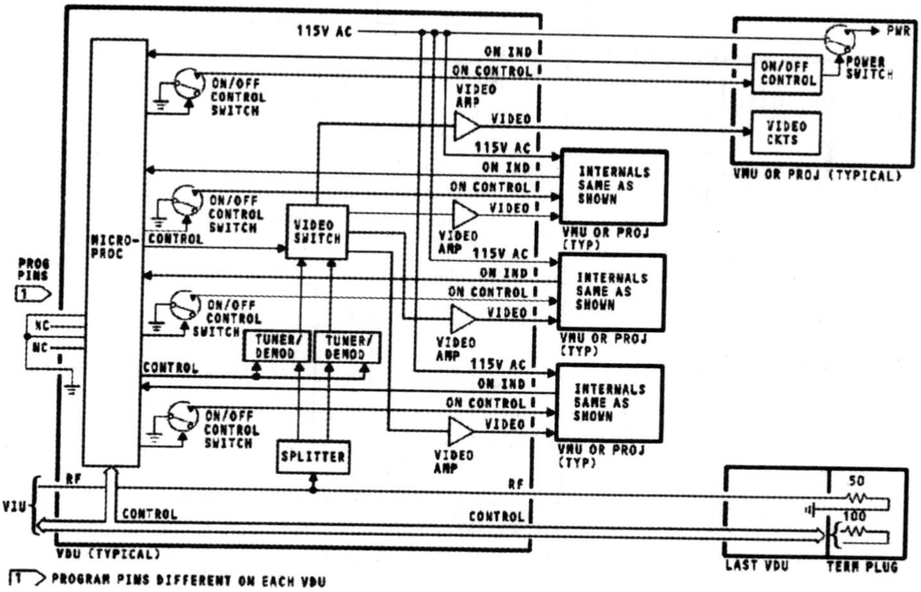
115V AC
ON IND
ON CONTROL
ON/OFF CONTROL SWITCH
VIDEO AMP
VIDEO
VIDEO SWITCH
MICRO-PROC
CONTROL
PROG PINS
NC
TUNER/DEMOD
SPLITTER
INTERNALS SAME AS SHOWN
VMU OR PROJ (TYP)
PWR
POWER SWITCH
ON/OFF CONTROL
VIDEO CKTS
VMU OR PROJ (TYPICAL)
RF
VIU
VDU (TYPICAL)
50
100
LAST VDU
TERM PLUG
PROGRAM PINS DIFFERENT ON EACH VDU

MICRO-PROC:微处理器
CONTROL SWITCH:控制电门
POWER SWITCH:电源电门
TUNER:调谐器
INTERNALS SAME AS SHOWN:内部和所示一样
TERM PLUG:插钉

图 11－5　分配器工作原理图

3. 播放组件

播放组件主要功能是接收交互组件的控制信息，然后播放视频或音频磁带，光碟等多媒体资料。并将播放的视频或音频资料发送到交互组件。播放组件中的微处理器控制着播放组件的功能，它能够从温度传感器得到播放组件的工作温度，通过对得到温度的判断来确保播放组件工作在正常状态，另外它还控制着一个内部的冷却风扇。

4. 旅客空中信息计算机

旅客空中信息计算机用来为旅客提供飞机飞行中的实时位置。飞机实时位置的信息来源从飞机信息管理系统等飞机导航系统的组件中，它将飞机位置和姿态信息与存储的航图数据库结合后形成航图图像输送到交互组件中。旅客空中信息计算机的核心是输入输出系统，它能够从客舱管理系统得到控制数据，从导航系统得到飞行数据。它可以通过程序钉来选择接收导航信息的类型，一般有 ARINC419 或 ARINC429 两种数据类型。输入输出系统将导航信息和控制信息接收并处理后发送到视频生成计算机。通过视频生成计算机最后形成能够被旅客理解的航图。如图 11－6 所示是旅客空中信息计算机的工作原理图。

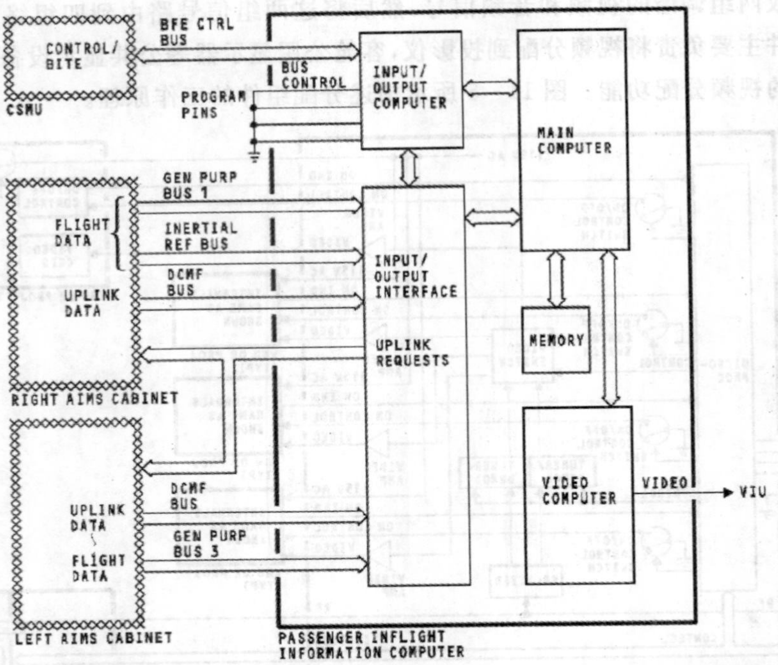
BFE CTRL BUS
CONTROL/ BITE
CSMU
BUS CONTROL
PROGRAM PINS
INPUT/ OUTPUT COMPUTER
MAIN COMPUTER
GEN PURP BUS 1
FLIGHT DATA
INERTIAL REF BUS
DCMF BUS
UPLINK DATA
INPUT/ OUTPUT INTERFACE
MEMORY
UPLINK REQUESTS
RIGHT AIMS CABINET
DCMF BUS
UPLINK DATA
GEN PURP BUS 3
FLIGHT DATA
VIDEO COMPUTER
VIDEO
VIU
LEFT AIMS CABINET
PASSENGER INFLIGHT INFORMATION COMPUTER

PASSENGER INFLIGHT INFORMATION COMPUTER: 旅客空中信息计算机
CONTROL/BITE:控制/字节
FLIGHT DATA:飞行数据
UPLINK DATA:上行数据
INPUT/OUTPUT INTERFACE:输入/输出接口
MEMORY:内存

图 11－6　信息计算机工作原理图

11.3.3　区域管理分配部分

区域管理分配部分负责将数据和控制部分的信息分配和传递到相应的客舱区域。是整个娱乐系统数据分配，传递的环节，充当数据控制部分和终端显示部分的链接纽带。一般情况下，区域管理系统能够将数据控制部分传来的模拟信号转换成为数字信号，经过特定的网络布局，将信号传递到相应的终端控制部件上。

区域管理分配部件一般包括了区域管理组件，区域电源分配组件，客舱数据网络等部件。当数据通过区域管理组件进行 A/D 转换后，按照设计好的客舱数据网络结构将各种数据传送到相应的终端，再进行 D/A 转换后播放。

(1)区域电源转换分配组件。

区域电源分配组件负责将飞机电源提供到其所负责区域的所有组件之中，并且对电源进行转换，使该区域的所有组件能够使用到合适的电源。

(2)区域管理组件。

旅客座椅作为飞机娱乐系统的使用终端，一般来说，旅客座椅的数量都在 100 以上，那么终端数量过多，如果对这些终端进行直接管理，那么需要的网络带宽，传输线路，布网的难度都是比较大的，同样不利于管理和维护。因此，目前主流客机的客舱娱乐系统都是采用区域管理的办法，结合令牌环网的网络结构进行数据的传输。

区域管理组件的将来自视频交互组件的模拟信号转换成为数字信号。数字信号以令牌环网的信号格式发送到网络中。在这种网络中，有一种专门的帧称为“令牌”，在环路上持续地传输。

(3)客舱数据网络。

客舱数据网络是令牌环网的网络构型。令牌环局域网是连接系统主要部件以及传输多种数据、信号的数据总线。这些信号和数据包括了旅客服务控制信号、音频数据、软件下载以及交互式的旅客管理信号。以下是它的一些术语和定义。

1)令牌(Token)：指在网络中循环发送的信息，让组件进入环路。

2)数据帧(Frame)：指位于忙令牌内部的数据块，它由发送组件所提供。

3)信息(Message)：指从一个组件发送到另一个组件的数据。

4)组件(Unit)：指 Token Ring 局域网中的组件。

在令牌环内部的每一个组件都能让任一个它接收到的 Frame 转换为一个运载着相同数据的新的 Frame。紧接着，它将这个新的 Frame 在很短的时间内发送到下一个组件，依次类推。所以，尽管数据只往一个方向传输，每个组件都能够同时发送和接收数据，这就是所谓的双向模式。

当没有数据被发射或接收，一个空闲的 Token 会被发送并来回于环路之中。当有组件需发送数据时，只需等到这个空闲的 Token 来到它那里，并把这个 Token 由“空闲”状态转为“忙碌”状态(即将 Token 的位由 0 转到 1)。这个被占用的 Token 也就成了 Frame。在 Frame 内部，组件会加入自己的地址以及它需要发送的目的地的地址，当然还会加入一些长度可变的有用数据。

如前面所述，每一个在环路中的组件都会将 Frame 传送到下一个去，直到特定的组件(目的地)接收到这个 Frame。这个目的地组件会将 Frame 中的数据进行拷贝并存放在自身的存储器当中，随后将这个 Frame 标识为“已拷贝”。然而，它不会将 Frame 的“忙碌”状态去除(即不会将 Token 的位由 1 转回 0)，只是将 Frame 继续传给它的下一个组件。直至 Frame 在环路中绕了一圈并最终回到原来发出数据的那个组件为止，该组件才会把 Frame 从环路中去处，并将 Token 的位转回 0，供另一个组件发送数据。

常见的客舱令牌环网一般包括了核心环路，客舱环路，座椅环路。核心环路是在系统内的中央控制组件，这些组件连接到网络集线器，完成了系统的控制和管理功能。客舱环路连接了所有的区域分配器，用来实现核心环路与座椅环路之间的数据交换。座椅环路同样也包括了区域分配器，它负责按照一定的传输规则将数据传输到核心环路和客舱环路，已完成数据和控制信号的传递交换。

11.3.4　终端接收操纵部分

终端接收操纵部分的部件主要都是座椅上的组件，包括座椅电子组件，座椅显示器，旅客控制组件等。另外，在一些较为先进的飞机上，还装有客舱系统控制面板，客舱区域控制面板等为机组提供控制功能的部件。

(1)座椅电子组件。

座椅电子组件提供数字形式的音频和视频娱乐信息，电话服务，旅客服务功能。它接收到复合脉冲信号调制，模拟射频调试信号，数字射频调幅调制信号，然后将这些信号解调成相应的基带视频和模拟音频信号。基带视频信号直接能够发送到座椅显示器，模拟音频信号直接能够发送到耳机。另外，它能够为一张座椅上的三个旅客控制器提供交互功能。

座椅电子组件具有的功能非常丰富，几乎所有的核心环路和客舱环路上的部件功能都是通过座椅电子组件得以最终实现的。所以座椅电子组件是日常维护中的关键设备。

(2)座椅显示器。

座椅显示器向旅客展示视频节目，采用彩色 LCD 屏幕。旅客可以在显示器前面对显示器的亮度进行调节(见图 11-7)。

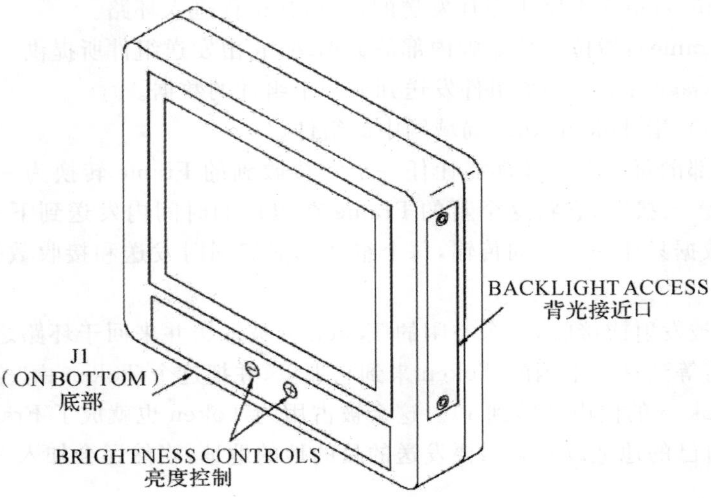
BACKLIGHT ACCESS
背光接近口
J1
(ON BOTTOM)
底部
BRIGHTNESS CONTROLS
亮度控制

图 11-7　LCD 屏幕

在座椅显示器中，主微处理控制器是用来控制座椅显示器的所有运行功能的，它向座椅电子组件发送和获得数据和控制信号。它发送信号到视频电路去控制亮度，颜色和对比度。主微处理器还要持续的监控显示器内部的故障，如果电路失效，主处理器将发送自检状态信息到座椅电子组件。座椅显示器中还有视频接收器，座椅电子组件将信号发送到座椅显示器中的视频接收器，视频接收器发送视频信号到 NTSC 和 PAL 感应电路，也能够发送控制信号到电源控制器。NTSC/PAL 电路是用来将接收的模拟视频信号以 NTSC/PAL 的图像格式在 LCD 上显示出来。

(3)旅客控制组件。

旅客控制组件能够完成视频音频模式的选择，娱乐频道的选择，音量的控制。旅客通过 PCU 前面板的按钮选择视频频道。PCU 处理器发送视频频道控制信号到 RS-485 交换组件，然后控制信号就能够转换成为 RS-485 的信号格式，发送到座椅电子组件来完成视频频道的选择。

11.4　飞机旅客娱乐系统的维护

不同的机型选装的娱乐系统各不相同，维护时候的步骤和要求也各不相同，但我们发现，目前一些主流的娱乐系统维护工作都是可以归纳为两类的，分别是系统组成部件的拆装维护和系统软件的装载维护。

系统组成部件的拆装主要是在飞机娱乐系统进行排故或深度维修时候，发现了故障的组件，需要更换时进行的。系统软件的装载维护主要是用在软件更新，更换新部件后的软件同步等操作。

下面将以南方航空 A330 机型选装的 S3000I 和 I5000 型娱乐系统为例分别介绍拆装维护和软件维护的注意事项。

11.4.1　拆装维护

拆装维护的对象均为娱乐系统中的 LRU 部件，LRU 部件主要指在航线维护时可以更换的部件。这类部件具有较强的独立性，不会对其他系统造成影响，并且易于接近拆装。娱乐系统中的 LRU 部件基本上都属于静电敏感元件，标志见图 11－8，因此在拆装时候首先需要注意的是静电防护。

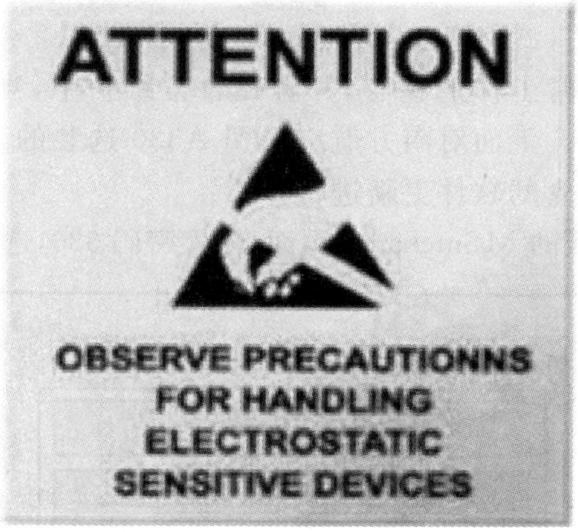
ATTENTION
OBSERVE PRECAUTIONNS
FOR HANDLING
ELECTROSTATIC
SENSITIVE DEVICES

图 11－8　防静电标志

在一般维护过程中，下列项目都可能对部件造成静电放电损伤：人体，头发，衣物，地板，设备架，设备组件。为减少静电放电的可能性，在拆装 LRU 的全部过程中都需要佩戴防静电手环。在佩戴好防静电手环并安装测试后，再确保所要拆卸的 LRU 断电，就可以直接按照相应 LRU 的拆卸步骤进行拆卸了。下面简单介绍一下 S3000I 系统中座椅音频电子盒（ASEB）的拆装步骤。

（1）拆卸步骤。

1）确保座椅音频电子盒断电，并且在相应的跳开关上挂起勿动警告标志。

2）接近音频电子盒，松开电子盒的弹簧锁扣。

3）断开电子盒上的连接线缆，并且对线缆进行标记，以方便安装。

4）拉出四个尼龙固定块，以松开电子盒。

5）拆卸电子盒，并在电子盒的插头上安装防尘堵盖。

（2）安装步骤。

1）确保座椅音频电子盒断电，在相应的跳开关上挂起勿动警告标志。

2）拆下插头的防尘堵盖，并检查插头及插钉的完整性。

3）将电子盒放置到位，使插头符合线缆安装位置，尼龙固定块的孔位对齐。

4)将尼龙固定块推入孔位,然后连接固定块。

5)接通电子盒的线缆插头,并在插头上装好弹簧锁扣以保证安全

6)拿下跳开关勿动警告标志,并且对电子盒进行通电。

7)对电子盒进行测试,确保其工作正常。

娱乐系统的 LRU 部件拆装过程都与上面列到的程序相接近,差异主要是在一些卡簧,螺丝等紧固件上。在防静电,接地,防尘,断电等方面的要求基本一致。这里就不重复介绍其他部件的拆装程序。

另外,静电敏感原件的运输和存放都需要能够具有防静电效果的环境。因此,在存放娱乐系统的 LRU 时,一般将橡胶垫放置在存放盒的底部,并且将存放架进行接地,还要按照厂商的存放要求给出合适的存放温度和湿度。运输时要减少部件的震动,并将部件放置在底部有橡胶垫的存放盒内。

11.4.2 软件维护

软件是娱乐系统能够正常工作的核心,并且在日常维护中,当每更换一个 LRU 部件时,都需要进行相应的软件更新。下面对南方航空公司 A330 选装的 I5000 娱乐系统的座椅小电视,旅客控制手柄,座椅电子盒的软件更新进行介绍:

首先进入 CMT 控制面板的 Maintenance 页面,输入密码 330,选择 download(见图 11-9)。

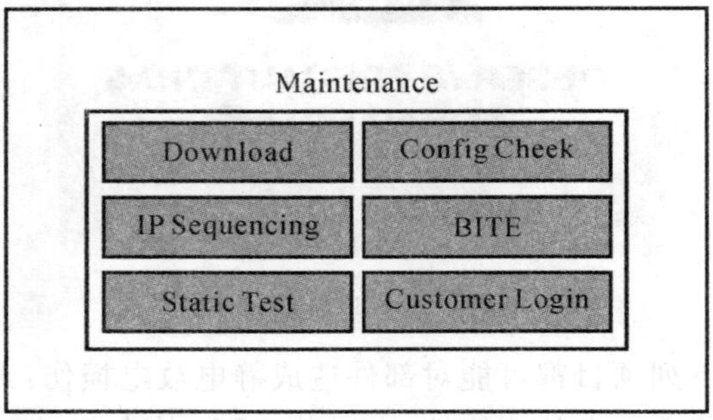
Maintenance
Download
Config Cheek
IP Sequencing
BITE
Static Test
Customer Login

图 11-9 CMT 控制主页

在下载页面选择 Download LRU(见图 11-10)。

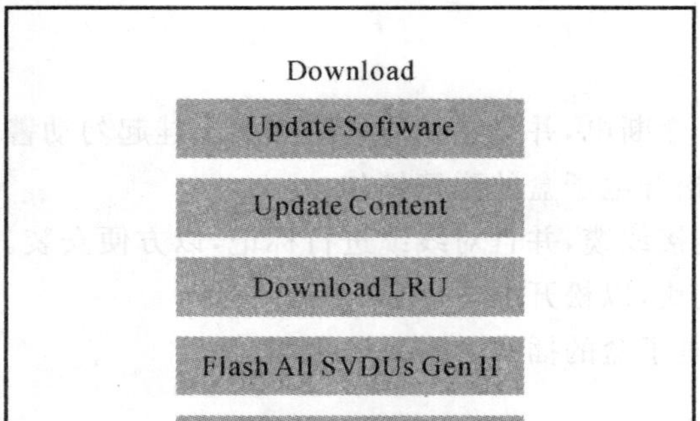
Download
Update Software
Update Content
Download LRU
Flash All SVDUs Gen II
Done

图 11-10 进入 Download 界面

根据更换的部件选择对应的名称和件号，选装对应的安装程序。如小电视为 SVDU3，头等舱和公务舱的遥控手柄为 TPCU，座椅下的电子盒为 QSEB(见图 11－11)。

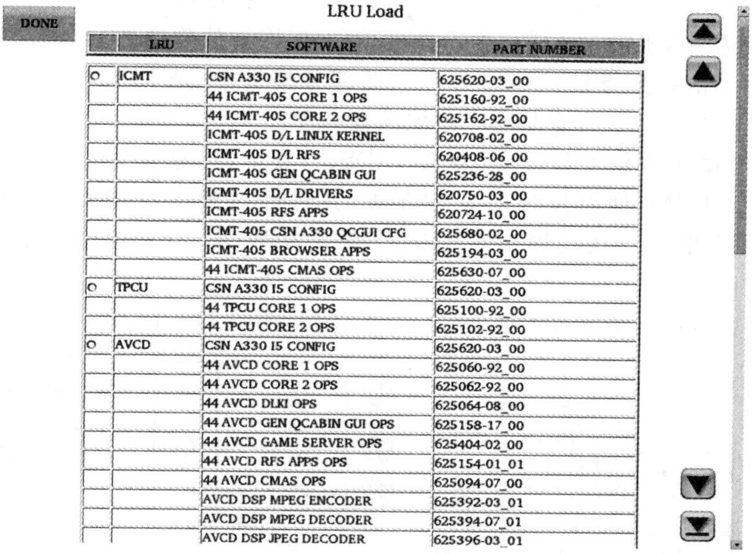
DONE
LRU Load

LRU	SOFTWARE	PART NUMBER
ICMT	CSN A330 I5 CONFIG	625620-03_00
	44 ICMT-405 CORE 1 OPS	625160-92_00
	44 ICMT-405 CORE 2 OPS	625162-92_00
	ICMT-405 D/L LINUX KERNEL	620708-02_00
	ICMT-405 D/L RFS	620408-06_00
	ICMT-405 GEN QCABIN GUI	625236-28_00
	ICMT-405 D/L DRIVERS	620750-03_00
	ICMT-405 RFS APPS	620724-10_00
	ICMT-405 CSN A330 QCGUI CFG	625680-02_00
	ICMT-405 BROWSER APPS	625194-03_00
	44 ICMT-405 CMAS OPS	625630-07_00
TPCU	CSN A330 I5 CONFIG	625620-03_00
	44 TPCU CORE 1 OPS	625100-92_00
	44 TPCU CORE 2 OPS	625102-92_00
AVCD	CSN A330 I5 CONFIG	625620-03_00
	44 AVCD CORE 1 OPS	625060-92_00
	44 AVCD CORE 2 OPS	625062-92_00
	44 AVCD DLKI OPS	625064-08_00
	44 AVCD GEN QCABIN GUI OPS	625158-17_00
	44 AVCD GAME SERVER OPS	625404-02_00
	44 AVCD RFS APPS OPS	625154-01_01
	44 AVCD CMAS OPS	625094-07_00
	AVCD DSP MPEG ENCODER	625392-03_01
	AVCD DSP MPEG DECODER	625394-07_01
	AVCD DSP JPEG DECODER	625396-03_01

图 11－11　选择相应件号的成程序

最后选择 ALL SELECTED LRUS，随后会出现安装软件的进度条页面(见图 11－12)。

进度条进行到 100%后，按 OK 键，完成安装(见图 11－13)。在完成了软件的安装后，更换的 LRU 才能够正常使用。

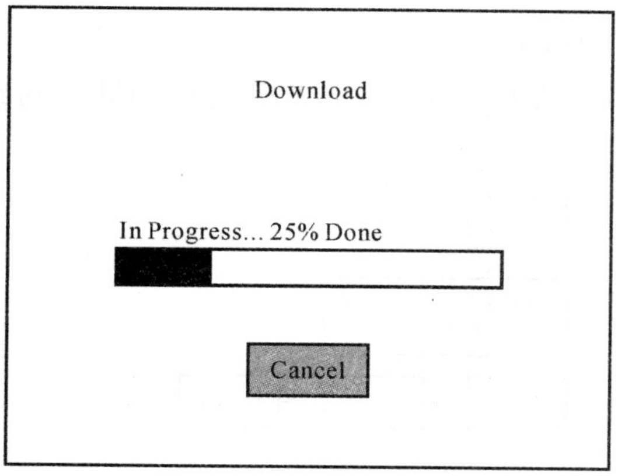
Download
In Progress... 25% Done
Cancel

图 11－12　软件安装进度条

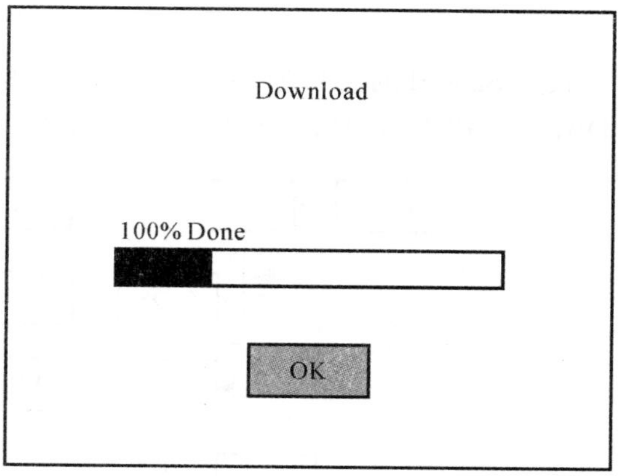
Download
100% Done
OK

图 11－13　软件安装完成

11.5　飞机旅客娱乐系统常见故障分析

下面将以 A320 客机选装的 S2000I 和 A330 客机选装的 I5000 型号的娱乐系统为例，介绍娱乐系统排故的一些方法。

(1)故障1。

A320 机队的多架飞机在飞行中客舱耳机没有声音的情况。排故人员经过分析后确认是给 WDB,SEB 供电的一个继电器出现问题造成的。具体排故过程如下：

多次航班过程中,机组人员描述客舱耳机无声,但因为故障描述非常简单,只是客舱耳机无声,而松下公司的娱乐系统的声音可以由两部分提供,一是 PES MUSIC,另一个是 PES VIDEO,无法从描述中判断究竟是哪个系统没有声音。

机务人员尝试了重新安装设备、重置 CIDS、重置电源、重置 PES 后、重新设置编程开关、重装 CAM,OBRM,地面长时间等等方法,并且经过测试后都是正常的,但在飞行过程中,故障仍然会出现。几经周折后尝试了换下为 WDB,SEB 供电的继电器,故障没有再出现。

鉴于此,工程人员详细分析了这个继电器的作用,如图 11-14 所示箭头位置所指。

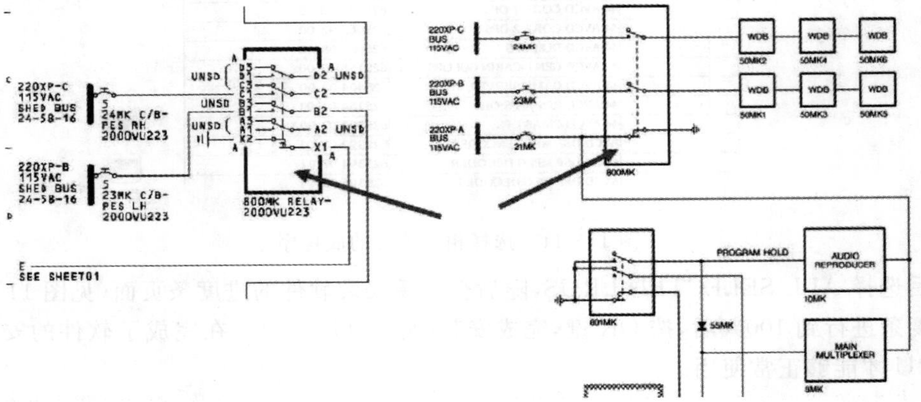
220XP-C
115VAC
SHED BUS
24-58-16
24MK C/B-
PES RH
2000VU223
220XP-B
115VAC
SHED BUS
24-58-16
23MK C/B-
PES LH
2000VU223
800MK RELAY-
2000VU223
SEE SHEET01
800MK
801MK
PROGRAM HOLD
AUDIO REPRODUCER
MAIN MULTIPLEXER
WDB

图 11-14　继电器

根据 S2000I 的工作原理可以知道,旅客从耳机听到的音频信号要通过 MM 传送给 WDB,SEB,PCU,耳机,如图 11-15 所示。

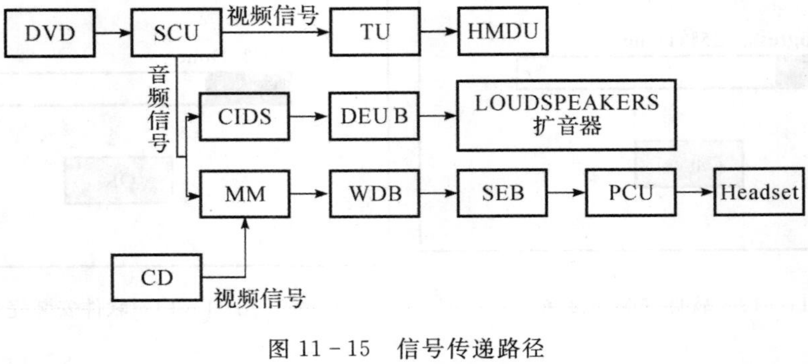
DVD
SCU
视频信号
TU
HMDU
音频信号
CIDS
DEU B
LOUDSPEAKERS
扩音器
MM
WDB
SEB
PCU
Headset
CD
视频信号

图 11-15　信号传递路径

正常情况下,WDB 的电源供给受到继电器 800MK 的控制,继电器内的电磁开关在吸合位,继电器一旦出现故障,会造成 WDB 电源供给不正常。组成继电器的主要部件是电磁阀,长期使用后可能出现老化,性能降低,在电源转换或在空中震动不断发生时,继电器内部的开关如果在某时无法保持在吸合位,会使 WDB 和 SEB 瞬间掉电,SEB 掉电会造成构型数据丢失。构型数据正常时 PCU 的频道只能从 1 调到 10(南方航空公司飞机的构型),此时视频的音频频道是 1 和 2，如果 SEB 失去构型数据，它将使用缺省数据库，此时 PCU 的频道可从 1 调到 18，此时视频的音频频道是 17 及 18，在 1 及 2 频道是没有声音的。而在地面时，继电器能正常工作，故障不能重现，所以导致客舱耳机无声的故障会在空中出现，而地面测试正常。此故障隐藏的非常深，一般的更换 LRU 件，重装软件等方法都不能彻底解决，在排故过程中要求机务人员要熟稔原理，大胆假设，才能从根本上解决问题。

(2)故障 2。

近期，A330 飞机机组人员多次反映客舱座椅 54FG，46D，38C 小电视视频无法点播的故障，检查后发现 54FG，46D，38C 小电视均显示正常，但点播功能却无法使用，排故人员复位 54FG，46D，38C 小电视以及相应的座椅电子盒（QSEB）均无效，进入维护页面检查发现 54F 与 46D 小电视，54G 与 38C 小电视 IP 有冲突，重置构型并重新分配 IP 地址后，通电检查 54FG 46D 38C 小电视均工作正常。此故障是由于几个小电视的 IP 地址冲突而造成点播功能无法使用。另外，另一架 A330 也反映客舱多个小电视视频点播功能无法使用，经检查为 2 号 DSU－D3 所管辖的电视点播功能失效，更换 2 号 DSU－D3，并更新 DSU 软件，交输电影节目后，通常测试客舱娱乐系统工作正常。此故障为多个电视功能失效，可排除单个电视或 QSEB 故障引起，可通过进入维护页面查看所失效的电视属于那个 DSU 所管辖，如果是同一 DSU 管辖的电视功能失效就可证明为该 DSU 故障引起，同时该 DSU 也会显示红色故障。

通过上面的排故过程的分析，前架飞机出现小电视视频无法点播是由于小电视的 IP 地址冲突造成的，属于软件系统的故障范围。第二架飞机出现的小电视视频无法点播的情况是由于 2 号 DSU－D3 所辖的电视点播功能失效造成的。这个问题可以根据故障现象判断，因为发生故障的是多个小电视，说明故障原因多数是由于所属辖区内的控制硬件的故障造成，这个分析可通过 CMT 维护页面的信息进行验证。上述情况说明，小电视的正常工作不但涉及系统的软件部分还跟系统的硬件部分有关。我们在维护的过程中，要根据出现故障的现象，判断造成故障的原因，再通过一系列的手段进行验证，最终确定故障解决故障。

(3)故障 3。

一架 A330 飞机出现了一条故障关于 54DE 旅客座椅耳机没有声音，阅读灯和呼唤铃也不能操作，初步判断是 SEB 故障但也需要首先确定 PCU 是正常工作的，所以将把 54DE 旅客座椅的 PCU 与 54FG 旅客座椅的 PCU 对换，经过确认 PCU 工作正常。然后更换 54DF 旅客座椅的 SEB，更换新的 SEB 后装载软件。经过测试新 SEB 后，阅读灯和呼唤铃工作正常了，但耳机还是没有声音。虽然更换了新的 SEB，但也不排除是新的 SEB 本身存在问题，维护人员又将 54DE 的 SEB 与 54FG 的 SEB 对换，对换后发现 54FG 的耳机和阅读灯呼唤铃操作也是正常的，但 54DE 耳机还是没有声音，因此判断 SEB 工作正常。对于耳机仍然没声音的问题，通过工程人员查看线路图后，发现音频信息是由上一级旅客座椅（53DE）的 SEB 传下来的，最后维护人员将 53DE 座椅的 SEB 音频信息插头拆下清洁后装回，通电测试正常。（附图）

此故障说明，处于娱乐系统终端部分的设备在维护时要清楚数据信息的走向。例如 54DE 座椅的音频信息是通过座椅的 53DE 座椅的 SEB 传输的，在维护时需要考虑到终端设备相互之间数据的交联性。

11.6 飞机娱乐系统的发展趋势

目前机上娱乐系统正迎来令人振奋的变化，随着便携式数字设备的发展，以及无线网络的普及和应用，机上娱乐系统未来的发展具有更广阔的空间。

1. 乘客携带的消费者数字硬件设备

进行安检时，乘客会将手提电脑、平板电脑和智能手机等设备放到X光机托盘上。上述两至三件设备是几乎每个人都必须随身携带的。所有这些设备都比乘客在飞机座椅后背能找到的设备要先进得多，对于航空公司来说，这是一个巨大的机遇：机上娱乐系统通过无线网络为乘客自己携带的数字设备提供娱乐信息。乘客使用自己购买这些设备，来获得机上娱乐系统的信息。这不仅为航空公司提供了便利，还为它们节省了成本。在所有机上设备中，机上娱乐系统所耗费的成本是最高的，在一架新飞机的全部设备支出中，机上娱乐系统所耗费的成本就占10%，约为300～800万美元。

除此之外，目前飞机上使用的这些娱乐设备具有一定的重量，因此飞机在航行时需要产生额外的成本。而且，它们远落后于消费者正在使用的技术：在这些设备获得许可和被安装时，它们就已经比市场上的技术落后好几年，但事实上，这些设备才刚开始被投入使用（服务期限一般为10年）。

在2010年举行的汉堡飞机内饰展览会上，为利用乘客携带的硬件设施，很多不同的公司已经开始推销一种通过无线网络对旅客自己携带的数字设备进行传输娱乐数据的新型的机上娱乐系统，其中Tria GnoSys公司，汉莎航空以及其他公司的系统展示了非常出色的此类产品。

2. 机上互联网连接

推出机上互联网连接服务的过程进展缓慢。2004年，波音公司在汉莎航空飞机上推出第一个消费者产品ConneXion，但这一产品并没有获得成功，这是因为当时拥有无线设备的乘客数量并不多，而且这些乘客也不像现在的用户那样离不开网络。另外，这些系统不仅需要大量的资金投入，还需要技术人员进行很多复杂的设计和工程工作，这项任务就与使用不到5亿美元的资金来建造一个通信卫星并将它置于地球静止轨道一样困难。但现在，机上互联网连接功能将得以实现。

目前，领先的供应商Gogo为1 500架民用飞机提供服务，另外，该公司也正将其网络更新至LTE速度。ViaSat和其他公司也即将推出新一代卫星，它们承诺将通过分销商来提供真正的全球宽带服务，这些分销商包括Row44、OnAir（从空客分拆出来的公司）和捷蓝航空的合作伙伴LiveTV，它在2012年底为该航空公司全面提供无线网络。

机上娱乐系统的彻底变革将在什么时候实现？答案是：在不远的将来。简而言之，机上体验是个性化的，尽管乘客从一个地方移动到另一个地方，但他们在几个小时的航程中都是坐着的，他们只能通过携带的物品来消磨时间。

展望未来，以下3个要素将存在于未来的IFE系统中。

(1)地理定位服务。

相信很多人都曾经看过 Rockwell Collins Airshow。那张显示飞机位置动态的基本地图为你提供关于你的所在位置和你将在何时到达目的地等信息。仅凭这一功能,这一动态地图就能成为机上娱乐系统中吸引最多浏览量的频道(见图 11-16)。

Hamburg
Stavanger
Frankfurt
Amsterdam
Karlsruhe
Ghent
Brussels
Norwich
Lille
Paris

图 11-16　地理定位服务

这是因为该地图是唯一与机上所有人都相关的内容。而且地图的信息在持续地变化,使乘客重复访问。无论机上娱乐系统或乘客体验将发生什么样的变化,旅行都是有关从一个地方移动到另一个地方,因此地图将一直保持其相关性。

(2)机上购物。

SkyMall 和 Duty Free 提供的购物体验吸引消费者的原因是什么?当你还可以选择在 Amazon 网站购物时,你会因为什么因素而选择上述两个品牌?关键并不在于价格或产品选择,而是所处的环境:只有当你在飞行过程时,才能看到上述两个公司的产品。

除此之外,消费者进行购买后,Duty Free 会即时递送产品,而 SkyMall 则会在短时间内递送某些产品。将上述行为与互联网以及 Groupon 开创的团购模式相结合,机上娱乐系统将具备更加丰富的内容,而有一些公司已经开始实施这种做法:从 2011 年底开始,美国西南航空公司在前往一些目的地(芝加哥和丹佛)的航班上提供旅游指南,其中包括仅在机上销售的这些城市的产品。

(3)机上的社交网络。

机上的每个乘客都有一个共同点:他们在同一时间从同一个地方飞往另一个地方。由于人们越来越习惯于根据共享的情况和目的来与陌生人沟通,就像我们现在经常使用微博所做的那样,因此将社交元素应用到机上服务将成为一个与乘客进行互动的好方法。有些公司已经在使用这种方法。丹麦的公司 Planely 设计了一个机上的社交网络平台。而荷兰皇家航空公司和其他公司也实验性地推出了"Social Seating"功能,允许乘客根据社会媒体资料来选择(或避开)某位邻座乘客。

总而言之,在长程的大众交通工具上,提供娱乐系统已经从提供完整的全套设备朝向提供电源与网络服务的方向发展,让使用者自己选择内容,不仅可以大幅降低航空公司的运营成本,还能满足长程旅行的娱乐需求,一举两得。

习　题

1. 飞机客舱娱乐系统由什么部件组成?
2. 娱乐系统工作原理是什么?
3. 娱乐系统控制部分由哪些控制组件组成?
4. ASEB 的拆卸步骤是什么?
5. 对南方航空公司 A330 选装的 I5000 娱乐系统软件维护步骤是什么?
6. 飞机娱乐系统的常见故障有哪些?

第12章　客舱管理与通信系统

12.1　概　述

航空运输的特殊性决定了飞机比其他交通运输方式更加注重安全，如果没有安全，就没有航空业的生存，更加无法谈及航空业的发展。而一个航空公司需要发展，在安全的基础上，效率是关键。所以安全与效率是航空界关注的两个目标。

随着中国民航业的迅猛发展，国外优秀航空公司的不断涌入和航权的进一步开放，各航空公司间的竞争日益激烈。如何为旅客提供更优质的空中和地面服务，创造更完美的飞行体验，已经成为各航空公司之间的一种竞争手段。在不断发展旅客服务项目，完善服务程序的同时，进一步提升飞机的硬件水平尤其是客舱设备的硬件水平是提高航空公司竞争力的重要手段。

随着旅客需求的增加以及各个航空公司的个性化选择，旅客的信息服务与娱乐系统也变得越来越多样化。同时，服务信息量的剧增使得客舱内的简单的电子服务设备发展为具有庞大数据量处理能力的复杂的信息服务系统。过去飞机上的信息传输通常以驾驶舱为主，即全部信息为了便于操纵飞机，实现飞机管理，保证空中交通安全所需的空地通信联系。目前，新式的飞机基本上都配备了机上内联网络（机上局域网），这使得旅客娱乐系统服务更为流畅与多样化。未来飞机将不再是一个封闭的空间，机上的宽带可以将旅客与外界联系在一起。

12.2　客舱管理与通信系统原理

12.2.1　空客与波音设计思想异同点

客舱管理系统（见图12－1）控制、监控和测试旅客与机组使用的各个系统。它还与飞机的其他某些系统相连。它不仅减轻了驾驶员的工作量，还为地面维护人员排故与维护提供极大的方便。

对于航空公司，不同的市场需要有不同的客舱布局，而更换飞机布局需要有昂贵的费用和大量的时间。通过客舱维护系统，可以方便地实现飞机客舱构型的管理与变更，最大可能地提高航空公司的效率与资源的利用率。

从目前的较先进的主流客机空客与波音的设计思想上看（见图12－2和图12－3），客舱管理系统的设计主要围绕旅客服务与娱乐、系统的管理与维护两个方面。系统的所有功能进行划分，通过一个或者多个核心部件对客舱管理系统进行管理与控制，这些部件也是机组与维护人员对系统进行控制与维护的一个接口。

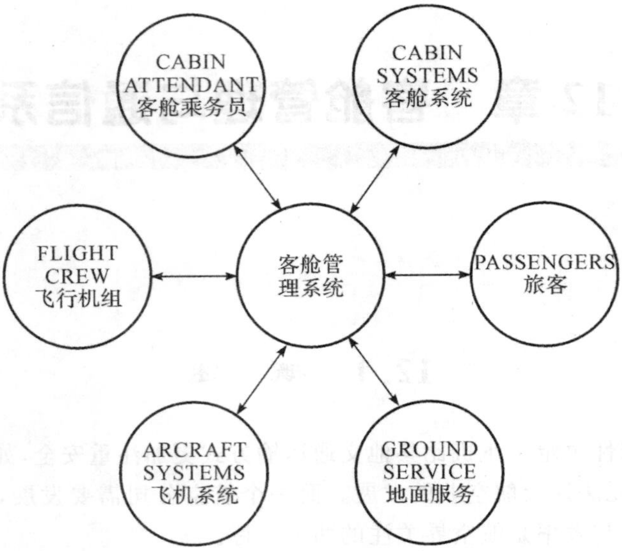
CABIN
ATTENDANT
客舱乘务员
CABIN
SYSTEMS
客舱系统
FLIGHT
CREW
飞行机组
客舱管
理系统
PASSENGERS
旅客
ARCRAFT
SYSTEMS
飞机系统
GROUND
SERVICE
地面服务

图 12-1　客舱管理系统功能

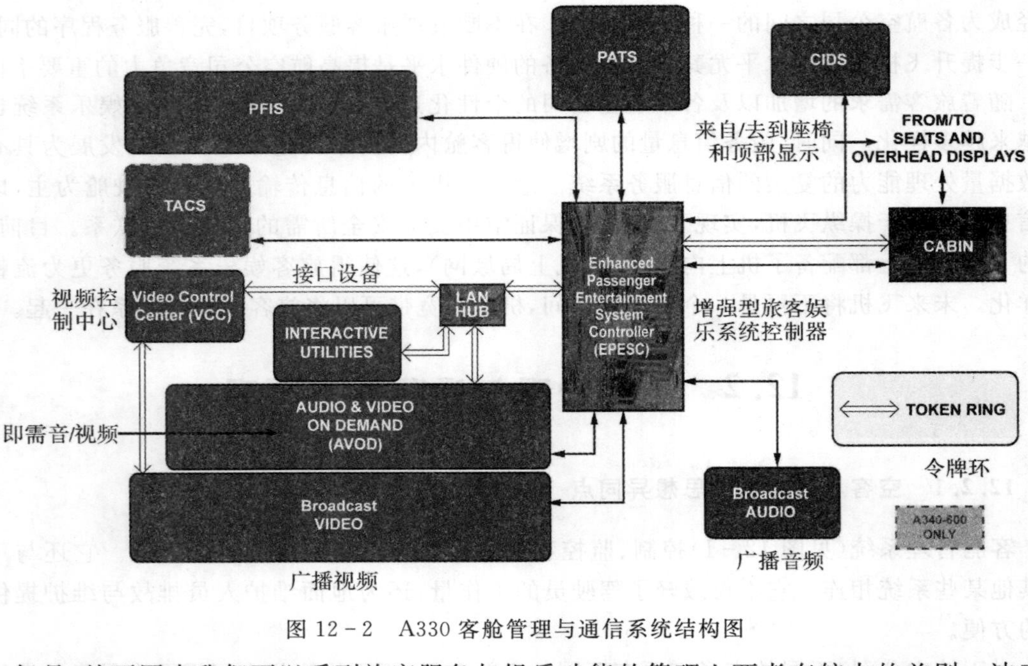
PATS
CIDS
PFIS
来自/去到座椅
和顶部显示
FROM/TO
SEATS AND
OVERHEAD DISPLAYS
TACS
CABIN
Enhanced
Passenger
Entertainment
System
Controller
(EPESC)
接口设备
视频控
制中心
Video Control
Center (VCC)
LAN
HUB
增强型旅客娱
乐系统控制器
INTERACTIVE
UTILITIES
TOKEN RING
AUDIO & VIDEO
ON DEMAND
(AVOD)
即需音/视频
令牌环
Broadcast
VIDEO
Broadcast
AUDIO
A340-600
ONLY
广播音频
广播视频

图 12-2　A330 客舱管理与通信系统结构图

但是,从下图中我们可以看到旅客服务与娱乐功能的管理上两者有较大的差别。波音客舱管理系统的管理与控制都由客舱系统管理组件(CSMU)来完成,它是整个客舱系统的中枢神经和枢纽。它就好比电脑的 CPU,不仅高效地完成了所有客舱系统的管理和控制,还将客舱系统与飞机其他相关系统逻辑上联系了起来。同时,它还实时监控系统状态,并将检测到的故障记录下来,以便维护人员进行有效的排故。在地面,维护人员还可以对系统进行测试,以便检查系统状态。而空客则将客舱管理系统分为旅客服务与通信、旅客娱乐系统。它们的两个核心部件分别为 CIDS 计算机(DIRECTOR)和旅客娱乐控制器(EPESC)。其中 CIDS 计算机完成系统的内话、广播旅客服务等功能,旅客娱乐控制器实现旅客娱乐、卫星电话、交互应用和广播等功能。

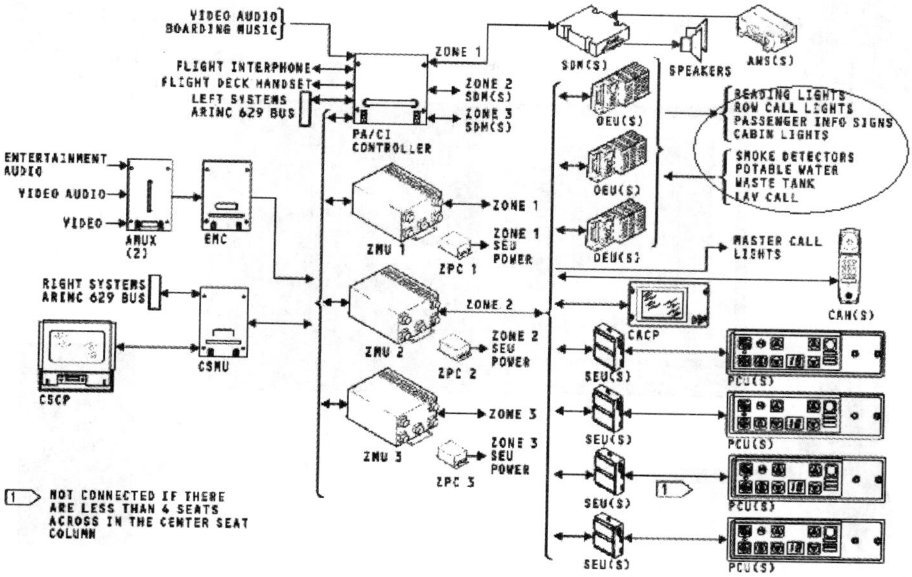
VIDEO AUDIO
BOARDING MUSIC
FLIGHT INTERPHONE
FLIGHT DECK HANDSET
LEFT SYSTEMS
ARINC 629 BUS
ZONE 1
ZONE 2
SDM(S)
ZONE 3
SDM(S)
PA/CI
CONTROLLER
SDM(S)
SPEAKERS
AMS(S)
OEU(S)
READING LIGHTS
ROW CALL LIGHTS
PASSENGER INFO SIGNS
CABIN LIGHTS
SMOKE DETECTORS
POTABLE WATER
WASTE TANK
LAV CALL
ENTERTAINMENT
AUDIO
VIDEO AUDIO
VIDEO
AMUX
(2)
EMC
ZMU 1
ZPC 1
ZONE 1
SEU
POWER
MASTER CALL
LIGHTS
RIGHT SYSTEMS
ARINC 629 BUS
CSMU
CSCP
ZMU 2
ZPC 2
ZONE 2
SEU
POWER
CACP
CAH(S)
SEU(S)
PCU(S)
ZMU 3
ZPC 3
ZONE 3
SEU
POWER
NOT CONNECTED IF THERE
ARE LESS THAN 4 SEATS
ACROSS IN THE CENTER SEAT
COLUMN

图 12-3　B777 客舱管理系统结构图

12.3　客舱管理与通信系统的组成和功能

12.3.1　客舱管理与通信(CMS & co mmunication)系统的组成

客舱管理与通信(CMS & co mmunication)系统的主要功能是客舱及相关系统的管理,实现客舱的通信与管理。虽然空客与波音在设计理念上有很大的区别,但是他们设计这些系统最终实现的功能却十分类似。客舱管理与通信系统通过人机交互的理念将旅客、乘务员和机组有效地联系起来,建立了高效的数据、信息与话音的通信系统。通过服务系统,乘务员可以有效地为旅客提供服务,旅客可以获得安全信息;旅客娱乐系统可以让旅客享受一段美好的旅程;通信系统可以实现乘务员之间、乘务员与机组之间的通信,很大的提高了工作效率,同时在遇到危险情况能够有效地保障飞机的安全;旅客空地电话系统使得飞机不再是一个独立封闭的空间,可以有效地满足商务人士的需求。整个客舱管理与通信系统使得旅客的空中之旅有家一般的感觉,使得飞机集交通、娱乐和办公于一体。客舱管理与通信系统不仅减轻了乘务员与机组的工作负荷,提高了工作效率,同时还很大程度上提高了飞机客舱服务质量,为旅客创造了一个安全、舒适高效的娱乐、工作场所,提高了航空公司的竞争力。

根据可以实现的功能,系统大体上可以分为以下三个功能:客舱服务、客舱通信与旅客娱乐(注:客舱与外部的通讯即旅客空地电话系统通过娱乐系统实现通话功能)。其中,旅客服务系统包旅客广播(PA)、旅客服务(Passenger service)客舱灯光(Cabin lighting)、监视和控制系统(Monitor and control);客舱通讯主要包括客舱内话(Cabin interphone)与旅客空地电话系统(PATS);旅客娱乐主要指旅客娱乐系统(PES)(空客为IFES)。其中空客中的CIDS系统主要实现内话、广播和旅客服务功能,如图12-4所示为空客CIDS系统的组成。

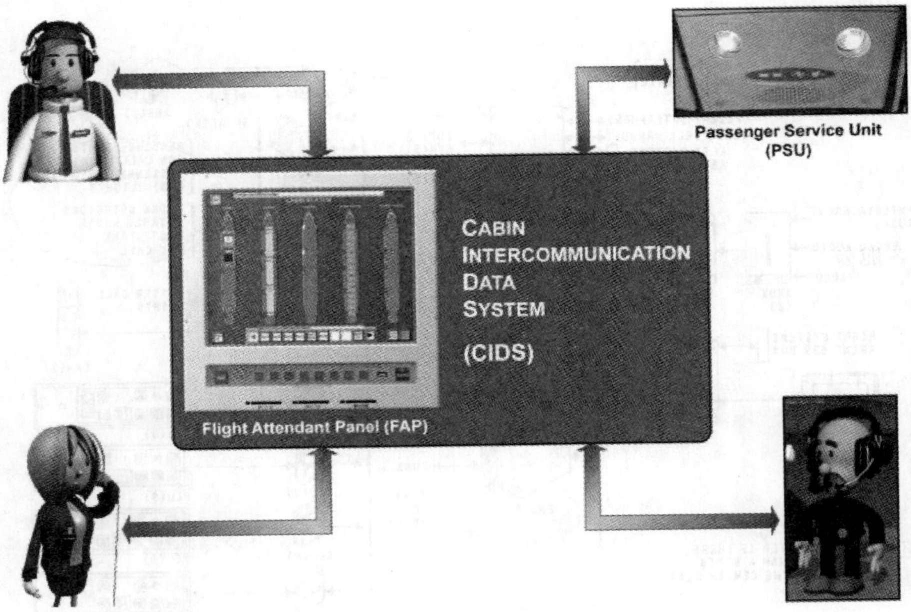
Passenger Service Unit
(PSU)
CABIN
INTERCOMMUNICATION
DATA
SYSTEM
(CIDS)
Flight Attendant Panel (FAP)

图12-4 A330客舱交互通讯数据系统(CIDS)

12.3.2 客舱管理与通信系统的功能

1.旅客广播(PA)

旅客广播系统的作用是提供来自驾驶舱、乘务员位置、PRAM和旅客娱乐(PES或IFE)系统的相关通知的广播。旅客广播的信号来源有:播放器视频音频信号、飞行内话系统信号、驾驶舱手提话筒、乘务员手提话筒、飞机其他系统通过ARINC数据总线等输入信号等。如果之前旅客正在使用相关的娱乐功能,进行广播时,娱乐系统的功能将被抑制,旅客耳机和客舱喇叭上只能听到旅客广播的声音信号。驾驶员和乘务员可以使用手提电话进行旅客广播。一般情况下,驾驶员手提电话只有PTT按钮,但是有些也带有键盘(见图12-5)。

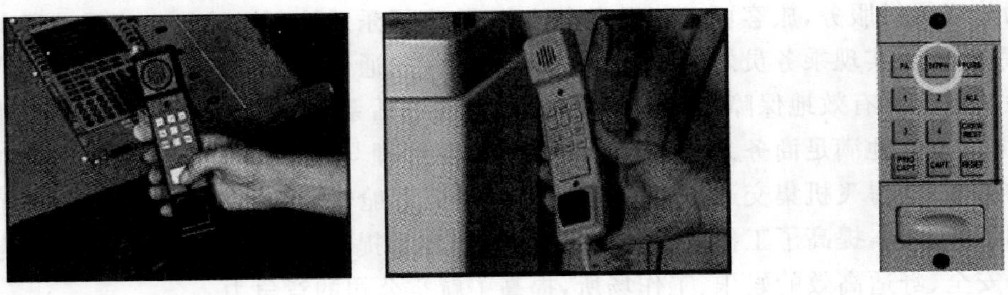

图12-5 驾驶员和乘务员手提电话

乘务员手提话筒有如下功能。

1)直接广播:按住PTT按钮,手提电话与客舱所有喇叭以及休息室喇叭相连以便进行直接广播。

2)所有广播:在乘务员电话上先按 PA 键,然后按压 ALL 键,最后按住 PTT 按钮,乘务员电话与客舱内的所有喇叭建立连接,乘务员可以通过电话对客舱进行广播。

3)区域广播:在乘务员电话上按压 PA 键,然后按压 1,2 或 3 键,最后按住 PTT 按钮,乘务员电话与客舱内的相应区域的喇叭建立连接,乘务员可以通过电话对相应客舱区域进行广播。

PA 系统除了旅客广播功能外,它的另外一个重要的功能是播放登机音乐。音乐的存储媒质可以是闪卡、磁带或者 CD。在发动机工作或者客舱释压时,PA 音量自动增加(见图 12-6)。正常情况下,旅客广播的音量是固定不变的,即使在客舱内也不能调节。但是,当发动机工作或者客舱发生快速释压时,音量会发生改变,具体情况如下。

1)当一个发动机开始工作时,音量自动增加 6 dB。

2)客舱发生快速释压时,音量自动增加 4 dB。

注意:如果 FAP 上选装了 PA 音量键,在飞机在地面且飞机不工作时,按压该键可以改变客舱旅客广播的音量。

PA 系统的声音输入来源有很多,当多个音源同时输入 PA 系统时,PA 系统根据预定义好的音源优先权输出优先权等级最高的声音。但是也有特例,当较低优先权音源进行较高功能的优先权的广播通知时,较高优先权音源的声音则不能输出。

PA 优先权:1— 直接 PA,2— 其他 PA 功能

PA 音源优先权:1— AMU(音频管理组件),2— cockpit handset(驾驶舱手提电话),3— purser station(乘务长位置音源),4— cabin crew handsets(客舱乘务员手提电话),5— PRAM(预录音通 知),6— IFE system (机上娱乐系统的音频),7— 登机音乐

旅客广播时,PA 控制器除了将声音信号发送到客舱喇叭外,同时还将声音信号发送到旅客娱乐系统,由于旅客广播的优先权高于娱乐系统,因此娱乐系统信号被娱乐系统控制器抑制,旅客通过耳机只能听到旅客广播声音(见图 12-6)。

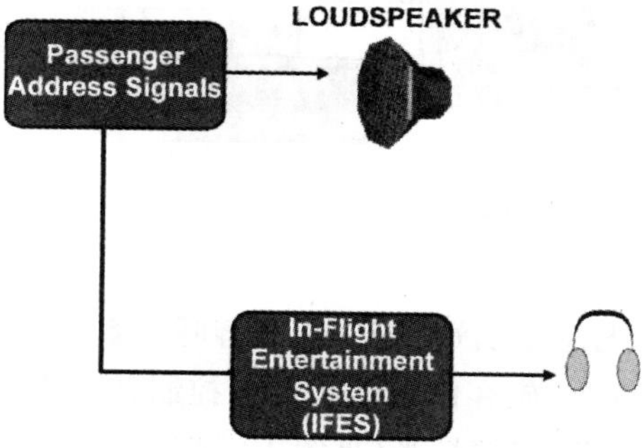
LOUDSPEAKER
Passenger Address Signals
In-Flight Entertainment System (IFES)

图 12-6　PA 系统声音信号示意图

B777 上,除了客舱旅客座椅区域的其他区域,声音通过 AMU 直接发送到 PA/CI 控制器旅客广播放大器,放大器控制模拟声音通过客舱喇叭播放(见图 13-7)。当旅客服务功能激活时,除了灯光信号外,PA 放大器会同时产生谐音提醒信号。

对于空客,旅客广播系统的核心部件是 CIDS 计算机 DIRECTOR,旅客音频信号由 DEU A(解码编码组件 A)处理后在喇叭输出,而乘务员相关的音频与信息信号通过 DEU B 处理后通过喇叭和显示器输出(见图 12-8)。

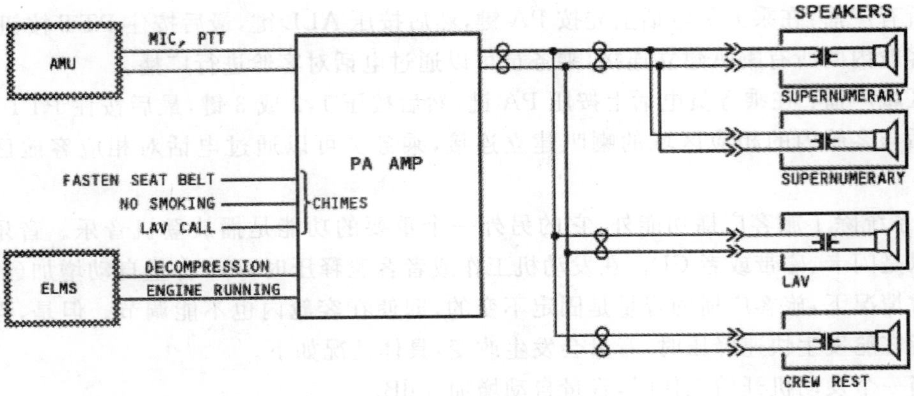
SPEAKERS
AMU
MIC, PTT
PA AMP
SUPERNUMERARY
SUPERNUMERARY
FASTEN SEAT BELT
NO SMOKING
LAV CALL
CHIMES
ELMS
DECOMPRESSION
ENGINE RUNNING
LAV
CREW REST

图 12-7　B777 PA 系统示意图

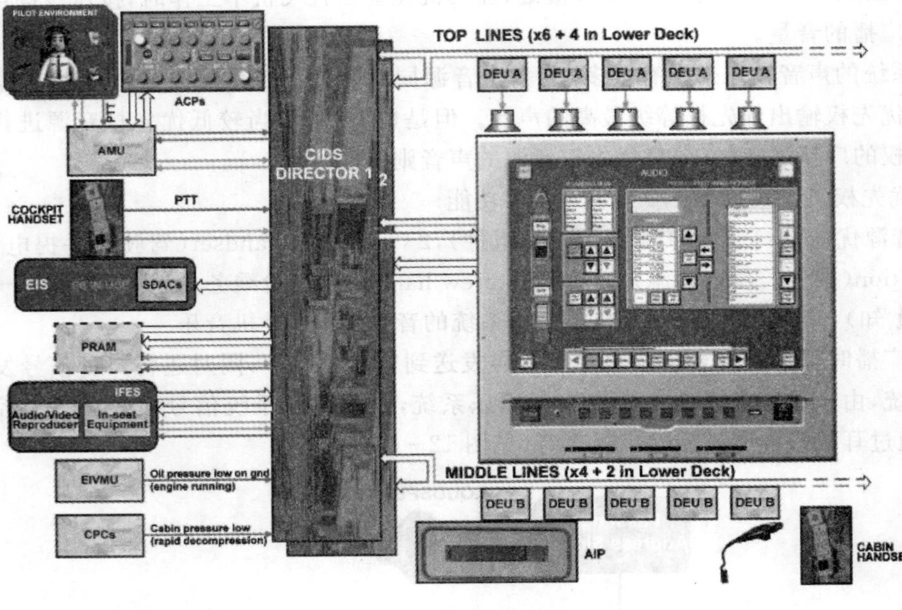
PILOT ENVIRONMENT
ACPs
AMU
COCKPIT HANDSET
PTT
EIS
SDACs
PRAM
IFES
Audio/Video Reproducer
In-seat Equipment
EIVMU
Oil pressure low on gnd (engine running)
CPCs
Cabin pressure low (rapid decompression)
CIDS DIRECTOR 1 2
TOP LINES (x6 + 4 in Lower Deck)
DEU A
DEU A
DEU A
DEU A
DEU A
MIDDLE LINES (x4 + 2 in Lower Deck)
DEU B
DEU B
DEU B
DEU B
DEU B
AIP
CABIN HANDSET

图 12-8　A330PA 系统示意图

2. *旅客服务*(Passenger service)

旅客服务包括:旅客信息标志、阅读灯控制和旅客呼叫系统。由于呼叫系统在后面有详细的介绍,因此在此节中不做介绍。旅客信息标志系统控制禁止吸烟(NS)、系好安全带(FSB)、返回座椅(RTS)和出口标志(EXIT)的灯光(见图 12-9)。

图 12-9 中,我们可以看出,旅客标志控制面板位于驾驶舱的头顶面板。除了 EXIT 标志外,几乎所有的标志灯位于旅客信息服务组件上,并且由控制器(DIRECTOR)通过 DEU A 控制。而 EXIT 标志由控制器(DIRECTOR)通过 EPSU(外电源控制组件)控制。除此之外,有些旅客标志还位于厨房/入口区域或者厕所上(如:RTS 标志)。

当驾驶舱标志面板上 FSB 开关置于 OFF 位,所有的 FSB 和 RTS 标志灯都熄灭。当 FSB 开关置于 ON 位时,控制器(DIRECTOR)发送一个控制信号到 DEU A 控制所有的 FSB 和 RTS 灯点亮。同时,FSB 灯点亮信号发送到系统数据获得计算机(SDAC),最后在驾驶舱中间显示器上显示 FASTEN SEAT BELT 信息。当 FSB 开关放到 AUTO 位，起落架放下锁定或者襟缝翼伸出并且发送机运转时，FSB 和 RTS 灯自动点亮。NS 灯的控制与 FSB 灯的控制一样。

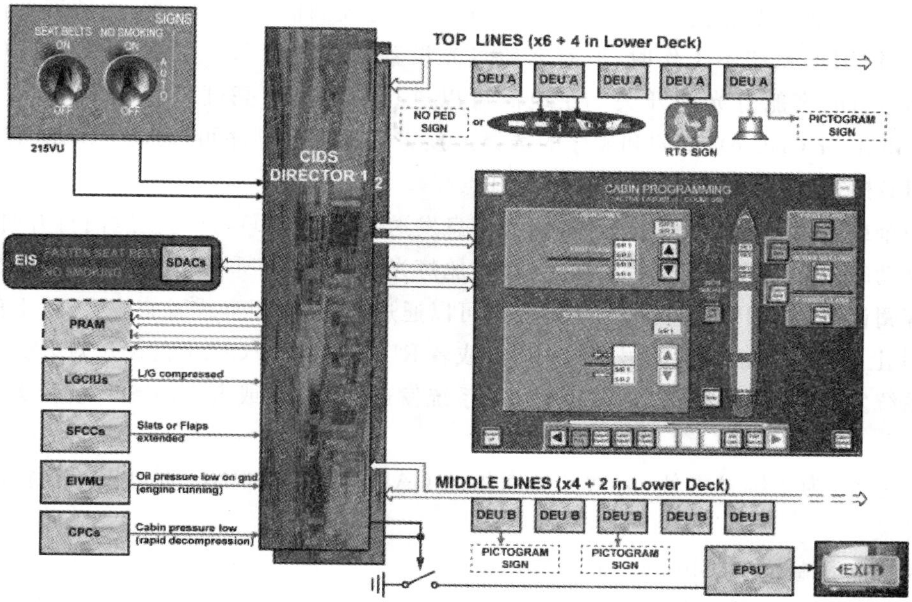
SIGNS
SEAT BELTS
NO SMOKING
ON
OFF
AUTO
215VU
TOP LINES (x6 + 4 in Lower Deck)
DEU A
NO PED SIGN
or
RTS SIGN
PICTOGRAM SIGN
CIDS DIRECTOR 1 2
CABIN PROGRAMMING
EIS
FASTEN SEAT BELT
NO SMOKING
SDACs
PRAM
LGCIUs
L/G compressed
SFCCs
Slats or Flaps extended
EIVMU
Oil pressure low on gnd (engine running)
CPCs
Cabin pressure low (rapid decompression)
MIDDLE LINES (x4 + 2 in Lower Deck)
DEU B
PICTOGRAM SIGN
EPSU
EXIT

图 12－9　A330 旅客信息标志系统示意图

当客舱发生释压时，无论驾驶舱内的开关置于什么位置，所有的 NS 和 FSB 灯都将自动点亮。而厕所内的 RTS 灯熄灭。在标志灯点亮与关闭时，客舱与驾驶舱内都将听到提示谐音。另外，在进行特别的广播或者播放登机音乐时，控制器(DIETOR)会将 FSB 和 NS 标志的状态发送到 PRAM 中。结合航空公司的选择，有些飞机上还可以根据客舱灯光的亮度自动同步调节标志灯的亮度。阅读灯的通过旅客的 PCU 或者 PSU 面板上进行控制(见图 12－10)。

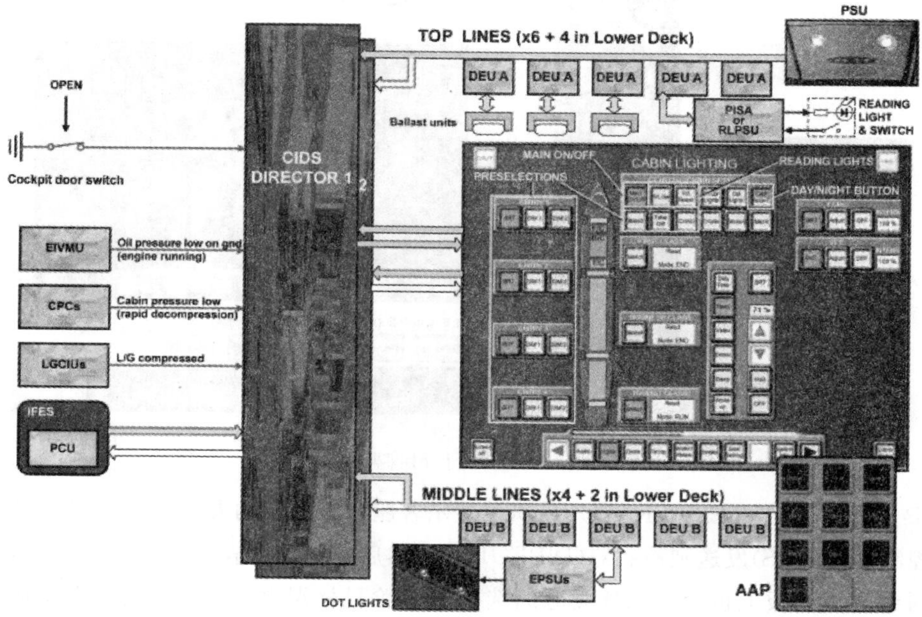
PSU
TOP LINES (x6 + 4 in Lower Deck)
DEU A
OPEN
Ballast units
PISA or RLPSU
READING LIGHT & SWITCH
Cockpit door switch
CIDS DIRECTOR 1 2
MAIN ON/OFF
CABIN LIGHTING
READING LIGHTS
PRESELECTIONS
DAY/NIGHT BUTTON
EIVMU
Oil pressure low on gnd (engine running)
CPCs
Cabin pressure low (rapid decompression)
LGCIUs
L/G compressed
IFES
PCU
MIDDLE LINES (x4 + 2 in Lower Deck)
DEU B
EPSUs
DOT LIGHTS
AAP

图 12－10　A330 客舱灯光系统示意图

3. 客舱照明(Cabin lighting)系统

客舱照明系统控制客舱不同区域的照明。客舱照明的控制通过 FAP 或者 AAP 控制。FAP 或者 AAP 的设置信息由 CIDS 通过 DEU A 发送控制信号到镇流器,由镇流器控制灯管的亮度。当 CIDS 系统不工作时,所有客舱灯光设置到全亮状态。在地面,MAIN ON/OFF 按钮控制所有的客舱灯光的开关。在地面可以进行预定义的亮度(BRT, DIM 1, DIM 2, Board, Climb or Cruise)、微调和顺序的选择。预定义亮度和顺序可以通过 CAM 进行调节。在 NIGHT 模式,所有的客舱灯光关闭,夜灯点亮。

当一个或者两个发动机工作(滑油压力信息发送到 EIVMU),且驾驶舱门打开时,前进口区域灯自动暗量。当客舱发生释压时,无论客舱灯光怎么设置,所有的灯光都自动明亮。

旅客阅读灯位于 PSU 面板上,它的控制可以通过 PSU 面板上或者旅客 PCU 上的按钮控制。PSU 上的开关阅读灯的信号通过 PISA 或者 RLPSU。而 PCU 上的阅读灯开关信号则通过娱乐系统发送到 CIDS 系统,然后由 CIDS 系统发送到 PISA 或者 RLPSU,最后实现阅读灯的控制。

除此之外,为了维护方便,前乘务员面板的 CABIN LIGHTING 页可以远程控制客舱阅读灯的开关。

4. 监视和控制系统(Monitor and control)

客舱管理与通信系统除了完成上述功能外,还与客舱门、滑梯、空调、饮用水与废水、烟雾探测和紧急撤离等飞机系统相连,以实现对这些系统的监视与控制。

FAP 上 DOORS/SLIDES 页显示了每个客舱门和滑梯的状态,当门助推气瓶或者滑梯气瓶压力低时,会出现低压指示。这些信号都被发送到控制器,最后在驾驶舱内显示(见图 12-11)。

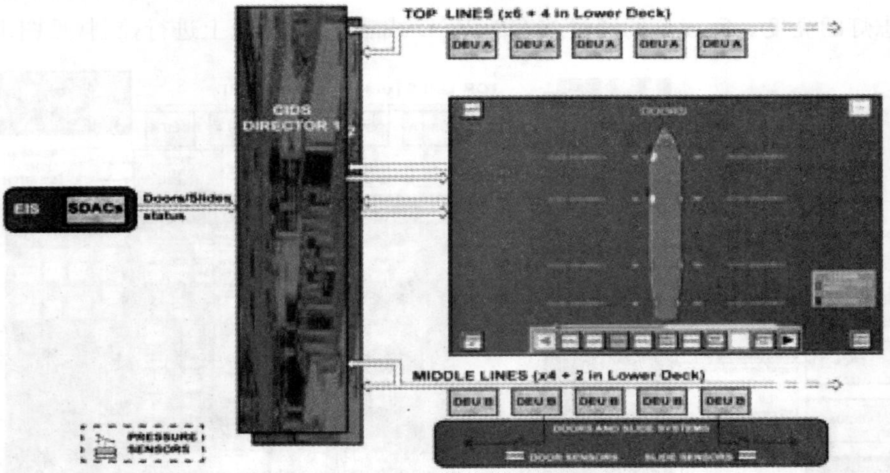
TOP LINES (x6 + 4 in Lower Deck)
DEU A
CIDS
DIRECTOR 1
EIS
SDACs
Doors/Slides status
DOORS
MIDDLE LINES (x4 + 2 in Lower Deck)
DEU B
PRESSURE SENSORS
DOORS AND SLIDE SYSTEMS
DOOR SENSORS
SLIDE SENSORS

图 12-11　A330 门/滑梯监控示意图

FAP 上的 CABIN TEMPERATURE 页上显示客舱所有区域的温度。传感器的温度信息通过环境控制系统(ECS)发送到控制器(DIRECTOR),然后控制器将信号发送到 FAP 显示。

同时乘务员面板上也会显示驾驶舱的选择的客舱目标温度。CIDS 系统可以根据驾驶舱选择的温度进行微调，温度误差为±3℃。客舱乘务员通过 FAP 可以调节客舱温度，调节信号通过 CIDS 的控制器发送到环境控系统(ECS)实现温度的控制。按压 FAP 上 RESET 按钮，客舱所有区域的温度重置为驾驶舱选的目标温度(见图 12－12)。

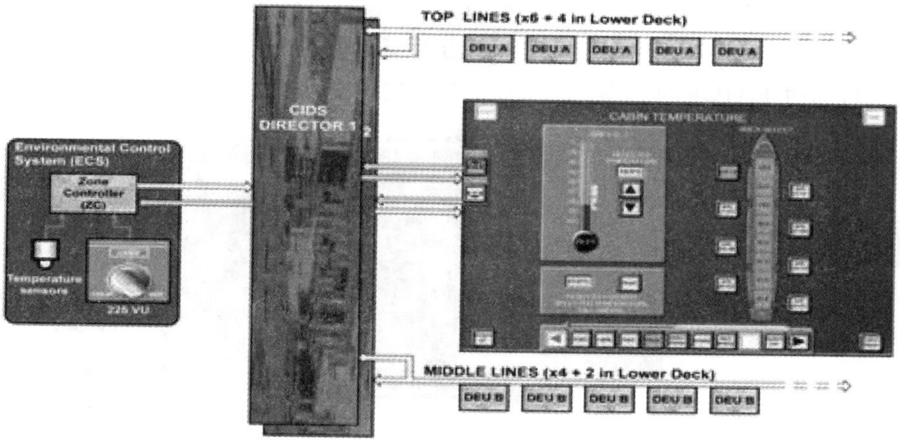
TOP LINES (x6 + 4 in Lower Deck)
DEU A
CIDS DIRECTOR 1 2
CABIN TEMPERATURE
Environmental Control System (ECS)
Zone Controller (ZC)
Temperature sensors
225 VU
MIDDLE LINES (x4 + 2 in Lower Deck)
DEU B

图 12－12　A330 空调监控示意图

FAP 上的 WATER / WASTE 页显示饮用水箱的实际水量以及选定的水量。水箱水量传感器的信号通过真空系统控制器(VSC)到 CIDS 控制器。控制器将水量信号发送到 FAP 上显示。FAP 上选定好目标水量后，这个信号发送到真空系统控制器以便提供警告。

除了水箱水量外，FAP 的 WATER / WASTE 页上也会显示废水箱的水量。另外，厕所的不工作状态也会在 FAP 上显示。当厕所故障时，相应区域的区域呼叫面板上的灯光将会点亮，并且 AIP 上也会显示故障信息。同时，客舱内会产生谐音，并且相应的厕所呼叫灯点亮(见图 12－13)。

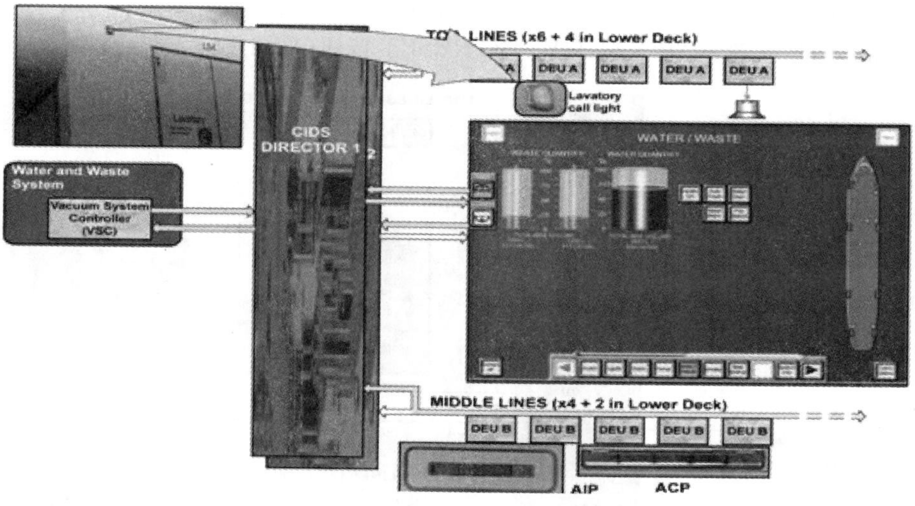
LINES (x6 + 4 in Lower Deck)
DEU A
Lavatory call light
CIDS DIRECTOR 1 2
WATER / WASTE
Water and Waste System
Vacuum System Controller (VSC)
MIDDLE LINES (x4 + 2 in Lower Deck)
DEU B
AIP
ACP

图 12－13　A330 水与废水监控示意图

当 CIDS 接收到烟雾探测系统的信号时，会在客舱内产生音频和视频指示。烟雾探测控制组件(SDCU)将探测器探测到的信号发送到 CIDS 控制器,FAP 上自动弹出 SMOK 页,如下图。CIDS 可以指示下列区域的烟雾警告:厕所、FCRC、LD - MCR 和视频控制中心(VCC)。FAP 的 SMOKE 页上会指示出烟雾警告区域。同时,信号通过 DEU A 在喇叭产生警告声音。厕所内的烟雾警告还会使相应厕所上的呼叫灯点亮、相应的区域呼叫面板(ACP)相应的指示灯亮以及在相应区域的 AIP 上有信息指示。当烟雾警告消失后,SDCU 自动的重置这些指示。此外,可以通过 FAP 上的 SMOKE RESET 键进行指示的重置(见图 12 - 14)。

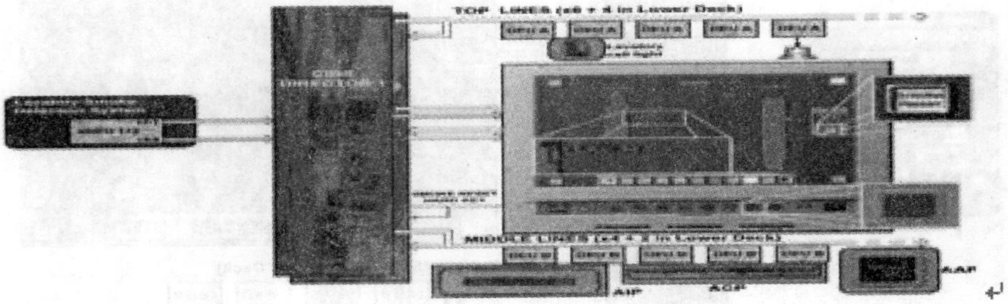
TOP LINES (x6 + 4 in Lower Deck)
MIDDLE LINES (x4 + 2 in Lower Deck)
AIP
ACP
AAP

图 12 - 14　A330 烟雾探测监控示意图

在启动紧急撤离程序后,紧急撤离系统将会产生撤离指示。紧急撤离指令可以通过 FAP 上红色保护盖下的 EVAC CMD 按钮或者驾驶舱内的 EVAC 面板的紧急撤离电门触发。其中只有驾驶舱内的 EVAC 电门才可以启动撤离程序。在 FAP 上按压 EVAC CMD 按钮只能点亮驾驶舱内的紧急撤离指示。驾驶舱内的喇叭会响。在驾驶舱内的 HORN OFF 按钮可以切断驾驶舱的喇叭警告。驾驶舱内触发紧急撤离程序后,驾驶舱内的 ON 指示灯点亮。客舱内会播放紧急撤离广播。同时,AIP 上会显示 EVACUATION ALERT 信息并且红色指示灯闪亮。

紧急撤离程序的重置可以通过以下两种方法实现:

1)在驾驶舱内再次按压 EVAC CMD 按钮电门;

2)在客舱 FAP 或者 AAP 上按压 EVAC RESET 按钮(见图 12 - 15)。

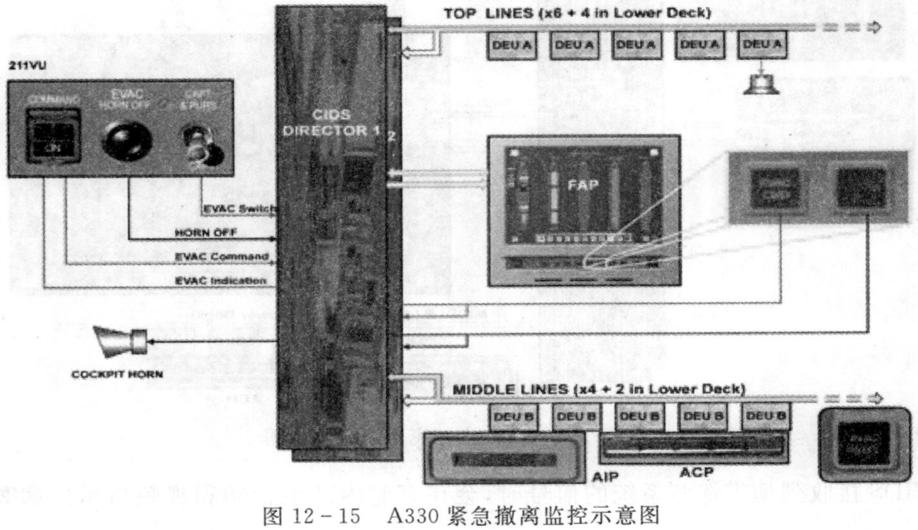
TOP LINES (x6 + 4 in Lower Deck)
DEU A
DEU A
DEU A
DEU A
DEU A
211VU
CIDS
DIRECTOR 1
FAP
EVAC Switch
HORN OFF
EVAC Command
EVAC Indication
COCKPIT HORN
MIDDLE LINES (x4 + 2 in Lower Deck)
DEU B
DEU B
DEU B
DEU B
DEU B
AIP
ACP

图 12 - 15　A330 紧急撤离监控示意图

客舱就绪信号用于通知驾驶员客舱的状态。CABIN READY 按钮在 FAP 的 CABIN STATUS 页的右下角(如下图)。按压该按钮,客舱就绪信息将会在发动机警告显示器的 MEMO 部分显示。它是驾驶员起飞和着陆检查单的一部分内容。按钮的触发和重置逻辑被程序化与 CAM 中,这些逻辑取决于飞机的航段与各种不同的条件(见图 12-16)。

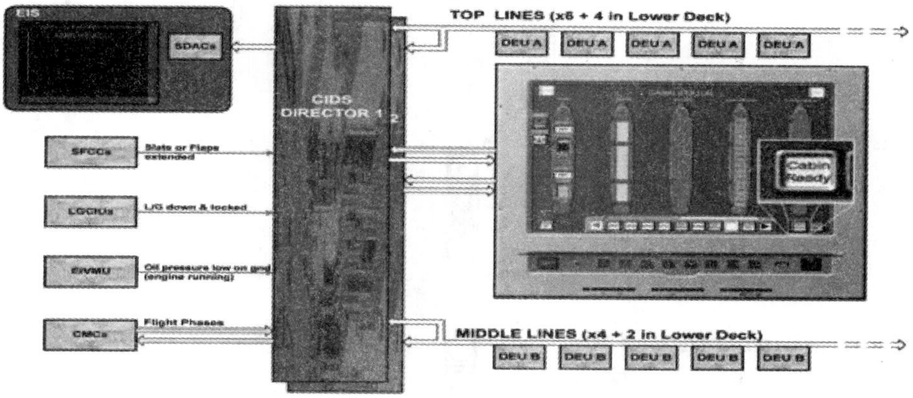
EIS
SDACs
CIDS DIRECTOR 1
TOP LINES (x6 + 4 in Lower Deck)
DEU A
SFCCs
Slats or Flaps extended
LGCIUs
L/G down & locked
EIVMU
Oil pressure low on gnd (engine running)
CMCs
Flight Phases
Cabin Ready
MIDDLE LINES (x4 + 2 in Lower Deck)
DEU B

图 12-16 A330 客舱就绪监控示意图

12.4 客舱内部通信

12.4.1 客舱内话(Cabin interphone)

客舱与飞行机组人员内话系统实现了飞行机组和乘务员之间的通信。驾驶员使用手提电话或任何声音输入输出设备进行飞行内话。客舱乘务员使用带键盘的手提电话呼叫客舱其他位置的乘务员或者驾驶舱。驾驶员呼叫客舱乘务员,需要使用驾驶舱头顶板的呼叫面板。进行内话时,根据需要在音频控制面板(ACP)上选择 CAB 发送或者接收键。在客舱,收到驾驶舱呼叫时,在相应乘务员位置的 ACP 和 AIP 上有视频信号。同时在该区域产生高-低谐音。

客舱内话形式分为:紧急呼叫驾驶员(Pilot alert call)、会议呼叫(Conference call)和乘务员内话(Station - to - station call)。

其中紧急呼叫的优先权最高,在出现紧急情况时,任一乘务员可以使用乘务员电话进行紧急呼叫;会议呼叫通常在机组需要开会时使用,每个乘务员位置都有一个拨号代码;乘务员之间的呼叫可以实现两个乘务员之间的通话,在建立通话后,也可以使一个或者多个乘务员位置连接到通话内(注:位置指的是指客舱内有电话的任一位置,如图 12-17 所示)。

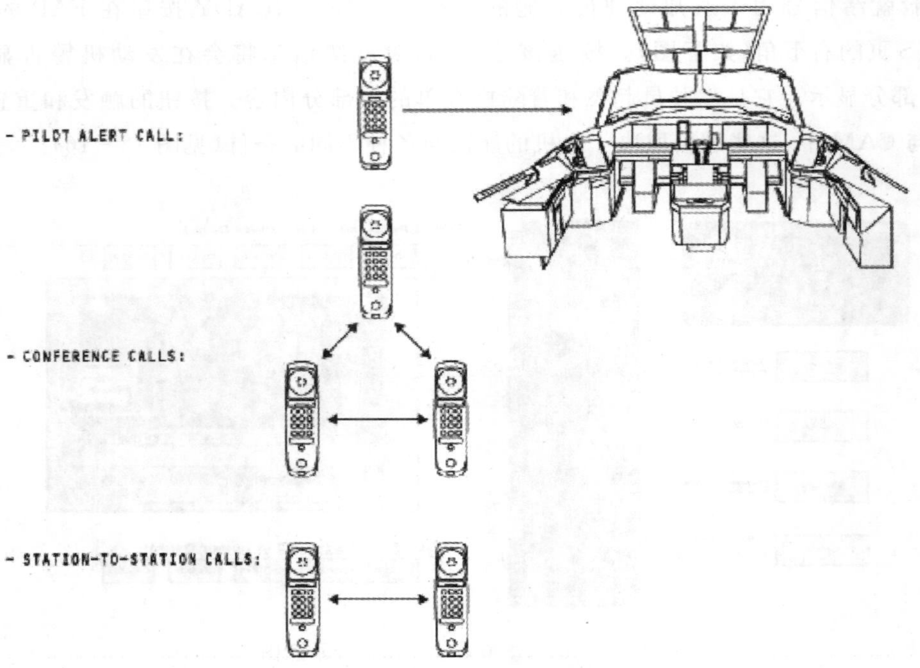
- PILOT ALERT CALL:
- CONFERENCE CALLS:
- STATION-TO-STATION CALLS:

图 12－17　客舱内话形式示意图

12.4.2　客舱呼叫系统(PAX CALL)

旅客呼叫系统用于控制旅客呼叫功能，显示呼叫指示信息。呼叫可以来自于旅客座椅、机组休息室、驾驶舱和厕所。来自任何区域的呼叫将在相应区域的乘务员位置产生声音和视频指示信号(见图 12－18)。

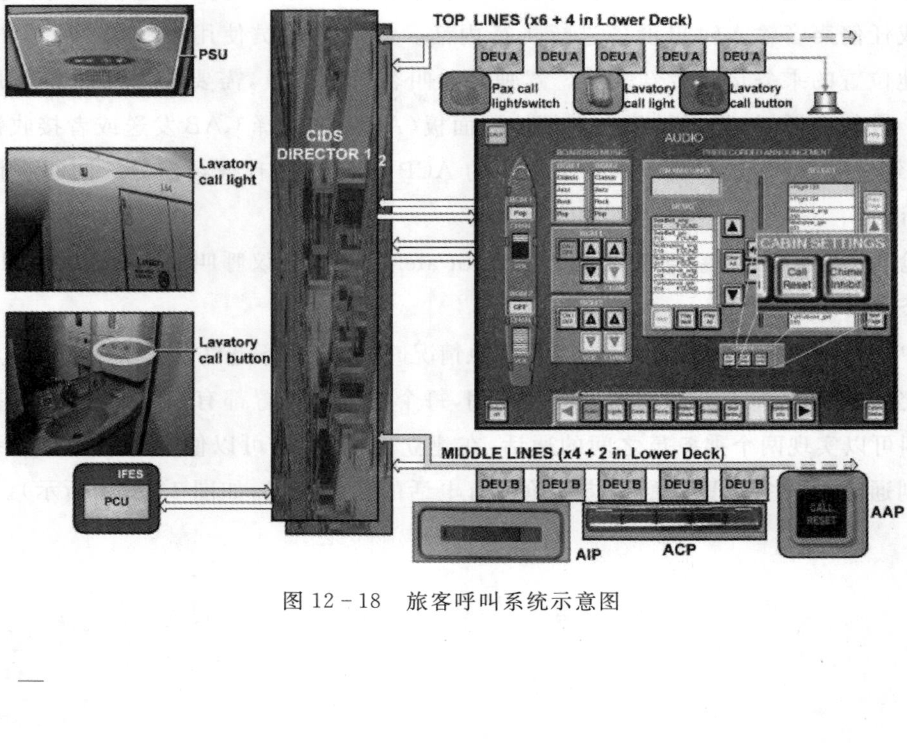
PSU
Lavatory call light
Lavatory call button
IFES
PCU
CIDS DIRECTOR 1 2
TOP LINES (x6 + 4 in Lower Deck)
DEU A
DEU A
DEU A
DEU A
DEU A
Pax call light/switch
Lavatory call light
Lavatory call button
AUDIO
CABIN SETTINGS
Call Reset
Chime Inhibit
MIDDLE LINES (x4 + 2 in Lower Deck)
DEU B
DEU B
DEU B
DEU B
DEU B
AAP
AIP
ACP

图 12－18　旅客呼叫系统示意图

(1)旅客呼叫(来自 PSU 和 PCU)。

旅客位置的呼叫可以通过 PSU 上的呼叫按钮或者 PCU 上的呼叫按钮实现。当旅客按压座椅上方的 PSU 面板上的旅客呼叫按钮后,会产生以下现象:

1)旅客呼叫按钮和座椅排号灯点亮。

2)相应区域的区域呼叫面板(ACP)上蓝色信号灯点亮。

3)所有的客舱区域产生高谐音。

4)AIP 上显示信息(图 12-19 为 AIP 显示),并且 FAP 和 AAP 上的 CALL RESET 键点亮(见图 12-19)。

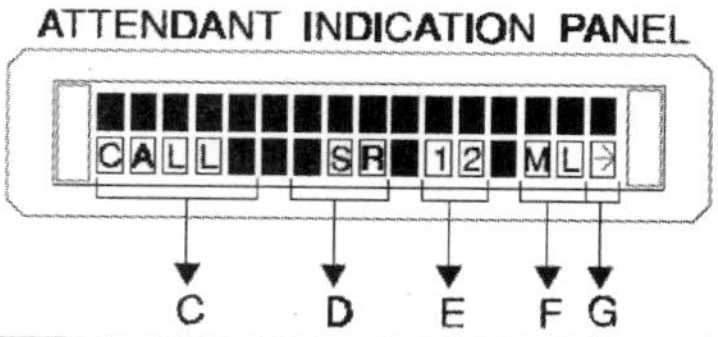
ATTENDANT INDICATION PANEL
CALL
SR
12
ML
C
D
E
F
G

SECTION	INDICATION
C (5 CHARA.)	PASSENGER CALL
D (3 CHARA.)	SEATROW
E (2 CHARA.)	SEATROW NUMBER
F (2 CHARA.)	MID LEFT
G (1 CHARA.)	MORE THAN 1 CALL OTHERWISE, BLANK

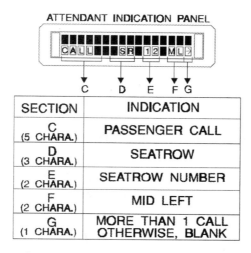

图 12-19　AIP 显示示意图

当按压呼叫按钮后,信号通过 DEU A 或 IFE 系统发送到 DIRECTOR。然后工作状态下的 DIRECTOR 发送一个控制信号到 DEU A 点亮相关的呼叫灯。同时,ACP 上产生相应的灯光信号并且在 AIP 上显示呼叫的位置信息。旅客呼叫时,相应区域的客舱会产生谐音。ACP 上的呼叫灯信号只有在该区域的所有呼叫复位后才会熄灭。

按压 FAP 或 AAP 上呼叫重置按钮,可以重置某个区域的所有呼叫指示。如果按压 FAP 上的音频页上的呼叫抑制按钮,呼叫谐音将会被抑制。但是,视觉指示不被抑制。

来自座椅 PCU 上的呼叫

旅客座椅的呼叫可以通过旅客或机组控制组件实现。该组件与旅客娱乐系统相连。这些组件我们称之为旅客控制组件(PCU)。这些组件安装在旅客座椅扶手上或机组休息室内,呼叫原理与 PSIU 上的旅客呼叫一样。

(2)机组休息室呼叫。

机组休息室也有呼叫按钮,功能与 PSIU 一样。按压呼叫按钮后,会产生以下现象:

1)旅客呼叫按钮灯点亮。

2)区域呼叫面板(ACP)上蓝色信号灯点亮。

3)所有的客舱区域产生高谐音。

4)AIP 上显示信息(下图为 AIP 显示),并且 FAP 和 AAP 上的 CALL RESET 键点亮。

再次按压呼叫按钮,所有的呼叫视觉信号重置。也可以通过 FAP、AAP 或 CPMS 上的呼叫重置按钮实现重置。其中,FAP 或 CPMS 上的呼叫重置按钮重置全客舱;AAP 上的呼叫重置按钮仅重置相应区域。

(3)厕所呼叫。

通过厕所内的厕所服务组件也可以实现旅客呼叫，伴随着呼叫产生下面相应的信息：

1)厕所墙外的琥珀色呼叫灯点亮。

2)区域呼叫面板上的琥珀色呼叫灯点亮。

3)在 AIP 上显示呼叫信息。

4)厕所区域产生谐音，并且 FAP 和 AAP 上的 CALL RESET 键点亮。

12.4.3 旅客空地电话系统(PATS)

PATS 的主要部件是客舱远程通信组件(CTU)。它安装于电子舱内，负责空中与地面的电话与传真。

飞机上可以有不同的运程通信系统：

1)座椅和壁板上的电话。

2)数字式打印和传真机。

3)无限电话 cordless telephone 与客舱无线组件(Cabin Wire Less Unit，CWLU)，CWLU 是"Fly Smart"的一部分。

电话通信直接或者间接通过 IFE 系统、CTU 和 SATCOM 系统实现。CTU 接收旅客从话筒上的模拟声音信号并通过区域电话控制器按照 CEPT. E1 协议转换。同时，CTU 还通过 SATCOM 接收来自地面公用电话网络的声音信号。CTU 将声音数据、信用卡数据、电话号码数据与地面电话声音数据发送到乘客电话。PCU 就像一个普通电话一样，有一个键盘、话筒和听筒。DSEB 接收到旅客通信请求后将其转换成令牌，该令牌通过客舱网络被发送到 EPESC。EPESC 处理请求后将其发送到客舱远程通信组件(CTU)。这时，旅客可以通过飞机卫星通信系统(SATCOM)进行电话通信。电话通信信号在 EPESC、CTU 和 SATCOM 是以特殊的数字信号的形式传送。EPESC 处理并将信号转换成令牌环信息。电话声音通过令牌环局域网回复到旅客。当 EPESC 内的区域电话控制器故障时，将会中断电话和传真通信。

12.4.4 旅客娱乐系统

旅客娱乐系统系统的基本功能是为乘客提供视频与音频娱乐节目。另外，它还提供飞行信息和交互应用。在旅客座椅上，乘客可以进行音频、视频、互动游戏和上网娱乐(见图 12－20)。

旅客娱乐系统可以实现如下功能。

1)旅客音频娱乐 (PES audio)。

2)旅客视频娱乐 (PES video)。

3)旅客交互应用功能(game & shopping)。

4)乘客可视信息系统(PVIS)。

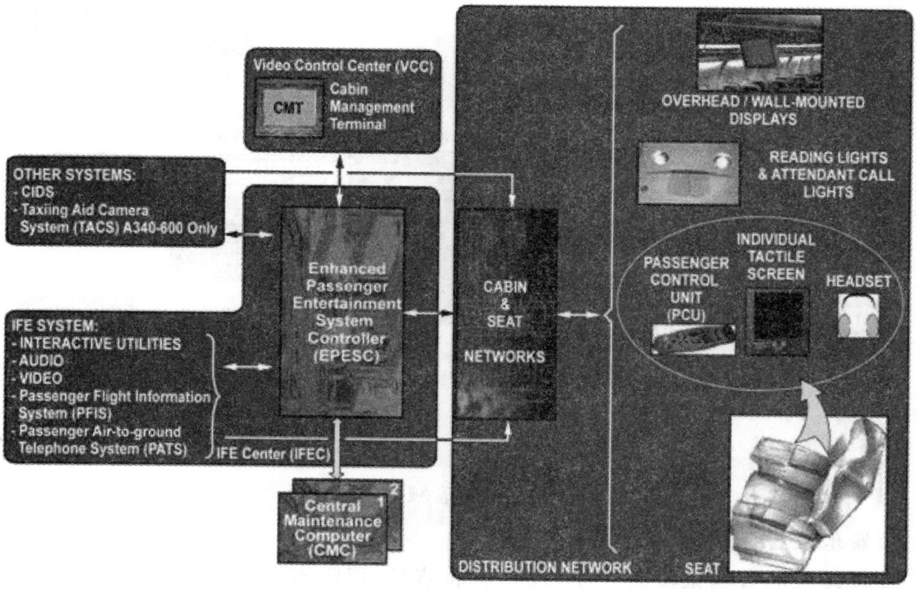
Video Control Center (VCC)
CMT
Cabin Management Terminal
OTHER SYSTEMS:
- CIDS
- Taxiing Aid Camera System (TACS) A340-600 Only
IFE SYSTEM:
- INTERACTIVE UTILITIES
- AUDIO
- VIDEO
- Passenger Flight Information System (PFIS)
- Passenger Air-to-ground Telephone System (PATS)
Enhanced Passenger Entertainment System Controller (EPESC)
IFE Center (IFEC)
Central Maintenance Computer (CMC)
CABIN & SEAT NETWORKS
OVERHEAD / WALL-MOUNTED DISPLAYS
READING LIGHTS & ATTENDANT CALL LIGHTS
PASSENGER CONTROL UNIT (PCU)
INDIVIDUAL TACTILE SCREEN
HEADSET
DISTRIBUTION NETWORK
SEAT

图 12－20　旅客娱乐系统示意图

1. 旅客音频娱乐(PES audio)

旅客音频娱乐的视频来源有三个:音频广播节目、音频点播系统(AOD)和 PA 系统。

音频广播节目可以来源于经典的音频播放器(如:CD 播放器)或者数字式的音频数据(MPEG 文件)。(MPEG 全称动态图片专家组)。音频播放器可能位于娱乐系统中心或者视频控制中心,具体的位置与数量和飞机的构型有关。音频娱乐节目主要通过音频播放器播放,此时,模拟的音频信号经过娱乐系统控制器的处理后通过无线电频率耦合分配器以及客舱网络被传送给旅客。MPEG 文件也可以用于播放音频娱乐节目,文件存储在硬盘中。MPEG 文件被正交幅度调制组件调制成模拟的音频信号(RF QAM)。多个 MPEG 文件可以被调制成一个模拟音频信号。转换后的音频信号最终也无线电频率耦合分配器以及客舱网络被传送给旅客。同时,调制组件发送给客舱网络一个令牌,这个令牌高速用户如何从所有的 RF 信号中分离出所需的数据以及如何让对数据进行解调。调制前的信号通过光纤通道进行高速传输(100MB/S),这些数据可以使用便携式数据装载器(PDL)下载。音频广播节目也可以用于旅客广播。

音频点播系统可以让旅客通过 PCU 或者触摸屏幕选择所需的预存音频娱乐节目。正交幅度调制组件(QMU)处理请求指令后将旅客所需的 MPEG 文件转换成 RF 信号后发送给旅客。

旅客音频广播信息直接发送到客舱喇叭或者通过娱乐系统发送到旅客座椅。由于旅客广播信息的优先权高于娱乐节目,娱乐节目被抑制,最后旅客从耳机只能听到旅客广播信息(见图 12－21)。

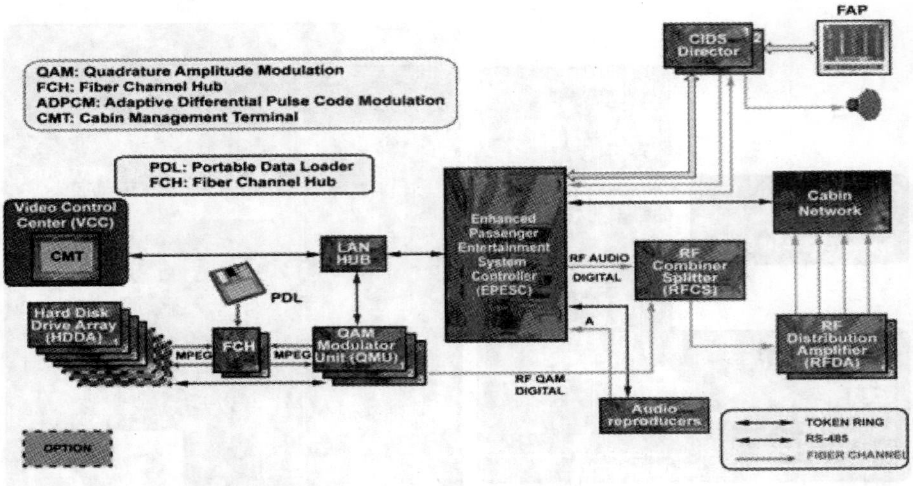
QAM: Quadrature Amplitude Modulation
FCH: Fiber Channel Hub
ADPCM: Adaptive Differential Pulse Code Modulation
CMT: Cabin Management Terminal
PDL: Portable Data Loader
FCH: Fiber Channel Hub
FAP
CIDS Director
Video Control Center (VCC)
CMT
LAN HUB
Enhanced Passenger Entertainment System Controller (EPESC)
Cabin Network
RF AUDIO
DIGITAL
RF Combiner Splitter (RFCS)
PDL
Hard Disk Drive Array (HDDA)
FCH
MPEG
MPEG
QAM Modulator Unit (QMU)
A
RF Distribution Amplifier (RFDA)
RF QAM DIGITAL
Audio reproducers
OPTION
TOKEN RING
RS-485
FIBER CHANNEL

图 12-21　旅客音频娱乐示意图

2. 视频娱乐(PES video)

旅客音频娱乐的音频来源有三个:视频播放节目、视频点播系统和安全演示视频。

视频播放节目可以来源于经典的视频播放器(如:DVD)、视频磁带播放器(VCR)或者数字视频数据(MPRG 文件)。视频播放器播放的节目被分成视频和音频两部分,这两部分的传输路径不同。模拟的视频信号被视频调制组件转换成为 RF 视频信号。而音频信号则被娱乐系统的控制器转换成一个 4 位的数字信号(这种信号被称为自适应差分脉码,是一种为数字通信系统的频带利用率而发展起来的语音压缩编码技术)。无线电频率耦合分配器将两个信号转换成一个 RF 视频/ADPCM 信号。最后这个信号到达旅客电视和座椅。

视频点播系统的原理与音频点播系统相似。

安全演示视频用于替代原来乘务员现场的安全演示。演示视频通常为 DVD 格式。安全演示的优先权高于娱乐系统,在播放安全演示时,所有正在进行的娱乐节目都将被取消(见图 12-22)。

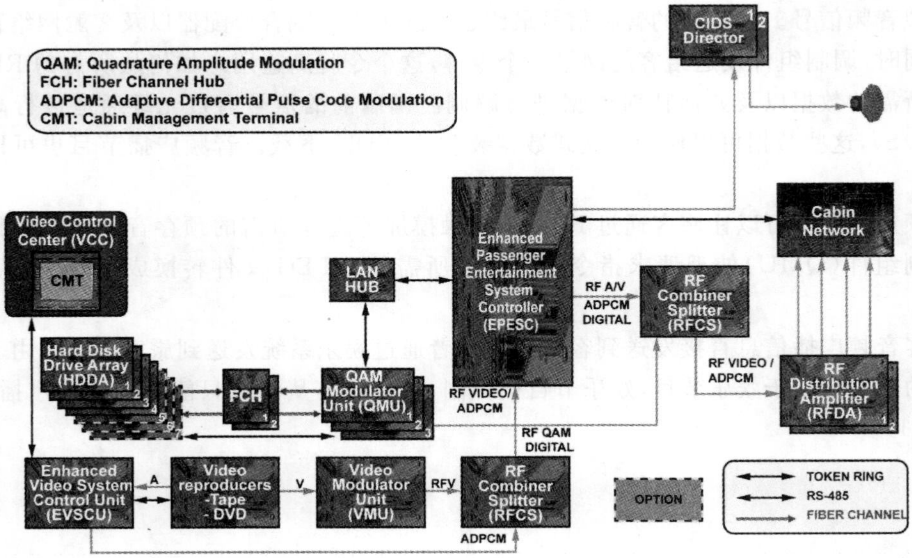
QAM: Quadrature Amplitude Modulation
FCH: Fiber Channel Hub
ADPCM: Adaptive Differential Pulse Code Modulation
CMT: Cabin Management Terminal
CIDS Director
Video Control Center (VCC)
CMT
Enhanced Passenger Entertainment System Controller (EPESC)
Cabin Network
LAN HUB
RF A/V
ADPCM
DIGITAL
RF Combiner Splitter (RFCS)
Hard Disk Drive Array (HDDA)
FCH
QAM Modulator Unit (QMU)
RF VIDEO/ ADPCM
RF VIDEO/ ADPCM
RF Distribution Amplifier (RFDA)
RF QAM DIGITAL
Enhanced Video System Control Unit (EVSCU)
A
Video reproducers -Tape - DVD
V
Video Modulator Unit (VMU)
RFV
RF Combiner Splitter (RFCS)
ADPCM
OPTION
TOKEN RING
RS-485
FIBER CHANNEL

图 12-22　旅客视频娱乐示意图

3. 旅客交互应用功能(Interactive Utilities)

旅客娱乐系统具有娱乐、购物等交互功能。这就意味着系统需要有旅客个人应用数据或者软件。交互功能的核心是旅客客舱管理系统记忆扩展组件,组件类似于一个服务器。所有旅客的应用数据都存储于组件中,组件在启动后会根据预定的顺序提供软件或数据。旅客应用软件包括:

1)娱乐系统启动后在旅客显示器上的交互菜单;

2)视频游戏;

3)交互应用(如:购物、电子图书等)。

旅客客舱管理系统记忆扩展组件(下面我们简称扩展组件)有两个互为备份。其中一个失效,另外一个可以使系统正常工作,但是工作速度会变慢。软件可以通过硬盘、软盘、高速数据转载器或者 CD－ROM 装载到扩展组件中。组件的内部还有一个内建的测试设备。

扩展组件中的交互软件在系统初始化时自动的传送到座椅电子盒(SEB)。而软件的状态由组件监控。在电源启动时,SEB 内的软件从客舱前部依次往客舱后部更新。更新时间大约 10 min。SEB 就好像一个随机存储器,当断电后,它内部的软件也将消失(见图 12－23)。

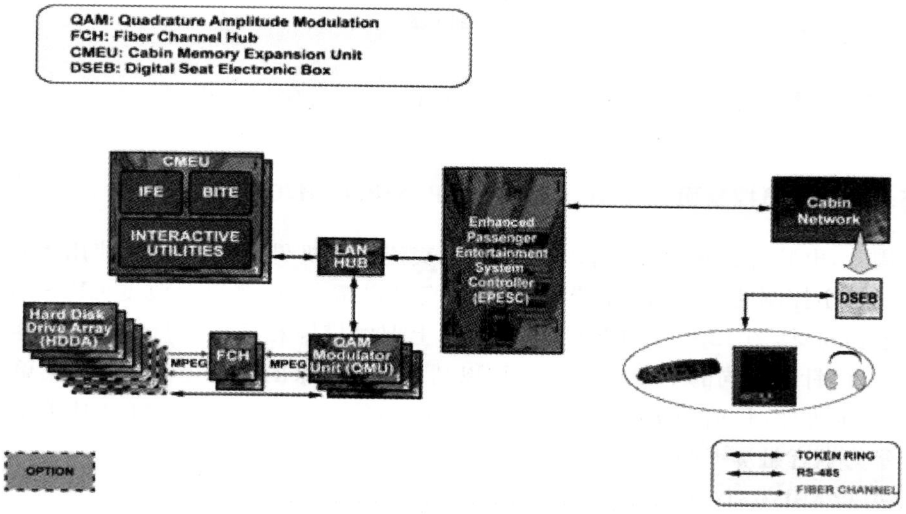
QAM: Quadrature Amplitude Modulation
FCH: Fiber Channel Hub
CMEU: Cabin Memory Expansion Unit
DSEB: Digital Seat Electronic Box
CMEU
IFE
BITE
INTERACTIVE UTILITIES
LAN HUB
Enhanced Passenger Entertainment System Controller (EPESC)
Cabin Network
DSEB
Hard Disk Drive Array (HDDA)
MPEG
FCH
MPEG
QAM Modulator Unit (QMU)
OPTION
TOKEN RING
RS-485
FIBER CHANNEL

图 12－23　旅客交互应用示意图

4. 旅客可视信息系统(Passenger Visualization and Information System,PVIS)

旅客可视信息系统(PVIS)通过视频显示组件为乘客提供实时的航班与目的地的信息。信息的显示形式为彩色图像或者文本格式。

系统有 4 中显示模式:

1)MAP mode : map display 地图模式,显示地图。

2)INFO mode : flight information pages 信息模式,飞行信息页面。

3)LOGO mode : logos display 标志模式:显示标志。

4)AUTO mode : automatic cycling of all pictures 自动模式,自动循环的显示以上的所有图片信息来源。

5. 旅客飞行信息系统 (Passenger Flight and Information System,PFIS)

PFIS 系统为乘客提供实时的航班与目的地信息。PIFS 的主要部件是随机接口设备(RAD)与数字接口组件(DIU)。DIU 使用飞机系统数据建立需求的视频显示。RAD 是一个 CD—based random access digital audio/video reproducer。根据飞机的位置,RAD 会按次序系统不同的画面(如:country overflown、风景点或者安全程序)。PFIS 可以给 IFE 系统提供视频与音频数据。其中,音频数据直接发送到 EPESC,EPESC 处理信号并通过 RFCS 将其发送到客舱网络。而视频信号在 VMU 内被转换成 RF 视频信号。VMU 将该信号通过 RFCS 发送到客舱网络。

来自 PFIS 的数据可以通过 VCC、PCU 或者触屏显示器获得。无论哪种方式,EPESC 从令牌环网中获得请求后,将数据发送到 DIU。数据最终可以显示在头顶显示器或者旅客个人显示器上。

6. 交通防撞系统(Traffic Collision Avoidance System,TCAS,仅 A340 - 600)

IFE 系统有一个连接 TACS 的接口。为了帮助飞机滑行,TCAS 可以将前起落架和主起落架的图像信息显示在正/副驾驶的主飞行显示器以及中央 ECAM 的状态显示器上。TCAS 中的摄像接口组件(CIU)用于处理视频信号并且将信号发送给 VMU。VMU 将视频信号装换成 RF 视频信号并且通过 RFCS 发送到客舱网络。

12.5 客舱管理与通信系统的主要部件

12.5.1 乘务员控制面板(FAP、CACP、AAP、AIP、FDH/CAH)

众所周知,电脑外设硬件为人和电脑提供了交流的人机界面。FAP 为使用者和客舱管理系统提供了易于控制的高效的人机界面。利用它可以指示、控制以及改变 CIDS 与客舱系统的状态。显而易见,图 12 - 24 中 FAP 可以分为上部触摸屏和下部键盘两部分。由于内部装有独立的软件,针对不同的 CIDS 系统,它可以利用计算机来的数据建立不同的菜单。FAP 有触屏和非触屏两种,目前南方航空公司多采用触屏的 FAP。AAP、CACP 功能类似。如图 12 - 24所示为空客触屏 FAP。

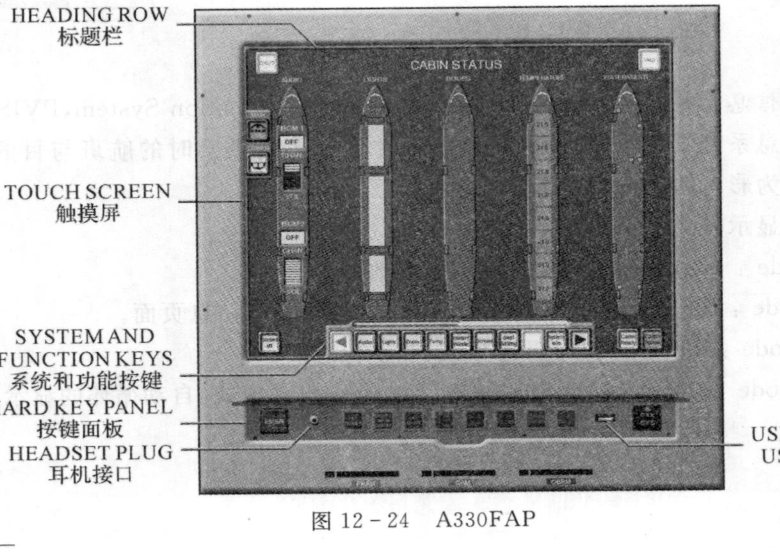
HEADING ROW
标题栏
CABIN STATUS
TOUCH SCREEN
触摸屏
SYSTEM AND
FUNCTION KEYS
系统和功能按键
HARD KEY PANEL
按键面板
HEADSET PLUG
耳机接口
USB PLUG
USB接口

图 12 - 24　A330FAP

显而易见，上图 FAP 可以分为上部触摸屏和下部键盘两部分。由于内部装有独立的软件，针对不同的 CIDS 系统，它可以利用计算机来的数据建立不同的菜单。

当 CIDS 系统内部出现故障时，触摸屏左上角的 CAU(注意)按钮由灰色变成琥珀色；同时在屏幕的顶部会出现故障相关信息以及操作指示(需要选择的页面)。在某些情况下，一些系统也面会在检测到故障后自动弹出。在 10 min 没有操作 FAP 或则触摸屏幕下面的 SCREEN OFF 按钮可以关闭触摸屏。再次触摸屏幕或者有自动事件出现时，可以打开屏幕。触摸屏幕的右下角的 Cabin status 按钮时，按钮变成绿色。在该页面时，可以查看登机音乐、灯光、客舱门、客舱温度以及厕所的饮用水/废水的状态。触摸屏的底部的各个系统和功能按钮可以查看各状态的详细情况。

触摸屏的下面一排按钮用透明的保护盖保护，这排硬键盘独立于触摸屏，一般在应急或者维护时使用，具体情况如下。

1)PED POWER 用于控制所有座椅上可移动电子设备(PED)电源的通断。

2)LIGHTS MAIN ON/OFF 用于控制客舱主灯光的开光。

3)LAV MAINT 用于打开厕所灯光。

4)SCREEN 30 sec LOCK 用于锁定或解除锁定触摸屏幕。

5)EVAC CMD 用于触发紧急撤离指令(一般只有在紧急情况下使用)。

6)EVAC RESET 用于重置撤离灯光和音响警告。

7)SMOKE RESET 用于重置烟雾音响警告。

8)FAP RESET 用于 FAP 重置。

9)EMER (light)用于应急灯光的开关。

10)PAX SYS 用于切断机上娱乐(IFE)系统。

11)USB 接口用于连接可移动设备。

12)耳机插孔在播放前用于试听登机音乐或预录音通知。

在 FAP 的最下面有 3 个闪卡插口，用于读取闪卡。OBRM 闪卡用于存储系统软件；CAM 闪卡用于存储系统特性和客舱布局信息；PRAM 闪卡用于存储预录音通知和登机音乐。

AIP 和 ACP 给乘务员以信息和灯光提示信息。

FDH/CAH 用于驾驶员或乘务员进行客舱通讯(见图 12-25)。

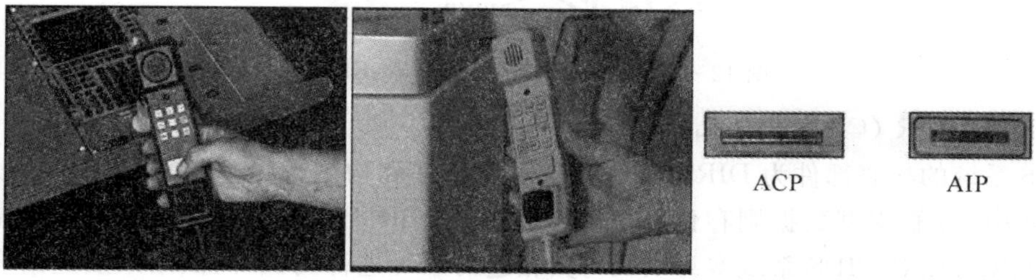
ACP
AIP

图 12-25　FDH、CAH、ACP、AIP

12.5.2　控制器或计算器(CSMU、PA/CI 控制器、EPESC、DIRECTOR)

1. CSMU

CSMU 全称客舱系统管理组件，它为客舱管理系统 LRU 和其他飞机系统提供了接口，是整个客舱管理系统的核心部件。它的主要功能有：从客舱系统控制面板获得系统数据库和操作软件并且将其发送到相应的LRU；从飞机系统的数据总线获取、转换或发送相关信息(如温度控制、维护信息等)；控制座椅电源等。

CSMU主要由控制器、离散数据缓存、电路接口组成。电源为115 V交流电。控制器完成CSMU的所有功能，包括数据转换、软件和数据库的装载以及离散信号的输入输出控制等。离散数据缓存接口发送和接收控制器的控制信号或其他部件的离散信号。

2. PA/CI控制器

PA/CI控制器是客舱通讯的核心部件，它的作用是实现客舱广播和内话功能。控制器由两个旅客广播控制器和两个客舱内话控制器组成，其中一套为备用。旅客广播控制器除了控制广播功能外还控制旅客信息标志逻辑。客舱内话控制器控制客舱内话功能。

3. EPESC

旅客娱乐系统控制器(EPESC)接收各视频与音频输入并且将其分配到旅客座椅。同时。它还与其他的飞机系统相连为旅客提供如飞机的位置等飞行信息等。EPESC同时最多可以接收来自音品播放器和旅客广播系统的32个通道的音频信号，并且将其调制后RF格式的视频节目的声音信号发送到客舱座椅和喇叭。同时，EPESC也控制客舱呼叫与灯光控制功能。另外，EPESC还与旅客空地电话系统相连，控制旅客通过卫星电话与地面的电话联络(见图12-26)。

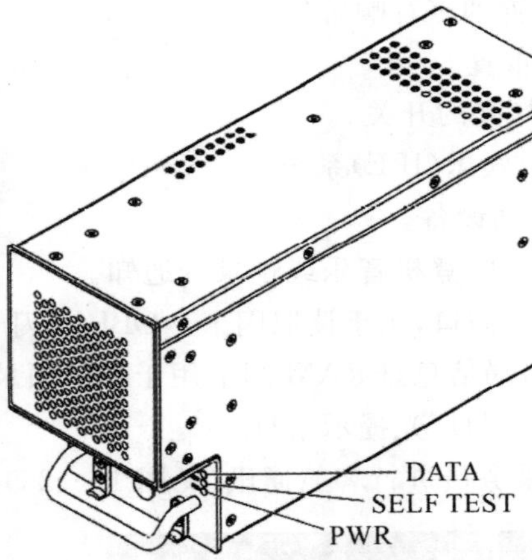
DATA
SELF TEST
PWR

图12-26　旅客娱乐系统控制器(EPESC)

4. DIRECTOR (CIDS计算机)

CIDS系统的核心部件为DIRECTOR，它需要软件和构型数据才能正常工作。软件存储于OBRM中，客舱构型数据则存储在(CAM)中。(OBRM和CAM为可更换的存储模块)。DIRECTOR可以对CIDS系统本身以及与其相连的系统进行测试，测试结果发送给客舱维护系统。CIDS计算机通过对音频信号的处理后，一方面将信号发送到客舱喇叭，另一方面将信号通过EPESC发送给旅客座椅。而旅客娱乐系统和其他飞机系统的声音信号也需要通过DIRECTOR才能发送给客舱喇叭。另外，它还处理旅客服务信号(见图12-27)。

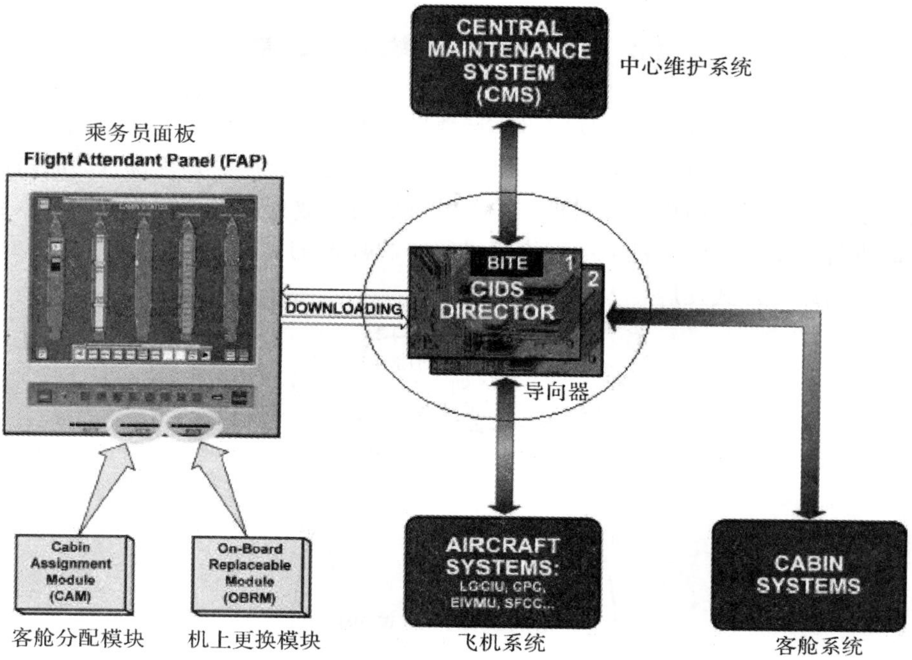
CENTRAL MAINTENANCE SYSTEM (CMS)
中心维护系统
乘务员面板
Flight Attendant Panel (FAP)
DOWNLOADING
BITE
CIDS DIRECTOR
导向器
Cabin Assignment Module (CAM)
客舱分配模块
On-Board Replaceable Module (OBRM)
机上更换模块
AIRCRAFT SYSTEMS: LGCIU, CPC, EIVMU, SFCC...
飞机系统
CABIN SYSTEMS
客舱系统

图 12 - 27　CIDS 系统计算机(DIRECTOR)

12.5.3　系统控制面板(CSCP、CMT)

整个客舱管理与通信系统通过 CSCP 或者 CMT 操作和控制，维护人员可以通过 CSCP 或者 CMT 进行系统测试和编程；乘务员可以通过 CSCP 或者 CMT 具有：客舱管理系统的各个功能的控制、系统监控、故障存储、软件与数据库的装载以及系统维护等功能(见图 12 - 28)。

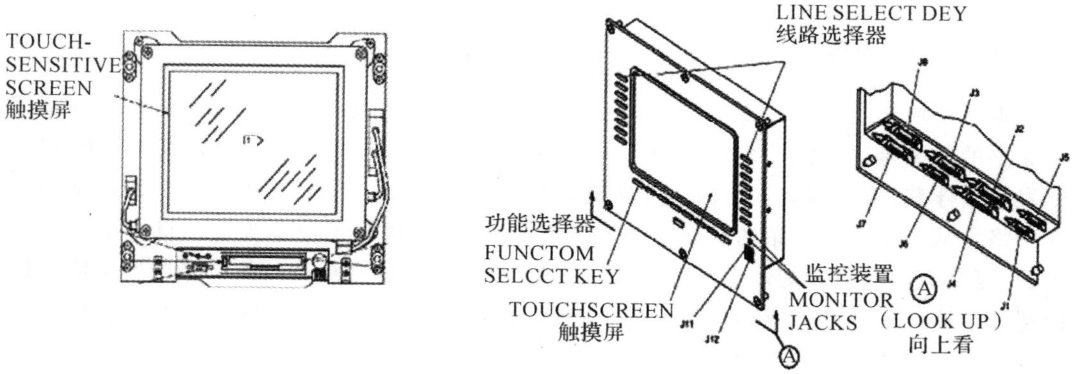
TOUCH-SENSITIVE SCREEN
触摸屏
LINE SELECT DEY
线路选择器
功能选择器
FUNCTOM SELCCT KEY
TOUCHSCREEN
触摸屏
监控装置
MONITOR JACKS
(LOOK UP)
向上看

图 12 - 28　CSCP 和 CMT

12.6 网络与数据通信

客舱管理系统部件通过客舱数据网络进行数据交换。乘务员通过 CSCP 或者 CMT 可以管理数据网络。应用程序通过客舱数据网络使各个客舱管理及通信系统逻辑的联系起来。通过即拔插设备可以控制应用程序。飞机维护人员可以通过数据网络进行数据的装载以及对网络部分功能进行测试。目前飞机上的网络多采用令牌环网的结构，如图 12－29 所示，并且在不断的往无线网络的形式发展。

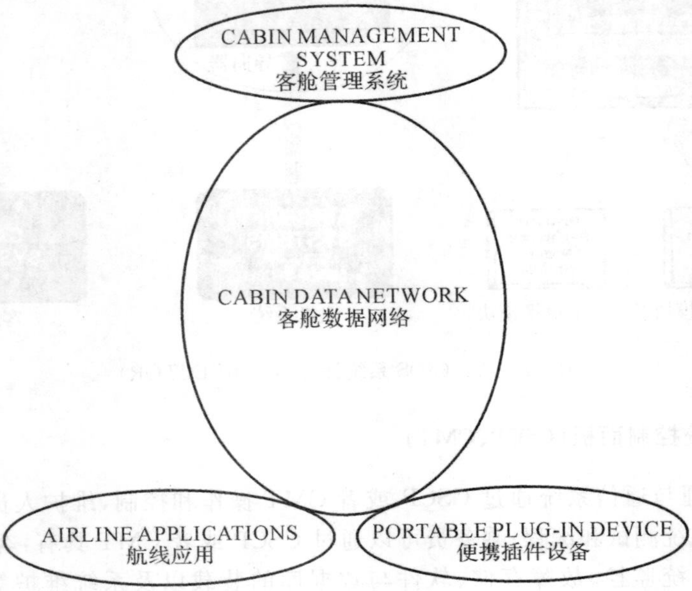
CABIN MANAGEMENT SYSTEM
客舱管理系统
CABIN DATA NETWORK
客舱数据网络
AIRLINE APPLICATIONS
航线应用
PORTABLE PLUG-IN DEVICE
便携插件设备

图 12－29　客舱网络示意图

12.6.1　令牌环网

令牌环局域网是一个将多个部件或工作站连接在一起的环形网络。令牌绕环网 3 圈完成一次完整的数据传送。无论何时，环网中总有一个令牌。LAN 集线器控制它的速度和完整性。发送站俘获自由令牌后，将需要发送的信息附在令牌上。然后，令牌被释放会环网中。令牌在网络中从一个个工作站的有次序往下传输，直到到达目标工作站为止。目标工作站收到令牌后，复制其中的附着的信息后，标记接收标记并且将令牌释放回网络。令牌在网络中以恒定的速度传输。发送站接收到被标记的令牌后，将其中的信息删除并且将自由令牌释放回网络。这样就完成了一次完整的信息传递过程（见图 12－30）。

令牌环网是 IBM 公司于 20 世纪 70 年代发展的，现在这种网络比较少见。在老式的令牌环网中，数据传输速度为 4 Mb/s 或 16 Mb/s，新型的快速令牌环网速度可达 100 Mbps。令牌环网的传输方法在物理上采用了星形拓扑结构，但逻辑上仍是环形拓扑结构。其通信传输介质可以是无屏蔽双绞线、屏蔽双绞线和光纤等。结点间采用多站访问部件（Multistation Access Unit，MAU）连接在一起。MAU 是一种专业化集线器，它是用来围绕工作站计算机的环路进行传输。由于数据包看起来像在环中传输，所以在工作站和 MAU 中没有终结器。

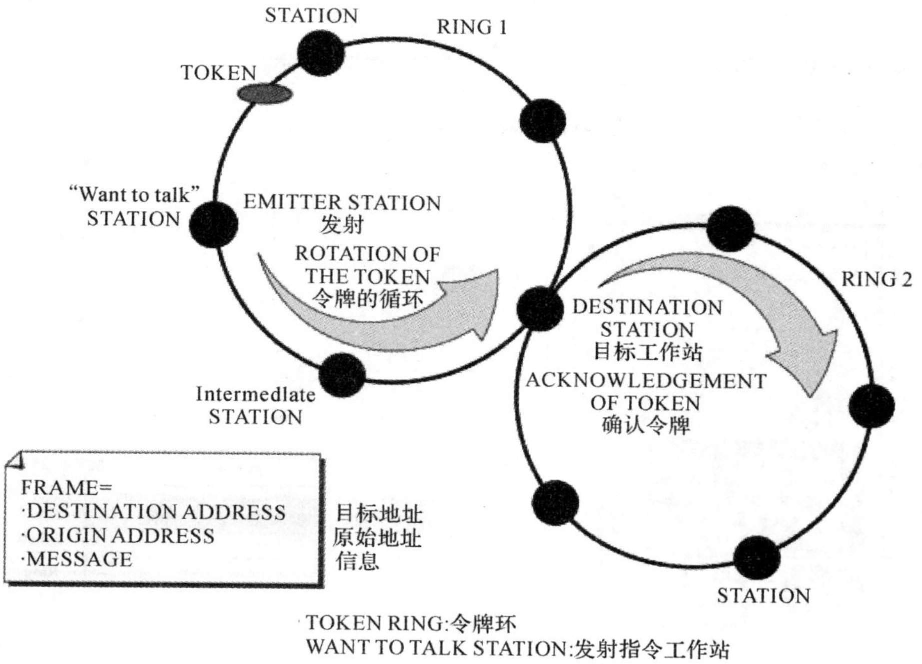
STATION
RING 1
TOKEN
"Want to talk"
STATION
EMITTER STATION
发射
ROTATION OF
THE TOKEN
令牌的循环
RING 2
DESTINATION
STATION
目标工作站
ACKNOWLEDGEMENT
OF TOKEN
确认令牌
Intermedlate
STATION
FRAME=
·DESTINATION ADDRESS
·ORIGIN ADDRESS
·MESSAGE
目标地址
原始地址
信息
STATION
TOKEN RING:令牌环
WANT TO TALK STATION:发射指令工作站

图 12－30　令牌环网络示意图

令牌在工作中有“闲”和“忙”两种状态。“闲”表示令牌没有被占用，即网中没有计算机在传送信息；“忙”表示令牌已被占用，即网中有信息正在传送。希望传送数据的计算机必须首先检测到“闲”令牌，将它置为“忙”的状态，然后在该令牌后面传送数据。当所传数据被目的节点计算机接收后，数据被从网中除去，令牌被重新置为“闲”。令牌环网的缺点是需要维护令牌，一旦失去令牌就无法工作，需要选择专门的节点监视和管理令牌。由于目前以太网技术发展迅速，令牌网存在固有缺点，令牌在整个计算机局域网已不多见。

12.6.2　娱乐系统令牌环局域网

如图 12－31 所示，IFE 系统由 3 个令牌局域网组成：

1）核心令牌局域网。

2）客舱令牌局域网。

3）座椅令牌局域网。

核心令牌局域网将 IFE 系统 LRU、LAN 集线器、CMT 和 EPESC 连接在一起。这些部件位于电子舱或者客舱 VCC。局域网集线器是一个分配器。它是核心局域网的中心分配点。LRU 的电气连接状态显示在它的前面。EPESC 将令牌环扩展到客舱局域网。

客舱局域网由 11 个即时视频增强型 ADB 组成。（注意：ADB 的数量取决于飞机型号与构型）每个 ADB 将令牌环扩展到座椅局域网。

座椅局域网由多个 DSEB 和 ADB 组成。每个 DSEB 连接 2 到 3 个座椅。通电时，DSEB

存储部分 IFE 软件。另外,它也存储一些基本的商业视频与音频娱乐以及个人显示器的主菜单。这些内容存储于 RAM 中,断电后,这些内容将会被删除。(注意:CMT 也与 DSEB 相连,这使得从 CMT 上可以预览 IFE 娱乐内容。

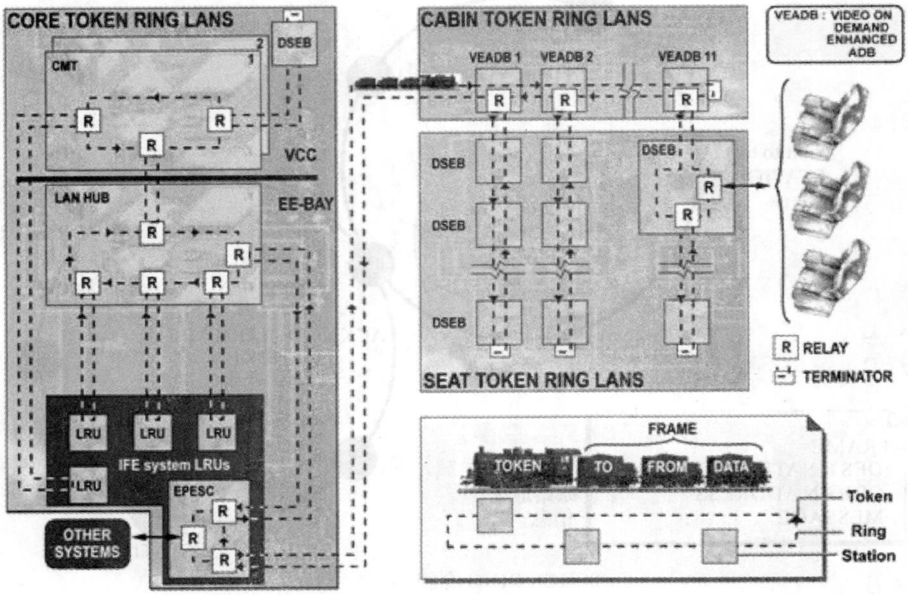
CORE TOKEN RING LANS
DSEB
CMT
VCC
LAN HUB
EE-BAY
LRU
IFE system LRUs
EPESC
OTHER SYSTEMS
CABIN TOKEN RING LANS
VEADB 1
VEADB 2
VEADB 11
VEADB : VIDEO ON DEMAND ENHANCED ADB
SEAT TOKEN RING LANS
RELAY
TERMINATOR
FRAME
TOKEN
TO
FROM
DATA
Token
Ring
Station

CORE:核心
CABIN TOKEN RING LAN:客舱令牌环局域网
RELAY:继电器
TERMINATOR:终端

图 12-31　娱乐系统令牌环

IFE 系统数据是通过客舱网络或座椅网络发送到终端用户。终端用户为头顶显示器或者旅客座椅(PCU、显示屏和耳机)。发送到客舱和座椅网络的数据分为两类:一类数据是利用令牌环从 EPESC 发送过来;另一类数据是以模拟 RF 的形式从 2 个 RFDA 发送过来。EPESC 通过 ADB 与客舱令牌局域网相连。ADB 接收到 EPESC 得信号后,将信号通过 FDB 发送到座椅令牌局域网。座椅局域网由数个 DSEB 组成。ADB、FDB 与 DESB 的数量取决于机型与构型。无论哪种构型,每个 DSEB 可以管理 3 个座位。在每个座椅令牌局域网的末端(最后一个 DSEB)都需要一个终端电阻。同样,客舱令牌局域网的末端也需要一个终端电阻,以保证令牌网的正常工作。2 个 RFDA 将 RF 视频、音频信号发送到 ADB 网络。所有的 ADB 中,只有 4 个直接与 RFDA 直接相连。这 4 个 ADB 可以分别连接 1 个或者 2 个 ADB。ADB 最后将信号通过 FDB 发送到 DSEB 和 TU。DSEB 解调和分离 RF 信号并且将各个信号正确地分配到各个座椅。甚至,DESB 可以处理来自于 CMEU 的互动软件。每个 TU 将视频信号分配到各个显示器。

12.6.3　客舱管理系统数据通信

本书以 B777 数据通信为例。

CMS 系统的数据总线按用途可分为:内部系统数据总线、BFE 应用数据总线、面板数据总线和控制数据总线等。

LRU 之间的数据连接界面通过数据总线发送和接收数据，并且将总线数据转换成 LRU 可以识别的数据格式。因此按照数据传输格式又可以将 CMS 系统的数据总线分为：

(1)10 BASE－T。

由两对相互屏蔽的双绞线组成，其中一对用来发送信号，另外一对用来接收信号。发送信号的两根导线分别为：TX＋和 TX－。两根接收信号的导线分别为：RX＋和 RX－。数据传输时以 10 Mb/s 基带传输。每段双绞线最大有效长度 100 m，采用高质量的双绞线(5 类线)，最大长度可到 150 m(HUB 与工作站间及两个 HUB 之间)。10BASE－T 的连接主要以集线器 HUB 作为枢纽工作站通过网卡的 RJ45 插座与 RJ45 接头相连，另一端 HUB 的端口都可供 RJ45 的接头插入，装拆非常方便。10 BASE－T 网与 10 BASE－2、10 BASE－5 能很好兼容，所有标准以太网运行软件可不作修改就能兼容运行；一条通路允许连接 HUB 数 4 个，每个 HUB 可连接的工作站 96 个，最大传输距离 500 m。

(2)10 BASE－2。

它是一种双向同轴的电缆。常见电阻有 50 Ω 或 75 Ω。它只是通过 LRU，并不是一 LRU 为终端，因此某个 LRU 的故障不会影响到其数据传输(其他部件的工作)。这种数据线的末端需要有端接电阻来终止信号。传输速率 10 Mb/s，最大传输距离 185 m。

(3)EIA－485。

过去叫作 RS－485 或者 RS485。是一对屏蔽双绞线，它只能单向传输数据。用缆

线两端的电压差值来表示传递信号。1 极的电压标识为逻辑 1，另一段标识为逻辑 0。两端的电压差最小为 0.2 V 以上时有效，任何不大于 12 V 或者不小于－7 V 的差值对接受端都被认为是正确的。EIA－485 可以应用于配置便宜的广域网和采用单机发送，多机接受通信链接，它提供高速的数据通信速率(10 m 时 35 Mb/s ；1 200 m 时 100 kb/s)。EIA－485 和 EIA－422 一样 使用双绞线进行高电压差分平衡传输，它可以进行大面积长距离传输(超过 4 000码[①]，3 658 m)。

(4)ARINC 629 数据总线。

ARINC 629 数据总线是一种电子数据传输系统，所有连接到总线上的 LRU 都可以利用数据总线上的数据。与过去的数据传输方式相比，它具有更大的容量和更快的数据传输速度。B777 上共有 11 条 ARINC 629 数据总线，其中，3 条为飞行数据总线；4 条为系统数据总线；4 条为飞机信息管理系统数据总线。ARINC 629 数据总线是一条两端带有终端电阻的双绞线，每条数据总线最多可以供 120 个 LRU 使用。而 B777 上，每条数据总线最多可以有 46 个电流模式耦合器(见图 12－32)。

ARINC 629 数据总线具有如下特点：

1)同一时间只允许有一个 LRU 发送数据；

2)其他 LRU 能同时接收数据；

3)数据总线的数据通信是双向的；

4)一个 LRU 可以同时连接多个数据总线；

5)数据总线上的数据被所有连接到总线的 LRU 共享。

---

① 1 码＝0.914 4 m

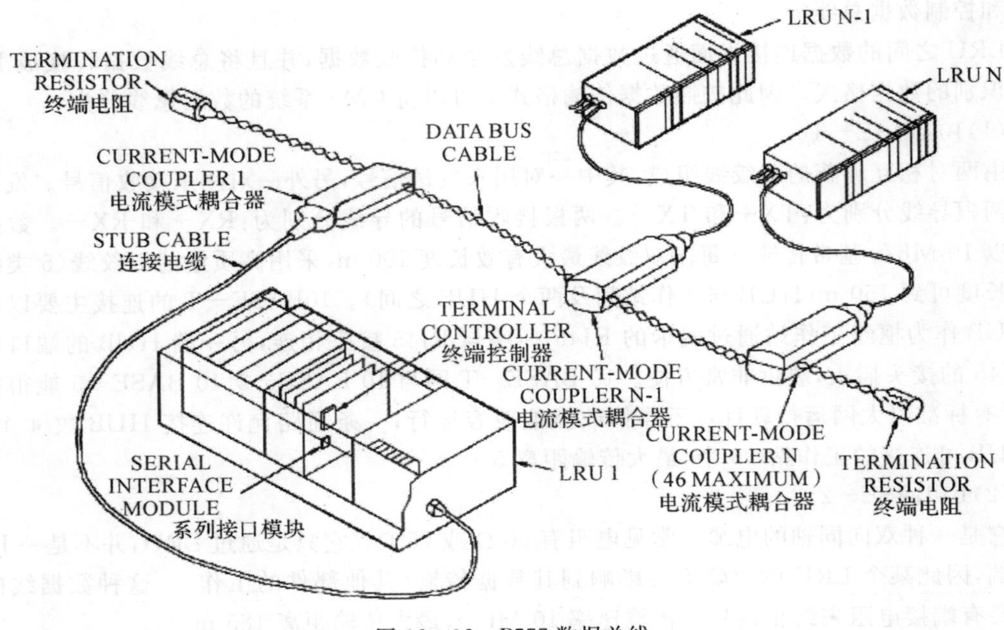
LRU N-1
LRU N
TERMINATION RESISTOR
终端电阻
DATA BUS CABLE
CURRENT-MODE COUPLER 1
电流模式耦合器
STUB CABLE
连接电缆
TERMINAL CONTROLLER
终端控制器
CURRENT-MODE COUPLER N-1
电流模式耦合器
CURRENT-MODE COUPLER N
(46 MAXIMUM)
电流模式耦合器
SERIAL INTERFACE MODULE
系列接口模块
LRU 1
TERMINATION RESISTOR
终端电阻

图 12-32　B777 数据总线

12.7　客舱管理与通信系统软件

空客与波音软件部分由于设计理念上的有较大的差异，但是系统可以实现的功能基本一致。下面以 B777 为例，阐述一些基本概念，希望可以对软件及软件的维护有所帮助。具体的维护以维护手册为准。

12.7.1　CONFIGURATION DATABASE GENERATOR(CDG)构型数据库生成工具

1. 构型数据库

客舱管理系统需要一个构型数据库来和各个飞机的内部构型和个性化系统相匹配。构型数据库的主要功能是：客舱座椅区域的划分、客舱灯光的控制、旅客广播区域的划分和管理、娱乐区域的划分和管理、娱乐频道的分配、客舱内手提话筒的定位和拨号代码的控制、CSCP 和 CACP 的屏幕选项控制。

2. 构型数据库的安装

为了适应各航空公司、各航线的不同需求，某些飞机的构型往往会有差别和个性化系统，这要求数据库可变以适应不同的要求、满足可变性需求以适应市场需求。这些功能可以通过 CDG(构型数据生成工具)实现。

CDG 构型数据库生成工具是一个电脑程序软件。波音公司用 CDG 来编写原始的构型数据库。许多 BFE 供应商都有自己的 CDG，他们用 CDG 编写自己的 BFE 件的构型数据库，然后把这些数据库发送给波音公司。波音公司将自己编写的构型数据库和 BFE 编写的数据库拷贝到 3.5 in 软盘中。将软盘插入到 CMS 系统的软驱中可以将其安装到 CMS 系统中。构型数据库最多可以分到 6 个软盘中。各航空公司的工程技术部门都保存有一份 CDG 的拷贝。

如果飞机的构型发生改变后，他们可以利用这份拷贝更改构型数据库。然后将新的数据库拷贝到软盘中，然后将其安装到飞机 CMS 上（见图 12－33）。

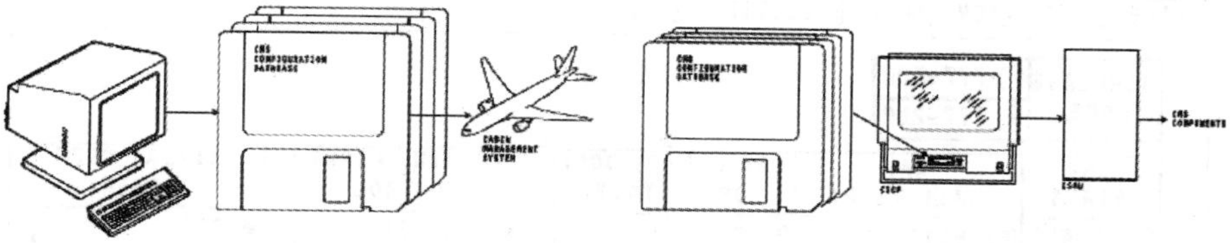
CMS CONFIGURATION DATABASE
CABIN MANAGEMENT SYSTEM
CMS COMPONENTS

CONFIGURATION DATABASE: 构型数据库
CABIN MANAGEMENT SYSTEM:客舱管理系统

图 12－33　CDG 的生成与安装

3. CDG 的工作窗口

CDG 工作窗口主要有：系统范围控制定义窗口、SEU 数量窗口、座椅定义窗口、音频频道分配窗口和音频频道定义窗

（1）系统选项控制定义窗。

系统选项控制定义窗控制客舱操作和环境控制设置。它总共由机型、厕所控制、阅读灯控制、CSCP 屏幕初始化、控制重置和 EICAS 报告、射频总线指令、娱乐控制、其他控制和故障显示控制 9 个部分组成。

1）机型窗口：显示机型选项。

2）厕所控制：厕所标志、厕所呼叫重置、厕所灯的控制。

3）阅读灯控制：用于选择 CSCP 屏幕上的显示选项的选择。

4）CSCP 屏幕初始化：用于 CSCP 在启动时的屏幕显示画面，如果是 BFE 部件，显示的是运营商的画面。如果是 SFE 部件，显示的是波音画面。

5）控制重置和 EICAS 报告：用于乘务员呼叫谐音和烟雾探测器重置的控制、EICAS 探测到的厕所和机组休息室的烟雾信息在 CSCP 显示控制、客舱灯光故障信息显示控制。

6）射频总线指令：给出 ZMU 的顺序编号，用顺序号对 ZMU 定位。

7）娱乐控制：CSCP 屏幕娱乐选项显示控制。

8）其他控制：系好安全带和返回座椅灯自动点亮控制；喇叭音量自动调节；时间显示控制；CMS BITE 测试。

9）故障显示控制：每个类别的维护测试结果显示控制（见图 12－34）。

（2）SEU 数量窗口：显示的是每个 ZMU 管理的 SEU 数量（见图 12－35）。

（3）座椅定义窗口。

座椅定义窗第一栏显示的是座椅的区域划分数量，最多可以划分为 8 个区域。起止座椅排栏给出了各个区域的第一排和最后一排座椅的排号。座椅区域描述栏给出了每个座椅区域的名称，这些名称将显示在 CSCP 和 CACP 上。座椅构型按钮给出了每排座椅上的每个座椅的字母编号（见图 12－36）。

（5）音频频道分配窗口。

音频频道分配窗可以将音源分为最多 58 个频道。PCU 数字栏给出了能在 PCU 上显示的频道数字。使用状态/频道数字栏的左边显示的是每个 PCU 对每个频道的使用情况（使用/跳过空白状态）。右边每个区域音源能提供给 PCU 的频道号码。使用定义音频频道按钮可以每个音频频道的系统地址(见图 12－37)。

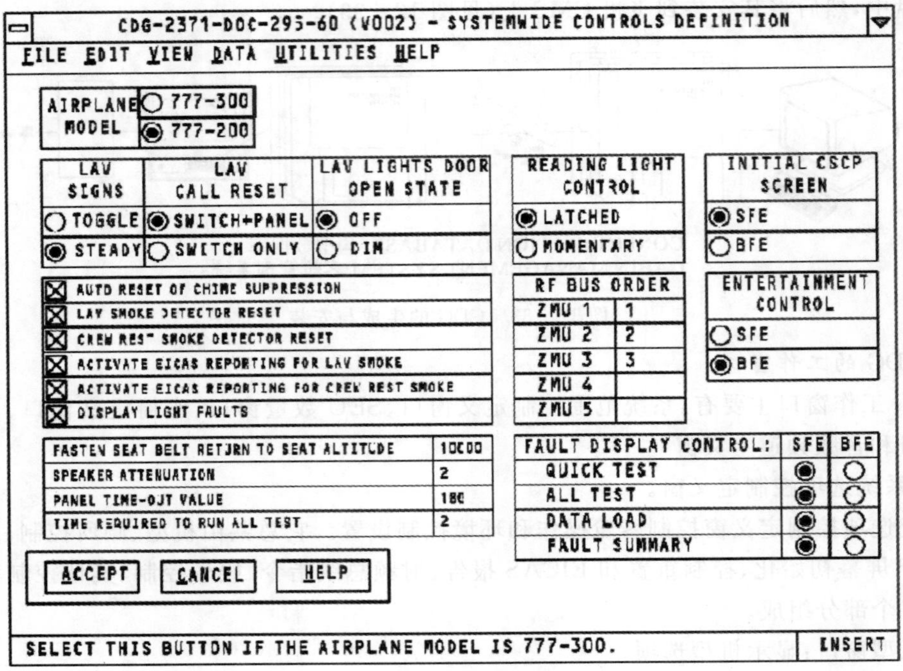
CDG-2371-DOC-295-60 (V002) - SYSTEMWIDE CONTROLS DEFINITION
FILE EDIT VIEW DATA UTILITIES HELP
AIRPLANE MODEL
777-300
777-200
LAV SIGNS
TOGGLE
STEADY
LAV CALL RESET
SWITCH+PANEL
SWITCH ONLY
LAV LIGHTS DOOR OPEN STATE
OFF
DIM
READING LIGHT CONTROL
LATCHED
MOMENTARY
INITIAL CSCP SCREEN
SFE
BFE
AUTO RESET OF CHIME SUPPRESSION
LAV SMOKE DETECTOR RESET
CREW REST SMOKE DETECTOR RESET
ACTIVATE EICAS REPORTING FOR LAV SMOKE
ACTIVATE EICAS REPORTING FOR CREW REST SMOKE
DISPLAY LIGHT FAULTS
RF BUS ORDER
ZMU 1 1
ZMU 2 2
ZMU 3 3
ZMU 4
ZMU 5
ENTERTAINMENT CONTROL
SFE
BFE
FASTEN SEAT BELT RETURN TO SEAT ALTITUDE 10000
SPEAKER ATTENUATION 2
PANEL TIME-OUT VALUE 180
TIME REQUIRED TO RUN ALL TEST 2
FAULT DISPLAY CONTROL: SFE BFE
QUICK TEST
ALL TEST
DATA LOAD
FAULT SUMMARY
ACCEPT
CANCEL
HELP
SELECT THIS BUTTON IF THE AIRPLANE MODEL IS 777-300.
INSERT

图 12－34　系统控制选项定义窗口

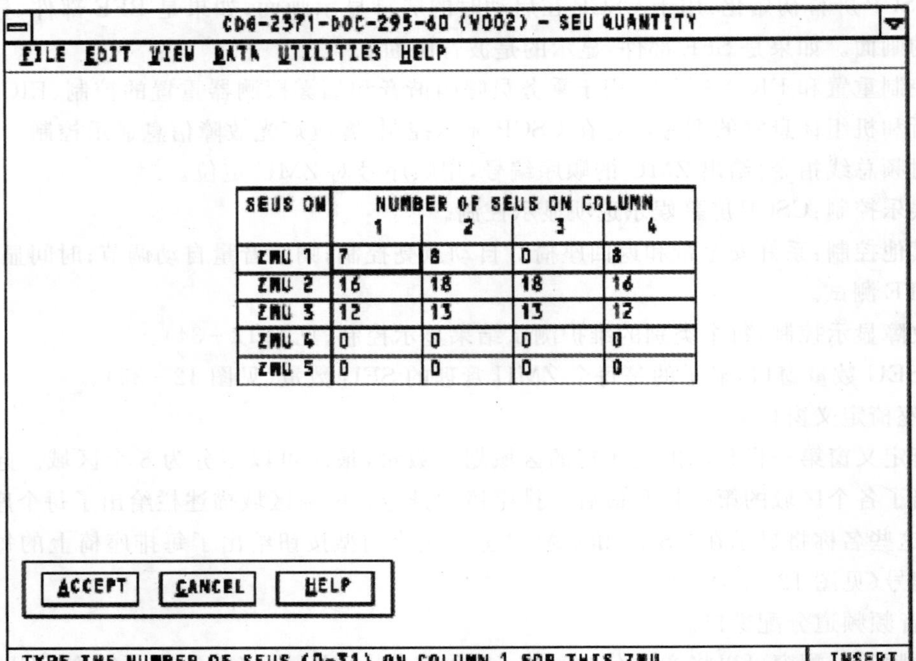
CDG-2371-DOC-295-60 (V002) - SEU QUANTITY
FILE EDIT VIEW DATA UTILITIES HELP
SEUS ON
NUMBER OF SEUS ON COLUMN
1 2 3 4
ZMU 1 7 8 0 8
ZMU 2 16 18 18 16
ZMU 3 12 13 13 12
ZMU 4 0 0 0 0
ZMU 5 0 0 0 0
ACCEPT
CANCEL
HELP
TYPE THE NUMBER OF SEUS (0-31) ON COLUMN 1 FOR THIS ZMU
INSERT

图 12－35　SEU 数量定义窗口

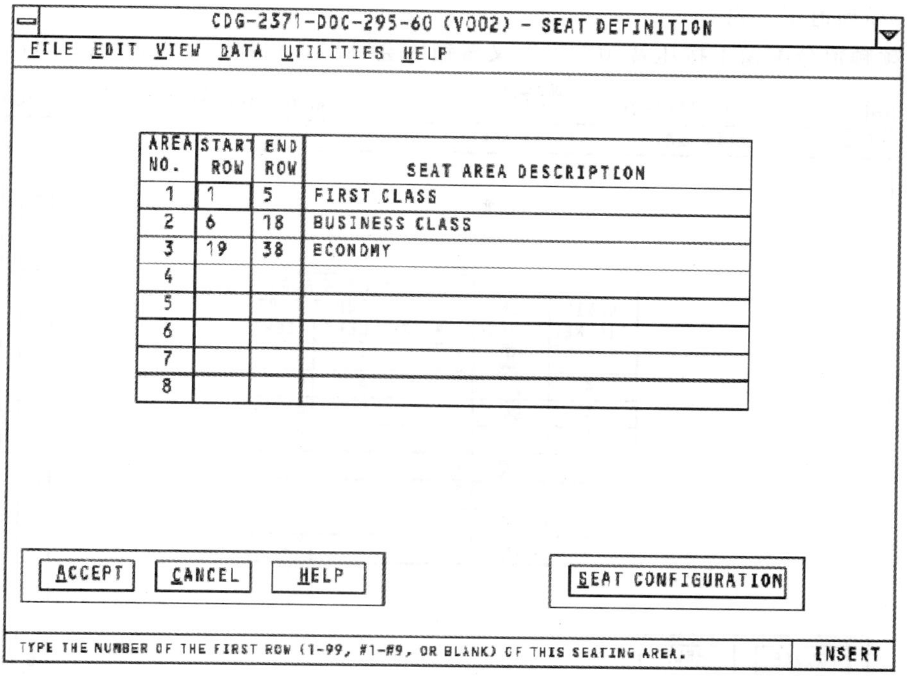
CDG-2371-DOC-295-60 (V002) - SEAT DEFINITION
FILE EDIT VIEW DATA UTILITIES HELP
AREA NO. | START ROW | END ROW | SEAT AREA DESCRIPTION
1 | 1 | 5 | FIRST CLASS
2 | 6 | 18 | BUSINESS CLASS
3 | 19 | 38 | ECONOMY
4
5
6
7
8
ACCEPT
CANCEL
HELP
SEAT CONFIGURATION
TYPE THE NUMBER OF THE FIRST ROW (1-99, #1-#9, OR BLANK) OF THIS SEATING AREA.
INSERT

图 12－36 座椅定义窗口

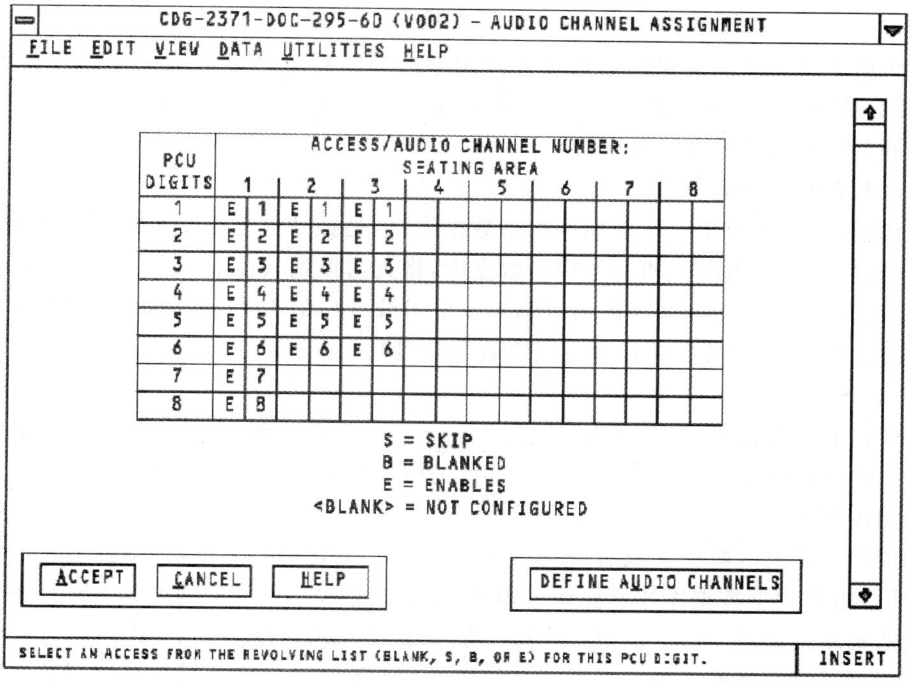
CDG-2371-DOC-295-60 (V002) - AUDIO CHANNEL ASSIGNMENT
FILE EDIT VIEW DATA UTILITIES HELP
PCU DIGITS
ACCESS/AUDIO CHANNEL NUMBER:
SEATING AREA
1 2 3 4 5 6 7 8
1 E 1 E 1 E 1
2 E 2 E 2 E 2
3 E 3 E 3 E 3
4 E 4 E 4 E 4
5 E 5 E 5 E 5
6 E 6 E 6 E 6
7 E 7
8 E 8
S = SKIP
B = BLANKED
E = ENABLES
<BLANK> = NOT CONFIGURED
ACCEPT
CANCEL
HELP
DEFINE AUDIO CHANNELS
SELECT AN ACCESS FROM THE REVOLVING LIST (BLANK, S, B, OR E) FOR THIS PCU DIGIT.
INSERT

图 12－37 音频频道分配窗口

(6)音频频道定义窗。

在音频频道分配窗上按压音频频道定义按钮后会跳出音频频道定义窗(见图 17－38)。

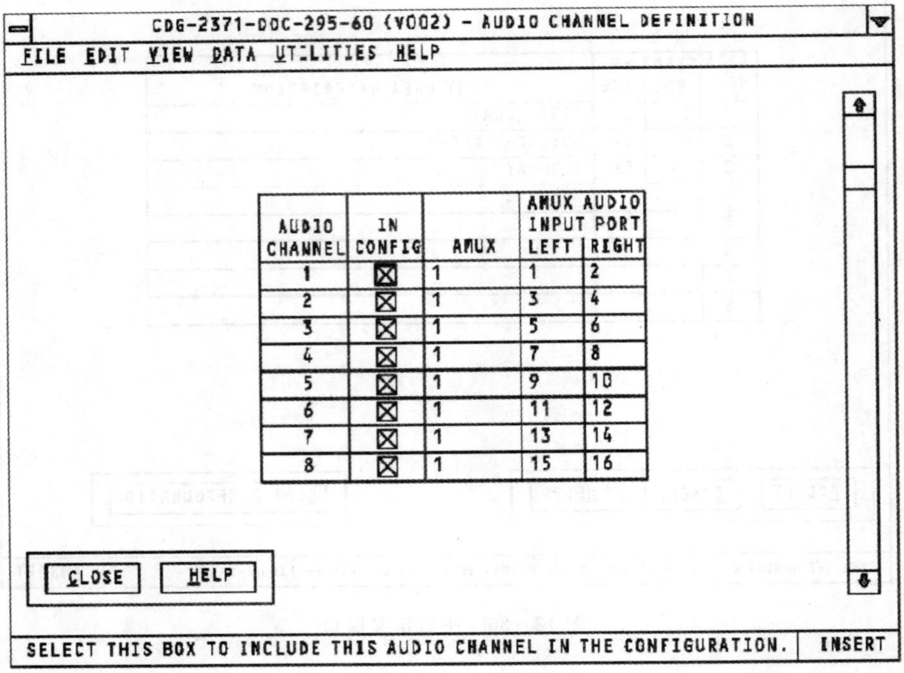
CDG-2371-DOC-295-60 (V002) - AUDIO CHANNEL DEFINITION
FILE EDIT VIEW DATA UTILITIES HELP
AUDIO CHANNEL
IN CONFIG
AMUX
AMUX AUDIO INPUT PORT
LEFT
RIGHT
1 1 1 2
2 1 3 4
3 1 5 6
4 1 7 8
5 1 9 10
6 1 11 12
7 1 13 14
8 1 15 16
CLOSE
HELP
SELECT THIS BOX TO INCLUDE THIS AUDIO CHANNEL IN THE CONFIGURATION.
INSERT

图 12－38　音频频道定义窗口

音频频道定义窗控制乘客娱乐系统音频构型。音频频道栏显示的是音源音频频道。IN CONFIGUE 栏显示的是音源状态。AMUX 栏显示的是每个音源对应的 AMU 号。音频输入口栏显示的是每个音源的音频输入口。

4. 构型数据库的安装

飞机出场时 CMS 就安装了初始的构型数据库,但是往往航空公司的构型都会有所改变,航空公司可以用 CDG 改变飞机初始构型数据库,将其拷贝到软盘上后更新原有的数据库。

构型数据库的安装分为两个阶段:PHASE I DISK LOADING 和 PHASE II DATABASE INSTALLATION(数据装载阶段和数据库安装阶段)

(1)PHASE I。

在 CSCP 上找到软驱,将存有构型数据库的 3.5 in 软盘放到软驱中,然后将数据库从软盘装载 CSCP 内部存储器中。这个数据装载过程是构型数据安装的第一阶段。

(2)PHASE II。

在完成第一阶段的数据装载后,根据 CSCP 屏幕上的选项将数据安装到 CMS 系统中。许多 CMS 部件需要构型数据库才能操作。因此,在更换某个部件后必须通过 CSCP 将构型构型数据库发送到新的部件。由于构型数据库一般安装在 CSCP 存储器中,我们通过 CSCP 屏幕上的选项就可安装数据库。经数据库从 CSCP 内存中安装到部件的过程是构型数据安装的第二阶段。

注意:通过 CSCP 或 CMT 进行数据装载、程序装载、测试等以 AMM 为准(见图 12－39)。

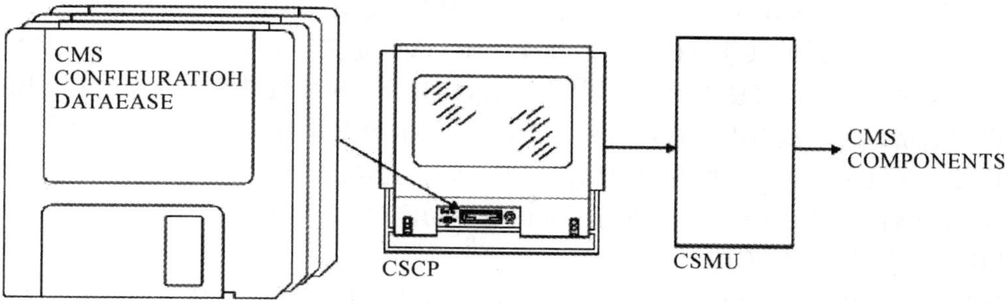
CMS
CONFIEURATIOH
DATAEASE
CMS
COMPONENTS
CSCP
CSMU

图 12－39　构型数据库的安装示意图

12.7.2　系操作软件的安装

CMS 系统的部件都有它们自己的特殊的操作软件。操作软件控制 LRU 的基本功能。LRU 操作程序并不属于构型数据库的一部分

一般情况下，LRU 的操作程序在部件出厂前 LRU 厂商就已经安装好了。在飞机运营过程中厂家出的服务通告可能会遇到安装新的 LRU 操作程序。这时，和安装构型数据库方法类似，维护人员先通过 CMS 软驱将软件装载到 CMS 系统内存中，然后通过 CSCP 屏幕上的选项选择一个程序，将该程序安装到该 LRU 上。如图 12－40 所示给出了需要安装操作程序的 LRU。

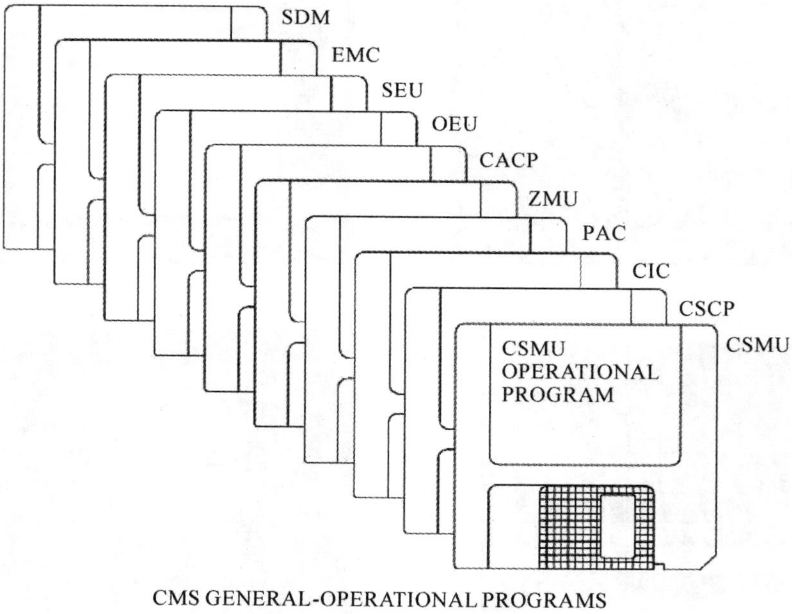
SDM
EMC
SEU
OEU
CACP
ZMU
PAC
CIC
CSCP
CSMU
CSMU
OPERATIONAL
PROGRAM
CMS GENERAL-OPERATIONAL PROGRAMS

图 12－40　系统部件操作软件

12.7.3　空客 CIDS 编程

CIDS 被设计成可客户化。通过改变存储于 OBRM 和 CAM 内的软件数据库可以改变现

实选项、客舱构型或者 CIDS 的扩展功能。其中,OBRM 定义了 CIDS 的操作软件、应急功能以及所有与 CIDS 联系的其他飞机系统的功能。而 CAM 定义了客舱布局。另外,CAM 还定义了 FAP 页面布局以及信息显示。CIDS 通电时,控制计算机比较其内部存储的和 OBRM 与 CAM 内的数据。如果数据不一致,CAM 与 OBRM 内的数据将被自动下载到控制计算机内。当 FAP 完全失效时,CIDS 工作在限制操作模式(基本功能)。

飞机在地面时,通过 FAP 可以进行下面的编程功能(见图 12-41)。

(1)LAYOUT CHANGE。

CIDS 可以对客舱区域和无烟区域进行划分,区域边界位于两排座椅之间,因此划分区域需要选择两个区域相邻的两排座椅的位置,NON SMOKER A/C 可以将整个客舱定义为一个无烟区域。保存最新布局后,原有的客舱布局将被覆盖。如果没有保存,那么系统将默认原有的客舱布局。

(2)LEVEL ADJUSTMENT。

在编程面板上的 LEVEL ADJUSTMENT 页面上可以改变广播通知和提醒的谐音信号的音量。音量可以在基准音量上下 6 分贝的范围内调节。Default 键可以重置音量为 CAM 内的默认值。

(3)FAP SET-UP。

FAP 的设置页面可以设置 FAP 的亮度和喇叭与耳机的音量。

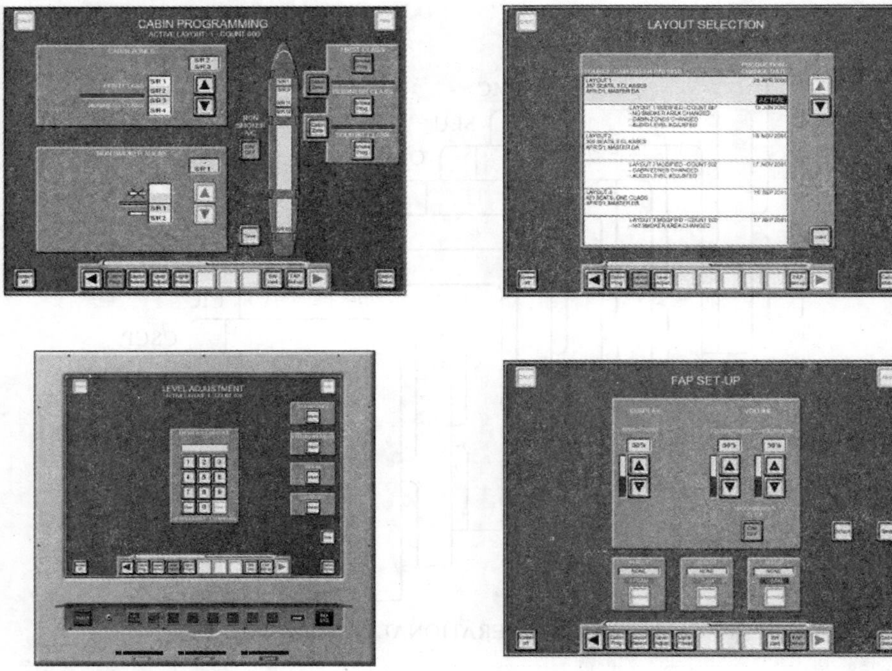
CABIN PROGRAMMING
LAYOUT SELECTION
LEVEL ADJUSTMENT
FAP SET-UP

图 12-41 CIDS 编程

12.7.4 3000i 系统结构图(其他系统类似)

3000i 系统结构图如图 12-42,图 12-43,图 12-44,图 12-45 所示。

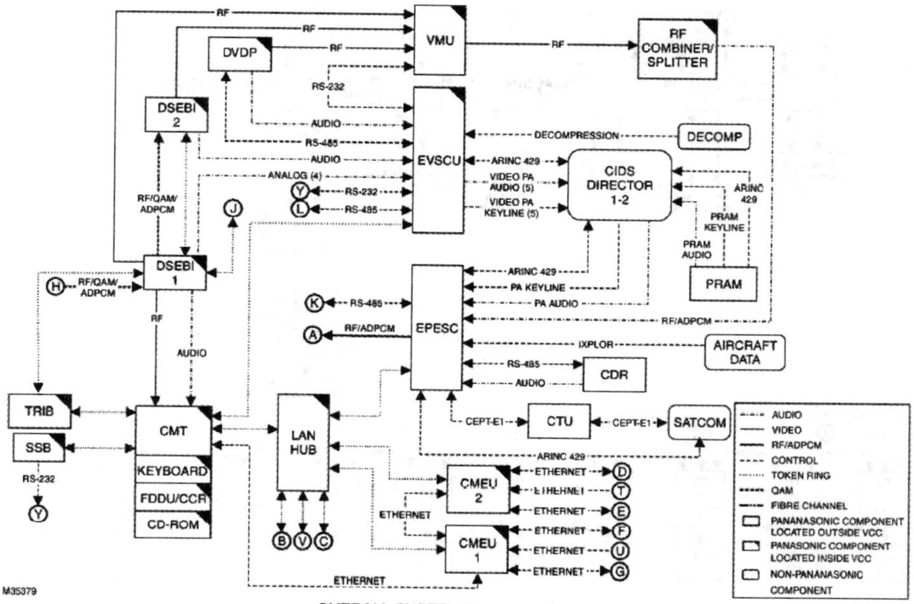
VMU
RF COMBINER/ SPLITTER
DVDP
DSEBI 2
EVSCU
DECOMPRESSION
DECOMP
CIDS DIRECTOR 1-2
ARINC 429
VIDEO PA AUDIO (5)
VIDEO PA KEYLINE (5)
PRAM KEYLINE
PRAM AUDIO
PRAM
RF/QAM/ ADPCM
DSEBI 1
EPESC
PA KEYLINE
PA AUDIO
RF/ADPCM
IXPLOR
AIRCRAFT DATA
CDR
TRIB
SSB
CMT
KEYBOARD
FDDU/CCR
CD-ROM
LAN HUB
CTU
SATCOM
CEPT-E1
CMEU 2
CMEU 1
ETHERNET
RS-232
RS-485
AUDIO
ANALOG (4)
RF
M35379
AUDIO
VIDEO
RF/ADPCM
CONTROL
TOKEN RING
QAM
FIBRE CHANNEL
PANANASONIC COMPONENT LOCATED OUTSIDE VCC
PANASONIC COMPONENT LOCATED INSIDE VCC
NON-PANANASONIC COMPONENT

OVERALL SYSTEM BLOCK DIAGRAM

图 12－42　结构图 1

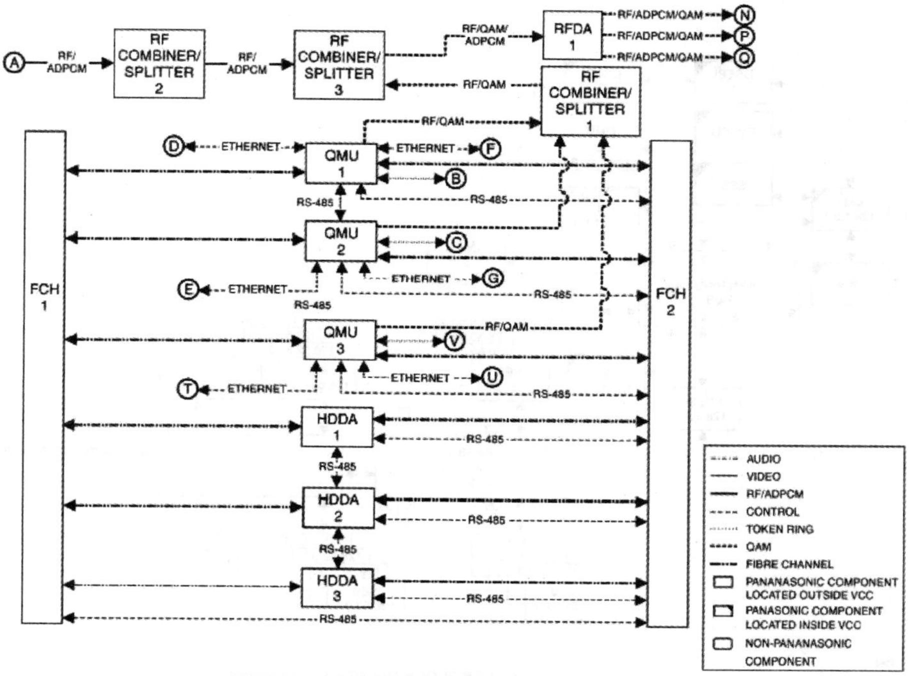
RF/ ADPCM
RF COMBINER/ SPLITTER 2
RF COMBINER/ SPLITTER 3
RF/QAM/ ADPCM
RFDA 1
RF/ADPCM/QAM
RF/QAM
RF COMBINER/ SPLITTER 1
FCH 1
FCH 2
QMU 1
QMU 2
QMU 3
ETHERNET
RS-485
HDDA 1
HDDA 2
HDDA 3
AUDIO
VIDEO
RF/ADPCM
CONTROL
TOKEN RING
QAM
FIBRE CHANNEL
PANANASONIC COMPONENT LOCATED OUTSIDE VCC
PANASONIC COMPONENT LOCATED INSIDE VCC
NON-PANANASONIC COMPONENT

OVERALL SYSTEM BLOCK DIAGRAM

图 12－43　结构图 2

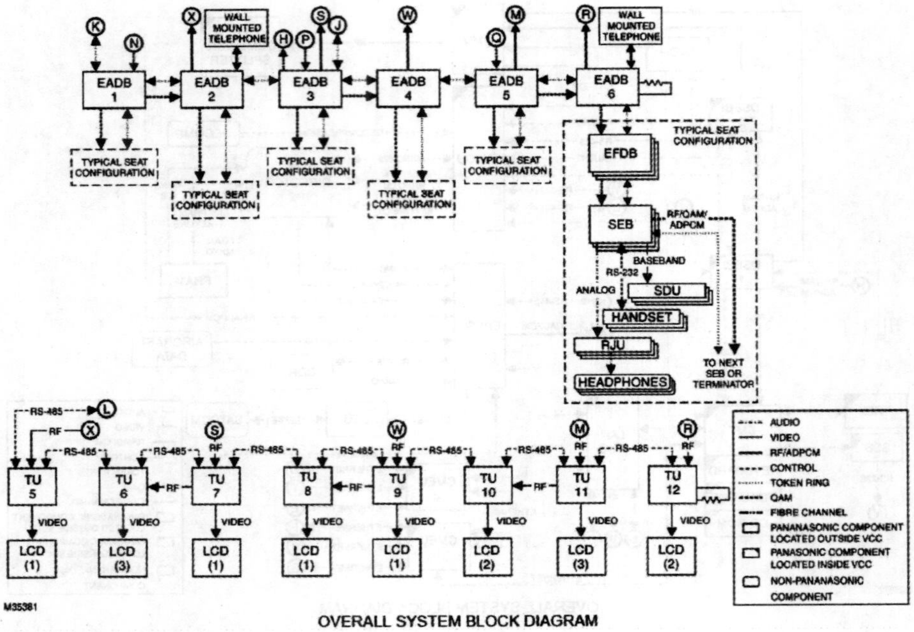
OVERALL SYSTEM BLOCK DIAGRAM

图 12-44　结构图 3

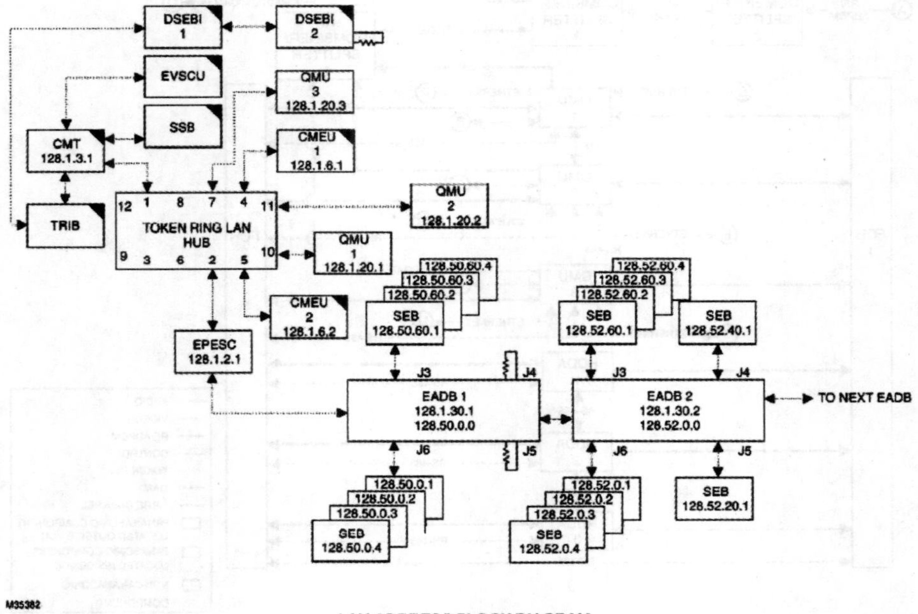
LAN ADDRESS BLOCK DIAGRAM

图 12-45　结构图 4

习　　题

1. 旅客广播系统的作用是什么？
2. 乘务员手提话筒的功能是什么？
3. 客舱照明通过什么控制？
4. 客舱监视和控制系统的作用是什么？
5. 旅客呼叫系统的组成部分是什么？
6. 飞机上的运程通信系统包括什么？
7. 旅客娱乐系统可以实现哪些功能？
8. IFE 系统由 3 个令牌局域网组成，各部分是什么？

第13章 飞机客舱主要维修工艺

13.1 客舱设施设备的主要材料及常见故障

民航客机客舱设施设备的构成材料主要分为金属和非金属两大类。

金属件主要分两类:结构支撑类及装饰类。结构支撑类一般指各类设备的安装座,结构支撑框架,通常为铝合金材料,常见故障类型为腐蚀。装饰类的金属件一般为各类客舱设备装饰条等,通常材料为铝合金和不锈钢,常见故障类型有腐蚀、脱胶、变形、断裂、裂纹、划伤、凹坑等。

非金属材料件包括各种复合材料件、塑料件、墙纸装饰层、织物、皮革装饰件、地板胶、隔热棉等等。各类复合材料一般用于客舱设备的主体,常见故障类型有表面划伤、凹坑、分层、脱胶、鼓泡、蜂窝芯损伤等。塑料件一般用于各类设备的装饰部分,常见故障有划伤、老化、脱胶、断裂、裂纹、掉漆等。墙纸装饰层用于各类设备的表面装饰,常见故障有划伤、凹坑、脱胶、缺损、鼓泡等。织物类材料主要用于安全带,地板覆盖物,隔帘,空气回流板覆盖物,防踢板覆盖物等。常见故障为起毛、磨损、污渍等。皮革在客舱内的使用目前主要用于座椅套,座椅扶手等。故障类型为磨损、老化、色差等。地板胶用于客舱防水区域的地板覆盖,故障类型为老化、磨损等。

本章将对客舱常见故障的修理工艺作通用型的介绍,具体的维修必须依照各机型相关的手册和技术文件的要求进行。

13.2 客舱金属件典型修理

客舱金属结构件主要分布于各类设备的安装支撑框架等,如厨房厕所的安装脚,隔板的顶部安装连接块,厕所门框支柱,座椅的靠背板、坐垫板等。客舱金属装饰件主要分布于各类设备设施的边框装饰,如隔板储物柜边框装饰条,厕所门框装饰条,厨房服务面板等。

13.2.1 客舱金属结构件的典型故障及修理

1.铝合金结构件腐蚀的修理

厕所和厨房区域的下部结构特别容易遭受泼溅的污水、食物以及带有腐蚀性的马桶除臭液的浸渍而发生腐蚀。这类结构件通常为铝合金材料(也有少数厂家使用不锈钢)。这类铝合金件的腐蚀最为常见,腐蚀特征为初期为灰白色斑点,发展后出现灰白粉末状腐蚀产物,严重时外表面的复合材料部分出现隆起特征。

一旦发现腐蚀，必须将腐蚀产物全部彻底清除掉，采用的方法视腐蚀轻重而定。

对于面积不大的轻度腐蚀，采用打磨的方法是这类修理中最常用，最有效的腐蚀去除方法。清除腐蚀产物操作时，应注意目视检查，争取在去掉最少材料的情况下把所有腐蚀清除掉。清除后用 5～10 倍放大镜仔细检查，看是否还残留腐蚀的痕迹。若确定腐蚀产物已经被彻底清除掉，再多打磨掉 2/1000 in 的金属材料。之后再先用 280 目，再用 400 目研磨纸将表明打磨光滑，用清洁剂溶液清洗，再用 5%铬酸溶液进行中和处理，让溶液在清洁腐蚀的表面至少停留 5 min 后，再用水溶液冲掉，然后让表面彻底干燥，为表明的防腐处理做好准备。之后进行铝合金件的表面防腐处理，若需填补凹坑的还需进行凹坑的填补修理。

对于大面积的铝合金表面的丝状腐蚀，一般采用喷砂的方法去除较为有效。清除腐蚀之后，需要清除后用 5～10 倍放大镜仔细检查，看是否还残留腐蚀的痕迹。之后同样需要对表面做清洁及防腐处理。

对于严重腐蚀件（指通过去除腐蚀的方法将会超标的件）的铝合金件的修理，需要直接切除腐蚀严重的区域或者更换整个零件。这将视具体情况而定，包括腐蚀件的大小、形状、安装连接方式、腐蚀区域接近难易程度等等。对于切除腐蚀区域的方式修理的要注意切割面的表面防腐处理。

2. 钢及钢合金件腐蚀的修理

客舱内的钢合金部件较少，主要分布在厨房厕所区域。如厨房的工作台面和厕所内盥洗盆。对于钢或合金钢的表面锈斑可使用细研磨砂纸或刷子进行打磨。对于没有电镀层的钢件最好的方法是用细砂、氧化铝物、玻璃珠进行喷砂去除腐蚀产物，特别是凹坑底部的腐蚀产物。如果钢件有镉或铬镀层，进行喷砂时应小心保护镀层，防止镀层受到损伤。

钢件上的腐蚀产物清除掉以后，用 400 目的研磨纸将表面打磨光滑，然后清洗干净。表面干燥后应尽可能快的涂上铬酸锌底漆，保护表面防止再生锈。

13.2.2　其他金属件的典型故障缺陷及修理

客舱内部金属件除上述易腐蚀区域的结构件外，比较常见的缺陷故障有：装饰件的变形、脱胶、表面的划伤、凹坑，以及某些板类金属件的裂纹等。

（1）金属装饰件的变形：可通过手工整形或者喷丸的方式进行整形。

（2）金属装饰件的脱胶：可通过拆下—清洁—整形—重新黏接的方法进行处理。

（3）金属装饰件的表面划痕。

轻微划痕可通过手工打磨的方式去除，去除后先用 280 目，再用 400 目研磨纸将表面打磨光滑，用清洁剂溶液清洗，再用 5%铬酸溶液进行中和处理，让溶液在清洁腐蚀的表面至少停留 5 min 后，再用水溶液冲掉，然后让表面彻底干燥，为表明的防腐处理做好准备，之后进行铝合金件的表面防腐处理。若划痕严重（打磨去除划痕的方式会使零件超标）的装饰件则需要更换新件。

（4）金属装饰件的表面凹坑。

常见修理工艺为：对凹坑区域进行清洁—用填充胶填平凹坑—用研磨纸将修理区域打磨平滑—对修理区域清洁—对打磨到的金属表面做防腐处理—按需对修理区域补底面漆。

（5）板类金属件的裂纹。

1)需要按手册要求判别裂纹长度是否超可修理范围,超可修理范围的裂纹件需要更换新件。

2)可修理裂纹按手册要求修理,较小裂纹(具体长度范围见相关维修手册要求)可直接在裂纹末端打止裂孔处理,以防止裂纹进一步扩张。

3)可修理范围内的较长裂纹(具体长度范围见相关维修手册要求)需要制作修理加强片修理,常见修理步骤如下:

①在裂纹末端打止裂孔。

②确定加强片的大小及紧固件的排数和安装位置,加强片的厚度至少与损伤区域的厚度相等或者厚一级。

③制作修理加强片。

④将修理件安放到位配钻紧固件孔。

⑤拆下修理件,去除修理件切口边及紧固件孔边的毛刺和棱边。

⑥对修理件和原损伤件裸露的金属表面进行化学转化处理,如阿洛丁处理。

⑦对修理加强件按需刷涂底面漆。

⑧在修理加强件和原损伤件之间的结合面涂密封胶(如 BMS5-95)后安放到位,再安装紧固件。所有非铝合金紧固件必须涂密封胶后湿安装。

⑨紧固件安装结束后,对修理区边缘用密封胶进行填角密封。

⑩按需对修理区域刷涂底面漆。

13.2.3 客舱金属件表面的防腐处理

为了防止腐蚀发生,在客舱中使用的金属构件表面都包覆有防腐蚀保护层。

客舱件主要使用在铝合金表面形成氧化膜和钢构件表面形成电镀金属保护层,以及涂漆层的方法防腐。

1.客舱铝合金件表面的主要防腐方法

(1)表面生成氧化膜。

在铝合金表面生成氧化膜的方法有两种:一种是通过电解法,也就是阳极化(Anodizing);另一种是化学处理方法,也就是施用阿洛丁(Alodine)。

1)电解法:将要处理的铝合金件作为阳极放人铬酸或硫酸电解液里,经过电解处理,在铝合金件表面形成一层氧化膜。

2)化学处理方法:在铝合金件的表面上施用阿洛丁,阿洛丁的涂覆按照飞机结构修理手册第 51 章进行施加。

(2)涂漆层。

在金属表面形成保护层的各种方法中,使用最多的是在金属表面涂漆层。在涂漆之前必须对金属表面进行处理,以使金属表面粗糙,为漆层提供牢固的黏接面。如果涂漆前的表面处理工作做得不好,会使漆层破裂、脱落,起不到保护作用。对于铝合金,可以用弱铬酸溶液蚀洗表面,为漆层提供黏接面,用电解法生成的氧化膜和用化学方法在表面生成的阿洛丁涂层也能为漆层提供黏接面。如果表面涂层使用清漆或瓷釉漆,应使用黄绿色的铬酸锌作为底层涂料。它可以在表面涂层和金属之间起到很好的黏接作用,并且在透水气的同时,使铬离子达到涂层表面,起到很好的防腐作用。如果使用聚氨酯瓷釉作为表面涂层,就必须使用环氧树脂作底层涂料。其他要求有较强抗蚀能力的表面涂层，也可以使用环氧树脂作为底层涂料。

2. 客舱钢件表面的主要防腐方法

(1)电镀金属保护层。

在钢件表面镀镍或镀铬，也可以在钢件表面镀镉。这些镀层在钢件表面形成致密的保护层，将基体金属与空气、水等腐蚀介质隔离开，防止基体金属发生腐蚀。

(2)涂漆层。

涂漆层也被广泛用来作为钢件表面保护层。但在涂漆层之前，必须对要涂漆的金属表面作处理：首先要彻底清洗表面，去掉钢件表面所有氧化膜，并使表面有一些粗糙度，以便为漆层提供黏接基础；对于已镀镉的钢件应使用弱铬酸蚀洗。

13.3　客舱复合材料件的常见故障及修理

客舱设备设施中复合材料的应用十分广泛，可以说客舱中绝大部分设备的主体都是由复合材料构成的。比如厨房、厕所、储物柜、行李箱、天花板、侧壁板等等的主体部分。所以客舱修理中复合材料的修理也就彰显得比较重要。

13.3.1　复合材料的基本特性

复合材料是由两种或两种以上的保留其物理和化学特性的材料组成的一种新的多相材料，各组分材料之间具有明显的界限。简单地说，由两种或两种以上的材料组合而成的材料称之为复合材料。复合材料通常由增强材料(如玻璃、硼、芳纶和碳纤维)和基体材料(如树脂、金属)组成，增强材料主要用来承受载荷，基体材料主要起黏结作用。

客舱内使用的复合材料板多为层合板和蜂窝夹芯结构。层合板是由两层或者两层以上同种或者不同种材料层合压制而成的复合材料板材。层合板是由单层板铺叠黏合而成的。如图 13－1 所示。

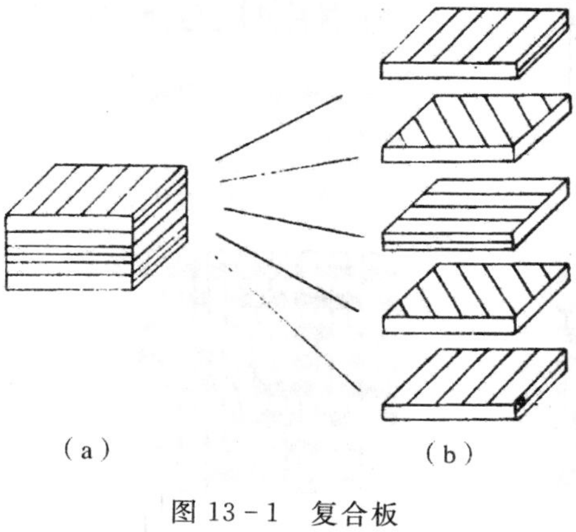

(a)　　(b)

图 13－1　复合板

(a)层合板；(b)铺层

蜂窝夹芯结构是由上、下面板和蜂窝夹芯通过胶接而组成的(见图 13－2)。蜂窝夹芯结构的面板可以是复合材料层合板、铝合金面板、钛合金面板等，采用蜂窝夹芯结构的主要目的是为了提高结构件的抗弯刚度和充分利用材料的强度。

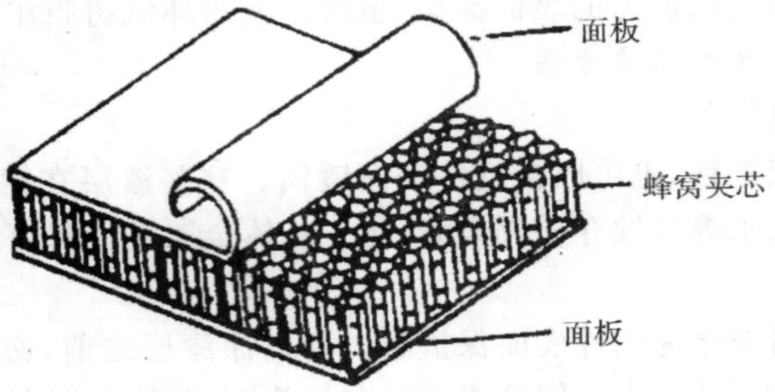
面板
蜂窝夹芯
面板

图 13－2　复合材料蜂窝板

13.3.2　复合材料的原材料

复合材料原材料包括：增强材料、基体材料、预浸料、蜂窝夹芯、泡沫夹芯、胶黏剂、工艺辅助材料。

1.增强材料

复合材料的增强材料主要是以纤维形态出现的。

纤维增强材料：
- 芳纶纤维
- 硼纤维
- 玻璃纤维
- 碳化硅纤维

上述各种纤维，常以织布的形态出现，如图 13－3 所示。

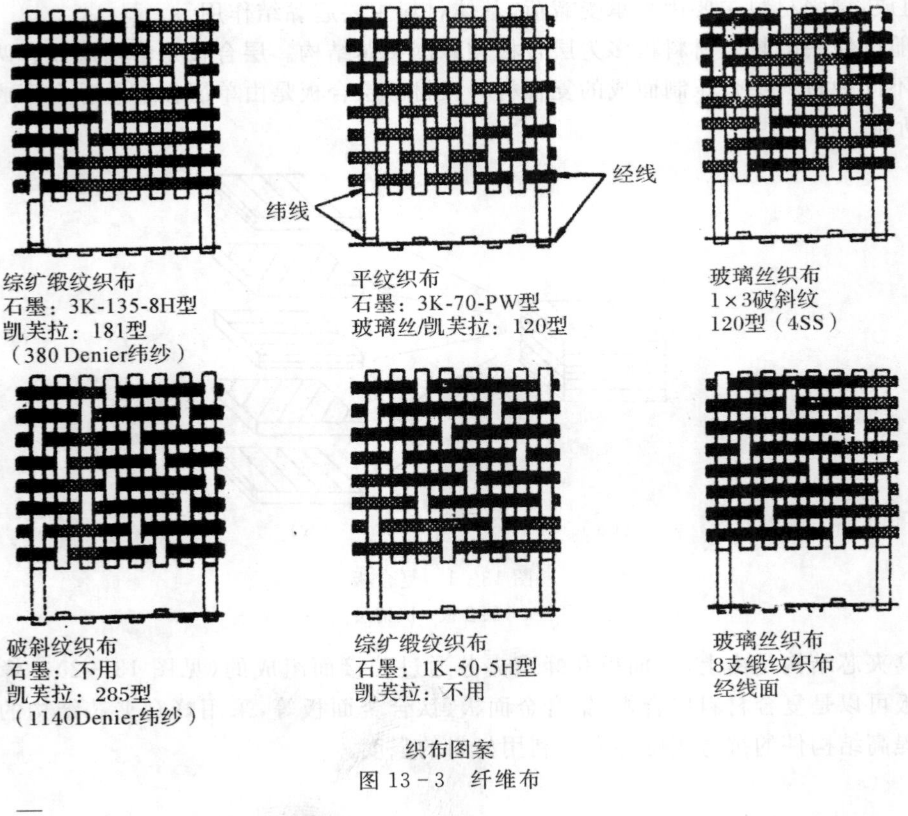
经线
纬线
综矿缎纹织布
石墨：3K-135-8H型
凯芙拉：181型
（380 Denier纬纱）
平纹织布
石墨：3K-70-PW型
玻璃丝/凯芙拉：120型
玻璃丝织布
1×3破斜纹
120型（4SS）
破斜纹织布
石墨：不用
凯芙拉：285型
（1140Denier纬纱）
综矿缎纹织布
石墨：1K-50-5H型
凯芙拉：不用
玻璃丝织布
8支缎纹织布
经线面

织布图案

图 13－3　纤维布

2. 基体材料

基体材料分为有机基体材料和金属基复合材料。

有机基体材料：目前，有机基体材料以树脂为主。

- 树脂
  - 热固性树脂
    - 环氧树脂
    - 聚酰亚胺树脂
    - 双马来酰亚胺树脂
    - 酚醛树脂
  - 热塑性树脂
    - 聚醚醚酮
    - 聚苯硫醚
    - 聚醚酮

环氧树脂广泛用于复合材料结构，主要用作碳纤维和玻璃纤维增强材料的基体。环氧树脂在室温到3 500℉的范围内都能固化，使用温度：80～120℃。

酚醛树脂复合材料主要作隔热材料、耐烧蚀材料。常用于制作飞机、舰船、火车和汽车的内部装饰结构部件。因为酚醛树脂具有良好的耐火性、自熄性、低烟性和低毒性。

金属基复合材料(MMC)：常用金属基有铝、镁和钛等金属。它们均能与碳、碳化硅和铝增强纤维相结合。目前，大部分金属基复合材料处在研制和开发阶段，只有硼/铝复合材料进入了应用阶段

3. 预浸料：是指预先浸渍了树脂的纤维或织物的片状材料，它是层合板的基本组成单元。目前，大多数板壳构件是通过一层一层地铺叠预浸料，然后在真空袋、模压机或热压罐中成型的。玻璃纤维复合材料的基体一般采用不饱和聚酯树脂和环氧树脂。

4. 夹芯材料

夹芯材料从形态上可分为蜂窝夹芯材料和泡沫夹芯材料。

(1)蜂窝夹芯：蜂窝夹芯是夹层结构中最常用的夹芯材料。蜂窝形状有六角形、菱形、矩形等，其中以六角形蜂窝夹芯应用最广，因为这种夹芯稳定性高、制造简便。蜂窝夹芯按制造材料可分为铝蜂窝、芳纶纸蜂窝和玻璃布蜂窝等 。

(2)泡沫夹芯：是用泡沫塑料（又称多孔塑料）制成的。飞机上最常用的泡沫塑料是硬质聚氨酯泡沫塑料。这种泡沫塑料具有重量轻、强度高、导热系数低、耐油、耐低温、防振和隔音等优点；并且还具有与多种材料黏接性良好和能够现场发泡制造的特点，便于填充形状复杂的构件

5. 胶黏剂

胶黏剂包括结构胶黏剂和非结构胶黏剂。结构胶黏剂用于损伤结构的修理黏结。非结构胶黏剂用于损伤结构的封严或者装饰修理。

13.3.3　复合材料的损伤类型

复合材料的损伤类型分为疲劳损伤、撞击损伤、雷击损伤、夹芯结构的损伤。

其中疲劳损伤又分为：基体树脂裂纹、界面分层、纤维断裂、脱胶。通常，这些损伤类型并不单独存在，而是相互影响、相互制约地共存于复合材料中。损伤形式和程度与材料性能、铺层顺序、加载类型等因素有关。但是，出现大量的基体树脂裂纹并不影响构件应用时的安全性。

芯结构的损伤类型包括：面板起皱（见图 13－4）、面板裂纹、夹芯压瘪（图 13－5）、面板与夹芯脱胶。

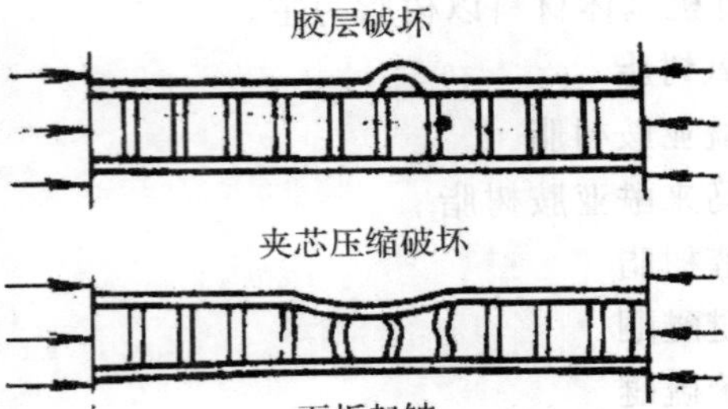
胶层破坏
夹芯压缩破坏
面板起皱

图 13－4　面板起皱

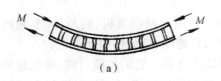
M
M
(a)
P
P/2
(b)
P/2
夹芯压瘪

图 13－5　面板裂纹

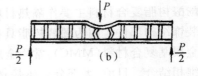

13.3.4　复合材料的修理类型及耗材设备

1. 复合材料修理类型

复合材料修理分为冷修理和热修理，如图 12－6 所示。客舱复合材料件的修理大都采用冷修理，而热修理一般用在部件或构件的特定区域。冷修理指清除损伤后，采用湿铺层，然后在室温下固化的修理方法。为了加速减少固化时间和得到高质量的修理，可以利用加热设备，使修理区湿铺层后，在 150℉下固化。

冷修理的特点如下：

1)湿铺层修理时，应尽快使用含有催化剂的树脂材料。

2)冷修理不能恢复原强度和耐久性。（故对一些冷修理应规定检查周期）。

3)冷修理不能用在高应力区和主要结构件上（见图 13－6）。

2. 修理材料与设备

修理材料包括.树脂材料、纤维织品（纤维织物和纤维单向带）、预浸料、预固化片（很少用）、薄膜黏合片（胶膜）、蜂窝夹芯。

修理设备包括加温设备（常用的加温设备有烘箱和加热毯）、抽真空设备、其他固化设备（无黏性 Tedlar 片、粘封条、分离膜以及均压板等。另外，还要使用浸渍树脂的玻璃纤维织物作为表面和边缘的透气布）、切割工具和吸尘器、夹具（见图 13－7）。

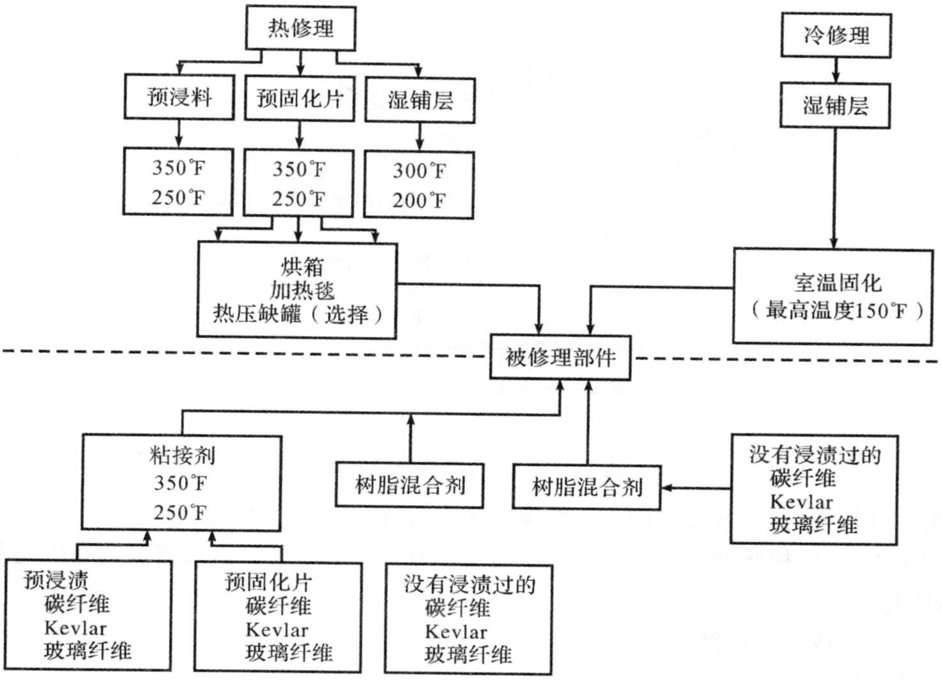
热修理
预浸料
预固化片
湿铺层
350℉
250℉
350℉
250℉
300℉
200℉
烘箱
加热毯
热压缺罐（选择）
冷修理
湿铺层
室温固化
（最高温度150℉）
被修理部件
粘接剂
350℉
250℉
树脂混合剂
树脂混合剂
没有浸渍过的
碳纤维
Kevlar
玻璃纤维
预浸渍
碳纤维
Kevlar
玻璃纤维
预固化片
碳纤维
Kevlar
玻璃纤维
没有浸渍过的
碳纤维
Kevlar
玻璃纤维

图 13－6　冷修理流程

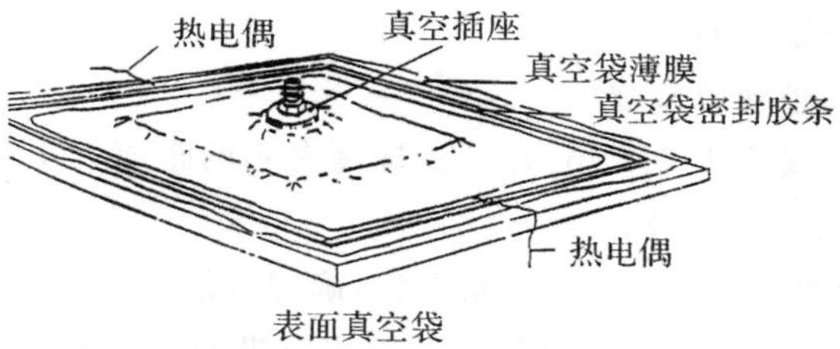
热电偶
真空插座
真空袋薄膜
真空袋密封胶条
热电偶
表面真空袋

图 12－7　复合材料修理材料与设备

13.3.5　客舱复合材料件常见损伤的修理

1. 表面凹坑损伤的修理

(1)当壁板表面有凹坑损伤时，应首先检查是否存在分层和纤维断裂损伤。

1)如果仅存在分层损伤，则应按常规方法只清除分层损伤进行修理；

2)如果存在纤维断裂损伤，损伤区直径小于或等于 0.5 in，则应按蜂窝壁板小孔洞损伤的修理方法进行修理；

3)如果损伤区直径大于 0.5 in，应按常规方法清除损伤，采用插入夹芯塞和铺层方法修理；

(2)当没有分层或纤维断裂损伤时，可按如下方法进行修理(见图 13－8)。

1)清除损伤区域。

2)如图 12－8 所示，用保护带隔离损伤区。要注意使修理层有 1 in 的外伸量。

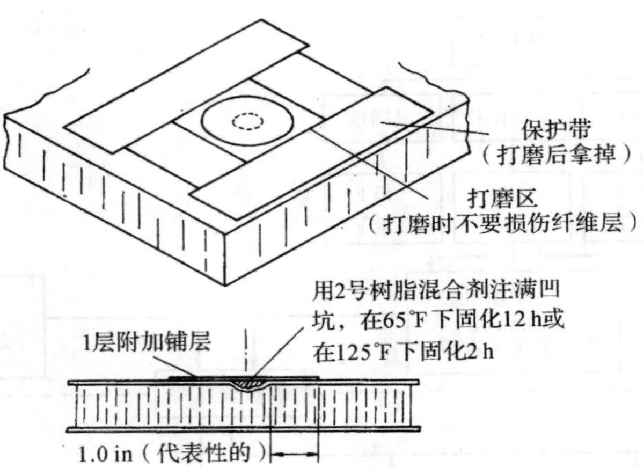
保护带
（打磨后拿掉）
打磨区
（打磨时不要损伤纤维层）
用2号树脂混合剂注满凹
坑，在65℉下固化12 h或
在125℉下固化2 h
1层附加铺层
1.0 in（代表性的）

图 13-8　复合材料缺陷修理

3)用 150 目或更细的砂纸打磨，清除隔离区内的 Tedlar 或装饰层。

4)用树脂(具体树脂型号见相应机型手册要求)混合剂填平凹坑，树脂可稍高出周围表面。(5)进行固化。

6)用 150 目或更细砂纸打磨齐平。

7)清洁该区域。

8)当采用湿铺层室温固化修理时，铺放一层 H－2 型或 H－3 型玻璃纤维布。玻璃纤维布要超出填充区 2 in。

9)进行封装固化并恢复表面层。

2. 壁板边界轻度分层损伤的修理

当分层损伤宽度小于或等于 0.5 in，并且到蜂窝夹芯的距离大于 0.5 in 时，可以采用如下的修理方法进行修理（见图 12-9)。

1)清除分层（图中①所指处)内的污物和水分，确保分层内干燥、无污物。

2)向分层内注入树脂混合剂(具体树脂型号见相应机型手册要求)。

3)如图 13-9 所示，将分层夹紧，并清除多余的树脂。

4)按相应手册中规定的固化温度和时间进行固化。不需要真空加压，只要在固化前保持必要的夹紧力就可以。

5)检查修理质量。

3. 蜂窝壁板小孔洞损伤的修理

当蜂窝壁板有直径小于或等于 0.5 in 的小孔洞损伤时，可以按如下修理方法进行修理（见图 13-10)。

1)使用 150 目或更细的砂纸清除保护带内的透明或有色的 Tedlar 薄膜。

2)使用 150 目或更细的砂纸清除损伤周围区域内的涂层和导电层。

3)清除损伤周围区域内的水分，使其彻底干燥。

4)按清除损伤的要求清除损伤，并清除松动碎屑和其他污物。

5)清洁清除损伤后的区域。

6)尽可能多地向孔内注入树脂混合剂(具体树脂型号见相应机型手册要求)。

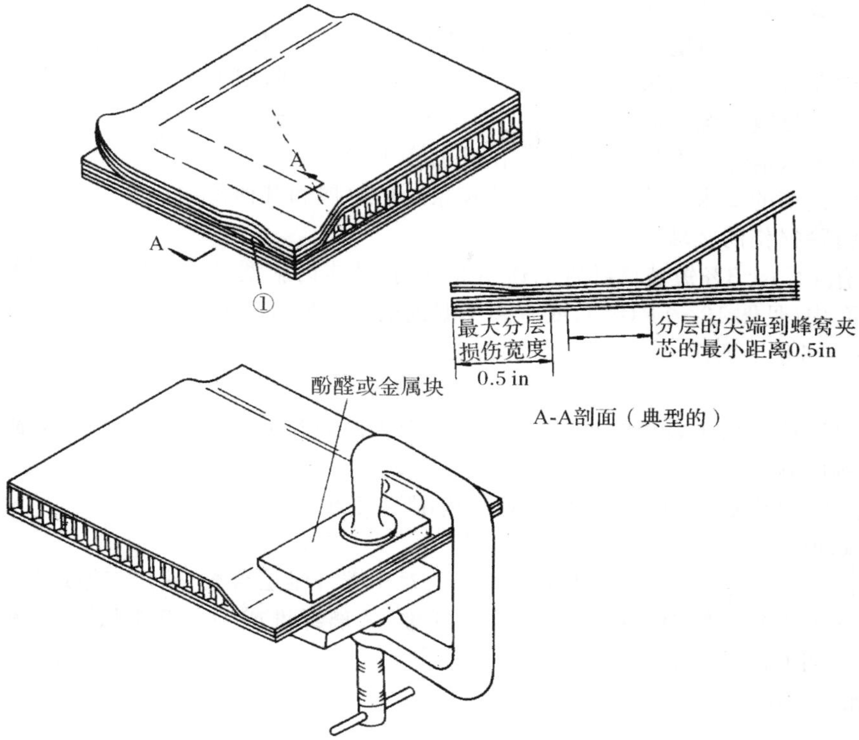
A
A
①
最大分层
损伤宽度
0.5 in
分层的尖端到蜂窝夹
芯的最小距离0.5in
A-A剖面（典型的）
酚醛或金属块

壁板边界分层损伤的修理

图 13－9　压紧修理处

7)按规定固化温度和时间进行固化。

8)细心打磨突出于表面的材料（树脂），使其与周围的齐平度在±0.010 in 范围内。

9)使用 240 目或更细的砂纸打磨修理区域周围的表面。

10)清洁修理区。

11)在修理区上铺放两层纤维层，并进行固化和其他相应的修理工作。

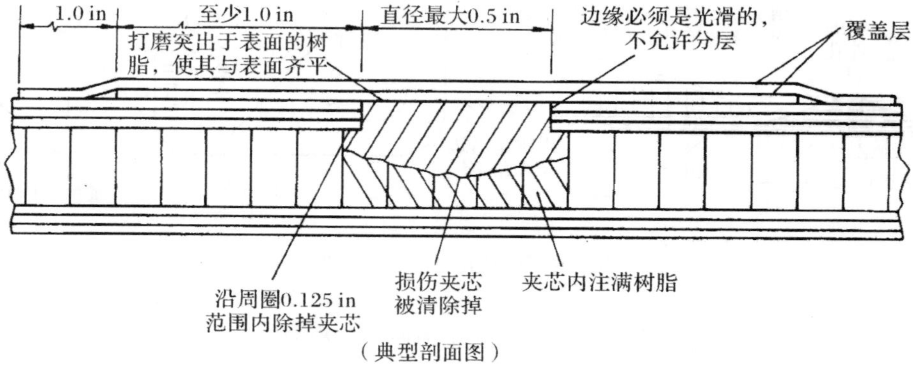
1.0 in
至少1.0 in
直径最大0.5 in
边缘必须是光滑的，
不允许分层
覆盖层
打磨突出于表面的树
脂，使其与表面齐平
沿周圈0.125 in
范围内除掉夹芯
损伤夹芯
被清除掉
夹芯内注满树脂
（典型剖面图）

蜂窝壁板小孔洞损伤的修理

图 13－10　小孔损伤修理

4. 壁板或层合板边界紧固件孔边损伤修理

如图 13-11 所示，当壁板或层合板边界紧固件孔边损伤时(10 个相邻紧固件孔只要至少有 2 个紧固件孔有损伤)，如果允许采用湿铺层室温固化修理，则可按如下方法进行修理。

1)使用 150 目或更细的砂纸清除损伤周围区域上的漆层和导电层。

2)从损伤区域清除所有污物和水分，使其彻底干燥。

3)按清除损伤的要求清除损伤，并清除掉松动的碎屑和其他污物。

4)清洁清除损伤的区域。

5)将含有 42%±3%短玻璃纤维的树脂混合剂(具体树脂型号见相应机型手册要求)尽可能多地注入孔中(见图 13-11 (c))；或者采用湿铺层方法修理 (见图 13-11 (b))，有关湿铺层修理，如图 13-11(d)所示。

6)进行固化。

7)细心打磨掉突出于表面的材料，使其与周围表面的齐平度在±0.010 in 范围内(对于充填树脂混合剂的处理)。

8)使用 240 目或更细的砂纸打磨修理区周围的表面。

9)清洁修理区。

10)按图 13-11 (a)所示铺放附加纤维层。对于碳纤维层合板，使用与原最外层纤维层相同材料和方向的碳纤维修理层；对于 Aramid 纤维、玻璃纤维或混杂纤维层合板，使用与原最外层纤维层相同方向的玻璃纤维修理层。

11)钻孔并锪窝。

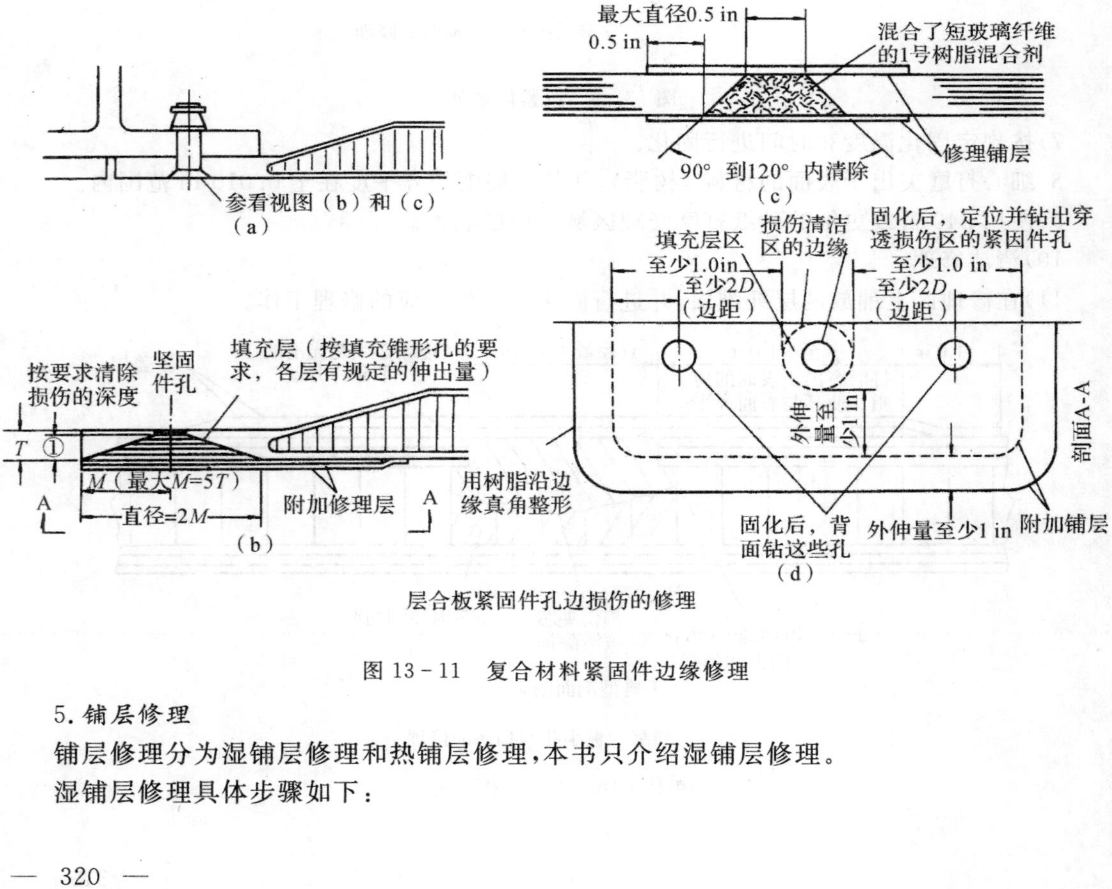
最大直径0.5 in
0.5 in
混合了短玻璃纤维的1号树脂混合剂
修理铺层
90° 到120° 内清除
(c)
参看视图 (b) 和 (c)
(a)
填充层区
损伤清洁区的边缘
固化后，定位并钻出穿透损伤区的紧因件孔
至少1.0in
至少2D (边距)
至少1.0 in
至少2D (边距)
外伸量至少1 in
剖面A-A
固化后，背面钻这些孔
外伸量至少1 in
附加铺层
(d)
按要求清除损伤的深度
坚固件孔
填充层 (按填充锥形孔的要求，各层有规定的伸出量)
T ①
M (最大M=5T)
直径=2M
附加修理层
用树脂沿边缘真角整形
A
A
(b)

层合板紧固件孔边损伤的修理

图 13-11　复合材料紧固件边缘修理

5. 铺层修理

铺层修理分为湿铺层修理和热铺层修理，本书只介绍湿铺层修理。

湿铺层修理具体步骤如下：

(1)准备纤维织品。

用玻璃纤维湿铺层可以修理原玻璃纤维铺层和原 Aramid(Kevlar)纤维铺层。

损伤的碳纤维铺层只能用碳纤维织品修理。

当选择好铺层材料后,可根据需要剪裁纤维织品。

(2)用树脂浸渍修理层。

通常按以下步骤用树脂浸渍修理层:

1)剪下两片比纤维织品修理片周圈大 3 in 的分离膜(可使用 Teflon 或其他分离膜),把其中一片用胶带粘贴到光滑表面上。

2)把纤维织品铺放到分离膜上。

3)将足够多的树脂均匀地涂在纤维织品上。

4)把第 2 张分离膜覆盖到涂了树脂的纤维织品上。

5)通过在分离膜上滚动橡皮滚子或滚筒,以便使树脂进入纤维织品中,赶走气泡和多余树脂,消除纤维织品的皱纹。浸渍树脂的纤维织品,树脂含量占总重量的 55%±5%。

6)把浸渍了树脂的纤维织品剪成所需要的补片形状和尺寸。由于分离膜起到保护纤维织品的作用,所以剪裁纤维织品时,不易损伤织品。

(3)铺放修理层。

在铺放修理层时应确保使修理层的方向与原铺层的方向相同,通常按以下步骤铺放修理层(见图 13-12)。

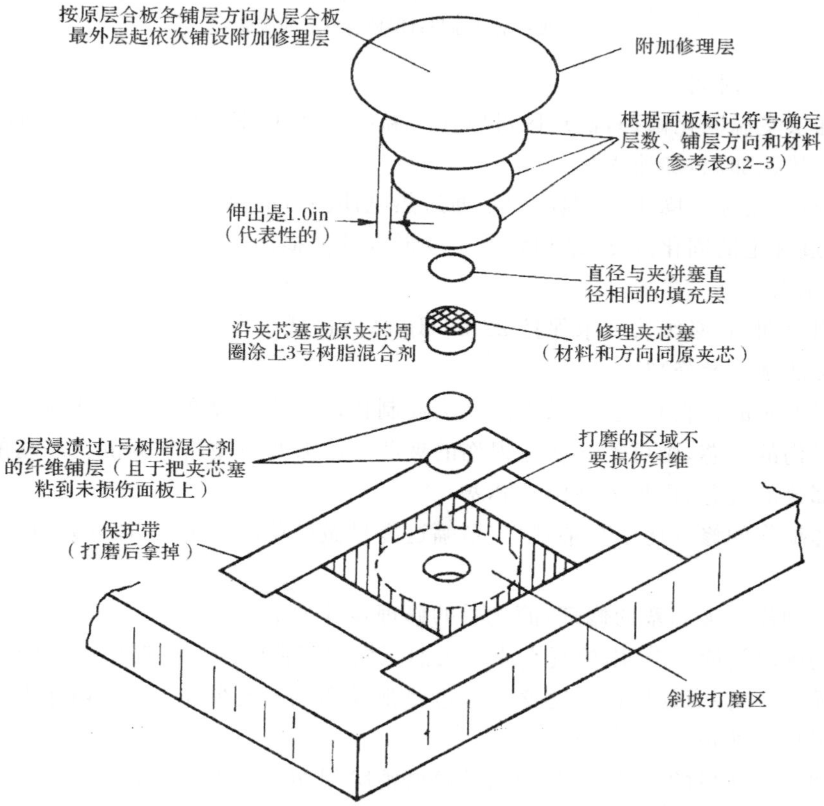
按原层合板各铺层方向从层合板
最外层起依次铺设附加修理层
附加修理层
根据面板标记符号确定
层数、铺层方向和材料
(参考表9.2-3)
伸出是1.0in
(代表性的)
直径与夹饼塞直
径相同的填充层
沿夹芯塞或原夹芯周
圈涂上3号树脂混合剂
修理夹芯塞
(材料和方向同原夹芯)
2层浸渍过1号树脂混合剂
的纤维铺层(且于把夹芯塞
粘到未损伤面板上)
打磨的区域不
要损伤纤维
保护带
(打磨后拿掉)
斜坡打磨区

图 13-12　湿铺层修理

1)在修理区域涂1层树脂。

2)从浸渍过树脂的纤维织品修理层一侧取下分离膜,然后让修理层拿掉分离膜的这面对着修理区表面,使修理层的纤维方向与原铺层方向一致,铺放修理层。

3)用橡皮滚子在修理层的分离膜上滚动,以便消除皱纹,赶走气泡。不要使压力过大,否则会出现贫胶。

4)取下该修理层上的分离膜,再用上述1)至4)的步骤铺放第2层修理层。这样重复进行下去,直到达到所要求的铺层数为止。

注意:①使每一修理铺层都要有足够的外伸量,如图13-13所示。

②分离膜必须拿掉。

5)如果需要增加附加层,其方向应按相应机型修理手册的规定来确定。

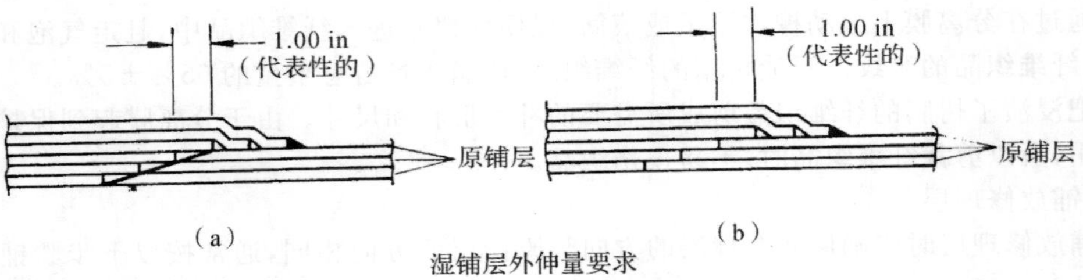
1.00 in
(代表性的)
原铺层
(a)
1.00 in
(代表性的)
原铺层
(b)
湿铺层外伸量要求

图13-13 复合材料铺层修理

(a)斜坡打磨的面板;(b)阶梯打磨的面板

(4)固化温度和时间。

对于湿铺层室温固化修理,修理区可以在室温(70～800 ℉)下固化。为了加速固化,可以用防爆灯或加热毯加温,加速固化。

注意事项:采用加温固化时,温度须是通过热电偶测得的温度。并且固化温度不能超过规定的温度,超过规定的固化温度,结构将产生变形或其他损伤。

(5)固化压力。

在整个固化期间,必须按要求保持22 in Hg高的最低压力。

6.蜂窝夹芯损伤的修理

根据蜂窝夹芯的损伤程度,可采用浇注法或制作新的夹芯塞的方法进行修理。如果采用浇注法修理损伤的夹芯,则可不必切除损伤的夹芯。若需要采用制作新的夹芯塞的方法,则需要切除损伤部分的夹芯,再加入新的夹芯塞。

蜂窝夹芯损伤的修理比较复杂,限于篇幅这里只做简单的介绍,具体修理则应按照相应的手册要求。

对于需要制作新夹芯塞的修理,简化后的修理步骤如下:

1)从损伤区域清除水分 用抽真空或用无油压缩空气清除蜂窝夹芯中的水分。

2)清除损伤,应注意切除的夹芯必须超过目视损伤范围至少0.5 in。切除夹芯时,要避免弄坏对面未损伤的面板。

3)修整切除损伤后的区域,均匀地斜坡打磨清除损伤后的周围区域。

4)清洁修理区,修理区的表面必须具有合理的清洁度,不允许表面上有油、水、灰尘等污染物;

5)制作夹芯塞:对于对合镶接如图 13－14(a)所示,夹芯塞尺寸与清除损伤后的孔洞尺寸相同;对于挤压镶接如图 13－14(b)所示,夹芯塞尺寸应大于孔洞尺寸，比孔洞大 1～3 个格子，最大 0.4 in),夹芯塞必须用比原蜂窝夹芯密 2 个等级的蜂窝夹芯制作。

6)清洁夹芯塞,清洁处理后的夹芯必须彻底干燥,无溶剂痕迹时才能安装。

7)安装夹芯塞:对合镶接修理,如图 13－14(a),按原夹芯方向安装夹芯塞;

对于挤压镶接修理,按图 13－14(b)用一块平压块把夹芯塞压入孔洞内,注意使夹芯塞方向与原夹芯方向一致。

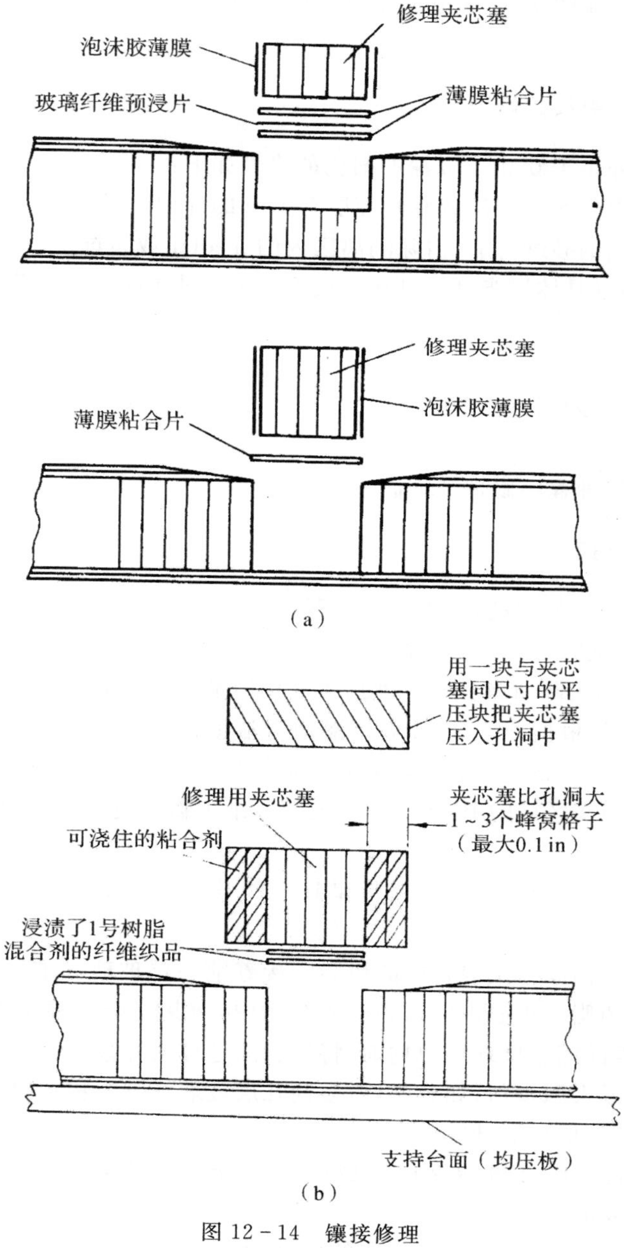
修理夹芯塞
泡沫胶薄膜
玻璃纤维预浸片
薄膜粘合片
修理夹芯塞
泡沫胶薄膜
薄膜粘合片
(a)
用一块与夹芯塞同尺寸的平压块把夹芯塞压入孔洞中
修理用夹芯塞
夹芯塞比孔洞大1～3个蜂窝格子(最大0.1 in)
可浇住的粘合剂
浸渍了1号树脂混合剂的纤维织品
支持台面(均压板)
(b)

图 12－14　镶接修理

(a)对合镶接;(b)挤压镶接

8)固化:铺放抽真空装置和加热装置—抽真空—加温固化

9)打磨修整:打磨夹芯塞,使其与周围材料近似齐平,但要留出铺放薄膜黏合片的间隙。然后,用吸尘器清除蜂窝格子中的粉尘。

13.4 客舱热成型塑料件的修理

热成型塑料件在客 舱设施中应用也相当广泛,尤其是各类的装饰件。热成型塑料件分为聚碳酸酯,聚砜,或聚醚亚胺塑料,聚醚酮塑料几种。热成型塑料件最常见的损伤就是裂纹和划伤。

13.4.1 划伤和小裂纹的修理

对于除纹理表面外小于 0.005 in 深的损伤的修理如下:

1)用保护带隔离损伤区。要注意使修理层有 1 in 的外伸量。

2)用 150 目或更细的砂纸打磨,清除隔离区内的 Tedlar 或装饰层。

3)用填充胶或树脂(具体树脂型号见相应机型手册要求)混合剂填平凹坑,树脂可稍高出周围表面。

4)进行固化。

5)用 150 目或更细砂纸打磨齐平。

6)清洁该区域。

7)按照装饰面的修理程序修理装饰面。

13.4.2 裂纹的修理

对于大于 0.005 in 深的裂纹,修理程序如下:

1)对于聚碳酸酯,聚砜,或聚醚亚胺塑料,根据 20－30－03 用溶剂清洁损伤区域。用 80～100 目砂纸打磨表面,去除所有光泽。然后再次用溶剂清洁表面。

2)对于聚醚酮塑料,根据 20－30－03 用溶剂清洁损伤区域。在通风间或罩内,涂一薄层 BMS 5－127 胶黏剂作为底漆。让该底漆在通风间或罩内干燥。

3)剪切一块适合损伤区域的 BMS 9 - 3 玻璃纤维织物。使用适用的 H、H1 到 H4 型,3、4 或 7 类。

4)按重量计,混合 100 份 TE 1005 树脂和 15～17 份 HD3561 硬化剂。该树脂混合物的活用期最多为 100 min。

5)在已准备好的表面涂一层混合好的树脂。接着铺一层玻璃纤维织物,在玻璃纤维织物上再涂一层混合好的树脂。小心地使树脂渗入织物中,使其完全浸湿织物并去除空气。另一种可选方法为,在为表面铺玻璃纤维织物前,将树脂涂进玻璃纤维织物中。

6)对于聚碳酸酯或聚砜塑料,如有必要,多铺几层玻璃纤维织物和树脂。对于聚醚亚胺和聚醚酮塑料,只允许铺一层玻璃纤维。

7)在至少 67 ℉下固化该树脂修理区域最少 24 min。对于聚醚酮件,可选择在 140～160 ℉下至少固化 3 min。

8)按照压扁芯和夹芯板的小凹坑,划伤的修理用 BMS 5－136 表面填充料修理面板另一

(前)表面。

9)按照装饰面的修理程序修理装饰面。

13.5 客舱墙纸装饰层的修理

现代民航客机客舱70%可见面都采用了墙纸作为装饰层,只是对于客舱天花板、客舱门衬板、行李箱门等区域采用的是单色的墙纸,而厨房、厕所、舱级隔板、侧壁板的表面采用的是有纹理和花色的墙纸。墙纸良好的防潮防霉性、耐磨性、延展性、防污渍附着性,并且能够根据不同的需求制造不同的纹理和花色,这些优良的特性使墙纸成为客舱装饰层的首选材料;同时墙纸修理和更换的工艺比较复杂,需要专业的人员和设备,而且单价成本比较高,这些都是在客舱维护时墙纸装饰面的缺点。

墙纸装饰层常见的损伤包括划伤、划痕、凹坑、小孔洞和凿槽、脱胶、鼓泡等等。根据损伤范围的不同,修理工艺也有较大差别。例如波音要求损伤范围在100 in^2 内的可以修理,超过100 in^2 的必须更换。修理又分为填补、挖补、排气等;而更换根据不同的墙纸类型(比如是否带胶,热敏胶还是压敏胶等),在工艺上则有很大的不同。

13.5.1 各类可修理损伤的典型工艺

这里所提到的各类修理均建立在损伤范围在可修理范围内。可修理的损伤范围请参见各类机型的修理手册。

1.小划伤和小划痕的修理工艺

较小的划伤和划痕(0.25 in 或更厚的带 tedlar 层的压扁芯面板,修理深度不能大于0.10 in,小于0.25 in厚的面板,修理深度不能大于0.005 in)可按下列的修理工艺修理:

用砂纸轻轻打磨表面,直到该区域不再粗糙。

用抛光轮和抛光剂抛光损伤区域,直到光泽与周围区域一样。

注意:当修理小划伤和小划痕时,不要磨穿 TEDLAR 层。如果磨穿了 TEDLAR 层,将花费更高的费用去修理它。

2.小孔洞和凿槽的修理工艺

对于小孔洞和凿槽可按下列步骤修理:

(1)用填充料(如B737机型使用BMS 5-136)填充损伤区域。

(2)填充料硬化后,用砂纸打磨,直到其与相邻表面平齐。

(3)用下述步骤在修理区域相邻表面制作硅橡胶压花纹片。

1)用浸湿脂肪族石脑油的干净奶酪布清洁该表面。

2)用干净的奶酪布擦干该表面。

3)在清洁表面周围用木材、黏土或高温真空封严胶带制作一个框,大约3/8 in宽,1/2 in高。

4)用毛刷在框内纹理表面涂上一薄层已备好的硅橡胶,继续用毛刷涂,直到看不到气泡。(通用电气的RTV 41或RTV 61可优先选用。)

5)将剩余的硅橡胶倒在已涂硅橡胶的表面上,直到厚度为1/4 in。室温下固化48 h。

硅橡胶干燥后,从表面揭下硅橡胶压花纹片。

(4)在修理表面涂上恰当颜色的丝印油墨且让其干燥 15 min。

(5)在修理表面贴上硅橡胶压花纹片。在 160 ℉下施加大约 10 in Hg 真空压力。

(6)如果上述程序修理的效果不理想,则需要更换装饰层。

3. 气泡的去除工艺

由于铺设工艺或者黏接胶等问题墙纸装饰层下可能会出现气泡,对于气泡可按下面的步骤去除:

(1)检查墙纸装饰膜并用水溶性记号笔在气泡周围作一圆形标记。

(2)用注射针在有气泡的装饰膜中戳一个孔并排出空气后等几分钟使装饰膜恢复原来形状。

(3)用注射针吸入胶接和胶黏剂(如 Henkel Sikomel)后从气泡中央开始注射。

(4)按需在气泡四周多注射几次。

(5)让胶接和胶黏剂固化(固化时间根据厂家要求)。

(6)用棉质布在装饰膜上从气泡的中央开始平滑环行移动施压。

(7)让空气和多余的胶粘化合剂从孔中流出。

(8)用塑料刮刀除去多余的胶黏剂。

(9)用织物带清除多余的已固化胶黏剂。

(10)用清洗液和水浸湿织物带。

(11)在 4~6 min 后去除织物带。使用除湿布清除多余的胶粘化合剂。

(12)用橡胶滚筒使表面平滑。从气泡的中央开始。

(13)用清洁剂清洁部件。

4. 较大损伤的挖补修理

对于损伤长度大于 1/4 in 但又达不到整体更换要求的墙纸,可以采用挖补修理的方式进行修理。在去除损伤墙纸的时候,使用锋利的切割刀时不能损伤墙纸下复合材料板,否则会导致更烦琐的修理。一般挖补修理使用的是压敏墙纸作为补片,制作修理补片使用的墙纸应和旧的墙纸相同,补片及损伤的墙纸如图 13-15 所示。

Identify

图 13-15 补片及损伤的墙纸

挖补修理的基本工艺如下:

(1)清洁修理区域。

(2)用切割刀去除损伤的墙纸，注意不要划伤墙纸下的复合材料板。
(3)用清洁剂清洁挖补区域。
(4)按照切割处尺寸裁剪墙纸补片。
(5)黏接墙纸补片，如图 13－16 所示。
(6)用修饰笔或油墨润色补片边缘处，如图 13－17 所示。
(7)通风使油墨干燥。

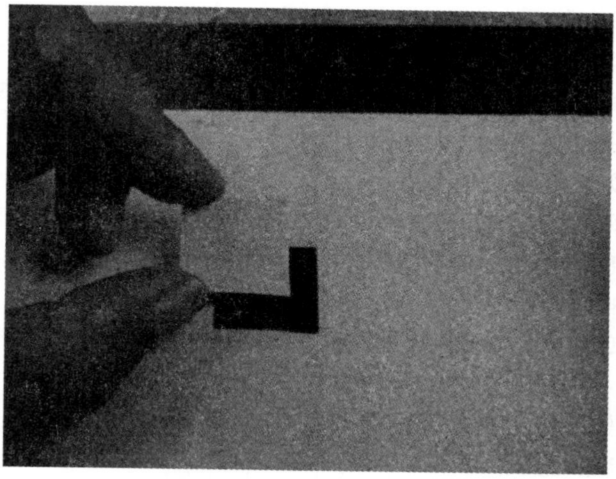

图 13－16　贴接墙纸补片

Application

图 13－17　润色补片边缘

13.5.2　墙纸的整体更换工艺

当墙纸的损伤超修理容限时，必须整体更换墙纸。由于整体更换墙纸的工时比较长、工艺比较复杂，一般都是在飞机进厂大修时进行。为了方便施工和保证修理质量，需要更换墙纸的部件一般都会进行离位修理，也就是从飞机上拆下部件在修理车间进行更换墙纸的工作。在修理车间更换墙纸时，车间温度需保持在 20～30℃之间，相对湿度在 35%～75%之间。在更换墙纸时，需根据情况使用压敏墙纸或是热敏墙纸，两种墙纸的施工工艺有很大区别。热敏墙纸的优点是从平面到三维曲面都能铺设，但是需要加温、抽真空；压敏墙纸一般只使用在平面或是弧度变化不大的曲面，相对的施工工艺较简单，缺点是压敏墙纸有货架寿命。

注意：对于有不同厚度规格的墙纸可供选择时，在更换带有弧面的壁板墙纸，选用薄墙纸；对于平面，尽量使用厚墙纸。

1. 更换热敏墙纸的基本工艺为：

(1)使用热风筒和铲刀去除墙纸。

注意：使用的热风筒最高温度不能超过 370℃，并且在墙纸表面的温度不能超过 100℃，否则会损伤修理部件。

(2)用 MEK 去除余胶。

(3)按手册修理待铺设墙纸的面板。

(4)待修理完成后用填充胶(俗称腻子)刮平待铺设墙纸面，并在腻子硬化后用 A320 目－400 目的金刚砂砂纸打磨直至铺设面平整且光滑。

(5)用不起毛的奶酪布蘸上丁基卡必醇或类似的溶剂清洁铺设面。

(6)用不起毛的奶酪布再次彻底清洁铺设面。

(7)使用喷枪或毛刷把黏接胶喷涂在铺设面，并在室温下放置到不再沾手。

(8)根据铺设面的形状铺设墙纸并确保墙纸下没有气泡。

(9)使用真空成型机对修理部件加温和抽真空，保证墙纸和铺设面的良好黏接(见图 13－18)。

注意：加温的温度不能超过 82℃，时间不能超过 30 min；

2. 抽真空时需注意不能损坏修理部件。

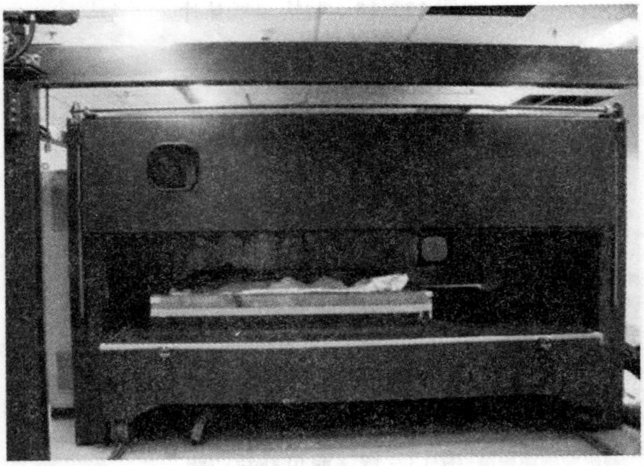

图 13－18　真空成型机

2. 更换压敏墙纸的基本工艺

(1)使用热风筒和铲刀去除墙纸。

注意：使用的热风筒最高温度不能超过 370℃，并且在墙纸表面的温度不能超过 100℃，否则会损伤修理部件。

(2)用 MEK 去除余胶。

(3)按手册修理待铺设墙纸的面板。

(4)待修理完成后用腻子刮平待铺设墙纸面，并在腻子硬化后用 A320 目－400 目的金刚砂砂纸打磨直至铺设面平整且光滑。

(5)用不起毛的奶酪布蘸上丁基卡必醇或类似的溶剂清洁铺设面。

(6)用不起毛的奶酪布再次彻底清洁铺设面。

(7)根据铺设面的形状铺设墙纸并确保在墙纸下没有气泡。

(8)可使用抽真空设备对修理部件抽真空,使墙纸和铺设面的得到更良好的黏接。

注意:抽真空时需注意不能损坏修理部件。

习　　题

1. 客舱铝合金结构件腐蚀应如何修理?
2. 客舱内部金属件比较常见的缺陷故障有哪些?
3. 客舱铝合金件表面的主要防腐方法是什么?
4. 复合材料的损伤类型分为几种?
5. 复合材料冷修理的特点是什么?
6. 冷修理湿铺层的具体步骤是什么?
7. 复合材料划伤和小裂纹的修理方法有哪些?
8. 铺设墙纸气泡的去除工艺具体步骤是什么?

附 录

附录Ⅰ 航空客舱常见设备提供商清单

厨房、储物柜		
SELL	sell	创建于 20 世纪 50 年代，曾是 PREMIUM 集团下属公司，后于 2010 加入 ZODIAC AEROSPACE GROUP，SELL 主打产品为宽体机厨房和烤箱
AIM	AIM AVIATION	主要生产厨房、储物柜。在空客、波音各机型都有广泛应用
DRISSEN	DRIESSEN	主要生产窄体机厨房，餐车及烧水器等厨房插件
B/E AEROSPACE	B/E AEROSPACE	其厨房产品主要是由之前收购的 C. F TAYLOR 公司和 NORDSKOG 生产
厕所		
YOKOHAMA	YOKOHAMA	厕所生产厂家，主要应用在 737CL，757，737NG 等机型，主要为窄体机厕所
JAMCO	Jamco ALWAYS FLY TOGETHER	主要为波音生产宽体机厕所。同时，也生产厨房设备
HEATH TECNA	HEATHTECNA AIRCRAFT INTERIOR SOLUTIONS	HEATH TECNA 目前隶属 Zodiac Aerospace，主要生产 737CL，737NG 等系列的飞机厕所。另外在被 Zodiac 并购后开展了 PMA 件制造，以及 PART 145 的修理站

续表

DASELL	DASELL cabin interiors	DASELL 是世界顶尖飞机厕所制造商，曾是空客全资公司，后被 DIHEL 收购，是空客唯一的厕所 OEM 供应商。同时还生产衣帽柜、地柜等
旅客座椅		
CONTOUR	CONTOUR	波音空客批准的座椅生产厂家，南方航空公司 A380 等飞机头等舱座椅生产厂家
B/E AEROSPACE	B/E AEROSPACE	旅客座椅生产厂家，在目前所占市场份额较大，其座椅结构简单，耐用，在南方航空公司机队 85% 以上飞机使用该厂家经济舱座椅
RECARO	RECARO	波音空客批准的座椅生产厂家
WEBER	ZODIAC WEBER AIRCRAFT LLC	Zodiac 旗下的座椅生产厂家，早期也生产厨房厕所等设备
SICMA	ZODIAC SICMA AERO SEAT	Zodiac 旗下的座椅生产厂家，其产品应用在波音、空客等常见机型上
AVIO	AVIO INTERIORS	旅客座椅生产厂家
机组座椅		
SICMA	ZODIAC SICMA AERO SEAT	空客的观察员座椅和乘务员座椅主要生产厂家
IPECO	Ipeco	波音飞机驾驶员座椅主要生产厂家，覆盖波音各机型。产品结构简单，质轻
EADS SOGERMA	SOGERMA An EADS Company	EADS 旗下子公司，是空客正副驾驶员座椅唯一生产厂家
BF GOODRICH	GOODRICH	观察员座椅和乘务员座椅生产厂家，产品覆盖波音、空客等各机型

续表

FOUR FLIGHT		波音飞机观察员座椅主要生产厂家，覆盖波音各机型
行李架		
FACC		空客行李箱生产厂家之一
ARIES COMPLEX		空客行李箱生产厂家之一
织物		
LANTAL		生产客舱地毯、格栅布及座椅套材料等
REPLIN		生产格栅布、座椅套材料等
地板胶		
SCHNELLER		地板胶原料主要生产商，主要生产 PVC 地板胶，供应给各大飞机制造商
GERFLOR		地板胶原料主要生产商，主要生产 PVC 地板胶，供应给各飞机制造商
WULFMEYER		空客地板胶组件生产商。采购来自其他公司的地板胶与纤维层生产地板胶组件
LONSEAL		地板胶原料生产商，在早期飞机所占份额较大，但由于产品密度问题，新飞机使用逐渐减少

续表

METZELER	METZELER Aircraft Flooring Systems	较早的 all - in - one 地板胶生产商，其产品为硅胶地板胶
墙纸		
ISOVOLTA	isovolta	空客和 EMBRAER 批准的墙纸生产厂家，厨房厂家的墙纸供应商
SCHNELLER	SCHNELLER	空客和 EMBRAER 批准的墙纸生产厂家，厨房厂家的墙纸供应商
安全带		
AM - SAFE	AMSAFE	其产品包括驾驶员安全带、乘务员安全带、旅客安全带等各种常见安全带，以及加长安全带，休息室安全带等，占有各飞机制造商绝对份额
PACIFIC SCIENTFIC	PACIFIC SCIENTIFIC	主要生产驾驶员安全带，在空客飞机上有使用

附录Ⅱ　航空客舱常用英语词汇

座椅部分

Seat 座椅
Captain's Seat 正驾驶员座椅
First Officer's Seat 副驾驶员座椅
Attendant Seat 乘务员座椅
First Obserber's Seat 第一观察员座椅
Second Obserber's Seat 第二观察员座椅
Passenger Seat 旅客座椅
Crew Seat 机组座椅
Leg 座椅脚
Seat Belt 安全带
Seat Belt Buckle 安全带锁扣
Attach Belt 安全带扣(座椅连接处)
Shoulder Harness 肩带
Crotch Strap (特指)跨部安全带
Lap Belt(特指)腿上安全带
Rotary Buckle 旋转式带扣
Backrest 靠背
Seat back cover 靠背套
Seat back cushion 靠背垫
Seat bottom cushion (Underlay)座垫

Seat bottom cover(Upholstery)座垫套
Seat bottom sheet ASSY 座垫铝板
Seatpan 座垫铝板
Armrest 扶手
Armcap 扶手盖板
Structure (Arm box)扶手骨架
Ashtray 扶手烟灰缸
Escutcheon 扶手烟灰缸盖板
Fairing 装饰板
Fairing (Shroud)扶手下装饰板
Fairing (Rear cover)扶手后盖板
Bumper 防撞条
Foodtray 餐板
Foodtray latch 餐板旋钮
Arm table 餐板脚
Spring 弹簧
Kick panel 后挡板
Pocket 杂志袋
Cotter pin 开口销
Hydrolock 作动筒
Actuator chassis 作动筒架
Control cable 钢索
End - cable 钢索头
Pin 靠背销
Beam - front 前梁
Beam - AFT 后梁
BAG BAR (Baggage bar)行李护栏
Life vest pocket 救生衣存放袋
Spacer (Bushing)衬套
Link 连接片
Guide(Button)按钮
Button assembly 按钮组件
Lumbar support 腰部支撑
Control handwheel 控制手轮
Control lever 控制手柄
Velcro tape 尼龙搭扣
Headrest 头枕
Stowage compartment 行李架
Double - seat 双座位座椅
Triple - seat 三座位座椅
Quadruple - seat 四座位座椅
Footrest 脚踏板
Aisle 过道
Fbric 织物、织品
Trim 装饰条
Upper seat back 上座椅靠背
Lower seat back 下座椅靠背
Track fitting ASSY 座椅安装座
Bushing 座椅安装螺母
DPCU 旅客娱乐控制组件
Buckle 卡锁
Shaft 轴
Staple 锁环
Strap 扣带、扎带
Upholstery armrest 扶手胶皮

厕所部分

Lavatory 厕所
Shroud 马桶罩
Door 门
Louver 气窗、隔栅
Roller 转轴
Bi - folding door 折叠门
Faucet 水龙头
Extinguisher 灭火器
Ashtray 烟灰缸
Assembly 组件
Handle 把手
Toilet paper 卫生纸
Support 支撑架
Strip - kick 裙边
Trim 装饰条
Fitting base attachment 安装座
Threshold 门槛
Insert 埋螺母
Hinge 铰链
Stopper 止动块
Floor pan 厕所地板

Mat 地板胶
Lavatory service units 厕所勤务组件
Mirror 镜子
Partition 隔板
Latch 挂锁
Retainer 保留架
Bar soap 固体肥皂
Grill 天窗
Tube 管路
Collar 马桶座圈
Seal 封严条
Sink cabinet assy 洗手池
Lavabo 洗手盆

厨房部分

Galley 厨房
Coffer maker 咖啡壶
Plumbing 管路
Drain hose 排水管
Water boiler 热水器
Switch 开关
Waste container 废物箱
Oven 烤箱
Water filter 滤水器
Hose 橡皮管
Placard 标牌
Hot cup 电热杯
Timer 定时器
Drawer 抽屉
Closet 储物箱
Curtain 窗帘
Washbasin 洗手盆
Screen 滤网

行李架部分

Actuator 作动筒
Actuator chassis 作动筒架
Bracket 托架
Bullnose support 牛鼻板支撑
Hinge quadrant 扇形铰链
Horizontal trim strip 水平装饰条
Latch Assembly 挂锁组件
Latch cover 挂锁盖
Overhead stowage 头顶行李箱
Overhead stowage bin 头顶行李箱

地板、天花板、侧壁板部分

Carpet 地毯
Ceiling 天花板
Curved ceiling panel 曲面天花板
Floor 地板
Floor covering 地板覆盖物
Inner pane 内层玻璃
Insulation 隔热棉
Lining 衬板
Lowerwd ceiling panel 下天花板
Riser panel 通风隔栅
Sculptured ceiling panel 凹面天花板
Seat track covering 压条
Shade 遮阳板
Sidewall 侧壁
Sidewall panel 侧壁板
Transition panel 过渡面板
Trim 防水压条
Window reveal 窗框
Windscreen 风挡玻璃
Divider – class 隔板
Dado panel 格栅板

旅客服务组件

Call switch 乘务员呼叫开关
Flashlight 手电筒
Lanyard 拉索
Megaphone 扩音器
Oxygen door 氧气罩门
Passenger service unit 旅客服务组件
Reading light switch 阅读灯开关
Speaker 扬声器

其他

Access 接近、入口
Angle 角材、角形支撑
Area 区域
Attachment 附件
Beam 梁
Bulletin 公告、通告
Cabin 客舱
Cargo 货舱
Code 代码、代号
Dent 凹坑
Detail 细节、详图
Doorway 门通道
Drain 排放
Drawing 图
Entry 入口、进口
Escape 逃离
Figure 图
Fixed 固定
Flight compartment 驾驶舱
Functional 功能的
Hatch 舱门
Literature 印刷品、杂志
Nomenclature 名称、术语
Optional 可选择的
Outlet 插座
Oxygen 氧气
Position 定位、位置
Provision 预备
Revision 校订、修订
Supplier 供应商
System 系统
Tank 水箱、油箱
Tie back ASSY 窗帘钩组件
Transition 过渡、转移
Union 接头
Unit 单元、组件
Valve 阀门
Vent 通风孔
Windscreen 屏风

工具

Aerometer 空气比重计
Anemometer 风速计
Barometer 气压计、晴雨表
Cantilever box 斜层工具箱
C－Clamp　C 型夹
Chain wrench 链条扳手
Chisel 凿子
Clamp 钳子
Compression gauge 压力表头
Deep socket 长套筒
Dynamometer 测力计
Extension 加长杆
File 锉刀
Folding hex key 折叠外六角钥匙
Hammer 榔头
Hand box 手提工具箱
Hex bit 外六角头
Hinge handle 万向加长杆
Hydrometer(液体)比重计
Hygrometer 湿度计
Lock ring pliers 保险钳子
Magnifier 放大镜
Metal box 工具箱
Metric feeler gauge 塞尺
Metric hex key 外六角钥匙
Oil filter wrench 油滤钳
Pin punch 铆钉冲子
Pliers 钳子
Putty knife 铲刀
Ratcher 卡拉
Ratcheting wrench 卡拉扳手
Screwdriver 螺丝刀
Socket driver 摇把螺丝刀
Speed handle 摇把
Stowage cabinet 工具箱柜

Torque adapter 梅花卡片
Universal joint 万向头
Universal socket 万向套筒
Utility knife 刀子
Voltmeter 电压表
Wrench 扳手

油漆类

Varnish 清漆，修饰
Preserve 保护
Primer 底漆
Enamel 瓷漆，搪瓷
Lacquer 面漆
Epoxy 环氧树脂
Strip 退漆
Acetone 丙酮
Alcohol 乙醇
Benzene 苯
Dope 涂料
Fast - evaporating 快速蒸发
Ingredient 成分
Thinner 稀释剂
Moisture 潮气
Blushing 玫瑰红，雾浊
Retard 延迟
Humid 潮湿的
Butyl 丁基
Flash point 闪点
Acrylic 丙烯酸的
Touchup 润色
Toluene 甲苯
Ketone 酮
Cellulose 纤维素
Nitrate 硝酸盐
Explosive 爆炸性的
Toxic 毒性的
Overspray 超范围喷涂
Volatile mineral spirit 挥发性矿物溶剂
Toluol 甲苯
Fluorescent 荧光的
Chromate 铬酸盐
Turpentine 松节油，松脂
Colloidal 胶状的
Acetate 醋酸盐
Nitrate 硝酸盐
Plasticizer 可塑剂
Impart 给予，传授
Weatherproof 不受天气影响的
drier 干燥剂
hardener 固化剂

缩写

A Ampere 安培
A/C Aircraft 飞机
AC Alternating Current 交流电
ALT Alternate 替代
AN Army - Navy Standard 海军标准
AR As Required 按需
ASSY ：ASSEMBLY 组件
ATA Air Transport Association 航空运输协会
AUX Auxiliary 辅助的
AWG American Wire Gage 美国线标
B/C Business Class 公务舱
BFE Buyer Furnished Equipment 买家装饰设备
BRT Bright 亮
C Celsius 摄氏的
CAGE Co mmercial And Government Entity 商业和政府机构
cm Centimeter 厘米
CMM Component Maintenance Manual 部件修理手册
COMPT Compartment 舱
CSK Countersink 沉头
CTR Center 中间
DBL Double 双
DC Direct Current 直流
DET BKDN Detail Breakdown 详细分类

DET Detail 细节
DISC Disconnect 断开
DLVY Delivery 交付
DPCU Digital Passenger Control Unit 数字式旅客控制组件
DSEB Digital Seat Electronic Box 数字式座椅电子盒
DWG：Drawing 图纸
EFF Effectivity 有效性
EPML Emergency Path Marking Light 应急通道指示灯
EQU Equipped 装备
ESD Electrostatic Discharge 静电释放
EXTL External 外部
F Fahrenheit 华氏度
F/C First Class 头等舱
F/R Front Row 头排座椅
FAA Federal Aviation Authority 联邦航空局
FAR Federal Aviation Regulations 联邦航空条例
FB Fire Blocking 坐垫防火套
FIG Figure 图
FIX Fixing 固定
FS Full Size 全尺寸
ft Foot 英尺
FWD Forward 前
GND Ground 地面
H ：HORIZONTAL 水平
HEX Hexagonal 六角的
HMAR Hatch Mounted Armrest 应急门安装的扶手
Hz Hertz 赫兹
IAT In Arm Table 扶手内部餐板
IFE In Flight Entertainement System 机上娱乐系统
in. Inch 英寸
INB Inboard 内侧的
INSTL Installation 安装
JAU Jack Audio Unit 音频插孔组件
J-BOX Junction Box 接线盒
kVA Kilo Volt Ampere 千伏安
LATL Lateral 横向的
LAV：Lavatory 厕所
LB. ：POUND 磅
LCD Liquid Cristal Display 液晶显示器
LED Light Emitting Diode 发光二极管
LH Left-Hand 左侧
MAX Maximum 最大的
MISC. ：Miscellaneous 杂项的
mm Millimeter 毫米
Mod Modification 改装
MS Military Standard 军标
N. S. F. S. B. ：No Smoking Fasten Seat Belt 禁止抽烟及系好安全带
N/A ：NOT APPLICABLE 不适用
N° Number 号码
NAR Narrow 窄
NAS National Aerospace Standard 国家航空标准
NHA Next Higher Assembly 上一级
N·m Newtonmeter 牛·米
NP Not Procurable 不可购买
OPP Opposite 反向的
OPT Optional 可选的
OUTBD Outboard 外部
P/N Part Number 件号
PAX Passenger 旅客
PC Personal Computer 个人电脑
PC Polycarbonate 聚碳酸酯
PCB Printed Circuit Board 印刷电路板
PCU Passenger Control Unit 旅客控制组件
PJB Power Junction Box 电源接线盒
PN Part Number 件号
psi pounds per square inch 磅每平方英寸
PSU：Passenger Service Unit 旅客服务组件
PVP Passenger Video Player 旅客视频播放器
PVT Pivot 枢轴
QTY Quantity 数量

QUADR Quadruple 四座的
R ：RECLINE 倾斜
R Resistance 电阻
RECL Recline 倾斜
REF.：Reference 参考
REV Revision 版本
RH Right - Hand 右侧
RPLD Replaced 更换
S/S Shipset 整机数量
SB Service Bulletin 服务通告
SEB Seat Electronic Box 座椅电子盒
SGL Single 单个
SL Service Letter 服务信函
SPEC：Specification 规范
SST Stainless Steel 不锈钢
STD Standard 标准
T/C Tourist Class 经济舱
TBD To Be Determined 待定
TPL Triple 三座的
TR ：TEMPORARY REVISION 临时版本
TSO Technical Standard Order 技术标准
TSVD Touch Screen Video Display 触摸屏显示器
V ：VERTICAL 垂直
VDB Video Distribution Box 视频分配盒
W/ With 有
W/O Without 没有

缺陷描述

磨损 abrasion
游隙/无效行程 backlash
磨平 bald/flat spot
弯曲 bend
卡阻 block
断裂 broken
鼓起 bulge
烧焦 burn
毛刺 burr
爆裂 burst
擦伤 chafe
碎屑 chip
相碰 contact
污染 contaminate
腐蚀 corrode
错牙 corss - thread
裂纹 crack
折痕 crease
切口 cut
脱胶 debonding
变形 deform
分层 delamination
凹坑 dent
老化/恶化 deteriorate
脏 dirty
不一致 disagree
释放 discharge
脱开 disconnect
扭曲 distort
积/含水 entrapped water
风蚀/风化 erode
超标 exceed limit
过期 expired
见线 exposed cords
褪色 fade
失效 fail
漆层剥落 finish missing
摆动 fluctuate
抖动 flutter
毛边 fray
磨蚀 fretting
熔断 fused
凹槽 gouge
不足 insufficient
不工作 inoperative
装错 install wrong
间隙不够 insufficient clearance
干扰 interfere
扭结/缠结 kink

渗漏 leak
松动 loose
气压不足 low air pressure
发霉 mildew
走向错误 misrouted
划痕 nick
不亮 not illuminate
漏装 not install
模糊 not legible
散包 not packing
密封不良 not sealed
未关紧 not secure
凹槽 notch
堵塞 obstruct
氧化 oxidize
点腐蚀 pitting
砂眼 pitting
穿孔 puncture
粗糙 rough
下陷 sag
刮伤 scratch
咬死 seize
剪断 sheared
短路 short
松弛 slack
迟滞 sluggish
污渍 stain
滑牙 stripped
撕裂 tear
拖尾 trail
不均匀/不规则 uneven
干涩/缺乏润滑 un - lubricated
翘曲 warp
受潮 wet
不能复位 will - not - reset
磨损/陈旧 worn
起皱 wrinkle

参考文献

[1] 魏静，蒋绍新．民航客机客舱翻新项目和翻新技术探讨[J]．航空维修与工程，2010(2)：35 -37.

[2] 蒋绍新，韩慧明．民用飞机客舱构型选装方案研讨[J]．长沙航空职业技术学院学报，2010．10(1)：56 - 59.

[3] 顾峥．新一代巨型客机的客舱设计理念及维修特点[J]．航空制造技术，2005(9)：46 - 51.

[4] 顾峥．现代客机的客舱装饰层材料及维修更换工艺[J]．长沙航空职业技术学院学报，2005，(5)4：38 - 40.

[5] 肖毅，王珏．客舱内饰表面墙纸的维修工艺[J]．航空维修与工程，2011(4)：41 - 42.

[6] 韦友凯，苏勇洲．关于 A320 系列飞机第三观察员座椅现有设计的维修思考级创新探索[J]．民航科技，2012．4.

[7] 任仁良，张铁纯．涡轮发动机飞机结构与系统[M]．北京：兵器工业出版社，2004.

[8] Boeing Company. B777 Aircraft Maintenance Manual Chapter 23. Co mmunications，2012.

[9] Boeing Company. B777 Aircraft Maintenance Manual Chapter 33. Lights，2012.

[10] Panasonic Avionics Corporation. China Southern Airlines B777 System 2000 In - Flight Entertainment System Aircraft Maintenance Manual，2012.

[11] Airbus S A S. A330 Technical Training Manual Chapter 23. Co mmunications，2012.

[12] Airbus S A S. A330 Technical Training Manual Chapter 33. Lights，2012.

[13] 唐孟培，唐宇，王洪．基于客舱内部通信数据指令器的功能模块分析[J]．广西物理，2005，29(2)：29 - 31.

[14] 李渊．浅谈飞机客舱设计与乘机舒适体验[M]．北京：中国民用航空出版社，2011.